Grundlagen der Thermodynamik

Gerhard Kluge / Gernot Neugebauer

Grundlagen
der
Thermodynamik

Mit 118 Abbildungen und 31 Tabellen

Spektrum Akademischer Verlag   Heidelberg · Berlin · Oxford

Die Deutsche Bibliothek – CIP-Einheitsaufnahme

Kluge, Gerhard:
Grundlagen der Thermodynamik : mit 31 Tabellen / Gerhard
Kluge ; Gernot Neugebauer. – Heidelberg ; Berlin ; Oxford :
Spektrum, Akad. Verl., 1994
  ISBN 3-86025-301-8
NE: Neugebauer, Gernot:

© 1994 Spektrum Akademischer Verlag GmbH Heidelberg · Berlin · Oxford

Lektorat: Peter Ackermann, Caputh
Produktion: PRODUserv, Springer Produktions-Gesellschaft, Berlin
Umschlaggestaltung: Kurt Bitsch, Birkenau
Datenkonvertierung: Lewis & Leins, Berlin
Druck und Verarbeitung: Franz Spiegel Buch GmbH, Ulm

Spektrum Akademischer Verlag Heidelberg · Berlin · Oxford

EIN VERLAG DER   SPEKTRUM FACHVERLAGE GMBH

Vorwort

Die Thermodynamik besitzt einen außerordentlich breiten Anwendungsbereich, da ihre Aussagen auf wenigen, aber sehr allgemein gültigen Prinzipien beruhen. Ihre Grundlagen lassen sich in einer recht einfachen und leicht erlernbaren mathematischen Sprache formulieren. Beim Leser werden nur elementare Kenntnisse der Differential- und Integralrechnung und – zum besseren Verständnis des dritten Teils – einige Kenntnisse aus der Vektoranalysis und der Theorie der partiellen Differentialgleichungen vorausgesetzt.

Die Schwierigkeiten beginnen erst mit der Spezialisierung der allgemeinen Aussagen auf konkrete Aufgabenstellungen, da hierzu eine sorgfältige Analyse der physikalischen Situation notwendig ist. Deshalb haben wir uns bemüht, das Grundanliegen der Thermodynamik – Methoden zur Beschreibung von Zuständen und Zustandsänderungen einer bestimmten Klasse physikalischer Systeme bereitzustellen – herauszuarbeiten und die Ergebnisse allgemeiner Überlegungen stets auf charakteristische Beispiele anzuwenden.

Wir beschränken uns auf die Darstellung der Grundlagen der *phänomenologischen* Theorie und gehen nur kurz auf statistisch-thermodynamische Methoden ein, um dem Leser die Verknüpfung der beiden Betrachtungsweisen zu erleichtern.

Das Buch besteht aus drei zusammenhängenden Teilen: Im ersten Teil werden die allgemeinen Grundlagen der Gleichgewichtsthermodynamik dargestellt. Der zweite Teil bringt Anwendungen auf unterschiedliche physikalische Systeme. Der dritte Teil ist der Thermodynamik irreversibler Prozesse gewidmet.

Damit entspricht das Buch dem Aufbau unseres 1976 erschienen Bandes der Studienbücherei mit dem gleichen Titel. Dieser Band wurde vollständig überarbeitet und durch neue, inzwischen zu den Grundlagen zählende Abschnitte ergänzt. Es sind dies insbesondere die Beiträge zur Landau-Theorie, zu kritischen Indizes, zu rheologischen Körpern und Relaxationserscheinungen, zu thermoanalytischen Verfahren und zu nichtlinearen irreversiblen Prozessen. Hier wird u.a. am Beispiel des Bénard-Problems der Übergang von stationären Zuständen zum turbulenten Zustand untersucht, wobei auch kurz auf Bifurkationen, Grenzzyklen und seltsame Attraktoren eingegangen wird.

Die Fragen am Ende jedes Kapitels werden durch Übungsaufgaben, deren Lösung kurz skizziert wird, ergänzt.

Geschrieben ist das Buch in erster Linie für Studenten der Physik, der Chemie und der Ingenieurwissenschaften, aber auch für Lehramtskandidaten in den entsprechenden Fächern. Wir würden uns freuen, wenn das Buch von Studenten und

Fachkollegen genau so gut wie sein Vorgänger in der Studienbücherei aufgenommen wird. Für kritische Hinweise sind wir immer dankbar.

Frau G. Metzler-Ruder und Herrn D. Ruder danken wir ganz herzlich für das Schreiben des Manuskriptes und die Erstellung der $\TeX$-Makros. Unser Dank gehört auch Frau Ch. Luge für das Zeichnen der Abbildungen. Die gute Zusammenarbeit mit dem Lektor Dr. Peter Ackermann und dem Verlag Spektrum Akademischer Verlag hat wesentlich zum Gelingen des Buches beigetragen.

Jena, Oktober 1993

Gerhard Kluge
Gernot Neugebauer

Inhalt

Verzeichnis der wichtigsten Symbole   15

I Allgemeine Grundlagen   21

1   Grundbegriffe der Thermodynamik   23

1.1	Thermodynamische Systeme	23
1.2	Mikroskopische Beschreibungsweise thermodynamischer Systeme	24
1.3	Makroskopische Beschreibungsweise thermodynamischer Systeme	25
1.3.1	Gleichgewichtszustände	25
1.3.2	Nichtgleichgewichtszustände	26
1.4	Zustandsänderungen	28
1.5	Phasen	28
1.6	Extensive und intensive Größen	29
1.6.1	Quantitätsgrößen oder extensive Größen	29
1.6.2	Qualitätsgrößen oder intensive Größen	31
1.6.3	Bezeichnungsweisen	31
1.7	Wechselwirkungen eines Systems mit seiner Umgebung	32
1.8	Der nullte Hauptsatz	33
1.8.1	Temperatur und nullter Hauptsatz	33
1.8.2	Temperaturmessung	34
1.9	Wärme und Arbeit	37
1.9.1	Wärme	37
1.9.2	Arbeit	38
1.10	Fragen	39
1.11	Aufgaben	40

2   Bilanzgleichungen und Hauptsätze   41

2.1	Die allgemeine Form einer Bilanzgleichung	41
2.2	Die Massebilanz	43
2.3	Die Impulsbilanz	46
2.4	Die Energiebilanzen und der erste Hauptsatz	47

2.4.1   Die Bilanz der Gesamtenergie   47
2.4.2   Die Bilanz der inneren Energie   47
2.4.3   Der erste Hauptsatz   49
2.4.4   Das perpetuum mobile 1. Art   50
2.5   Die Entropiebilanz und der zweite Hauptsatz   52
2.5.1   Irreversible Prozesse und die Entropiebilanz   52
2.5.2   Formulierung des zweiten Hauptsatzes   54
2.5.3   Das perpetuum mobile 2. Art   55
2.6   Zusammenstellung der Hauptsätze   56
2.7   Fragen   60
2.8   Aufgaben   61

3   Zustandsgleichungen   62

3.1   Thermische und kalorische Zustandsgleichungen   62
3.2   Beziehungen zwischen den Zustandsgleichungen   64
3.3   Fragen   67
3.4   Aufgaben   67

4   Grundlegende Prozesse und Beziehungen   68

4.1   Isobare, isochore und isotherme Prozesse   68
4.2   Spezifische Wärmen   69
4.3   Beziehungen zwischen den Molwärmen   71
4.4   Adiabatische und polytrope Prozesse   75
4.5   Der Carnotsche Kreisprozeß   78
4.5.1   Der Wirkungsgrad des Carnotschen Kreisprozesses   78
4.5.2   Die Wärmepumpe   81
4.5.3   Der Carnot-Prozeß mit einem idealen Gas als Arbeitssubstanz   82
4.5.4   Die Äquivalenz der verschiedenen Formulierungen des
        zweiten Hauptsatzes   84
4.6   Irreversible Prozesse   87
4.6.1   Der reversible Ersatzprozeß   87
4.6.2   Irreversibler Temperaturausgleich   87
4.6.3   Irreversible Gasexpansion   88
4.7   Fragen   89
4.8   Aufgaben   90

5   Die thermodynamische Temperaturskala   91

5.1   Absolute und empirische Temperatur   91
5.2   Einführung der thermodynamischen Temperaturskala   92

5.3	Berechnung der absoluten Temperatur aus der empirischen Temperatur	94
5.4	Fragen	96
5.5	Aufgaben	96

| **6** | **Thermodynamische Potentiale** | 97 |

6.1	Einkomponentensysteme	97
6.1.1	Die thermodynamischen Potentiale U, H, F, G	97
6.1.2	Berechnung thermodynamischer Eigenschaften aus dem Potential $U(S, V)$	98
6.1.3	Die Gibbs-Helmholtzschen Differentialgleichungen	101
6.1.4	Die Planck-Massieuschen Funktionen	102
6.1.5	Die thermodynamischen Potentiale des idealen Gases	103
6.1.6	Die freie Energie eines idealen Gases in der statistischen Thermodynamik	105
6.1.7	Stofflich offene Systeme	109
6.2	Mehrkomponentensysteme	110
6.2.1	Stofflich offene Systeme mit mehreren Stoffkomponenten ohne chemische Reaktionen	110
6.2.2	Systeme im Zustand des gehemmten Gleichgewichts und innere Parameter	112
6.2.3	Die Gibbs-Duhemschen und Duhem-Marguleschen Beziehungen	115
6.2.4	Die thermodynamischen Potentiale I, J, K, L	117
6.3	Fragen	120
6.4	Aufgaben	120

| **7** | **Gleichgewichts- und Stabilitätsbedingungen** | 122 |

7.1	Allgemeine Bedingungen	122
7.2	Beispiele für die Auswertung der Gleichgewichtsbedingungen	125
7.3	Auswertung der Stabilitätsbedingungen	127
7.4	Die Änderung der Entropie in 2. Ordnung	130
7.5	Transformation der Stabilitätsbedingungen	133
7.6	Fragen	135
7.7	Aufgaben	135

| **8** | **Das Nernstsche Wärmetheorem** | 136 |

| 8.1 | Vorbemerkungen zum Nernstschen Wärmetheorem | 136 |
| 8.2 | Formulierung des dritten Hauptsatzes | 137 |

8.3	Folgerungen aus dem dritten Hauptsatz	138
8.4	Systeme, die sich nicht im thermodynamischen Gleichgewichtszustand befinden	143
8.5	Fragen	144
8.6	Aufgaben	145

9   Erzeugung tiefer Temperaturen und Systeme mit negativen absoluten Temperaturen — 146

9.1	Der Joule-Thomson-Effekt	146
9.2	Die tiefsten erreichbaren Temperaturen	149
9.3	Systeme mit negativen absoluten Temperaturen	150
9.4	Das ideale Spinsystem	153
9.5	Fragen	157
9.6	Aufgaben	157

II Spezielle thermodynamische Systeme — 159

10   Homogene Einkomponentensysteme — 161

10.1	Gase und Flüssigkeiten	161
10.1.1	Allgemeine Beziehungen	161
10.1.2	Ideale Gase	162
10.1.3	Die van der Waalssche Zustandsgleichung	164
10.1.4	Weitere Zustandsgleichungen für Gase und Flüssigkeiten	169
10.1.5	Die Fugazität realer Gase	172
10.1.6	Das freie Volumen	174
10.1.7	Statistische Berechnung des Virialkoeffizienten 2. Ordnung	176
10.2	Hohlraumstrahlung	180
10.2.1	Thermodynamische Behandlung der Hohlraumstrahlung	180
10.2.2	Strahlungsgesetze	183
10.3	Elastische Festkörper	187
10.3.1	Freie Energie und thermische Zustandsgleichung	187
10.3.2	Kalorische Zustandsgleichung und spezifische Wärmen	190
10.3.3	Adiabatengleichung, adiabtische Moduln und thermodynamische Ungleichungen	192
10.3.4	Debyesche Theorie des Festkörpers	193
10.4	Systeme in elektromagnetischen Feldern	199
10.4.1	Allgemeine Beziehungen	199

10.4.2	Dia-, Para-, Ferro- und Ferrimagnetismus	201
10.4.3	Magnetostriktion und Elektrostriktion	204
10.4.4	Piezoelektrizität	206
10.4.5	Elastische Festkörper in elektrischen Feldern	207
10.5	Mehrphasensysteme	209
10.5.1	Phasenumwandlungen 1. Art	209
10.5.2	Phasenumwandlungen 2. Art	214
10.5.3	Supraleitung als Beispiel für Phasenumwandlungen 1. und 2. Art	217
10.5.4	Landau-Theorie der Phasenumwandlungen 2. Art	219
10.5.5	Phasenumwandlungen 2. Art unter dem Einfluß äußerer Felder	224
10.5.6	Ginzburg-Landau-Theorie der Supraleitung	226
10.5.7	Kritische Exponenten	230
10.6	Oberflächen	238
10.6.1	Oberflächenspannung	238
10.6.2	Oberflächenspannung gekrümmter Flächen	241
10.7	Fragen	243
10.8	Aufgaben	244
11	**Mehrkomponentensysteme**	**245**
11.1	Ideale homogene Mischungen	245
11.1.1	Die Gesetze für Mischungen idealer Gase	245
11.1.2	Thermodynamische Funktionen einer Mischung von idealen Gasen	246
11.2	Reale homogene Mischungen	250
11.2.1	Partielle molare Größen	250
11.2.2	Mischungswärmen und Molwärmen	253
11.2.3	Aktivität und Aktivitätskoeffizienten	254
11.2.4	Verdünnte Lösungen	256
11.3	Chemische Reaktionen in homogenen Systemen	257
11.3.1	Die Gleichgewichtsbedingungen	257
11.3.2	Das Massenwirkungsgesetz (MWG)	259
11.3.3	Beispiele zum Massenwirkungsgesetz	261
11.4	Mehrphasensysteme	265
11.4.1	Die Gibbssche Phasenregel	265
11.4.2	Der osmotische Druck	267
11.4.3	Die Raoultschen Gesetze	269
11.5	Elektrochemische Erscheinungen	271
11.6	Fragen	274
11.7	Aufgaben	274

III Thermodynamik irreversibler Prozesse   275

12	Beschreibung von Nichtgleichgewichtszuständen	277
12.1	Methodik der Thermodynamik irreversibler Prozesse	277
12.2	Berechnung der Entropieproduktionsdichte für ein fluides Mehrkomponentensystem	279
12.3	Lineare phänomenologische Ansätze	281
12.3.1	Die Beziehungen zwischen den verallgemeinerten Kräften und Strömen	281
12.3.2	Die Eigenschaften der phänomenologischen Koeffizienten	284
12.3.3	Die linearen Ansätze für das Mehrkomponentensytem	285
12.4	Die Differentialgleichungen der Zustandsvariablen	287
12.5	Zusammenfassung	288
12.6	Fragen	290
12.7	Aufgaben	290

13	Spezielle irreversible Prozesse	291
13.1	Wärmeleitung	291
13.1.1	Die Wärmeleitungsgleichung	291
13.1.2	Rand- und Anfangsbedingungen	291
13.1.3	Spezielle Wärmeleitungsvorgänge	295
13.2	Diffusion	304
13.2.1	Die Grundgleichungen der Diffusion in einem Zweikomponentensystem	304
13.2.2	Gewöhnliche isotherme Diffusion	307
13.3	Thermodiffusion	311
13.3.1	Die Grundgleichungen der Thermodiffusion	311
13.3.2	Eindimensionale Thermodiffusion	314
13.4	Thermoelektrische Prozesse	319
13.4.1	Die Grundgleichungen der thermoelektrischen Prozesse	319
13.4.2	Thermoelektrische Wärmeeffekte	325
13.4.3	Das Thermoelement	327
13.5	Chemische Reaktionen	330
13.5.1	Lineare und nichtlineare phänomenologische Ansätze	330
13.5.2	Der zeitliche Ablauf einer chemischen Reaktion	334
13.5.3	Der zeitliche Ablauf der Jod-Wasserstoff-Reaktion	335
13.5.4	Verallgemeinerungen	337
13.6	Dynamische Zustandsgleichungen und Relaxationserscheinungen	339

13.6.1 Elektrische Relaxationserscheinungen   339
13.6.2 Mechanische dynamische Zustandsgleichungen   344
13.7   Grundlagen der thermischen Analyseverfahren   352
13.7.1 Thermoanalytische Verfahren   352
13.7.2 Chemische Reaktionen   353
13.7.3 Kalorische Effekte   362
13.8   Fragen   368
13.9   Aufgaben   368

14   Nichtlineare irreversible Thermodynamik   370

14.1   Einführende Bemerkungen   370
14.2   Das zeitliche Verhalten offener Systeme   371
14.3   Instabilitäten und dissipative Strukturen   378
14.3.1 Das Stabilitätskriterium   378
14.3.2 Die Bilanzgleichung der Exzeßentropie   380
14.3.3 Dissipative Strukturen   383
14.4   Turbulenzentstehung   386
14.5   Das Bénard-Problem   389
14.5.1 Berechnung der Stabilitätsgrenze   389
14.5.2 Die Lorenz-Gleichungen   395
14.5.3 Seltsame Attraktoren   401
14.5.4 Bifurkationen und Wege zur Turbulenz   405
14.6   Fragen   409
14.7   Aufgaben   409

Lösungen der Aufgaben   411

Sachverzeichnis   429

Verzeichnis der wichtigsten Symbole

Über gleiche griechische Indizes wird von 1 bis 3 summiert, z.B.

$$A_\alpha B_\alpha = \sum_{\alpha=1}^{3} A_\alpha B_\alpha.$$

Unabhängige Variable, die bei der partiellen Ableitung festzuhalten sind, werden in der Regel als Indizes an einer Klammer um die partielle Ableitung vermerkt, z.B.

$$\frac{\partial G(p, T, n_l)}{\partial p} = \left(\frac{\partial G}{\partial p}\right)_{T, n_l}.$$

Bei der partiellen Ableitung nach einer Molzahl (bzw. Molenbruch oder Konzentration) wird in der Regel die Bezeichnung entsprechend dem Beispiel

$$\left(\frac{\partial F}{\partial n_i}\right)_{p, T, n_l} \quad \text{für} \quad \left(\frac{\partial F}{\partial n_i}\right)_{p, T, n_l \neq n_i} \quad \text{verwendet.}$$

Vollständige Differentiale werden durch das Symbol d gekennzeichnet, z.B. dA. Unvollständige Differentiale werden durch das Symbol đ gekennzeichnet, z.B. đA.

A	Arbeit; Absorptionsvermögen; Virialkoeffizient; Affinität; beliebige extensive Größe
A_i	äußerer Parameter (Zustandsvariable) in đ$A = \sum_i a_i \, dA_i$
đA	infinitesimal kleine Arbeitsmenge (unvollständiges Arbeitsdifferential)
A	konduktive Stromdichte der extensiven Größe A (Stromdichte der extensiven Größe A bezüglich der baryzentrischen Geschwindigkeit); Vektorpotential
ΔA	Differenz $A_1 - A_2$ der Größe A
A^σ	auf eine Grenzfläche bezogene Zustandsgröße
$\tilde{A}(\omega)$	Fouriertransformierte zu $A(t)$
$\breve{a}$	Dichte einer extensiven Größe A
a	molare Größe zur extensiven Größe A; Arbeit pro Mol
$\hat{a}$	spezifische Größe zur extensiven Größe A

a	Stromdichte der extensiven Größe A
a_i	zu A_i konjugierte Zustandsvariable
a_l	Aktivität
$\tilde{a}_i = \left(\dfrac{\partial A}{\partial n_i}\right)_{T,p,n_l}$	partielle molare Größe zur extensiven Größe A
$\boldsymbol{B}$	magnetische Induktion
b_Φ	innere Parameter
C_a	Wärmekapazität bei konstanter Zustandsvariablen a
$C_{\alpha\beta\gamma\delta}$	Materialtensor im Hookeschen Gesetz
$C_{\alpha\beta\gamma\delta\epsilon\tau}$	elastische Moduln 3.Ordnung
$\hat{c}_i = \dfrac{\varrho_i}{\varrho}$	Konzentration der i-ten Stoffkomponente
c_a	molare Wärme bei konstanter Zustandsvariablen a
c_1, c_t	Schallgeschwindigkeiten der longitudinalen bzw. transversalen Schallwellen
$\bar{c}$	mittlere Schallgeschwindigkeit
D	Diffusionskoeffizient; fraktale Dimension
D'	Thermodiffusionskoeffizient
$\boldsymbol{D}$	dielektrische Verschiebung
d	Dimension
E	Emission eines Körpers
$\boldsymbol{E}$	elektrische Feldstärke
e	Elektronenladung
$\breve{e}$	Dichte der Systemenergie
$\boldsymbol{e}$	konduktive Stromdichte der Energie des Systems
$e_{\alpha\beta\gamma}$	piezoelektrische Koeffizienten
F	freie Energie; Faradayzahl
f	molare freie Energie; Zahl der Freiheitsgrade (eines thermo-dynamischen Systems, eines Vielteilchensystems); Fläche
f_l	Aktivitätskoeffizient
$f_{\alpha\beta\gamma\delta}$	quadratische elektro-optische Koeffizienten
$\boldsymbol{f}$	Kraftdichte
$\boldsymbol{f}_i$	Kraftdichte, die auf die i-te Komponente wirkt
$\mathrm{d}\boldsymbol{f}$	Flächenelement (-Vektor)
Δf	kleine Fläche
G	freie Enthalpie
$\boldsymbol{g}$	Schwerebeschleunigung
H	Enthalpie; Betrag der magnetischen Feldstärke
$H(q_k, p_k)$	Hamilton-Funktion
$\boldsymbol{H}$	magnetische Feldstärke
H_c	kritisches Magnetfeld
h	Plancksches Wirkungsquantum; äußeres Feld
$\Delta\breve{h}$	Reaktionsenthalpiedichte
$\boldsymbol{I}^{\mathrm{G}}$	elektrische Gesamtstromdichte

$\underline{I}, \delta_{\alpha\beta}$	Einheitstensor (Kronecker-Symbol)
i_l	chemische Konstante der Komponente l
I, J, K, L	thermodynamische Potentiale
J	Strahlungsdichte
J_A	generalisierter Strom in der Entropieproduktionsdichte
$\boldsymbol{J}_k$	Diffusionsstromdichte der k-ten Komponente
K	Emission des schwarzen Körpers; Zahl der Stoffkomponenten im Gemisch
K, K_p	Konstanten des MWG
k	Boltzmann-Konstante
k^+, k^-	Geschwindigkeitskonstanten einer Reaktion
$\boldsymbol{k}$	Wellenzahlvektor
L	Loschmidtsche Zahl; phänomenologischer Koeffizient der Schubviskosität
L_{AB}	phänomenologische Koeffizienten in den linearen Ansätzen
l	phänomenologischer Koeffizient der Wärmeleitung
l_k	elektrische Ladung pro Mol der k-ten Stoffkomponente
$l_{rs}, l_s^{(J)}, j_s^{(Q)}$	phänomenologische Koeffizienten in den linearen Ansätzen der Wärmeleitung und der Diffusion
M	magnetisches Moment der Probe; Masse eines Systems; Modenzahl
M_i	Masse eines Mols der i-ten Stoffkomponente
$\boldsymbol{M}$	Magnetisierung
m	Elektronenmasse; Aufheizgeschwindigkeit
$m(T), m_{\alpha\beta}$	Koeffizienten im Hookeschen Gesetz des Festkörpers
$m_{\alpha\beta\gamma\delta}$	piezo-optische Koeffizienten
$\boldsymbol{m}_k$	Massenstromdichte der k-ten Stoffkomponente
N	Zahl der Teilchen im System
n	Molzahl
$n = \dfrac{c_p - c}{c_v - c}$	Polytropenkoeffizient
$\boldsymbol{n}$	Normaleneinheitsvektor
P	Dipolmoment der Probe; osmotischer Druck; Entropieproduktion; Zahl der Phasen
$\boldsymbol{P}, P_\alpha$	elektrische Polarisation
$\boldsymbol{P}^{(n)}$	Flächenkraft
Pr	Prandtl-Zahl
p	Druck
p_i	Partialdruck der i-ten Stoffkomponente
p^*	Fugazität
$\boldsymbol{p}_i$	Impulsvektor des i-ten Teilchens
Q	Wärmemenge
Q^e	elektrische Ladung

$đQ$	infinitesimal kleine Wärmemenge (unvollständiges Wärmedifferential)
$\boldsymbol{Q}$	konduktive Wärmestromdichte (Stromdichte der inneren Energie)
$q(a)$	Quellstärke (Produktionsdichte) der extensiven Größe A
q_α	pyroelektrische Koeffizienten
q_k	generalisierte Ortskoordinate
q_k^{e}	elektrische Ladung pro Mol der k-ten Komponente
q_{u}, q_{12}	molare Umwandlungswärmen
R	universelle Gaskonstante; elektrischer Widerstand; Zahl der Reaktionen im Gemisch
Ra	Rayleigh-Zahl
Re	Reynolds-Zahl
r_{c}	Kohärenzlänge
$r_{\alpha\beta\gamma}$	elektro-optische Koeffizienten
$\boldsymbol{r}_i$	Ortsvektor des i-ten Teilchens
S	Entropie
$\boldsymbol{S}$	konduktive Entropiestromdichte
s	Zahl der Freiheitsgrade eine Teilchens
s	Entropiestromdichte
T	absolute Temperatur
$T(q_k, p_k)$	kinetische Energie
T_{B}	Boyle-Temperatur
$T_{\mathrm{K}}, T_{\mathrm{c}}$	kritische Temperatur
T_i	Inversionstemperatur beim Joule-Thompson-Effekt
t	Zeit
U	innere Energie
$U(q_k, p_k)$	potentielle Energie
$u(|\boldsymbol{r}_i - \boldsymbol{r}_k|)$	Wechselwirkungsenergie zwischen dem i-ten und dem k-ten Teilchen
V	Volumen
V_i	Teilvolumen
$\underline{V}, V_{\alpha\beta}$	Tensor der Deformationsgeschwindigkeiten
v	molares Volumen; Phasengeschwindigkeit
v_{f}	freies Volumen
$\hat{v} = \dfrac{1}{\varrho}$	spezifisches Volumen
$\boldsymbol{v}$	Geschwindigkeit (baryzentrische Geschwindigkeit der Massenelemente)
W_V	Wärmetönung einer Reaktion im festen Volumen V
$\breve{w}$	Energiedichte
$\boldsymbol{w}$	Energiestromdichte
X	Zustandsvariable
X_A	generalisierte Kraft in der Entropieproduktionsdichte

$x_r = \dfrac{n_r}{n}$	Molenbruch
Y	Plancksche Funktion (thermodynamisches Potential)
Y_i	innerer Parameter (Zustandsvariable)
y	Ausbeute einer Reaktion
y_i	zu Y_i konjugierte Zustandsvariable
	$T\,dS = dU + p\,dV + \sum_i y_i\,dY_i$
Z	Zustandsintegral der statistischen Thermodynamik
Z_0	Zustandsintegral des idealen Gases
Z_w	Wechselwirkungsfaktor im Zustandsintegral
$\hat{z}_i$	spezifische Ladung der i-ten Stoffkomponente
$\alpha, \beta, \gamma, \delta, \nu, \varphi, \xi$	kritische Exponenten
α	isobarer Ausdehnungskoeffizient
$\alpha_{\gamma\beta}$	Tensor der dielektrische Suszeptibilität
β	isochorer Druckkoeffizient
Γ_k	Produktionsdichte der Masse der k-ten Komponente
$\gamma = \dfrac{c_p}{c_v}$	Adiabatenexponent
γ	Grüneisen-Parameter
γ_i	molare Dichte (Zahl der Mole pro Volumeneinheit)
Δ	Laplace-Operator
δ	Joule-Thompson-Koeffizient; Separationskonstante
ε	Koeffizient der Thermokraft
ε_0	Dielektrizitätskonstante des Vakuums
$\varepsilon_{\alpha\beta}$	Deformationstensor
$\varepsilon_{\alpha\beta\gamma}$	vollständig antisymmetrischer Einheitstensor
ζ	Volumenviskositätskoeffizient
η	Schubviskositätskoeffizient; Ordnungsparameter
$\eta_c, \eta_k, \eta_{irr}$	Wirkungsgrade
η_i	elektrochemisches Potential
Θ	Curietemperatur; Randwinkel; Temperaturänderung
Θ_N	Neél-Temperatur
Θ_D	Debye-Temperatur
ϑ	empirische Temperatur
K	Kompressionsmodul
κ	isotherme Kompressibilität
$\kappa = \dfrac{l}{T^2}$	Wärmeleitfähigkeit
κ_S	adiabatische Kompressibilität
λ	Laméscher Elastizitätsmodul; Temperaturleitvermögen
λ, λ_i	Lagrangesche Parameter
λ_L	Landausche Eindringtiefe
$\lambda_{rs}, \lambda_r^{(\omega)}, \lambda_r^{(\tau)}$	phänomenologische Koeffizienten in den linearen Ansätzen der chemischen Reaktionen und der Volumenviskosität
μ	Laméscher Elastizitätsmodul
μ^{Th}	Thompson-Koeffizient

μ_0	Permeabilitätskonstante des Vakuums
μ_i	chemisches Potential der i-ten Stoffkomponente (auf die Molzahl bezogen)
ν	Frequenz; Poissonsche Querkontraktionszahl
ν_i, ν_{ik}	stöchiometrische Koeffizienten
ξ	Reaktionslaufzahl; Kohärenzlänge
π	Peltier-Koeffizient
ϱ	Massendichte
ϱ_i	Massendichte der i-ten Stoffkomponente
σ	Entropieproduktionsdichte; Stefan-Boltzmann-Konstante; Oberflächenspannung
σ_{el}	elektrische Leitfähigkeit
$\boldsymbol{\sigma}, \sigma_{\alpha\beta}$	elastischer Spannungstensor
τ, τ_R	Relaxationszeiten
$\underline{\tau}, \tau_{\alpha\beta}$	Spannungstensor
Φ	Massieu-Funktion
φ	elektrische Spannung
$\Delta\varphi$	elektromotorische Kraft (Klemmenspannung des galvanischen Elements)
χ	Suszeptibilität
Ψ	komplexer Ordnungsparameter
Ψ^*	konjugiert komplexer Ordnungsparameter
ψ	Massieu-Funktion, Stromfunktion
ω	Kreisfrequenz; Parameter in Zustandsgleichungen
ω, ω_i	Reaktionsgeschwindigkeiten
ω_D	Debyesche Grenzfrequenz

Teil I
Allgemeine Grundlagen

1. Grundbegriffe der Thermodynamik

1.1 Thermodynamische Systeme

Die Untersuchung eines bestimmten physikalischen Objektes beginnt immer damit, daß es von anderen Objekten abgegrenzt, isoliert wird.

Das zu untersuchende physikalische Objekt nennen wir physikalisches System, alles, was mit diesem Objekt wechselwirkt, Umgebung. Die Abgrenzung eines Objektes von der Umgebung muß nicht unbedingt in einer räumlichen Isolierung bestehen; für die Beschreibung seines Verhaltens genügt es, daß es isolierbar ist, daß es sich von der Umgebung unterscheidet. Das wird nur dann der Fall sein, wenn seine inneren Wechselwirkungen viel stärker sind als seine Wechselwirkungen mit der Umgebung.

Die im Rahmen der Thermodynamik betrachteten Systeme sind im allgemeinen räumlich begrenzt. Damit ist aber noch nicht gesagt, daß alle physikalischen Objekte des betrachteten Raumgebietes zum System gehören müssen; es kann zweckmäßig sein, sie im Sinne unserer Systemdefinition der Umgebung zuzurechnen. Man sieht, daß im konkreten Falle die Definition des Systems sehr sorgfältig erfolgen muß.

Beispiele für physikalische Systeme sind ein frei fallender Stein, eine im Labor zu untersuchende Stoffprobe, die Sonne mit ihren Planeten, ein Atom oder ein Molekül.

Je nach den Eigenschaften eines Systems, die man beschreiben und untersuchen will, schafft man sich bestimmte Modelle. So kann die Erde, wenn nur ihre Bewegung um die Sonne von Interesse ist, als Massenpunkt behandelt werden. Will man auch die Erdrotation berücksichtigen, genügt das Modell eines Massenpunktes nicht mehr – dafür erweist sich das Modell des starren Körpers als geeignet. Werden Erdbebenwellen untersucht, muß die Erde mit dem Modell des elastischen Körpers beschrieben werden. Bei der Behandlung meteorologischer Erscheinungen kommt man mit den eben genannten drei mechanischen Modellen nicht mehr aus, da jetzt die Temperatur als nichtmechanische Größe zusätzlich berücksichtigt werden muß.

Systeme, zu deren Eigenschaften die Temperatur gehört, nennt man thermodynamische Systeme. Sie bestehen aus einer großen Anzahl von mikroskopischen Objekten (Elementarteilchen, wie Elektronen und Photonen, Atomen und Molekülen) und haben makroskopische Abmessungen, sind also groß gegenüber atomaren Dimensionen (10^{-8} cm). Bei der Untersuchung eines thermodynamischen Systems interessieren wir uns in der Regel nicht für sein mechanisches Verhalten (Bewegung des Schwerpunktes, potentielle Energie in einem äußeren Kraftfeld). Von Interesse sind vielmehr seine inneren Eigenschaften, wie Temperatur, Druck oder Bewegungsenergie seiner Atome.

1.2 Mikroskopische Beschreibungsweise thermodynamischer Systeme

Ausgangspunkt für die Beschreibung physikalischer Systeme ist die Überlegung durch welche Größen der Zustand des Systems vollständig charakterisiert wird.

Diese Größen können den menschlichen Sinnesorganen, der unmittelbaren Erfahrung angepaßt sein, wie das etwa beim Temperaturbegriff der Fall ist (Empfindung der menschlichen Haut für „warm" und „kalt"). Die genaue Struktur der Stoffe, ihr Aufbau aus Atomen und Molekülen bleibt dann unberücksichtigt. Diese makroskopische Beschreibungsweise soll in ihren Grundzügen im nächsten Abschnitt erläutert werden. Benutzen wir dagegen die physikalischen Erfahrungen über den Aufbau der Stoffe aus Atomen und Molekülen, über Vorgänge im atomaren und subatomaren Bereich, so gelangen wir zu einer mikroskopischen Beschreibungsweise. Diese muß dann von Größen und Begriffen der klassischen Mechanik oder – noch besser – der Quantenmechanik ausgehen und durch Mittelungsprozeduren den Anschluß an die makroskopische Beschreibungsweise herstellen.

Betrachten wir als Beispiel ein Gas aus N Teilchen (Molekülen). Der (klassisch-mechanische) Zustand des Gases wäre bestimmt, wenn für alle N Teilchen die Lagen und Impulse bekannt wären. Dazu müßten die Bewegungsgleichungen der N Teilchen gelöst werden. Das ist praktisch unmöglich, weil N in thermodynamischen Systemen von der Größenordnung der Loschmidtschen Zahl L ($\approx 10^{23}$) ist.

Da also der Versuch einer genauen Beschreibung des Zustandes scheitert,[1] begnügt man sich mit der Angabe, wie groß die Wahrscheinlichkeit dafür ist, daß sich das System in einem bestimmten, durch Lagen und Impulse charakterisierten Zustand befindet. Mit Hilfe dieser Wahrscheinlichkeit lassen sich durch Mittelungsprozeduren Größen einführen, die den bei der makroskopischen Beschreibungsweise benutzten Größen entsprechen. Beispielsweise kann die innere Energie des betrachteten Gases als Funktion der Temperatur und des Volumens unter Verwendung dieser Wahrscheinlichkeit aus der kinetischen Energie und der Wechselwirkungsenergie der einzelnen Teilchen berechnet werden.

Die mikroskopische Beschreibungsweise bildet den Inhalt der statistischen Thermodynamik. Obgleich wir ihre Methoden hier nicht entwickeln können, werden wir an geeigneten Stellen einige ihrer Resultate angeben.

---

[1] Sie wäre gar nicht wünschenswert. Wie sollte der Physiker mit 10^{23} Größen arbeiten?

1.3   Makroskopische Beschreibungsweise thermodynamischer Systeme

1.3.1   Gleichgewichtszustände

Es ist eine Erfahrungstatsache, daß jedes von der Umgebung isolierte thermodynamische System nach hinreichend langer Zeit in einen Zustand übergeht, den es spontan nicht wieder verläßt. Dieser Zustand heißt Gleichgewichtszustand. Durch ihn sind alle Eigenschaften des Systems bestimmt. Diese Eigenschaften sind einer (direkten oder indirekten) Messung zugänglich und werden durch bestimmte mathematische Größen (skalare Größen, Vektoren, Tensoren), die Zustandsvariablen, beschrieben. Typisch für die makroskopische Betrachtungsweise ist die Verwendung solcher Zustandsvariablen, die den menschlichen Sinnesorganen angepaßt sind, wie etwa Temperatur, Druck und Volumen. Daneben finden als Zustandsvariablen Begriffe aus Spezialdisziplinen der klassischen Physik und physikochemische Begriffe Verwendung. Beispiele sind Felder (Gravitationsfelder, elektromagnetische Felder), Ladungen und Konzentrationen verschiedener chemischer Substanzen.

Man unterscheidet innere und äußere Zustandsvariablen. Innere Zustandsvariablen beziehen sich allein auf die inneren Eigenschaften des Systems. Zu ihnen gehören Druck, Temperatur und chemische Zusammensetzung. Äußere Zustandsvariablen werden durch die Umgebung des Systems bestimmt. Zu ihnen gehören im wesentlichen elektromagnetische (und andere) Felder, deren Ladungen (Quellen) außerhalb des Systems liegen, sowie das Volumen.

Gleichgewichtszustände sind gegenüber Nichtgleichgewichtszuständen dadurch ausgezeichnet, daß sie durch eine kleine Anzahl von Zustandsvariablen vollständig charakterisiert werden.

Einen Satz von Zustandsvariablen, der aus der kleinstmöglichen zur vollständigen Charakterisierung des Zustands notwendigen Anzahl von Größen besteht, nennen wir einen vollständigen Satz von Zustandsvariablen. Die Zustandsvariablen, die den vollständigen Satz bilden, wollen wir als unabhängige Zustandsvariablen bezeichnen. Die Auswahl eines vollständigen Satzes kann recht willkürlich vorgenommen werden; sie wird von Zweckmäßigkeitskriterien bestimmt. Alle Zustandsvariablen, die nicht zum ausgewählten vollständigen Satz gehören, nennen wir Zustandsgrößen oder abhängige Zustandsvariablen. Die Bezeichnung abhängige Zustandsvariablen wird verständlich, wenn wir uns vor Augen halten, daß die Eigenschaften vom Zustand abhängen. Deshalb müssen die Zustandsgrößen (als Repräsentanten der Eigenschaften) von den unabhängigen Zustandsvariablen (die den Zustand bestimmen) abhängen, d.h. Funktionen der Zustandsvariablen des vollständigen Satzes sein.

Selbstverständlich kann diese funktionale Abhängigkeit dazu benutzt werden, Variablen des vollständigen Satzes durch Zustandsgrößen auszudrücken, so daß ein neuer vollständiger Satz entsteht (abhängige Variablen werden zu unabhängigen und umgekehrt). Dabei bleibt aber stets die Zahl der unabhängigen Zustandsvariablen, oder, wie wir auch sagen, die Zahl der Freiheitsgrade des Systems erhalten.

Beziehungen zwischen Zustandsvariablen lassen sich graphisch im Zustandsraum darstellen. Als Zustandsraum bezeichnen wir einen euklidischen Raum, der durch eine geeignete Zahl von Zustandsvariablen aufgespannt wird.

Um die eben eingeführten Begriffe zu veranschaulichen, betrachten wir als einfaches thermodynamisches System das in einem Behälter eingeschlossene ideale Gas. Zustandsvariablen, also Größen, die Systemeigenschaften beschreiben, sind hier u.a. die Temperatur T, der Druck p, das Volumen V, die innere Energie U, die Wärmekapazitäten C_V und C_p sowie die Kompressibilität κ. Die Erfahrung zeigt, daß dieses System zwei Freiheitsgrade hat, daß also zwei Zustandsvariablen den Zustand völlig charakterisieren. Wir wählen willkürlich als vollständigen Satz (unabhängige Variablen) die Größen Temperatur T und Volumen V. Die Zustandsgrößen (abhängige Variablen) Druck p, innere Energie U, Wärmekapazitäten C_V, C_p und Kompressibilität κ lassen sich dann wie folgt aus den unabhängigen Variablen T und V berechnen (die Angaben beziehen sich auf das aus einzelnen Atomen bestehende Gas, N bezeichnet die Anzahl der Gasatome, k ist die Boltzmann-Konstante):

$$p = Nk\,\frac{T}{V}, \quad U = \frac{3}{2}\,NkT, \quad C_V = \frac{3}{2}\,Nk, \quad C_p = \frac{5}{2}\,Nk, \quad \kappa = \frac{1}{p}.$$

In Abb. 10.1 wird die erste Gleichung als Fläche im Zustandsraum der Variablen p, V und T dargestellt. Wir können, wie gesagt, auch einen anderen vollständigen Satz wählen, z.B. U und V. Dann sind p, T, C_V, C_p und κ als Zustandsgrößen Funktionen der unabhängigen Zustandsvariablen U und V:

$$p = \frac{2}{3}\,\frac{U}{V}, \quad T = \frac{2}{3Nk}\,U, \quad C_V = \frac{3}{2}\,Nk, \quad C_p = \frac{5}{2}\,Nk, \quad \kappa = \frac{3}{2}\,\frac{U}{V}.$$

1.3.2 Nichtgleichgewichtszustände

Neben Gleichgewichtszuständen wollen wir auch Nichtgleichgewichtszustände beschreiben. In diesem Fall haben wir es meist mit räumlich inhomogenen und zeitlich veränderlichen Systemen zu tun, das heißt, die Zustandsgrößen hängen vom Ort und von der Zeit ab, sie sind Feldfunktionen. Man sieht dies deutlich an folgendem Beispiel. Ein Stab habe ursprünglich eine konstante einheitliche Temperatur. Geben wir nun an den beiden Enden dieses ansonsten wärmeisolierten Stabes zwei feste Temperaturen T_1 und T_2 vor, so wird sich die Temperatur im Stabe zeitlich und räumlich solange ändern, bis sich nach einer gewissen Zeit eine mit den aufgeprägten Temperaturen T_1 und T_2 verträgliche stationäre Temperaturverteilung eingestellt hat. Um auch solche Prozesse und Zustände mit den Methoden der phänomenologischen Thermodynamik beschreiben zu können, zerlegen

wir das betrachtete System in viele kleine Teilsysteme. Verfeinert man diese Zerlegung immer weiter, so gelangt man in einem Grenzprozeß zu infinitesimal kleinen Teilsystemen, d.h. Volumenelementen, deren Lage durch die Angabe eines
Raumpunktes vollständig beschrieben wird. Damit nun auch für Nichtgleichgewichtszustände thermodynamische Zustandsvariablen eingeführt werden können,
setzen wir voraus, daß sich das System in Volumenelemente mit folgenden Eigenschaften zerlegen läßt:

Die Volumenelemente müssen einerseits im Sinne der Differential- und Integralrechnung als infinitesimal klein angesehen werden können. Andererseits müssen sie so groß sein, daß sie noch eine große Anzahl von Atomen enthalten und
deshalb wie thermodynamische Systeme behandelt werden können. Von diesen
Systemen wird gefordert, daß sie sich zu jedem Zeitpunkt im thermodynamischen
Gleichgewichtszustand befinden. Diese Aussage wollen wir noch etwas erläutern.
Isolieren wir einen kleinen Teil unseres Systems, so wird sich dieser Teil nicht im
thermodynamischen Gleichgewicht befinden, der Gleichgewichtszustand wird sich
erst nach einer gewissen Zeit einstellen. Wir nehmen nun an, daß die Abweichungen vom Gleichgewichtszustand immer kleiner werden, je kleiner wir das isolierte
Teilsystem wählen. Im Grenzübergang zu Volumenelementen verlangen wir, daß
keine Abweichungen vom Gleichgewichtszustand mehr auftreten. Man sagt dann
auch, es herrscht lokales Gleichgewicht. Für die Zustandsfelder gelten dann die
gleichen Beziehungen wie in der Gleichgewichtsthermodynamik. Gilt z.B. für ein
Gas im Gleichgewicht die Zustandsgleichung $p = f(T, \varrho)$, dann gilt für den Nichtgleichgewichtszustand

$$p = f\Big(T(\boldsymbol{r}, t), \varrho(\boldsymbol{r}, t)\Big) \qquad (1.1)$$

mit der gleichen funktionalen Abhängigkeit $f(T, \varrho)$ wie im Gleichgewicht. Der
Druck p hängt also nicht direkt, sondern nur über die hier als unabhängige Zustandsvariablen gewählten Größen Temperatur T und Dichte ϱ von Ort und Zeit
ab. Diese Aussage ist wesentlich. Sie gilt für alle abhängigen Zustandsfelder, die
immer nur über die unabhängigen Zustandsfelder von Ort und Zeit abhängen.

Bei der Beschreibung von Nichtgleichgewichtszuständen muß man noch beachten, daß z.B. Druckgradienten und damit Kräfte auftreten können, die zur Bewegung der Volumenelemente führen. Es ist deshalb erforderlich, das Geschwindigkeitsfeld $\boldsymbol{v}(\boldsymbol{r}, t)$ bzw. die Impulsdichte $\varrho\boldsymbol{v}$ zur Charakterisierung des mechanischen
Zustandes in die Reihe der unabhängigen Zustandsfelder aufzunehmen.

Die hier skizzierte makroskopische Beschreibungsweise hat den Vorteil, daß
ihre Aussagen unabhängig von speziellen Modellvorstellungen über den atomaren Aufbau des Systems sehr allgemein gültig sind. Andererseits ist es nicht möglich, die in der Theorie auftretenden materialabhängigen Größen, wie z.B. die
Gaskonstante oder die elastischen Moduln, zu berechnen. Solche Größen können
dem Experiment entnommen oder mit den Methoden der statistischen Thermodynamik berechnet werden.

Die makroskopische Beschreibungsweise bildet den Inhalt der phänomenologischen Thermodynamik.

1.4   Zustandsänderungen

Betrachtet man ein System zu zwei verschiedenen Zeitpunkten t_1 und $t_2 > t_1$ und stellt man bei t_2 einen anderen Zustand als bei t_1 fest, dann hat im System eine Zustandsänderung, ein Prozeß stattgefunden. Solche Zustandsänderungen können von selbst ablaufen, wie beim Temperaturausgleich, oder unter dem Einfluß äußerer Eingriffe stattfinden, wie bei Volumenänderungen. Kann der Ausgangszustand des Systems bei t_1 nicht ohne bleibende Änderungen in der Umgebung wiederhergestellt werden, so heißt der Prozeß irreversibel (nicht umkehrbar). Im Prinzip sind alle realisierbaren Prozesse irreversibel. Als Idealisierung, als Grenzfall ist der reversible (umkehrbare) Prozeß anzusehen. Dieser Prozeß läuft nur durch Gleichgewichtszustände, d.h., das System befindet sich während des Prozesses zu jedem Zeitpunkt im Gleichgewicht und kann deshalb, ohne Änderungen in der Umgebung zurückzulassen, zum Ausgangszustand oder zu einem anderen früheren Zustand zurückgeführt werden.

Näherungsweise läßt sich ein solcher Prozeß durch eine sehr langsame Prozeßführung realisieren; im Sinne eines Grenzüberganges müßte er unendlich langsam ablaufen oder, wie man auch sagt, ein quasistatischer Prozeß sein. Die Zustandsvariablen hängen bei dieser Prozeßführung nicht von der Zeit ab. Jeder quasistatische Prozeß, der von einem Zustand 1 zu einem Zustand 2 führt, läßt sich im Zustandsraum der unabhängigen Zustandsvariablen als Kurve zwischen den Punkten 1 und 2 darstellen.

1.5   Phasen

Unter einer Phase verstehen wir einen in physikalischer und chemischer Hinsicht homogenen Bereich eines thermodynamischen Systems. Als Beispiel sei das aus zwei Phasen bestehende System Wasser und Wasserdampf genannt. Zwischen zwei verschiedenen Phasen liegen schmale Übergangszonen, die meist als Grenzflächen bezeichnet werden. In ihnen ändern sich die Zustandsvariablen sehr schnell mit dem Ort, die Grenzflächen sind also streng genommen inhomogene Teile des Systems. In vielen Fällen kann man diese Inhomogenitäten näherungsweise mit dem Modell einer mathematischen Fläche beschreiben. Eine Reihe von Zustandsgrößen erleidet dann Sprünge an den Phasengrenzflächen. Bei der Behandlung mancher Probleme ist es vorteilhaft, wenn man die Grenzfläche selbst als eigene zweidimensionale Phase betrachtet.

Entsprechend der Definition der Phase hängen die Zustandsvariablen innerhalb der Phase nicht vom Ort ab, sie sind hier räumlich konstant. Damit sind sie nicht Raumpunkten, sondern ganzen Raumgebieten zugeordnet. Diese Beschreibungsweise ist typisch für Systemtheorien, zu denen die phänomenologische Thermodynamik gehört. Sie wird auch bei thermodynamischen Untersuchungen inhomogener Substanzen, die unter dem Einfluß äußerer, z.B. elektromagnetischer Felder[2] stehen, beibehalten. Man wählt dann Volumen- bzw. Massenelemente als Phasen und kann auf diese Weise systemtheoretische und feldtheoretische Beschreibungsweisen vereinigen.

1.6 Extensive und intensive Größen

1.6.1 Quantitätsgrößen oder extensive Größen

Die Zustandsgrößen kann man in zwei Klassen einteilen: extensive und intensive Größen. Extensive Größen sind der Masse der Phase, der sie zugeordnet sind, proportional. Sie haben also in einer Phase, die durch Aneinanderfügen zweier in allen Eigenschaften gleicher Phasen (gleiche Masse!) entsteht, einen doppelt so großen Wert wie in den Einzelphasen. Beispiele für extensive Größen sind das

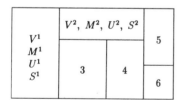

Abb. 1.1 Ein aus mehreren Phasen zusammengesetztes System

Volumen, die Masse, die Energie und die Entropie (vgl. Abschnitt 2.5). In einem aus mehreren Phasen zusammengesetzten System (Abb. 1.1) läßt sich für jede extensive Größe ein Gesamtwert als Summe der zu den einzelnen Phasen gehörenden Werte angeben, zum Beispiel

$$\text{Systemvolumen} \qquad V = \sum_i V^{(i)},$$

$$\text{Systemmasse} \qquad M = \sum_i M^{(i)},$$

---

[2] Felder sind punktweise definiert.

Systemenergie $\quad U = \sum_i U^{(i)},$

Systementropie $\quad S = \sum_i S^{(i)}.$

Extensive Größen haben die wichtige Eigenschaft, daß man für sie Bilanzgleichungen aufstellen kann. Untersucht man z.B., wodurch sich die Menge A einer extensiven Größe, z.B. der Masse oder der Energie, in einem bestimmten Bereich mit dem Volumen V ändern kann, so findet man zwei verschiedene Möglichkeiten. Zum einen kann sich die Menge A dadurch ändern, daß diese Größe durch die Berandung des betrachteten Gebietes in dieses hinein- oder herausströmt ($d_a A$) und zum anderen kann sie im Gebiet produziert oder vernichtet werden ($d_i A$). Auf die Zeiteinheit bezogen lautet also die Bilanz für die Größe A

$$\frac{dA}{dt} = \frac{d_a A}{dt} + \frac{d_i A}{dt} \,. \tag{1.2}$$

Kann eine extensive Größe weder produziert noch vernichtet werden, dann ist $d_i A = 0$. Man spricht dann von einer Erhaltungsgröße, denn für abgeschlossene Systeme ($d_a A = 0$) gilt in diesem Fall der Erhaltungssatz

$$\frac{dA}{dt} = 0 \qquad \text{bzw.} \qquad A = \text{const.} \tag{1.3}$$

Beispiele für Erhaltungsgrößen sind die Masse, die Ladung, die Energie, der Impuls und der Drehimpuls. Einige der extensiven Größen treten in verschiedenen Formen auf, die sich ineinander umwandeln lassen. So kennt man z.B. kinetische Energie, potentielle Energie oder elektromagnetische Energie und es ist z.B. möglich, daß sich die kinetische Energie eines Systems durch Reibung verringern oder auf Kosten von potentieller Energie vergrößern kann. Ähnlich ist es bei der Masse, die sich in Gemischen aus den Massen der verschiedenen Stoffkomponenten zusammensetzt. Finden in dem Gemisch chemische Reaktionen statt, so werden einige Stoffkomponenten mit ihren Massen erzeugt und andere vernichtet. Die verschiedenen Formen einer extensiven Größe sind also im allgemeinen keine Erhaltungsgrößen, sie lassen sich ineinander umwandeln. Wir fassen noch einmal drei wichtige Eigenschaften extensiver Größen zusammen:

a) Die extensiven Größen Masse, Ladung, Energie, Impuls und Drehimpuls eines von seiner Umgebung isolierten Systems bleiben erhalten. Eine Ausnahme bildet die Entropie, die in abgeschlossenen Systemen auch anwachsen kann.

b) Extensive Größen können von einem System auf ein anderes übertragen werden ($d_a A \neq 0$).

c) Verschiedene Formen einer extensiven Größe lassen sich ineinander umwandeln.

Diese Eigenschaften werden bei der Formulierung der Bilanzgleichungen in natürlicher Weise berücksichtigt.

1.6.2 Qualitätsgrößen oder intensive Größen

Intensive Größen sind unabhängig von der Masse (und damit der Ausdehnung) der Phase, der sie zugeordnet sind. Sie haben also in einer Phase, die durch Zusammenfügen zweier in allen Eigenschaften gleicher Phasen entsteht, denselben Wert wie in den Einzelphasen. Zu den Intensitätsgrößen gehören u.a. die Temperatur, der Druck und jeder Quotient zweier extensiver Größen, wie etwa die Massendichte $\varrho = M/V$.

Man unterscheidet häufig zwei Arten von intensiven Größen. Zu der einen Art gehören alle durch Quotientenbildung extensiver Größen gewonnenen intensiven Größen. Die andere Art läßt sich durch Kontaktgleichgewichte definieren. Darunter versteht man folgendes: Man bringe zwei Systeme in Kontakt miteinander, so daß eine Wechselwirkung zwischen ihnen möglich wird, und wartet ab, bis sich zwischen ihnen ein Gleichgewichtszustand eingestellt hat. Dann wird man feststellen, daß einige intensive Größen in beiden Systemen den gleichen Wert besitzen. Zu diesen, durch Kontaktgleichgewicht definierten intensiven Größen gehören die Temperatur und der Druck.

Zur Beschreibung von Nichtgleichgewichtszuständen kann man keine extensiven Größen verwenden. Das liegt daran, daß die extensiven Größen der Volumenelemente nur infinitesimal kleine Werte haben. Man erhält aber aus diesen infinitesimal kleinen extensiven Zustandsvariablen endliche Größen, wenn man sie durch die ebenfalls infinitesimal kleinen Werte des Volumens, der Masse oder der Molzahl ihres Volumenelementes dividiert. Diese Quotienten zweier extensiver Größen sind intensive Größen, die man dann als Zustandsvariablen eines Volumenelementes dem Raumpunkt dieses Volumenelementes zuordnen kann.

1.6.3 Bezeichnungsweisen

Wir stellen einige Bezeichnungen zusammen. Extensive Größen bezeichnen wir mit großen, intensive mit kleinen Buchstaben. Intensive Größen können wir auf die Volumeneinheit, die Masseneinheit oder auf ein Mol beziehen. Die Definition eines Mols lautet:

> 1 Mol ist diejenige Stoffmenge, die aus ebenso vielen unter sich gleichen (oder für den einzelnen Fall als gleich betrachteten) Teilchen besteht, wie Atome in genau 12 g reinem Kohlenstoff des Isotops ^{12}C enthalten sind.

Die Anzahl der Atome in 12 g ^{12}C ist die Loschmidt-Zahl L mit dem Wert $L = 6,022 \cdot 10^{23}$.

Es ist, wenn A eine extensive Größe ist,

$$\breve{a} = \frac{A}{V} \qquad \text{die Dichte von } A,$$

$$\hat{a} = \frac{A}{M} \qquad \text{die spezifische Größe zu } A,$$

$$a = \frac{A}{n} \qquad \text{die molare Größe zu } A.$$

Mit n bezeichnen wir die Anzahl der im System enthaltenen Mole. Ausnahmen von der hier angegebenen Bezeichnung bilden einige allgemein benutzte Symbole, wie zum Beispiel T für die absolute Temperatur, ϱ für die Massendichte und μ für das chemische Potential.

1.7 Wechselwirkungen eines Systems mit seiner Umgebung

Ein thermodynamisches System kann mit seiner Umgebung Stoff und Energie austauschen. Der Energieaustausch kann in Form von Wärme oder Arbeit geschehen (Abb. 1.2). Finden alle denkbaren Wechselwirkungen zwischen dem System

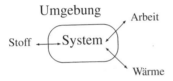

Abb. 1.2 Mögliche Wechselwirkungen eines Systems mit seiner Umgebung

und der Umgebung auch tatsächlich statt, dann spricht man von offenen Systemen. Oft erweist es sich als nützlich, bestimmte Wechselwirkungen zu unterbinden. Ist kein Stoffaustausch möglich, heißt das System geschlossenes oder auch stofflich abgeschlossenes System. Wird der Wärmeaustausch verhindert, so hat man es mit einem adiabatisch isolierten System zu tun. Finden überhaupt keine Wechselwirkung mit der Umgebung statt, spricht man von einem abgeschlossenen System. In Tab. 1.1 haben wir die wichtigsten Wechselwirkungen nochmals zusammengestellt.

Tabelle 1.1: Wechselwirkungen eines thermodynamischen Systems mit seiner Umgebung

Art der Wechselwirkung des Systems mit der Umgebung	Bezeichnung des Systems
Energieaustausch (Arbeit, Wärme) und Stoffaustausch	offenes System
Energieaustausch, aber kein Stoffaustausch	geschlossenes System
kein Wärmeaustausch	adiabatisch isoliertes System
kein Energieaustausch und kein Stoffaustausch	abgeschlossenes System

1.8   Der nullte Hauptsatz

1.8.1   Temperatur und nullter Hauptsatz

Die Erfahrung zeigt, daß in allen thermodynamischen Systemen die Zustandsgrößen Temperatur, innere Energie und Entropie eine Rolle spielen. In den Hauptsätzen erfolgt die Einführung dieser Größen in axiomatischer Form, indem ihre
charakteristischen Eigenschaften angegeben werden. Es ist zweckmäßig, an den
Anfang thermodynamischer Untersuchungen den Temperaturbegriff zu stellen.

Wir haben Sinnesorgane, die uns anzeigen, ob von zwei Körpern der eine
wärmer oder kälter als der andere ist oder ob sie gleich warm sind. Eine solche,
sicher oft recht unsichere Feststellung ermöglicht die Einführung des Temperatur-
begriffes, wie die folgenden Überlegungen zeigen werden. Wir betrachten zwei
getrennte Systeme S^I und S^{II}, die sich beide im thermodynamischen Gleichgewichtszustand befinden. Durch Berühren stellen wir z.B. fest, daß S^I wärmer als

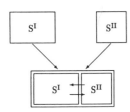

Abb. 1.3 Vereinigung zweier Systeme zu einem nach außen
abgeschlossenen System.
Die Pfeile im vereinigten System deuten an, daß die Teilsysteme durch die substanzundurchlässige Trennwand in irgendeiner Form wechselwirken können

S^{II} ist. Jetzt wird ein Kontakt zwischen beiden Systemen hergestellt (Abb. 1.3). In
der Regel werden in diesem System zunächst Zustandsänderungen stattfinden.
Sind sie nach einer gewissen Zeit abgeklungen, dann sind beim erneuten Berühren von S^I und S^{II} folgende Möglichkeiten denkbar:

a) S^I ist wärmer als S^{II},
b) S^I und S^{II} sind gleich warm,
c) S^{II} ist wärmer als S^I.

Der Fall c) ist noch nie beobachtet worden, er widerspricht also der Erfahrung. Ob
der Fall a) oder der Fall b) eintritt, hängt offenbar von den Eigenschaften der
Kontaktfläche ab. Kontaktflächen, die so beschaffen sind, daß auch lange Zeit
nach dem Kontakt Fall a) festgestellt wird, heißen *adiabatisch isolierende Wände*. Kontaktflächen, die zum Ergebnis b) führen, nennt man *thermisch leitende
Wände*. Streng adiabatisch isolierende Substanzen gibt es nicht. In guter Näherung
kann Asbest als adiabatisch isolierender Stoff verwendet werden. Thermisch gut
leitende Substanzen sind die Metalle. Der Zustand, der sich bei der Verwendung
einer thermisch leitenden Kontaktfläche zwischen zwei Systemen erfahrungsgemäß stets herausbildet, heißt thermisches Gleichgewicht der beiden Systeme. Um

die Sinnesempfindung „gleich warm" quantitativ zu erfassen, schreibt man den beiden Systemen eine Zahl, die empirische Temperatur, zu. „Gleich warm" heißt dann, beide Systeme besitzen die gleiche Temperatur. Die Temperatur ist eine Zustandsgröße, d.h., sie hängt nur vom momentanen Zustand des Systems ab, nicht aber von seiner Vorgeschichte.

Alle diese Erfahrungen werden nach FOWLER im nullten Hauptsatz[3] zusammengefaßt:

Für jedes thermodynamische System existiert eine Zustandsgröße, die Temperatur genannt wird. Ihre Gleichheit ist notwendige Voraussetzung für das thermische Gleichgewicht zweier Systeme oder zweier Teile des gleichen Systems. Sie wird durch eine Zahl charakterisiert, ist also eine skalare Größe.

Aus dieser Formulierung ergibt sich unmittelbar folgende Aussage:

Zwei Systeme, die sich im thermischen Gleichgewicht mit einem dritten System befinden, sind auch untereinander im thermischen Gleichgewicht, haben also die gleiche Temperatur.

An die letzten beiden Aussagen knüpfen unmittelbar die Verfahren zur Temperaturmessung an.

1.8.2 Temperaturmessung

Wir gehen von zwei Systemen S^I und S^{II} aus, deren Zustand durch jeweils zwei[4] Zustandsvariablen (X, Y) beschrieben werden kann. Die Temperatur ϑ^I in S^I ist als Zustandsgröße eine Funktion von X^I und Y^I, ϑ^{II} als Temperatur von S^{II} entsprechend eine Funktion von X^{II} und Y^{II}:

$$\vartheta^I = f^I(X^I, \; Y^I) \; , \qquad \vartheta^{II} = f^{II}(X^{II}, \; Y^{II}) \, . \tag{1.4}$$

Wir betrachten den Fall, daß sich beide Systeme im thermischen Gleichgewicht befinden, also gleiche Temperatur besitzen:

$$\vartheta^I = f^I(X^I, \; Y^I) = \vartheta^{II} = f^{II}(X^{II}, \; Y^{II}) \, . \tag{1.5}$$

Durch diese Bedingung sind die Zustände der beiden Systeme offensichtlich noch nicht festgelegt. Man kann vielmehr zu einem Zustand des Systems S^I unter Wahrung des thermischen Gleichgewichts einen ganzen Satz von Zuständen (X_1^{II}, Y_1^{II}), (X_2^{II}, Y_2^{II}), … finden, die alle zur gleichen Temperatur ϑ^{II} gehören. Verbindet man

---

[3] Nullter Hauptsatz deshalb, weil aus historischen Gründen die Bezeichnung erster und zweiter Hauptsatz mit den Zustandsgrößen Energie und Entropie verbunden sind.

[4] Diese Einschränkung ist unwesentlich, sie soll die Darstellung übersichtlicher machen.

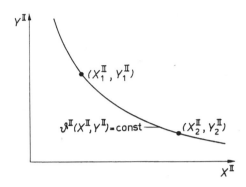

Abb. 1.4
Die Isotherme $\vartheta^{II}(X^{II}, Y^{II}) = $ const

in der (X^{II}, Y^{II})-Ebene alle diese Punkte, so erhält man eine Kurve, die Isotherme heißt (Abb. 1.4). Die Gleichung der Isothermen ist

$$\vartheta^{II} = f^{II}(X^{II}, Y^{II}) = \text{const.}$$

Für verschiedene Werte der Konstanten erhält man eine ganze Schar von Isothermen.

Um nun eine empirische Temperaturskala festzulegen, wählen wir ein System mit den Zustandsvariablen (X, Y) als Standard. Solch ein System wird Thermometer genannt. Durch bestimmte Regeln ordnen wir jeder Isothermen des Thermometers eine bestimmte Zahl zu. Jedem System, das sich dann im thermischen Gleichgewicht mit dem Thermometer befindet, ordnen wir dieselbe Temperaturzahl zu. Das Thermometersystem soll im Vergleich zu dem System, dessen Temperatur bestimmt werden soll, klein sein, damit es bei der Temperaturmessung den Zustand des Systems möglichst wenig verändert und damit sich auch das thermische Gleichgewicht zwischen System und Thermometer möglichst schnell einstellt.

Wir wollen jetzt angeben, wie wir jeder Isothermen eine Zahl zuordnen können. Da die Temperatur auf den Isothermen überall denselben Wert hat, genügt es, einem Punkt der Isothermen eine Temperatur zuzuordnen. Wir wählen als diesen Punkt den Schnittpunkt der Isothermen mit der Geraden $Y = Y_0$ (Abb. 1.5). Die

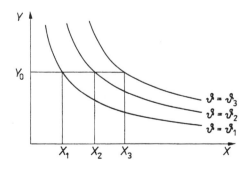

Abb. 1.5 Die Zuordnung der empirischen Temperatur ϑ zur thermometrischen Eigenschaft X

Temperatur ist dann nur noch eine Funktion von X allein:

$$\vartheta = \vartheta(X).$$

Man nennt X thermometrische Eigenschaft. Die Form der thermometrischen Funktion $\vartheta(X)$ bestimmt die Temperaturskala. Wir legen willkürlich eine lineare Skala fest:

$$\vartheta(X) = aX. \tag{1.6}$$

Die Konstante a muß aus Dimensionsgründen eingeführt werden. Ihr genauer Wert wird durch einen Fixpunkt festgelegt. Entsprechend einer internationalen Konvention wählt man als Fixpunkt den Tripelpunkt des Wassers, d.h. den Zustand, in dem sich Eis, Wasser und Wasserdampf nebeneinander im Gleichgewicht befinden, und ordnet ihm willkürlich die Temperatur von 273,16 K (Kelvin) zu.

Hat die thermometrische Eigenschaft am Tripelpunkt den Wert X_T, dann ist auf Grund unserer Festlegung $\vartheta(X_T) = 273,16$ K, und es folgt damit aus (1.6)

$$\vartheta(X) = 273,16 \text{ K} \frac{X}{X_T}.$$

In Tab. 1.2 haben wir einige thermometrische Eigenschaften zusammengestellt. Wenn man für X die angegebenen thermometrischen Eigenschaften benutzt und die Meßwerte der verschiedenen Thermometer vergleicht, so findet man zum Teil recht erhebliche Differenzen. Die geringsten Unterschiede stellt man zwischen den verschiedenen Gasthermometern fest. Besonders gut stimmen die Werte von Helium- und Wasserstoff-Thermometern mit konstantem Volumen überein. Gase werden deshalb auch für Standardthermometer verwendet. Experimente zeigen, daß die Übereinstimmung immer besser wird, je geringer man den Gasdruck p_T am Tripelpunkt wählt, d.h., je stärker das Gasvolumen verdünnt ist. Im Grenzfall $p_T \to 0$ stimmen die gemessenen Temperaturen für alle Gase überein. Man spricht dann von der idealen Gastemperatur T, die durch

$$T \equiv \vartheta = 273,16 \text{ K} \lim_{p_T \to 0} \left(\frac{p}{p_T} \right), \qquad V = \text{const.} \tag{1.7}$$

Tabelle 1.2: Thermometrische Eigenschaften

Thermometrische Eigenschaft X	Thermometer
Volumen	Gasthermometer bei konstantem Druck
Druck	Gasthermometer bei konstantem Volumen
Länge	Flüssigkeit in einer Kapillare (z.B. handelsübliche Quecksilberthermometer)
Elektrischer Widerstand	Widerstandsthermometer
Elektrische Spannung	Thermoelement

definiert ist. Die so festgelegte Temperaturskala wird als Kelvin-Skala bezeichnet, die Temperaturangaben erfolgen in K (Kelvin). Die aus praktischen und historischen Gründen vielfach benutzte Celsius-Skala unterscheidet sich von der Kelvin-Skala nur durch die Wahl eines anderen Nullpunktes

$$\frac{T_{\text{Celsius}}}{{}^\circ\text{C}} = \frac{T_{\text{Kelvin}}}{\text{K}} - 273,15. \tag{1.8}$$

Temperaturangaben in der Celsius-Skala erfolgen in °C (Grad Celsius). Unsere Vorschrift zur Temperaturmessung ist recht willkürlich. Wir werden später die sogenannte absolute thermodynamische Temperatur einführen, die völlig unabhängig von Substanzeigenschaften gemessen werden kann. Die ideale Gastemperatur ist besonders wichtig, weil sie mit der absoluten Temperatur übereinstimmt.

1.9 Wärme und Arbeit

1.9.1 Wärme

Wir haben bereits im Zusammenhang mit dem nullten Hauptsatz festgestellt, daß zwei Systeme, die durch eine thermisch leitende Wand verbunden sind, ihren Zustand solange ändern, bis ihre Temperaturen gleich sind. Da dabei das eine System kälter und das andere wärmer wird, liegt die Annahme nahe, daß „Wärme" vom wärmeren zum kälteren System übertragen wird. Die grundlegende Frage, was denn eigentlich „Wärme" sei, wurde in den historischen Anfängen der Thermodynamik mit der Hypothese, sie sei ein besonderer Stoff, vergleichbar mit Wasser oder anderen chemischen Verbindungen, beantwortet. Diese Annahme hat sich nicht bewährt. Vielmehr zeigte sich, daß Wärme eine Energieform ist, die von einem System auf ein anderes übertragen wird, wenn zwischen beiden Systemen eine Temperaturdifferenz vorhanden ist. Wir betonen, Wärme ist eine Energieform im Übergang, im Fluß von einem System zum anderen. Es ist physikalisch sinnlos, von der Wärme eines Systems zu sprechen. Da die Wärme keine Systemeigenschaft ist (an ihrer Übertragung sind mindestens zwei Systeme beteiligt), ist sie auch keine Zustandsgröße. Die Menge der übertragenen Wärme hängt entscheidend davon ab, wie, d.h. auf welchem „Wege" die Wärme dem System zugeführt wird. Will man z.B. die Temperatur einer bestimmten Gasmenge um einen festen Betrag erhöhen, dann ist die dem Gas zuzuführende Wärmemenge bei konstant gehaltenem Gasvolumen verschieden von der, die man bei konstant gehaltenem Gasdruck zuführen muß.

Für übertragene Wärmemengen verwenden wir das Symbol Q, für die Wärmestromdichte $\dot{Q}$. Infinitesimale Wärmemengen bezeichnen wir mit đQ. Das Symbol đ soll anzeigen, daß es sich bei đQ um kein vollständiges Differential handelt. Dem System zugeführte Wärmemengen zählen wir immer positiv.

1.9.2 Arbeit

Energie kann einem System auch durch Einwirkung äußerer Kräfte zugeführt bzw. entzogen werden. Wir sagen dann, dem System wird Arbeit zugeführt bzw. das System gibt Arbeit an seine Umgebung ab.

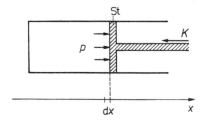

Abb. 1.6 Zur Arbeitsleistung bei der Volumenänderung eines Gases

Als Beispiel betrachten wir ein Gas in einem Zylinder (Abb. 1.6). Auf den Stempel St mit der Fläche F wirkt der Druck p, insgesamt übt das Gas auf den Stempel die Kraft $K = pF$ aus. Drücken wir nun den Stempel um die infinitesimale Strecke dx in den Zylinder hinein, dann müssen wir die Arbeit

$$|\bar{d}A| = K\,dx = pF\,dx = p\,dV$$

aufwenden. Wir wollen Arbeit, die dem System zugeführt wird, immer positiv zählen. Da sich das Volumen bei Arbeitsleistung am System verkleinert, dV also negativ ist, gilt somit

$$\bar{d}A = -p\,dV.$$

Das Differential der Arbeit $\bar{d}A$ ist kein vollständiges Differential. Das Integral $\int_1^2 \bar{d}A$ hängt vom Wege im Zustandsraum der Variablen p und V ab. Das Umlauf-

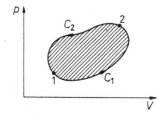

Abb. 1.7 Zur Wegabhängigkeit der Arbeit
Die schraffierte Fläche ist der Arbeit gleich, die bei einem Umlauf von 1 über C_1 nach 2 und über C_2 zurück nach 1 dem System zugeführt wird

integral von 1 längs C_1 nach 2 und längs C_2 zurück nach 1 (Abb. 1.7) ist von Null verschieden und gleich der schraffierten Fläche. Im allgemeinen gilt deshalb für die Arbeit

$$\oint \bar{d}A \neq 0.$$

Tabelle 1.3: Arbeitsdifferentiale

Physikalische Erscheinung bzw. physikalisches System	Zustandsvariable		Arbeits-differential
Kompression und Expansion von Gasen und Flüssigkeiten	V Volumen	p Druck	$-p\,dV$
Elastische Derformation	$\varepsilon_{\alpha\beta}$ Deformations-tensor	$\sigma_{\alpha\beta}$ Spannungs-tensor	$\sum\limits_{\alpha,\beta=1}^{3} \sigma_{\alpha\beta}\,d\varepsilon_{\alpha\beta}$
Oberflächenvergrößerung oder -verkleinerung	F Oberfläche	σ Oberflächen-spannung	$\sigma\,dF$
Magnetisierung	M Magnetisierung	H Magnetfeld-stärke	$H\,dM$
Elektrische Polarisierung	P Polarisation	E elektrische Feldstärke	$E\,dP$
Längenänderung eines Drahtes	l Länge	Z Zugkraft	$Z\,dl$
Galvanisches Element	Q^e elektrische Ladung	φ elektrische Spannung	$\varphi\,dQ^e$

In Tabelle 1.3 haben wir für verschiedene physikalische Erscheinungen die entsprechenden Arbeitsdifferentiale zusammengestellt.

Arbeit und Wärme sind, wie bereits betont, keine Zustandsgrößen. Sie können deshalb auch keinen Gleichgewichtszuständen zugeordnet werden. Sie treten vielmehr beim Ablauf thermodynamischer Prozesse in Erscheinung. Aus diesem Grund werden sie manchmal auch als Prozeßgrößen bezeichnet.

1.10 Fragen

1. Was versteht man unter einem thermodynamischen System?
2. Nennen Sie Beispiele für abhängige und unabhängige Zustandsvariablen!
3. Geben Sie Beispiele für Systeme mit 2 Freiheitsgraden und für solche mit mehr als 2 Freiheitsgraden an!
4. Wann sind Zustandsänderungen reversibel?
5. Was versteht man unter irreversiblen Zustandsänderungen?
6. Erläutern Sie den Begriff Phase!
7. Was sind extensive und was sind intensive Größen?
8. Wodurch unterscheidet sich die makroskopische von der mikroskopischen Beschreibungsweise eines thermodynamischen Systems?
9. Was ist ein Gleichgewichtszustand?
10. Wie kann man Temperaturen messen?
11. Was ist der Inhalt des nullten Hauptsatzes?
12. Wann befinden sich Systeme im thermischen Gleichgewicht?
13. Geben Sie Beispiele für thermometrische Eigenschaften an!
14. Wodurch unterscheidet sich die Kelvin- von der Celsius-Skala?
15. Warum ist das Differential der Arbeit kein vollständiges Differential?
16. Welche Formen des Arbeitsdifferentials kennen Sie?

1.11   Aufgaben

1. Das Volumen des Quecksilbers befolge
   die Gleichung

   $$V = V_0(1 + 1,82 \cdot 10^{-4}t + 8 \cdot 10^{-9}t^2)$$

   Welchen Fehler zeigt ein mit linearer
   Skala versehenes Quecksilberthermo-
   meter höchstens zwischen 0°C und
   100°C? Bei welcher Temperatur ist der
   Fehler am größten?

2. Die Bezugslötstelle eines Thermoelementes wird auf dem Eispunkt gehalten, während die Meßlötstelle sich auf
   der Temperatur t°C befindet. Die
   Thermospannung $\Delta\varphi$ ist dann durch
   folgende Gleichung gegeben:

   $$\Delta\varphi = \alpha\,t + \beta\,t^2,$$

   mit

   $$\alpha = 0,20\,\frac{\text{mV}}{°\text{C}}$$

   und

   $$\beta = -5,0 \cdot 10^{-4}\,\frac{\text{mV}}{(°\text{C})^2}.$$

   a) Man berechne $\Delta\varphi$ für -100°C,
      0°C, 100°C, 200°C, 300°C, 400°C
      und 500°C und trage $\Delta\varphi$ über t auf!
   b) Durch die lineare Gleichung
      $\vartheta = a\,\Delta\varphi + b$ mit $\vartheta = 0$°C am Eis-
      punkt und $\vartheta = 100$°C am Dampf-
      punkt werde eine neue Tempera-
      turskala definiert. Man berechne a

   und b sowie ϑ für die unter (a) angegebenen t-Werte. Man vergleiche
   die beiden Skalen!

3. Der Widerstand eines Platindrahtes beträgt am Eispunkt (0°C) 11,000 Ω, am
   Dampfpunkt (100°C) 15,247 Ω und
   am Schwefelpunkt (444,6°C) 28,887 Ω.
   Man berechne die Konstanten A und B
   in der Gleichung

   $$R = R_0(1 + A\vartheta + B\vartheta^2)$$

   und zeichne R über ϑ im Bereich von
   0°C bis 650°C!

4. Ein ideales Gas ($pV = nRT$) werde
   einmal isotherm ($T = T_0$) und einmal
   adiabatisch auf die Hälfte seines Ausgangsvolumens V_0 zusammengedrückt.
   Man berechne in beiden Fällen die
   aufzuwendende Arbeit, wobei die
   Ausgangstemperatur jeweils T_0 sein
   soll. Man erläutere das Ergebnis.

5. Ein van der Waals-Gas

   $$\left(p + \frac{n^2 a}{V^2}\right)(V - nb) = nRT,$$

   ($a, b = $ const) werde isotherm ($T = T_0$)
   auf die Hälfte des Ausgangsvolumens
   V_0 komprimiert. Man berechne die
   aufzuwendende Arbeit und vergleiche
   sie mit dem Ergebnis für das ideale
   Gas!

2. Bilanzgleichungen und Hauptsätze

2.1 Die allgemeine Form einer Bilanzgleichung

Wie bereits im Abschnitt 1.6.1 festgestellt wurde, kann sich die Menge A einer extensiven Größe in einem raumfesten Volumen nur dadurch ändern, daß diese Größe in das Volumen V hinein- oder aus ihm herausströmt ($d_a A$) oder im Volumen produziert bzw. vernichtet wird ($d_i A$). Die integrale Bilanz für die Größe A lautet deshalb

$$\frac{dA}{dt} = \frac{d_a A}{dt} + \frac{d_i A}{dt} \,. \tag{2.1}$$

Wir wollen noch die differentielle Form der Bilanzgleichung herleiten. Dazu drücken wir die Menge A der extensiven Größe im Volumen V mit Hilfe der Dichte $\breve{a}(r, t)$ dieser Größe als Volumenintegral aus

$$A = \int_V \breve{a}(r, t)\, dV. \tag{2.2}$$

Die pro Zeiteinheit durch die Oberfläche (V) des Volumens V ein- oder ausströmende Menge $d_a A / dt$ läßt sich als ein Oberflächenintegral schreiben:

$$\frac{d_a A}{dt} = - \oint_{(V)} a(r, t)\, df. \tag{2.3}$$

$a(r, t)$ heißt Stromdichte der extensiven Größe A und gibt die Menge der extensiven Größe A an, die pro Oberflächeneinheit und pro Zeiteinheit in das raumfeste Volumen V hinein- oder aus ihm herausströmt. df ist das in das Äußere von V gerichtete Flächenelement.[1] Zur besseren Veranschaulichung erläutern wir die Beziehung (2.3) noch am Beispiel der Masseänderung im Volumen V, hervorgerufen durch ein Strömungsfeld $v(r, t)$. Die im Zeitintervall dt durch das Flächen-

---

[1] Das Minuszeichen vor dem Oberflächenintegral sichert, daß $\frac{d_a A}{dt}$ positiv wird, wenn A in das Volumen hineinströmt. Denn dann zeigt a in das Volumen hinein und da df in das Äußere von V gerichtet ist, wird $a\, df$ negativ und $- \oint a\, df$ positiv.

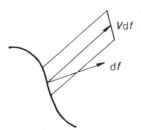

$v\mathrm{d}t$

$\mathrm{d}f$

Abb. 2.1 Strömung durch eine Fläche

element $\mathrm{d}f$ strömende Masse $\mathrm{d}M$ ist gleich dem Volumen $\mathrm{d}f v\,\mathrm{d}t$ des schiefen Zylinders in Abb. 2.1, multipliziert mit der Massendichte ϱ:

$$\mathrm{d}M = -\varrho\,\mathrm{d}f\,v\,\mathrm{d}t. \tag{2.4}$$

Die gesamte Masse, die durch die geschlossene Oberfläche (V) von V im Zeitintervall $\mathrm{d}t$ strömt, ist

$$\mathrm{d}M = \frac{\mathrm{d}M}{\mathrm{d}t}\,\mathrm{d}t = -\oint_V \varrho\,v\,\mathrm{d}f\,\mathrm{d}t \tag{2.5}$$

und für die pro Zeiteinheit durch (V) strömende Masse M gilt

$$\frac{\mathrm{d}M}{\mathrm{d}t} = -\oint_V \varrho\,v\,\mathrm{d}f. \tag{2.6}$$

Das ist genau die Beziehung (2.3) mit $A = M$ und $a = \varrho v$.

Nun betrachten wir die im Innern von V pro Zeiteinheit erzeugte oder vernichtete Menge $\mathrm{d}_i A/\mathrm{d}t$ von A. Diese läßt sich mit Hilfe der Produktionsdichte (Quellstärke) $\breve{q}(a)$ darstellen

$$\frac{\mathrm{d}_i A}{\mathrm{d}t} = \int_V \breve{q}(a)\,\mathrm{d}V. \tag{2.7}$$

Die Quellstärke $\breve{q}(a)$ ist die pro Zeit- und Volumeneinheit erzeugte oder vernichtete Menge von A. Setzt man die Beziehungen (2.2), (2.3) und (2.7) in (2.1) ein und wandelt man noch das Oberflächenintegral mit Hilfe des Gaußschen Satzes in ein Volumenintegral um, so ergibt sich:

$$\frac{\mathrm{d}}{\mathrm{d}t}\int_V \breve{a}(r,t)\,\mathrm{d}V = \int_V \frac{\partial}{\partial t}\breve{a}(r,t)\,\mathrm{d}V = \int_V \left(-\operatorname{div} a + \breve{q}(a)\right)\mathrm{d}V \tag{2.8}$$

und daraus, weil das Volumen V beliebig gewählt werden kann,

$$\frac{\partial \breve{a}}{\partial t} + \operatorname{div} a = \breve{q}(a). \tag{2.9}$$

Das ist die lokale Form der Bilanzgleichung für eine extensive Größe A.

Wenn die Größe A weder erzeugt noch vernichtet werden kann, wenn sie also erhalten bleibt, muß die Produktionsdichte $\breve{q}(a)$ verschwinden, und die Bilanzgleichung geht in einen lokalen Erhaltungssatz (Kontinuitätsgleichung) für die Größe A über:

$$\frac{\partial \breve{a}}{\partial t} + \operatorname{div} \boldsymbol{a} = 0. \tag{2.10}$$

2.2   Die Massebilanz

Wir beginnen die Bilanzierung extensiver Größen mit der Bilanz für die Masse der Komponenten k. Bezeichnen wir ihre Massendichte mit ϱ_k, ihre Massenstromdichte mit $\boldsymbol{m}_k$ und ihre Produktionsdichte mit Γ_k, so lautet die Massenbilanzgleichung entsprechend (2.9)

$$\frac{\partial \varrho_k}{\partial t} + \operatorname{div} \boldsymbol{m}_k = \Gamma_k. \tag{2.11}$$

Die Masse einer Komponente k kann im Rahmen unserer Betrachtungen nur durch chemische Reaktionen geändert werden. Dazu betrachten wir die Reaktionsgleichung (stöchiometrische Gleichung) zwischen den K Komponenten B_i:

$$\sum_{i=1}^{M} (-\nu_i) B_i \rightleftharpoons \sum_{i=M+1}^{K} \nu_i B_i. \tag{2.12}$$

Die stöchiometrischen Koeffizienten der Ausgangsstoffe werden negativ, die der Endstoffe positiv gezählt. Zum Beispiel lauten die stöchiometrischen Koeffizienten der Reaktionsgleichung $H_2 + Cl_2 \rightleftharpoons 2\,HCl$

$$\nu_{H_2} = -1, \quad \nu_{Cl_2} = -1, \quad \nu_{HCl} = 2.$$

Die Gleichung (2.12) besagt, daß bei einem Umsatz die vernichtete (negative ν_i) bzw. produzierte (positive ν_i) Anzahl von Molen gleich den stöchiometrischen Koeffizienten ist. Die Änderung der Anzahl der Mole pro Zeiteinheit ist deshalb proportional zu den ν_i. Da wir uns in den Bilanzgleichungen (2.11) auf die Massen der Komponenten beziehen, müssen wir die auf das Mol bezogenen stöchiometrischen Koeffizienten mit der Masse eines Mols M_i (Molmasse) multiplizieren, um die pro Zeit- und Volumeneinheit produzierte Masse des Stoffes i

$$\Gamma_i = \omega \nu_i M_i \tag{2.13}$$

zu erhalten. Der Proportionalitätsfaktor ω wird als Reaktionsgeschwindigkeit bezeichnet.

Laufen im System gleichzeitig mehrere (R) Reaktionen ab, dann gilt entsprechend

$$\Gamma_k = \sum_{r=1}^{R} \nu_{kr} \, \omega_r \, M_k. \qquad (2.14)$$

Hier sind ν_{kr} die stöchiometrischen Koeffizienten und ω_r die Reaktionsgeschwindigkeiten der r-ten Reaktion.

Über die Massenstromdichte $\boldsymbol{m}_k$ definieren wir das Geschwindigkeitsfeld der Komponente k zu:

$$\boldsymbol{v}_k = \frac{\boldsymbol{m}_k}{\varrho_k}. \qquad (2.15)$$

Als nächstes formulieren wir die Bilanz der gesamten Massendichte ϱ, die sich additiv aus den Massendichten der einzelnen Komponenten zusammensetzt:

$$\varrho = \sum_{k=1}^{K} \varrho_k. \qquad (2.16)$$

Wir summieren in (2.11) über alle Komponenten und beachten dabei, daß die Gesamtmasse eine Erhaltungsgröße ist, also

$$\sum_{k=1}^{K} \Gamma_k = \sum_{k=1}^{K} \sum_{r=1}^{R} \nu_{kr} \, \omega_r \, M_k = 0 \qquad (2.17)$$

gelten muß. Außerdem führen wir durch

$$\varrho \, \boldsymbol{v} = \sum_{k=1}^{K} \varrho_k \boldsymbol{v}_k \qquad (2.18)$$

noch die Schwerpunktsgeschwindigkeit $\boldsymbol{v}(\boldsymbol{r},t)$ ein, die auch baryzentrische Geschwindigkeit genannt wird, und erhalten damit als Massebilanz die aus der Hydrodynamik bekannte Kontinuitätsgleichung

$$\frac{\partial \varrho}{\partial t} + \operatorname{div} \varrho \, \boldsymbol{v} = 0. \qquad (2.19)$$

Die Kontinuitätsgleichung können wir mit Hilfe der substantiellen Zeitableitung

$$\frac{\mathrm{d}}{\mathrm{d}t} = \frac{\partial}{\partial t} + \boldsymbol{v} \operatorname{grad}, \qquad (2.20)$$

die sich auf die zeitlichen Änderungen in einem mit dem Geschwindigkeitsfeld $\boldsymbol{v}(\boldsymbol{r},t)$ mitgeführten Massenelement bezieht, in die substantielle Bilanz für das spezifische Volumen $\hat{v} = 1/\varrho$ umwandeln:

$$\varrho \frac{\mathrm{d}\hat{v}}{\mathrm{d}t} - \mathrm{div}\, \boldsymbol{v} = 0. \tag{2.21}$$

Da wir im folgenden die Bilanzgleichungen oft in ihrer substantiellen Form benötigen, wollen wir die lokale Bilanz (2.9) umrechnen und dabei die Dichte $\breve{a}$ durch die spezifische Größe $\hat{a} = \breve{a}/\varrho$ ersetzen. Mit

$$\frac{\partial \breve{a}}{\partial t} = \frac{\partial \varrho \hat{a}}{\partial t} = \varrho \frac{\mathrm{d}\hat{a}}{\mathrm{d}t} - \mathrm{div}\, \breve{a} \boldsymbol{v} \tag{2.22}$$

(diese Beziehung kann man leicht mit Hilfe von (2.19) und (2.20) nachrechnen) folgt

$$\varrho \frac{\mathrm{d}\hat{a}}{\mathrm{d}t} + \mathrm{div}\,(\boldsymbol{a} - \breve{a} \boldsymbol{v}) = \breve{q}(a). \tag{2.23}$$

Der Vektor

$$\boldsymbol{A} = \boldsymbol{a} - \breve{a} \boldsymbol{v} \tag{2.24}$$

bezeichnet die Stromdichte der extensiven Größe A relativ zu $\boldsymbol{v}$ und gibt die Menge der extensiven Größe an, die pro Zeiteinheit und Oberflächeneinheit in das mit der baryzentrischen Geschwindigkeit $\boldsymbol{v}$ bewegte Massenelement hineinströmt oder aus ihm herausströmt. $\boldsymbol{A}$ wird konduktive Stromdichte genannt, $\breve{a} \boldsymbol{v}$ bezeichnet man als konvektive Stromdichte. Mit den Bezeichnungen

$$\boldsymbol{J}_k = \boldsymbol{m}_k - \varrho_k \boldsymbol{v} = \varrho_k (\boldsymbol{v}_k - \boldsymbol{v}), \tag{2.25}$$

$$\hat{c}_k = \frac{\varrho_k}{\varrho} \tag{2.26}$$

lautet die substantielle Form (2.11) der Massenbilanz der Komponente k mit (2.14)

$$\varrho \frac{\mathrm{d}\hat{c}_k}{\mathrm{d}t} + \mathrm{div}\, \boldsymbol{J}_k = \sum_{r=1}^{R} \omega_r \, \nu_{kr} \, M_k. \tag{2.27}$$

Die spezifische Masse oder Konzentration der Komponente k wird hier durch $\hat{c}_k$ gekennzeichnet. $\boldsymbol{J}_k$ heißt Diffusionsstromdichte und beschreibt die Masse der Komponente k, die pro Zeiteinheit durch die Flächeneinheit der Oberfläche des sich mit der Geschwindigkeit $\boldsymbol{v}$ bewegenden Massenelementes strömt. Wegen (2.16) und (2.18) muß die Summe aller Diffusionsstromdichten verschwinden

$$\sum_{k=1}^{K} \boldsymbol{J}_k = 0. \tag{2.28}$$

2.3 Die Impulsbilanz

Der Impuls ist eine extensive Größe, für die ebenfalls eine Bilanzgleichung aufgestellt werden kann. Dabei ist zu berücksichtigen, daß die Impulsdichte ϱv eine vektorielle Größe und die Impulsstromdichte entsprechend eine tensorielle Größe ist. Wir bezeichnen den Tensor der konduktiven Impulsstromdichte mit $\underline{\tau}$. Impulsänderungen können durch die Wirkungen äußerer eingeprägter Kräfte hervorgerufen werden. Wir berücksichtigen sie im Quellterm der Impulsbilanz, die in substantieller Formulierung die Gestalt[2]

$$\varrho \frac{dv_\alpha}{dt} - \frac{\partial \tau_{\alpha\beta}}{\partial x_\beta} = f_\alpha$$

bzw. in kompakter Schreibweise

$$\varrho \frac{dv}{dt} - \text{Div}\,\underline{\tau} = f \qquad (2.29)$$

hat. Ist f_i die Kraftdichte, die auf die Komponente i wirkt, dann ergibt sich die Kraftdichte f zu

$$f = \sum_{i=1}^{K} f_i. \qquad (2.30)$$

Die spezifischen Kräfte bezeichnen wir mit

$$\hat{f}_i = \frac{f_i}{\varrho_i}. \qquad (2.31)$$

Die Impulsbilanz (2.29)

$$\varrho \frac{dv}{dt} - \text{Div}\,\underline{\tau} = \sum_{i=1}^{K} \varrho_i \hat{f}_i$$

ist aus der Kontinuumsmechanik als Bewegungsgleichung bekannt. Dort nennt man den symmetrischen Tensor

$$\tau_{\alpha\beta} = \tau_{\beta\alpha} \qquad (2.32)$$

Spannungstensor. Er beschreibt definitionsgemäß den pro Zeiteinheit durch die Oberfläche des Massenelementes gehenden Impuls, d.h. die auf die Flächeneinheit bezogene Kraft, die von der Umgebung auf die Oberfläche des Massenelementes ausgeübt wird.

---

[2] Über doppelt auftretende griechische Indizes wird von 1 bis 3 summiert, also

$$\frac{\partial \tau_{\alpha\beta}}{\partial x_\beta} = \sum_{\beta=1}^{3} \frac{\partial \tau_{\alpha\beta}}{\partial x_\beta} = \frac{\partial \tau_{\alpha 1}}{\partial x_1} + \frac{\partial \tau_{\alpha 2}}{\partial x_2} + \frac{\partial \tau_{\alpha 3}}{\partial x_3}.$$

2.4   Die Energiebilanzen und der erste Hauptsatz

2.4.1   Die Bilanz der Gesamtenergie

In der Physik spielt der Energiebegriff eine zentrale Rolle. Ursprünglich in der Mechanik entwickelt, wurde er durch die Untersuchungen von MAYER, JOULE und HELMHOLTZ verallgemeinert und auf andere physikalische Gebiete angewandt. Dabei hat sich immer wieder bestätigt, daß die Energie bei Berücksichtigung aller Energieformen eine Erhaltungsgröße ist, für die ein lokaler Erhaltungssatz gilt. In die Gesamtenergie können auch Beiträge eingehen, die von äußeren Kraftfeldern herrühren, d.h. von solchen Kraftfeldern, die man üblicherweise in der Thermodynamik nicht zum System zählt. In der Bilanzgleichung für die Systemenergie E müssen deshalb die Wirkungen der äußeren Kraftfelder in einem Quellterm $\breve{q}(e)$ berücksichtigt werden, wobei sich dieser Quellterm additiv aus den Leistungsdichten $v_i f_i$ der auf die einzelnen Komponenten wirkenden Kraftdichten f_i zusammensetzt:

$$\breve{q}(e) = \sum_{i=1}^{K} v_i f_i. \tag{2.33}$$

Die Bilanzgleichung für die Systemenergie lautet damit

$$\varrho \frac{\mathrm{d}\hat{e}}{\mathrm{d}t} + \operatorname{div} e = \sum_{i=1}^{K} v_i f_i. \tag{2.34}$$

Hier ist $\hat{e}$ die spezifische Energie des Systems und e die dazugehörende konduktive Stromdichte.

2.4.2   Die Bilanz der inneren Energie

Zur Systemenergie gehört auch die kinetische Energie, die den Bewegungszustand des Systems charakterisiert. Für den thermodynamischen Zustand des Systems ist aber nur der Anteil der Systemenergie von Interesse, der sich auf den inneren Zustand des Systems bezieht. Dieser Anteil ist die innere Energie U. Um die Dichte der inneren Energie $\breve{u}$ zu erhalten, muß man also von der Dichte der Systemenergie $\breve{e}$ die Dichte der kinetischen Energie $\frac{1}{2}\varrho v^2$ abziehen:

$$\breve{u} = \breve{e} - \frac{1}{2}\varrho v^2. \tag{2.35}$$

Die Bilanz der kinetischen Energie kann man aus der Impulsbilanz (2.29) berechnen, indem man diese mit dem Geschwindigkeitsfeld v überschiebt:

$$\varrho v \frac{\mathrm{d}v}{\mathrm{d}t} - v \mathrm{Div}\, \underline{\tau} = v \sum_{i=1}^{K} f_i.$$

Nach einigen elementaren Umformungen – beispielsweise wird (als Folge von (2.32))

$$\tau_{\alpha\beta} \frac{\partial v_\alpha}{\partial x_\beta} = \frac{\tau_{\alpha\beta}}{2} \left(\frac{\partial v_\alpha}{\partial x_\beta} + \frac{\partial v_\beta}{\partial x_\alpha} \right) = \tau_{\alpha\beta}\, V_{\alpha\beta}$$

benutzt – folgt hieraus die Bilanz der kinetischen Energie in substantieller Form

$$\varrho \frac{\mathrm{d}\left(\frac{1}{2} v_\alpha v_\alpha\right)}{\mathrm{d}t} - \frac{\partial}{\partial x_\beta} \left(\tau_{\alpha\beta}\, v_\alpha \right) = -\tau_{\alpha\beta} V_{\alpha\beta} + \sum_{i=1}^{K} v_\alpha f_{i\alpha}, \qquad (2.36)$$

bzw. in kompakter Schreibweise

$$\varrho \frac{\mathrm{d}\left(\frac{1}{2} v^2\right)}{\mathrm{d}t} - \mathrm{div}\, (\underline{\tau}\, v) = -\underline{\tau} : \underline{\mathbf{V}} + \sum_{i=1}^{K} v f_i.$$

$\underline{\mathbf{V}}$ mit den Komponenten

$$V_{\alpha\beta} = \frac{1}{2} \left(\frac{\partial v_\alpha}{\partial x_\beta} + \frac{\partial v_\beta}{\partial x_\alpha} \right)$$

wird als Tensor der Deformationsgeschwindigkeit bezeichnet. Die Bilanz der inneren Energie ergibt sich wegen (2.35) als Differenz der Bilanzen für die Energie des Systems (2.34) und der kinetischen Energie (2.36) unter Verwendung von (2.25) zu

$$\varrho \frac{\mathrm{d}\hat{u}}{\mathrm{d}t} + \mathrm{div}\, \mathbf{Q} = \underline{\tau} : \underline{\mathbf{V}} + \sum_{i=1}^{K} J_i f_i \qquad (2.37)$$

Hier haben wir mit

$$\mathbf{Q} = e + \underline{\tau} \cdot v \qquad (2.38)$$

die konduktive Stromdichte der inneren Energie, die auch als Wärmestromdichte bezeichnet wird, eingeführt. Die konduktive Stromdichte e der Energie des Systems enthält somit außer der Wärmestromdichte einen Anteil $-\underline{\tau} \cdot v$, der den Transport von Arbeit, die von der Umgebung am Massenelement verrichtet wird, beschreibt.

2.4.3 Der erste Hauptsatz

Der erste Hauptsatz[3] ist ein Spezialfall der Bilanz für die innere Energie, und er wird üblicherweise für stofflich abgeschlossene Systeme formuliert. Er lautet dann:

Jedes thermodynamische System besitzt eine extensive Zustandsgröße U, die innere Energie. Sie wächst an durch Zufuhr von Wärme ($đQ$) und von Arbeit ($đA$):

$$dU = đQ + đA. \tag{2.39}$$

Für abgeschlossene Systeme ($đQ = 0$, $đA = 0$) gilt der Energieerhaltungssatz

$$dU = 0 \quad \text{bzw.} \quad U = \text{const.} \tag{2.40}$$

Die letzte Aussage soll noch etwas erläutert werden. Genauer müßte es heißen: „für abgeschlossene Systeme bleibt die Systemenergie E erhalten". Für Gleichgewichtszustände ist die Systemenergie gleich der inneren Energie, da in diesem Fall keine kinetische Energie vorhanden ist.[4] Laufen aber beim Übergang von einem Gleichgewichtszustand 1 zu einem Gleichgewichtszustand 2 irreversible Prozesse ab, dann kann durchaus zwischenzeitlich kinetische Energie auf Kosten von innerer Energie entstehen. Das ist z.B. bei dem im Abschnitt 3.2 beschriebenen Gay-Lussac-Versuch der Fall.

Wir wollen nun noch zeigen, wie für ein fluides Einkomponentensystem der erste Hauptsatz aus der Bilanzgleichung für die innere Energie

$$\frac{\partial \breve{u}}{\partial t} + \text{div}\,(\boldsymbol{Q} + \breve{u}\,\boldsymbol{v}) = \underline{\underline{\tau}} : \underline{V} \tag{2.41}$$

folgt. Der Spannungstensor kann hier, wenn wir Reibungsspannungen vernachlässigen, durch den hydrostatischen Druck p ersetzt werden:

$$\tau_{\alpha\beta} = -p\,\delta_{\alpha\beta}. \tag{2.42}$$

$\delta_{\alpha\beta}$ ist der Einheitstensor (Kronecker Symbol):

$$\delta_{\alpha\beta} = \begin{cases} 1 & \text{für} \quad \alpha = \beta \\ 0 & \text{für} \quad \alpha \neq \beta \,. \end{cases} \tag{2.43}$$

---

[3] Die Hervorhebung der Hauptsätze hat historische Gründe und geht auf die Entwicklung der Thermodynamik im 19. Jahrhundert zurück.
[4] Im Gleichgewicht ist das Geschwindigkeitsfeld $\boldsymbol{v} = 0$ und damit verschwindet auch die Dichte der kinetischen Energie $\frac{1}{2}\,\varrho v^2$.

Für das Produkt $\underline{\tau} : \underline{V}$ folgt dann:

$$\tau_{\alpha\beta} V_{\alpha\beta} = -p \, v_{\alpha,\alpha} = -p \, \text{div} \, \boldsymbol{v}. \tag{2.44}$$

Nun wollen wir die Energiebilanz (2.41) über das Systemvolumen integrieren. Dabei beachten wir, daß die zeitliche Änderung eines Volumenintegrals, dessen Oberfläche sich mit der Geschwindigkeit $\boldsymbol{v}(r,t)$ bewegt, gegeben ist durch:

$$\frac{\text{d}}{\text{d}t} \int\limits_V \breve{a} \, \text{d}V = \int \left\{ \frac{\partial \breve{a}}{\partial t} + \text{div} \, (\breve{a} \, \boldsymbol{v}) \right\} \text{d}V. \tag{2.45}$$

Ist speziell $\breve{a} = 1$, dann folgt

$$\frac{\text{d}}{\text{d}t} \int\limits_V \text{d}V = \frac{\text{d}V}{\text{d}t} = \int\limits_V \text{div} \, \boldsymbol{v} \, \text{d}V. \tag{2.46}$$

Damit erhalten wir nach Integration über das Systemvolumen, konstanten Druck p vorausgesetzt, aus (2.41):

$$\frac{\text{d}}{\text{d}t} \int\limits_V \breve{u} \, \text{d}V + \oint\limits_{(V)} \boldsymbol{Q} \, \text{d}\boldsymbol{f} = -p \, \frac{\text{d}V}{\text{d}t}. \tag{2.47}$$

Das Oberflächenintegral $\oint_{(V)} \boldsymbol{Q} \, \text{d}\boldsymbol{f}$ gibt die dem System pro Zeiteinheit zugeführte (oder entzogene) Wärme $-đQ/\,\text{d}t$ an, $\int_V \breve{u} \, \text{d}V$ ist die gesamte innere Energie U des Systems, so daß (2.47) schließlich in die bekannte Form (2.39)

$$\text{d}U = đQ - p \, \text{d}V \tag{2.48}$$

des ersten Hauptsatzes übergeht. Als Arbeitsterm haben wir hier nur die Volumenänderungsarbeit $đA = -p \, \text{d}V$ erhalten. Berücksichtigt man in der Bilanz für die innere Energie z.B. den Term $\sum_i \boldsymbol{J}_i \boldsymbol{f}_i$, dann folgen auch noch andere Arbeitsterme.

2.4.4 Das perpetuum mobile 1. Art

Die allgemeine Fassung des Energiebegriffes im ersten Hauptsatz ermöglicht die Antwort auf die Frage, ob man eine Maschine konstruieren kann, die mehr Energie nach außen abgibt, als man ihr zuführt. Die Antwort lautet:

Es ist unmöglich, ein perpetuum mobile 1. Art, d.h. eine periodisch arbeitende Maschine, die Arbeit abgibt, ohne Energie in irgendeiner Form aufzunehmen, zu konstruieren.

Diese Aussage, die auch als Satz von der Unmöglichkeit eines perpetuum mobile 1. Art bezeichnet wird, ist der Teilaussage des ersten Hauptsatzes, daß die Energie eine Zustandsgröße ist, äquivalent. Zum Beweis betrachten wir die Energieänderung $\Delta U = U_E - U_A$, die mit dem Übergang eines beliebigen thermodynamischen Systems aus einem Anfangszustand A mit der inneren Energie U_A in einem Endzustand E mit der inneren Energie U_E verbunden ist:

$$\Delta U = U_E - U_A = \int\limits_A^E dU. \tag{2.49}$$

Dieser Beziehung liegt die Vorstellung zugrunde, daß das System aus dem Anfangszustand A durch eine Folge von infinitesimal benachbarten Gleichgewichtszwischenzuständen in den Endzustand E übergeht. Die beim Übergang von einem Zustand in den infinitesimal benachbarten Zustand mit der Umgebung ausgetauschten Energiemengen dU werden sämtlich aufsummiert (integriert). Das Integral in (2.49) gibt deshalb die gesamte mit dem Übergang A $\rightarrow$ E verbundene Energieänderung des Systems an.

Wenn zwei beliebige Zustände eines Systems übereinstimmen, müssen auch alle Zustandsgrößen in diesen beiden Zuständen übereinstimmen, da die Zustandsgrößen eindeutige Funktionen der den Zustand charakterisierenden Zustandsvariablen sind.

Wir betrachten nun ein System mit periodischen Zustandsänderungen, bei denen der Zustand A am Periodenanfang mit dem Zustand E am Periodenende übereinstimmt. Bei solchen Systemen folgt aus der Aussage, „U ist eine Zustandsgröße", daß U_A und U_E gleich sind, und wegen (2.49) gilt dann

$$\Delta U = 0.$$

Ein solches System kann also während einer Periode keine Energie nach außen abgeben. Ein perpetuum mobile 1. Art ist nicht möglich. Setzen wir umgekehrt voraus, daß es kein perpetuum mobile gibt, so folgt aus dieser Annahme, daß die innere Energie eine Zustandsgröße ist. Man sieht dies leicht ein, wenn man beachtet, daß dann bei einem Periodenumlauf $\Delta U = 0$ ist und daß man wegen der Gleichheit des Anfangs- und Endzustandes (A = E) schreiben kann:

$$\Delta U = \int\limits_A^E đU = \oint đU = 0.$$

Diese Aussage gilt für jede Periode und jeden beliebigen Weg im Raum der Zustandsvariablen, d.h., $đU$ ist das vollständige Differential der Zustandsfunktion innere Energie U.

2.5   Die Entropiebilanz und der zweite Hauptsatz

2.5.1   Irreversible Prozesse und die Entropiebilanz

Die in der Natur ablaufenden Vorgänge sind irreversibel, d.h. nicht umkehrbar. Es wird beispielsweise nie beobachtet, daß die Temperatur eines Systems anwächst, wenn es in thermischen Kontakt mit einem kälteren System gebracht wird, d.h., Wärme fließt nicht von allein vom kälteren zum wärmeren System. Ein Stein, der in einen Wasserbehälter fällt, erhöht dessen innere Energie und damit dessen Temperatur. Es geschieht aber nie, daß sich ein Wasserbehälter spontan abkühlt und dadurch einen Stein herausschleudert, obgleich dieser Vorgang nicht im Widerspruch zum ersten Hauptsatz stehen würde. Diese Beispiele sollen deutlich machen, daß die Beschreibung thermodynamischer Vorgänge nur dann gelingen kann, wenn ein geeignetes Maß für die *Irreversibilität* eingeführt wird. Ein solches Maß ist die bei einem irreversiblen Prozeß entstehende *Entropie* Wir haben damit dem Maß der Irreversibilität bisher nur einen Namen gegeben, es kommt jetzt darauf an, die wesentlichen Eigenschaften dieses Maßes festzustellen und quantitativ zu erfassen.

Zunächst nehmen wir an, daß die Entropie genau wie die innere Energie eine skalare extensive Größe ist, d.h., daß sie bilanziert werden kann. Wir bezeichnen die Entropie mit dem Symbol S und drücken durch

$$\mathrm{d}S = \mathrm{d}_\mathrm{i}S + \mathrm{d}_\mathrm{a}S \tag{2.50}$$

aus, daß sich die Entropie in einem thermodynamischen System entweder dadurch ändern kann, daß im Innern des Systems Entropie erzeugt oder vernichtet wird ($\mathrm{d}_\mathrm{i}S$), oder dadurch, daß Entropie in das System hinein- bzw. aus ihm herausströmt ($\mathrm{d}_\mathrm{a}S$). In differentieller Form lautet die Entropiebilanz

$$\varrho \, \frac{\mathrm{d}\hat{s}}{\mathrm{d}t} + \mathrm{div}\, \boldsymbol{S} = \breve{q}(s) = \sigma. \tag{2.51}$$

Dabei ist $\hat{s}$ die spezifische Entropie, $\boldsymbol{S}$ die Entropiestromdichte und σ die Entropieproduktionsdichte. Die entscheidende Frage ist nun, wie die Irreversibilität eines Naturvorganges zum Ausdruck gebracht werden kann. Zur Beantwortung dieser Frage halten wir uns vor Augen, daß auch im abgeschlossenen System irreversible Prozesse ablaufen können. Betrachten wir beispielsweise ein nach außen isoliertes System, das aus zwei Teilsystemen besteht, die durch eine wärmeleitende Wand verbunden sind. Im Augenblick der Beobachtung habe sich das thermische Gleichgewicht noch nicht eingestellt (Abb. 2.2), es gilt $\vartheta_1 > \vartheta_2$. Im Innern vollzieht sich der Temperaturausgleich, ein irreversibler Prozeß, der bis zum Erreichen des thermischen Gleichgewichts andauert. Das Auftreten irreversibler Prozesse auch in abgeschlossenen Systemen läßt es als sinnvoll erscheinen, die Irreversibilität mit der Entropieerzeugung $\mathrm{d}_\mathrm{i}S$ im Innern des Systems in Ver-

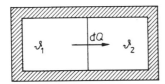

Abb. 2.2 Zum Temperaturausgleich zwischen zwei nach außen isolierten Systemen mit den Temperaturen ϑ_1 und $\vartheta_2 < \vartheta_1$

bindung zu bringen. Speziell wird die gefühlsmäßige Aussage „beim Ablauf eines irreversiblen Prozesses im Innern des Systems geschieht etwas, was nicht wieder rückgängig gemacht werden kann" in die physikalische Sprache übersetzt mit „es entsteht im Innern eine Größe, die nicht wieder vernichtet werden kann", wobei wir diese Größe unter dem Namen Entropie eingeführt haben. Die mathematische Formulierung dieser Aussage lautet schließlich

$$\mathrm{d_i}\, S \geq 0 \quad \text{bzw.} \quad \sigma \geq 0, \tag{2.52}$$

d.h., Entropie kann im Innern eines Systems nur erzeugt, nie aber vernichtet werden. Aus dem oben Gesagten wird ersichtlich, daß das Gleichheitszeichen in (2.52) gerade den reversiblen Prozeß auszeichnet, der aber nur eine Idealisierung der wirklich ablaufenden Prozesse darstellen kann.

Als nächstes untersuchen wir, wie die Entropie mit energetischen Größen zusammenhängt. Dazu betrachten wir wieder eines der eingangs dieses Abschnittes aufgeführten Beispiele. Wir hatten uns überlegt, daß die Zustandsänderung durch den in das Wasser fallenden Stein in einer Temperaturerhöhung des Systems besteht. Diese Zustandsänderung können wir wieder rückgängig machen, indem wir unser System mit einem Wärmebad der ursprünglichen Systemtemperatur in thermischen Kontakt bringen und den Temperaturausgleich abwarten. (Unter einem *Wärmebad* wollen wir ein thermodynamisches System verstehen, das so groß sein soll, daß sich seine Temperatur bei beliebiger Wärmezufuhr oder Wärmeabfuhr nicht ändert.) Unser System hat also nach dem Temperaturausgleich seine ursprüngliche Temperatur und damit seinen ursprünglichen Zustand wieder erreicht. Es hat alle Spuren des irreversiblen Prozesses, der mit dem Hineinfallen des Steines verbunden war, verloren. Die Annahme, daß die bei dem irreversiblen Vorgang produzierte Entropie durch die Wärmeübertragung an das Wärmebad unserem System wieder entzogen wurde, liegt deshalb nahe. Wir sehen daran, daß die mit der Umgebung (Wärmebad) ausgetauschte Entropie mit der ausgetauschten Wärmemenge und der Temperatur, bei der dieser Austausch erfolgt, zusammenhängt. Als mathematische Formulierung dieses Zusammenhanges hat sich der Ansatz

$$S = \frac{Q}{T} \tag{2.53}$$

bewährt. T heißt absolute Temperatur. Sie erweist sich als eindeutige Funktion der empirischen Temperatur, d.h., T besitzt die im nullten Hauptsatz definierten Eigenschaften der empirischen Temperatur.

Bei einem reversiblen Wärmeaustausch geht die zum Wärmeaustausch erforderliche Temperaturdifferenz gegen Null, der Prozeß der Wärmeübertragung verläuft dann quasistatisch. Durch Anwenden der Beziehung (2.3) (mit $A = S$) erhalten wir dann

$$\frac{\mathrm{d_a} S}{\mathrm{d}t} = - \oint\limits_{(V)} \frac{\boldsymbol{Q}}{T}\,\mathrm{d}f = \frac{1}{T}\frac{đQ}{\mathrm{d}t}. \tag{2.54}$$

Die mit dem System reversibel ausgetauschte Wärmemenge ist

$$đQ = T\,\mathrm{d_a}S. \tag{2.55}$$

2.5.2 Formulierung des zweiten Hauptsatzes

Bisher haben wir bei all unseren Überlegungen stillschweigend vorausgesetzt, daß die Entropie eine Zustandsgröße ist. Definiert wird sie durch die Gleichungen (2.50), (2.51) und (2.55). Wir fassen diese Aussagen verbal im zweiten Hauptsatz der Thermodynamik zusammen:

Jedes thermodynamische System besitzt eine extensive Zustandsgröße S, die Entropie. Ihre Zunahme bei reversiblen Zustandsänderungen berechnet man, indem man die zugeführte Wärmemenge durch die bei dieser Gelegenheit zu definierende absolute Temperatur dividiert.
Bei allen irreversiblen Zustandsänderungen wird im Innern des Systems Entropie produziert.   (Sommerfeldsche Formulierung)

Oft vereinigt man die Aussagen des zweiten Hauptsatzes (vgl. (2.50), (2.51) und (2.55))

$$\mathrm{d}S = \mathrm{d_a} S + \mathrm{d_i} S$$

mit

$$\mathrm{d_a} S = \frac{đQ}{T}, \qquad \mathrm{d_i} S \geq 0$$

zu folgender Ungleichung (das Gleichheitszeichen bezieht sich verabredungsgemäß auf reversible Prozesse):

$$\mathrm{d}S \geq \frac{đQ}{T}. \tag{2.56}$$

Für abgeschlossene Systeme ($đQ = đA = 0$) bedeutet dies

$$\mathrm{d}S \geq 0. \tag{2.57}$$

In abgeschlossenen Systemen kann die Entropie nur zunehmen oder höchstens gleichbleiben. Solange im abgeschlossenen System noch Prozesse von allein ablaufen, wird Entropie produziert, d.h., die Entropie des Systems wächst an. Erst wenn der Gleichgewichtszustand erreicht ist, hört die Entropieproduktion auf; die Entropie selbst hat dann einen Maximalwert erreicht.

Als etwas merkwürdig erscheint die Bemerkung im zweiten Hauptsatz, daß die „absolute Temperatur bei dieser Gelegenheit zu definieren sei". Damit ist aber nichts anderes gemeint, als daß zum unvollständigen Differential der infinitesimal kleinen Wärmemenge $\mathrm{d}Q$ bei reversiblen Zustandsänderungen ein integrierender Faktor $1/T$ existiert. Man sieht, daß dadurch tatsächlich die zwei Größen T und S definiert werden: Der integrierende Faktor $1/T$ überführt $\mathrm{d}Q$ in das vollständige Differential einer Zustandsfunktion S, die Entropie genannt wird.

2.5.3 Das perpetuum mobile 2. Art

Wir haben im Zusammenhang mit dem ersten Hauptsatz gesehen, daß Energie nicht erzeugt werden kann. Es ist aber möglich, die verschiedenen Energieformen ineinander umzuwandeln. Nach dem ersten Hauptsatz unterliegen diese Umwandlungen keinerlei Einschränkungen. So wäre es beispielsweise möglich, die riesigen Vorräte an innerer Energie, die in den Weltmeeren stecken, zur Arbeitsleistung nutzbar zu machen, indem man eine Maschine konstruiert, die ohne weitere Energiequellen einfach durch Abkühlen des Meeres Arbeit leistet und dadurch etwa ein Schiff antreibt. Alle Versuche, eine solche Maschine zu bauen, sind aber gescheitert. Man faßt diese Erfahrung im Satz von der Unmöglichkeit eines perpetuum mobile 2. Art zusammen:

> Es ist unmöglich, ein perpetuum mobile 2. Art, d.h. eine periodisch funktionierende Maschine zu konstruieren, die weiter nichts bewirkt als das Heben einer Last (Arbeitsleistung) und Abkühlung eines Wärmereservoirs.
>
> (Plancksche Formulierung)

Diese Aussage folgt unter Verwendung des ersten Hauptsatzes unmittelbar aus dem zweiten Hauptsatz. Da diese fiktive Maschine nur ein Wärmereservoir abkühlen soll, wird sie nach einiger Zeit die Temperatur T_0 dieses Reservoirs angenommen haben. Zustandsänderungen der Maschine können also nur bei konstanter Temperatur T_0 ablaufen, es sei denn, man verhindert überhaupt den thermischen Kontakt und nimmt „irgendwie" adiabatische Zustandsänderungen in der Maschine vor. Die ablaufenden Prozesse sind also gekennzeichnet durch

$$T = T_0 \quad \text{oder} \quad \mathrm{d}Q = 0. \tag{2.58}$$

Da die fiktive Maschine periodisch arbeitet, durchläuft sie einen Kreisprozeß. Die Änderung von Zustandsgrößen bei Kreisprozessen ist aber Null; für die Entropie gilt deshalb

$$\Delta S = \oint \frac{\text{d}Q}{T} = 0.$$
(2.59)

Daraus und aus (2.58) folgt

$$\oint \text{d}Q = 0.$$
(2.59)

Zusammen mit dem ersten Hauptsatz,

$$\oint \text{d}U = \oint \text{d}A + \oint \text{d}Q = 0,$$

ergibt sich also

$$\oint \text{d}A = 0,$$

d.h., die fiktive Maschine kann keine Arbeit leisten, ein perpetuum mobile 2. Art ist unmöglich.

Aus der Nichtexistenz eines perpetuum mobile 2. Art läßt sich umgekehrt auch die Existenz der Zustandsgröße Entropie ableiten. Wir werden dies im Abschnitt 4.5.4 mit Hilfe der Carnot-Maschine zeigen.

Wir geben noch eine auf CLAUSIUS zurückgehende Formulierung des zweiten Hauptsatzes an:

Es existiert keine periodisch arbeitende Maschine, die keine andere dauernde Veränderung hervorruft, als daß bei einer festen Temperatur einem Wärmebad Wärme entnommen und die gleiche Wärmemenge einem anderen Wärmebad bei höherer Temperatur zugeführt wird.   (Clausiussche Formulierung)

Die Äquivalenz dieser Formulierung mit der Planckschen Aussage über die Nichtexistenz eines perpetuum mobile 2. Art werden wir ebenfalls in Abschnitt 4.5.4 mit Hilfe der Carnot-Maschine nachweisen.

2.6 Zusammenstellung der Hauptsätze und die Gibbssche Fundamentalgleichung

Für die folgenden Kapitel, in denen hauptsächlich Gleichgewichtszustände verschiedener Systeme untersucht werden, stellen wir die drei Hauptsätze (sie definieren die drei Zustandsgrößen Temperatur, innere Energie und Entropie) nochmals zusammen.

Nullter Hauptsatz:

Für jedes thermodynamische System existiert eine Zustandsgröße, die Temperatur genannt wird. Ihre Gleichheit ist notwendige Voraussetzung für das thermische Gleichgewicht zweier Systeme oder zweier Teile des gleichen Systems. Sie wird durch eine Zahl charakterisiert, ist also eine skalare Größe.

Erster Hauptsatz:

Jedes thermodynamische System besitzt eine extensive Zustandsgröße U, die innere Energie. Sie wächst an durch Zufuhr von Wärme ($đQ$) und von Arbeit ($đA$):

$$dU = đQ + đA \tag{2.60}$$

Für abgeschlossene Systeme ($đQ = 0$, $đA = 0$) gilt der Energieerhaltungssatz

$$dU = 0 \quad \text{bzw.} \quad U = \text{const.} \tag{2.61}$$

Zweiter Hauptsatz

Jedes thermodynamische System besitzt eine extensive Zustandsgröße S, die Entropie. Ihre Zunahme bei reversiblen Zustandsänderungen berechnet man, indem man die zugeführte Wärmemenge durch die bei dieser Gelegenheit zu definierende absolute Temperatur T dividiert.
Bei allen irreversiblen Zustandsänderungen wird im Innern des Systems Entropie produziert:

$$dS \geq \frac{đQ}{T}. \tag{2.62}$$

Wir wollen nun den ersten Hauptsatz und den zweiten Hauptsatz (bei reversibler Prozeßführung) zu einer Gleichung zusammenfassen. Dazu ersetzen wir $đQ$ in (2.62) mit Hilfe von (2.60) und erhalten

$$dS = \frac{1}{T} \, dU - \frac{1}{T} \, đA. \tag{2.63}$$

Die Erfahrung zeigt, daß $đA$ bei reversiblen Zustandsänderungen die Gestalt

$$đA = \sum_{i=1}^{n} a_i \, dA_i \tag{2.64}$$

annimmt (siehe Tab. 1.3). Damit geht (2.63) über in

$$dS = \frac{1}{T} \, dU - \frac{1}{T} \sum_{i=1}^{n} a_i \, dA_i. \tag{2.65}$$

Diese Beziehung heißt *Gibbssche Fundamentalgleichung*. Sie bildet die Grundlage der Gleichgewichtsthermodynamik und spielt hier eine ähnliche Rolle wie das System der Maxwell-Gleichungen in der Elektrodynamik oder wie das zweite Newtonsche Axiom in der Mechanik.

Im Differential der Arbeit (2.64) haben wir uns nicht auf ein spezielles thermodynamisches System festgelegt, d.h., die Zustandsvariablen A_i können z.B. das Volumen V, die Magnetisierung M oder die Oberfläche F sein (siehe dazu Tab. 1.3). Speziell für ein Gas oder eine Flüssigkeit mit $đA = -p \, dV$ ($A_1 = V$, $a_1 = -p$) lautet die Gibbssche Fundamentalgleichung

$$dS = \frac{1}{T} \, dU + \frac{p}{T} \, dV. \tag{2.66}$$

Wir ziehen nun einige Schlußfolgerungen aus der Gibbsschen Fundamentalgleichung:

a) Aus mathematischen Gründen kann eine Beziehung zwischen vollständigen Differentialen in der obigen Form nur bestehen, wenn S allein durch die Größen U und A_i ($i = 1, 2, ..., n$) bestimmt wird, also allein eine Funktion dieser Größen ist:

$$S = S(U, A_1, A_2, \ldots, A_n) = S(U, A_i). \tag{2.67}$$

b) Nach Bildung des vollständigen Differentials

$$dS = \frac{\partial S(U, A_l)}{\partial U} \, dU + \sum_{i=1}^{n} \frac{\partial S(U, A_l)}{\partial A_i} \, dA_i \tag{2.68}$$

zeigt der Vergleich mit (2.65)

$$\frac{1}{T} = \frac{\partial S(U, A_l)}{\partial U}, \quad a_i = -T \frac{\partial(U, A_l)}{\partial A_i}, \tag{2.69}$$

d.h., wichtige Zustandsgrößen (Eigenschaften), wie Temperatur, Druck (bei Gasen und Flüssigkeiten), Magnetisierung (bei magnetischen Substanzen) und weitere mit a_i bezeichnete Eigenschaften, hängen genau wie die Entropie nur von den Größen U und A_i ab. Es liegt nahe anzunehmen, daß alle Zustandsgrößen des Systems Funktionen der U und A_i sind, so daß die U und A_i den Zustand vollständig charakterisieren. Mit dieser Annahme sind wir jetzt in der Lage, bei der Behandlung konkreter thermodynamischer Systeme einen vollständigen Satz von Zustandsvariablen aufzufinden. Dazu genügt ein Blick auf die rechte Seite der Gibbsschen Fundamentalgleichung in der Form (2.65): Die dort in den Differentialen stehenden *Zustandsvariablen* bilden einen *vollständigen Satz*.

c) Die erste Gleichung in (2.69) zeigt deutlich, daß T als Zustandsgröße eine Funktion der Zustandsvariablen U und A_i ist:

$$T = T(U, A_i).$$

Diese Gleichung heißt *kalorische Zustandsgleichung*. Allerdings wird sie meist in einer nach U aufgelösten Form angegeben:

$$U = U(T, A_i). \tag{2.70}$$

Setzt man diese Gleichung in die rechte Seite der zweiten Gleichung von (2.69) ein, ergibt sich eine Abhängigkeit der Form

$$a_i = a_i(T, A_i). \tag{2.71}$$

Diese Gleichungen heißen *thermische Zustandsgleichungen*. Wir können also feststellen, daß sich kalorische und thermische Zustandsgleichungen bei expliziter Kenntnis der Entropie $S(U, A_i)$ durch einfaches Differenzieren von S nach den Zustandsvariablen des vollständigen Satzes und anschließende algebraische Umformungen gewinnen lassen. Diese Prozedur hat eine Analogie in der Mechanik. Dort läßt sich die Kraft in vielen Fällen als Ableitung eines Potentials nach den Ortsvariablen darstellen. Entsprechend wollen wir S als thermodynamisches Potential in den Zustandsgrößen U und A_i bezeichnen. Dabei ist die Feststellung wichtig, daß S nur als Funktion von U und A_i Potentialcharakter hat, also die Zustandsgleichungen zu berechnen gestattet. S als Funktion anderer Variablen, z.B. $S(T, A_i)$, besitzt diese Eigenschaften nicht.

Aus den Zustandsgleichungen, die sich bei Kenntnis des Potentials S berechnen lassen, folgen weitere Systemeigenschaften, z.B. die spezifischen Wärmen (siehe Abschnitt 4.2). Wir gehen bei unseren Untersuchungen von der durch die Erfahrung bestätigten Annahme aus, daß das Potential S alle Informationen über das thermodynamische System im Gleichgewicht enthält, daß sich also alle Gleichgewichtseigenschaften aus $S(U, A_i)$ herleiten lassen. Damit können wir folgenden Algorithmus zur Beschreibung thermodynamischer Systeme angeben.

1. Stelle die Gibbssche Fundamentalgleichung auf. Bei den bisher betrachteten Systemen geschieht dies durch Kombination von erstem und zweitem Hauptsatz und setzt Überlegungen zur Anzahl und physikalischen Natur der a_i und A_i in den Arbeitstermen voraus; z.B. bei Gasen gilt:

$$i = 1, \quad a_1 = -p, \quad A_1 = V, \quad đA = -p\,dV.$$

2. Ermittle $S = S(U, A_i)$. Hier liegt die eigentliche Schwierigkeit. Die Entropie S muß aus experimentellen Daten bestimmt oder aber aus mikroskopischen Modellvorstellungen über das thermodynamische System mit Hilfe der Methoden der statistischen Thermodynamik berechnet werden.

3. Bestimme aus $S(U, A_i)$ die thermodynamischen Eigenschaften, wie Zustandsgleichungen (gemäß (2.69)), und andere interessierende Zustandsgrößen.

Es gehört zu den Aufgaben der phänomenologischen Thermodynamik zu zeigen,

a) wie die Eigenschaften eines thermodynamischen Systems aus S oder aus anderen thermodynamischen Potentialen berechnet werden können,

b) welche Beziehungen zwischen den verschiedenen thermodynamischen Eigenschaften bestehen und in welchen Aussagen die gleiche Information wie in einem thermodynamischen Potential enthalten ist und

c) wie aus möglichst wenigen Messungen thermodynamischer Größen die thermodynamischen Potentiale bestimmt werden können.

Ein Teil des vorliegenden Buches befaßt sich gerade mit der Lösung dieser Aufgaben.

2.7 Fragen

1. Wie lautet die allgemeine Form einer Bilanzgleichung in integraler und differentieller Form?
2. Wodurch unterscheidet sich die lokale Form einer Bilanzgleichung von der substantiellen Form?
3. Wie lautet die Bilanzgleichung für eine Stoffkomponente?
4. Wodurch kann Masse einer Stoffkomponente produziert werden und wie hängt diese Produktion mit den stöchiometrischen Koeffizienten zusammen?
5. Wie erhält man aus den Bilanzgleichungen für die einzelnen Stoffkomponenten die Kontinuitätsgleichung?
6. Wie ist die Diffusionsstromdichte definiert?
7. Wie lautet die Impulsbilanz?
8. Wie kann man die Bilanz der kinetischen Energie erhalten?

9. Wie lautet die Bilanz der inneren Energie, und wie ist die Wärmestromdichte definiert?
10. Wie lautet die Entropiebilanz und wie hängt die Entropiestromdichte mit der Wärmestromdichte zusammen?
11. Wie lautet der erste Hauptsatz?
12. Wie folgt der erste Hauptsatz aus der Bilanzgleichung für die innere Energie?
13. Was ist ein perpetuum mobile 1. Art?
14. Was ist ein perpetuum mobile 2. Art?
15. Was versteht man unter einem Wärmebad?
16. Wie lautet der zweite Hauptsatz?
17. Wie lautet die Gibbssche Fundamentalgleichung?
18. Welche Dimensionen haben die innere Energie, die Wärmemengen, die Arbeit, die Entropie, die Wärmestromdichte und die Entropiestromdichte?

2.8   Aufgaben

1. Man leite aus den Maxwell-Gleichungen die Bilanzgleichung für die elektrische Ladung ab.

2. Man leite aus den Maxwell-Gleichungen die Bilanzgleichung für die elektromagnetische Energiedichte $\frac{1}{2}\left(\boldsymbol{ED}+\boldsymbol{HB}\right)$ ab.

   Voraussetzung: $\boldsymbol{D}=\varepsilon\boldsymbol{E}$, $\boldsymbol{B}=\mu\boldsymbol{H}$

   $\varepsilon,\mu=\text{const}.$

3. Man gebe die Bilanz der kinetischen Energie (Gl. (2.36)) in lokaler Form an.

4. Thermische und kalorische Zustandsgleichung eines thermodynamischen Systems seien gegeben durch

$$p=\frac{1}{3}\,\beta T,$$

$$U=\beta\,TV\;(\beta=\text{const}).$$

Bestimmen Sie eine Funktion $f(T)$ so, daß $\frac{\text{d}\!\!\!\text{-}Q}{f(T)}$ ein vollständiges Differential ist und deshalb für jeden Kreisprozeß

$$\oint\frac{\text{d}\!\!\!\text{-}Q}{f(T)}=0\text{ gilt.}$$

5. Welche Folgerung kann man aus dem ersten Hauptsatz für die bei einem beliebigen Kreisprozeß auftretende Wärmemenge und Arbeit ziehen?

3. Zustandsgleichungen

3.1 Thermische und kalorische Zustandsgleichungen

Im letzten Abschnitt hatten wir festgestellt, daß die Entropie S als Funktion der inneren Energie U und der Zustandsvariablen A_i (ähnlich wie die Hamilton-Funktion in der Mechanik) alle Informationen über das thermodynamische System enthält. Dabei wird S in verschiedenen Systemen (z.B. in Gasen, Flüssigkeiten, Festkörpern oder in der Hohlraumstrahlung) in spezifischer Weise von den für das System charakteristischen Größen A_i und von U abhängen. Leider läßt sich nun die Entropie nicht direkt messen. Es ist viel leichter, die bereits in den Gleichungen (2.69) bis (2.71) definierten Zustandsgleichungen experimentell zu bestimmen. Man kann zeigen, daß die Kenntnis der Zustandsgleichungen äquivalent der Kenntnis des thermodynamischen Potentials $S(U, A_i)$ ist. Es lassen sich also auch alle Eigenschaften eines thermodynamischen Systems aus den Zustandsgleichungen ableiten. Darin und in der eben erwähnten Möglichkeit, sie aus experimentellen Daten vergleichsweise einfach zu ermitteln, liegt die große Bedeutung der Zustandsgleichungen.

Die Einteilung der Zustandsgleichungen in thermische und kalorische ist historisch bedingt. Unter der kalorischen Zustandsgleichung verstehen wir gemäß (2.70) die Abhängigkeit der inneren Energie U von der Temperatur und den Zustandsvariablen A_i:

$$U = U(T, A_i). \tag{3.1}$$

Ihren Namen verdankt sie der Tatsache, daß ihre experimentelle Bestimmung über die spezifischen Wärmen erfolgt, die früher in Kalorien[1] pro Grad gemessen wurden. Die thermischen Zustandsgleichungen legen nach (2.71) die Abhängigkeit der Zustandsgröße a_i von der Temperatur und den Zustandsvariablen A_l fest:

$$a_i = a_i(T, A_l). \tag{3.2}$$

---

[1] Die früher benutzte Defintion der Kalorie lautet: *Eine Kalorie* 1 cal *ist diejenige Wärmemenge, die man* 1 g *Wasser zuführen muß, um es bei Atmosphärendruck von* 14,5°C *auf* 15,5°C *zu erwärmen.* Dem entspricht der Wert 1 cal = 4,1868 J.

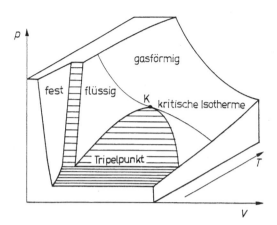

Abb. 3.1 Die Zustandsfläche eines einkomponentigen Stoffes

Ihren Namen erhielten sie, weil mit ihrer Hilfe leicht die Temperatur bestimmt werden kann. Das bekannteste Beispiel einer thermischen Zustandsgleichung ist die Zustandsgleichung des idealen Gases,

$$pV = NkT = nLkT = nRT.$$

Hierbei sind n die Molzahl, L die Loschmidt-Zahl und $R = kL$ die ideale Gaskonstante.

Zustandsgleichungen kann man als Flächen im Zustandsraum darstellen. Im Fall eines Gases kann man als unabhängige Zustandsvariablen die Temperatur T und das Volumen V wählen. Die *Zustandsfläche* ist dann durch $p = p(T, V)$ gegeben, und sie wird über dem durch T und V aufgespannten zweidimensionalen Zustandsraum aufgetragen. Jedem Gleichgewichtszustand des thermodynamischen Systems entspricht ein Punkt auf der Zustandsfläche. Die in Abb. 3.1 dargestellte Zustandsfläche gibt qualitativ sehr gut das Verhalten vieler einkomponentiger Stoffe wieder. Auf den schraffierten Flächen befinden sich je zwei Phasen im Gleichgewicht. Am Tripelpunkt sind es drei Phasen (fest, flüssig und gasförmig), die miteinander im Gleichgewicht stehen. Das hier angegebene Beispiel zeigt auch, daß die Zustandsgleichungen nicht immer durch analytische Funktionen dargestellt werden können.

Spezielle Zustandsgleichungen, z.B. für reale Gase, Festkörper oder Systeme in elektromagnetischen Feldern, werden in Teil II diskutiert. Wir stellen hier in Tab. 3.1 bereits eine Reihe von wichtigen Zustandsgleichungen zusammen.

Wir müssen nun noch den Nachweis führen, daß die Kenntnis der Zustandsgleichungen der Kenntnis der Entropie als thermodynamischem Potential äquivalent ist. Dazu lösen wir (3.1) nach T auf:

$$T = T(U, A_l). \tag{3.3}$$

In (3.2) ersetzen wir T gemäß (3.3) durch U und A_l:

Tabelle 3.1: Wichtige thermische Zustandsgleichungen[*]

System	Thermische Zustandsgleichung
Ideales Gas	$pV = nRT$
van der Waals-Gas	$\left(p + \dfrac{an^2}{V^2}\right)(V - nb) = nRT$
Isotroper elastischer Festkörper	$\tau_{\alpha\beta} = 2\mu\varepsilon_{\alpha\beta} + \lambda\varepsilon_{\gamma\gamma}\delta_{\alpha\beta} - m\delta_{\alpha\beta}(T - T_0)$
Hohlraumstrahlung	$p = \dfrac{1}{3}\,bT^4$
Paramagnetische Stoffe	$\boldsymbol{M} = \dfrac{C}{T}\,\boldsymbol{H}$
Ferromagnetische Stoffe	$\boldsymbol{M} = \dfrac{C}{T - \Theta}\,\boldsymbol{H}$
Ferroelektrische Stoffe	$\boldsymbol{p} = \dfrac{C}{T - \Theta}\,\boldsymbol{E}$

[*] Die Konstanten C und Θ haben für die einzelnen Stoffe unterschiedliche Werte.

$$a_i = a_i\Big(T(U, A_l), A_k\Big) = a_i(U, a_l). \tag{3.4}$$

Mit den Beziehungen (3.3) und (3.4) sind uns aber die Koeffizienten vor den Differentialen $\mathrm{d}U$ und $\mathrm{d}A_i$ in der Gibbsschen Fundamentalgleichung

$$\mathrm{d}S = \frac{1}{T(U, A_l)}\,\mathrm{d}U - \frac{1}{T(U, A_l)}\sum_i a_i(U, A_l)\,\mathrm{d}A_i \tag{3.5}$$

bekannt. Durch Integration können wir deshalb aus (3.5) die Entropie als Funktion von U und A_l bis auf eine additive Konstante berechnen. Damit haben wir gezeigt, wie man aus den Zustandsgleichungen das thermodynamische Potential Entropie erhalten kann. Über den Wert der additiven Konstante liefert erst der dritte Hauptsatz eine Aussage. Wir kommen darauf in Kapitel 8 zurück.

3.2   Beziehungen zwischen thermischer und kalorischer Zustandsgleichung

Bei flüchtiger Betrachtung könnte es scheinen, daß sich für ein thermodynamisches System die kalorische Zustandsgleichung unabhängig von der thermischen

Zustandsgleichung vorgeben läßt. Das ist aber nicht der Fall, da beide Zustandsgleichungen aus einer Funktion, dem thermodynamischen Potential S, ableitbar sind. Mit anderen Worten: Damit dS in (3.5) ein vollständiges Differential ist, müssen die Koeffizienten $1/T(U, A_l)$ und $a_i(U, A_l)/T(U, A_l)$ die Integrabilitätsbedingungen

$$\frac{\partial}{\partial A_i}\left(\frac{1}{T}\right) = \frac{\partial^2 S}{\partial U\, \partial A_i} = \frac{\partial}{\partial U}\left(\frac{-a_i}{T}\right)$$

erfüllen. Diese Gleichungen geben den Zusammenhang zwischen der kalorischen und der thermischen Zustandsgleichung bei Verwendung der unabhängigen Zustandsvariablen U und A_i an. Analoge Beziehungen kann man bei Verwendung der unabhängigen Zustandsvariablen T und A_i herleiten. Wir wollen das am Beispiel eines Systems zeigen, das durch die unabhängigen Zustandsvariablen T und $A_1 = v = V/n$ beschrieben wird (z.B. Gase oder Flüssigkeiten). Die Gibbssche Fundamentalgleichung lautet dann

$$ds = \frac{1}{T}\, du + \frac{p}{T}\, dv, \tag{3.6}$$

mit

$$s = \frac{S}{n}, \quad u = \frac{U}{n}, \quad v = \frac{V}{n}, \quad n \text{ Molzahl.}$$

Die innere Energie fassen wir entsprechend der kalorischen Zustandsgleichung als Funktion von T und v auf. Das vollständige Differential von u ist dann

$$du = \left(\frac{\partial u}{\partial T}\right)_v dT + \left(\frac{\partial u}{\partial v}\right)_T dv. \tag{3.7}$$

Damit gehen wir in (3.6) ein und erhalten

$$T\, ds = \left(\frac{\partial u}{\partial T}\right)_v dT + \left[\left(\frac{\partial u}{\partial v}\right)_T + p\right] dv. \tag{3.8}$$

Das vollständige Differential der Entropie $s = s(T, v)$ mit T multipliziert ergibt

$$T\, ds = T\left(\frac{\partial s}{\partial T}\right)_v dT + T\left(\frac{\partial s}{\partial v}\right)_T dv. \tag{3.9}$$

Der Vergleich der Koeffizienten bei dT und dv in den Gleichungen (3.8) und (3.9) liefert die Beziehungen

$$\left(\frac{\partial s}{\partial T}\right)_v = \frac{1}{T}\left(\frac{\partial u}{\partial T}\right)_v, \quad \left(\frac{\partial s}{\partial v}\right)_T = \frac{1}{T}\left[\left(\frac{\partial u}{\partial v}\right)_T + p\right]. \tag{3.10}$$

Wir bilden nun die zweiten partiellen Ableitungen $(\partial^2 s/\partial T \partial v)$ und $(\partial^2 s/\partial v \partial T)$, die einander gleich sein sollen. Aus (3.10) folgt dann

$$\frac{\partial}{\partial v}\left[\frac{1}{T}\left(\frac{\partial u}{\partial T}\right)_v\right] = \frac{\partial}{\partial T}\left\{\frac{1}{T}\left[\left(\frac{\partial u}{\partial v}\right)_T + p\right]\right\}$$

und nach der Differentiation

$$\frac{1}{T}\left(\frac{\partial^2 u}{\partial v\,\partial T}\right) = -\frac{1}{T^2}\left[\left(\frac{\partial u}{\partial v}\right)_T + p\right] + \frac{1}{T}\left(\frac{\partial^2 u}{\partial T\partial v}\right) + \frac{1}{T}\left(\frac{\partial p}{\partial T}\right)_v$$

oder

$$\left(\frac{\partial u}{\partial v}\right)_T = T\left(\frac{\partial p}{\partial T}\right)_v - p. \tag{3.11}$$

Damit haben wir einen Zusammenhang zwischen der kalorischen und der thermischen Zustandsgleichung erhalten. Die thermische Zustandsgleichung $p = p(v, T)$ legt über die Gibbssche Fundamentalgleichung und damit letztlich über den ersten und zweiten Hauptsatz die Volumenabhängigkeit der inneren Enrgie fest. Die Temperaturabhängigkeit der inneren Energie wird nicht vollständig festgelegt, hier ist noch eine additive Temperaturfunktion frei wählbar.

Als Beispiel berechnen wir $(\partial u/\partial v)_T$ für ein ideales Gas. Für ein Mol lautet die thermische Zustandsgleichung des idealen Gases

$$pv = RT.$$

Daraus und aus (3.11) folgt

$$\left(\frac{\partial u}{\partial v}\right)_T = 0 \quad \text{bzw.} \quad u = u(T). \tag{3.12}$$

Die innere Energie eines idealen Gases hängt nicht vom Volumen ab. Experimentell wird diese Aussage durch den Gay-Lussac-Versuch bestätigt: Man isoliert dabei das in Abb. 3.2 dargestellte System adiabatisch, es ist also $đQ = 0$. Beim Entspannen des ursprünglich in der linken Hälfte eingeschlossenen Gases in das Vakuum auf der rechten Seite wird nach außen keine Arbeit abgegeben, es ist demnach auch $đA = 0$ und wegen des ersten Hauptsatzes ebenfalls $dU = 0$. Die innere Energie U bleibt bei dem Versuch konstant. Durch Messungen stellt man fest, daß die Temperatur vor der Ausdehnung des Gases die gleiche wie nach der Ausdehnung ist, vorausgesetzt, man verwendet ein Gas, das den idealen Gasge-

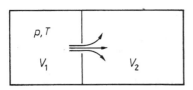

Abb. 3.2 Irreversible Gasexpansion

setzen gehorcht (z.B. Helium bei Zimmertemperatur und Atmosphärendruck). Es gilt somit

$$U(T, V_1) = U(T, V_1 + V_2).$$

$U(T, V_1)$ ist die innere Energie des Gases am Anfang und $U(T, V_1 + V_2)$ die am Ende des Versuches. In beiden Fällen befindet sich das Gas in einem Gleichgewichtszustand. Da unabhängig von der Wahl der Volumina V_1 und V_2 immer das gleiche experimentelle Ergebnis, nämlich keine Temperaturänderung, erhalten wird, kann U gar nicht von V abhängen.

3.3 Fragen

1. Nennen Sie Beispiele für thermische Zustandsgleichungen!

2. Was versteht man unter einer kalorischen Zustandsgleichung?

3. Warum kann man für ein System die thermische und die kalorische Zustandsgleichung nicht unabhängig voneinander vorgeben?

4. Wie kann man $(\partial U / \partial V)_T$ mit Hilfe der thermischen Zustandsgleichung berechnen?

5. Beschreiben Sie den Gay-Lussac-Versuch!

3.4 Aufgaben

1. Man berechne $U(T, V)$ für die Hohlraumstrahlung!

2. Man zeige, daß für paramagnetische Stoffe mit

$$M = \frac{C}{T} H, \quad C = \text{const},$$

die innere Energie nur von T abhängt!

3. Man berechne $\left(\dfrac{\partial U}{\partial H}\right)_T$ für ferromagnetische Stoffe.

4. Die thermische und kalorische Zustandsgleichung eines thermodynamischen Systems lauten:

$$p = A \frac{T^3}{V}, \quad A = \text{const},$$

$$U = BT^n \ln \frac{V}{V_0} + f(T).$$

Man bestimme die Konstanten B und n.

5. Ein ideales Quantengas besitzt die Zustandsgleichung $pV = aU$, $a = \text{const}$. Man zeige, daß die kalorische Zustandsgleichung die Struktur $U = f(TV^a)V^{-a}$ haben muß (f beliebige Funktion).

4. Grundlegende thermodynamische Prozesse und Beziehungen

4.1 Isobare, isochore und isotherme Prozesse

Thermodynamische Prozesse werden oft so geführt, daß bei ihrem Ablauf eine oder auch mehrere Zustandsvariablen konstant gehalten werden. Bleibt der Druck p konstant, dann heißt der Prozeß isobar,

$$p = \text{const} \quad \text{bzw.} \quad dp = 0,$$

bleibt das Volumen V konstant, dann heißt der Prozeß isochor,

$$V = \text{const} \quad \text{bzw.} \quad dV = 0,$$

und bleibt die Temperatur T konstant, dann heißt der Prozeß isotherm,

$$T = \text{const} \quad \text{bzw.} \quad dT = 0.$$

Bei diesen Prozessen vereinfachen sich auch die Zustandsgleichungen, da sich die Anzahl der unabhängigen Zustandsvariablen um eins verringert. Als Beispiel betrachten wir die entsprechenden Beziehungen für ein ideales Gas (1 Mol):

$$\text{isobarer Prozeß:} \quad \frac{v}{T} = \text{const},$$

$$\text{isochorer Prozeß:} \quad \frac{p}{T} = \text{const},$$

$$\text{isothermer Prozeß:} \quad pv = \text{const}.$$

Man kann aber auch andere Zustandsgrößen konstant halten, z.B. bei einem Festkörper den Spannungstensor oder bei einem System in elektromagnetischen Feldern die Magnetisierung. Es sind auch Prozesse bei konstanter innerer Energie oder konstanter Entropie (isentropische Prozesse) möglich. Nicht in jedem Fall hat sich für solche Prozesse ein besonderer Name eingebürgert.

4.2 Spezifische Wärmen

Will man die Temperatur einer Substanz erhöhen, so wird man ihr im allgemeinen Wärme zuführen. Diejenige Wärmemenge, die man braucht, um 1 g einer Substanz um 1 Grad zu erwärmen, nennt man spezifische Wärme $\hat{c}$. Bezieht man sich statt dessen auf 1 Mol, dann spricht man von der Molwärme c. Sie ist definiert durch

$$c = \frac{đq}{dT}.$$ (4.1)

Die Molwärme eines Stoffes ist keine Zustandsgröße. Sie hängt wesentlich von der Art der Prozeßführung ab. Das liegt daran, daß $đq$ kein vollständiges Differential ist. Aber auch dann, wenn man sich auf einen bestimmten Prozeß festgelegt hat, kann c noch von Zustandsvariablen, z.B. der Temperatur, abhängen.

Wir wollen nun an Hand eines Gases oder einer Flüssigkeit mit dem Arbeitsterm $đa = -p\, dv$ zeigen, wie man die Molwärme mit Hilfe der Zustandsgleichung und des ersten Hauptsatzes berechnen kann. Wir betonen aber ausdrücklich, daß die folgenden Relationen auch für Systeme mit anderen Arbeitstermen und Zustandsvariablen sinnentsprechend gültig sind. Man muß dann z.B. bei einem Festkörper p durch $-\tau_{\alpha\beta}$ und v durch $\varepsilon_{\alpha\beta}$ ersetzen und natürlich die Zustandsgleichungen für einen Festkörper verwenden.

Die Zustandsgleichungen und der erste Hauptsatz lauten:

$$p = p(T, v), \quad u = u(T, v), \quad du = đq - p\, dv.$$ (4.2)

Bilden wir das vollständige Differential der inneren Energie mit Hilfe der kalorischen Zustandsgleichung, so folgt

$$du = \left(\frac{\partial u}{\partial v}\right)_T dv + \left(\frac{\partial u}{\partial T}\right)_v dT.$$

Nun berechnen wir c:

$$c = \frac{đq}{dT} = \frac{du}{dT} + p\frac{dv}{dT} = \left(\frac{\partial u}{\partial T}\right)_v + \left[\left(\frac{\partial u}{\partial v}\right)_T + p\right]\frac{dv}{dT},$$

also

$$c = \left(\frac{\partial u}{\partial T}\right)_v + \left[\left(\frac{\partial u}{\partial v}\right)_T + p\right]\frac{dv}{dT}.$$ (4.3)

Dabei wird je nach der Prozeßführung dv/dT verschiedene Werte annehmen. Wir werden jetzt c für bestimmte Prozesse angeben.

Isochorer Prozeß

Hier ist $v = $ const bzw. $dv = 0$. Damit vereinfacht sich (4.3) zu

$$c_v = \left(\frac{\partial u}{\partial T}\right)_v. \tag{4.4}$$

In diesem Fall kann aus der kalorischen Zustandsgleichung sofort die Molwärme (bei festgehaltenem Volumen, angedeutet durch den Index v am c) berechnet werden.

Isobarer Prozeß

Es gilt $p = \text{const}$, und c_p berechnet sich gemäß

$$c_p = \left(\frac{\partial u}{\partial T}\right)_v + \left[\left(\frac{\partial u}{\partial v}\right)_T + p\right]\left(\frac{\partial v}{\partial T}\right)_p. \tag{4.5}$$

Zur Bestimmung von c_p benötigt man neben der kalorischen auch noch die thermische Zustandsgleichung, aus der $(\partial v/\partial T)_p$ ermittelt werden kann.

Immer wenn Prozesse bei konstantem Druck (z.B. bei Atmosphärendruck) ablaufen, ist es günstiger, anstelle der Zustandsfunktion innere Energie eine neue Zustandsfunktion einzuführen, die von p und T abhängt. Das wird durch die Legendresche Transformation

$$h = u + pv \tag{4.6}$$

erreicht.[1] Hier treten p und v als zueinander konjugierte Variablen auf. Die Zustandsfunktion h heißt Enthalpie. Wir bilden das vollständige Differential von h und erhalten mit Hilfe des ersten Hauptsatzes

$$\begin{aligned} dh &= du + d(pv) \\ &= đq - p\,dv + p\,dv + v\,dp, \\ dh &= đq + v\,dp. \end{aligned} \tag{4.7}$$

Bei konstantem p ($dp = 0$) ist dh gleich der dem System von außen zugeführten Wärme $đq$.

Wir wollen die Molwärme jetzt mit Hilfe der Enthalpie $h = h(p, T)$ berechnen. Es folgt mit $dh = (\partial h/\partial T)_p\,dT + (\partial h/\partial p)_T\,dp$

$$c = \frac{đq}{dT} = \left(\frac{\partial h}{\partial T}\right)_p + \left[\left(\frac{\partial h}{\partial p}\right)_T - v\right]\frac{dp}{dT}. \tag{4.8}$$

Bei isobarer bzw. isochorer Prozeßführung ergibt sich:

---

[1] Wir erinnern an die Mechanik, wo man durch die Legendre-Transformation $H = \sum_k p_k \dot{q}_k - L$ von der Lagrange-Funktion L zur Hamilton-Funktion H übergeht. Dabei sind die generalisierten Geschwindigkeiten $\dot{q}_k$ und die generalisierten Impulse p_k die zueinander konjugierten Variablen.

Isobarer Prozeß:

$$c_p = \left(\frac{\partial h}{\partial T}\right)_p \tag{4.9}$$

Isochorer Prozeß:

$$c_v = \left(\frac{\partial h}{\partial T}\right)_p + \left[\left(\frac{\partial h}{\partial p}\right)_T - v\right]\left(\frac{\partial p}{\partial T}\right)_v \tag{4.10}$$

Aus h kann sofort c_p berechnet werden, während man zur Bestimmung von c_v außer $h(p, T)$ noch die thermische Zustandsgleichung kennen muß.

4.3 Beziehungen zwischen den Molwärmen

Molwärmen lassen sich experimentell relativ einfach bestimmen. Ist außerdem die thermische Zustandsgleichung bekannt, so kann man mit ihr und den gemessenen Molwärmen $c_v(v, T)$ und $c_p(v, T)$ die innere Energie, die Enthalpie und die Entropie berechnen.[2] Wie dies geschieht, soll im folgenden gezeigt werden. Dabei wird sich herausstellen, daß es genügt, z.B. nur die Temperaturabhängigkeit der Molwärme c_v bei einem einzigen festen Volumen zu messen. Das ist deshalb möglich, weil unter Berücksichtigung der Gibbsschen Fundamentalgleichung eine ganze Reihe wichtiger Beziehungen zwischen den molaren Wärmen und den partiellen Ableitungen von u, h und s bestehen. Eine dieser Relationen haben wir bereits in Abschnitt 3.2 kennengelernt, es ist die Gleichung (3.11):

$$\left(\frac{\partial u}{\partial v}\right)_T = T\left(\frac{\partial p}{\partial T}\right)_v - p. \tag{4.11}$$

Analog folgt aus dem zweiten Hauptsatz, und (4.7) über die Gibbssche Fundamentalgleichung in der Form $T\,\mathrm{d}s = \mathrm{d}h - v\,\mathrm{d}p$ die Beziehung

$$\left(\frac{\partial h}{\partial p}\right)_T = -T\left(\frac{\partial v}{\partial T}\right)_p + v. \tag{4.12}$$

Die Druckabhängigkeit der Enthalpie ist genau wie die Volumenabhängigkeit der inneren Energie allein durch die thermische Zustandsgleichung festgelegt. Auch

---

[2] Wir betrachten wieder ein System, das durch das Arbeitsdifferential $\mathrm{d}a = -p\,\mathrm{d}v$ charakterisiert ist. Eine Übertragung der abgeleiteten Beziehungen auf andere Systeme ist leicht möglich.

für die Entropie können wir ähnliche Aussagen ableiten. Um das zu erkennen, gehen wir wieder von der Gibbsschen Fundamentalgleichung $T\,\mathrm{d}s = \mathrm{d}u + p\,\mathrm{d}v$ aus. Mit $u(T, v)$ und damit mit $s(T, v)$ nimmt sie, wenn wir die vollständigen Differentiale $\mathrm{d}s$ und $\mathrm{d}u$ ausführlich aufschreiben, die Form

$$T\left(\frac{\partial s}{\partial T}\right)_v \mathrm{d}T + T\left(\frac{\partial s}{\partial v}\right)_T \mathrm{d}v = \left(\frac{\partial u}{\partial T}\right)_v \mathrm{d}T + \left[\left(\frac{\partial u}{\partial v}\right)_T + p\right]\mathrm{d}v$$

an. Der Koeffizientenvergleich bei $\mathrm{d}T$ und $\mathrm{d}v$ liefert die Beziehungen

$$T\left(\frac{\partial s}{\partial T}\right)_v = \left(\frac{\partial u}{\partial T}\right)_v, \qquad T\left(\frac{\partial s}{\partial v}\right)_T = \left(\frac{\partial u}{\partial v}\right)_T + p. \tag{4.13}$$

Berücksichtigen wir noch (4.11), so erhalten wir aus der zweiten Gleichung von (4.13) die gesuchte Relation

$$\left(\frac{\partial s}{\partial v}\right)_T = \left(\frac{\partial p}{\partial T}\right)_v. \tag{4.14}$$

Gehen wir von der Gibbsschen Fundamentalgleichung in der Form $T\,\mathrm{d}s = \mathrm{d}h - v\,\mathrm{d}p$ aus, so werden wir entsprechend auf die Beziehung

$$\left(\frac{\partial s}{\partial p}\right)_T = -\left(\frac{\partial v}{\partial T}\right)_p \tag{4.15}$$

geführt. Die Gleichungen (4.14) und (4.15) werden Maxwellsche Beziehungen genannt. Wir wollen nun den Zusammenhang zwischen den Molwärmen und der Entropie angeben. Aus dem zweiten Hauptsatz, $T\,\mathrm{d}s = đq$, folgt sofort

$$c = \frac{đq}{\mathrm{d}T} = T\,\frac{\mathrm{d}s}{\mathrm{d}T}$$

und

$$c_v = T\left(\frac{\partial s}{\partial T}\right)_v, \qquad c_p = T\left(\frac{\partial s}{\partial T}\right)_p. \tag{4.16}$$

Etwas komplizierter wird es, wenn wir c_v aus $s(p, T)$ berechnen wollen. Wir schreiben zuerst wieder c auf:

$$c = \frac{đq}{\mathrm{d}T} = T\,\frac{\mathrm{d}s}{\mathrm{d}T} = T\left[\left(\frac{\partial s}{\partial T}\right)_p + \left(\frac{\partial s}{\partial p}\right)_T \frac{\mathrm{d}p}{\mathrm{d}T}\right].$$

Für $c_v(p, T)$ folgt dann

$$c_v = T\left[\left(\frac{\partial s}{\partial T}\right)_p + \left(\frac{\partial s}{\partial p}\right)_T \left(\frac{\partial p}{\partial T}\right)_v\right]. \tag{4.17}$$

Entsprechend kann man $c_p(v, T)$ ausrechnen:

$$c_p = T \left[\left(\frac{\partial s}{\partial T}\right)_v + \left(\frac{\partial s}{\partial v}\right)_T \left(\frac{\partial v}{\partial T}\right)_p \right]. \tag{4.18}$$

Als nächstes untersuchen wir die Abhängigkeit der Molwärmen vom Volumen bzw. vom Druck. Wir bilden $(\partial c_v / \partial v)_T$ und berücksichtigen die Gleichungen (4.16) und (4.14):

$$\left(\frac{\partial c_v}{\partial v}\right)_T = \left\{ \frac{\partial}{\partial} \left[T \left(\frac{\partial s}{\partial T}\right)_v \right] \right\}_T = T \left[\frac{\partial}{\partial T} \left(\frac{\partial s}{\partial v}\right)_T \right]_v$$

oder

$$\left(\frac{\partial c_v}{\partial v}\right)_T = T \left(\frac{\partial^2 p}{\partial T^2}\right)_v. \tag{4.19}$$

Wir haben hier die Vertauschbarkeit der 2. partiellen Ableitungen in $(\partial^2 s / \partial v \partial T)$ benutzt. Analog erhalten wir mit den Gleichungen (4.16) und (4.15)

$$\left(\frac{\partial c_p}{\partial p}\right)_T = -T \left(\frac{\partial^2 v}{\partial T^2}\right)_p. \tag{4.20}$$

Die Volumenabhängigkeit von c_v und die Druckabhängigkeit von c_p werden nur von der thermischen Zustandsgleichung bestimmt.

Es sollen nun die wichtigsten Beziehungen für die molaren Wärmen zusammengestellt werden:

$$c_v(T, v) = \left(\frac{\partial u}{\partial T}\right)_v = T \left(\frac{\partial s}{\partial T}\right)_v = c_v(T, v_0) + \int_{v_0}^{v} T \left(\frac{\partial^2 p}{\partial T^2}\right)_{v'} \mathrm{d}v', \tag{4.21}$$

$$c_p(T, p) = \left(\frac{\partial h}{\partial T}\right)_p = T \left(\frac{\partial s}{\partial T}\right)_p = c_p(T, p_0) - \int_{p_0}^{p} T \left(\frac{\partial v}{\partial T^2}\right)_{p'} \mathrm{d}p'. \tag{4.22}$$

Die letzten Ausdrücke in (4.21) und (4.22) erhält man durch Integration der Gleichungen (4.19) und (4.20). Ersetzen wir jetzt in (4.5) $(\partial u / \partial T)_v$ durch c_v bzw. in (4.10) $(\partial h / \partial T)_p$ durch c_p und berücksichtigen noch Gleichung (4.11), dann erhalten wir für die Differenz der Molwärmen:

$$c_p - c_v = \left[p + \left(\frac{\partial u}{\partial v}\right)_T \right] \left(\frac{\partial v}{\partial T}\right)_p = \left[v - \left(\frac{\partial h}{\partial p}\right)_T \right] \left(\frac{\partial p}{\partial T}\right)_v$$
$$= T \left(\frac{\partial p}{\partial T}\right)_v \left(\frac{\partial v}{\partial T}\right)_p. \tag{4.23}$$

Diese Gleichungen ermöglichen es, $c_p(p, T)$ aus $c_v(v, T)$ und der thermischen Zustandsgleichung zu bestimmen. Zur Ermittlung von c_p und c_v reicht also bei Kenntnis der thermischen Zustandsgleichung wegen (4.21) die Messung der Molwärme c_v in Abhängigkeit von der Temperatur bei einem festen Volumen v_0.

Es bleibt uns noch zu zeigen, wie die Entropie, die innere Energie und die Enthalpie mit Hilfe der molaren Wärmen und der thermischen Zustandsgleichung berechnet werden können. Wir zeigen dies am Beispiel der inneren Energie $u(T, v)$. Es ist

$$du = \left(\frac{\partial u}{\partial T}\right)_v dT + \left(\frac{\partial u}{\partial v}\right)_T dv,$$

oder mit den Beziehungen (4.4) und (4.11)

$$du = c_v \, dT + \left[T\left(\frac{\partial p}{\partial T}\right)_v - p\right] dv.$$

Die Integration dieser Gleichung längs einem Weg von (T_0, v_0) nach (T, v) in der T-v-Ebene liefert schließlich die innere Energie bis auf eine additive Konstante:

$$u(T, v) = \int\limits_{(T_0, v_0)}^{(T, v)} \left\{ c_{v'} \, dT' + \left[T'\left(\frac{\partial p}{\partial T'}\right)_{v'} - p\right] dv' \right\} + u_0. \tag{4.24}$$

Ähnlich erhält man die Enthalpie $h(T, p)$ und die Entropie $s(T, v)$ bzw. $s(T, p)$:

$$h(T, p) = \int\limits_{(T_0, p_0)}^{(T, p)} \left\{ c_{p'} \, dT' + \left[v - T'\left(\frac{(\partial v)}{\partial T'}\right)_{p'}\right] dp' \right\} + h_0, \tag{4.25}$$

$$s(T, v) = \int\limits_{(T_0, v_0)}^{(T, v)} \left\{ \frac{c_{v'}}{T'} \, dT' + \left(\frac{\partial p}{\partial T'}\right)_{v'} dv' \right\} + s_{0v}, \tag{4.26}$$

$$s(T, p) = \int\limits_{(T_0, p_0)}^{(T, p)} \left\{ \frac{c_{p'}}{T'} \, dT' - \left(\frac{\partial v}{\partial T'}\right)_{p'} dp' \right\} + s_{0p}. \tag{4.27}$$

Als Beispiel geben wir noch einige Beziehungen für das ideale Gas mit der thermischen Zustandsgleichung $pv = RT$ an. Es ist, wie man an Hand der Gleichungen (4.19), (4.20) und (4.23) leicht nachrechnet:

$$\left(\frac{\partial c_v}{\partial v}\right)_T = \left(\frac{\partial c_p}{\partial p}\right)_T = 0,$$

$$c_p - c_v = R,$$
$$u(T) = u_0 + c_v(T - T_0)$$
$$h(T) = h_0 + c_p(T - T_0),$$
$$s(T, v) = c_v \ln \frac{T}{T_0} + R \ln \frac{v}{v_0} + s_{0v},$$
$$s(T, p) = c_p \ln \frac{T}{T_0} - R \ln \frac{p}{p_0} + s_{0p}.$$

Dabei wurde noch vorausgesetzt, daß die molaren Wärmen c_p und c_v nicht von der Temperatur abhängen.

4.4 Adiabatische und polytrope Prozesse

Unterbindet man jeden Wärmeaustausch zwischen System und Umgebung, dann liegt ein adiabatisch isoliertes System vor. Die dann noch möglichen Prozesse heißen adiabatische Prozesse. Sie sind durch đ$q = 0$ gekennzeichnet.

Handelt es sich dabei um reversible Prozesse, dann bleibt wegen des zweiten Hauptsatzes d$s = $ đq/T und đ$q = 0$ die Entropie konstant. Man spricht dann auch von isentropischen Prozessen.

Polytrope Prozesse sind dadurch definiert, daß bei ihnen die Molwärme konstant bleibt: $c = $ const.

Der adiabatische Prozeß kann als ein spezieller polytroper Prozeß, bei dem $c = 0$ ist, angesehen werden. Bei der Festlegung eines bestimmten Prozesses wird auf der Zustandsfläche ein bestimmter Weg vorgeschrieben. Das System besitzt dann nur noch einen Freiheitsgrad, da nur Zustände auf dem vorgegebenen Weg zugelassen werden. Es ist in diesen Fällen immer möglich, mit Hilfe der den Prozeß kennzeichnenden Nebenbedingung, z.B. $T = $ const oder $c = $ const, die Zustandsgleichung auf eine Gleichung zu reduzieren, die nur noch eine unabhängige Variable enthält (bei mehr als zwei unabhängigen Zusandsvariablen kann man ihre Anzahl um eins verringern). Meist wählt man dabei die Form $p = p(v)$, weil man dann sofort die bei dem vorgegebenen Prozeß geleistete Arbeit $\int_1^2 p \, dv$ berechnen kann. Beispiele für solche „reduzierten" Zustandsgleichungen sind die in Abschnitt 4.1 angegebenen Gleichungen der Isothermen, Isobaren und Isochoren des idealen Gases.

Wir wollen jetzt die entsprechende Gleichung für den polytropen Prozeß, die Polytropengleichung, berechnen. Dabei beschränken wir uns wieder auf ein System, dessen Zustand durch p und v charakterisiert wird. Unsere Ausgangspunkte sind die Polytropenbedingung $c = $ const und

$$đq = c \, dT.$$

Ersetzen wir nun c mit Hilfe von (4.3),

$$\mathrm{d}q = c\,\mathrm{d}T = \left(\frac{\partial u}{\partial T}\right)_v \mathrm{d}T + \left[\left(\frac{\partial u}{\partial}\right)_T + p\right]\mathrm{d}v$$

und berücksichtigen (4.4) und (4.23), so folgt

$$\mathrm{d}T + \frac{c_p - c_v}{c_v - c}\left(\frac{\partial T}{\partial v}\right)_p \mathrm{d}v = 0. \tag{4.28}$$

Das ist die differentielle Form der *Polytropengleichung* in den Variablen T und v. Oft benötigt man sie in den Variablen p und v, z.B. in der Kontinuumsmechanik oder zur Berechnung der bei polytropen Prozessen geleisteten Arbeit. Die Umrechnung von (4.28) auf die Variablen p und v gelingt mit der thermischen Zustandsgleichung in der Form $T = T(v, p)$ und $\mathrm{d}T = (\partial T/\partial v)_p\,\mathrm{d}v + (\partial T/\partial p)_v\,\mathrm{d}p$. Wir erhalten:

$$\left(\frac{\partial T}{\partial p}\right)_v \mathrm{d}p + \frac{c_p - c}{c_v - c}\left(\frac{\partial T}{\partial v}\right)_p \mathrm{d}v = 0.$$

Die differentielle Form der *Adiabatengleichung* ergibt sich mit $c = 0$ und dem Verhältnis der molaren Wärmen $\gamma = c_p/c_v$ zu

$$\left(\frac{\partial T}{\partial p}\right)_v \mathrm{d}p + \gamma\left(\frac{\partial T}{\partial v}\right)_p \mathrm{d}v = 0, \tag{4.29}$$

bzw.

$$\mathrm{d}T + (\gamma - 1)\left(\frac{\partial T}{\partial v}\right)_p \mathrm{d}v = 0.$$

Gleichung (4.29) kann in die Beziehung

$$\left(\frac{\partial p}{\partial v}\right)_{\text{adiab}} = \gamma\left(\frac{\partial p v}{\partial v}\right)_T \tag{4.30}$$

umgeformt werden, da (siehe Abschnitt 10.1.1)

$$\left(\frac{\partial p}{\partial v}\right)_T = -\frac{\left(\dfrac{\partial T}{\partial v}\right)_p}{\left(\dfrac{\partial T}{\partial p}\right)_v}$$

gilt. Gleichung (4.30) bedeutet, daß die Änderung des Druckes mit dem Volumen bei adiabatischen Prozessen ganz allgemein bis auf den Faktor γ gleich der entsprechenden Änderung bei isothermen Prozessen ist.

Zur Illustration geben wir die Polytropen- und Adiabatengleichungen für ein ideales Gas an. Mit $pv = RT$; $(\partial T/\partial p)_v = v/R$, $(\partial T/\partial v)_p = p/R$, $c_v = \text{const}$, $c_p = \text{const}$ folgt sofort:

Differentielle Polytropengleichung:

$$\frac{dp}{p} + \frac{c_p - c}{c_v - c}\frac{dv}{v} = 0.$$

Integrierte Polytropengleichung:

$$pv^n = \text{const},$$

mit dem Polytropenexponenten n:

$$n = \frac{c_p - c}{c_v - c}. \tag{4.31}$$

Die Adiabatengleichung des idealen Gases (Poisson-Gleichung) erhalten wir mit $c = 0$ und $n = \gamma$ zu

$$pv^\gamma = \text{const}.$$

Ersetzen wir p bzw. v mit Hilfe der Zustandsgleichung $pv = RT$, dann folgen die gleichwertigen Beziehungen

$$Tv^{\gamma-1} = \text{const}, \qquad Tp^{\frac{1-\gamma}{\gamma}} = \text{const}.$$

In Abb. 4.1 haben wir für ein ideales Gas im p-v-Diagramm Isotherme, Isobare, Isochore und Adiabate mit den zugehörigen Molwärmen dargestellt. Das Auftreten von negativen Molwärmen im Bereich zwischen Isotherme und Adiabate erklärt sich so, daß in diesem Bereich die bei der Expansion nach außen abgegebene Arbeit größer als die gleichzeitig zugeführte Wärme ist. Insgesamt ergibt sich daraus trotz zugeführter Wärme ein Abnehmen der Temperatur. In Abb. 4.2 ist die Molwärme c in Abhängigkeit vom Polytropenexponenten dargestellt. Die Abhängigkeit $c = c(n)$ folgt aus (4.31) zu

$$c(n) = \frac{\gamma - n}{1 - n}\, c_v.$$

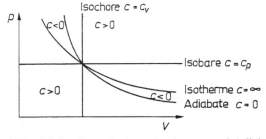

Abb. 4.1 Isochore, Isobare, Isotherme und Adiabate eines idealen Gases

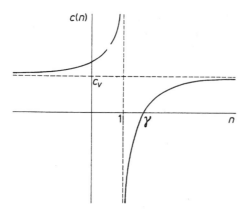

Abb. 4.2 Die molare Wärme c in Abhängigkeit vom Polytropenexponenten n

4.5   Der Carnotsche Kreisprozeß

4.5.1   Der Wirkungsgrad des Carnotschen Kreisprozesses

Werden Prozesse so geführt, daß sie wieder zum Ausgangszustand zurückführen (Abb. 4.3), dann nennt man diese Prozesse Kreisprozesse. Sie spielen in der Tech-

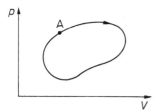

Abb. 4.3 Ein beliebiger Kreisprozeß im p-V-Diagramm

nik eine große Rolle, denn alle Wärmekraftmaschinen, seien es nun Dampfmaschinen oder Verbrennungsmotoren, können zumindest näherungsweise durch Kreisprozesse beschrieben werden. Ein besonders wichtiger reversibler Kreisprozeß ist der Carnotsche Kreisprozeß. Er besteht aus 4 Teilprozessen (Abb. 4.4):

a) Isotherme Expansion, $T = T_1$, $S_1 \rightarrow S_2$
b) Adiabatische Expansion, $T_1 \rightarrow T_2$, $S = S_2$
c) Isotherme Kompression, $T = T_2$, $S_2 \rightarrow S_1$
d) Adiabatische Kompression, $T_2 \rightarrow T_1$, $S = S_1$.

Bei einem Umlauf von 1 über 2, 3, 4 zurück nach 1 (Abb. 4.4) wird die Arbeit A nach außen abgegeben. Gleichzeitig wird bei einem Umlauf einem Wärmebad der Temperatur T_1 die Wärmemenge Q_1 entnommen und einem anderen Wärmebad mit der niedrigeren Temperatur T_2 die Wärmemenge Q_2 zugeführt (Abb. 4.5).

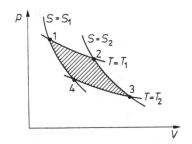

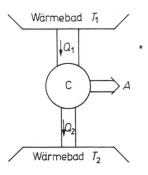

Abb. 4.4 Der Carnotsche Kreisprozeß im p-V-Diagramm
Die schraffierte Fläche ist gleich der bei einem Umlauf abgegebenen Arbeit A

Abb. 4.5 Zur Wirkungsweise der Carnot-Maschine C

Die gedachte Maschine (Abb. 4.4, 4.5), mit der der Carnot-Prozeß durchgeführt wird, nennt man Carnot-Maschine. Ihr Wirkungsgrad η_C wird definiert als das Verhältnis des Betrages der nach außen abgegebenen Arbeit A zu der aufgenommenen Wärmemenge Q_1:

$$\eta_C = \frac{|A|}{Q_1}. \tag{4.32}$$

Wir wollen den Wirkungsgrad durch die Temperaturen der beiden Wärmebäder ausdrücken. Das gelingt mit Hilfe der Hauptsätze. Für einen Umlauf folgt aus dem ersten Hauptsatz

$$\oint dU = \oint đQ + \oint đA = 0$$

oder

$$Q_1 + Q_2 + A = 0. \tag{4.33}$$

Der zweite Hauptsatz ergibt

$$\oint dS = \oint \frac{đQ}{T} = \int_1^2 \frac{đQ}{T_1} + \int_3^4 \frac{đQ}{T_2} = 0$$

oder

$$\frac{Q_1}{T_1} + \frac{Q_2}{T_2} = 0. \tag{4.34}$$

Aus (4.32), (4.33) und (4.34) folgt

$$\eta_C = 1 - \frac{T_2}{T_1}. \tag{4.35}$$

Der Wirkungsgrad der Carnot-Maschine ist um so größer, je kleiner das Verhältnis T_2/T_1 ist.

Bei der Herleitung des Wirkungsgrades der Carnot-Maschine haben wir nicht auf eine besondere Arbeitssubstanz Bezug genommen, sondern nur die Hauptsätze benutzt. Unabhängig davon, ob als Arbeitssubstanz ein ideales Gas, ein reales Gas oder irgendeine andere Substanz Verwendung findet, ist der Wirkungsgrad gleich $1 - T_2/T_1$. Diese Aussage gilt aber nur, wenn der Carnot-Prozeß reversibel durchlaufen wird. Bei irreversibler Prozeßführung gilt nicht mehr (4.35), sondern wegen $dS \geq đQ/T$

$$0 > \frac{Q_1}{T_1} + \frac{Q_2}{T_2} \quad \text{bzw.} \quad \frac{Q_2}{Q_1} < -\frac{T_2}{T_1}.$$

Damit folgt für den Wirkungsgrad bei irreversibler Prozeßführung

$$\eta_{\text{irr}} = \frac{|A|}{Q_1} = 1 + \frac{Q_2}{Q_1} < 1 - \frac{T_2}{T_1} = \eta_{\text{C}},$$

also

$$\eta_{\text{irr}} < \eta_{\text{C}}.$$

Bei irreversibler Prozeßführung ist der Wirkungsgrad immer kleiner als bei reversibler Prozeßführung.

Wir vergleichen nun den Carnot-Prozeß mit einem beliebigen anderen reversibel geführten Kreisprozeß K, von dem wir voraussetzen wollen, daß ein Wärmeaustausch nur für Temperaturen im Bereich zwischen T_1 und T_2 möglich ist. Die Carnot-Maschine arbeite zwischen den Wärmebädern mit der Temperatur T_1 und T_2. Es gilt dann

$$\eta_{\text{C}} \geq \eta_{\text{K}}, \tag{4.36}$$

wobei η_{K} der Wirkungsgrad des Kreisprozesses K ist. Zum Beweis von (4.36) betrachten wir die beiden Kreisprozesse an Hand des T-S-Diagrammes in Abb. 4.6. Der Carnot-Prozeß wird durch die beiden Isothermen $T = T_1$ und

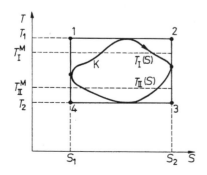

Abb. 4.6 Ein beliebiger Kreisprozeß K im T–S-Diagramm
Der Kreisprozeß von 1 über 2, 3 und 4 nach 1 ist ein Carnot-Prozeß zwischen den Wärmebädern T_1 und T_2

$T = T_2$ sowie durch die beiden (beliebig wählbaren) Isentropen $S = S_1$ und $S = S_2$ dargestellt. Der Kreisprozeß K liegt auf Grund unserer Voraussetzung über den Wärmeaustausch vollständig innerhalb des Rechtecks 1, 2, 3, 4. Die bei einem Umlauf längs K gewonnene Arbeit ist $|A| = Q_I + Q_{II}$. Q_I ist die zugeführte und Q_{II} die abgegebene Wärmemenge. Die Wärmemengen Q_I und Q_{II} berechnen wir mit Hilfe des zweiten Hauptsatzes:

$$Q_I = \int_{S_1}^{S_2} T_I(S')\, dS' = T_I^M(S_2 - S_1),$$

$$Q_{II} = \int_{S_2}^{S_1} T_{II}(S')\, dS' = T_{II}^M(S_1 - S_2).$$

Dabei haben wir den Mittelwertsatz der Integralrechnung benutzt. T_I^M und T_{II}^M sind zwei feste Temperaturen, für die $T_1 \geq T_I^M$ und $T_2 \leq T_{II}^M$ gilt. Der Wirkungsgrad η_K ist deshalb

$$\eta_K = \frac{|A|}{Q_I} = \frac{Q_I + Q_{II}}{Q_I} = 1 - \frac{T_{II}^M}{T_I^M} \leq 1 - \frac{T_2}{T_1} = \eta_C.$$

Damit haben wir bewiesen: Von allen reversiblen Kreisprozessen, die zwischen zwei fest vorgegebenen Grenztemperaturen verlaufen, hat der Carnot-Prozeß den größten Wirkungsgrad.

4.5.2 Die Wärmepumpe

Lassen wir die Carnot-Maschine so arbeiten, daß der Carnot-Prozeß in Abb. 4.4 von 1 über 4, 3, 2 zurück nach 1 durchlaufen wird, dann erhalten wir eine Wärmepumpe (Abb. 4.7). Ihr muß die Arbeit A zugeführt werden. Dafür entnimmt sie dem kälteren Warmebad T_2 die Wärmemenge Q_2 und führt dem heißen Wärmebad T_1 die Wärmemenge $|Q_1| = A + Q_2$ zu. Das ist das Prinzip, nach dem Kühlschrän-

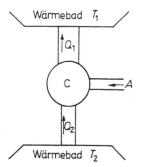

Abb. 4.7 Eine Carnot-Maschine, die als Wärmepumpe arbeitet

ke arbeiten. Sehr ökonomisch wäre die Heizung von Zimmern mit Wärmepumpen (das kältere Wärmebad ist die Außenluft), da der Wirkungsgrad, der jetzt durch $\eta = |Q_1|/A = T_1/(T_1 - T_2)$ zu definieren, größer als 1 ist. Wir geben ein Zahlenbeispiel an. Q_2 möge der Außenluft mit der Temperatur $T_2 = -4°C = 269$ K entnommen und im Zimmer soll eine Temperatur von $T_1 = 20°C = 293$ K aufrechterhalten werden. Der Wirkungsgrad ist dann

$$\eta = \frac{293}{293 - 269} \approx 12,$$

d.h., die elektrische Energie, die man bei der direkten Heizung eines Zimmers mit einem elektrischen Widerstand aufwenden muß, würde bei der Heizung mit Wärmepumpen für 12 Zimmer ausreichen.

4.5.3 Der Carnot-Prozeß mit einem idealen Gas als Arbeitssubstanz

Zur Veranschaulichung der bisherigen Ausführungen über den Carnot-Prozeß wollen wir jetzt für 1 Mol eines idealen Gases als Arbeitssubstanz die von der Carnot-Maschine abgegebene Arbeit, die von ihr aufgenommene und abgegebene Wärmemenge und ihren Wirkungsgrad noch einmal direkt berechnen. Wir beginnen mit der isothermen Expansion von 1 nach 2 in Abb. 4.8. Dabei vergrößert sich das Gasvolumen von v_1 auf v_2, und es wird die Arbeit

$$a_{12} = - \int_{v_1}^{v_2} p \, dv = - \int_{v_1}^{v_2} RT_1 \frac{dv}{v} = -RT_1 \ln \frac{v_2}{v_1}$$

nach außen abgegeben. Gleichzeitig ist $-a_{12}$ gleich der Wärmemenge q_1, die der Carnot-Maschine während der isothermen Expansion zugeführt wird. Das ist deshalb der Fall, weil die innere Energie des idealen Gases nicht vom Volumen abhängt und so aus dem ersten Hauptsatz

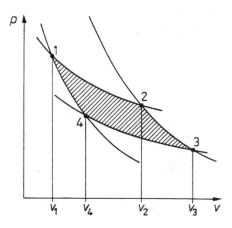

Abb. 4.8 Der Carnotsche Kreisprozeß für ein ideales Gas im p-V-Diagramm

$$\int\limits_1^2 du = 0 = \int\limits_1^2 \dvec q - \int\limits_1^2 p \, dv \quad \text{bzw.} \quad q_1 + a_{12} = 0$$

folgt. Im nächsten Schritt wird das Gas von v_2 auf v_3 adiabatisch expandiert, und es wird die Arbeit $a_{23} = -\int\limits_{v_2}^{v_3} p \, dv$ nach außen abgegeben. Hier haben wir die Zustandsgleichung des idealen Gases für adiabatische Zustandsänderungen $pv^\gamma = k = \text{const} = p_2 v_2{}^\gamma = p_3 v_3{}^\gamma$ einzusetzen. Damit erhalten wir

$$
\begin{aligned}
a_{23} &= -\int\limits_{v_2}^{v_3} k \, \frac{dv}{v^\gamma} = -\frac{k}{1-\gamma} \left(v_3{}^{1-\gamma} - v_2{}^{1-\gamma} \right) \\
&= -\frac{p_3 v_3^\gamma v_3{}^{1-\gamma}}{1-\gamma} + \frac{p_2 v_2^\gamma v_2{}^{1-\gamma}}{1-\gamma} = \frac{-1}{1-\gamma} \left(p_3 v_3 - p_2 v_2 \right) \\
&= -\frac{R}{1-\gamma} (T_2 - T_1) = \frac{c_p - c_v}{1 - \frac{c_p}{c_v}} (T_1 - T_2) = -c_v (T_1 - T_2).
\end{aligned}
\tag{4.38}
$$

Ein Wärmeaustausch findet bei der adiabatischen Expansion nicht statt. Im 3. Schritt wird das Gas bei der Temperatur T_2 isotherm von v_3 auf v_4 komprimiert. Dabei muß die Arbeit

$$a_{34} = RT_2 \ln \frac{v_3}{v_4}$$

dem System zugeführt werden. Gleichzeitig wird die Wärmemenge

$$q_2 = -a_{34} = -RT_2 \ln \frac{v_3}{v_4}$$

abgegeben. Im letzten Schritt wird das Gas adiabatisch vom Volumen v_4 auf das Volumen v_1 komprimiert, wobei sich die Temperatur von T_2 wieder auf T_1 erhöht. Die dabei am System geleistete Arbeit ist (die Berechnung verläuft genau wie unter (4.38))

$$a_{41} = c_v (T_1 - T_2).$$

Damit ist der Anfangszustand wieder erreicht. Die bei einem einmaligen Umlauf gewonnene Arbeit ist

$$a = a_{12} + a_{23} + a_{34} + a_{41} = -RT_1 \ln \frac{v_2}{v_1} + RT_2 \ln \frac{v_3}{v_4}.$$

Wir wandeln diesen Ausdruck mit Hilfe der Adiabatengleichung um. Aus

$$T_1 v_2{}^{\gamma-1} = T_2 v_3{}^{\gamma-1}, \qquad T_1 v_1{}^{\gamma-1} = T_2 v_4{}^{\gamma-1}$$

folgt $v_2/v_1 = v_3/v_4$, und damit erhalten wir endgültig

$$a = -R(T_1 - T_2) \ln \frac{v_2}{v_1}. \tag{4.39}$$

Die Arbeit a ist wegen $T_1 > T_2$ und $v_1 > v_2$ negativ, sie wird von der Carnot-Maschine nach außen abgegeben. Den Wirkungsgrad bilden wir mit a aus (4.39) und $q_1 = -a_{12}$ aus (4.37):

$$\eta_C = \frac{|a|}{q_1} = \frac{R(T_1 - T_2) \ln \dfrac{v_2}{v_1}}{RT_1 \ln \dfrac{v_2}{v_1}} = 1 - \frac{T_2}{T_1}. \tag{4.40}$$

Das ist das erwartete Resultat, das wir schon unabhängig von einer speziellen Arbeitssubstanz (hier einem idealen Gas) mit Hilfe der Hauptsätze abgeleitet hatten.

4.5.4 Die Äquivalenz der verschiedenen Formulierungen des zweiten Hauptsatzes

In Abschnitt 2.5 haben wir verschiedene Formulierungen des zweiten Hauptsatzes angegeben, jedoch nicht für alle Fälle ihre Äquivalenz bewiesen. Das wollen wir jetzt mit Hilfe der Carnot-Maschine nachholen. Wir beweisen zuerst die Äquivalenz der Planckschen und Clausiusschen Formulierung.

Angenommen, es gäbe im Widerspruch zur Planckschen Behauptung ein perpetuum mobile 2. Art. Es würde dem Wärmebad T_1 die Wärmemenge $|Q_1|$ entnehmen und vollständig in Arbeit $|A|$ umwandeln. Mit dieser Arbeit können wir eine Carnot-Maschine als Wärmepumpe arbeiten lassen. Sie würde dem Wärmebad mit der niedrigeren Temperatur T_2 die Wärmemenge $|Q_2|$ entnehmen und dem Wärmebad T_1 die Wärmemenge $|Q_1| + |Q_2|$ zuführen (Abb. 4.9). Insgesamt hätten wir eine Maschine, die nichts anderes bewirkt, als Wärme von einem Wärmebad niedrigerer Temperatur zu einem Wärmebad höherer Temperatur zu transportieren. Damit haben wir aber gezeigt: Ist die Plancksche Aussage falsch, dann ist auch die Clausiussche Aussage falsch. Umgekehrt gilt auch: Ist die Clausiussche Aussage falsch, dann existiert ein perpetuum mobile 2. Art nach PLANCK. Man sieht dies sofort, wenn man eine jetzt mögliche Wärmepumpe P baut, die nichts anderes bewirkt, als die Wärmemenge $|Q_2|$ vom Wärmebad T_2 nach T_1 zu pumpen. Dazu

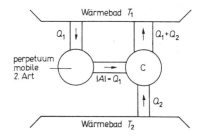

Abb. 4.9 Ein perpetuum mobile 2. Art, gekoppelt mit einer als Wärmepumpe arbeitenden Carnot-Maschine
Die Anordnung bewirkt nichts anderes, als daß laufend Wärme vom kälteren Wärmebad T_2 zum Wärmebad T_1 (im Widerspruch zum zweiten Hauptsatz) gepumpt wird

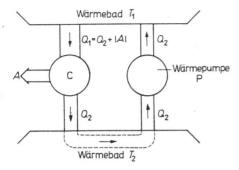

Abb. 4.10 Ein perpetuum mobile 2. Art, konstruiert mit einer Carnot-Maschine und einer Maschine, die nichts anderes bewirkt, als Wärme von einem Wärmebad T_2 zu einem Wärmebad T_1 ($T_1 > T_2$) zu pumpen

schaltet man gleichzeitig zwischen die beiden Wärmebäder eine Carnot-Maschine die nach außen die Arbeit $|A|$ abgibt und die dem Wärmebad T_2 die von P nach T_1 gepumpte Wärmemenge $|Q_2|$ wieder zuführt (Abb. 4.10). Insgesamt hat man eine periodisch arbeitende Maschine erhalten, die nichts anderes bewirkt, als das Wärmebad T_1 abzukühlen und dafür Arbeit zu leisten, im Gegensatz zur Planckschen Aussage.

Es ist nun noch zu beweisen, daß aus der Planckschen Aussage die Existenz einer Zustandsfunktion, der Entropie, folgt. Dies gelingt folgendermaßen:[3]

Man berechnet den Wirkungsgrad der Carnot-Maschine mit einer bestimmten Arbeitssubstanz, am einfachsten mit einem idealen Gas (wie im vorhergehenden Abschnitt). Nun zeigt man, daß der Wirkungsgrad einer Carnot-Maschine mit beliebiger Arbeitssubstanz gleich dem Wirkungsgrad einer Carnot-Maschine, die mit einem idealen Gas arbeitet, sein muß. Den Beweis führt man indirekt, indem man annimmt, der Wirkungsgrad einer Carnot-Maschine mit einer beliebigen Arbeitssubstanz sei größer (oder kleiner) als der einer mit einem idealen Gas arbeitenden Maschine. Diese Annahme ermöglicht, wie an Abb. 4.11 leicht zu erken-

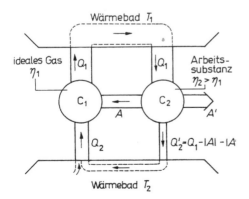

Abb. 4.11 Zwei gekoppelte Carnot-Maschinen, von denen die eine mit der Arbeitssubstanz ideales Gas (Wirkungsgrad η_1) als Wärmepumpe arbeitet

---

[3] Die Gültigkeit des ersten Hauptsatzes muß bei den folgenden Überlegungen selbstverständlich vorausgesetzt werden.

nen ist, die Konstruktion eines perpetuum mobile 2. Art; sie ist also falsch. Wir wissen nun, daß der Wirkungsgrad η_C unabhängig von der Arbeitssubstanz gleich dem Wirkungsgrad (4.40)

$$\eta_C = \frac{|A|}{Q_1} = \frac{Q_1 + Q_2}{Q_1} = \frac{T_1 - T_2}{T_1}$$

für die Carnot-Maschine mit einem idealen Gas ist. Aus der letzten Beziehung folgt

$$\frac{Q_1}{T_1} + \frac{Q_2}{T_2} = 0.$$

Q/T nennt man reduzierte Wärmemenge. Für den Carnot-Prozeß ist die Summe der reduzierten Wärmemengen gleich null. Das ist der *Clausiussche Wärmesummensatz*. Er gilt für jeden Kreisprozeß K. Um dies einzusehen, ersetzen wir K näherungsweise durch kleine Stücke von Isothermen und Adiabaten (Abb. 4.12).

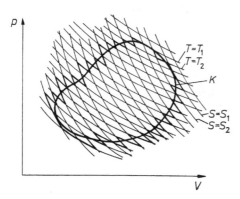

Abb. 4.12 Die Annäherung eines beliebigen Kreisprozesses K durch kleine Stücke von Isothermen und Adiabaten

Dabei wird die von K eingeschlossene Fläche in einzelne Vierecke, die nur von Isothermen und Adiabaten gebildet werden, aufgeteilt. Jedes Viereck beschreibt also einen speziellen Carnot-Prozeß für den der Clausiussche Wärmesummensatz gilt. Summieren wir über alle innerhalb der in Abb. 4.12 stark umrandeten Fläche liegenden Carnot-Prozesse, so erhalten wir den Wert Null. Da sich die Anteile aller im Inneren liegenden Kurvenstücke gegenseitig herausheben, bleibt

$$\sum_n \frac{\Delta Q_n}{T_n} = 0$$

übrig. Die Wärmemengen ΔQ_n gehören zu den Isothermen $T = T_n$ der gezackten Kurve, sie werden dem System reversibel zu- oder abgeführt. Läßt man das Netz der Isothermen und Adiabaten immer dichter werden, so nähert sich die gezackte Kurve immer mehr dem Kreisprozeß K, und man erhält als Grenzwert

$$\oint \frac{\text{đ} Q}{T} = 0,$$

đQ/T ist also ein vollständiges Differential einer Zustandsfunktion, die wir bereits als Entropie kennen. Damit haben wir auch den Nachweis geführt, daß die Nichtexistenz eines perpetuum mobile 2. Art die Existenz einer Zustandsfunktion zur Folge hat, deren vollständiges Differential d$S = $ đQ/T ist.

4.6 Irreversible Prozesse

4.6.1 Der reversible Ersatzprozeß

Nach dem zweiten Hauptsatz nimmt bei irreversibel ablaufenden Prozessen in abgeschlossenen Systemen die Entropie zu:

$$\mathrm{d}S = \mathrm{d_i}S \geq 0.$$

Wir wollen uns jetzt überlegen, wie man diese Entropiezunahme berechnen kann. Den irreversiblen Prozeß können wir mit den bisher dargestellten Methoden nicht direkt beschreiben. Das liegt daran, daß wir die Zustandsgrößen nur für Gleichgewichtszustände homogener Bereiche definiert haben. Bei irreversibel ablaufenden Prozessen treten aber in der Regel Druck- und Temperaturgradienten, Konzentrationsschwankungen und andere Inhomogenitäten auf. Um dennoch die Entropieänderung bei irreversiblen Zustandsänderungen ermitteln zu können, beachten wir, daß die Entropie eine Zustandsgröße ist. Ihr Wert in einem Gleichgewichtszustand nach Ablauf irreversibler Prozesse hängt nicht von dem Weg ab, auf dem dieser Zustand erreicht wurde. Wir können uns deshalb einen reversiblen Ersatzprozeß ausdenken, der vom gleichen Anfangszustand zum gleichen Endzustand wie der irreversible Prozeß führt. Für den reversiblen Ersatzprozeß wird dann die Entropieänderung berechnet, die gleich der beim irreversiblen Prozeß auftretenden Entropieänderung ist. Wir behandeln nun zwei Beispiele.

4.6.2 Irreversibler Temperaturausgleich

Von einem System 1 mit der Temperatur T_1 strömt kurzzeitig die Wärmemenge đQ zu einem System 2 mit der niedrigeren Temperatur T_2. Beide Systeme sollen sich vor und nach dem irreversiblen Wärmeaustausch in Gleichgewichtszuständen befinden. Zur Berechnung der Entropieänderung führen wir folgenden reversiblen Ersatzprozeß durch: Wir bringen das System 1 mit einem Wärmebad der Temperatur T_1 in thermischen Kontakt und lassen die Wärmemenge đQ reversibel vom System 1 zum Wärmebad strömen. Entsprechend führen wir von einem Wärmebad der Temperatur T_2 die Wärmemenge đQ reversibel dem System 2 zu (Abb. 4.13). Damit ist der gleiche Endzustand wie nach dem Ablauf des irreversiblen Wärmeüberganges von 1 nach 2 erreicht.

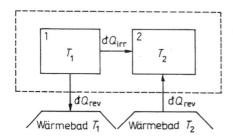

Abb. 4.13 Irreversibler Temperaturausgleich und reversibler Ersatzprozeß

Wir kommen nun zur Berechnung der Entropieänderung ΔS. Die Entropie S_a des Anfangszustandes setzt sich genau wie die Entropie S_e des Endzustandes additiv aus der Entropie der Systeme 1 und 2 zusammen:

$$S_a = S_a{}^1 + S_a{}^2,$$
$$S_e = S_e{}^1 + S_e{}^2.$$

Die Entropien des Endzustandes der beiden Systeme sind

$$S_e{}^1 = S_a{}^1 - \frac{đQ}{T_1},$$

$$S_e{}^2 = S_a{}^2 + \frac{đQ}{T_2}. \tag{4.41}$$

Für die Entropiedifferenz ergibt sich damit

$$\Delta S = S_e - S_a = \frac{đQ}{T_1 T_2}(T_1 - T_2) > 0. \tag{4.42}$$

S ist positiv, da $T_1 > T_2$ und $đQ > 0$ vorausgesetzt wurden.

Die Entropie hat beim irreversiblen Wärmeübergang zugenommen. Je größer die Temperaturdifferenz ist, um so größer ist auch die Entropiezunahme ΔS.

4.6.3 Irreversible Gasexpansion

Es soll die Entropieänderung beim Gay-Lussac-Versuch (Abschnitt 3.2) berechnet werden. Dabei strömt das ideale Gas irreversibel und adiabatisch aus dem Volumen V_1 in das Vakuum V_2 (siehe Abb. 3.2). Um die damit verbundene Entropiezunahme berechnen zu können, führen wir folgenden Ersatzprozeß durch: Wir bringen das Gas mit dem Volumen V_1 in ein Wärmebad T und expandieren das Gas reversibel und isotherm auf das Volumen $V_1 + V_2$. Die Entropie ändert sich dabei gemäß

$$\Delta S = \int\limits_{1}^{2} \frac{\mathrm{d}Q}{T} = \frac{1}{T} \int\limits_{1}^{2} (\mathrm{d}U + p\,\mathrm{d}V) = \frac{1}{T} \int\limits_{V_1}^{V_1+V_2} p\,\mathrm{d}V'$$

$$= nR \int\limits_{V_1}^{V_1+V_2} \frac{\mathrm{d}V'}{V'} = nR \ln\frac{V_1 + V_2}{V_1} \geq 0.$$

Da wir ein ideales Gas betrachten, ist bei der isothermen Expansion $\mathrm{d}U = 0$. Die berechnete positive Entropieänderung ΔS ist gleich dem Entropiezuwachs bei der irreversiblen Gasexpansion, da unser Ersatzprozeß vom gleichen Anfangszustand wie der irreversible Prozeß ausgeht und zum gleichen Endzustand wie dieser führt.

4.7 Fragen

1. Was sind isobare, isochore und isotherme Prozesse?

2. Wie sind die Molwärmen c_v und c_p definiert?

3. Wie kann man $c_p - c_v$ berechnen, und warum ist $c_p > c_v$?

4. Wie kann man c_v und c_p mit Hilfe der Entropie berechnen?

5. Wodurch wird die Volumenabhängigkeit von c_v festgelegt, und warum ist für ein ideales Gas $(\partial c_v/\partial v)_T = 0$?

6. Wie kann man die Existenz von negativen Molwärmen erklären?

7. Welche Messungen sind zur Bestimmung der inneren Energie nötig?

8. Wie ist die Enthalpie definiert?

9. Wie kann man die Druckabhängigkeit der Enthalpie berechnen?

10. Was sind adiabatische und was sind polytrope Prozesse?

11. Wann ist ein adiabatischer gleichzeitig auch ein isentropischer Prozeß?

12. Wie kann man eine Adiabatengleichung berechnen?

13. Was versteht man unter einem Kreisprozeß, und was ist ein Carnot-Prozeß?

14. Wie groß ist der Wirkungsgrad einer Carnot-Maschine?

15. Warum gibt es keine zwischen zwei Wärmebädern mit den Temperaturen T_1 und T_2 periodisch arbeitende Maschine, die einen größeren Wirkungsgrad als eine Carnot-Maschine hat?

16. Wie arbeitet eine Wärmepumpe?

17. Wie kann man mit Hilfe des Carnot-Prozesses die Äquivalenz der verschiedenen Formulierungen des zweiten Hauptsatzes beweisen?

18. Berechnen Sie die Arbeit, die ein ideales Gas bei einer isothermen, einer isobaren und einer adiabatischen Expansion von V_1 auf V_2 abgibt!

19. Wie kann man die mit einem irreversiblen Prozeß verbundene Entropieänderung berechnen?

20. Warum erhält man für verschiedene Prozesse in einem System unterschiedliche molare Wärmen?

4.8   Aufgaben

1. Man berechne die Differenz der Molwärmen $c_p - c_v$ bei einem van der Waals-Gas mit der Zustandsgleichung

$$\left(p + \frac{a}{v^2}\right)(v - b) = RT.$$

2. Man berechne für die Erdatmosphäre die Druck- und Temperaturabnahme mit der Höhe.
   Hinweis: Näherungsweise besteht zwischen p und T in verschiedenen Höhen ein adiabatischer Zusammenhang. Man begründe dies.
   Welche Aussagen über eine Grenze der Atmosphäre lassen sich aus dem Ergebnis ableiten? Man vergleiche das Ergebnis mit der isothermen Atmosphäre.

3. Man berechne die Energie, die durch die isotherme Kompression von 1 m³ Luft ($p_0 = 1014$ hPa, $T_0 = 20°$C) auf $1/10$ seines Volumens gespeichert werden kann. Welche Schlußfolgerungen für die Energiespeicherung mittels der Kompression von Gasen ergeben sich daraus?

4. In einer Heißluftmaschine wird einem idealen Gas bei einem konstanten Druck p_2 Wärme zugeführt und bei einem tieferen konstanten Druck p_1 Wärme entzogen. Dazwischen finden adiabatische Prozesse statt. Wie hängt der Wirkungsgrad von den Drucken ab und wie läßt er sich mit den auftretenden Temperaturen ausdrücken?

5. Zwei identische Substanzen haben die innere Energie

$$U = CT, \qquad (C = \text{const}).$$

Die Anfangstemperaturen der beiden Substanzen seien T_1 und T_2. Eine Carnot-Maschine arbeite zwischen den beiden Substanzen, bis sich in beiden die Endtemperatur T_e eingestellt hat.

Wie groß ist T_e und welche Arbeit kann nach außen abgegeben werden?

6. Ein Gebäude wird mit einer idealen Wärmepumpe geheizt. Die Wärmepumpe benötige die Leistung W und benutzt die Atmosphäre mit der Temperatur T_0 als Wärmereservoir. Das Gebäude verliert pro Zeiteinheit Energie entsprechend der Beziehung

$$\alpha(T - T_0), \quad \alpha = \text{const}.$$

Welche Gleichgewichtstemperatur stellt sich ein?

7. Man berechne den Wirkungsgrad η eines Ottomotors in Abhängigkeit vom Verdichtungsverhältnis

$$\varepsilon = \frac{V_1}{V_2} > 1.$$

Man nehme an, der Kraftstoff wird adiabatisch von V_1 auf V_2 komprimiert und verbrennt schlagartig bei konstantem Volumen. Darauf folgt eine adiabatische Expansion auf das Ausgangsvolumen V_1. Durch Öffnen der Ventile wird ohne Volumenänderung der Ausgangszustand wieder erreicht. Die Kraftstoff- und Verbrennungsgemische verhalten sich wie ideale Gase.

8. Eine Carnot-Maschine mit Wasser als Arbeitssubstanz arbeitet zwischen den Wärmebädern mit den Temperaturen $T_1 = 280$ K und 275 K wie ein perpetuum mobile, da wegen der Anomalie des Wassers bei den beiden isothermen Teilprozessen der Carnot-Maschine Wärme zugeführt werden muß. Man erkläre den Widerspruch!

9. Man berechne die Wärmekapazität eines idealen Gases für einen Prozeßverlauf entlang einer um den Winkel α zur V-Achse im p-V-Diagramm geneigten Geraden!

10. Wann ist eine Isotherme gleichzeitig auch eine Adiabate?

5. Die thermodynamische Temperaturskala

5.1   Absolute und empirische Temperatur

Wir hatten im zweiten Hauptsatz zusammen mit der Entropie S die absolute Temperatur T axiomatisch eingeführt. Bei unseren bisherigen Überlegungen wurde oft stillschweigend vorausgesetzt, daß T die Eigenschaften der im nullten Hauptsatz postulierten empirischen Temperatur ϑ besitzt, daß T also eine eineindeutige Funktion von ϑ ist.[1]

Diese Aussage soll jetzt nachträglich begründet werden. Anschließend geben wir eine materialunabhangige Meßvorschrift für die absolute Temperatur an und legen damit die sogenannte thermodynamische Temperaturskala fest. Mit diesen Überlegungen rechtfertigen wir letzten Endes die bevorzugte Stellung der absoluten Temperatur bei thermodynamischen Untersuchungen.

Der Nachweis, daß die im zweiten Hauptsatz eingeführte absolute Temperatur die Eigenschaften der im nullten Hauptsatz postulierten empirischen Temperatur besitzt, bedeutet nicht, daß der nullte Hauptsatz unter Verwendung des zweiten Hauptsatzen „bewiesen" werden könnte. Auch bei den folgenden Überlegungen muß die Existenz der empirischen Temperatur gefordert werden, da wir mit Wärmemengen operieren, deren Übertragung ja unterschiedliche empirische Temperaturen voraussetzt. Wir wollen noch einmal daran erinnern, was wir unter „thermischem Gleichgewicht zweier Systeme (bzw. Teilsysteme eines Systems)" verstehen:

> Thermisches Gleichgewicht liegt vor, wenn zwischen zwei durch eine thermisch leitende Wand verbundenen Systemen von allein keine Wärmeübertragung stattfindet.

Prozesse, die von allein ablaufen, sind stets irreversible Prozesse, d.h. Prozesse, bei denen Entropie produziert wird.

---

[1] Die Aussage „T und ϑ sind identisch" wäre sinnlos, weil aus dem nullten Hauptsatz allein keine materialunabhängige Definition der Temperaturskala abgeleitet werden kann. Eine universelle empirische Temperatur exisitiert also gar nicht. Die verschiedenen Skalen lassen sich aber eineindeutig aufeinander abbilden.

Betrachten wir also einen Ausgangszustand mit zwei getrennten Systemen (jedes für sich im thermodynamischen Gleichgewicht!) und der Gesamt-(Summen-)-Entropie S_a und einen Endzustand mit der Entropie S_e in dem beide Systeme durch eine wärmeleitende Wand verbunden sind, wobei sich zwischen beiden Systemen thermisches Gleichgewicht herausgebildet hat,[2] so kann unsere Aussage offensichtlich auch lauten:

Thermisches Gleichgewicht zweier Systeme liegt vor, wenn die Summe ihrer Entropien vor dem Kontakt S_a mit der Entropie des Verbundsystems S_e übereinstimmt,

$$\Delta S = S_a - S_e = 0. \tag{5.1}$$

Die Entropieänderung ΔS haben wir bereits in Abschnitt 4.6.2 berechnet (Formel(4.42)). Allerdings wurde dort generell die absolute Temperatur verwendet. Man überzeugt sich aber leicht, daß überall da, wo Wärmeübertragung diskutiert wurde, die Termini „Temperatur T_1" bzw. „Temperatur T_2" durch „empirische Temperatur ϑ_1" bzw. „empirische Temperatur ϑ_2" ersetzt werden können und daß die absoluten Temperaturen nur bei der Berechnung der Entropien in (4.41) und (4.42) auftreten müssen. Damit folgt aus (5.1)

$$đQ(T_1 - T_2) = 0$$

und daraus[3]

$$T_1 = T_2.$$

Die Gleichheit der absoluten Temperaturen ist also notwendige Bedingung für das thermische Gleichgewicht zweier Systeme, T hat die Eigenschaften der empirischen Temperatur.

5.2 Einführung der thermodynamischen Temperaturskala

Im Abschnitt 4.5 über den Carnotschen Kreisprozeß wurde gezeigt (Formel (4.34)), daß das Verhältnis der absoluten Temperaturen der 2 Wärmebäder gleich dem Verhältnis der bei diesen Temperaturen von der Carnot-Maschine aufgenommenen bzw. abgegebenen Wärmemengen ist:

---

[2] Hier wird noch nicht gesagt, wodurch thermisches Gleichgewicht charakterisiert wird, sondern nur die Einstellung des thermischen Gleichgewichts nach hinreichend langer Zeit vorausgesetzt.

[3] Die Lösung $đQ = 0$, $T_1 \neq T_2$ entspricht dem Fall, daß Wärmeaustausch durch eine adiabatisch isolierende Wand verhindert wird.

$$\frac{T_1}{T_2} = \frac{|Q_1|}{|Q_2|}. \tag{5.2}$$

Zur Bestimmung der absoluten Temperatur T eines Systems bietet sich also ein Carnot-Prozeß an, der zwischen diesem System und einem Vergleichssystem definierter Temperatur T_V durchzuführen ist. Nach der Messung der zwischen Carnot-Maschine und System bzw. Vergleichssystem ausgetauschten Wärmemengen Q bzw. Q_V läßt sich die Systemtemperatur T entsprechend

$$T = \frac{|Q|}{|Q_V|} T_V \tag{5.3}$$

berechnen, wenn festgelegt ist, welche Temperatur als Vergleichstemperatur T_V benutzt werden soll. Entsprechend einer internationalen Vereinbarung muß das Vergleichssystem die Temperatur des Tripelpunktes des Wassers haben. Dieser Temperatur wurde ebenfalls willkürlich der Zahlenwert

$$T_V = 273{,}16 \text{ K} \tag{5.4}$$

zugeordnet.[4] Die Temperaturangaben erfolgen in dieser thermodynamischen Temperaturskala in K (Kelvin). Die große Bedeutung der in den Formeln (5.3) und (5.4) zum Ausdruck kommenden Meßvorschrift zur Bestimmung der absoluten Temperatur besteht in ihrer Unabhängigkeit von Materialeigenschaften. Die Temperaturmessung wird auf die Messung von Wärmemengen zurückgeführt. Diese lassen sich folgendermaßen bestimmen: Man führt einem System (Wärmebehälter oder Carnot-Maschine), das eine Wärmemenge abgegeben hat, eine gleichgroße Energiemenge in einer anderen, der Messung leicht zugänglichen Energieform zu, etwa durch elektrische Heizung. Das kann so geschehen, daß auf einem ungeeichten Thermometer vor der Wärmeabgabe die Systemtemperatur markiert wird und nach der Wärmeabgabe so lange elektrische Energie zugeführt wird, bis die Systemtemperatur die Marke wieder erreicht. Die Menge der zugeführten Elektroenergie aber läßt sich leicht messen.

Auch bei der Durchführung des Carnot-Prozesses genügen ungeeichte Thermometer zur Feststellung des thermischen Gleichgewichtes zwischen Carnot-Maschine und Wärmebehältern. Hier wird noch einmal deutlich, daß die Aussagen des nullten Hauptsatzes auch bei der materialunabhängigen Messung der absoluten Temperatur vorausgesetzt werden müssen.

Mit der Methode des Carnotschen Kreisprozesses lassen sich im Prinzip auch Temperaturen unterhalb 1 K messen. Diese Messungen werden aber schwierig und auch ungenau, weil die in diesem Temperaturbereich auftretenden Wärmemengen sehr klein sind.

---

[4] Diese Festlegung sichert, daß die Differenz zwischen dem Schmelz- und Siedepunkt des Wassers gerade 100 K ist.

5.3   Berechnung der absoluten Temperatur aus der empirischen Temperatur

Die Benutzung der Carnot-Maschine zur Messung der thermodynamischen Temperatur ist oft sehr unbequem, so daß man bei der Untersuchung konkreter thermodynamischer Systeme, insbesondere in extremen Temperaturbereichen, zweckmäßig konstruierte Thermometer mit einer empirischen Temperaturskala bevorzugt. Daraus ergibt sich die Frage, wie man bei Kenntnis gewisser Systemeigenschaften der Thermometersubstanz den, wie wir wissen, eindeutigen Zusammenhang zwischen thermodynamischer Temperaturskala und empirischer Temperaturskala $T(\vartheta)$ berechnen kann.

Wir führen die Überlegungen wieder für ein System durch, dessen Zustand durch zwei Variablen, z.B. T und V, charakterisiert wird. Ausgangspunkt unserer Überlegungen muß die Definition der Temperatur T als integrierender Nenner zur infinitesimalen Wärmemenge $đQ$ sein. Eine notwendige Bedingung dafür, daß

$$\frac{đQ}{T} = \frac{1}{T}\left(dU + p\,dV\right)$$

ein vollständiges Differential ist, stellt die Beziehung (3.11) dar:

$$T\left(\frac{\partial p}{\partial T}\right)_V = p + \left(\frac{\partial U}{\partial V}\right)_T .$$

Hieraus folgt unter Ausnutzung des umkehrbar eindeutigen Zusammenhanges

$$T = T(\vartheta)$$

die Relation

$$T\left(\frac{\partial p}{\partial \vartheta}\right)_V \frac{d\vartheta}{dT} = p + \left(\frac{\partial U}{\partial V}\right)_\vartheta .$$

Durch Trennung der Variablen T und ϑ sowie durch anschließende Integration erhält man schließlich

$$\int_{T_0}^{T} \frac{dT'}{T'} = \ln\frac{T}{T_0} = \int_{\vartheta_0}^{\vartheta} \frac{\left(\dfrac{\partial p}{\partial \vartheta'}\right)_V d\vartheta'}{p(\vartheta', V) + \left(\dfrac{\partial U(\vartheta', V)}{\partial V}\right)_{\vartheta'}} . \tag{5.5}$$

Hier bezeichnet $T_0 = T(\vartheta_0)$ den Temperaturwert der thermodynamischen Skala, der dem empirischen Wert ϑ_0 zugeordnet ist. Als Bezugspunkt $T_0 = T(\vartheta_0)$ kann wieder der Tripelpunkt des Wassers mit

$$T_0 = 273{,}16\,\text{K}$$

gewählt werden, wobei dessen Temperaturwert ϑ_0 in der gerade verwendeten empirischen Temperaturskala gemessen werden muß. Formel (5.5) zeigt, daß bei der experimentellen Bestimmung der Zustandsgleichungen eines beliebigen Systems vollständig auf die Verwendung von Thermometern mit thermodynamischer Skala verzichtet werden kann. Neben anderen Hilfsmitteln kann man Thermometer mit empirischer Skala zum Aufsuchen der Zustandsgleichungen

$$p = p(\vartheta, V), \qquad U = U(\vartheta, V)$$

verwenden, über Gleichung (5.5) $T = T(\vartheta)$ berechnen und damit ϑ zugunsten von T in den Zustandsgleichungen eliminieren. Interessiert man sich nur für die Abhängigkeit $T = T(\vartheta)$, so sind wesentlich geringere Kenntnisse über das System, als die in den Zustandsgleichungen enthaltenen, notwendig. Der Nenner unter dem rechten Integral in (5.5) kann wegen $đQ = dU + p\,dV$ in

$$p + \left(\frac{\partial U}{\partial V}\right)_\vartheta = \left(\frac{đQ}{dV}\right)_\vartheta$$

umgeformt werden. Zur Berechnung des Integrals in (5.5) reicht es also aus, daß bei einem beliebig gewählten und fixierten Volumen (die Volumenabhängigkeit muß sich im Quotienten unter dem Integral herausheben!) die Abhängigkeit des Druckes und des Verhältnisses $(đQ/dV)_\vartheta$ von der empirischen Temperatur bestimmt wird. Besonders einfach ist die Berechnung des Integrals (5.5) für ideale Gase. Wegen $(\partial U/\partial V)_\vartheta = 0$ gilt in diesem Fall

$$T = T_0\,\frac{p(\vartheta, V)}{p(\vartheta_0, V)}. \tag{5.6}$$

Der Zusammenhang zwischen dem Druck und der empirischen idealen Gastemperatur (Celsius-Skala) ist bei konstantem Volumen durch

$$p = p_0(1 + \beta\vartheta), \qquad \beta = \frac{1}{273,15°C} \tag{5.7}$$

gegeben. Geht man mit (5.7) in (5.6) ein, so folgt, wenn man für die Temperatur des Tripelpunktes des Wassers, gemessen in der Celsius-Skala, den Wert $\vartheta_0 = 0,01°C$ verwendet:

$$T = 273,15\,\mathrm{K}\left(1 + \frac{\vartheta}{273,15°C}\right) = \left(273,15 + \frac{\vartheta}{1°C}\right)\mathrm{K}.$$

Man sieht: Die durch das ideale Gas in (5.7) festgelegte empirische Temperaturskala stimmt mit der absoluten Temperaturskala bis auf den willkürlich wählbaren Nullpunkt überein.

5.4   Fragen

1. Wie wird die absolute Temperatur definiert?

2. Wie kann man mit Hilfe eines empirischen Thermometers die absolute Temperatur bestimmen?

3. Durch wie viele Fixpunkte wird die thermodynamische Temperaturskala festgelegt?

4. Wie kann man mit Hilfe von Carnot-Prozessen die absolute Temperatur messen?

5. Wie kann man Wärmemengen messen?

5.5   Aufgaben

1. Die Zustandsgleichung einer paramagnetischen Substanz laute

   $$M = \frac{C}{\vartheta} H, \qquad C = \text{const},$$

   (ϑ empirische Temperatur). Man berechne die absolute Temperatur in Abhängigkeit von ϑ!

2. Mit Hilfe des Carnot-Prozesses zeige man, wie man ausgehend von einer empirischen Temperaturskala ϑ zur absoluten Temperaturskala kommt.

6. Thermodynamische Potentiale

6.1 Einkomponentensysteme

6.1.1 Die thermodynamischen Potentiale U, H, F, G

Das Grundgesetz der Thermodynamik ist die bereits in Abschnitt 2.4 behandelte Gibbssche Fundamentalgleichung, in welcher der erste und zweite Hauptsatz zusammengefaßt sind. Mit dem Arbeitsterm $đA = -p\,dV$ lautet sie

$$T\,dS = dU + p\,dV. \tag{6.1}$$

Mit Hilfe dieser Gleichung lassen sich bei gegebener Funktion $S = S(U, V)$ alle Zustandsgrößen des thermodynamischen Systems berechnen. S heißt *thermodynamisches Potential* in U und V. Es ist das Ziel der folgenden Ausführungen zu zeigen, wie man wichtige Eigenschaften eines thermodynamischen Systems mit Hilfe eines thermodynamischen Potentials berechnen kann, und nachzuweisen, daß neben dem Potential $S(U, V)$ eine Reihe weiterer, bestimmten Aufgabenstellungen besonders angepaßter thermodynamischer Potentiale existieren.

Neben dem thermodynamischen Potential Entropie $S(U, V)$ kann man auch die innere Energie als thermodynamisches Potential einführen. Um dies einzusehen genügt es, die Gibbssche Fundamentalgleichung nach dU aufzulösen:

$$dU = T\,dS - p\,dV, \tag{6.2}$$

und U als Funktion von S und V zu betrachten. Der Vergleich des vollständigen Differentials

$$dU = \left(\frac{\partial U}{\partial S}\right)_V dS + \left(\frac{\partial U}{\partial V}\right)_S dV \tag{6.3}$$

mit (6.2) liefert die zu (2.69) analogen Beziehungen:

$$\left(\frac{\partial U}{\partial S}\right)_V = T, \qquad \left(\frac{\partial U}{\partial V}\right)_S = -p. \tag{6.4}$$

Bilden wir von (6.4) die zweiten partiellen Ableitungen

$$\frac{\partial^2 U}{\partial V\,\partial S} = \left(\frac{\partial T}{\partial V}\right)_S, \qquad \frac{\partial^2 U}{\partial S\,\partial V} = -\left(\frac{\partial p}{\partial S}\right)_V,$$

und benutzen wir die Vertauschbarkeit der gemischten partiellen Ableitungen, so erhalten wir die *Maxwellsche Beziehung* (siehe auch Tab. 6.1):

$$\left(\frac{\partial T}{\partial V}\right)_S = -\left(\frac{\partial p}{\partial S}\right)_V. \tag{6.5}$$

Für praktische Anwendungen ist das thermodynamische Potential $U(S,V)$ weniger geeignet, da die unabhängige Variable Entropie direkten Messungen nicht zugänglich ist. Wählt man aber andere unabhängige Variable als S und V, dann ist U kein thermodynamisches Potential mehr. Es ist aber möglich, von U ausgehend durch Legendre-Transformationen zu neuen thermodynamischen Potentialen zu gelangen, die von (S,p), (T,V) und (T,p) abhängen. Es sind dies die *Enthalpie*

$$H(S,p) = U - \left(\frac{\partial U}{\partial V}\right)_S V = U + pV, \tag{6.6}$$

die *freie Energie*

$$F(T,V) = U - \left(\frac{\partial U}{\partial S}\right)_V S = U - TS \tag{6.7}$$

und die *freie Enthalpie*

$$G(T,p) = U - \left(\frac{\partial U}{\partial V}\right)_S V - \left(\frac{\partial U}{\partial S}\right)_V S = U + pV - TS = H - TS. \tag{6.8}$$

Die einzelnen Potentiale lassen sich umkehrbar eindeutig ineinander umrechnen. Sie enthalten deshalb genau wie die Entropie $S(U,V)$ alle Informationen über das thermodynamische System. Die partiellen Ableitungen der in (6.6) bis (6.8) neu eingeführten Potentiale erhält man leicht, wenn man die Differentiale dH, dF und dG bildet. Sie sind ebenso wie die entsprechenden Maxwell-Beziehungen in Tab. 6.1 zusammengestellt. Das Potential $H(S,p)$ ist die uns bereits aus (4.6) bekannte Enthalpie. Das Potential $F(T,V)$ wurde von HELMHOLTZ eingeführt. Der Name freie Energie beruht auf der Tatsache , daß bei isothermen Prozessen ein thermodynamisches System Arbeit nicht auf Kosten seiner inneren Energie, sondern auf Kosten der freien Energie leistet, da wegen d$F = -S\,$d$T - p\,$dV für d$T = 0$ d$F = -p\,$dV ist. Die freie Enthalpie $G(T,p)$ ist für praktische Anwendungen besonders gut geeignet, weil die unabhängigen Variablen p und T im Gleichgewicht für alle homogenen Bestandteile eines zusammengesetzten Systems übereinstimmen. Außerdem kann man p und T leicht messen.

6.1.2 Berechnung thermodynamischer Eigenschaften aus dem Potential $U(S,V)$

Am Beispiel des Potentials $U(S,V)$ zeigen wir jetzt, wie man Eigenschaften eines thermodynamischen Systems aus einem Potential berechnen kann. Wir beginnen

Tabelle 6.1: Die thermodynamischen Potentiale U, F, G, H, ihre Differentiale und wichtige Maxwell-Relationen (für Gase und Flüssigkeiten) *

Thermodyn. Potential	Vollständiges Differential	Partielle Ableitung	Maxwell-Beziehungen
$U(S,V)$	$dU = T\,dS - p\,dV$	$\left(\dfrac{\partial U}{\partial S}\right)_V = T,\ \left(\dfrac{\partial U}{\partial V}\right)_S = -p$	$\left(\dfrac{\partial T}{\partial V}\right)_S = -\left(\dfrac{\partial p}{\partial S}\right)_V$
$H(S,p)$ $(H = U + pV)$	$dH = T\,dS + V\,dp$	$\left(\dfrac{\partial H}{\partial S}\right)_p = T,\ \left(\dfrac{\partial H}{\partial p}\right)_S = V$	$\left(\dfrac{\partial T}{\partial p}\right)_S = \left(\dfrac{\partial V}{\partial S}\right)_p$
$F(T,V)$ $(F = U - TS)$	$dF = -S\,dT - p\,dV$	$\left(\dfrac{\partial F}{\partial T}\right)_V = -S,\ \left(\dfrac{\partial F}{\partial V}\right)_T = -p$	$\left(\dfrac{\partial S}{\partial V}\right)_T = \left(\dfrac{\partial p}{\partial T}\right)_V$
$G(T,p)$ $(G = U - TS$ $+ pV)$	$dG = -S\,dT + V\,dp$	$\left(\dfrac{\partial G}{\partial T}\right)_p = -S,\ \left(\dfrac{\partial G}{\partial p}\right)_T = V$	$\left(\dfrac{\partial S}{\partial p}\right)_T = -\left(\dfrac{\partial V}{\partial T}\right)_p$

* Die vielen in Tabelle 6.1 zusammengestellten Beziehungen kann man sich leicht an Hand des *Guggenheim-Quadrates* merken. Neben den Potentialen U, H, F, G stehen die entsprechenden Variablen.

Guggenheim-Quadrat

Lies: S U V („Suff")
H ilft F ysikern
p ei G roßen T aten

Die Ableitungen nach einer Variablen ergeben die in der gegenüberliegenden Ecke des Quadrats stehende Größe, z.B. ergibt $\left(\frac{\partial U}{\partial S}\right)_V$ die S gegenüberliegende Größe, die Temperatur T. Das Vorzeichen ist entsprechend der oberen Pfeilrichtung positiv. $\left(\frac{\partial F}{\partial V}\right)_T$ ergibt die V gegenüberliegende Größe $-p$, mit dem Minuszeichen entsprechend der Pfeilrichtung.

mit den Zustandsgleichungen. Aus $(\partial U/\partial S)_V = T = T(S,V)$ berechnen wir uns $S = S(T,V)$. Damit gehen wir in die Gleichung $U = U(S,V)$ ein und erhalten so die kalorische Zustandsgleichung:

$$U = U\Big(S(T,V),V\Big).$$

Gehen wir mit $S(T,V)$ in die Beziehung $(\partial U/\partial V)_S = -p = -p(S,V)$ ein, so ergibt sich die thermische Zustandsgleichung:

$$p = p\Big(S(T,V),V\Big).$$

Die Wärmekapazität C_V (das ist die Wärmemenge, die man dem gesamten System bei konstantem Volumen zuführen muß, damit sich seine Temperatur um 1 K erhöht) folgt mit (4.16)

$$C_V = T \left(\frac{\partial S}{\partial T} \right)_V$$

über

$$\frac{T}{C_V} = \left(\frac{\partial T}{\partial S} \right)_V = \left(\frac{\partial}{\partial S} \left(\frac{\partial U}{\partial S} \right)_V \right)_V = \left(\frac{\partial^2 U}{\partial S^2} \right)_V$$

zu

$$C_V = \frac{\left(\dfrac{\partial U}{\partial S} \right)_V}{\left(\dfrac{\partial^2 U}{\partial S^2} \right)_V}. \tag{6.9}$$

Die Berechnung von C_p ist etwas langwieriger. Wir gehen von der Gleichung (4.23)

$$C_p = C_V + T \left(\frac{\partial p}{\partial T} \right)_V \left(\frac{\partial V}{\partial T} \right)_p \tag{6.10}$$

aus. C_V haben wir bereits berechnet. $(\partial p / \partial T)_V$ erhalten wir, wenn wir p und T als Funktion von S und V auffassen, aus

$$dp = \left(\frac{\partial p}{\partial S} \right)_V dS + \left(\frac{\partial p}{\partial V} \right)_S dV, \tag{6.11}$$

$$dT = \left(\frac{\partial T}{\partial S} \right)_V dS + \left(\frac{\partial T}{\partial V} \right)_S dV \tag{6.12}$$

zu

$$\left(\frac{\partial p}{\partial T} \right)_V = \frac{\left(\dfrac{\partial p}{\partial S} \right)_V}{\left(\dfrac{\partial T}{\partial S} \right)_V}.$$

Mit $\left(\dfrac{\partial T}{\partial V} \right)_S = - \left(\dfrac{\partial p}{\partial S} \right)_V$ und $T = \left(\dfrac{\partial U}{\partial S} \right)_V$ folgt dann

$$\left(\frac{\partial p}{\partial T} \right)_V = - \frac{\left(\dfrac{\partial^2 U}{\partial S \, \partial V} \right)}{\left(\dfrac{\partial^2 U}{\partial S^2} \right)_V}. \tag{6.13}$$

Ähnlich berechnen wir $(\partial V/\partial T)_p$. Aus (6.11) und (6.12) erhalten wir durch Elimination von $\mathrm{d}S$:

$$
\mathrm{d}p = \frac{\left(\dfrac{\partial p}{\partial S}\right)_V}{\left(\dfrac{\partial T}{\partial S}\right)_V} \, \mathrm{d}T + \left[\left(\frac{\partial p}{\partial V}\right)_S - \frac{\left(\dfrac{\partial p}{\partial S}\right)_V \left(\dfrac{\partial T}{\partial V}\right)_S}{\left(\dfrac{\partial T}{\partial S}\right)_V}\right] \mathrm{d}V,
$$

woraus wir sofort

$$
\left(\frac{\partial V}{\partial T}\right)_p = \frac{\left(\dfrac{\partial p}{\partial S}\right)_V}{\left(\dfrac{\partial p}{\partial S}\right)_V \left(\dfrac{\partial T}{\partial V}\right)_S - \left(\dfrac{\partial p}{\partial V}\right)_S \left(\dfrac{\partial T}{\partial S}\right)_V} \tag{6.14}
$$

ablesen können. Ersetzen wir in (6.14) auf der rechten Seite p und T durch die Ableitungen von U nach V und S und bilden wir C_p gemäß (6.10), indem wir (6.9), (6.13) und (6.14) berücksichtigen, so erhalten wir nach einigen Umformungen schließlich:

$$
C_p = \frac{\left(\dfrac{\partial U}{\partial S}\right)_V \left(\dfrac{\partial^2 U}{\partial V^2}\right)_S}{\left(\dfrac{\partial^2 U}{\partial V^2}\right)_S \left(\dfrac{\partial^2 U}{\partial S^2}\right)_V - \left(\dfrac{\partial^2 U}{\partial S\,\partial V}\right)^2}. \tag{6.15}
$$

6.1.3 Die Gibbs-Helmholtzschen Differentialgleichungen

Kennt man ein thermodynamisches Potential, dann kann man aus ihm auch die anderen Potentiale berechnen. Ist z.B. $G(T,p)$ gesucht und $U(S,V)$ bekannt, dann bildet man nach (6.8)

$$
G(S,V) = U(S,V) - \left(\frac{\partial U}{\partial V}\right)_S V - \left(\frac{\partial U}{\partial S}\right)_V S. \tag{6.16}
$$

G als Funktion von S und V ist noch kein thermodynamisches Potential. Deshalb löst man die Gleichungen $p(S,V) = -(\partial U/\partial V)_S$ und $T(S,V) = (\partial U/\partial S)_V$ nach $S(p,T)$ und $V(p,T)$ auf und berechnet damit $G = G[S(p,T), V(p,T)]$.

Für praktische Anwendungen sind die aus $U = F + TS$ und $H = G + TS$ folgenden Gleichungen wichtig:

$$F = U + T \left(\frac{\partial F}{\partial T} \right)_V, \tag{6.17}$$

$$G = H + T \left(\frac{\partial G}{\partial T} \right)_p. \tag{6.18}$$

Gleichung (6.17) wird *Helmholtzsche* und Gleichung (6.18) *Gibbssche Differentialgleichung* genannt. Bei bekannter freier Energie ist durch (6.17) sofort die kalorische Zustandsgleichung gegeben:

$$U(T,V) = F(T,V) - T \left(\frac{\partial F}{\partial T} \right)_V. \tag{6.19}$$

Ist umgekehrt $U(T,V)$ bzw. $H(T,p)$ bekannt, dann kann man aus (6.17) bzw. (6.18) durch Integration bis auf eine willkürliche Funktion in V bzw. in p die Potentiale F bzw. H berechnen. Dazu multipliziert man (6.17) mit T^{-2} und erhält so

$$\frac{U}{T^2} = \frac{F}{T^2} - \frac{1}{T} \left(\frac{\partial F}{\partial T} \right)_V = - \left(\frac{\partial}{\partial T} \left(\frac{F}{T} \right) \right)_V. \tag{6.20}$$

Die Integration liefert

$$\frac{F}{T} = - \int \frac{U}{T^2} \, dT + w_1(V). \tag{6.21}$$

Für $G(p,T)$ folgt analog aus (6.18):

$$\frac{G}{T} = - \int \frac{H}{T^2} \, dT + w_2(p). \tag{6.22}$$

Zur Bestimmung der willkürlichen Funktionen $w_1(V)$ und $w_2(p)$ reicht die Kenntnis von $U(T,V)$; bzw. $H(T,p)$ allein nicht aus. Das liegt daran, daß $U(T,V)$ und $H(T,p)$ keine thermodynamischen Potentiale sind.

6.1.4   Die Planck-Massieuschen Funktionen

Neben U, H, F und G kann man leicht einen weiteren Satz von thermodynamischen Potentialen angeben. Ausgangspunkt ist die Gibbssche Fundamentalgleichung in der Form (Entropiedarstellung)

$$dS = \frac{1}{T} \, dU + \frac{p}{T} \, dV. \tag{6.23}$$

Durch Legendre-Transformationen gehen wir von den unabhängigen Variablen U und V zu den neuen unabhängigen Variablen $1/T$ und p/T über und erhalten so die Potentiale

$$\Phi\left(\frac{1}{T}, V\right) = S - \frac{U}{T}, \tag{6.24}$$

$$\Psi\left(U, \frac{p}{T}\right) = S - \frac{pV}{T}, \tag{6.25}$$

$$Y\left(\frac{1}{T}, \frac{p}{T}\right) = S - \frac{U}{T} - \frac{pV}{T}. \tag{6.26}$$

Ihre vollständigen Differentiale sind:

$$d\Phi = -U\, d\left(\frac{1}{T}\right) + \frac{p}{T}\, dV \tag{6.27}$$

$$d\Psi = \frac{1}{T}\, dU - V\, d\left(\frac{1}{T}\right), \tag{6.28}$$

$$dY = -U\, d\left(\frac{1}{T}\right) - V\, d\left(\frac{p}{T}\right). \tag{6.29}$$

Das Potential $\Phi = -F/T$ wird auch als *Massieu-Funktion* und $Y = -G/T$ als *Planck-Funktion* bezeichnet. Φ war das erste Potential, das in die Thermodynamik eingeführt wurde (1865 von MASSIEU). Von besonderer Bedeutung sind die hier angegebenen Potentiale für die statistische Thermodynamik.

6.1.5 Die thermodynamischen Potentiale des idealen Gases

Für das ideale Gas wollen wir jetzt die thermodynamischen Potentiale U, H, F und G berechnen. Bekannt sind uns bisher die thermische und die kalorische Zustandsgleichung:

$$pV = nRT, \quad U = C_V(T - T_0) + U_0, \quad C_V = \text{const.} \tag{6.30}$$

Mit den Zustandsgleichungen (6.30) ergibt sich für die Gibbssche Fundamentalgleichung $T\, dS = dU + p\, dV$ die Form:

$$dS = \frac{C_V}{T}\, dT + \frac{nR}{V}\, dV.$$

Die Integration dieser Gleichung liefert

$$S - S_0 = C_V \ln\frac{T}{T_0} + nR \ln\frac{V}{V_0}. \tag{6.31}$$

Lösen wir diese Gleichung nach T auf, so folgt :

$$T = T_0 \left(\frac{V}{V_0}\right)^{1-\gamma} e^{\frac{S-S_0}{C_V}}, \qquad \gamma = \frac{C_p}{C_V}. \tag{6.32}$$

Tabelle 6.2: Die thermodynamischen Potentiale des idealen Gases

Thermodynamisches Potential	Formel
Innere Energie	$U(S,V) = nc_v T_0 \left\{ \left(\dfrac{V}{V_0}\right)^{1-\gamma} \mathrm{e}^{\frac{S-S_0}{nc_v}} - 1 \right\} + U_0$
Enthalpie	$H(S,p) = nc_p T_0 \left\{ \left(\dfrac{p}{p_0}\right)^{\frac{\gamma-1}{\gamma}} - 1 \right\} + H_0$
Freie Energie	$F(T,V) = nc_v(T - T_0) - T\left\{ nc_v \ln \dfrac{T}{T_0} + nR \ln \dfrac{V}{V_0} + S_0 \right\} + U_0$
Freie Enthalpie	$G(T,p) = nc_p(T - T_0) - T\left\{ nc_p \ln \dfrac{T}{T_0} - nR \ln \dfrac{p}{p_0} + S_0 \right\} + H_0$ $\quad = ng^+(T) + nRT \ln \dfrac{p}{p_0}$
Entropie	$S(U,V) = nc_v \ln \dfrac{U}{U_0} + nRT \ln \dfrac{p}{p_0} + S_0$
Massieu-Funktion	$\Phi\left(\dfrac{1}{T}, V\right) = nc_v \ln \dfrac{T_0}{T} - nR \ln \dfrac{V}{V_0}$ $\quad + \dfrac{nc_v T_0 - U_0}{T} + S_0 - nc_v$
Plancksche Funktion	$Y\left(\dfrac{1}{T}, \dfrac{p}{T}\right) = nc_p\left(T_0 \dfrac{1}{T} - 1\right) - n\left\{ c_v \ln\left(T_0 \dfrac{1}{T}\right) + R \ln\left(\dfrac{p}{T}\dfrac{T_0}{p_0}\right) \right\}$ $\quad - H_0 \dfrac{1}{T} + S_0$ $\Psi\left(U, \dfrac{p}{T}\right) = nc_v \ln \dfrac{U}{U_0} - nR \ln \dfrac{pT_0}{Tp_0} + \Psi_0$

Setzen wir diesen Ausdruck für die Temperatur in die kalorische Zustandsgleichung (6.30) ein, dann erhalten wir das gesuchte thermodynamische Potential $U(S,V)$:

$$U = C_V T_0 \left\{ \left(\frac{V}{V_0}\right)^{1-\gamma} \mathrm{e}^{\frac{S-S_0}{C_V}} - 1 \right\} + U_0. \tag{6.33}$$

Man sieht sofort, daß $(\partial U/\partial S)_V$ wirklich T, und zwar gerade in der Form der Gleichung (6.32), ergibt. Entsprechend kann man auch an Hand von (6.33) die Beziehung $(\partial U/\partial V)_S = -p$ überprüfen.

Als nächstes berechnen wir $F(T, V)$. Dazu setzen wir in $F = U - TS$ die Potentiale U aus (6.30) und S aus (6.31) ein. Es folgt:

$$F = C_V(T - T_0) - T\left\{C_V \ln\frac{T}{T_0} + nR \ln\frac{V}{V_0} + S_0\right\} + U_0. \qquad (6.34)$$

Die Beziehung $(\partial F/\partial V)_T = -p$ liefert, so wie es sein muß, die thermische Zustandsgleichung:

$$\left(\frac{\partial F}{\partial V}\right)_T = -T\,nR\,\frac{1}{V} = -p.$$

Die Enthalpie $H(S, p)$ und die freie Enthalpie $G(T, p)$ kann man, ausgehend von den Gleichungen (6.6), (6.8) und (6.30) in ähnlicher Weise berechnen. Wir haben die Ergebnisse in Tab. 6.2 zusammengestellt. Die Wärmekapazität C_V haben wir durch die molare Wärme c_v und die Molzahl n über $C_V = nc_v$ ausgedrückt. Wir weisen noch darauf hin, daß wir hier den Nullpunkt der Entropie und der inneren Energie willkürlich gewählt haben. Der Nullpunkt der Entropie wird durch das in Kapitel 8 behandelte Nernstsche Wärmetheorem für alle Systeme in gleicher Weise festgelegt werden.

6.1.6 Die freie Energie eines idealen Gases in der statistischen Thermodynamik

Die thermodynamischen Potentiale können berechnet werden, wenn bestimmte Kenntnisse über die atomare bzw. molekulare Struktur des thermodynamischen Systems vorliegen. Es ist eines der Hauptanliegen der statistischen Thermodynamik, entsprechende Berechnungsformeln abzuleiten. Dazu werden wahrscheinlichkeitstheoretische Methoden herangezogen, die wir im Rahmen dieses Buches nicht darstellen können. Wir wollen aber an Hand eines Beispieles, nämlich der klassischen (nichtquantentheoretischen) Berechnung der freien Energie eines einkomponentigen Systems die Ergebnisse der statistischen Überlegungen ohne Beweis angeben.

Wir haben die freie Energie $F(T, V)$ deshalb ausgewählt, weil viele praktische Untersuchungen bei vorgegebener Temperatur T und vorgegebenem Volumen V durchgeführt werden und weil die Vorschrift zu ihrer Berechnung ohne umfangreiche Erläuterung statistischer Begriffe formuliert werden kann. Im übrigen lassen sich bei Kenntnis eines Potentials alle anderen Potentiale ausrechnen. Der Algorithmus zur Berechnung von F lautet folgendermaßen:

1. Man stelle die Hamilton-Funktion $H(q_k, p_k)$ $(k = 1, 2, \ldots, f)$ des Systems auf. Hier sind q_k bzw. p_k die generalisierten Koordinaten bzw. generalisierten Impulse. f ist die Zahl der mechanischen Freiheitsgrade des Systems.

Bei konservativen Systemen, wie sie im Gleichgewicht immer vorliegen, setzt sich H aus der kinetischen Energie T und der potentiellen Energie U zusammen

$$H(q_k, p_k, A_i) = T(q_k, p_k) + U(q_k, p_k, A_i). \tag{6.35}$$

In der potentiellen Energie treten sogenannte *äußere Parameter* A_i auf, die mit den A_i in unseren Arbeitstermen

$$đA = \sum_i a_i\, dA_i$$

zu identifizieren sind. Beispielsweise hat das Potential eines Kastens (in dem das System eingeschlossen ist) die Gestalt

$$U = \begin{cases} 0 & \text{innerhalb des Kastenvolumens } V \\ \infty & \text{außerhalb des Kastenvolumens } V \end{cases} \tag{6.36}$$

und ist damit eine Funktion des Volumens V ($A_1 = V$).

2. Man berechne das Zustandsintegral (der Einfachheit halber beschränken wir uns auf Systeme mit dem Volumen V als einzigem äußeren Parameter)

$$Z(T, V) = \frac{1}{A(f)} \int\limits_{-\infty}^{\infty} e^{\frac{H(q_k, p_k, V)}{kT}}\, dq_1\, dq_2 \cdots dq_f \cdot dp_1\, dp_2 \cdots dp_f \tag{6.37}$$

(k ist die Boltzmann-Konstante).

Die Wahl des konstanten Faktors $A(f)$ richtet sich danach, ob das System aus Teilchen besteht, die an einen festen Ort (elastisch) gebunden sind (lokalisierte Teilchen, wie etwa Gitteratome im Kristall) oder sich aus frei beweglichen (nicht-lokalisierten) Teilchen zusammensetzt:

$$A(f) = \begin{cases} h^f & \text{für lokalisierte Teilchen,} \\ h^f N! & \text{für nichtlokalisierte Teilchen.} \end{cases} \tag{6.38}$$

Dabei ist h das Plancksche Wirkungsquantum und N die Systemteilchenzahl. Besitzt jedes von N gleichen Teilchen s Freiheitsgrade, so gilt offenbar für die Gesamtzahl der Freiheitsgrade

$$f = sN. \tag{6.39}$$

Das Integrationszeichen in (6.37) mit den Grenzen $-\infty$ und ∞ steht symbolisch für $2f$ Integrationszeichen; die Integration muß also über jede generalisierte Koordinate und über jeden generalisierten Impuls zwischen den Grenzen $-\infty$ und ∞ durchgeführt werden. T und V werden von der Integrationsprozedur nicht berührt. Die Berechnung solcher $2f$-facher Integrale stellt die wesentliche Schwierigkeit bei der Bestimmung des Potentials F dar.

3. Man setze $Z(T, V)$ in die Beziehung

$$F(T, V) = -kT \ln Z(T, V) \tag{6.40}$$

ein.

Nach dieser Vorschrift wollen wir die freie Energie eines idealen Gases, das aus N einzelnen Atomen der Masse m besteht, berechnen. Da ein Atom in klassisch-mechanischer Beschreibungsweise als Massenpunkt aufgefaßt werden kann, hat es drei Freiheitsgrade[1]

$$s = 3.$$

Das Gesamtsystem enthält also nach (6.39)

$$f = 3N \tag{6.41}$$

Freiheitsgrade. Zweckmäßigerweise verwenden wir als generalisierte Koordinaten und Impulse die kartesischen Orts- und Impulskomponenten der einzelnen Atome und numerieren sie fortlaufend durch (1. Atom: $q_1, q_2, q_3; p_1, p_2, p_3$; 2. Atom: q_4, q_5, q_6 usw.). Die Hamilton-Funktion eines solchen Gases lautet gemäß (6.35)

$$H(q_k, p_k) = \sum_{i=1}^{3N} \frac{p_i^2}{2m} + U(q_k, p_k, V) \tag{6.42}$$

mit U aus (6.36).

Die Integration in (6.37) kann bezüglich der Ortskoordinaten sofort durchgeführt werden, da die kinetische Energie nach (6.42) ortsunabhängig ist und U innerhalb des Volumens V verschwindet und außerhalb des Volumens das gesamte Integral zum Verschwinden bringt ($e^{-\infty} = 0$).

$$Z(T, V) = \frac{1}{A(f)} \int_V dq_1 \, dq_2 \, dq_3 \cdots dq_{3N-2} \, dq_{3N-1} \, dq_{3N} \times$$

$$\int e^{-\sum_{i=1}^{3N} \frac{p_i^2}{2mkT}} dp_1 \cdots dp_{3N} \tag{6.43}$$

$$= \frac{1}{A(f)} V^N \int_{-\infty}^{\infty} e^{-\sum_{i=1}^{3N} \frac{p_i^2}{2mkT}} dp_1 \cdots d_{3N}.$$

Dabei liefert die Integration über die Ortskoordinaten jedes einzelnen Teilchens jeweils den Beitrag V.

---

[1] Moleküle besitzen entsprechend ihrer Struktur mehr als 3 Freiheitsgrade. Wenn sie z.B. die Gestalt starrer Hanteln haben, ist $s = 5$.

$$V = \int dq_1 \, dq_2 \, dq_3 = \int dq_4 \, dq_5 \, dq_6 = \cdots = \int dq_{3N-2} \, dq_{3N-1} \, dq_{3N}.$$

Das Integral über die Impulse ist ein Produkt aus $3N$ einzelnen Integralen, die alle den gleichen Wert haben:

$$\int_{-\infty}^{\infty} e^{-\sum_{i=1}^{3N} \frac{p_i^2}{2mkT}} dp_1 \cdots dp_{3N} = \left(\int_{-\infty}^{\infty} e^{-\frac{p_1^2}{2mkT}} dp_1 \right) \left(\int_{-\infty}^{\infty} e^{-\frac{p_2^2}{2mkT}} dp_2 \right) \times$$

$$\cdots \left(\int_{-\infty}^{\infty} e^{-\frac{p_{3N}^2}{2mkT}} dp_{3N} \right),$$

und zwar gilt $\int_{-\infty}^{\infty} e^{-\frac{p^2}{2mkT}} dp = \sqrt{2\pi mkT}.$[2] Damit und wegen (6.38) und (6.41) ergibt sich endgültig

$$Z(T,V) = \frac{1}{h^{3N} N!} V^N \left(\sqrt{2\pi mkT} \right)^{3N}.$$

$N!$ wird häufig durch die Stirlingsche Formel

$$N! \approx \left(\frac{N}{e} \right)^N$$

angenähert, die wir gleich mit verwenden wollen, wenn wir $Z(T,V)$ in (6.40) einsetzen:

$$F(T,V) = -kTN \ln \left(\frac{eV (2\pi mkT)^{3/2}}{Nh^3} \right). \tag{6.44}$$

Diese Gleichung gestattet die Bestimmung der in (6.34) auftretenden Größen C_V und R für den Fall des aus einzelnen Atomen bestehenden Gases. Zu beachten ist, daß in (6.34) die Molzahl n verwendet wird. Da ein Mol immer

$$L = 6,022 \cdot 10^{23} \text{ mol}^{-1} \quad \text{(Loschmidtsche Zahl)}$$

Teilchen enthält, ist die Gesamtteilchenzahl N das Produkt aus Zahl der Mole n und Loschmidt-Zahl L:

$$N = nL.$$

---

[2] Man beachte, daß $\left(\int_{-\infty}^{\infty} e^{-x^2} dx \right)^2 = \int_{-\infty}^{\infty} e^{-x^2} dx \int_{-\infty}^{\infty} e^{-y^2} dy = \iint_{-\infty}^{\infty} e^{(x^2+y^2)} dx \, dy =$

$\int_0^{\infty} \int_0^{2\pi} e^{-r^2} r \, d\varphi \, dr = \pi \int_0^{\infty} e^{-z} dz = \pi$ gilt.

Der Vergleich mit (6.34) ergibt:

$$C_V = \frac{3}{2} Nk,$$

$$R = \frac{kN}{n} = kL.$$

6.1.7 Stofflich offene Systeme

Unsere bisherigen Untersuchungen bezogen sich durchweg auf stofflich abge-schlossene Systeme. Diese Einschränkung lassen wir jetzt fallen, d.h., es soll möglich sein, die Stoffmenge eines Systems durch Stoffzufuhr oder -abfuhr zu ändern. In diesem Fall können wir den ersten Hauptsatz nicht mehr in der Form $dU = ƌQ + ƌA$ verwenden, da die Definition der am System geleisteten Arbeit jetzt auf Schwierigkeiten stößt. Wir zeigen dies an einem Beispiel.

Ein Kasten, in dem sich ein Gas mit der Temperatur T und dem Durck p befindet, wird durch eine starre Wand in zwei gleich große Bereiche geteilt (Abb.6.1). Das betrachtete thermodynamische System sei der Bereich I, seine

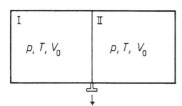

Abb. 6.1 Die Verdopplung des Volumens ohne Arbeitsleistung

innere Energie ist U und sein Volumen V_0. Durch Herausziehen der Wand, was im Idealfall ohne Arbeitsleistung geschehen kann, fügen wir dem System I die in II enthaltene Stoffmenge zu. Dabei verdoppeln sich in unserem Beispiel die innere Energie und das Volumen ohne daß am System I Arbeit geleistet oder ihm Wärme zugeführt wurde. Für das Differential der Arbeit können wir also bei stofflich offenen Systemen im Fall von Volumenänderungen nicht mehr $ƌA = -p\,dV$ ver-wenden. Anders sieht es aus, wenn wir uns auf 1 Mol des Gases beziehen. Die Änderung der inneren Energie pro Mol $u = U/n$ ist unabhängig davon, ob dem System Stoff zugeführt wird oder nicht. Sie hängt nur von der dem Mol zuge-führten Wärmemenge $ƌq$ und der am Mol geleisteten Arbeit $ƌa$ (bei Volumen-arbeit $ƌa = -p\,dv$) ab. Wir können festhalten:

Die auf 1 Mol bezogene Formulierung

$$du = ƌq + ƌa \tag{6.45}$$

des ersten Hauptsatzes ist sowohl für stofflich abgeschlossene als auch für stoff-lich offene Systeme gültig.

Ausgehend von (6.45) können wir die Gibbssche Fundamentalgleichung für stofflich offene Systeme herleiten. Der Arbeitsterm sei $đa = -p\,dv$, für $đq$ gilt entsprechend dem zweiten Hauptsatz $đq = T\,ds$. Multiplizieren wir Gleichung (6.45) mit n und beachten wir

$$
\begin{aligned}
n\,du &= d(nu) - u\,dn = dU - u\,dn, \\
n\,ds &= d(ns) - s\,dn = dS - s\,dn, \\
n\,dv &= d(nv) - v\,dn = dV - v\,dn,
\end{aligned}
$$

so ergibt sich

$$
dU = T\,dS - p\,dV + (u - Ts + pv)\,dn \tag{6.46}
$$

oder

$$
T\,dS = dU + p\,dV - g\,dn \tag{6.47}
$$

wobei $g = u + pv - Ts$ die freie Enthalpie pro Mol ist. Das Glied $g\,dn$ berücksichtigt die Änderung der inneren Energie infolge Stoffzufuhr. Gleichung (6.47) ist die Gibbssche Fundamentalgleichung für stofflich offene Systeme. Sie zeigt, daß wir in diesem Fall die Molzahl als zusätzliche unabhängige Variable betrachten können. Die thermodynamischen Potentiale S und U hängen jetzt von U, V und n bzw. S, V und n ab. Schreiben wir z.B. das vollständige Differential von $U = U(S, V, n)$ auf:

$$
dU = \left(\frac{\partial U}{\partial S}\right)_{V,n} dS + \left(\frac{\partial U}{\partial V}\right)_{S,n} dV + \left(\frac{\partial U}{\partial n}\right)_{S,V} dn,
$$

so ergibt der Vergleich mit (6.46) neben den bekannten Beziehungen $(\partial U/\partial S)_{V,n} = T$ und $(\partial U/\partial V)_{S,n} = -p$ noch die Relation

$$
\left(\frac{\partial U}{\partial n}\right)_{S,V} = g. \tag{6.48}
$$

6.2 Mehrkomponentensysteme

6.2.1 Stofflich offene Systeme mit mehreren Stoffkomponenten ohne chemische Reaktionen

Wir behandeln jetzt ein homogenes System, das sich aus K verschiedenen Stoffen zusammensetzt. Man denke z.B. an ein Gemisch von Gasen. Zu jedem Stoff gehört eine Molzahl n_i, $i = 1, 2, \ldots, K$. Bei offenen Systemen mit einer Stoffkomponente wird der Zustand des Systems z.B. durch S, V und n charakterisiert. Analog dazu soll vorausgesetzt werden, daß der Zustand des Mehrkomponentensystems durch S, V und n_i charakterisiert wird. Die Erfahrung zeigt, daß auch für stofflich offene Mehrkomponentensysteme thermodynamische Potentiale existieren, die alle Informationen über das System enthalten. Das thermodynamische Potential innere Energie hängt also jetzt von S, V und n_i ab:

$$U = U(S, V, n_i).$$

Sein vollständiges Differential ist:[3]

$$dU = \left(\frac{\partial U}{\partial S}\right)_{V,n_j} dS + \left(\frac{\partial U}{\partial V}\right)_{S,n_j} dV + \sum_{l=1}^{K} \left(\frac{\partial U}{\partial n_l}\right)_{S,V,n_i \neq n_l} dn_l, \qquad (6.49)$$

mit

$$\left(\frac{\partial U}{\partial S}\right)_{V,n_j} = T, \qquad \left(\frac{\partial U}{\partial V}\right)_{S,n_j} = -p, \qquad \left(\frac{\partial U}{\partial n_l}\right)_{S,V,n_j} = \mu_l. \qquad (6.50)$$

Die Größe $\mu_l = (\partial U / \partial n_l)_{S,V,n_j}$ heißt *chemisches Potential*. Als Differentialquotient $\partial U / \partial n_i$ zweier extensiver Größen (U und n_i) sind die μ_i intensive Größen. Es wird sich zeigen (Abschnitt 7.2), daß beim Kontakt zweier Phasen mit der Möglichkeit des Stoffaustauschs zwischen ihnen das chemische Potential eines Stoffes in beiden Phasen den gleichen Wert annimmt, sobald sich der Gleichgewichtszustand eingestellt hat. Für Systeme, die nur aus einer Stoffkomponente bestehen, ist das chemische Potential wegen (6.48) gleich der molaren freien Enthalpie

$$\mu = \left(\frac{\partial U}{\partial n}\right)_{S,V} = g. \qquad (6.51)$$

Auf die allgemeine Bedeutung der chemischen Potentiale werden wir in den folgenden Abschnitten eingehen.

Vom thermodynamischen Potential $U = U(S, V, n_i)$ können wir wieder durch die entsprechenden Legendre-Transformationen zu den anderen thermodynamischen Potentialen H, F und G übergehen. Wir geben ihre Differentiale an:

---

[3] Im folgenden werden wir für die partielle Ableitung einer Zustandsfunktion nach der Molzahl n_i anstelle von z.B. $\left(\dfrac{\partial U}{\partial n_i}\right)_{S,V,n_l \neq n_i}$ kürzer $\left(\dfrac{\partial U}{\partial n_i}\right)_{S,V,n_l}$ schreiben.

$$dU = T\, dS - p\, dV + \sum_l \mu_l\, dn_l,$$

$$dH = T\, dS + V\, dp + \sum_l \mu_l\, dn_l,$$

$$dF = -S\, dT - p\, dV + \sum_l \mu_l\, dn_l, \qquad (6.52)$$

$$dG = -S\, dT + V\, dp + \sum_l \mu_l\, dn_l.$$

Die chemischen Potentiale sind

$$\mu_l(S,V,n_i) = \left(\frac{\partial U}{\partial n_l}\right)_{S,V,n_j},$$

$$\mu_l(S,p,n_i) = \left(\frac{\partial H}{\partial n_l}\right)_{S,p,n_j},$$

$$\mu_l(T,V,n_i) = \left(\frac{\partial F}{\partial n_l}\right)_{T,V,n_j}, \qquad (6.53)$$

$$\mu_l(T,p,n_i) = \left(\frac{\partial G}{\partial n_l}\right)_{T,p,n_j}.$$

Die Vertauschbarkeit der zweiten partiellen Ableitungen führt wie bei der Herleitung der Maxwell-Beziehungen zu Gleichungen der Form:

$$\left(\frac{\partial V}{\partial n_l}\right)_{T,p,n_i} = \left(\frac{\partial \mu_l}{\partial p}\right)_{T,n_i}, \qquad \left(\frac{\partial p}{\partial n_l}\right)_{V,T,n_i} = -\left(\frac{\partial \mu_l}{\partial V}\right)_{T,n_i} \quad \text{u.a.} \qquad (6.54)$$

6.2.2 Systeme im Zustand des gehemmten Gleichgewichts und innere Parameter

6.2.2.1 Apparative Hemmungen

In der Regel laufen in abgeschlossenen Systemen Prozesse so lange von allein ab, bis sich das thermodynamische Gleichgewicht eingestellt hat. Es gibt aber auch Systeme, in denen Prozesse durch apparative Hemmungen daran gehindert werden, zum Gleichgewicht hin abzulaufen. Wir erläutern das an zwei Beispielen. In Abb. 6.2 ist der Druck rechts und links von dem Kolben K verschieden. Der Druckausgleich wird dadurch verhindert, daß der Kolben K von außen festgehalten wird.

Ein anderes Beispiel ist in Abb. 6.3 dargestellt. In einem abgeschlossenen Kasten befinden sich beliebig mischbare Flüssigkeiten (z.B. Wasser und Alkohol) in zwei getrennten Gefäßen. Die Mischung kann nur über den dampfförmigen Zustand erfolgen. Dieser Prozeß läuft aber so langsam ab, daß man ihn im allgemei-

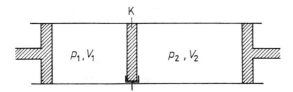

Abb. 6.2 Ein Zustand des gehemmten Gleichgewichts, verwirklicht durch das Festhalten des Kolbens K

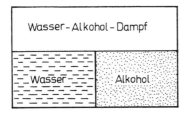

Abb. 6.3 Wasser und Alkohol in zwei getrennten Behältern
Die Mischung der beiden Flüssigkeiten wird durch die Trennwand verhindert. Die Mischung über den Wasser–Alkohol-Dampf erfolgt sehr langsam und kann vernachlässigt werden

nen vernachlässigen kann. Wir sprechen in den Fällen, wo durch äußere Hemmungen der Ablauf von Prozessen unterbrochen wird oder wo die Prozesse so langsam ablaufen, daß man innerhalb der Meßgenauigkeit keine Zustandsänderungen feststellen kann, von *Zuständen des gehemmten Gleichgewichts.* Auch für solche Zustände kann man thermodynamische Zustandsgrößen einführen. Zur Kennzeichnung von Zuständen des gehemmten Gleichgewichts benötigt man aber weitere Variablen, die *innere Parameter* heißen.

Für ein System, dessen gehemmter Gleichgewichtszustand durch die Zustandsvariablen innere Energie U, Volumen V und die inneren Parameter Y_i festgelegt wird, verallgemeinern wir die Gibbssche Fundamentalgleichung auf

$$T \, dS = dU + p \, dV + \sum_i y_i \, dY_i. \tag{6.55}$$

dS bedeutet hier die beim Übergang von einem Zustand des gehemmten Gleichgewichts zu einem benachbarten Zustand des gehemmten Gleichgewichts auftretende Entropieänderung. y_i ist die zu Y_i konjugierte Variable, sie ist definiert durch

$$y_i = \left(\frac{\partial S}{\partial Y_i} \right)_{U,V}.$$

Die inneren Parameter Y_i sollen durch Hemmungen beliebig festgehalten werden können.

Zur Veranschaulichung betrachten wir nochmals das in Abb. 6.2 dargestellte Beispiel. Im ungehemmten Gleichgewicht ist $p_1 = p_2$, und zur vollständigen Beschreibung des Systems reichen z.B. die beiden Zustandsvariablen T und

$p = p_1 = p_2$ oder U und $V = V_1 + V_2$ aus Im gehemmten Gleichgewichtszustand ist das nicht mehr der Fall. Wir benötigen jetzt neben der Temperatur T die beiden Drücke p_1 und p_2 oder neben U und $V = V_1 + V_2$ noch das Teilvolumen V_1 als Zustandsvariable. V_1 wäre in diesem Fall ein innerer Parameter. Um die Gibbssche Fundamentalgleichung für unser Beispiel aufstellen zu können, berechnen wir zuerst die Arbeit, die beim Übergang vom gehemmten Gleichgewichtszustand mit den Variablen U, V, V_1 zum benachbarten mit den Varlablen U, $V + dV$, $V_1 + dV_1$ am System geleistet wird. Sie setzt sich aus zwei Anteilen zusammen. Am Gas in V_1 wird die Arbeit $-p_1 dV_1$ und am Gas in V_2 die Arbeit $-p_2 dV_2 = -p_2 d(V - V_1)$ geleistet. Insgesamt gilt:

$$đA = -p_1 \, dV_1 - p_2 \, dV_2 = -(p_1 - p_2) \, dV_1 - p_2 \, dV.$$

Die Gibbssche Fundamentalgleichung ergibt sich mit dem ersten und zweiten Hauptsatz zu

$$dS = \frac{đQ}{T} = \frac{dU - đA}{T} = \frac{1}{T} \, dU + \frac{p_2}{T} \, dV + \frac{p_1 - p_2}{T} \, dV_1. \tag{6.56}$$

Da in dem behandelten Beispiel kein das gesamte System charakterisierender Druck p existiert, erscheint bei dV in (6.56) p_2 (oder p_1, falls man V_2 als inneren Parameter wählt).

6.2.2.2 Systeme mit chemischen Reaktionen

Das thermodynamische System bestehe aus einem Gemisch von K Stoffen, die chemisch miteinander reagieren können. Beim Ablauf von chemischen Reaktionen ändern sich auch in stofflich abgeschlossenen Systemen die Molzahlen. So nimmt z.B. bei der Reaktion $H_2 + Cl_2 \longrightarrow 2 \, HCl$ die Molzahl des HCl zu und die von H_2 und Cl_2 ab. Die Reaktionen werden so lange ablaufen, bis sich der Gleichgewichtszustand eingestellt hat. Dieser Zustand hängt z.B. von der Temperatur, dem Druck, aber auch von den anfangs vorhandenen Mengen der verschiedenen Stoffe ab.

In vielen Fällen laufen chemische Reaktionen aber so langsam ab, daß man über längere Zeiträume keine Änderung der Molzahlen feststellen kann. Schnell ablaufende Reaktionen kann man (zumindest gedanklich) mit Hilfe von Antikatalysatoren beliebig verlangsamen oder ganz stoppen. Solche Zustände, in denen sich das chemische Gleichgewicht noch nicht eingestellt hat, sind ebenfalls gehemmte Gleichgewichtszustände, die quasistatisch durchlaufen werden können. Die zu diesen Zuständen gehörenden inneren Parameter sind die Molzahlen. Die Gibbssche Fundamentalgleichung ist deshalb die gleiche wie bei stofflich offenen Systemen:

$$T \, dS = dU + p \, dV - \sum_{l=1}^{K} \mu_l \, dn_l. \tag{6.57}$$

Die Änderung der Molzahlen kann also durch reversiblen Stoffaustausch mit der Umgebung oder durch chemische Reaktionen, die quasistatisch Zustände des gehemmten Gleichgewichts durchlaufen, verursacht werden. Beim Ablauf chemischer Reaktionen muß allerdings beachtet werden, daß die Stoffumwandlungen entsprechend den stöchiometrischen Gleichungen

$$\sum_{l=1}^{M}(-\nu_l)\,\mathrm{B}_l \rightleftharpoons \sum_{l=M+1}^{K}\nu_l\mathrm{B}_l \tag{6.58}$$

erfolgen. Bei einem Umsatz werden hier z.B. ν_1 Mole des Stoffes B_1 vernichtet und ν_{M+1} Mole des Stoffes B_{M+1} erzeugt. Ändert sich beim Ablauf der Reaktion die Molzahl des Stoffes B_1 um $\nu_1\xi$, dann müssen sich die Molzahlen der anderen Stoffe um $\nu_l\xi$ ändern. Die ursprünglich vorhandenen Molzahlen n_l gehen dabei in die Molzahlen

$$n_l = n_l + \nu_l\xi \tag{6.59}$$

über. Die Molzahlen n_l sind deshalb bei chemischen Reaktionen keine unabhängigen inneren Parameter. Den chemischen Reaktionen gut angepaßt ist vielmehr der eben eingeführte *innere Parameter* ξ, der *Reaktionslaufzahl* genannt wird.

6.2.3 Die Gibbs-Duhemschen und Duhem-Marguleschen Beziehungen

Ausgangspunkt für die folgenden Überlegungen sind die beiden Eigenschaften einer homogenen Funktion $f(x_1, \ldots, x_n)$ vom Grade k

$$f(\lambda y_1, \ldots, \lambda y_n) = \lambda^k f(y_1, \ldots, y_n), \tag{6.60}$$

und[4]

$$k f(y_1, \ldots, y_n) = \sum_{i=1}^{n} y_i\,\frac{\partial f}{\partial y_i}. \tag{6.61}$$

Die extensiven Größen der Thermodynamik sind homogene Funktionen vom Grade 1 bezüglich ihrer unabhängigen extensiven Zustandsvariablen. Zum Beispiel gilt $\lambda F(T, V, n_i) = F(T, \lambda V, \lambda n_i)$. Das heißt, wenn wir bei gleichbleibender Temperatur das Volumen und die Molzahlen verdoppeln ($\lambda = 2$), dann verdoppelt sich auch die freie Energie.

Die wichtige Gibbs-Duhem-Beziehung erhalten wir nun, wenn wir (6.61) für die freie Enthalpie $G(T, p, n_i)$ aufschreiben:

---

[4] Man differenziere Gleichung (6.60) nach λ und setze anschließend $\lambda = 1$.

$$G(T,p,n_i) = \sum_l n_l \left(\frac{\partial G}{\partial n_l}\right)_{T,p,n_i} = \sum_l n_l \mu_l. \tag{6.62}$$

Sie wird oft auch in der Form

$$U - TS + pV - \sum_l \mu_l n_l = 0 \tag{6.63}$$

angegeben. Gehen wir von Gleichung (6.63) zur differentiellen Form über, erhalten wir

$$dU - T\,dS - S\,dT + p\,dV + V\,dp - \sum_l \mu_l\,dn_l - \sum_l n_l\,d\mu_l = 0,$$

und bei Berücksichtigung der Gibbsschen Fundamentalgleichung (6.57) die differentielle Form der Gibbs-Duhem-Beziehung:[5]

$$S\,dT - V\,dp + \sum_l n_l\,d\mu_l = 0. \tag{6.64}$$

Die intensiven thermodynamischen Größen sind bezüglich ihrer unabhängigen extensiven Zustandsvariablen homogene Funktionen vom Grade null. So gilt z.B. $p(T,V,n) = p(T,\lambda V,\lambda n)$, d.h. verdoppelt ($\lambda = 2$) man bei gleichbleibender Temperatur das Volumen und die Molzahl, dann ändert sich der Druck als intensive Größe nicht.[6]

Schreiben wir nun die Gleichung (6.61) für das chemische Potential $\mu_k(T,p,n_i)$ als intensive Größe auf ($k = 0$), so folgen sofort die DUHEM-MARGULESchen Beziehungen

$$\sum_l n_l \left(\frac{\partial \mu_k}{\partial n_l}\right)_{T,p,n_i} = 0. \tag{6.65}$$

Wegen $\mu_k = (\partial G/\partial n_k)_{T,p,n_i}$ gilt auch

---

[5] Die Gibbs-Duhem-Beziehung in der Form $dp = \frac{S}{V}\,dT + \sum_l \frac{n_l}{V}\,d\mu_l$ zeigt, daß der Druck in Abhängigkeit von T und μ_l als thermodynamisches Potential aufgefaßt werden kann. Zur vollständigen Beschreibung des Systems muß noch das Volumen bekannt sein, da aus p nur die Dichten S/V und n_l/V folgen.

[6] Man kann dies leicht an den in Tabelle 10.4 angegebenen Zustandsgleichungen, in denen neben p und T nur das Molvolumen $v = V/n$ auftritt, sehen.

$$\sum_l n_l \left(\frac{\partial \mu_k}{\partial n_l}\right)_{T,p,n_i} = \sum_l n_l \left(\frac{\partial^2 G}{\partial n_l \, \partial n_k}\right)_{T,p,n_i}$$

$$= \sum_l n_l \left(\frac{\partial \mu_l}{\partial n_k}\right)_{T,p,n_i} = 0. \tag{6.66}$$

Den Gibbs-Duhemschen und den Duhem-Marguleschen Beziehungen analoge Gleichungen kann man für jede extensive Größe $A(T,p,n_i)$ angeben. Es gilt

$$A(T,p,n_i) = \sum_l n_l \left(\frac{\partial A}{\partial n_l}\right)_{T,p,n_i} = \sum_l n_l a_l. \tag{6.67}$$

Die partiellen Ableitungen

$$a_l = \left(\frac{\partial A}{\partial n_l}\right)_{T,p,n_i} \tag{6.68}$$

heißen *partielle molare Größen*, so ist z.B. $h_l = (\partial H/\partial n_l)_{T,p,n_i}$ die partielle molare Enthalpie. Die partiellen molaren Größen sind besonders für die chemische Thermodynamik von Bedeutung.

Die partiellen molaren Größen sind wie die chemischen Potentiale als Differentialquotienten zweier extensiver Größen (A und n_l) intensive Größen. Sie ändern ihren Wert nicht, wenn alle Molzahlen n_i um den gleichen Faktor geändert werden. Man kann deshalb ihre Molzahlabhängigkeit durch die Molenbrüche

$$x_r = \frac{n_r}{\sum_l n_l} = \frac{n_r}{n} \tag{6.69}$$

ausdrücken, d.h., $\mu_1 = \mu_1(T,p,x_r)$. Für die Molenbrüche gilt

$$\sum_r x_r = 1. \tag{6.70}$$

Besteht ein System aus K Stoffen, dann ist die Zahl der unabhängigen Molenbrüche gleich $K - 1$.

6.2.4 Die thermodynamischen Potentiale I, J, K, L

Bisher haben wir in allen thermodynamischen Potentialen die Molzahlen n_i als unabhängige Variablen benutzt. Wir wollen nun noch die Molzahlen mittels Le-

gendre-Transformationen durch die chemischen Potentiale als unabhängige Zustandsvariablen ersetzen. Ausgehend von der inneren Energie erhalten wir

$$I(S,V,\mu_i) = U(S,V,n_i) - \sum_l \left(\frac{\partial U}{\partial n_l}\right)_{S,U,n_i} n_l = U - \sum \mu_l n_l. \tag{6.71}$$

Entsprechend werden die Potentiale K, J und L definiert:

$$K(S,p,\mu_i) = H - \sum_l \mu_l n_l, \tag{6.72}$$

$$J(T,V,\mu_i) = F - \sum_l \mu_l n_l, \tag{6.73}$$

$$L(p,T,\mu_i) = G - \sum_l \mu_l n_l. \tag{6.74}$$

Beachten wir die Gibbs-Duhem-Beziehung in der Form (6.63), so ergibt sich

$$I(S,V,\mu_i) = U - \sum_l \mu_l n_l = ST - pV, \tag{6.75}$$

$$K(S,p,\mu_i) = H - \sum_l \mu_l n_l = ST, \tag{6.76}$$

$$J(T,V,\mu_i) = F - \sum_l \mu_l n_l = -pV, \tag{6.77}$$

$$L(T,p,\mu_i) = G - \sum_l \mu_l n_l = 0. \tag{6.78}$$

Das Potential $J(T,V,\mu_i)$ spielt besonders in der statistischen Thermodynamik eine
bedeutende Rolle. Es kennzeichnet stofflich offene Systeme, die mit einem Wärmebad (dadurch wird T vorgegeben) und mit Vorratsflaschen für die einzelnen
Stoffkomponenten (dadurch werden die μ_i vorgegeben) in Kontakt stehen.
$J(T,V,\mu_i)$ heißt *großes Potential* oder *Potential der großkanonischen Gesamtheit*.
   Die Differentiale von I, K, J, L lauten:

$$dI = T\,dS - p\,dV - \sum_l n_l\,d\mu_l, \tag{6.79}$$

$$dK = T\,dS + V\,dp - \sum_l n_l\,d\mu_l, \tag{6.80}$$

$$dJ = -S\,dT - p\,dV - \sum_l n_l\,d\mu_l, \tag{6.81}$$

$$dL = -S\,dT + V\,dp - \sum_l n_l\,d\mu_l. \tag{6.82}$$

Aus ihnen liest man die Beziehungen

$$\left(\frac{\partial I}{\partial S}\right)_{V,\mu_l} = T, \quad \left(\frac{\partial I}{\partial V}\right)_{S,\mu_l} = -p, \quad \left(\frac{\partial I}{\partial \mu_l}\right)_{S,V,\mu_i} = -n_l, \tag{6.83}$$

$$\left(\frac{\partial K}{\partial S}\right)_{p,\mu_l} = T, \quad \left(\frac{\partial K}{\partial p}\right)_{S,\mu_l} = V, \quad \left(\frac{\partial K}{\partial \mu_l}\right)_{S,p,\mu_i} = -n_l, \tag{6.84}$$

$$\left(\frac{\partial J}{\partial T}\right)_{V,\mu_l} = -S, \quad \left(\frac{\partial J}{\partial V}\right)_{T,\mu_l} = -p, \quad \left(\frac{\partial J}{\partial \mu_l}\right)_{T,V,\mu_i} = -n_l, \tag{6.85}$$

$$\left(\frac{\partial L}{\partial T}\right)_{p,\mu_l} = -S, \quad \left(\frac{\partial L}{\partial p}\right)_{T,\mu_l} = V, \quad \left(\frac{\partial L}{\partial \mu_l}\right)_{T,p,\mu_i} = -n_l, \tag{6.86}$$

ab.[*]

Die Vertauschbarkeit der 2. partiellen Ableitungen führt auf Gleichungen, die den Maxwell-Beziehungen (Tab. 6.1) entsprechen. Wir geben einige von ihnen an:

$$\left(\frac{\partial T}{\partial \mu_l}\right)_{V,S,\mu_i} = -\left(\frac{\partial n_l}{\partial S}\right)_{T,\mu_i},$$

$$\left(\frac{\partial T}{\partial V}\right)_{S,\mu_l} = -\left(\frac{\partial p}{\partial S}\right)_{V,\mu_l}, \tag{6.87}$$

$$\left(\frac{\partial V}{\partial \mu_l}\right)_{S,p,\mu_i} = -\left(\frac{\partial n_l}{\partial p}\right)_{S,\mu_i}.$$

---

[*] Nach K. SCHUSTER kann man das Guggenheim-Quadrat durch ein Oktaeder erweitern. An die Ecken des Oktaeders schreibt man die unabhängigen Variablen und auf die Flächen die thermodynamischen Potentiale.

Die Ableitung eines thermodynamischen Potentials nach einer unabhängigen Variable ergibt die an der gegenüberliegenden Ecke stehende Variale, wobei noch (ähnlich wie beim Guggenheim-Quadrat) auf das Vorzeichen geachtet werden muß. Beispiel: $\dfrac{\partial U}{\partial n_l} = \mu_l$.

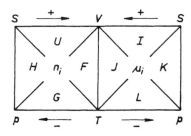

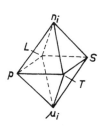

6.3 Fragen

1. Was versteht man unter einem thermo-dynamischen Potential?
2. Wie kann man aus einem thermodyna-mischen Potential die thermische Zu-standsgleichung berechnen?
3. Wie kann man aus der freien Energie $F(T, V)$ die Wärmekapazitäten C_V und C_p berechnen?
4. Wie lauten die Gibbs-Helmholtzschen Differentialgleichungen?
5. Was sind die Planck-Massieuschen Funktionen?
6. Wie kann man die thermodynamischen Potentiale für ein ideales Gas berech-nen?
7. Wie lautet die Gibbssche Fundamen-talgleichung für stofflich offene Sy-steme?
8. Wie sind die chemischen Potentiale definiert?
9. Wie kann man Zustände des gehemm-ten Gleichgewichtes beschreiben?
10. Was sind innere Parameter?
11. Wie kann man die freie Enthalpie mit Hilfe der chemischen Potentiale be-rechnen (Gibbs-Duhem-Beziehung)?
12. Was ist ein Molenbruch, und warum hängen die chemischen Potentiale nur über die Molenbrüche von den Mol-zahlen ab?
13. Was ist eine homogene Funktion vom Grade k?
14. Wie lauten die Gibbs-Duhemschen Beziehungen?
15. Wie sind partielle molare Größen defi-niert?
16. Was versteht man unter dem großka-nonischen Potential?
17. Wann ist der Druck ein thermodyna-misches Potential?

6.4 Aufgaben

1. Vorgegeben sei die freie Enthalpie:

$$G = nRT \ln p + p\left(nb - \frac{na}{RT}\right)$$
$$+ f(T)$$

($a, b =$ const.) Aus diesem thermody-namischen Potential ist die thermische Zustandsgleichung abzuleiten. Zeigen Sie, daß das Ergebnis mit der van der Waals-Gleichung überein-stimmt, wenn Terme zweiter Ordnung in a und b vernachlässigt werden. Fer-ner sind die Entropie $S(p, T)$, die Ent-halpie $H(p, T)$ und die Wärmekapazi-tät $C_p(p, T)$ zu berechnen.

2. Man leite mit Hilfe des zweiten Hauptsatzes eine thermodynamische Funktion her, die die Eigenschaft hat, bei reversibel isotherm und isobar ge-führten Prozessen konstant zu bleiben und bei irreversiblen zu wachsen. Ihr

totales Differential ist anzugeben, wo-bei diese Funktion die unabhängigen Variablen p und T haben möge.

3. Die freie Energie eines Systems sei durch

$$G(p, T) = nRT \ln \frac{ap}{(RT)^{5/2}}$$

gegeben. Man berechne C_p und C_V.

4. Die Entropie eines thermodynamischen Systems sei gegeben durch

$$S = A \sqrt[3]{VU}, \qquad A = \text{const.}$$

Man berechne die thermische Zu-standsgleichung $p = p(V, T)$ sowie die Wärmekapazität $C_V(T, p)$.

5. Welche thermodynamischen Eigen-schaften muß ein System besitzen, wenn je eine der folgenden Beziehun-gen erfüllt sein soll:

(1) $\left(\dfrac{\partial U}{\partial V}\right)_T = 0,$

(2) $\left(\dfrac{\partial S}{\partial V}\right)_p \; 0,$

(3) $\left(\dfrac{\partial T}{\partial S}\right)_p = 0,$

(4) $\left(\dfrac{\partial S}{\partial V}\right)_T = 0,$

(5) $\left(\dfrac{\partial T}{\partial V}\right)_S = -\left(\dfrac{\partial p}{\partial S}\right)_V$

Man gebe Beispiele an.

6. Wie muß die Zustandsgleichung eines homogenen Körpers beschaffen sein, damit die Entropie sich additiv aus einer Funktion von T und einer Funktion von V (oder p) zusammensetzt?

7. Mit Hilfe der Enthalpie $H(p,S)$ berechne man den isochoren Ausdehnungskoeffizienten

$$\alpha = -\frac{1}{V}\left(\frac{\partial V}{\partial p}\right)_S,$$

die adiabatische Kompressibilität

$$\kappa = -\frac{1}{V}\left(\frac{\partial V}{\partial p}\right)_S$$

und das Quadrat der Schallgeschwindigkeit

$$c^2 = \left(\frac{\partial p}{\partial \varrho}\right)_S, \quad \varrho \text{ Massendichte.}$$

7. Gleichgewichts- und Stabilitätsbedingungen

7.1 Allgemeine Bedingungen

Wir wollen jetzt Methoden angeben, mit deren Hilfe wir Aussagen über den thermodynamischen Gleichgewichtszustand erhalten können. Unser Ausgangspunkt ist dabei der zweite Hauptsatz, und zwar die Aussage

$$d_i S \geq 0.$$

Solange in einem System irreversible Prozesse ablaufen, wird Entropie produziert.

Ist das System abgeschlossen, kann seine Entropie nur anwachsen. Wenn sich der Gleichgewichtszustand eingestellt hat, gilt $d_i S = 0$, und die Entropie selbst erreicht dann ihren größten Wert $S = S_{max}$.

Wollen wir den Gleichgewichtszustand berechnen, haben wir eine Extremwertaufgabe mit Nebenbedingungen zu lösen. Die Funktion, deren Maximalwert zu bestimmen ist, ist die Entropie S. Die Nebenbedingungen sind $V = $ const, $U = $ const und $M = $ const; sie sichern, daß wir es mit einem abgeschlossenen System zu tun haben. M ist die gesamte Masse des Systems. Die Konstanz der Molzahlen dürfen wir im allgemeinen nicht fordern, da im System z.B. chemische Reaktionen ablaufen können.

Zur Lösung der Extremwertaufgabe benutzen wir die aus der Mechanik bekannte Methode der virtuellen Verrückungen. Auf die Thermodynamik übertragen besagt sie:

Ein abgeschlossenes thermodynamisches System befindet sich im Gleichgewichtszustand, wenn bei jeder virtuellen Zustandsänderung die Entropie gleich bleibt, d.h., es muß

$$(\delta S)_{U,V,M} = 0 \tag{7.1}$$

gelten.

Die Indizes U, V, M deuten an, daß die virtuellen Zustandsänderungen mit den Nebenbedingungen $\delta U = 0$, $\delta V = 0$ und $\delta M = 0$ verträglich sein müssen. Außerdem sind die virtuellen Zustandsänderungen infinitesimal.

Die *Gleichgewichtsbedingung* (7.1) garantiert zunächst nur die Existenz eines Extremwertes, sagt aber noch nicht aus, ob S ein Maximum oder ein Minimum besitzt. Um dies festzustellen, muß man die Glieder 2. Ordnung in δS, die bei der Entropieänderung

$$S - S_0 = \Delta S = \delta S + \delta^2 S + \cdots$$

auftreten, untersuchen. Damit ein Maximalwert vorliegt, muß

$$(\delta^2 S)_{U,V,M} < 0 \tag{7.2}$$

sein. Diese Ungleichung wird *Stabilitätsbedingung* genannt. Sie garantiert, daß der durch (7.1) festgelegte Gleichgewichtszustand stabil oder zumindest metastabil ist. Metastabile Zustände sind gegenüber virtuellen Zustandsänderungen stabil, nicht aber gegenüber allen möglichen endlichen Zustandsänderungen; es liegt bezüglich der Entropie nur ein relatives Maximum vor (Abb.7.1). Beispiele für metastabile Zustände sind überhitzte Flüssigkeiten und unterkühlte Dämpfe.

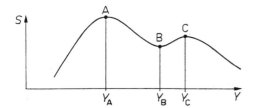

Abb. 7.1 Verschiedene Gleichgewichtszustände: A – stabiles Gleichgewicht, B – instabiles Gleichgewicht, C – metastabiles Gleichgewicht

Oft interessiert man sich für Gleichgewichtszustände von Systemen, die nicht abgeschlossen sind. Auch dann lassen sich zu (7.1) analoge Gleichgewichtsbedingungen angeben, allerdings mit anderen Nebenbedingungen. Einen Überblick über die wichtigsten Gleichgewichtsbedingungen erhält man, wenn man vom zweiten Hauptsatz

$$\mathrm{d}S \geq \frac{\text{đ}Q}{T}$$

ausgeht und đQ der Reihe nach durch die aus den Definitionen der thermodynamischen Potentiale

$$H = U + pV, \qquad F = U - TS, \qquad G = H - TS$$

und dem ersten Hauptsatz $dU = đQ - p\,dV$ folgenden Beziehungen

$$đQ = dU + p\,dV,$$
$$đQ = dH - V\,dp,$$
$$đQ = dF + T\,dS + S\,dT + p\,dV,$$
$$đQ = dG + T\,dS + S\,dT - V\,dp$$

ersetzt. Es folgen die Beziehungen:

$$dU \leq T\,dS - p\,dV,$$
$$dH \leq T\,dS + V\,dp,$$
$$dF \leq -S\,dT - p\,dV,$$
$$dG \leq -S\,dT + V\,dp. \tag{7.3}$$

Untersuchen wir Gleichgewichtszustände, bei denen die Entropie und das Volumen konstant gehalten werden, dann gilt $dS = 0$, $dV = 0$ und

$$dU \leq 0.$$

Die innere Energie nimmt unter diesen Bedingungen bei irreversibel ablaufenden Prozessen ab und erreicht im Gleichgewichtszustand ein Minimum. Die Gleichgewichtsbedingung lautet deshalb jetzt

$$(\delta U)_{S,V,M} = 0.$$

Damit U wirklich ein Minimum einnimmt, muß noch $(\delta^2 U)_{S,V,M} > 0$ erfüllt sein.

Besonders wichtig sind Prozesse, die bei konstanter Temperatur und bei konstantem Druck ablaufen. In diesem Fall gilt $dG \leq 0$, und die freie Enthalpie nimmt im Gleichgewicht ein Minimum an.

Wir halten fest, daß es keine für alle Gleichgewichtszustände gültige Gleichgewichtsbedingung gibt. Für eine Reihe von meist durch die experimentellen Gegebenheiten vorgeschriebenen Nebenbedingungen lassen sich jedoch thermodynamische Potentiale finden, die im Gleichgewichtszustand einen Extremwert annehmen. Wir stellen die aus (7.3) folgenden Gleichgewichts- und Stabilitätsbedingungen zusammen:

$$(\delta U)_{S,V,M} = 0, \qquad (\delta^2 U)_{S,V,M} > 0, \tag{7.4}$$

$$(\delta H)_{S,p,M} = 0, \qquad (\delta^2 H)_{S,p,M} > 0, \tag{7.5}$$

$$(\delta F)_{T,V,M} = 0, \qquad (\delta^2 F)_{T,V,M} > 0, \tag{7.6}$$

$$(\delta G)_{T,p,M} = 0, \qquad (\delta^2 G)_{T,p,M} > 0. \tag{7.7}$$

Die hier angegebenen Bedingungen entsprechen unterschiedlichen physikalischen Situationen. Während z.B. aus (7.4) die Gleichgewichtsbedingung für ther-

misches Gleichgewicht, d.h. $T = \text{const}$ folgt, wird in (7.6) das thermische Gleichgewicht durch die Nebenbedingung $T = \text{const}$ bereits vorausgesetzt.

Zu (7.4) bis (7.6) analoge Bedingungen kann man auch mit Hilfe der Planck-
Massieuschen Funktionen (Abschnitt 6.1.4) angeben. Ausgehend von $(\delta S)_{U,V,M} = 0$,
$(\delta^2 S)_{U,V,M} < 0$ erhält man so

$$(\delta\Phi)_{\frac{1}{T},V,M} = 0, \qquad (\delta^2\Phi)_{\frac{1}{T},V,M} < 0, \tag{7.8}$$

$$(\delta\Psi)_{U,\frac{p}{T},M} = 0, \qquad (\delta^2\Psi)_{U,\frac{p}{T},M} < 0, \tag{7.9}$$

$$(\delta Y)_{\frac{1}{T},\frac{p}{T},M} = 0, \qquad (\delta^2 Y)_{\frac{1}{T},\frac{p}{T},M} < 0. \tag{7.10}$$

Entsprechend gilt für die Potentiale I, J, K:

$$(\delta I)_{S,V,\mu_i} = 0, \qquad (\delta^2 I)_{S,V,\mu_i} > 0, \tag{7.11}$$

$$(\delta J)_{S,p,\mu_i} = 0, \qquad (\delta^2 J)_{S,p,\mu_i} > 0, \tag{7.12}$$

$$(\delta K)_{T,V,\mu_i} = 0, \qquad (\delta^2 K)_{T,V,\mu_i} > 0. \tag{7.13}$$

7.2 Beispiele für die Auswertung der Gleichgewichtsbedingungen

Wir gehen von einem System aus, dessen Zustand durch die innere Energie U, das
Volumen V und durch eine Reihe von inneren Parametern Y_i beschrieben werden
kann. Die Änderung der Entropie bei einer Zustandsänderung von einem gehemmten Gleichgewichtszustand zu einem anderen ist dann nach (6.55) gegeben durch:

$$T\, dS = dU + p\, dV + \sum_i y_i\, dY_i. \tag{7.14}$$

Für den Gleichgewichtszustand des abgeschlossenen Systems, der aus $(\delta S)_{U,V,M} = 0$
berechnet werden kann, folgt aus (7.14):

$$(\delta S)_{U,V,M} = \left(\sum_i y_i\, \delta Y_i\right)_{U,V,M} = 0. \tag{7.15}$$

Diese Bedingung ist erfüllt, wenn alle δY_i verschwinden. Das System befindet sich
dann in einem gehemmten Gleichgewichtszustand. Gleichung (7.9) wird aber auch
erfüllt, wenn alle y_i Null sind. Dann befindet sich das System im ungehemmten
Gleichgewichtszustand, und die Gleichgewichtsbedingungen lauten

$$y_i = 0.$$

Als Beispiel betrachten wir nochmals das in Abb. 6.2 dargestellte System. Mit Hilfe der in (6.56) angegebenen Entropieänderung

$$dS = \frac{dU}{T} + \frac{p_2}{T}\,dV + \frac{p_1 - p_2}{T}\,dV_1$$

ergibt sich die Gleichgewichtsbedingung zu

$$(\delta S)_{U,V,M} = \frac{p_1 - p_2}{T}\,\delta V_1 = 0. \tag{7.16}$$

Der gehemmte Gleichgewichtszustand $\delta V_1 = 0$ läßt sich dadurch realisieren, daß V_1 festgehalten wird, während im ungehemmten Gleichgewichtszustand $(p_1 - p_2)/T$ verschwinden muß, woraus sofort $p_1 = p_2$ folgt. Der Druck ist im ungehemmten Gleichgewicht auf beiden Seiten des Kolbens K gleich groß, so wie man es von Anfang an erwartet hat.

In einem weiteren Beispiel untersuchen wir ein System, das aus zwei homogenen Bereichen unterschiedlicher Temperatur besteht (Abb. 7.2). Die beiden Berei-

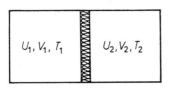

Abb. 7.2 Zwei durch eine wärmeisolierende Wand getrennte Systeme

che werden durch eine wärmeisolierende Wand getrennt. Heben wir die Wärmeisolation auf und ändern U_1 um δU_1 und U_2 um δU_2, dann ändert sich S_1 um $\delta U_1/T_1$ und S_2 um $\delta U_2/T_2$. Volumenänderungen sollen nicht stattfinden, d.h. $\delta V_1 = \delta V_2 = 0$. Aus der Nebenbedingung $U = U_1 + U_2 = const$ ergibt sich $\delta U_1 = -\delta U_2$, womit für $\delta S = \delta S_1 + \delta S_2$ bei der virtuellen Zustandsänderung δU_1

$$(\delta S)_{U,V,M} = \frac{1}{T_1}\,\delta U_1 - \frac{1}{T_2}\,\delta U_1$$

folgt. Im Gleichgewicht ist $(\delta S)_{U,V,M} = 0$ und wir erhalten

$$T_1 = T_2.$$

Als letztes betrachten wir ein System, das aus zwei homogene Phasen eines Stoffes besteht (z.B. Wasser und Wasserdampf, Abb. 7.3) Die beiden Phasen mögen die gleiche Temperatur T und den gleichen Druck p besitzen. Die Gleichgewichtsbedingung $(\delta G)_{p,T,M} = 0$ liefert dann bei Berücksichtigung der Gleichungen (6.52) und (6.51) sowie der Nebenbedingung

$$\delta n = \delta n_1 + \delta n_2 = 0,$$

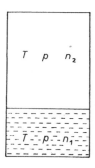

Abb. 7.3 Die Temperaturen sind im Gleichgewichtszustand in beiden Bereichen gleich.

$$(\delta G)_{T,p,M} = \left(\frac{\partial G}{\partial n_1}\right)_{T,p} \delta n_1 + \left(\frac{\partial G}{\partial n_2}\right)_{T,p} \delta n_2 = (g_1 - g_2)\,\delta n_1 = 0,$$

woraus die Gleichgewichtsbedingung

$$g_1(T,p) = g_2(T,p) \tag{7.17}$$

für das Gleichgewicht zweier Phasen eines Stoffes folgt. Phasengleichgewichte werden ausführlicher im Abschnitt 10.5 behandelt.

7.3 Auswertung der Stabilitätsbedingungen

Wir gehen von einem System aus, dessen Gleichgewichtszustände die Nebenbedingungen $S = \text{const}$ und $V = \text{const}$ erfüllen. Damit diese Zustände stabil sind, muß bei virtuellen Zustandsänderungen nach (7.4) $(\delta^2 U)_{S,V,M} > 0$ gelten. Wir wollen diese Bedingung in Aussagen über leicht meßbare, für das System charakteristische Größen umformen. Das gelingt am einfachsten, wenn wir spezielle virtuelle Zustandsänderungen durchführen. Wir beginnen mit einer virtuellen Änderung der Entropie; V bleibe fest. Da die Entropie des gesamten Systems konstant bleiben muß, teilen wir das System in zwei gleichgroße Teile, vergrößern die Entropie des einen Teils um δS und verkleinern die des anderen Teils um δS. Die Änderung der inneren Energie beträgt dabei

$$\Delta U = \frac{1}{2}\,U(S + \delta S) + \frac{1}{2}\,U(S - \delta S) - U(S).$$

Entwickeln wir U in eine Potenzreihe und vernachlässigen wir Terme dritter und höherer Ordnung in δS, so folgt:

$$\Delta U = \frac{1}{2} \left[U + \frac{\partial U}{\partial S} \, \delta S + \frac{1}{2} \frac{\partial^2 U}{\partial S^2} \, (\delta S)^2 \right]$$
$$+ \frac{1}{2} \left[U - \frac{\partial U}{\partial S} \, \delta S + \frac{1}{2} \frac{\partial^2 U}{\partial S^2} \, (\delta S)^2 \right] - U \tag{7.18}$$
$$= \frac{1}{2} \frac{\partial^2 U}{\partial S^2} \, (\delta S)^2 = \delta^2 U.$$

Die Stabilitätsbedingung $\delta^2 U > 0$ ist in diesem Fall der Forderung $(\partial^2 U / \partial S^2)_V > 0$ gleichwertig. Mit $(\partial U / \partial S)_V = T$ und $(\partial T / \partial S)_V = T / C_V$ können wir diese Bedingung schließlich in

$$\frac{T}{C_V} > 0 \tag{7.19}$$

umformen. Das heißt aber, der Gleichgewichtszustand ist dann stabil, wenn die Wärmekapazität C_V des entsprechenden Systems positiv ist (vorausgesetzt, T ist positiv). Wären wir von der Stabilitätsbedingung $(\delta^2 H)_{S,p,M} > 0$ ausgegangen, dann hätten wir mit analogen Überlegungen die Bedingung $C_p > 0$ erhalten.

Wir wollen als nächstes bei konstanter Entropie das Volumen der einen Hälfte des Systems um δV und das der anderen Hälfte um $-\delta V$ ändern. Für $\delta^2 U$ folgt analog zu (7.18):

$$\delta^2 U = \frac{1}{2} \left(\frac{\partial^2 U}{\partial V^2} \right)_S (\delta V)^2.$$

Die Stabilitätsbedingung $\delta^2 U > 0$ führt jetzt mit $\left(\frac{\partial U}{\partial V} \right)_S = -p$ zu

$$\left(\frac{\partial p}{\partial V} \right)_S < 0. \tag{7.20}$$

Eine Vergrößerung des Druckes bei konstanter Entropie führt zu einer Verkleinerung des Volumens, wenn das System sich in einem stabilen Gleichgewichtszustand befindet. Da aus $C_V > 0$ und $C_p > 0$ auch $\gamma > 0$ folgt, gilt wegen (4.30)

$$\left(\frac{\partial p}{\partial V} \right)_T < 0. \tag{7.21}$$

Mit Hilfe der isothermen und adiabatischen Kompressibilität, die durch

$$\kappa = -\left(\frac{\text{relative Volumenänderung}}{\text{Druckänderung}} \right)_T = -\frac{1}{V} \left(\frac{\partial V}{\partial p} \right)_T,$$
$$\kappa_S = -\left(\frac{\text{relative Volumenänderung}}{\text{Druckänderung}} \right)_S = -\frac{1}{V} \left(\frac{\partial V}{\partial p} \right)_S, \tag{7.22}$$

definiert sind, können wir die Bedingung (7.20) und (7.21) auch in der Form

$$\kappa_S > 0 \quad \text{und} \quad \kappa > 0 \tag{7.23}$$

ausdrücken.

Als letztes betrachten wir ein aus mehreren Stoffen zusammengesetztes System bei konstanter Temperatur und konstantem Druck. Wir teilen das System wieder in zwei gleiche Teile und ändern die Molzahl des Stoffes i in dem einen Teil um δn_i und in dem anderen Teil um $-\delta n_i$. Für die Änderung der freien Enthalpie folgt dann:

$$\delta^2 G = \frac{1}{2} \left(\frac{\partial^2 G}{\partial n_i^2} \right) (\delta n_i)^2 > 0.$$

Die Stabilitätsbedingung $\delta^2 G > 0$ hat also zusammen mit $\left(\frac{\partial G}{\partial n_i} \right) = \mu_i$ die Bedingung

$$\frac{\partial \mu_i}{\partial n_i} > 0$$

zur Folge. Ändern wir nicht nur die Molzahl des i-ten Stoffes, sondern gleichzeitig alle K Molzahlen, dann ergibt sich für $\delta^2 G$:

$$\delta^2 G = \frac{1}{2} \sum_{i,k=1}^{K} \left(\frac{\partial^2 G}{\partial n_i \, \partial n_k} \right) \delta n_i \, \delta n_k > 0. \tag{7.24}$$

Die in den δn_i quadratische Form $\frac{1}{2} \sum_{i,k} \left(\frac{\partial \mu_i}{\partial n_k} \right) \delta n_i \, \delta n_k > 0$ ist positiv definit, d.h., alle Hauptdeterminanten von $(\partial \mu_i / \partial n_k)$ müssen positiv sein. Es gilt deshalb u.a.:

$$\frac{\partial \mu_i}{\partial n_i} > 0, \qquad i = 1, 2, \ldots, K,$$

$$\frac{\partial \mu_i}{\partial n_i} \frac{\partial \mu_k}{\partial n_k} - \left(\frac{\partial \mu_i}{\partial n_k} \right)^2 > 0. \tag{7.25}$$

Es läßt sich zeigen: Sind die Bedingungen (7.25) erfüllt, dann ist das aus K Stoffen bestehende homogene System stabil gegen Entmischung. Sind die Bedingungen (7.25) nicht erfüllt, wird sich das System entmischen und in mehrere stabile Phasen zerfallen (siehe auch Abschnitt 13.2 über Diffusionsprobleme). Für weitergehende Studien weisen wir noch auf die Theorie der Phasenübergänge hin.[1] Mit Hilfe der Stabilitätsbedingungen kann man für die dort auftretenden kritischen Exponenten ebenfalls Ungleichungen ableiten.

Die aus den Stabilitätsbedingungen abgeleiteten Beziehungen, z.B. $C_V > 0$ oder $\kappa > 0$, sind Stoffeigenschaften, die man auch als thermodynamische Ungleichun-

---

[1] Siehe Abschnitt 10.5

gen bezeichnet. Sie gelten auch für Systeme in Nichtgleichgewichtszuständen, solange die Voraussetzung des lokalen Gleichgewichts erfüllt ist. In diesem Fall befinden sich die Massenelemente des Systems in stabilen Gleichgewichtszuständen und alle oben abgeleiteten Ergebnisse behalten ihre Gültigkeit. Der einzige Unterschied besteht darin, daß die entsprechenden Eigenschaften jetzt auf die Masseneinheit (z.B. spezifische Wärme $\hat{c}_v > 0$ statt Wärmekapazität $C_V > 0$) bezogen sind.

7.4 Die Änderung der Entropie in 2. Ordnung

Zuerst fassen wir die im vorhergehenden Abschnitt an Einzelbeispielen durchgeführte Auswertung der Stabilitätsbedingungen am Beispiel der Entropie noch einmal zusammen. Für stabile Gleichgewichtszustände muß

$$(\Delta S)_{U,V,M} < 0 \tag{7.26}$$

gelten. Zur Auswertung dieser Beziehung teilen wir das zu untersuchende System in zwei gleiche Teile und führen in dem einen Teil die virtuellen Zustandsänderungen δU, δV, δn_i und in dem anderen die gleichen Änderungen mit entgegengesetztem Vorzeichen $(-\delta U, -\delta V, -\delta n_i)$ durch. Damit sind die Nebenbedingungen $U = $ const, $V = $ const und $M = $ const berücksichtigt. Die Variationen δU, δV, δn_i selbst sind dann beliebig. Für ΔS folgt bei Entwicklung bis zu Termen zweiter Ordnung

$$\begin{aligned}
(\Delta S)_{U,V,M} &= \frac{1}{2}\, S\big(U + \delta U, V + \delta V, n_i + \delta n_i\big) \\
&\quad + \frac{1}{2}\, S\big(U - \delta U, V - \delta V, n_i - \delta n_i\big) - S(U, V, n_i) \\
&= \frac{\partial^2 S}{\partial U^2}\,\delta U^2 + 2\,\frac{\partial^2 S}{\partial U\,\partial V}\,\delta U\,\delta V + \frac{\partial^2 S}{\partial V^2}\,\delta V^2 \\
&\quad + 2\sum_i \frac{\partial^2 S}{\partial U\,\partial n_i}\,\delta U\,\delta n_i + 2\sum_i \frac{\partial^2 S}{\partial V\,\partial n_i}\,\delta V\,\delta n_i \\
&\quad + \sum_{i,k} \frac{\partial^2 S}{\partial n_i\,\partial n_k}\,\delta n_{i\,k} \\
&= \delta^2 S < 0.
\end{aligned} \tag{7.27}$$

Das heißt aber, daß $\delta^2 S$ bzgl. δU, δV, δn_i eine negativ definite quadratische Form ist. Völlig analog kann man zeigen, daß $\delta^2 U$ in δS, δV, δn_i eine positiv definite quadratische Form ist.

Für spätere Anwendungen (Abschnitt 14.3.2) formen wir $\delta^2 S$ in (7.27) weiter um. Zunächst beachten wir die thermodynamischen Relationen $\partial S/\partial U = T^{-1}$, $\partial S/\partial V = -pT^{-1}$ und $\partial S/\partial n_i = -\mu_i T^{-1}$ und erhalten so mit

$$\delta\left(\frac{1}{T}\right) = \delta\left(\frac{\partial S}{\partial U}\right) = \frac{\partial^2 S}{\partial U^2}\,\delta U + \frac{\partial^2 S}{\partial V\,\partial U}\,\delta V + \sum_i \frac{\partial^2 S}{\partial n_i\,\partial U}\,\delta n_i,$$

$$\delta\left(\frac{p}{T}\right) = \delta\left(\frac{\partial S}{\partial V}\right) = \frac{\partial^2 S}{\partial U\,\partial V}\,\delta U + \frac{\partial^2 S}{\partial V^2}\,\delta V + \sum_i \frac{\partial^2 S}{\partial n_i\,\partial V}\,\delta n_i,$$

$$-\delta\left(\frac{\mu_i}{T}\right) = \delta\left(\frac{\partial S}{\partial n_i}\right) = \frac{\partial^2 S}{\partial V\,\partial n_i}\,\delta U + \frac{\partial^2 S}{\partial V\,\partial n_i}\,\delta V + \sum_k \frac{\partial^2 S}{\partial n_k\,\partial n_i}\,\delta n_k$$

aus (7.27) die Beziehung

$$\delta^2 S = \delta\left(\frac{1}{T}\right)\delta U + \delta\left(\frac{p}{T}\right)\delta V - \sum_i \delta\left(\frac{\mu_i}{T}\right)\delta n_i < 0. \tag{7.28}$$

Diese Relation läßt sich, wie wir gleich zeigen werden, folgendermaßen umformen:[2]

$$\delta\left(\frac{1}{T}\right)\delta U + \delta\left(\frac{p}{T}\right)\delta V - \sum_i \delta\left(\frac{\mu_i}{T}\right)\delta n_i$$
$$= -\left[\frac{C_V}{T^2}\,(\delta T)^2 + \frac{1}{T\kappa V}\,(\delta V)_n^{\,2} + \frac{1}{T}\sum_{i,k}\left(\frac{\partial \mu_i}{\partial n_k}\right)_{T,p}\delta n_i\,\delta n_k\right] < 0. \tag{7.29}$$

$C_V = (\partial U/\partial T)_{V,n_i}$ ist die Wärmekapazität, $\kappa = -\dfrac{1}{V}\,(\partial V/\partial p)_{T,n_i}$ die isotherme Kompressibilität und

$$(\delta V)_n = \left(\frac{\partial V}{\partial T}\right)_{p,n_i}\delta T + \left(\frac{\partial V}{\partial p}\right)_{T,n_i}\delta p$$

die Änderung des Volumens bei konstanten Molzahlen n_i. Zum Beweis von (7.29) benutzen wir die aus

$$\delta S = \frac{1}{T}\,\delta U + \frac{p}{T}\,\delta V - \sum_i \frac{\mu_i}{T}\,\delta n_i \tag{7.30}$$

hervorgehende, zu (6.29) analoge Beziehung

$$-\delta Y = \delta\left(\frac{G}{T}\right) = -\frac{H}{T^2}\,\delta T + \frac{V}{T}\,\delta p + \sum_i \frac{\mu_i}{T}\,\delta n_i. \tag{7.31}$$

---

[2] Aus dieser Ungleichung folgen sofort die Beziehungen (7.19), (7.23) und (7.25).

$H = U + pV$ ist die Enthalpie und G die freie Enthalpie. Aus (7.31) kann man sofort ablesen:

$$\left(\frac{\partial(\mu_i/T)}{\partial T}\right)_{p,n_k} = -\frac{1}{T^2}\left(\frac{\partial H}{\partial n_i}\right)_{p,T,n_k},$$

$$\left(\frac{\partial(\mu_i/T)}{\partial p}\right)_{T,n_k} = \frac{1}{T}\left(\frac{\partial V}{\partial n_i}\right)_{p,T,n_k}, \tag{7.32}$$

$$-\frac{1}{T^2}\left(\frac{\partial H}{\partial p}\right)_{T,n_k} = \left(\frac{\partial(V/T)}{\partial T}\right)_{p,n_k}.$$

Es ist günstig, erst einmal die ersten beiden Glieder der linken Seite von (7.29) etwas umzuformen:

$$\delta\left(\frac{1}{T}\right)\delta U + \delta\left(\frac{p}{T}\right)\delta V - \sum_i \delta\left(\frac{\mu_i}{T}\right)\delta n_i$$

$$= \delta\left(\frac{1}{T}\right)(\delta U + p\,\delta V) + \frac{1}{T}\,\delta p\,\delta V - \sum_i \delta\left(\frac{\mu_i}{T}\right)\delta n_i$$

$$= \frac{1}{T^2}\,\delta T(\delta H - V\,\delta p) + \frac{1}{T}\,\delta p\,\delta V - \sum_i \delta\left(\frac{\mu_i}{T}\right)\delta n_i.$$

Wählen wir jetzt μ_i, V und H als Funktionen von T, p und n_i und verwenden wir bei der Berechnung der Differentiale dieser Funktionen die Beziehungen (7.32), so bekommen wir

$$\delta\left(\frac{1}{T}\right)\delta U + \delta\left(\frac{p}{T}\right)\delta V - \sum_i \delta\left(\frac{\mu_i}{T}\right)\delta n_i$$

$$= -\frac{1}{T^2}\,\delta T\left[\left(\frac{\partial H}{\partial T}\right)_{p,n_i}\delta T - T\left(\frac{\partial V}{\partial T}\right)_{p,n_i}\delta p\right]$$

$$+ \frac{1}{T}\,\delta p\left[\left(\frac{\partial V}{\partial T}\right)_{p,n_i}\delta T + \left(\frac{\partial V}{\partial p}\right)_{T,n_i}\delta p\right] - \frac{1}{T}\sum_{i,k}\left(\frac{\partial \mu_i}{\partial n_k}\right)_{T,p,n_l}\delta n_i\,\delta n_k$$

und daraus mit Hilfe der thermodynamischen Relation (4.23)

$$\left(\frac{\partial H}{\partial T}\right)_{p,n_i} = C_p = C_V - \frac{T\left(\frac{\partial V}{\partial T}\right)^2_{p,n_i}}{\left(\frac{\partial V}{\partial p}\right)_{T,n_i}} = C_V + \frac{T}{\kappa V}\left(\frac{\partial V}{\partial T}\right)^2_{p,n_i}$$

schließlich die Gleichung (7.29).

7.5 Transformation der Stabilitätsbedingungen

Ähnlich wie im Kapitel 6, wo wir durch Legendre-Transformationen vom thermodynamischen Potential innere Energie $U(S, V)$ zu den thermodynamischen Potentialen Enthalpie $H(S, p)$, freie Energie $F(T, V)$ und freie Enthalpie $G(T, p)$ gelangten, wollen wir jetzt die Stabilitätsbedingung (7.27) transformieren. Das heißt, wir wollen von den unabhängigen Variablen U, V, n_i in (7.27) zu anderen unabhängigen Variablen übergehen. Zu diesem Zweck formen wir zuerst die zu (7.27) gleichwertige Bedingung (7.28) mit Hilfe der Gibbsschen Fundamentalgleichung

$$\delta S = \frac{1}{T} \delta U + \frac{p}{T} \delta V - \sum_i \frac{\mu_i}{T} \delta n_i$$

um in

$$\delta T \, \delta S - \delta p \, \delta V + \sum_i \delta \mu_i \, \delta n_i > 0. \tag{7.33}$$

Jetzt wählen wir die unabhängigen Zustandsvariablen, mit deren Hilfe wir die Stabilitätsbedingung darstellen wollen, z.B. S, p und n_i. Die Variation der zu den gewählten Variablen konjugierten Variablen, im Beispiel T, V und μ_i, drücken wir dann mit Hilfe des zu den gewählten Variablen gehörenden thermodynamischen Potentials, im Beispiel H, aus. Im einzelnen sieht dies folgendermaßen aus:

$$\delta T = \delta \left(\frac{\partial H}{\partial S} \right)_{p, n_i} = \frac{\partial^2 H}{\partial S^2} \delta S + \frac{\partial^2 H}{\partial p \, \partial S} \delta p + \sum_k \frac{\partial^2 H}{\partial n_k \, \partial S} \delta n_k, \tag{7.34}$$

$$\delta V = \delta \left(\frac{\partial H}{\partial p} \right)_{S, n_i} = \frac{\partial^2 H}{\partial S \, \partial p} \delta S + \frac{\partial^2 H}{\partial p^2} \delta p + \sum_k \frac{\partial^2 H}{\partial n_k \, \partial p} \delta n_k, \tag{7.35}$$

$$\delta \mu_i = \delta \left(\frac{\partial H}{\partial n_i} \right)_{S, p, n_l} = \frac{\partial^2 H}{\partial S \, \partial n_i} \delta S + \frac{\partial^2 H}{\partial p \, \partial n_i} \delta p + \sum_k \frac{\partial^2 H}{\partial n_k \, \partial n_i} \delta n_k. \tag{7.36}$$

Diese Gleichungen setzen wir in (7.33) ein und erhalten so die transformierte Stabilitätsbedingung

$$\frac{\partial^2 H}{\partial S^2} (\delta S)^2 + 2 \sum_k \frac{\partial^2 H}{\partial n_k \, \partial S} \delta n_k \, \delta S + \sum_{i,k} \frac{\partial^2 H}{\partial n_i \, \partial n_k} \delta n_i \, \delta n_k - \frac{\partial^2 H}{\partial p^2} (\delta p)^2 > 0$$

$$\tag{7.37}$$

bzw. in abkürzender Schreibweise[3]

$$\left[\delta^2 H \right]_p - \left[\delta^2 H \right]_{S, n_k} > 0.$$

---

[3] Die Indizes p bzw. S, n_k bei $[\delta^2 H]_p$ bzw. $[\delta^2 H]_{S, n_k}$ deuten an, daß p bzw. S und n_k bei der Bildung der Variation festzuhalten sind.

In der quadratischen Form (7.37) können die Variationen δS, δn_i und δp beliebig gewählt werden. Dadurch unterscheidet sich diese Bedingung (7.37) von der Bedingung (7.5). Dort wird durch die Nebenbedingung $p = \text{const}$ das mechanische Gleichgewicht von vornherein vorausgesetzt. Setzen wir in (7,37) ebenfalls $p = \text{const}$, d.h. $\delta p = 0$, dann geht die Bedingung (7.37) in die Bedingung (7.5) über.

Geht man zu den unabhängigen Zustandsvariablen T, V, n_i über, so erhält man für die freie Energie $F(T, V, n_i)$ in analoger Weise die Stabilitätsbedingung

$$\frac{\partial^2 F}{\partial V^2} (\delta V)^2 + 2 \sum_k \frac{\partial^2 F}{\partial n_k \partial V} \delta n_k \, \delta V + \sum_{i,k} \frac{\partial^2 F}{\partial n_i \, \partial n_k} \delta n_i \, \delta n_k - \frac{\partial^2 F}{\partial T^2} (\delta T)^2 > 0$$

(7.38)

bzw.

$$\left[\delta^2 F \right]_T - \left[\delta^2 F \right]_{V, n_i} > 0.$$

Analog erhält man für die freie Enthalpie $G(T, p, n_i)$ und das großkanonische Potential $J(T, V, \mu_i)$ die Stabilitätsbedingungen

$$\sum_{i,k} \frac{\partial^2 G}{\partial n_i \, \partial n_k} \delta n_i \, \delta n_k - \frac{\partial^2 G}{\partial T^2} (\delta T)^2 - 2 \frac{\partial^2 G}{\partial T \, \partial p} \delta T \, \delta p - \frac{\partial^2 G}{\partial p^2} (\delta p)^2 > 0$$

(7.39)

bzw.

$$\left[\delta^2 G \right]_{T, p} - \left[\delta^2 G \right]_{n_i} > 0,$$

sowie

$$\frac{\partial^2 J}{\partial V^2} (\delta V)^2 - \frac{\partial^2 J}{\partial T^2} (\delta T)^2 - 2 \sum_i \frac{\partial^2 J}{\partial T \, \partial \mu_i} \delta \mu_i \, \delta T - \sum_{i,k} \frac{\partial^2 J}{\partial \mu_i \, \partial \mu_k} \delta \mu_i \, \delta \mu_k > 0$$

(7.40)

bzw.

$$\left[\delta^2 J \right]_{T, \mu_i} - \left[\delta^2 J \right]_V > 0.$$

Aus diesen Bedingungen ersieht man, daß die quadratischen Formen der thermodynamischen Potentiale in zwei quadratische Formen zerfallen, wobei die eine nur die Variationen der extensiven und die andere die der intensiven Zustandsvariablen enthält. Die Stabilitätsbedingungen sagen dann, daß die quadratische Form mit den extensiven Größen positiv definit und die mit den intensiven Größen negativ definit sind.

7.6   Fragen

1. Wie lauten die verschiedenen Gleichgewichtsbedingungen, und warum sind Nebenbedingungen zu berücksichtigen?
2. Wann ist ein Gleichgewichtszustand stabil?

3. Warum ist in einem stabilen Gleichgewichtszustand $C_V > 0$?
4. Wann ist ein Gemisch aus zwei Stoffen stabil gegen Entmischung?
5. Wie kann man die Stabilitätsbedingungen transformieren?

7.7   Aufgaben

1. In einem adiabatisch abgeschlossenen Zylinder befinde sich ein ideales Gas, dessen Druck über einen Kolben konstant gehalten wird. Man berechne δS und $\delta^2 S$ und zeige, daß die Entropie im Gleichgewicht maximal wird.
2. Welche Schlußfolgerungen kann man aus der Stabilitätsbedingung für ein Paramagnetikum mit der Zustandsgleichung

$$M = \frac{C}{T} H, \quad C = \text{const}$$

ziehen?

3. Man zeige, daß ein Gemisch aus idealen Gasen mit

$$\mu_i(p, T, n_k) = \mu_i^0(p, T) + RT \ln \frac{n_i}{n}$$

gegen Entmischung stabil ist $(n = \sum_i n_i)$.

4. Aus $\delta^2 S < 0$ leite man die Ungleichung (7.33)

$$\delta T \, \delta S - \delta p \, \delta V + \sum_i \delta \mu_i \, \delta n_i > 0$$

her.

8. Das Nernstsche Wärmetheorem (dritter Hauptsatz)

8.1 Vorbemerkungen zum Nernstschen Wärmetheorem

Durch das als *dritter Hauptsatz* bezeichnete *Nernstsche Wärmetheorem* wird im Gegensatz zu den übrigen Hauptsätzen keine neue Zustandsfunktion eingeführt. Der dritte Hauptsatz legt vielmehr das Verhalten der Entropie am absoluten Nullpunkt der Temperatur fest. Wir wollen zuerst zeigen, welche Untersuchungen NERNST zur Formulierung des nach ihm benannten Theorems geführt haben.

In einem thermodynamischen System möge bei konstanter Temperatur und konstantem Volumen eine chemische Reaktion ablaufen. Die freie Energie sei vor der Reaktion F_1 und nach der Reaktion F_2. Für $\Delta F = F_2 - F_1$ gilt die Helmholtzsche Differentialgleichung (6.17):

$$\Delta F = \Delta U + T \left(\frac{\partial \Delta F}{\partial T} \right)_V. \tag{8.1}$$

$\Delta U = U_2 - U_1$ ist hier, da V konstant ist, gleich der *Wärmetönung* W_V der Reaktion:

$$\Delta U = \Delta Q = W_V.$$

ΔF wird als *Affinität* der chemischen Reaktion *bei konstantem Volumen*, ΔG als *Affinität bei konstantem Druck* bezeichnet (siehe auch Abschnitte 11.3 und 13.5.1).

Für $T \rightarrow 0$ folgt aus (8.1) ($(\partial \Delta F / \partial T)_V$ wird erfahrungsgemäß nicht unendlich):

$$\lim_{T \rightarrow 0} \Delta F = \lim_{T \rightarrow 0} W_V.$$

Differenzieren wir (8.1) nach T, so erhalten wir:

$$\left(\frac{\partial W_V}{\partial T} \right)_V = -T \left(\frac{\partial^2 \Delta F}{\partial T^2} \right)_V. \tag{8.2}$$

Für $T \rightarrow 0$ erhalten wir hieraus, vorausgesetzt $(\partial^2 \Delta F / \partial T^2)_V$ bleibt endlich:

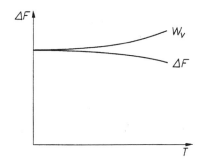

Abb. 8.1 Die Wärmetönung W_V und die Differenz der freien Energie ΔF als Funktionen der Temperatur

$$\lim_{T \to 0} \left(\frac{\partial W_V}{\partial T} \right)_V = 0. \tag{8.3}$$

Messungen ergeben, daß schon bei noch relativ hohen Temperaturen ΔF ungefähr gleich W_V ist. NERNST vermutete deshalb, daß für $T \to 0$ nicht nur $\Delta F = W_V$ gilt, sondern daß darüber hinaus ΔF und W_V dieselbe (horizontale) Tangente besitzen (Abb. 8.1). Es soll also gelten:

$$\lim_{T \to 0} \left(\frac{\partial W_V}{\partial T} \right)_V = \lim_{T \to 0} \left(\frac{\partial \Delta F}{\partial T} \right)_V = 0. \tag{8.4}$$

Diese Gleichung läßt sich nicht beweisen. Sie ist aber durch viele Experimente bestätigt worden.

8.2   Formulierung des dritten Hauptsatzes

Die Gleichung (8.4) soll jetzt in eine Aussage über das Verhalten der Entropie bei chemischen Reaktionen für $T \to 0$ umgeformt werden. Die Definition der freien Energie $F = U - TS$ führt über

$$(F_2 - F_1) = (U_2 - U_1) - T(S_2 - S_1)$$

bzw.[1]

$$\Delta F = W_V - T\Delta S$$

zu

---

[1] Die Differenzbildungen $\Delta F, \Delta U$ und ΔS werden bei gleichen Werten der Temperatur und des Volumens durchgeführt.

$$\lim_{T \to 0} \left(\frac{\partial \Delta F}{\partial T} \right)_V = \lim_{T \to 0} \left\{ \left(\frac{\partial W_V}{\partial T} \right)_V - \Delta S - T \left(\frac{\partial \Delta S}{\partial T} \right)_V \right\} = 0. \tag{8.5}$$

Da für $T \to 0$ sowohl $(\partial W_V / \partial T)_V$ als auch $T(\partial \Delta S / \partial T)_V$ verschwinden $((\partial \Delta S / \partial T)_V$ soll endlich bleiben), folgt

$$\lim_{T \to 0} \Delta S = 0. \tag{8.6}$$

PLANCK verallgemeinerte die Aussage (8.6), die für eine chemische Reaktion bei festem Volumen abgeleitet wurde, indem er forderte:

> Beim absoluten Nullpunkt der Temperatur nähert sich die Entropie eines Systems im thermodynamischen Gleichgewicht einem von Volumen, Druck, Aggregatzustand usw. unabhängigen Wert S_0.

Das ist der dritte Hauptsatz. In Formeln ausgedrückt lautet er:

$$\lim_{T \to 0} \Delta S = 0, \quad \Delta S \equiv S - S_0, \tag{8.7}$$

$$\lim_{T \to 0} \left(\frac{\partial S}{\partial X} \right)_T = 0. \tag{8.8}$$

X bezeichnet irgendeine Zustandsvariable. Die Wahl der Konstanten S_0 ist im Rahmen der phänomenologischen Thermodynamik willkürlich. Man setzt mit PLANCK[2]

$$S_0 = 0.$$

Durch den dritten Hauptsatz werden die Entropie und die thermodynamischen Potentiale eindeutig berechenbar.

8.3 Folgerungen aus dem dritten Hauptsatz

Die Molwärmen c_v und c_p können mit Hilfe der Entropie berechnet werden:

$$c_v = T \left(\frac{\partial s}{\partial T} \right)_v, \quad c_p = T \left(\frac{\partial s}{\partial T} \right)_p.$$

---

[2] Die Möglichkeit dieser Festlegung wird durch die Ergebnisse der statistischen Thermodynamik bestätigt.

Integrieren wir diese beiden Gleichungen, dann erhalten wir

$$
s(T, v) = \int_0^T \frac{c_v}{T'} \, dT' + s_1(v),
$$

$$
s(T, p) = \int_0^T \frac{c_p}{T'} \, dT' + s_2(p).
$$

(8.9)

Da die Entropie für $T \to 0$ unabhängig von v und p wird, müssen $s_1(v)$ und $s_2(p)$ Null sein. *Die Entropie ist also allein aus Messungen der Molwärmen bestimmbar.*[3] Darüber hinaus folgt aus (8.9), daß c_v und c_p mit T gegen Null gehen müssen, da sonst die Integrale in (8.9) divergieren würden. Die Entropie selbst würde bei endlichen Temperaturen beliebig groß werden. Wir halten fest:

Am absoluten Nullpunkt der Temperatur verschwinden die molaren Wärmen c_v und c_p.

Wie stark, d.h. mit welcher Potenz in T, die molaren Wärmen für $T \to 0$ verschwinden, läßt sich im Rahmen der phänomenologischen Thermodynamik nicht angeben. Rechnungen in der statistischen Thermodynamik ergeben für den elastischen Festkörper nach `Debye` $c \sim T^3$ (Abschnitt 10.3.4) und für das Elektronengas $c \sim T$.

Die nächste Folgerung bezieht sich auf den *isochoren Druckkoeffizienten*, der durch

$$
\beta = \left(\frac{\text{relative Druckänderung}}{\text{Temperaturänderung}} \right)_V = \frac{1}{p} \left(\frac{\partial p}{\partial T} \right)_V
$$

(8.10)

definiert ist, und auf den *isobaren Ausdehnungskoeffizienten*, der durch

$$
\alpha = \left(\frac{\text{relative Volumenänderung}}{\text{Temperaturänderung}} \right)_p = \frac{1}{V} \left(\frac{\partial V}{\partial T} \right)_p
$$

(8.11)

definiert ist. Mit den Maxwell-Relationen (Tab. 6.1) folgt:

$$
\beta = \frac{1}{p} \left(\frac{\partial p}{\partial T} \right)_V = \frac{1}{p} \left(\frac{\partial S}{\partial V} \right)_T, \quad \alpha = \frac{1}{V} \left(\frac{\partial V}{\partial T} \right)_p = -\frac{1}{V} \left(\frac{\partial S}{\partial p} \right)_T.
$$

Hieraus ergibt sich wegen der Beziehung (8.8) schließlich

$$
\lim_{T \to 0} \beta = 0 \quad \text{und} \quad \lim_{T \to 0} \alpha = 0.
$$

(8.12)

---

[3] Man beachte, daß c_v in Abhängigkeit von T und v sowie c_p in Abhängigkeit von T und p gemessen werden müssen.

Am absoluten Nullpunkt der Temperatur verschwinden der Druckkoeffizient und der Ausdehnungskoeffizient.

Auch für Systeme mit anderen Arbeitskoordinaten als p und V kann man zu (8.12) analoge Aussagen erhalten. Schreiben wir für das Arbeitsdifferential allgemein $\text{đ}A = a\,dA$, dann lautet die entsprechende Maxwell-Relation (siehe Tab. 6.1)

$$\left(\frac{\partial S}{\partial A}\right)_T = -\left(\frac{\partial a}{\partial T}\right)_A, \tag{8.13}$$

und der dritte Hauptsatz liefert

$$\lim_{T \to 0}\left(\frac{\partial a}{\partial T}\right)_A = 0. \tag{8.14}$$

Wir geben zwei Beispiele an. Für Systeme, bei denen die Oberflächenspannung berücksichtigt werden muß, gilt $\text{đ}A = \sigma\,dF$ (Tab. 1.3) und Gl. (8.14) ergibt

$$\lim_{T \to 0}\left(\frac{\partial \sigma}{\partial T}\right)_F = 0. \tag{8.15}$$

Messungen an flüssigen ^3He bestätigen diese Aussage (Abb. 8.2).

Für magnetische Substanzen mit $\text{đ}A = H\,dM$ (Tab. 1.3) folgt, wenn wir noch mittels einer Legendre-Transformation von der unabhängigen Zustandsvariablen

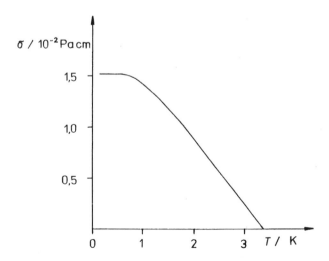

Abb. 8.2 Die Oberflächenspannung σ von flüssigem ^3He

Magnetisierung M zur unabhängigen Zustandsvariablen magnetische Feldstärke H übergehen, die Maxwell-Relation

$$\left(\frac{\partial M}{\partial T}\right)_H = \left(\frac{\partial S}{\partial H}\right)_T. \tag{8.16}$$

Zusammen mit der thermischen Zustandsgleichung $M = \mu_0 \chi_m H$ (Abschnitt 10.4) ergibt sich hier

$$\lim_{T \to 0} \left(\frac{\partial \chi_m}{\partial T}\right)_H = 0. \tag{8.17}$$

Das heißt, die Suszeptibilitäten χ_m der magnetischen Substanzen müssen bei sehr niedrigen Temperaturen temperaturunabhängig werden.

Eine weitere Aussage liefert der dritte Hauptsatz für Mischungen. Wie wir im Abschnitt 11 zeigen werden, entsteht beim Mischen zweier Stoffe eine Entropie, die *Mischungsentropie* genannt wird. Kühlt man solch eine Mischung bis zu sehr niedrigen Temperaturen ab, dann muß aufgrund des dritten Hauptsatzes auch diese Mischungsentropie verschwinden. Untersucht man z.B. ein Gemisch von ^{4}He und ^{3}He, so findet man, daß die beiden Helium-Isotope oberhalb von 0,8 K in jedem Verhältnis mischbar sind.[4] Bei Temperaturen unterhalb 0,8 K findet eine Entmischung in zwei flüssige Phasen statt (Abb. 8.3). Mit sinkender Temperatur nähern

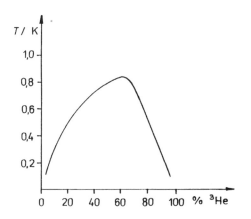

Abb. 8.3 Die Phasentrennung in ^{3}He–^{4}He-Mischungen
Flüssiges ^{3}He und ^{4}He sind nur im oberen Teil des Phasendiagramms in jedem Verhältnis miteinander mischbar; sonst bilden sie zwei Phasen, deren Zusammensetzung aus dem Diagramm ersichtlich ist.

sich diese beiden Phasen immer mehr reinem ^{3}He und ^{4}He, bis schließlich bei 0 K die vollständige Trennung erfolgt ist. Damit verschwindet auch die Mischungsentropie. Der dritte Hauptsatz sagt aber nicht unbedingt eine Phasentrennung voraus.

---

[4] Bei Atmosphärendruck befindet sich ^{4}He unterhalb 4,2 K und ^{3}He unterhalb 3,2 K im flüssigen Zustand.

Es sind für Mischungen auch vollständig geordnete Zustände mit verschwindender Mischungsentropie denkbar.

Wir wollen nun versuchen, ein thermodynamisches System bis zur Temperatur $T = 0$ abzukühlen. Zuerst erniedrigen wir mit einem isothermen Prozeß die Entropie des Systems, dann kühlen wir das System adiabatisch (bei konstanter Entropie) ab. Dabei gelangen wir in Abb. 8.4 von A über B nach C, und die Temperatur

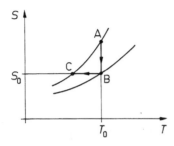

Abb. 8.4 Temperaturerniedrigung durch einen isothermen Prozeß (A → B) und einen anschließenden adiabatischen Prozeß (B → C)

erniedrigt sich von T_0 auf T_1 am Punkt C. Die beiden in Abb. 8.4 eingezeichneten Kurven können z.B. Isobaren oder auch Kurven konstanter Magnetisierung sein. Ausgehend von C kann man die eben geschilderte Prozedur laufend wiederholen. Da aber mit T auch die Entropie gegen Null strebt, kann die Temperatur $T = 0$, wie an der Abb. 8.5 leicht zu erkennen ist, mit einer endlichen Anzahl von experimentellen Schritten nicht erreicht werden. *Es ist unmöglich, mit einem endlichen*

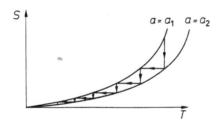

Abb. 8.5 Zur Unerreichbarkeit des absoluten Nullpunktes des Temperatur

Prozeß den absoluten Nullpunkt der Temperatur zu erreichen.

Der dritte Hauptsatz wird manchmal auch in Anlehnung an die Formulierung der Unmöglichkeit, ein perpetuum mobile 1. oder 2. Art zu konstruieren, als *der Satz von der Unmöglichkeit, den absoluten Nullpunkt der Temperatur zu erreichen*, bezeichnet. Aus der Unmöglichkeit, den absoluten Nullpunkt der Temperatur zu erreichen, folgt umgekehrt nicht, daß die Entropie mit T gegen Null strebt. Vielmehr ist auch ein endlicher Wert S_0 möglich, so wie wir es in den Gleichungen (8.7) und (8.8) ausgedrückt haben.

Die Entropie eines idealen Gases ist nach (6.31) durch

$$S - S_0 = C_V \ln \frac{T}{T_0} + nR \ln \frac{V}{V_0} \tag{8.18}$$

gegeben. Für $T \to 0$ divergiert dieser Ausdruck. Aber auch, wenn man die in (8.8) vorausgesetzte Konstanz der Wärmekapazität aufgibt und

$$S - S_0 = \int_0^T \frac{C_V}{T'} \, dT' + nR \ln \frac{V}{V_0}$$

schreibt, widerspricht diese Gleichung dem dritten Hauptsatz, da S für $T \to 0$ noch von V abhängt. Die Zustandsgleichung für ideale Gase kann für $T \to 0$ nicht mehr ihre Gültigkeit behalten. Die Abweichungen, die bei tiefen Temperaturen von den idealen Gasgesetzen auftreten müssen, bezeichnet man als *Gasentartung*. Die von NERNST vorhergesagte Gasentartung wurde durch die Ergebnisse der Quantenstatistik bestätigt.

8.4 Systeme, die sich nicht im thermodynamischen Gleichgewichtszustand befinden

Es sei nochmals betont, daß der dritte Hauptsatz nur für Systeme gilt, die sich im thermodynamischen Gleichgewichtszustand befinden. Abweichungen vom dritten Hauptsatz, die man an amorphen Substanzen (z.B. an Gläsern) beobachtet hat, sind dadurch zu erklären, daß sich amorphe Substanzen nicht im thermodynamischen Gleichgewichtszustand befinden. Wir wollen das am Beispiel des Glyzerins erläutern. Kühlt man flüssiges Glyzerin unter seinen Schmelzpunkt ab, dann sind zwei Arten von Zuständen möglich, nämlich einerseits die stabilen kristallinen Zustände und andererseits die metastabilen Zustände der unterkühlten Flüssigkeit. Die spezifische Wärme der unterkühlten Flüssigkeit ist größer als die der kristallinen Phase, da sich die zugeführte Wärme im flüssigen Zustand auf mehr mechanische Freiheitsgrade der Moleküle verteilt als im festen Zustand. In der Flüssigkeit besitzen die Moleküle gegenüber dem festen Zustand noch Translations- und Rotationsfreiheitsgrade.

Kühlt man das flüssige Glyzerin weiter ab, dann beobachtet man in einem schmalen Temperaturbereich ein rasches Absinken der spezifischen Wärme auf den Wert des kristallinen Zustandes (Abb. 8.6). Das hat seine Ursache darin, daß in diesem Bereich, der auch *Transformationsbereich* genannt wird, die Zähigkeit des flüssigen Glyzerins sehr schnell um viele Zehnerpotenzen anwächst. Die Moleküle können dann ihre Lage praktisch nicht mehr verändern; das Glyzerin ist fest geworden. Dennoch besteht ein großer Unterschied zum kristallinen Zustand. In diesem sind die Moleküle in einem Kristallgitter angeordnet. Im amorphen Zustand ist die räumliche Unordnung der Moleküle durch das schnelle Anwachsen der Zähigkeit festgehalten, eingefroren worden. Man bezeichnet solche Zustände als Glaszustände. Der *Glaszustand* besitzt eine höhere Entropie als der entspre-

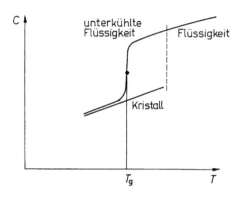

Abb. 8.6 Die molare Wärme eines Stoffes für den kristallinen Zustand und den Zustand der unterkühlten Flüssigkeit. Bei T_g frieren die Translationsfreiheitsgrade der unterkühlten Flüssigkeit ein.

chende kristalline Zustand. Diese Entropie hängt mit der Unordnung der Moleküle im Glaszustand zusammen. Kühlt man ein Glas bis zu Temperaturen nahe $T = 0$ ab, dann bleibt diese Entropie erhalten, und S geht nicht gegen Null, im Widerspruch zum dritten Hauptsatz. Der Glaszustand ist aber, wie wir gesehen haben, kein Gleichgewichtszustand. Der dritte Hauptsatz kann deshalb auf Gläser nur bedingt angewendet werden. Man muß dann die Entropie in verschiedene Kategorien einteilen. Für diejenigen Kategorien, die zu Freiheitsgraden gehören, die sich im inneren Gleichgewichtszustand befinden, verschwindet dann auch die Entropie mit $T \to 0$. Im Glas ist das der mit den Schwingungsfreiheitsgraden verbundene Anteil der Entropie.

Der Glaszustand hängt stark von seiner Vorgeschichte ab. Es ist leicht einzusehen, daß bei schnellem Abschrecken ein anderer Unordnungszustand eingefroren wird als bei langsamerem Abkühlen.

8.5 Fragen

1. Wie lautet der dritte Hauptsatz?

2. Wodurch unterscheidet sich der dritte Hauptsatz vom nullten, ersten und zweiten Hauptsatz?

3. Welchen Wert besitzt die Entropie am absoluten Nullpunkt der Temperatur?

4. Warum kann man allein aus Messungen der molaren Wärmen die Entropie bestimmen?

5. Wie verhalten sich die molaren Wärmen, der isochore Druckkoeffizient und der isobare Ausdehnungskoeffizient für $T \to 0$?

6. Wie verhalten sich Mischungen für $T \to 0$?

7. Warum ist der absolute Nullpunkt der Temperatur unerreichbar?

8. Warum ist die Entropie von Gläsern am absoluten Nullpunkt der Temperatur von Null verschieden?

8.6 Aufgaben

1. Man zeige, daß die thermische Zustandsgleichung

   $$M = \frac{C}{T}\,H, \quad C = \text{const},$$

   dem dritten Hauptsatz widerspricht.

2. Man zeige, daß das ideale Spinsystem mit der thermischen Zustandsgleichung

   $$M = M_0 \tanh\frac{\mu_{\mathrm{B}}H}{kT}$$

   die Aussagen des dritten Hauptsatzes erfüllt (siehe Abschnitt 9.4).

3. Die Wärmetönung einer isotherm, isochor durchgeführten Reaktion sei durch

   $$W_V = a + b_1 T + b_2 T^2 + \cdots$$

   gegeben. Durch Integration der Helmholtzschen Differentialgleichung berechne man ΔF!

9. Erzeugung tiefer Temperaturen und Systeme mit negativen absoluten Temperaturen

9.1 Der Joule-Thomson-Effekt

Zur Abkühlung eines Systems sind verschiedene Methoden möglich. So kann man z.B. die Temperatur eines Gases durch eine adiabatische Expansion erniedrigen. Auch die Carnot-Maschine kann, wenn man sie als Wärmepumpe arbeiten läßt, zur Erzeugung tiefer Temperaturen verwendet werden. Wir wollen hier den Prozeß der gedrosselten Entspannung untersuchen (*Joule-Thomson-Versuch*). Dabei findet in einem adiabatisch abgeschlossenen Zylinder ein Gasaustausch durch eine poröse Wand oder ein Drosselventil statt (Abb. 9.1).

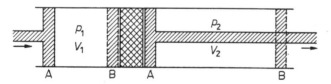

Abb. 9.1 Zum Joule-Thomson-Effekt

Die unterschiedlichen Drücke zu beiden Seiten der porösen Wand werden während des Prozesses konstant gehalten. Das geschieht durch das Hineindrücken des Kolbens 1 und das gleichzeitige Herausziehen des Kolbens 2. Um die Kolben von der Anfangslage A in die Endlage B (Abb. 9.1) zu bringen, muß am System die Arbeit

$$A_{AB} = -\int_A^B p_1 \, dV - \int_A^B p_2 \, dV = -\int_{V_1}^0 p_1 \, dV - \int_0^{V_2} p_2 \, dV = p_1 V_1 - p_2 V_2$$

geleistet werden. Für die Änderung der inneren Energie beim Übergang von A nach B erhalten wir mit dem ersten Hauptsatz und $đQ = 0$

$$U_B - U_A = p_1 V_1 - p_2 V_2$$

bzw.

$H_A = H_B$.

Die Enthalpie $H = U + pV$ bleibt bei der Durchführung des Joule-Thomson-Versuches konstant, es gilt also

$$dH = \left(\frac{\partial H}{\partial T}\right)_p dT + \left(\frac{\partial H}{\partial p}\right)_T dp = 0. \tag{9.1}$$

Für die Temperaturänderung mit dem Druck ergibt sich daraus bei Berücksichtigung von $(\partial H/\partial p)_T = -T(\partial V/\partial T)_p + V$ nach (4.12)

$$\left(\frac{\partial T}{\partial p}\right)_H = -\frac{\left(\frac{\partial H}{\partial p}\right)_T}{\left(\frac{\partial H}{\partial T}\right)_p} = \frac{T\left(\frac{\partial V}{\partial T}\right)_p - V}{C_p} = \frac{VT}{C_p}\left(\alpha - \frac{1}{T}\right) = \delta, \tag{9.2}$$

δ ist der *Joule-Thomson-Koeffizient*. Er ist für ein ideales Gas wegen $H = H(T)$ und $(\partial H/\partial p)_T = 0$ identisch Null. Bei realen Gasen kann er positiv oder negativ sein. Es tritt dann eine Abkühlung oder Erwärmung des Gases ein. Die Grenzkurve zwischen beiden Bereichen wird durch

$$T\left(\frac{\partial V}{\partial T}\right)_p - V = 0$$

festgelegt, wir nennen sie Inversionskurve. Speziell für ein van der Waals-Gas (siehe Abschnitt 10.1.3) mit $(p + an^2/V^2)(V - nb) = nRT$ berechnet sich die Inversionskurve (Abb. 9.2) zu

$$\frac{2a}{RT}\left(\frac{V - nb}{V}\right)^2 - b = 0. \tag{9.3}$$

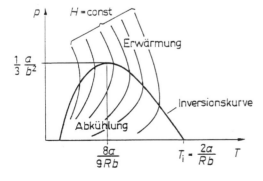

Abb. 9.2 Die Inversionskurve des van der Waals-Gases

Ersetzen wir noch V durch p und T, indem wir (9.3) nach $1/V$ auflösen und das Ergebnis in die van der Waals-Gleichung einsetzen, dann erhalten wir

$$p = \frac{2}{b}\sqrt{\frac{2aRT}{b}} - \frac{3}{2}\frac{RT}{b} - \frac{a}{b^2}.$$

(9.4)

Oberhalb von $T_i = 2a/Rb$ ist durch eine gedrosselte Entspannung keine Abkühlung mehr zu erreichen. Man nennt T_i die *Inversionstemperatur.* Sie hängt mit der Boyle-Temperatur T_B (das ist die Temperatur, bei welcher der Virialkoeffizient 2. Ordnung verschwindet) zusammen. Für das van der Waals-Gas erhält man mit dem Virialkoeffizienten aus Tab. 10.3 $T_B = \frac{a}{Rb} = \frac{1}{2} T_i$.

Die Inversionstemperatur liegt um so tiefer, je niedriger die Siedetemperatur des Gases ist. Luft kann schon bei Zimmertemperatur durch gedrosselte Entspannung abgekühlt werden. Die Inversionstemperatur des Wasserstoffes liegt bei 202 K, so daß die gedrosselte Entspannung des Wasserstoffs bei Zimmertemperaturen zu einer Erwärmung (mit möglicher Selbstentzündung) führt.

Will man Wasserstoff oder Helium verflüssigen, dann muß man diese Gase vorkühlen. Das geschieht mit flüssigem Stickstoff und flüssigem Wasserstoff. Luft siedet unter normalen Bedingungen bei 90 K, Wasserstoff bei 20 K und Helium bei 4,2 K.

Wir wollen noch angeben, wie groß die Temperaturdifferenz ist, wenn ein Gas vom Druck p_1 auf den Druck p_2 entspannt wird. Aus (9.1) und (9.2) folgt sofort

$$\int_{T_1}^{T_2} dT = \int_{p_1}^{p_2} \left(\frac{\partial T}{\partial p}\right)_H dp$$

bzw.

$$T_2 - T_1 = \int_{p_1}^{p_2} \left(\frac{\partial T}{\partial p}\right)_H dp.$$

Bei technischen Anwendungen ist T_1 durch die Wahl des Vorkühlmittels festgelegt. Der Druck p_2 auf den das Gas entspannt wird, ist meist der Atmosphärendruck. Relativ frei verfügbar ist der Ausgangsdruck p_1. Damit eine maximale Abkühlung eintritt, muß p_1 so gewählt werden, daß die Bedingung

$$\left(\frac{\partial}{\partial p_1}\right)(T_2 - T_1) = \left(\frac{\partial}{\partial p_1}\right)\left\{\int_{p_1}^{p_2}\left(\frac{\partial T}{\partial p}\right)_H dp\right\} = -\left(\frac{\partial T}{\partial p}\right)_H\bigg|_{p_1, T_1} = 0$$

erfüllt ist, d.h. aber, p_1 und T_1 müssen so gewählt werden, daß sie auf der Inversionskurve liegen.

9.2 Die tiefsten erreichbaren Temperaturen

Durch gedrosselte Entspannung kann man alle Gase verflüssigen.[1] Die tiefsten so erreichbaren Temperaturen sind die des siedenden Helium-4 (^{4}He) mit 4,2 K und des siedenden Helium-3 (^{3}He) mit 3,2 K. Zu noch tieferen Temperaturen gelangt man, wenn man flüssiges Helium unter vermindertem Druck (der durch ständiges Abpumpen des He-Dampfes aufrechterhalten wird) sieden läßt. Auf diese Weise kann man mit ^{4}He Temperaturen etwas unter 1 K und mit ^{3}He Temperaturen um 0,4 K erreichen.

Eine Abkühlung unter 1 K ist auch durch die adiabatische Entmagnetisierung möglich.[2] Magnetisiert man bei 1 K ein paramagnetisches Salz (z.B. Chrom-Methylammoniumalaun) isotherm in einem Feld von $8 \cdot 10^5$ Am^{-1}, dann verringert sich seine Entropie entsprechend dem Übergang von A nach B in Abb. 9.3. Ent-

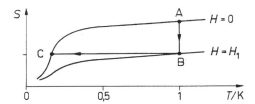

Abb. 9.3 Zur adiabatischen Entmagnetisierung

magnetisiert man anschließend die Probe adiabatisch ($S = $ const), dann kühlt sie sich auf ungefähr 0,05 K ab. Mit dieser Methode sind Abkühlungen bis zu 0,001 K erzielt worden.

Temperaturen bis unter 0,01 K kann man auch mit der praktisch wichtigen ^{3}He-^{4}He-Lösungskältemaschine erreichen. Hier wird die bei der Lösung von ^{3}He in ^{4}He auftretende negative Lösungswärme ausgenutzt.

Zu wesentlich tieferen Temperaturen gelangt man mit Systemen, deren Atomkerne ein magnetisches Moment besitzen. Die Wechselwirkungskräfte zwischen den Kernmomenten sind so gering, daß erst bei Temperaturen von 10^{-5} K eine Orientierung der Momente durch die Wechselwirkungskräfte erfolgt. Durch eine adiabatische Entmagnetisierung in 2 Stufen, wobei man von 0,01 K und $2,3 \cdot 10^6$ Am^{-1} ausging, gelang es, ein Stück Kupfer auf $2 \cdot 10^{-6}$ K abzukühlen.[3]

Im Vergleich zu den Verhältnissen bei Zimmertemperaturen erscheint der Unterschied zwischen 10^{-6} K und 10^{-2} K zunächst als klein. Es ist aber zu beachten,

---

[1] In der Praxis werden zur Verflüssigung des Heliums häufig auch Kolbenexpansionsmaschinen verwendet.
[2] siehe auch Abschnitt 8.3
[3] HOBDEN, M.V., KÜRTI, N., Phil. Mag., **4**, 1092 (1959)

Tabelle 9.1 Historische Entwicklung der Erzeugung tiefer Temperaturen

Methode	Name	Jahr	erreichte Temp.
Erste Tieftemperaturkühlung bis zu Temperaturen unterhalb des Schmelzpunktes von Quecksilber	KIRK (Schottland)	1860	234,0
Erste Sauerstoff-Verflüssigung (mit gedrosselter Entspannung)	CAILLETET (Frankreich)	1877	90,2
Erste Wasserstoff-Verflüssigung (Joule-Thomson-Effekt mit Gegenstrom-Kühlung)	DEWAR (England)	1898	20,4
Erste Verflüssigung von Helium (Joule-Thomson-Effekt mit Gegenstrom-Kühlung)	KAMERLINGH-ONNES (Holland)	1908	4,2
Sieden von Helium unter erniedrigtem Dampfdruck	KAMERLINGH-ONNES (HOLLAND)	1908	1,0
Erste adiabatische Entmagnetisierung	GIAUQUE und MAC DOUGALL (USA)	1933	0,25
Erste adiabatische Entmagnetisierung mit Kernmomenten	SIMON und KÜRTI (England)	1956	10^{-5}
Adiabatische Entmagnetisierung mit Kernmomenten	KÜRTI	1960	10^{-6}

daß in den meisten Fällen, wie z.B. beim Carnotschen Wirkungsgrad $\eta = 1 - \dfrac{T_2}{T_1}$, das Verhältnis zweier Temperaturen und nicht ihre Differenz wichtig ist. Es entspricht beispielsweise dem Verhältnis der beiden Temperaturen 10^{-6} und 10^{-2} K das Verhältnis der Temperaturen 3 K und 30 000 K.

Will man noch tiefere Temperaturen als 10^{-6} K erreichen, muß man Systeme mit noch geringeren Wechselwirkungsenergien als der zwischen den Kernspins finden. Der entsprechende Temperaturbereich sollte dann auch experimentell erreichbar sein. Ganz allgemein kann man sagen, solange ein System bei tiefen Temperaturen noch eine nennenswerte Entropie besitzt, so ist es im Prinzip auch möglich, diesen Temperaturbereich experimentell zu erschließen und entsprechende thermodynamische Größen zu messen. In Tabelle 9.1 ist die historische Entwicklung zur Erzeugung immer tieferer Temperaturen zusammengefaßt.

9.3   Systeme mit negativen absoluten Temperaturen

In diesem Abschnitt wollen wir uns der Frage zuwenden, ob Systeme mit negativen absoluten Temperaturen möglich sind. Wir haben die absolute Temperatur durch die Wahl des Fixpunktes in Gleichung (5.5) als positive Größe definiert. Der dritte Hauptsatz verhindert, daß der absolute Nullpunkt der Temperatur er-

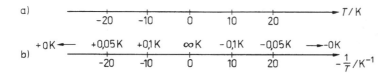

Abb. 9.4 Die Charakterisierung der absoluten Temperatur mit Hilfe der T-Skala a) und der $(-1/T)$-Skala b). Auf der $(-1/T)$-Skala sind die korrespondierenden T-Werte eingetragen.

reicht werden kann. Es ist daher nicht möglich, ein System unter 0 K abzukühlen. Es besteht aber eine andere Möglichkeit, in den Bereich negativer Temperaturen zu gelangen. Man muß ein System finden, das man über die „Temperatur unendlich" hinaus erhitzen kann. Dies ist nur möglich, wenn zur Temperatur $T = \infty$ ein endlicher Wert der inneren Energie des Systems gehört.

Man sieht, daß ein System mit negativen Temperaturen heißer als ein System mit positiven Temperaturen ist. (Es ist also auch -50 K eine höhere Temperatur als -100 K!)

Will man den ganzen möglichen Temperaturbereich von 0 K über ∞ bis -0 K auf einer Zahlengeraden darstellen, dann erweist sich die $(-1/T)$-Skala geeigneter als die T-Skala (Abb. 9.4).

In der uns umgebenden Natur hat man keine Systeme mit negativer Temperatur gefunden. Das liegt daran, daß die innere Energie fast aller Systeme mit $T \to \infty$ ebenfalls gegen unendlich strebt. Solche gewöhnlichen Systeme lassen sich nicht bis zu unendlich hohen Temperaturen erhitzen.

Da ein System mit negativen Temperaturen heißer als jedes System mit positiven Temperaturen ist, wird es sich infolge der Wechselwirkungen mit gewöhnlichen Systemen schnell wieder bis in den Bereich positiver absoluter Temperaturen abkühlen.

Experimentell hat man negative Temperaturen an Systemen von magnetischen Momenten festgestellt. In einem starken äußeren Magnetfeld werden bei tiefen Temperaturen die magnetischen Momente weitgehend parallel zu dem angelegten Magnetfeld ausgerichtet. Wird dem System Energie zugeführt und damit seine Temperatur und auch seine Entropie erhöht, dann wird die Ausrichtung der magnetischen Momente immer unvollkommener, bis schließlich bei einer bestimmten *endlichen* Energie U_∞ vollständige Unordnung eintritt. Gelingt es, dem System weitere Energie zuzuführen, dann richten sich die magnetischen Momente mehr und mehr antiparallel zum äußeren Magnetfeld aus (Abb. 9.5). Das System besitzt jetzt negative absolute Temperaturen. Die Entropie nimmt mit wachsender innerer Energie wieder ab (Abb. 9.6), da jetzt $(\partial S/\partial U)_M = \frac{1}{T} < 0$ gilt.

Zur Erzeugung eines Zustandes mit negativen Temperaturen ist das von PURCELL und POUND[4] untersuchte Kernspinsystem in sehr reinen LiF-Kristallen

---

[4] POUND, V. R., und E. M. PURCELL, Phys. Rev. **81** (1958) 279.

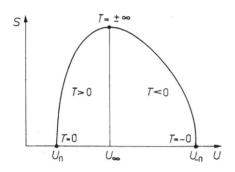

Abb. 9.5 Ein System von Elementarmagneten in einem äußeren Feld bei verschiedenen Temperaturen

Abb. 9.6 Die Entropie eines Systems, dessen innere Energie für $T \rightarrow \infty$ endlich bleibt

geeignet. Die Methode, mit der man erreicht, daß die magnetischen Momente der Kerne entgegengesetzt zum äußeren Feld orientiert sind, daß das System also negative Temperaturen besitzt, besteht im Prinzip darin, die Feldrichtung des äußeren Feldes, nach der sich die magnetischen Momente ausgerichtet haben, sehr schnell (in $\approx 10^{-5}$ s) umzudrehen. Die magnetischen Momente behalten dabei ihre ursprüngliche Richtung, die dann entgegengesetzt zum äußeren Feld ist. Wichtig ist, daß sich das innere Gleichgewicht des Kernspinsystems in etwa 10^{-5} s einstellt, während bis zur Einstellung des thermischen Gleichgewichts zwischen dem Kernspinsystem und dem Kristallgitter, das immer positive Temperaturen besitzt, 100 bis 300 s vergehen. Dem Verhältnis dieser beiden Zeiten entspricht der Fall, daß ein gewöhnliches System innerhalb von 10 s in sein inneres Gleichgewicht übergeht, während sich sein Gleichgewicht mit der Umgebung erst im Verlaufe von einigen Jahren einstellt.

Erwähnenswert ist, daß stationäre Nichtgleichgewichtszustände negativer Temperatur in den Quantenverstärkern (Maser und Laser) auftreten.

Systeme mit negativen Temperaturen können auch mit den Methoden der Thermodynamik behandelt werden. Die mathematische Formulierung des ersten und zweiten Hauptsatzes gilt nach wie vor:

$$dU = đQ + đA, \quad dS \geq \frac{đQ}{T}.$$

Da T aber jetzt negativ ist, nimmt die Entropie bei Wärmezufuhr ab. Führt man im Bereich negativer Temperaturen einen Carnot-Prozeß durch (Abb. 9.7), dann folgt aus

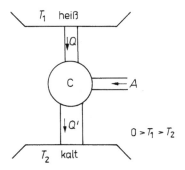

Abb. 9.7 Die Carnot-Maschine im Bereich negativer absoluter Temperaturen

$$\frac{Q}{T_1} + \frac{Q'}{T_2} = 0 \qquad (0 > T_1 > T_2)$$

und dem ersten Hauptsatz die Bedingung

$$A = -Q - Q' = Q\left(\frac{T_2}{T_1} - 1\right),$$

d.h. aber, der Carnot-Maschine muß Arbeit zugeführt werden $(A > 0)$, wenn sie dem heißeren Wärmebad mit der Temperatur T_1 Wärme entziehen soll $(Q > 0)$. Lassen wir die Carnot-Maschine als Wärmepumpe arbeiten, dann gibt sie Arbeit ab. Arbeit und Wärme haben in Systemen mit negativen absoluten Temperaturen gegenüber gewöhnlichen Systemen ihre Rollen vertauscht. Es ist jetzt möglich, mit einer Carnot-Maschine Wärme vollständig in Arbeit umzuwandeln, während es nicht mehr möglich ist, Arbeit vollständig in Wärme zu überführen.

Versucht man, einen Carnot-Prozeß zwischen einem System mit negativer und einem mit positiver absoluter Temperatur durchzuführen, wird man auf Widersprüche geführt. Das liegt daran, daß der Übergang zwischen beiden Temperaturbereichen auf quasistatischem Wege nicht möglich ist.

Der Wärmeaustausch findet nach wie vor von heißeren zu kälteren Systemen statt, und die Entropie nimmt dabei zu. Die Temperatur -0 K ist ebenso unerreichbar wie $+0$ K.

9.4 Das ideale Spinsystem

Das einfachste System, in welchem negative Temperaturen auftreten können, besteht aus magnetischen Momenten vom Betrag μ_B, die sich nur parallel oder antiparallel zu einem homogenen äußeren Magnetfeld einstellen können. Die freie

Energie dieses idealen Spinsystems kann aus der Zustandssumme

$$Z = \sum_{i=1}^{2} e^{\frac{\mu_i H}{kT}}, \quad \mu_1 = \mu_B, \quad \mu_2 = -\mu_B \tag{9.5}$$

über $F = -NkT \ln Z$ berechnet werden[5] (k Boltzmannkonstante, N Zahl der magnetischen Momente).

Es ergibt sich

$$F = -NkT \ln \left\{ 2 \cosh \frac{\mu_B H}{kT} \right\}. \tag{9.6}$$

Aus dem thermodynamischen Potential F können nun in bekannter Weise alle interessierenden thermodynamischen Größen ermittelt werden, z.B. die thermische Zustandsgleichung

$$M = -\left(\frac{\partial F}{\partial H}\right)_T = M_0 \tanh \frac{\mu_B H}{kT}, \qquad M_0 = N\mu_B, \tag{9.7}$$

die innere Energie (kalorische Zustandsgleichung)

$$U = F - T\left(\frac{\partial F}{\partial T}\right)_H = -M_0 H \tanh \frac{\mu_B H}{kT} = -HM, \tag{9.8}$$

die Wärmekapazität bei konstantem H (Abb. 9.8)

$$C_H = \left(\frac{\partial U}{\partial T}\right)_H = Nk \left(\frac{\mu_B H}{kT}\right)^2 \frac{1}{\cosh^2 \left(\frac{\mu_B H}{kT}\right)} \tag{9.9}$$

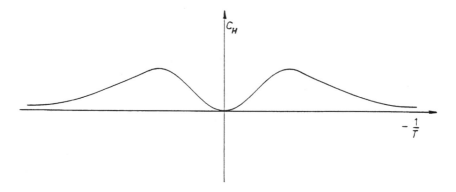

Abb. 9.8 C_H als Funktion von $(-1/T)$

---

[5] Vergleiche auch Abschnitt 6.1.6. Anstelle des Zustandsintegrals tritt hier die Zustandssumme, wobei über alle möglichen Energiezustände summiert wird. In unserem einfachen Fall sind nur zwei Zustände mit den Energien $-\mu_B H$ und $+\mu_B H$ möglich.

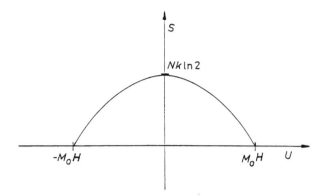

Abb. 9.9 S als Funktion von U bei konstantem H

und die Entropie

$$
\begin{aligned}
S = -\left(\frac{\partial F}{\partial T}\right)_H &= Nk\ln\left(2\cosh\frac{\mu_B H}{kT}\right) - \frac{M_0 H}{T}\tanh\frac{\mu_B H}{kT} \\
&= Nk\left\{\ln 2 + \ln\left(\cosh\operatorname{artanh}\frac{M}{M_0}\right) - \frac{M}{M_0}\operatorname{artanh}\frac{M}{M_0}\right\} \\
&= S(M).
\end{aligned}
\tag{9.10}
$$

Die Entropie als thermodynamisches Potential (Abb. 9.9) erhält man, indem man in $S(M)$ entsprechend (9.8) M durch $-\dfrac{U}{H}$ ersetzt:

$$
S(U,H) = Nk\left\{\ln 2 + \ln\left(\cosh\operatorname{artanh}\frac{U}{M_0 H}\right) - \frac{U}{M_0 H}\operatorname{artanh}\frac{U}{M_0 H}\right\}.
\tag{9.11}
$$

Daß in dem betrachteten Spinsystem wirklich negative absolute Temperaturen auftreten können, sieht man am besten an der Beziehung (Abb. 9.10)

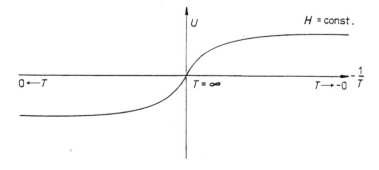

Abb. 9.10 Die innere Energie als Funktion von $-1/T$ bei konstantem H

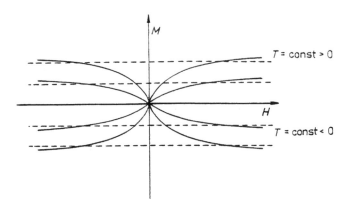

Abb. 9.11 Isothermen und Adiabaten (gestrichelt) im M-H-Diagramm. Die Gerade $M = 0$ ist sowohl eine Isotherme ($T = \infty$) als auch eine Adiabate ($S = Nk \ln 2$)

$$\frac{1}{T} = \left(\frac{\partial S}{\partial U}\right)_H = -\frac{Nk}{M_0 H}\,\mathrm{artanh}\,\frac{U}{M_0 H}. \tag{9.12}$$

Die innere Energie kann nur Werte zwischen $-M_0 H$ (alle Elementarmagnete sind parallel zu H ausgerichtet) und $+M_0 H$ (alle Elementarmagnete sind antiparallel zu H ausgerichtet) annehmen. Zum Wert $U = -M_0 H$ gehört die Temperatur $+0$ K und zum Wert $U = M_0 H$ die Temperatur -0 K.

Für $U = 0$ erreicht die Temperatur den Wert unendlich (vollständige Unordnung der Elementarmagneten).

Betrachten wir im M-H-Diagramm (Abb. 9.11) die Isothermen und Adiabaten, so sehen wir, daß die Isotherme mit der Temperatur unendlich gleichzeitig eine Adiabate mit der Entropie $S = Nk \ln 2$ ist. Es ist deshalb nicht möglich, durch reversible adiabatische Prozesse aus dem Bereich negativer in den Bereich positiver Temperaturen zu kommen. Das heißt aber auch, es gibt keine Carnot-Maschine, die zwischen Wärmereservoiren mit negativen und positiven Temperaturen arbeiten könnte.

9.5   Fragen

1. Verläuft der Joule-Thomson-Versuch reversibel oder irreversibel?
2. Wann beobachtet man bei der gedrosselten Entspannung von realen Gasen eine Erwärmung und wann eine Abkühlung?
3. Wie ist der Joule-Thomson-Koeffizient definiert, und wie hängt er mit der Inversionskurve zusammen?
4. Mit welchen Methoden kann man thermodynamsiche Systeme bis unter 1 K abkühlen?
5. In welchen Systemen können negative absolute Temperaturen auftreten?
6. Weshalb gibt es keine Carnot-Maschine, die zwischen Wärmebädern mit positiven und negativen absoluten Temperaturen arbeitet?

9.6   Aufgaben

1. Für ein paramagnetisches System gelte

$$M = \frac{C}{T}H \quad \text{und} \quad C_H = \frac{b}{T^2}$$

   (C_H Wärmekapazität bei konstanter Feldstärke H, $b = $ const). Wie ändert sich bei adiabatischer Entmagnetisierung (H falle von H_a auf den Wert 0 ab) die Temperatur? Wie groß muß H_a gewählt werden, damit die Endtemperatur nur noch die Hälfte der Ausgangstemperatur beträgt?
2. Für das van der Waals-Gas berechne man die Inversionskurve des Joule-Thomson-Versuches in der Form $T = T(p)$.
3. Man zeige, daß auf der Inversionskurve des Joule-Thomson-Versuches

$$C_p - C_V = V\left(\frac{\partial p}{\partial T}\right)_V \quad \text{gilt.}$$

4. Man diskutiere die Stabilitätsbedingungen für Systeme mit negativen absoluten Temperaturen!
5. Man zeige, daß das Spinsystem mit dem thermodynamischen Potential (9.11) im Bereich negativer absoluter Temperaturen stabil ist!

Teil II
Spezielle thermodynamische Systeme

10. Homogene Einkomponentensysteme

10.1 Gase und Flüssigkeiten

10.1.1 Allgemeine Beziehungen

Im Kapitel 3 haben wir ganz allgemeine Eigenschaften von Zustandsgleichungen erläutert. Jetzt wollen wir Zustandsgleichungen für spezielle Systeme angeben und die aus ihnen folgenden Zusammenhänge untersuchen.

Zu den einfachsten thermodynamischen Systemen gehören die Gase und Flüssigkeiten. Ihr Zustand wird durch zwei unabhängige Variable, z.B. den Druck p und die Temperatur T, beschrieben. Für das Differential der Arbeit gilt (vgl. Tab. 1.3):

$$đA = -p\,dV.$$

Druck, Temperatur und Volumen werden durch die thermische Zustandsgleichung $p = p(T, V)$ miteinander verknüpft. Wir schreiben diese Zustandsgleichung in der Form

$$f(p, T, V) = 0. \tag{10.1}$$

Mit ihrer Hilfe können wir die experimentell leicht bestimmbaren Koeffizienten κ (7.22), β (8.10) und α (8.11) berechnen:

Isotherme Kompressibilität

$$\kappa = -\frac{1}{V}\left(\frac{\partial V}{\partial p}\right)_T, \tag{10.2}$$

Isochorer Druckkoeffizient

$$\beta = \frac{1}{p}\left(\frac{\partial p}{\partial T}\right)_V, \tag{10.3}$$

Isobarer Ausdehnungskoeffizient

$$\alpha = \frac{1}{V}\left(\frac{\partial V}{\partial T}\right)_p. \tag{10.4}$$

Die drei Koeffizienten κ, β und α sind nicht unabhängig voneinander. Die Existenz der Zustandsgleichung (10.1) liefert einen Zusammenhang zwischen ihnen, den wir jetzt berechnen wollen. Aus (10.1) folgt

$$df = \frac{\partial f}{\partial p}\ dp + \frac{\partial f}{\partial V}\ dV + \frac{\partial f}{\partial T}\ dT = 0$$

sowie

$$\left(\frac{\partial V}{\partial p}\right)_T = -\frac{\left(\frac{\partial f}{\partial p}\right)}{\left(\frac{\partial f}{\partial V}\right)} \ ; \quad \left(\frac{\partial p}{\partial T}\right)_V = -\frac{\left(\frac{\partial f}{\partial T}\right)}{\left(\frac{\partial f}{\partial p}\right)} \ ; \quad \left(\frac{\partial V}{\partial T}\right)_p = -\frac{\left(\frac{\partial f}{\partial T}\right)}{\left(\frac{\partial f}{\partial V}\right)}.$$

Damit erhalten wir

$$\left(\frac{\partial V}{\partial T}\right)_p \left(\frac{\partial T}{\partial p}\right)_V \left(\frac{\partial p}{\partial V}\right)_T = -1,$$

bzw. mit (10.2) bis (10.4)

$$p\beta\kappa = \alpha. \tag{10.5}$$

Diese Beziehung zwischen dem Druck, der Kompressibilität, dem Druckkoeffizienten und dem Ausdehnungskoeffizienten gilt ganz allgemein. Sie folgt allein aus der Existenz einer thermischen Zustandsgleichung.

Für die Differenz der molaren Wärme (4.23) erhalten wir mit α und β aus (10.3) und (10.4) die einfache und experimentell leicht überprüfbare Beziehung

$$c_p - c_v = T\,pv\,\alpha\beta. \tag{10.6}$$

10.1.2   Ideale Gase

Die thermische Zustandsgleichung idealer Gase kennen wir bereits. Sie lautet

$$pV = nRT. \tag{10.7}$$

Reale Gase entsprechen in ihrem Verhalten dem der idealen Gase um so besser, je geringer ihr Druck ist. Man kann deshalb das ideale Gas auch wie folgt definieren:

Das ideale Gas ist der Grenzzustand eines wirklichen Gases bei unendlicher Verdünnung.

Beziehen wir die Zustandsgleichung (10.7) auf das molare Volumen $v = V/n$, so folgt

$$pv = RT.$$

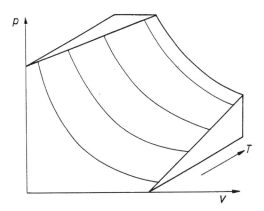

Abb. 10.1 Die Zustandsfläche des idealen Gases

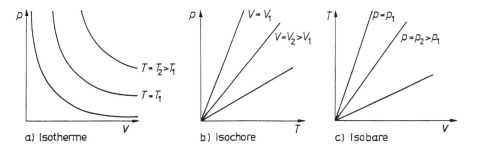

Abb. 10.2 Die Isothermen a), die Isochoren b) und die Isobaren c) des idealen Gases

R ist die universelle Gaskonstante, sie hat den Wert

$$R = 8,31 \ \frac{\text{J}}{\text{mol K}}. \tag{10.8}$$

In Abb. 10.1 haben wir die Zustandsfläche $p = RT/v$ im Zustandsraum der Variablen p, v und T gezeichnet. Die Isothermen, Isochoren und Isobaren sind in Abb. 10.2 dargestellt.

Die Koeffizienten α, β, κ berechnen sich für das ideale Gas zu

$$\alpha = \frac{1}{T}, \quad \beta = \frac{1}{T}, \quad \kappa = \frac{1}{p}. \tag{10.9}$$

Die innere Energie des idealen Gases hängt, wie wir bereits wissen, nur von der Temperatur ab. $(\partial u/\partial v)_T$ ist nach (3.12) gleich Null. Das gleiche gilt für die Enthalpie, sie hängt ebenfalls nur von der Temperatur ab. Die molaren Wärmen c_v und c_p sind deshalb auch nur Funktionen der Temperatur. Für nicht zu große Temperaturbereiche genügt es häufig, mit konstanten molaren Wärmen zu rechnen. Für die Differenz der molaren Wärmen erhalten wir mit (10.6), (10.9) und der Zustandsgleichung:

$$c_p - c_v = R. \tag{10.10}$$

Experimentell findet man bei den meisten Gasen für $c_p - c_v$ den Wert von ungefähr 2 cal K^{-1} mol^{-1}. Andererseits war R nach (10.8.) gleich 8,31 JK^{-1} mol^{-1}. Beide Werte für R stimmen überein, da gilt:

$$1 \text{ cal} = 4,1868 \text{ J}.$$

Der Umrechnungsfaktor von cal zu J wird *mechanisches Wärmeäquivalent*[1] genannt.

Zahlenwerte für c_v erhält man aus Modellvorstellungen über das ideale Gas. Nimmt man an, das Gas bestehe aus nichtwechselwirkenden Molekülen ohne Eigenvolumen, dann liefert die kinetische Gastheorie

$$c_v = \frac{1}{2} sR. \tag{10.11}$$

s ist hier die Zahl der Freiheitsgrade pro Gasmolekül. So ist z.B.

$s = 3$ für „einatomige Moleküle" (3 Translationsfreiheitsgrade) (siehe Abschnitt 6.1.6),

$s = 5$ für starre zweiatomige Moleküle (3 Translations- und 2 Rotationgsfreiheitsgrade),

$s = 6$ für starre mehratomige Moleküle (3 Translations- und 3 Rotationgsfreiheitsgrade).

Die meisten Moleküle in Gasen verhalten sich bei Zimmertemperaturen wie starre Moleküle. Bei höheren Temperaturen führen die dann angeregten Molekülschwingungen zu weiteren Freiheitsgraden.

Aus (10.10) und (10.11) erhalten wir

$$c_p = c_v + R = \left(1 + \frac{1}{2} s\right)R, \qquad \frac{c_p}{c_v} = \gamma = 1 + \frac{2}{s}. \tag{10.12}$$

Die Beziehung (10.12) wird durch Experimente befriedigend bestätigt (Tab. 10.1).

10.1.3   Die van der Waalssche Zustandsgleichung

Die Zustandsfläche vieler realer Stoffe ist ähnlich der in Abb. 10.3 angegebenen Fläche. Ihre Projektionen auf die p-v-Ebene und p-T-Ebene sind in Abb. 10.4

---

[1] Das mechanische Wärmeäquivalent ist nur noch von historischem Interesse, da heute im Rahmen der SI-Einheiten nur noch das Joule verwendet werden soll.

Tabelle 10.1: Das Verhältnis der molaren Wärmen $\gamma = c_p/c_v$ für einige Gase

Gas		γ (gemessen bei 18°C)	γ (zum Vergleich berechnet)		
Argon	A	1,67	1,67	für	$s = 3$
Krypton	Kr	1,68			
Neon	Ne	1,64			
Xenon	X	1,66			
Sauerstoff	O_2	1,40	1,40	für	$s = 5$
Stickstoff	N_2	1,40			
Wasserstoff	H_2	1,41			
Ammoniak	NH_3	1,31	1,33	für	$s = 6$
Kohlendioxid	CO_2	1,30			
Ozon	O_3	1,29	1,29	für	$s = 7$
Methan	CH_4	1,30			
Stickstoffoxydul	N_2O	1,28			
Äthan	C_2H_6	1,23	1,25	für	$s = 8$

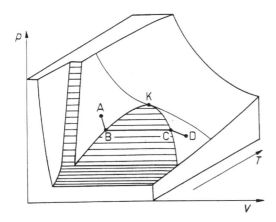

Abb. 10.3 Die Zustandsfläche eines einkomponentigen Systems. Im Zustand A befindet sich das System im flüssigen, im Zustand D im gasfömigen Zustand. Zwischen B und C findet die Phasenumwandlung flüssig–gasförmig statt. K ist der kritische Punkt.

dargestellt. Geht man auf der in Abb. 10.3 und 10.4a hervorgehobenen Isothermen von A über B, C nach D, so kommt man vom flüssigen Zustand bei A zum gasförmigen Zustand bei D. Zwischen B und C findet die Phasenumwandlung flüssig–gasförmig statt. Der Druck bleibt dabei konstant. Er wird *Dampfdruck* oder *Sättigungsdruck* genannt und hängt nur von der Temperatur ab.

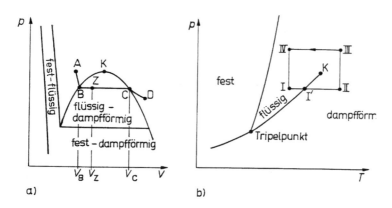

a)   b)

Abb. 10.4 Die Projektion der Zustandsfläche von Abb. 10.3 auf die p-v-Ebene a) und die p-T-Ebene b)

Das Diagramm 10.4a bezieht sich auf 1 Mol des Stoffes. Im Punkt Z ist von diesem Mol der Bruchteil x flüssig und der Bruchteil $1 - x$ dampfförmig. Die Flüssigkeit nimmt dann das Volumen xv_B, der Dampf das Volumen $(1 - x)v_C$ ein. Das Volumen v_Z ist die Summe dieser beiden Volumina:

$$v_Z = xv_B + (1 - x)\,v_C.$$

Durch Auflösen nach x bzw. $1 - x$ erhalten wir

$$x = \frac{v_C - v_Z}{v_C - v_B}, \qquad 1 - x = \frac{v_Z - v_B}{v_C - v_B}.$$

Die Anteile der flüssigen und der dampfförmigen Phase können also aus den Strecken $\overline{BZ}, \overline{ZC}$ und $\overline{BC}$ ermittelt werden.

Die Grenzkurve zwischen dem flüssigen und dampfförmigen Bereich endet in Abb. 10.4b im kritischen Punkt K. Durch den kritischen Punkt geht die kritische Isotherme $T = T_K$. Oberhalb T_K ist es nicht mehr möglich, zwischen dem dampfförmigen und flüssigen Zustand zu unterscheiden. Dies kann mit einem Experiment eindrucksvoll demonstriert werden. Man muß dabei den in Abb. 10.4b von I über II, III, IV zurück nach I eingezeichneten Kreisprozeß um den kritischen Punkt durchlaufen. Beim Übergang von I nach II beobachtet man, wie bei I' die Flüssigkeit verdampft. Kommt man über II, III, IV, I wieder zu I', dann beobachtet man wieder das Sieden der Flüssigkeit, ohne daß vorher eine Kondensation festzustellen war.

Das eben skizzierte Verhalten realer Gase und Flüssigkeiten kann qualitativ mit der *van der Waalsschen Zustandsgleichung*

$$\left(p + \frac{a}{v^2}\right)(v - b) = RT \tag{10.13}$$

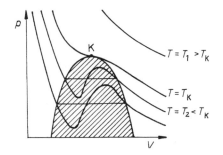

Abb. 10.5 Der qualitative Verlauf der Isothermen des van der Waals-Gases. Im schraffierten Bereich findet der Phasenübergang flüssig-dampfförmig statt.

beschrieben werden. Durch b wird das Eigenvolumen der Moleküle berücksichtigt, während der Term a/v^2 der gegenseitigen Anziehung der Moleküle, die sich an den Gefäßwänden als kleiner zusätzlicher Druck bemerkbar macht, Rechnung trägt. Die Isothermen des van der Waals-Gases haben wir in Abb. 10.5 dargestellt. Die kritische Isotherme $T = T_K$ zeichnet sich dadurch aus, daß sie bei K einen Wendepunkt mit horizontaler Tangente besitzt. Wir können daher den kritischen Punkt K aus den Bedingungen

$$\left(\frac{\partial p}{\partial v}\right)_T = 0, \qquad \left(\frac{\partial^2 p}{\partial v^2}\right)_T = 0$$

bestimmen und erhalten daraus nach kurzer Rechnung die kritischen Werte

$$v_K = 3b, \quad R T_K = \frac{8}{27}\frac{a}{b}, \quad p_K = \frac{1}{27}\frac{a}{b^2}. \tag{10.14}$$

Mit den kritischen Werten finden wir für die Gaskonstante R die Gleichung

$$R = \frac{8}{3}\frac{p_K v_K}{T_K}.$$

In Tab. 10.2 haben wir für einige Gase die experimentell bestimmten Werte R_{exp}/R $\left(R_{exp} = \frac{8}{3}\frac{p_K v_K}{T_K}\right)$ zusammengestellt. Die Übereinstimmung mit dem theoretisch zu erwartenden Wert 1 ist nicht besonders gut. Das liegt daran, daß die van

Tabelle 10.2: Kritische Werte für einige Stoffe und der Vergleich von $R_{exp} = \dfrac{8p_K v_K}{3T_K}$ mit R

Stoff	$\dfrac{T_K}{K}$	$\dfrac{p_K}{\text{atm}}$	$\dfrac{v_K}{\text{cm}^3\,\text{mol}^{-1}}$	$\dfrac{R_{exp}}{R}$
He	5,1	2,26	58	0,82
H_2	33	12,8	65	0,81
O_2	154	49,7	74	0,77
CO_2	304	73,0	96	0,73
H_2O	647	217,7	55	0,60

der Waals-Gleichung die Zustände in der Nähe des kritischen Punktes und im flüssigen Bereich nur qualitativ richtig beschreibt.

Die kritischen Werte ermöglichen es, aus der van der Waals-Gleichung a, b und R zu eliminieren. Wir führen dazu die dimensionslosen Zustandsgrößen

$$\mathcal{P} = \frac{p}{p_K}, \quad \mathcal{V} = \frac{v}{v_K}, \quad \mathcal{T} = \frac{T}{T_K} \tag{10.15}$$

ein und erhalten mit (10.14) die *reduzierte Form*[2] der van der Waalsschen Zustandsgleichung:

$$\left(\mathcal{P} + \frac{3}{v^2}\right)(3\mathcal{V} - 1) = 8\,\mathcal{T}. \tag{10.16}$$

Die Materialeigenschaften des Gases kommen in der reduzierten Form der Zustandsgleichung nicht mehr zum Ausdruck. Man spricht von korrespondierenden Zuständen $\mathcal{P}, \mathcal{V}, \mathcal{T}$, d.h., der Zustand p_1, v_1, T_1 eines Gases mit den kritischen Werten p_{1K}, v_{1K}, T_{1K} entspricht dem Zustand p_2, v_2, T_2 eines anderen Gases mit den kritischen Werten p_{2K}, v_{2K}, T_{2K}, wenn $\dfrac{p_1}{p_{1K}} = \dfrac{p_2}{p_{2K}}, \dfrac{v_1}{v_{1K}} = \dfrac{v_2}{v_{2K}}$ und $\dfrac{T_1}{T_{1K}} = \dfrac{T_2}{T_{2K}}$ gilt.

Wir wollen uns jetzt überlegen, wie wir das in Abb. 10.6 schraffiert gezeichnete Gebiet, in dem die flüssige und gasförmige Phase im Gleichgewicht koexistieren, bestimmen können. Dieses Gebiet läßt sich nicht allein mit Hilfe der van der Waals-Gleichung, die nur eine homogene Phase beschreibt, berechnen. Es sind zusätzliche Betrachtungen nötig, die wir im folgenden anstellen wollen. Sie liefern das Ergebnis, daß die Gerade von A nach B in Abb. 10.6 so gelegt werden muß, daß die beiden schraffierten Flächen F_1 und F_2 gleich groß sind. Die Gerade

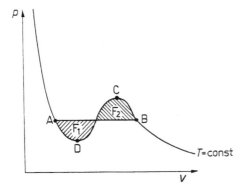

Abb. 10.6 Zur Lage der Maxwell-Geraden bzgl. der Isothermen $T = T_1$

---

[2] Die Einführung dimensionsloser Größen ist eine wichtige Methode in der Physik. Sie gestattet den Vergleich von Zuständen in verschiedenen Systemen und wird besonders in der Hydrodynamik angewendet, wo man mit Ähnlichkeitsbetrachtungen das Verhalten von Strömungen an möglichst kleinen Modellen studiert.

heißt *Maxwell-Gerade*. Wären die beiden Flächen nicht gleich groß, also z.B. $F_1 > F_2$, dann könnten wir ein perpetuum mobile 2. Art konstruieren. Wir führen dazu einen isothermen Kreisprozeß längs der Geraden von A nach B und zurück nach A längs der van der Waals-Isothermen über C nach D durch.[3] Dabei gewinnen wir die Arbeit $F_1 - F_2$, und da der Kreisprozeß isotherm ist, entspricht dieser Arbeit eine gleichgroße Wärmemenge, die einem Wärmebad mit der Temperatur T_1 entzogen wird. Im Endergebnis haben wir Arbeit gewonnen und nur *ein* Wärmebad abgekühlt. Das steht im Widerspruch zum zweiten Hauptsatz, die Voraussetzung $F_1 > F_2$ ist also falsch. Im Fall $F_1 < F_2$ erhalten wir das gleiche Resultat, wenn wir den Prozeß in entgegengesetzter Richtung durchlaufen lassen. Es muß also $F_1 = F_2$ sein. Wir weisen nochmals darauf hin, daß die van der Waals-Gleichung zumindest qualitativ das Verhalten der flüssigen und der dampfförmigen Phase und darüber hinaus auch den Phasenübergang flüssig-dampfförmig beschreibt.

In Tab. 10.3 haben wir eine Reihe von Größen für das van der Waals-Gas zusammengestellt. Dabei wurde vereinfachend angenommen, daß die molare Wärme c_v temperaturunabhängig ist. Die innere Energie des van der Waals-Gases hängt (im Gegensatz zum idealen Gas) vom Volumen ab. Mit Hilfe der Beziehungen (3.11) und (10.13) erhält man leicht

$$\left(\frac{\partial u}{\partial v}\right)_T = \frac{a}{v^2}. \tag{10.17}$$

Die molare Wärme c_v ist auch beim van der Waals-Gas volumenunabhängig, denn es gilt:

$$\left(\frac{\partial c_v}{\partial v}\right)_T = \frac{\partial}{\partial v}\left(\frac{\partial u}{\partial T}\right)_v = \frac{\partial}{\partial T}\left(\frac{\partial u}{\partial v}\right)_T = \left(\frac{\partial}{\partial T}\frac{a}{v^2}\right)_v = 0.$$

Es wird dem Leser empfohlen, die Beziehungen der Tab. 10.3 selbst nachzurechnen.

10.1.4 Weitere Zustandsgleichungen für Gase und Flüssigkeiten

Für die Beschreibung des Verhaltens der verschiedenen realen Gase ist eine große Zahl von thermischen Zustandsgleichungen (über 100) empirisch und theoretisch aufgestellt worden. In Tab. 10.4 geben wir einige von diesen Zustandsgleichungen an. Enthalten diese Gleichungen nur drei Konstanten, dann können sie aus Messungen der kritischen Werte bestimmt werden. Bei mehr als drei Konstanten ist

---

[3] Die Zustände auf der van der Waals-Isothermen $T = T_1$ zwischen D und C sind instabil ($\kappa > 0$) und daher nur im Gedankenversuch zu realisieren.

Tabelle 10.3: Einige Beziehungen für das van der Waals-Gas (bezogen auf 1 Mol, $c_v = \text{const}$)

Thermische Zustandsgleichung	$\left(p + \dfrac{a}{v^2}\right)(v - b) = RT$
Kalorische Zustandsgleichung	$u(T, v) = c_v(T - T_0) - a\left(\dfrac{1}{v} - \dfrac{1}{v_0}\right) + u_0$
Abhängigkeit der inneren Energie vom Volumen	$\left(\dfrac{\partial u}{\partial v}\right)_T = \dfrac{a}{v^2}$
Virialform der thermischen Zustandsgleichung	$pv = RT\left[1 + \left(b - \dfrac{a}{RT}\right)\dfrac{1}{v} + \dfrac{b^2}{v^2} + \dfrac{b^3}{v^3} + \cdots\right]$
2. Virialkoeffizient	$A = b - \dfrac{a}{RT}$
Adiabatengleichungen	$T(v - b)^{\frac{R}{c_v}} = \text{const} \quad \left(p + \dfrac{a}{v^2}\right)(v - b)^{\frac{R}{c_v}+1} = \text{const}$ $T\left(p + \dfrac{a}{v^2}\right)^{\frac{-R}{R+c_v}} = \text{const}$
Differenz der molaren Wärmen	$c_p - c_v = \dfrac{R}{1 - \dfrac{2a(v - b)^2}{v^3 RT}} \approx R\left(1 + \dfrac{2a}{vRT}\right)$
Kritische Werte	$v_k = 3b, \quad RT_k = \dfrac{8a}{27b}, \quad p_k = \dfrac{a}{27b^2}$
Ausdehnungskoeffizient	$\alpha = \dfrac{1}{T\left(\dfrac{v}{v - b} - \dfrac{2a}{RTv} + \dfrac{2ab}{RTv^2}\right)} \approx \dfrac{1}{T}\left(1 - \dfrac{b}{v} + \dfrac{a}{RTv}\right)$
Druckkoeffizient	$\beta = \dfrac{1}{T\left(1 - \dfrac{a}{RTv} + \dfrac{ab}{RTv^2}\right)} \approx \dfrac{1}{T}\left(1 + \dfrac{a}{RTv}\right)$
Isotherme Kompressibilität	$\kappa = \dfrac{1}{p\left(\dfrac{v}{v - b} + \dfrac{a}{pv(v - b)} - \dfrac{2a}{pv^2}\right)} \approx \dfrac{1}{p}\left(1 - \dfrac{b}{v} + \dfrac{a}{pv^2}\right)$
Entropie	$s(T, v) = c_v \ln\dfrac{T}{T_0} + R\ln\dfrac{v - b}{v_0 - b} + s_{0v}$
Freie Energie	$f(T, v) = c_v(T - T_0) - a\left(\dfrac{1}{v} - \dfrac{1}{v_0}\right)$ $\qquad - T\left(c_v \ln\dfrac{T}{T_0} + R\ln\dfrac{v - b}{v_0 - b} + s_{0v}\right) + u_0$
Arbeit bei der isothermen Expansion von v_1 auf v_2	$a_{12}^{(T)} = -\displaystyle\int_{v_1}^{v_2} p\,dv = RT\ln\dfrac{v_1 - b}{v_2 - b} - a\left(\dfrac{1}{v_2} - \dfrac{1}{v_1}\right)$
Arbeit bei der adiabatischen Expansion von v_1 auf v_2	$a_{12}^{(s)} = c_v(T_2 - T_1) - a\left(\dfrac{1}{v_2} - \dfrac{1}{v_1}\right)$

Tabelle 10.4: Thermische Zustandsgleichungen (bezogen auf 1 Mol)

Name	Zustandsgleichung
GAY-LUSSAC (ideales Gas)	$pv = RT$
VAN DER WAALS	$\left(p + \dfrac{a}{v^2}\right)(v - b) = RT$
DIETERICI	$p(v - b) = RT\, e^{-\frac{a}{RTv}}$
BERTHELOT	$\left(p + \dfrac{a}{Tv^2}\right)(v - b) = RT$
REDLICH	$pv = RT\left[\dfrac{1}{1 - \dfrac{b}{v}} - \dfrac{a}{RT^{3/2}(v + b)}\right]$
WOHL	$p = \dfrac{RT}{v - b} - \dfrac{a}{Tv(v - b)} + \dfrac{c}{T^2 v^3}$
BEATTI-BRIDGEMAN [1]	$p = \dfrac{RT(1 - \varepsilon)}{v^2}(v + B) - \dfrac{A}{v^2}$ mit $A = A_0\left(1 - \dfrac{a}{v}\right)$, $B = B_0\left(1 - \dfrac{b}{v}\right)$, $\varepsilon = \dfrac{c}{vT^3}$
PLANCK [2]	$p = \dfrac{RT}{v - b}\left[1 - \dfrac{A_2}{(v - b)} + \dfrac{A_3}{(v - b)^2} - \dfrac{A_4}{(v - b)^3} + \dfrac{A_5}{(v - b)^4}\right]$
CLAUSIUS-CALLENDER [3]	$\left(p + \dfrac{\psi(T)}{T(v + c)^2}\right)(v - b) = RT$ mit $\psi(T) = 0{,}075\left(\dfrac{273}{T}\right)^{\frac{10}{3}}$

[1] Gilt für größere Druckbereiche und Volumina $v > 2\, v_{\text{krit}}$.
[2] Gilt besonders für die Umgebung des kritischen Punktes.
[3] Gilt für Wasserdampf.

das nicht mehr möglich, es sind dann weitere Messungen nötig. Eine einfache physikalische Bedeutung kann man diesen Konstanten nicht geben.

Alle angegebenen Zustandsgleichungen können durch Reihenentwicklung in die *Virialform*

$$pv = RT\left(1 + \frac{A}{v} + \frac{B}{v^2} + \frac{C}{v^3} + \dots\right) \tag{10.18}$$

gebracht werden. Die Koeffizienten $A, B, C, \ldots$ heißen *Virialkoeffizienten*[4] 2., 3., 4., ... Ordnung. Sie hängen im allgemeinen noch von der Temperatur ab. Die Temperatur, bei welcher der Virialkoeffizient 2. Ordnung verschwindet, wird *Boyle-Temperatur* genannt. Sie spielt eine Rolle bei der Verflüssigung der Gase (siehe Abschnitt 9.1).

Da reale Gase für niedrige Drucke ($p \rightarrow 0$) sich wie ideale Gase verhalten, ist es für manche Zwecke günstiger, die Zustandsgleichung nach p zu entwickeln:

$$pv = RT \left(1 + A'p + B'p^2 + \ldots\right) \tag{10.19}$$

Die Koeffizienten $A', B', \ldots$ sind ebenfalls temperaturabhängig, und sie können durch die Virialkoeffizienten ausgedrückt werden Zum Beispiel gilt $A = RTA'$.

10.1.5 Die Fugazität realer Gase

Zur Beschreibung der thermodynamischen Eigenschaften realer Gase wird häufig die Fugazität p^* verwendet. Man erhält sie, indem man in der molaren freien Enthalpie des idelaen Gases (Tab. 6.2)

$$g^{\mathrm{id}}(p, T) = g^+(T) + RT \ln \frac{p}{p_0} \tag{10.20}$$

für reale Gase den Druck p durch die Fugazität p^* ersetzt

$$g(p, T) = g^+(T) + RT \ln \frac{p^*}{p_0}, \tag{10.21}$$

Damit behält man für die molare freie Enthalpie g der realen Gase formal die gleiche Beziehung wie bei den idealen Gasen, man muß nur p durch p^* ersetzen. Natürlich ist die Fugazität p^*, die die Wechselwirkungen zwischen den Molekülen und deren Eigenvolumen erfassen soll, eine Funktion des Druckes und der Temperatur

$$p^* = p^*(p, T). \tag{10.22}$$

Bei genügend niedrigen Drucken nähert sich die Fugazität dem Druck, d.h. es gilt

$$\lim_{p \rightarrow 0} \frac{p^*}{p} = 1. \tag{10.23}$$

---

[4] Der Name Virialkoeffizient hängt damit zusammen, daß bei der Herleitung der Zustandsgleichung (10.18) mit den Methoden der statistischen Thermodynamik Wechselwirkungskräfte zwischen den Molekülen berücksichtigt werden (vires (lat.) – Kräfte). Wir verweisen noch darauf, daß die Bezeichnung von A als Virialkoeffizient 2. Ordnung nicht einheitlich ist. Manchmal wird A (und entsprechend B, C, ...) als *Virialkoeffizient 1. Ordnung* bezeichnet.

Ist die thermische Zustandsgleichung des realen Gases etwa in der Form $v = v(p, T)$ bekannt, dann kann die Fugazität durch Integration der aus (10.21) folgenden Beziehung

$$v = \left(\frac{\partial g}{\partial p}\right)_T = RT \left(\frac{\partial \ln p^*}{\partial p}\right)_T \qquad (10.24)$$

berechnet werden. So liefert z.B. die Zustandsgleichung (10.19) für die Fugazität die Relation

$$\ln \frac{p^*}{p} = A'p + \frac{1}{2} B'p^2 + \dots. \qquad (10.25)$$

Für schwach reale Gase sind nur die Virialkoeffizienten 1. und 2. Ordnung zu berücksichtigen

$$p = \frac{RT}{v} \left(1 + \frac{A}{v}\right). \qquad (10.26)$$

Es gilt dann mit $A = RT\, A'$ näherungsweise

$$\ln \frac{p^*}{p} = A'p \simeq \frac{A}{v},$$

woraus über

$$\ln p^* = \ln p + \frac{A}{v} = \ln\left[\frac{RT}{v}\left(1 + \frac{A}{v}\right)\right] + \frac{A}{v} \approx \ln \frac{RT}{v} + \frac{2A}{v}$$
$$\approx \ln\left[\frac{RT}{v}\left(1 + \frac{2A}{v}\right)\right]$$

schließlich

$$p^* = \frac{RT}{v}\left(1 + \frac{2A}{v}\right) \qquad (10.27)$$

folgt. Zusammen mit Gl. (10.26) und der Zustandsgleichung der idealen Gase $p^{\mathrm{id}} = \dfrac{RT}{v}$ ergibt sich dann

$$p^* - p = p - p^{\mathrm{id}} = \frac{RTA}{v^2}. \qquad (10.28)$$

Das bedeutet, die Differenz zwischen der Fugazität und dem Druck des schwach idealen Gases ist gleich der Differenz dieses Druckes und dem Druck eines idealen Gases bei gleicher Temperatur und gleichem Volumen.

Die Temperaturabhängigkeit der Fugazität folgt mit

$$\left(\frac{\partial\left(\frac{g}{T}\right)}{\partial T}\right)_p = \frac{1}{T}\left(\frac{\partial g}{\partial T}\right)_p - \frac{g}{T^2} = -\frac{1}{T^2}\left(Ts + g\right) = -\frac{h}{T^2} \qquad (10.29)$$

und Gleichung (10.21) zu

$$R\left(\frac{\partial \ln p^*}{\partial T}\right)_p = -\left(\frac{\partial\left(\frac{g^+}{T}\right)}{\partial T}\right)_p - \frac{h}{T^2}. \tag{10.30}$$

Da für ideale Gase

$$\left(\frac{\partial\left(\frac{g^+}{T}\right)}{\partial T}\right) = -\frac{h^{\mathrm{id}}}{T^2} \tag{10.31}$$

gilt, erhalten wir endgültig

$$\left(\frac{\partial \ln p^*}{\partial T}\right)_p = -\frac{h - h^{\mathrm{id}}}{RT^2}. \tag{10.32}$$

Zur Bestimmung der Temperaturabhängigkeit der Fugazität ist also die Kenntnis der kalorischen Zustandsgleichung des realen Gases in der Form $h = h(p, T)$ erforderlich.

10.1.6 Das freie Volumen

Das Modell des freien Volumens zur Beschreibung der thermodynamischen Eigenschaften von Flüssigkeiten knüpft formal an das Modell des idealen Gases an, das aber in zwei Punkten abgeändert wird. Erstens können sich die Moleküle in der Flüssigkeit infolge der hohen Dichte und der Abstoßungskräfte zwischen den Molekülen nicht im ganzen Volumen v frei bewegen. Es steht ihnen nur ein kleineres Volumen v_{f} zur Verfügung. Dieses Volumen heißt *freies Volumen*, und es wird vorausgesetzt, daß es nur von v abhängt, d.h. $v_{\mathrm{f}} = v_{\mathrm{f}}(v)$. Zweitens verursacht die Wechselwirkung zwischen den Molekülen das Auftreten einer potentiellen Energie φ, die additiv zur freien Energie des idealen Gases hinzugefügt wird. φ soll ebenfalls nur eine Funktion von v sein.

Die freie Energie der Flüssigkeit erhalten wir nun, indem wir in der freien Energie des idealen Gases (Tab. 6.2)

$$f^{\mathrm{id}}(T, v) = f^+(T) - RT \ln \frac{v}{v_0} \tag{10.33}$$

das Volumen v durch v_{f} ersetzen und $\varphi(v)$ hinzufügen:

$$f(T, v) = f^+(T) - RT \ln \frac{v_{\mathrm{f}}}{v_0} - \varphi(v). \tag{10.34}$$

Der Anteil $\varphi(v)$ erweist sich als die molare Verdampfungsenergie der Flüssigkeit. Um dies zu sehen, bilden wir die Differenz zwischen $f(T, v)$ und $f^{\mathrm{id}}(T, v)$:

$$f - f^{\mathrm{id}} = -RT \ln \frac{v_{\mathrm{f}}}{v} - \varphi(v). \tag{10.35}$$

Hieraus folgt schließlich mit (6.20)

$$\frac{\partial}{\partial T} \left(\frac{f - f^{\mathrm{id}}}{T} \right)_v = -\frac{u - u^{\mathrm{id}}}{T^2} = \frac{\varphi(v)}{T^2} \tag{10.36}$$

bzw.

$$u^{\mathrm{id}} - u = \varphi(v). \tag{10.37}$$

Die Differenz zwischen der molaren inneren Energie des idealen Gases u^{id} und der Flüssigkeit u ist aber die molare Verdampfungsenergie, die, wie behauptet, gleich $\varphi(v)$ ist.

Die thermische Zustandsgleichung ergibt sich zu

$$-\left(\frac{\partial f}{\partial v} \right)_T = p = RT \left(\frac{\mathrm{d} \ln v_{\mathrm{f}}}{\mathrm{d}v} + \frac{1}{RT} \frac{\mathrm{d}\varphi}{\mathrm{d}v} \right). \tag{10.38}$$

Für die molaren Wärmen folgt aus Gl. (10.37)

$$c_v = \left(\frac{\partial u}{\partial T} \right)_v = \left(\frac{\partial u^{\mathrm{id}}}{\partial T} \right)_v = c_v^{\mathrm{id}}. \tag{10.39}$$

Das heißt, daß nach dem Modell des freien Volumens die molare Wärme der Flüsigkeit gleich der des idealen Gases ist. Experimentell beobachtet man aber, daß in der Nähe des Schmelzpunktes die molaren Wärmen der Flüssigkeit und des Festkörpers nahezu gleich sind. Erst in der Nähe des kritischen Punktes nähert sich c_v der Flüssigkeit der des Gaszustandes. Diese beobachtete Temperaturabhängigkeit von c_v kann nur durch eine verfeinerte Theorie erklärt werden, bei der das freie Volumen nicht nur von v, sondern auch noch, wenn auch schwach, von der Temperatur abhängt.

Um eine Vorstellung von der Größe des freien Volumens v_{f} zu erhalten, benutzen wir die Beziehung

$$v_{\mathrm{f}} = \frac{R\kappa}{\alpha} \frac{\mathrm{d}v_{\mathrm{f}}}{\mathrm{d}v}, \tag{10.40}$$

die aus den Gleichungen (10.5), (10.3), (10.34) und denen der Tab. 6.1 gemäß

$$\frac{\alpha}{\kappa} = p\beta = \left(\frac{\partial p}{\partial T} \right)_v = \left(\frac{\partial s}{\partial v} \right)_T = -\frac{\partial^2 f}{\partial T \partial v} = \frac{R}{v_{\mathrm{f}}} \frac{\mathrm{d}_{\mathrm{f}}}{\mathrm{d}}$$

folgt. Um einen Zahlenwert für v_{f} abschätzen zu können, benötigen wir ein einfaches Modell für die Volumenabhängigkeit des freien Volumens. Wir erhalten es

Tabelle 10.5: Der Ausdehnungskoeffizient und die Kompressibilität κ für einige Flüssigkeiten

Flüssigkeit	$\alpha \cdot 10^5 [\,\mathrm{K}^{-1}]$	$\kappa \cdot 10^6 [\,\mathrm{at}^{-1}]$	$\rho [\,\mathrm{g\,cm}^{-3}]$
Wasser	19	48,3	1
Quecksilber	20	3,8	13,5
Glyzerin	50	20	1,26
Brom	111	60	3,14

durch den Vergleich der freien Energie (10.34) und der inneren Energie (10.37) mit Werten des van der Waalsschen Gases in Tab. 10.3. Es ergibt sich

$$v_{\mathrm{f}} = v - b, \qquad \varphi = \frac{a}{v}, \tag{10.41}$$

und damit wird (10.40) zu

$$v_{\mathrm{f}} = \frac{R\kappa}{\alpha}. \tag{10.42}$$

Hier können wir typische numerische Werte von κ und α für Flüssigkeiten einsetzen, (siehe Tab. 10.5) man erhält dann

$$v_{\mathrm{f}} \approx \frac{1}{10}\, v. \tag{10.43}$$

Für die freie Bewegung eines Moleküls steht also nur ungefähr ein Zehntel des gesamten Flüssigkeitsvolumens zur Verfügung.

10.1.7 Statistische Berechnung des Virialkoeffizienten 2. Ordnung

Wir benutzen die im Abschnitt 6.1.6 angegebene Methode. Ein gutes physikalisches Modell des realen Gases ist ein System von N gleichartigen Teilchen, die paarweise wechselwirken. Die Hamilton-Funktion dieses Systems lautet:

$$H = H_0 + \sum_{i<j} u(|\boldsymbol{r}_i - \boldsymbol{r}_j|). \tag{10.44}$$

Hier bezeichnen

$$H_0 = \sum_{i=1}^{N} \frac{1}{2m}\, \boldsymbol{p}_i{}^2 + U(\boldsymbol{r}_i) \tag{10.45}$$

die in (6.35) definierte Hamilton-Funktion des idealen Gases (keine Wechselwirkung der Teilchen) und $u(|\boldsymbol{r}_i - \boldsymbol{r}_j|)$ das nur vom gegenseitigen Abstand des i-ten Teilchens (Ortsvektor $\boldsymbol{r}_i$) und des j-ten Teilchens (Ortsvektor $\boldsymbol{r}_j$) abhängige Wechselwirkungspotential. Summiert wird in (10.44) über alle $\binom{N}{2}$ denkbaren Paare aus den N Teilchen, wobei die Vorschrift $i < j$ Wiederholungen ausschließt. Im Zustandsintegral (vgl. (6.37))

$$Z = \frac{1}{h^{3N}N!} \int e^{-\frac{1}{kT}\left(\sum_{i=1}^{1}\frac{1}{2m}p_i^2 + U(r_i) + \sum_{i<j}u(|r_i-r_j|)\right)} dV_1\, dV_2 \ldots dV_N\, dP_1 \ldots dP_N$$

$$(10.46)$$

sorgt das Potential $U(\boldsymbol{r}_i)$ wegen (6.36) dafür, daß alle Ortsintegrationen über V zu erstrecken sind. In (10.46) haben wir schon q_1, q_2, q_3 zu $\boldsymbol{r}_1$, q_4, q_5, q_6 zu $\boldsymbol{r}_2$ usw. und entsprechend dq_1, dq_2, dq_3 zu dV_1 usw. sowie dp_1, dp_2, dp_3 zu dP_1 usw. zusammengefaßt. Die Impulsintegrale lassen sich durch das in Abschnitt 6.1.6 berechnete und hier mit Z_0 bezeichnete Zustandsintegral des idealen Gases ausdrücken:

$$
\begin{aligned}
Z_0 &= \frac{1}{h^{3N}N!} \int e^{-\frac{H_0}{kT}}\, dP_1 \ldots dP_N\, dV_1 \ldots dV_N \\
&= \frac{V^N}{h^{3N}N!} \int e^{-\frac{1}{kT}\sum_{i=1}^{N}\frac{1}{2m}p_i^2}\, dP_1 \ldots dP_N.
\end{aligned}
$$

$$(10.47)$$

Das Zustandsintegral des realen Gases nimmt dann folgende Gestalt an:

$$Z = Z_0 \cdot Z_w \qquad (10.48)$$

mit

$$
\begin{aligned}
Z_w &= \int_V \frac{e^{-\frac{1}{kT}\sum u(|r_i-r_j|)}}{V^N}\, dV_1 \ldots dV_N \\
&= \int \prod_{i<j} \frac{e^{-\frac{1}{kT}u(|r_i-r_j|)}}{V^N}\, dV_1 \ldots dV_N.
\end{aligned}
$$

$$(10.49)$$

Zur Auswertung dieses Integrals machen wir die Näherung

$$
\begin{aligned}
Z_w &= \int_V \prod_{i<j} \frac{e^{-\frac{1}{kT}u(|r_i-r_j|)}}{V^N}\, dV_1 \ldots dV_N \\
&\approx \prod_{i<j} \int_V \frac{e^{-\frac{1}{kT}u(|r_i-r_j|)}}{V^N}\, dV_1 \ldots dV_N,
\end{aligned}
$$

$$(10.50)$$

welche die gleichzeitige Wechselwirkung von mehr als zwei Teilchen vernachlässigt und daher nur für verdünnte reale Gase gültig ist. Mit dieser Annahme können wir das Auftreten der ersten beiden Glieder in der Virialform der thermischen

Zustandsgleichung (10.18) bestätigen und somit den Virialkoeffizienten 2. Ordnung berechnen. Mit der Methode der Cluster-Integrale, die wir hier nicht darstellen können, erhält man aus (10.49) auch die höheren Terme und Virialkoeffizienten.

Die Integrale unter dem Produktzeichen in (10.50) haben alle den gleichen Wert. Nun besteht dieses Produkt aber entsprechend der Zahl der denkbaren Paarbildungen aus $\binom{N}{2}$ Faktoren, so daß gilt:

$$
\begin{aligned}
Z_w &= \prod_{i<j} \int_V \frac{\mathrm{e}^{-\frac{1}{kT}u(|r_i-r_j|)}}{V^N} \, \mathrm{d}V_1 \cdots \mathrm{d}V_N \\[2mm]
&= \left\{ \int_V \frac{\mathrm{e}^{-\frac{1}{kT}u(|r_2-r_1|)}}{V^N} \, \mathrm{d}V_1 \cdots \mathrm{d}V_N \right\}^{\binom{N}{2}} \\[2mm]
&= \left\{ \int_V \frac{\mathrm{e}^{-\frac{1}{kT}u(|r_2-r_1|)}}{V^2} \, \mathrm{d}V_1 \, \mathrm{d}V_2 \right\}^{\binom{N}{2}} .
\end{aligned}
\tag{10.51}
$$

Bei der Berechnung der freien Energie (6.40) muß der Logarithmus dieses Ausdrucks gebildet werden. Da Z_w für nicht wechselwirkende Teilchen den Wert 1 annimmt, entwickeln wir $\ln Z_w$ an dieser Stelle und brechen die Entwicklung im Einklang mit der vorausgesetzt schwachen Wechselwirkung nach dem linearen Glied ab. Ersetzen wir noch $\binom{N}{2}$ näherungsweise durch $N^2/2$, so erhalten wir

$$
\begin{aligned}
\ln Z_w &= \binom{N}{2} \ln \int_V \frac{\mathrm{d}V_1 \, \mathrm{d}V_2}{V^2} \, \mathrm{e}^{-\frac{1}{kT}u(|r_2-r_1|)} \\[2mm]
&\approx \frac{N^2}{2} \left(\int_V \frac{\mathrm{e}^{-\frac{u}{kT}} \mathrm{d}V_1 \, \mathrm{d}V_2}{V^2} - 1 \right) \\[2mm]
&= \frac{N^2}{2} \int_V \frac{\mathrm{e}^{-\frac{u}{kT}} - 1}{V^2} \, \mathrm{d}V_1 \, \mathrm{d}V_2 .
\end{aligned}
\tag{10.52}
$$

Unter der praktisch immer gerechtfertigten Annahme, daß die Reichweite des Potentials u sehr klein im Vergleich zu den Ausdehnung des Gases ist, läßt sich im letzten Integral nach Einführung von Relativkoordinaten $r = r_2 - r_1$ mit dem Volumenelement $\mathrm{d}V = \mathrm{d}V_2$ eine weitere Volumenintegration durchführen ($r = |r|$):

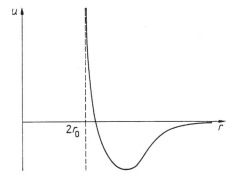

Abb. 10.7 Typischer Verlauf des Wechselwirkungspotentials u in Abhängigkeit vom Abstand r

$$\ln Z_w = \frac{N^2}{2} \int\limits_V dV_1 \int\limits_V dV_2 \frac{\left(e^{-\frac{u(|r_2-r_1|)}{kT}} - 1 \right)}{V^2}$$

$$\approx \frac{N^2}{2} \int\limits_V dV_1 \int\limits_{-\infty}^{\infty} \frac{dV\left(e^{-\frac{u(r)}{kT}} - 1 \right)}{V^2} \tag{10.53}$$

$$= \frac{N^2}{2V} \int\limits_{-\infty}^{\infty} dV\left(e^{-\frac{u(r)}{kT}} - 1 \right).$$

Die Integration im letzten Ausdruck erstreckt sich über den gesamten Ortsraum, liefert aber nur für eine kleine Umgebung $r \ll \sqrt[3]{V}$ des Punktes $r = 0$ einen Beitrag.

Entsprechend dem typischen Verlauf des Wechselwirkungspotentials, wie er in Abb. 10.7 dargestellt ist, teilen wir das Integrationsgebiet in die Bereiche V_I mit $0 \le r \le 2r_0$ und V_II mit $r > 2r_0$ ein.

In V_1 hat das Potential u einen unendlich großen Wert und beschreibt dadurch die bei dem charakteristischen Abstand $2r_0$ einsetzende Abstoßung zwischen zwei Molekülen. In diesem Bereich gilt wegen $e^{-u/kT} = 0$

$$\int\limits_{V_1} \left(e^{-\frac{u}{kT}} - 1 \right) dV = -8v_0, \qquad v_0 = \frac{4}{3}\pi r_0^3. \tag{10.54}$$

v_0 ist das inkompressible „Volumen" des Moleküls. In V_II ziehen sich die Moleküle mit einer Kraft kurzer Reichweite an. Bei genügend hohen Temperaturen $\left(\frac{u}{kT} \ll 1 \right)$ sind die Näherungen

$$e^{-\frac{u}{kT}} \approx 1 - \frac{u}{kT}, \qquad \int\limits_{V_\mathrm{II}} \left(e^{-\frac{u}{kT}} - 1 \right) dV \approx \frac{-4\pi}{kT} \int\limits_{2r_0}^{\infty} r^2 u(r)\, dr \tag{10.55}$$

erlaubt. Für die freie Energie und die Zustandsgleichungen erhalten wir aus (10.48), (10.53), (10.54), (10.55) und (6.44)

$$F = -kT(\ln Z_0 + \ln Z_w) \tag{10.56}$$

$$= -NkT\left[\ln\left\{\frac{eV}{N}\left(\frac{2\pi mkT}{h^2}\right)^{\frac{3}{2}}\right\} - \frac{N}{2V}\left\{\frac{4\pi}{kT}\int\limits_{2r_0}^{\infty} r^2 u(r)\,\mathrm{d}r + 8v_0\right\}\right],$$

$$U = -T^2\left(\frac{\partial FT}{\partial T}\right)_V = \frac{3}{2}NkT\left(1 + \frac{4\pi N}{3VkT}\int\limits_{2r_0}^{\infty} r^2 u(r)\,\mathrm{d}r\right), \tag{10.57}$$

$$p = -\left(\frac{\partial F}{\partial V}\right)_T = \frac{NkT}{V}\left(1 + \frac{1}{V}\left[4Nv_0 + \frac{2\pi N}{kT}\int\limits_{2r_0}^{\infty} r^2 u(r)\,\mathrm{d}r\right]\right). \tag{10.58}$$

Wenn wir die thermische Zustandsgleichung (10.58) mit der Virialentwicklung (10.18) vergleichen, erhalten wir den statistischen Ausdruck für den zweiten Virialkoeffizienten ($N = nL, Lk = R$):

$$A = L\left(4v_0 + \frac{1}{2kT}\int\limits_{2r_0}^{\infty} 4\pi r^2 u(r)\,\mathrm{d}r\right). \tag{10.59}$$

Der Korrekturterm A/v, der die Abweichung vom Verhalten des idealen Gases beschreibt, wird durch das Eigenvolumen v_0 der Moleküle und durch das Verhältnis der Energie der inneren Wechselwirkung $\frac{N}{2V}\int_{2r_0}^{\infty} 4\pi r^2 u(r)\,\mathrm{d}r$ zu kT beeinflußt. Bei der Auswertung dieses Integrals wird der Potentialverlauf oft durch das Potential der van der Waals-Kraft, $u(r) \sim r^{-6}$, angenähert.

10.2   Hohlraumstrahlung

10.2.1   Thermodynamische Behandlung der Hohlraumstrahlung

Unter Hohlraumstrahlung verstehen wir ein elektromagnetisches Strahlungsfeld, das sich in einem von strahlungsundurchlässigen Wänden eingeschlossenen Volumen V befindet. Dabei wird von den Wänden fortwährend Strahlungsenergie ausgesandt und absorbiert, bis sich ein Gleichgewichtszustand eingestellt hat und die Eigenschaften des Strahlungsfeldes sich nicht mehr ändern. Wir können dann der Hohlraumstrahlung die Temperatur der Wände zuordnen. Die Hohlraumstrahlung ist homogen, isotrop und unpolarisiert. Man sieht dies leicht ein, wenn man zwei adiabatisch isolierte Hohlräume mit Hohlraumstrahlung gleicher Temperatur durch eine kleine Öffnung verbindet. Unabhängig von der Lage und Richtung der Öffnung, von Filtern für bestimmte Frequenzen, von Polarisatoren in der Öffnung und von der Größe der Hohlräume müssen die Strahlungsenergien, die jeweils aus einem Hohlraum in den anderen gelangen, gleich groß sein. Im anderen Falle würde das Temperaturgleichgewicht zwischen den beiden Hohlräumen im Widerspruch zum zweiten Hauptsatz gestört.

Wie die Erfahrung zeigt, ändert sich die Energiedichte $\breve{u}$ der Hohlraumstrahlung nicht, wenn wir bei konstanter Temperatur das Volumen des Hohlraumes ändern. Sie ist nur eine Funktion der Temperatur. Die kalorische Zustandsgleichung lautet somit:

$$U = \breve{u}(T)\,V. \tag{10.60}$$

Der Hohlraumstrahlung muß man auch, genau wie den Gasen, einen Druck zuordnen. Über die Größe des Druckes kann die Thermodynamik allein keine Aussagen machen. Überlegungen im Rahmen der Elektrodynamik führen mit Hilfe des Maxwellschen Spannungstensors zu

$$p = \frac{1}{3}\,\breve{u}(T). \tag{10.61}$$

Diese Gleichung ist die thermische Zustandsgleichung der Hohlraumstrahlung.

Die Beschreibung durch die Zustandsvariablen Druck, Volumen und Temperatur ist der Vorstellung, daß die Hohlraumstrahlung als ein Photonengas aufgefaßt werden kann, besonders gut angepaßt. Während aber in den gewöhnlichen Gasen bei Zustandsänderungen in geschlossenen Systemen die Teilchenzahl konstant bleibt, ändert sie sich im Photonengas infolge der Absorption und Emission von Photonen an der Berandung des Hohlraumes.

Wir wollen nun, ausgehend von den Zustandsgleichungen (10.60) und (10.61), die Temperaturabhängigkeit der inneren Energie, die Entropie, die freie Energie und die freie Enthalpie berechnen. Dazu nutzen wir die Beziehung (3.11)

$$\left(\frac{\partial U}{\partial V}\right)_T = T\left(\frac{\partial p}{\partial T}\right)_V - p$$

aus, die mit (10.60) und (10.61) zu

$$\breve{u} = \frac{1}{3}\,T\,\frac{\mathrm{d}\breve{u}}{\mathrm{d}T} - \frac{1}{3}\,\breve{u}$$

bzw.

$$T\,\frac{\mathrm{d}\breve{u}}{\mathrm{d}T} = 4\,\breve{u}$$

führt. Die Integration dieser Gleichung liefert

$$\breve{u} = b\,T^4. \tag{10.62}$$

Die Energiedichte wächst mit der 4. Potenz der Temperatur. Der Wert der Integrationskonstanten b kann experimentell bestimmt werden, man findet

$$b = 7,56 \cdot 10^{-16} \ \text{Wsm}^{-3} \ \text{K}^{-4}.$$

Die Zustandsgleichungen lauten mit $(10.62)^5$

$$p = \frac{1}{3} \, b \, T^4, \qquad U = b \, T^4 V. \tag{10.63}$$

Die Entropie erhalten wir über

$$\mathrm{d}S = \frac{\mathrm{d}U + p \, \mathrm{d}V}{T} = 4b \, VT^2 \ \mathrm{d}T + \frac{4}{3} b \, T^3 \ \mathrm{d}V = \frac{4}{3} \, b \ \mathrm{d}(T^3 V)$$

zu

$$S = \frac{4}{3} \, b \, T^3 V. \tag{10.64}$$

Da S für $T \to 0$ nach dem dritten Hauptsatz verschwinden muß, erscheint in (10.64) keine Integrationskonstante. Die Adiabatengleichung der Hohlraumstrahlung ergibt sich mit $S = \text{const}$ zu

$$VT^3 = \text{const} \qquad \text{oder} \qquad p \, V^{4/3} = \text{const}. \tag{10.65}$$

Ein Vergleich mit der Adiabatengleichung der idealen Gase zeigt, daß sich die Hohlraumstrahlung bei adiabatischen Prozessen wie ein ideales Gas mit $\gamma = 4/3$ verhält. Das heißt aber nicht, daß c_p/c_v für die Hohlraumstrahlung den Wert 4/3 besitzt. Es gilt vielmehr für C_V:

$$C_V = \left(\frac{\partial U}{\partial T}\right)_V = 4b \, T^3 V. \tag{10.66}$$

C_p läßt sich nicht sinnvoll definieren, da wegen $p = \frac{1}{3} bT^4$ isobare Prozesse gleichzeitig auch isotherme Prozesse sind.

Für die freie Energie $F = U - TS$ erhalten wir

$$F = -\frac{b}{3} \, T^4 V, \tag{10.67}$$

während die freie Enthalpie mit $G = U + pV - TS$ identisch verschwindet:

$$G = 0. \tag{10.68}$$

Damit ist auch das chemische Potential gleich Null.[6]

---

[5] Der Druck der Hohlraumstrahlung spielt bei Zimmertemperaturen praktisch keine Rolle. Er kann aber im Inneren der Sterne infolge der sehr hohen Temperaturen die gleiche Größenordnung wie der Druck idealer Gase bei den gleichen hohen Temperaturen erreichen.

[6] Das Verschwinden des chemischen Potentials für die Hohlraumstrahlung hängt damit zusammen, daß man der Hohlraumstrahlung keine feste Teilchenzahl zuordnen kann. Die der Hohlraumstrahlung entsprechenden Teilchen sind die Photonen.

10.2.2 Strahlungsgesetze

Jeder Körper sendet Strahlung aus und absorbiert einen Teil der auf ihn treffenden Strahlung. Wir bezeichnen die *gesamte* von einem Körper pro Zeit- und Flächeneinheit abgestrahlte (emittierte) Energie, seine *Emission*, mit E. Den Bruchteil A der auf den Körper fallenden Strahlung, der absorbiert wird, nennen wir sein *Absorptionsvermögen*. Ist $A = 1$, dann sprechen wir von einem *schwarzen Körper*, bei $A = 0$ von einem *weißen* oder *spiegelnden Körper*.

Ein schwarzer Körper wird experimentell am besten durch einen Hohlraum mit einer kleinen Öffnung realisiert. Die auf die Öffnung treffende Strahlung wird im Inneren des Hohlraumes sehr oft reflektiert, und jedesmal wird dabei ein Teil der Strahlung absorbiert, so daß sie schließlich fast vollständig absorbiert wird. Andererseits zeigt das Experiment, daß die Strahlung, welche die Öffnung emittiert, der Strahlung eines schwarzen Körpers entspricht. Wir können deshalb annehmen, daß die Strahlung im Inneren des Hohlraumes mit den Gesetzen der Hohlraumstrahlung beschrieben werden kann.

Die im Hohlraum in der Zeiteinheit auf eine Flächeneinheit auffallende Strahlungsenergie (Strahlungsdichte) bezeichnen wir mit J. Bringen wir in den Hohlraum einen schwarzen Körper mit der gleichen Temperatur wie die Hohlraumstrahlung, dann muß, da sich der schwarze Körper mit der Hohlraumstrahlung im thermischen Gleichgewicht befindet, die Emission des schwarzen Körpers K gleich der Strahlungsdichte J sein:

$$J = K. \tag{10.69}$$

K hängt eng mit der Energiedichte der Hohlraumstrahlung zusammen. Man findet

$$K = \frac{1}{4} c \, \breve{u}. \tag{10.70}$$

c ist die Lichtgeschwindigkeit.

Mit (10.62) folgt das *Stefan-Boltzmannsche Gesetz*

$$K = \frac{1}{4} c \, b T^4 = \sigma T^4. \tag{10.71}$$

Der Wert der Stefan-Boltzmann-Konstanten σ ist

$$\sigma = 5,67 \cdot 10^{-5} \, \text{Wm}^{-2} \, \text{K}^{-4}.$$

Bringen wir in den Hohlraum einen nicht schwarzen Körper mit dem Absorptionsvermögen A, dann absorbiert er die Strahlungsenergie AJ, die im thermischen Gleichgewicht gleich seiner Emission E sein muß:

$$E = AJ = AK.$$

t das *Kirchhoffsche Strahlungsgesetz:*

Das Verhältnis von Emission zum Absorptionsvermögen ist für jeden Körper dasselbe und gleich der Emission des schwarzen Körpers.

Zur vollständigen Beschreibung eines Strahlungsfeldes gehört die Angabe, wie sich die Strahlungsenergie auf die verschiedenen Frequenzintervalle verteilt, d.h., wie die spektrale Energiedichte $u_\nu(T,\nu)$ von der Temperatur T und der Frequenz ν abhängt. Die Energiedichte $\breve{u}(T)$ kann aus u_ν durch Integration über alle Frequenzen berechnet werden:

$$\breve{u}(T) = \int_0^\infty u_\nu(T,\nu)\ d\nu. \tag{10.72}$$

Zur Bestimmung von $u_\nu(T,\nu)$ reichen die Methoden der Thermodynamik nicht aus. Dazu muß die Zustandssumme für das elektromagnetische Strahlungsfeld berechnet werden. Das Strahlungsfeld im Volumen V, das sich klassisch aus den Eigenschwingungen des elektromagnetischen Feldes zusammensetzt, muß dabei entsprechend den Vorstellungen der Quantenstatistik als Photonengas beschrieben werden. Jede elektromagnetische Welle der Frequenz ν setzt sich aus Photonen mit der Energie $h\nu$ zusammen, wobei $h = 6,626 \cdot 10^{-34}$ Js das Plancksche Wirkungsquantum ist. Im Hohlraum entspricht jeder elektromagnetischen Eigenschwingung ein harmonischer Oszillator mit den Energieeigenwerten $\varepsilon_n = h\nu(n + \frac{1}{2})$, $n = 0, 1, 2, \ldots$. Die Zustandssumme für einen harmonischen Oszillator mit der Frequenz ν lautet dann

$$Z = \sum_{n=0}^\infty e^{-\frac{h\nu}{kT}n} = \frac{1}{1 - e^{-\frac{h\nu}{kT}}} \tag{10.73}$$

Die Nullpunktsenergie $\varepsilon_0 = \dfrac{h\nu}{2}$ des harmonischen Oszillators braucht für die Berechnung der uns interessierenden thermodynamischen Größen nicht berücksichtigt zu werden.

Aus der Zustandssumme Z können wir nun mit $F = -kT \ln Z$ und $U = -T^2 \dfrac{\partial}{\partial \mathrm{T}} \left(\dfrac{F}{T}\right)_V$ die innere Energie eines harmonischen Oszillators berechnen

$$U = \frac{h\nu}{e^{\frac{h\nu}{kT}} - 1}. \tag{10.74}$$

Um nun die Energiedichte der Hohlraumstrahlung im Frequenzintervall zwischen ν und $\nu + d\nu$ zu erhalten, muß die Dichte der Eigenschwingungen $D(\nu)$ bekannt sein. Man spricht oft auch von der Dichte der Photonenmoden $D(\nu)$. $D(\nu)\ d\nu$ ist gleich der Anzahl der Eigenschwingungen im Frequenzintervall zwischen ν und $\nu + d\nu$. Wir erhalten sie, indem wir die Wellengleichung für das elektrische Feld im Hohlraum (ein Würfel der Kantenlänge l)

$$\triangle \boldsymbol{E} - \frac{1}{c^2}\ddot{\boldsymbol{E}} = 0 \qquad (10.75)$$

mit den Randbedingungen

$$E_2(x_1 = 0, l, x_2, x_3) = E_3(x_1 = 0, l, x_2, x_3) = 0,$$
$$E_1(x_1, x_2 = 0, l, x_3) = E_3(x_1, x_2 = 0, l, x_3) = 0,$$
$$E_1(x_1, x_2, x_3 = 0, l) = E_2(x_1, x_2, x_3 = 0, l) = 0$$

(Verschwinden der Tangentialkomponenten des $\boldsymbol{E}$-Feldes an den Würfelflächen) lösen. Die Lösung lautet:

$$
\begin{aligned}
E_1 &= E_1^0 \cos k_1 x_1 \, \sin k_2 x_2 \, \sin k_3 x_3 \, \mathrm{e}^{\mathrm{i}2\pi\nu t}, \\
E_2 &= E_2^0 \sin k_1 x_1 \, \cos k_2 x_2 \, \sin k_3 x_3 \, \mathrm{e}^{\mathrm{i}2\pi\nu t}, \\
E_3 &= E_3^0 \sin k_1 x_1 \, \sin k_2 x_2 \, \cos k_3 x_3 \, \mathrm{e}^{\mathrm{i}2\pi\nu t},
\end{aligned}
\qquad (10.76)
$$

mit

$$k^2 = k_1^2 + k_2^2 + k_3^2 = \frac{(2\pi\nu)^2}{c^2}. \qquad (10.77)$$

Aus $\operatorname{div}\boldsymbol{E} = 0$ folgt

$$k_1 E_1^0 + k_2 E_2^0 + k_3 E_3^0 = 0.$$

Die Randbedingungen liefern

$$\boldsymbol{k} = \frac{\pi}{l}\,\boldsymbol{n}, \qquad \boldsymbol{n} = (n_1, n_2, n_3), \quad n_i = 0, 1, 2, \ldots \qquad (10.78)$$

Zu jedem Vektor $\boldsymbol{n}$ gehört eine Eigenfunktion der Gestalt (10.76). Negative $\boldsymbol{n}$ ergeben keine neuen Eigenfunktionen, sie würden nur die nicht festgelegte Intensität der einzelnen Moden ändern. Die Zahl der Moden M (Eigenfunktionen), für die $|\boldsymbol{n}| \leq n$ gilt, ist ungefähr gleich dem doppelten Volumen eines Oktanden einer Kugel vom Radius n. Dies trifft um so besser zu, je größer n ist. Das doppelte Oktandenvolumen muß genommen werden, weil zu jeder Mode zwei unabhängige Polarisationsrichtungen des elektromagnetischen Feldes gehören. Für M gilt damit

$$M = 2 \cdot \frac{1}{8} \cdot \frac{4}{3}\,\pi n^3. \qquad (10.79)$$

Uns interessiert die Modendichte $D(\nu)$. Um sie zu erhalten, ersetzen wir in (10.79) n^3 mit Hilfe von (10.77) und (10.78) und erhalten für $M(\nu)$:

$$M(\nu) = \frac{8}{3}\,\pi\,\frac{l^3\nu^3}{c^3} = \frac{8}{3}\,\pi\,V\,\frac{\nu^3}{c^3},$$

bzw.

$$\mathrm{d}M(\nu) = D(\nu)\,\mathrm{d}\nu = 8\pi V\,\frac{\nu^2}{c^3}\,\mathrm{d}\nu.$$

Die Modendichte hat also den Wert

$$D(\nu) = 8\pi V \frac{\nu^2}{c^3}. \tag{10.80}$$

Die spektrale Energie U_ν ist gleich der inneren Energie eines harmonischen Oszillators der Frequenz ν multipliziert mit der Modendichte $D(\nu)$. Wir geben die spektrale Energiedichte $u_\nu = \dfrac{U_\nu}{V}$ an:

$$u_\nu(T, \nu) = \frac{8\pi}{c^3}\,\frac{h\nu^3}{\mathrm{e}^{\frac{h\nu}{kT}} - 1}. \tag{10.81}$$

Das ist die bekannte *Plancksche Strahlungsformel*. Durch Integration von (10.81) über ν erhalten wir mit der Substitution $x = \dfrac{h\nu}{kT}$ die Energiedichte $\breve{u}$ und damit aus (10.70) letztlich wieder das Stefan-Boltzmannsche Gesetz

$$K(T) = \frac{2\pi k^4 T^4}{c^2 h^3} \int\limits_0^\infty \frac{x^3}{\mathrm{e}^x - 1}\,\mathrm{d}x$$

mit dem Ausdruck

$$\sigma = \frac{2\pi k^4}{c^2 h^3} \int\limits_0^\infty \frac{x^3}{\mathrm{e}^x - 1}\,\mathrm{d}x$$

für die Stefan-Boltzmann-Konstante.

Für kleine Frequenzen $\dfrac{h\nu}{kT} \ll 1$ kann man $\mathrm{e}^{\frac{h\nu}{kT}} \approx 1 + \dfrac{h\nu}{kT}$ setzen. Die Plancksche Strahlungsformel geht dann in die *Rayleigh-Jeanssche Strahlungsformel*

$$u_\nu(T, \nu) = \frac{8\pi\nu^2 kT}{c^3} \tag{10.82}$$

über. Im Grenzfall großer Frequenzen $\mathrm{e}^{\frac{h\nu}{kT}} \gg 1$ folgt aus (10.81) die *Wiensche Strahlungsformel*[7]

$$u_\nu(T, \nu) = \frac{8\pi}{c^3}\,h\nu^3\,\mathrm{e}^{-\frac{h\nu}{kT}}. \tag{10.83}$$

---

[7] PLANCK hat seine Strahlungsformel ursprünglich durch eine mit den Gesetzen der Thermodynamik verträgliche Interpolation zwischen der Rayleighschen und der Wienschen Strahlungsformel erhalten.

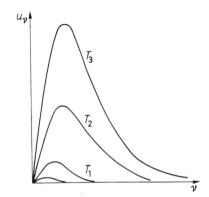

Abb. 10.8 Die spektrale Energiedichte nach der Planckschen Strahlungsformel

In Abb. 10.8 haben wir die spektrale Energiedichte nach (10.81) dargestellt. Die Lage des Maximums von u_ν folgt aus $\left(\dfrac{\partial u_\nu}{\partial \nu}\right)_T = 0$ oder $\dfrac{\mathrm{d}}{\mathrm{d}x}\left(\dfrac{x^3}{\mathrm{e}^x - 1}\right) = 0$ mit $x = \dfrac{h\nu}{kT}$. Diese Gleichung führt uns auf die Bedingung $\mathrm{e}^x = 3/(3 - x)$ mit einer einem Maximum entsprechenden Nullstelle bei $x_{\mathrm{max}} = 2,822$. Dem entspricht die Frequenz $\nu_{\mathrm{max}} = 2,822(k/h)T$. Oft benutzt man anstelle der spektralen Energiedichte die auf die Wellenlänge bezogene Energiedichte $u_\lambda = c\lambda^{-2}u_\nu(\lambda)\left(\int_0^\infty u_\nu\,\mathrm{d}\nu = \int_0^\infty u_\lambda\,\mathrm{d}\lambda, c = \lambda\nu\right)$. Für die zum Maximum von u_λ gehörende Wellenlänge gilt

$$\lambda_{\mathrm{max}} = \frac{2,898 \cdot 10^{-3}\ \mathrm{Km}}{T}. \tag{10.84}$$

Das ist das *Wiensche Verschiebungsgesetz*. Es gibt an, wie sich das Maximum der Energiedichte u_λ mit der Temperatur verschiebt. Die Wellenlänge, die zu diesem Maximum gehört, ist umgekehrt proportional zur absoluten Temperatur.

10.3 Elastische Festkörper

10.3.1 Freie Energie und thermische Zustandsgleichung

Der mechanische Zustand eines elastischen Festkörpers wird durch den Deformationstensor $\varepsilon_{\alpha\beta}$ beschrieben. Dabei bedeutet z.B. ε_{11} die bei der Deformation auftretende relative Längenänderung in Richtung der x_1-Achse, $2\varepsilon_{12}$ die Winkeländerung des rechten Winkels zwischen der x_1- und x_2-Achse und $\varepsilon_{\beta\beta} = \varepsilon_{11} + \varepsilon_{22} + \varepsilon_{33}$ die relative Volumenänderung $\Delta V/V$. Elastische Deformationen sind immer mit mechanischen Spannungen verbunden. Schneidet man einen elastisch verformten Körper längs einer kleinen Fläche Δf auf, dann muß man an dieser Fläche, damit sie ihre Lage und Gestalt beibehält, eine Flächenkraft (Spannung) $\boldsymbol{P}^{(n)}$ angreifen lassen (Abb. 10.9). Diese hängt linear von der Normalenrichtung $\boldsymbol{n}$ der Fläche Δf ab:

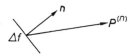

Abb. 10.9 Die an einem Flächenelement Δf mit der Normalen $\boldsymbol{n}$ angreifende Kraft $\boldsymbol{P}^{(n)}$

$$P_\alpha^{(n)} = \sigma_{\alpha\beta} n_\beta.$$

$\sigma_{\alpha\beta}$ ist der *elastische Spannungstensor,* er ist symmetrisch $(\sigma_{\alpha\beta} = \sigma_{\beta\alpha})$.

Wird ein Körper elastisch vom undeformierten Anfangszustand in den durch $\varepsilon_{\alpha\beta}$ beschriebenen Endzustand verformt, dann ist dabei die Arbeit

$$A_{0\varepsilon} = \int\limits_0^{\varepsilon_{\alpha\beta}} \sigma_{\gamma\delta}\, \mathrm{d}\varepsilon_{\gamma\delta}$$

zu leisten. Das Differential der Arbeit pro Volumeneinheit ist[8]

$$đ\breve{a} = \sigma_{\gamma\delta}\, \mathrm{d}\varepsilon_{\gamma\delta}. \tag{10.85}$$

Damit können wir für den elastischen Festkörper den auf die Volumeneinheit bezogenen ersten Hauptsatz angeben (wir beschränken uns auf den Fall konstanter Dichte ϱ):

$$\mathrm{d}\breve{u} = đ\breve{q} + \sigma_{\gamma\delta}\, \mathrm{d}\varepsilon_{\gamma\delta}.$$

Die Gibbssche Fundamentalgleichung lautet mit $đ\breve{q} = T\,\mathrm{d}\breve{s}$:

$$\mathrm{d}\breve{u} = T\,\mathrm{d}\breve{s} + \sigma_{\gamma\delta}\, \mathrm{d}\varepsilon_{\gamma\delta}. \tag{10.86}$$

Gehen wir zur Dichte der freien Energie $\breve{f} = \breve{u} - T\breve{s}$ über, so folgt:

$$\mathrm{d}\breve{f} = -\breve{s}\,\mathrm{d}T + \sigma_{\gamma\delta}\, \mathrm{d}\varepsilon_{\gamma\delta}. \tag{10.87}$$

---

[8] Um den Ausdruck (10.85) für das Arbeitsdifferential zu verstehen, betrachten wir ein Volumenelement $\mathrm{d}V = \mathrm{d}x_1\,\mathrm{d}x_2\,\mathrm{d}x_3$. Die von den Spannungen am Volumenelement an der x_1-Fläche geleistete Arbeit ist $đA_{x_1} = -\sigma_{1\gamma}\,\mathrm{d}s_\gamma\,\mathrm{d}x_2\,\mathrm{d}x_3$, wobei s_γ der Verschiebungsvektor ist. An der gegenüberliegenden Fläche $x_1 + \mathrm{d}x_1 = \mathrm{const}$ wird die Arbeit $đA_{x_1+\mathrm{d}x_1} = \sigma_{1\gamma}\,\mathrm{d}s_\gamma\,\mathrm{d}x_2\,\mathrm{d}x_3 + (\partial/\partial x_1)\,(\sigma_{1\gamma}\,\mathrm{d}s_\gamma)\,\mathrm{d}x_1\,\mathrm{d}x_2\,\mathrm{d}x_3$ geleistet. Entsprechende Beiträge liefern die anderen vier Flächen des Volumenelements. Summieren wir alle sechs Beiträge auf und beachten die mechanische Gleichgewichtsbedingung $\partial\sigma_{\beta\alpha}/\partial x_\beta = 0$, so folgt

$$đA = đA_{x_1} + đA_{x_1+\mathrm{d}x_1} + \cdots + đA_{x_3+\mathrm{d}x_3} = \left\{ \sigma_{1\gamma}\,\mathrm{d}\frac{\partial s_\gamma}{\partial x_1} + \sigma_{2\gamma}\,\mathrm{d}\frac{\partial s_\gamma}{\partial x_2} + \sigma_{3\gamma}\,\mathrm{d}\frac{\partial s_\gamma}{\partial x_3} \right\}\mathrm{d}V.$$

Das Differential der Arbeit pro Volumeneinheit ist deshalb mit $\varepsilon_{\alpha\beta} = \dfrac{1}{2}\left(\dfrac{\partial s_\alpha}{\partial x_\beta} + \dfrac{\partial s_\beta}{\partial x_\alpha}\right)$

$$đ\breve{a} = \sigma_{\alpha\beta}\,\mathrm{d}\varepsilon_{\alpha\beta}.$$

Hieraus ergibt sich die thermische Zustandsgleichung zu

$$\sigma_{\alpha\beta} = \left(\frac{\partial \check{f}}{\partial \varepsilon_{\alpha\beta}}\right)_T. \tag{10.88}$$

Um das thermodynamische Verhalten eines elastischen Körpers vollständig beschreiben zu können, muß man ein thermodynamisches Potential, z.B. die Dichte der freien Energie $\check{f} = \check{f}(T, \varepsilon_{\gamma\delta})$, kennen. Die Deformationen $\varepsilon_{\alpha\beta}$ sind in vielen Fällen sehr klein. Das berechtigt uns, $\check{f} = \check{f}(T, \varepsilon_{\gamma\delta})$ nach $\varepsilon_{\alpha\beta}$ in eine Potenzreihe zu entwickeln und diese Reihe nach den quadratischen Gliedern abzubrechen. Bei Beschränkung auf isotrope Festkörper erhalten wir dann:

$$\check{f}(T, \varepsilon_{\alpha\beta}) = \check{f}_0(T) + m(T)\,\varepsilon_{\gamma\gamma} + \frac{\lambda(T)}{2}\,\varepsilon_{\gamma\gamma}{}^2 + \mu(T)\,\varepsilon_{\gamma\delta}\varepsilon_{\gamma\delta}.$$

Hier sind λ und μ die Laméschen Elastizitätsmoduln. Wir wollen noch die Temperaturabhängigkeit von λ und μ vernachlässigen und für $m(T)$ eine lineare Temperaturabhängigkeit

$$m(T) = -m(T - T_0)$$

ansetzen. Die freie Energie lautet jetzt:

$$\check{f}(T, \varepsilon_{\alpha\beta}) = \check{f}_0(T) - m\varepsilon_{\gamma\gamma}(T - T_0) + \frac{\lambda}{2}\,\varepsilon_{\gamma\gamma}{}^2 + \mu\varepsilon_{\gamma\delta}\varepsilon_{\gamma\delta}. \tag{10.89}$$

Mit ihr berechnen wir die thermische Zustandsgleichung nach (10.88) zu[9]

$$\sigma_{\alpha\beta} = 2\mu\varepsilon_{\alpha\beta} + \lambda\delta_{\alpha\beta}\varepsilon_{\gamma\gamma} - m\delta_{\alpha\beta}\,(T - T_0). \tag{10.90}$$

Das ist das *Hookesche Gesetz,* erweitert um den Temperaturspannungen beschreibenden Term $m\delta_{\alpha\beta}(T - T_0)$. $\delta_{\alpha\beta}$ ist der Einheitstensor (Kronecker-Symbol) mit

$$\delta_{\alpha\beta} = \begin{cases} 1 & \text{für } \alpha = \beta \\ 0 & \text{für } \alpha \neq \beta. \end{cases} \tag{10.91}$$

T_0 ist die Bezugstemperatur, bei der der Körper im deformationsfreien Zustand ($\varepsilon_{\alpha\beta} = 0$) spannungsfrei ($\sigma_{\alpha\beta} = 0$) ist. Die Materialkonstante m hängt mit dem Ausdehnungskoeffizienten α zusammen. α ist nach (10.4):

$$\alpha = \left(\frac{\text{relative Volumenänderung}}{\text{Temperaturänderung}}\right)_\sigma = \left(\frac{\partial \varepsilon_{\beta\beta}}{\partial T}\right)_\sigma. \tag{10.92}$$

---

[9] Bei der Berechnung von $\sigma_{\alpha\beta}$ muß unter anderem die Differentiation $\dfrac{\partial \varepsilon_{\gamma\gamma}^2}{\partial \varepsilon_{\alpha\beta}}$ ausgeführt werden. Es ergibt sich $\dfrac{\partial \varepsilon_{\gamma\gamma}^2}{\partial \varepsilon_{\alpha\beta}} = 2\,\varepsilon_{\gamma\gamma}\,\dfrac{\partial \varepsilon_{\tau\tau}}{\partial \varepsilon_{\alpha\beta}} = 2\,\varepsilon_{\gamma\gamma}\delta_{\alpha\tau}\delta_{\beta\tau} = 2\,\varepsilon_{\gamma\gamma}\delta_{\alpha\beta}$.

Um α berechnen zu können, müssen wir (10.90) nach $\varepsilon_{\gamma\gamma}$ auflösen. Dazu setzen wir in (10.90) α gleich β und summieren über β. Es folgt

$$\sigma_{\beta\beta} = 2\mu\varepsilon_{\beta\beta} + \lambda\delta_{\beta\beta}\varepsilon_{\gamma\gamma} - m\delta_{\beta\beta}(T - T_0),$$

oder nach $\varepsilon_{\beta\beta} = \varepsilon_{\gamma\gamma}$ aufgelöst, wobei wir noch beachten, daß $\delta_{\beta\beta} = 3$ ist,

$$\varepsilon_{\beta\beta} = \frac{1}{2\mu + 3\lambda}\,\sigma_{\beta\beta} + \frac{3m}{2\mu + 3\lambda}\,(T - T_0).$$

Für den gesuchten Zusammenhang zwischen α und m erhalten wir schließlich:

$$\left(\frac{\partial\varepsilon_{\beta\beta}}{\partial T}\right)_\sigma = \alpha = \frac{3m}{2\mu + 3\lambda}. \tag{10.93}$$

10.3.2 Kalorische Zustandsgleichung und spezifische Wärmen

Auch die kalorische Zustandsgleichung $\breve{u}\,(T, \varepsilon_{\alpha\beta})$ können wir aus der freien Energie berechnen:

$$\breve{u} = \breve{f} + T\breve{s} = \breve{f} - T\left(\frac{\partial\breve{f}}{\partial T}\right)_\varepsilon.$$

Mit $\breve{f}$ aus (10.89) folgt:

$$\breve{u}\,(T, \varepsilon_{\alpha\beta}) = \breve{f}_0 - T\frac{d\breve{f}_0}{dT} + \mu\varepsilon_{\gamma\delta}\varepsilon_{\gamma\delta} + \frac{\lambda}{2}\,\varepsilon_{\tau\tau}^2 + mT_0\,\varepsilon_{\tau\tau}. \tag{10.94}$$

Die Temperaturabhängigkeit der inneren Energie und auch der freien Energie läßt sich aus Messungen der spezifischen Wärmen bestimmen. Es gilt:[10]

$$\breve{c}_\varepsilon = \left(\frac{\partial\breve{u}}{\partial T}\right)_\varepsilon. \tag{10.95}$$

$\breve{c}_\varepsilon$ hängt nicht von der Deformation ab, d.h. $(\partial\breve{c}_\varepsilon/\partial\varepsilon_{\alpha\beta})_T = 0$. Man sieht dies sofort, wenn man $\breve{u}$ in (10.94) erst nach T und dann nach $\varepsilon_{\alpha\beta}$ differenziert.

Für die Differenz der spezifischen Wärmen $\breve{c}_\sigma = (\partial\breve{h}/\partial T)_\sigma$ und $\breve{c}_\varepsilon$ erhalten wir mit Gl. (4.23), wenn wir p durch $-\sigma_{\alpha\beta}$ und v durch $\varepsilon_{\alpha\beta}$ ersetzen:

$$\breve{c}_\sigma - \breve{c}_\varepsilon = -T\left(\frac{\partial\sigma_{\alpha\beta}}{\partial T}\right)_\varepsilon\left(\frac{\partial\varepsilon_{\alpha\beta}}{\partial T}\right)_\sigma. \tag{10.96}$$

Berechnen wir $(\partial\sigma_{\alpha\beta}/\partial T)_\varepsilon$ und $(\partial\varepsilon_{\alpha\beta}/\partial T)_\sigma$ mit Hilfe der thermischen Zustandsgleichung (10.90), dann bekommen wir:

---

[10] $\breve{c}_\varepsilon$ ist die Wärmekapazität pro Volumeneinheit.

Tabelle 10.6: Materialkonstanten einiger fester Stoffe

Stoff	$\dfrac{\alpha \cdot 10^6}{\mathrm{K}^{-1}}$	$\dfrac{E \cdot 10^{-6}}{\mathrm{N\,cm}^{-2}}$	$\dfrac{\varrho}{\mathrm{g\,cm}^{-3}}$	Querkon-traktions-zahl ν	$\dfrac{\hat{c}_\sigma - \hat{c}_\varepsilon}{\mathrm{J\,g}^{-1}\,\mathrm{K}^{-1}}$ (bei 300 K)	$\dfrac{\hat{c}_\sigma}{\mathrm{J\,g}^{-1}\,\mathrm{K}^{-1}}$
Aluminium	71	0,73	2,7	0,34	$9{,}6 \cdot 10^{-3}$	0,21
Kupfer	49	1,2	8,9	0,35	$2{,}8 \cdot 10^{-3}$	0,09
Eisen	37	2,15	7,9	0,29	$2{,}1 \cdot 10^{-3}$	0,11
Blei	87	0,17	11,3	0,45	$2{,}1 \cdot 10^{-3}$	0,03
Platin	27	1,7	21,4	0,39	$7{,}0 \cdot 10^{-4}$	0,03
Glas	24	0,7	2,6	0,2	$6{,}0 \cdot 10^{-4}$	0,18
Quarzglas	1,5	0,6	2,2	0,2	$2{,}0 \cdot 10^{-6}$	0,17

$$\check{c}_\sigma - \check{c}_\varepsilon = \frac{3m^2}{2\mu + 3\lambda}\, T = \frac{1}{3}\, \alpha^2 (2\mu + 3\lambda) T = \alpha^2 KT. \tag{10.97}$$

K ist der Kompressionsmodul, der durch

$$K = \frac{1}{3} \left(\frac{\partial \sigma_{\beta\beta}}{\partial \varepsilon_{\gamma\gamma}} \right)_T$$

definiert ist, und es gilt

$$K = \frac{2\mu + 3\lambda}{3}. \tag{10.98}$$

Im Gegensatz zu Gasen, wo der Unterschied zwischen c_p und c_v nicht vernach-lässigt werden kann, ist der Unterschied zwischen $\check{c}_\sigma$ und $\check{c}_\varepsilon$ in den meisten Fällen vernachlässigbar klein. Für einige Stoffe kann man der Tab. 10.6 die Werte von $\check{c}_\sigma - \check{c}_\varepsilon$ entnehmen. Zum Vergleich die Wert für Luft:

$$\check{c}_p - \check{c}_v = 7 \cdot 10^{-2}\, \frac{\mathrm{J}}{\mathrm{gK}}, \qquad \check{c}_p = 2{,}4 \cdot 10^{-1}\, \frac{\mathrm{J}}{\mathrm{gK}}.$$

Die Temperaturabhängigkeit von $\check{c}_\varepsilon$ ist aus Messungen oder mit Hilfe der statisti-schen Thermodynamik zu bestimmen. Man erhält für tiefe Temperaturen ($T \to 0$) nach DEBYE $\check{c} \sim T^3$ (Abschnitt 10.3.4), während man bei höheren Temperaturen $\check{c}_\varepsilon \approx$ const annehmen kann. Bei sehr tiefen Temperaturen ist in Metallen ein von den Leitungselektronen herrührender Anteil der spezifischen Wärme zu berück-sichtigen. Dieser Anteil ist proportional zu T.

10.3.3   Adiabatengleichung, adiabtische Moduln und thermodynamische Ungleichungen

Die Adibatengleichung könnten wir mit den Beziehungen des Abschnittes (4.4) bei Ersetzen von p durch $-\sigma_{\alpha\beta}$ und v durch $\varepsilon_{\alpha\beta}$ sofort aufschreiben. Wir wollen hier aber zuerst die Entropie berechnen. Die Adiabtengleichung erhalten wir dann, da bei reversibler Prozeßführung adiabatische Prozesse auch isentropische Prozesse sind, indem wir einfach $\check{s} = \text{const}$ setzen. Die Entropie ergibt sich durch Integration der Fundamentalgleichung

$$\mathrm{d}\check{s} = \frac{\mathrm{d}\check{u} - \sigma_{\alpha\beta}\,\mathrm{d}\varepsilon_{\alpha\beta}}{T}$$

mit (10.90), (10.91) und (10.92) zu

$$\check{s} - \check{s}_0 = \int\limits_{T_0}^{T} \frac{\check{c}_\varepsilon(T')}{T'} + m\,\varepsilon_{\beta\beta}. \tag{10.99}$$

Wir können die Entropie auch aus der freien Energie (10.89) berechnen:

$$\check{s} = -\left(\frac{\partial \check{f}}{\partial T}\right)_\varepsilon = -\frac{\mathrm{d}\check{f}_0}{\mathrm{d}T} + m\,\varepsilon_{\beta\beta}. \tag{10.100}$$

Der Vergleich von (10.99) und (10.100) liefert für f_0 die Beziehung:

$$\frac{\mathrm{d}\check{f}_0}{\mathrm{d}T} = -\int\limits_{T_0}^{T} \frac{\check{c}_\varepsilon(T')}{T'}\,\mathrm{d}T' - \check{s}_0.$$

Nun wollen wir die Adiabatengleichung angeben. Dazu müssen wir in Gl. (10.99) die Entropie festhalten. Wir setzen $\check{s} = \check{s}_0$ und nehmen vereinfachend noch $\check{c}_\varepsilon = \text{const}$ an. Es folgt damit:

$$\check{c}_\varepsilon \ln\frac{T}{T_0} = -m\,\varepsilon_{\beta\beta}. \tag{10.101}$$

Um den Zusammenhang zwischen dem Spannungstensor und dem Deformationstensor bei adiabatischen Prozessen zu erhalten, setzen wir T aus Gl. (10.101) in die thermische Zustandsgleichung (10.90) ein:

$$\sigma_{\alpha\beta} = 2\mu\varepsilon_{\alpha\beta} + \lambda\delta_{\alpha\beta}\varepsilon_{\gamma\gamma} - mT_0\left(\mathrm{e}^{-\frac{m}{\check{c}_\varepsilon}\varepsilon_{\gamma\gamma}} - 1\right)\delta_{\alpha\beta}. \tag{10.102}$$

Im Rahmen der linearen Näherung, d.h. bei kleinen Deformationen, können wir $\mathrm{e}^{-\frac{m}{\check{c}_\varepsilon}\varepsilon_{\gamma\gamma}}$ in eine Potenzreihe nach $\varepsilon_{\gamma\gamma}$ entwickeln und nach dem linearen Glied die Reihe abbrechen:

$$\mathrm{e}^{-\frac{m}{\check{c}_\varepsilon}\varepsilon_{\gamma\gamma}} \approx 1 - \frac{m}{\check{c}_\varepsilon}\,\varepsilon_{\gamma\gamma}.$$

Die Adiabatengleichung hat dann die Form

$$\sigma_{\alpha\beta} = 2\mu\varepsilon_{\alpha\beta} + \delta_{\alpha\beta}\left(\lambda + \frac{m^2}{\check{c}_\varepsilon}\,T_0\right)\varepsilon_{\gamma\gamma}. \tag{10.102}$$

Der Vergleich mit der Zustandsgleichung bei isothermer $(T = T_0)$ Prozeßführung,

$$\sigma_{\alpha\beta} = 2\mu\varepsilon_{\alpha\beta} + \lambda\delta_{\alpha\beta}\varepsilon_{\gamma\gamma}, \tag{10.103}$$

ergibt folgenden Zusammenhang zwischen isothermen und adiabatischen Moduln:

$$\mu_{\mathrm{ad}} = \mu, \qquad \lambda_{\mathrm{ad}} = \lambda + \frac{m^2}{\check{c}_\varepsilon}\,T_0. \tag{10.104}$$

Bilden wir in Gl. (10.102) $\sigma_{\beta\beta}$, dann erhalten wir für den adiabatischen und den isothermen Kompressionsmodul (10.98) die Beziehung

$$K_{\mathrm{ad}} = K + \frac{m^2}{\check{c}_\varepsilon}\,T_0.$$

Wird der elastische Körper durch Arbeitsleistung äußerer Kräfte bei konstanter Temperatur $T = T_0$ deformiert, dann wird diese Arbeit als freie Energie im elastischen Körper gespeichert. Die Dichte der freien Energie (10.89)

$$\check{f}(T,\varepsilon_{\alpha\beta}) = \check{f}_0(T) - m\varepsilon_{\gamma\gamma}(T - T_0) + \frac{\lambda}{2}\,\varepsilon_{\gamma\gamma}^2 + \mu\varepsilon_{\gamma\delta}\varepsilon_{\gamma\delta}$$

hat bei konstanter Temperatur ihr Minimum $(\delta\check{f} = 0)$, wenn die Deformationen $\varepsilon_{\alpha\beta}$ Null sind. In diesem Minimum hat $\check{f}$ den Wert $\check{f} = \check{f}_0$; bei nichtverschwindenden Deformationen muß also $\check{f}$ stets größer als $\check{f}_0$ sein, d.h.,

$$\check{f}(T_0,\varepsilon_{\alpha\beta}) - \check{f}_0(T_0) = \mu\varepsilon_{\gamma\delta}\varepsilon_{\gamma\delta} + \frac{\lambda}{2}\,\varepsilon_{\gamma\gamma}^2$$

ist eine positive quadratische Form in den $\varepsilon_{\alpha\beta}$. Daraus folgt, daß

$$\mu > 0 \quad \text{und} \quad 2\mu + \lambda > 0 \tag{10.105}$$

gelten muß. Darüber hinaus ist auch der Kompressionsmodul $K = \dfrac{2\mu + 3\lambda}{3}$ stets positiv.

10.3.4 Debyesche Theorie des Festkörpers

Ziel dieses Abschnittes ist es, die freie Energie des elastischen Festkörpers mit Hilfe der Zustandssumme zu berechnen. Dazu gehen wir von folgendem einfachen Modell aus. Der Festkörper bestehe aus N Atomen, die regelmäßig in einem

Kristallgitter angeordnet sind. Die Wechselwirkung zwischen den Atomen wird durch die potentielle Energie beschrieben, die bei kleinen Auslenkungen aus der Ruhelage (kleine Deformationen) nur quadratische Terme bezüglich dieser Auslenkungen enthält. Man spricht dann von der harmonischen Näherung. Die entsprechenden mechanischen Bewegungsgleichungen für die N Atome lassen sich in diesem Fall durch eine geeignete Hauptachsentransformation entkoppeln, wodurch man ein System von $3N$ Differentialgleichungen für $3N$ entkoppelte harmonische Oszillatoren erhält. Damit hat man eine ähnliche Situation wie bei der Hohlraumstrahlung (Abschnitt 10.2.2). Ganz analog kann man mit Hilfe der Energieeigenwerte $\varepsilon_n = (n + 1/2)h\nu$ für die Oszillatoren wieder die Zustandssumme berechnen.

Für makroskopische Festkörper ist N von der Größenordnung 10^{23}, was zur Folge hat, daß die Eigenfrequenzen der harmonischen Oszillatoren sehr dicht liegen, so daß man wieder mit einer Verteilungsfunktion für die Frequenzen, der Modendichte $D(\nu)$, rechnen kann. Die genaue Bestimmung der Modendichte ist eine Aufgabe der Gittertheorie der Kristalle und sie erfordert erheblichen Rechenaufwand. DEBYE erzielte aber mit einer einfachen Näherung schon recht gute Resultate. Er nahm an, daß man die Modendichte mit Hilfe der elastischen Eigenschwingungen des Kristalls näherungsweise berechnen kann. Die elastischen Eigenschwingungen genügen den Wellengleichungen der transversalen und longitudinalen Schallwellen mit den entsprechenden Schallgeschwindigkeiten c_t und c_l. Genau wie bei den elektromagnetischen Schwingungen der Hohlraumstrahlung erhält man für die transversalen Schallwellen die Modendichte[11]

$$D_t(\omega) = V \frac{\omega^2}{\pi^2 c_t^{\,3}}$$

und für die longitudinalen Schallwellen die Modendichte

$$D_l(\omega) = V \frac{\omega^2}{2\pi^2 c_l^{\,3}}.$$

Die Gesamtmodendichte ergibt sich damit zu

$$D(\omega) = D_t(\omega) + D_l(\omega) = V \frac{\omega^2}{2\pi^2}\left(\frac{1}{c_l^{\,3}} + \frac{2}{c_t^{\,3}}\right) = V \frac{3\,\omega^2}{2\pi\,\bar{c}^{\,3}}, \qquad (10.106)$$

wobei $\bar{c}$ eine mittlere Schallgeschwindigkeit ist. Eine Besonderheit muß bei den Eigenschwingungen des Festkörpers noch beachtet werden. Während bei der Hohlraumstrahlung der Wert der Eigenfrequenzen nach oben nicht begrenzt ist, können im Festkörper, der aus N Atomen aufgebaut ist, nur $3N$ Eigenschwingun-

---

[11] Mit $\omega = 2\pi\nu$ folgt $D_t(\nu)\,d\nu = 8\pi V \dfrac{\nu^2}{c_t^{\,3}}\,d\nu = V \dfrac{\omega^2}{\pi^2 c_t^{\,3}}\,d\omega = D_t(\omega)\,d\omega.$

gen auftreten. Aus diesem Grunde setzte DEBYE für Frequenzen oberhalb einer Grenzfrequenz ω_D

$$D(\omega > \omega_D) = 0.$$

Die Grenzfrequenz ω_D wird durch die Gleichung

$$3N = \int\limits_0^{\omega_D} D(\omega)\,d\omega = \int\limits_0^{\omega_D} \frac{3V}{2\pi^2\bar{c}^3}\,\omega^2\,d\omega = \frac{V}{2\pi^2\bar{c}^3}\,\omega_D{}^3$$

zu

$$\omega_D = \sqrt[3]{\frac{6N\pi^2\bar{c}^3}{V}} \tag{10.107}$$

festgelegt. Mit ihrer Hilfe kann man für die Modendichte $D(\omega)$ auch schreiben

$$D(\omega) = 9N\,\frac{\omega^2}{\omega_D{}^3}. \tag{10.108}$$

Es ist üblich, über

$$\Theta_D = \frac{\hbar\omega_D}{k} \tag{10.109}$$

(k Boltzmannkonstante, $\hbar = \dfrac{h}{2\pi}$) der Grenzfrequenz ω_D die Debyetemperatur Θ_D zuzuordnen.

Die innere Energie des Festkörpers ergibt sich nun entsprechend Gl. (10.81) zu

$$U = \int\limits_0^\infty \frac{D(\omega)\hbar\omega\,d\omega}{e^{\frac{\hbar\omega}{kT}} - 1} = \int\limits_0^{\omega_D} \frac{9N\hbar}{\omega_D{}^3}\,\frac{\omega^3\,d\omega}{e^{\frac{\hbar\omega}{kT}} - 1}$$

$$= 9Nk\,\frac{T^4}{\Theta_D{}^3}\int\limits_0^{\Theta_D/T} \frac{x^3\,dx}{e^x - 1} = 3NkT\,\mathcal{D}\!\left(\frac{\Theta_D}{T}\right). \tag{10.110}$$

Hier ist $\mathcal{D}\!\left(\dfrac{\Theta}{T}\right)$ (mit $\mathcal{D}(x) = \dfrac{3}{x^3}\displaystyle\int\limits_0^x \dfrac{x^3\,dx}{e^x - 1}$) die Debye-Funktion. Für die Wärmekapazität erhalten wir

$$C_V = \left(\frac{\partial U}{\partial T}\right)_V = 9Nk\left(\frac{T}{D}\right)^3\int\limits_0^{\Theta_D/T} \frac{x^4\,e^x}{(e^x - 1)^2}\,dx \tag{10.111}$$

$$= 3Nk\left[\mathcal{D}\!\left(\frac{D}{T}\right) - \frac{D}{T}\,\mathcal{D}'\!\left(\frac{D}{T}\right)\right].$$

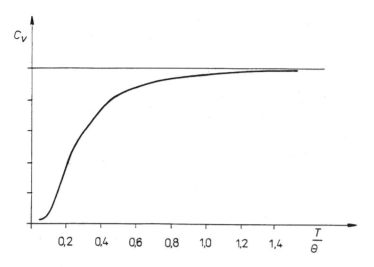

Abb. 10.10 C_V als Funktion von T

rmekapazität ist also eine Funktion von T/Θ_D. Ihr Verlauf ist qualitativ in Abb. 10.10 dargestellt. Für tiefe Temperaturen gilt $\dfrac{\Theta_D}{T} \ll 1$, so daß man in Gl. (10.111) die obere Grenze $\dfrac{\Theta_D}{T}$ durch unendlich ersetzen darf. Es folgt dann[12]

$$C_V = \frac{12}{5}\, Nk\, \pi^4 \left(\frac{T}{\Theta_D}\right)^3. \tag{10.112}$$

Das ist das bekannte T^3-Gesetz für das Verhalten der Wärmekapazität bei genügend tiefen Temperaturen. Es wird experimentell sehr gut bestätigt.

Bei hohen Temperaturen, d.h. für $\Theta_D/T \ll 1$, kann man den Integranden in (10.110) nach x entwickeln, und es folgt mit

$$\frac{x^3}{e^x - 1} = x^2 \left(1 - \frac{x}{2} + \frac{x^2}{12} - + \cdots\right)$$

für die innere Energie

$$U = 9NkT \left(\frac{T}{\Theta_D}\right)^3 \left[\frac{1}{3}\left(\frac{\Theta_D}{T}\right)^3 - \frac{1}{8}\left(\frac{\Theta_D}{T}\right)^4 + \frac{1}{60}\left(\frac{\Theta_D}{T}\right)^5 - + \cdots\right]$$

sowie für die Wärmekapazität

---

[12] Es gilt $\displaystyle\int_0^\infty \frac{x^3\,dx}{e^x - 1} = \frac{\pi^4}{5}$ und $\displaystyle\int_0^\infty \frac{x^4\,e^x\,dx}{(e^x - 1)^2} = \frac{4}{5}\,\pi^4.$

Tabelle 10.7: Die Debye-Temperatur einiger Stoffe

Stoff	Al	Ag	Au	Li	K	Cs	Pb	Fe	Cr	Diamant
Θ_D [K]	428	225	165	344	91	38	105	470	630	2220

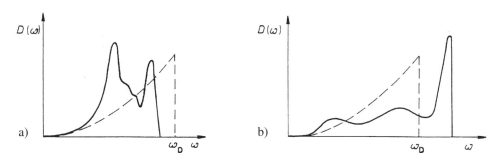

Abb. 10.11 Die Modendichte $D(\omega)$ für Wolfram a) und Lithium b). Zum Vergleich die Modendichte nach DEBYE (gestrichelt)

$$C_V = 3Nk \left[1 - \frac{1}{20} \left(\frac{\Theta_D}{T} \right)^2 + - \cdots \right]. \tag{10.113}$$

Das ist das klassische Ergebnis, nachdem die Wärmekapazität bei hohen Temperaturen konstant wird. Der Korrekturterm $\frac{1}{20} \left(\frac{\Theta_D}{T} \right)^2$ gibt die Abweichungen vom konstanten Wert $3Nk$ an. Diese Abweichungen betragen bei $T = \Theta_D$ bereits 5 %.

In Tabelle 10.7 sind die Debye-Temperaturen für einige Stoffe angegeben. Führt man genauere Messungen von C_V durch, so stellt man Abweichungen vom hier berechneten Wert (10.111) fest. Das liegt daran, daß die genaue Modendichte nur für niedrige Frequenzen durch (10.108) gut beschrieben wird. Bei höheren Frequenzen können beträchtliche Abweichungen vom Wert der Gl.(10.108) vorkommen (Abb. 10.11). Zum Schluß soll noch im Rahmen der Debye-Näherung die freie Energie, die Entropie, die thermische Zustandsgleichung und die Grüneisenrelation angegeben werden. Aus den Gleichungen (10.73), (10.108) und (10.109) folgt sofort

$$F = -kT \ln Z = kT \int_0^{\omega_D} \ln \left(1 - e^{-\frac{\hbar\omega}{kT}} \right) 9N \frac{\omega^2}{\omega_D^3} \, d\omega$$

$$= 9NkT \left(\frac{T}{\Theta_D} \right)^3 \int_0^{\Theta_D/T} x^2 \ln(1 - e^{-x}) \, dx = Tf\left(\frac{\Theta_D}{T} \right). \tag{10.114}$$

Die freie Energie ist also nur eine Funktion von Θ_D/T, die Volumenabhängigkeit ist entsprechend Gln. (10.107) und (10.109) in Θ_D enthalten. Für die Entropie gilt[13]

$$S = -(\partial F/\partial T)_V = -\frac{\Theta_D}{T} f'\left(\frac{\Theta_D}{T}\right) - f\left(\frac{\Theta_D}{T}\right) \qquad (10.115)$$

und die thermische Zustandsgleichung ergibt sich zu

$$p = -(\partial F/\partial V)_T = -f'\left(\frac{\Theta_D}{T}\right) \frac{d\Theta_D}{dV}. \qquad (10.116)$$

Bei der Untersuchung der Zustandsgleichung von Festkörpern (z.B. des Zustandes im Erdinnern) wird häufig der Grüneisenparameter γ verwendet, der durch

$$\gamma = \frac{V(\partial p/\partial T)_V}{T(\partial S/\partial T)_V} = \frac{pV\beta}{C_V} \qquad (10.117)$$

definiert ist. Benutzen wir die freie Energie (10.114), so folgt für den Grüneisenparameter die Beziehung

$$\gamma = -\frac{V}{T} \frac{\dfrac{d\Theta_D}{dV}}{\dfrac{\Theta_D}{T}} = -\frac{V}{\Theta_D} \frac{d\Theta_D}{dV} = -\frac{d \ln \Theta_D}{d \ln V}. \qquad (10.118)$$

Das heißt aber, daß im Gültigkeitsbereich der Debye-Theorie der Grüneisenparameter temperaturunabhängig ist. Messungen bestätigen diese Aussage weitgehend, ebenso die Gültigkeit der aus (10.117) und $(\partial p/\partial T)_V = -(\partial V/\partial T)_p / (\partial V/\partial p)_T = \alpha/\kappa$ folgenden Grüneisenbeziehung

$$\frac{\alpha}{C_V} = \gamma \frac{\kappa}{V}. \qquad (10.119)$$

Mit Hilfe des Grüneisenparameters γ kann man in gewisser Analogie zur Zustandsgleichung (10.61) der Hohlraumstrahlung die Zustandsgleichung (10.116) mit

$$U = F - T\left(\frac{\partial F}{\partial T}\right)_V = \Theta_D f'\left(\frac{\Theta_D}{T}\right)$$

in die Form

$$p = -\frac{U}{\Theta_D} \frac{d\Theta_D}{dV} = \gamma \frac{U}{V} = \gamma \breve{u} \qquad (10.120)$$

---

[13] $f'(x) = \dfrac{df}{dx} = \dfrac{d}{dx}\left(\dfrac{9Nk}{x^3} \int\limits_{0}^{x} y^2 \ln\left(1 - e^{-y}\right) dy\right)$

bringen. Streng genommen müßte neben der Schwingungsenergie der Kristalla-tome noch deren Nullpunktsenergie berücksichtigt werden. Sie liefert z.B. zu p einen additiven Beitrag, der nur vom Volumen abhängt.

10.4   Systeme in elektromagnetischen Feldern

10.4.1   Allgemeine Beziehungen

Es gibt eine ganze Reihe von Substanzen, die ihre Eigenschaften in elektromagne-tischen Feldern ändern. Da diese Änderungen meist temperaturabhängig sind, müssen sie mit den Methoden der Thermodynamik untersucht werden. Das soll in diesem Abschnitt geschehen.

Wir beginnen mit magnetisierbaren Stoffen. Ihr Zustand wird außer durch Tem-peratur und Volumen auch noch durch die *Magnetisierung* M festgelegt. Die Ar-beit, die man leisten muß, um die Magnetisierung eines Körpers im äußeren Ma-gnetfeld H um dM zu ändern, muß mit den Methoden der Elektrodynamik berech-net werden. Das Differential der Arbeit des Magnetfeldes ist durch $H\,\mathrm{d}B$ gegeben. B ist die magnetische Induktion. Sie hängt mit der magnetischen Feldstärke H und der Magnetisierung M über

$$B = \mu_0 H + M \tag{10.121}$$

zusammen. μ_0 ist die Permeabilitätskonstante des Vakuums. Die Größe $H\,\mathrm{d}B$ wird mit (10.121):

$$H\,\mathrm{d}B = \mu_0 H\,\mathrm{d}H + H\,\mathrm{d}M. \tag{10.122}$$

Den Vakuumanteil $\mu_0 H\,\mathrm{d}H = (\mu_0/2)\,\mathrm{d}(H^2)$ werden wir in đ$\check{a}$ nicht berücksichti-gen, d.h., wir zählen die auch im Vakuum vorhandene magnetische Energiedichte $(\mu_0/2)H^2$ nicht mit zur inneren Energie. Es bleibt der Anteil $H\,\mathrm{d}M$, der gleich dem Differential der Arbeit pro Volumeneinheit bei der Änderung der Magnetisie-rung um dM im äußeren Magnetfeld H ist:

$$đ\check{a} = H\,\mathrm{d}M. \tag{10.123}$$

Wir beschränken uns im folgenden auf die Fälle, in denen H und M gleichge-richtet sind. Außerdem führen wir das magnetische Moment der gesamten Probe

$$M = |\boldsymbol{M}|\,V$$

ein. Damit lautet der erste Hauptsatz, wenn wir weitere Arbeitsterme vernachläs-sigen und $V = \mathrm{const}$ voraussetzen:[14]

---

[14] H ist in diesem Abschnitt der Betrag der magnetischen Feldstärke H und nicht mit der Enthalpie zu verwechseln.

$$\mathrm{d}U = \text{\dj}Q + H\,\mathrm{d}M, \qquad H = |\boldsymbol{H}|.$$

Für das Differential der freien Energie erhalten wir

$$\mathrm{d}F = -S\,\mathrm{d}T + H\,\mathrm{d}M. \qquad (10.124)$$

Die magnetische Feldstärke kann durch Ableitung der freien Energie nach dem magnetischen Moment M berechnet werden:

$$H = \left(\frac{\partial F}{\partial M}\right)_T. \qquad (10.125)$$

Diese Gleichung ist die thermische Zustandsgleichung für magnetisierbare Substanzen. Sie entspricht der Beziehung $p = -(\partial F/\partial V)_T$. Wir können deshalb sofort alle thermodynamischen Relationen für Systeme, die durch Druck und Volumen beschrieben werden, auf magnetisierbare Systeme übertragen, indem wir p durch $-H$ und V durch M ersetzen. Insbesondere gilt für die Wärmekapazität (entsprechend (4.4) und (4.23))

$$C_M = \left(\frac{\partial U}{\partial T}\right)_M, \qquad C_H - C_M = -T\left(\frac{\partial H}{\partial T}\right)_M \left(\frac{\partial M}{\partial T}\right)_H, \qquad (10.126)$$

und die Abhängigkeit der inneren Energie von M ist (entsprechend (4.11))

$$\left(\frac{\partial U}{\partial M}\right)_T = H - T\left(\frac{\partial H}{\partial T}\right)_M. \qquad (10.127)$$

Für in elektrischen Feldern polarisierbare Substanzen gelten analoge Beziehungen. Wir geben hier nur den Zusammenhang zwischen der dielektrischen Verschiebung $\boldsymbol{D}$, der elektrischen Feldstärke $\boldsymbol{E}$ und der *Polarisation* $\boldsymbol{P}$

$$\boldsymbol{D} = \varepsilon_0 \boldsymbol{E} + \boldsymbol{P} \qquad (10.128)$$

(ε_0 Dielektrizitätskostante des Vakuums), das Differential der Arbeit pro Volumeneinheit[15]

$$\mathrm{d}\breve{a}_p = \boldsymbol{E}\,\mathrm{d}\boldsymbol{P} \qquad (10.129)$$

und das Differential der Dichte der freien Energie

$$\mathrm{d}\breve{f} = -\breve{s}\,\mathrm{d}T + \boldsymbol{E}\,\mathrm{d}\boldsymbol{P} \qquad (10.130)$$

an.

---

[15] Der auch im Vakuum vorhandene Anteil der elektrischen Energiedichte $\frac{1}{2}\varepsilon_0 E^2$ wird nicht mit zur inneren Energie gezählt.

10.4.2 Dia-, Para-, Ferro- und Ferrimagnetismus

Das Verhalten der verschiedenen Stoffe im magnetischen Feld ist sehr unterschiedlich. Das drückt sich in der Form der thermischen Zustandsgleichung (10.125) aus. Wir wollen jetzt die Zustandsgleichungen und einige Folgerungen für dia-, para-, ferro- und ferrimagnetische Substanzen diskutieren.

10.4.2.1 Diamagnetismus

In diamagnetischen Substanzen wird das magnetische Moment erst im äußeren Magnetfeld induziert. Die Atome bzw. Moleküle der diamagnetischen Stoffe besitzen kein eigenes magnetisches Moment. Die Magnetisierung hängt linear von der magnetischen Feldstärke ab:

$$M = \mu_0 \chi_\mathrm{m} H, \qquad \chi_m < 0. \tag{10.131}$$

Dabei ist die *magnetische Suszeptibilität* χ_m eine temperaturunabhängige, kleine ($|\chi_\mathrm{m}| \ll 1$) negative Konstante. Für die Wärmekapazität C_M hat das wegen

$$\left(\frac{\partial C_M}{\partial M} \right)_T = \frac{\partial^2 U}{\partial T \, \partial M} = \frac{\partial}{\partial T} \left(H - T \left(\frac{\partial H}{\partial T} \right)_M \right)_M = -T \left(\frac{\partial^2 H}{\partial T^2} \right)_M = 0$$

die Unabhängigkeit von M zur Folge:

$$C_M = C_M(T).$$

Für die Entropie folgt mit (10.127) und (10.131):

$$\begin{aligned}
\mathrm{d}S &= \frac{\mathrm{d}U - H \, \mathrm{d}M}{T} = \frac{1}{T} \left\{ \left(\frac{\partial U}{\partial T} \right)_M \mathrm{d}T + \left(\frac{\partial U}{\partial M} \right)_T \mathrm{d}M - H \, \mathrm{d}M \right\} \\
&= \frac{C_M}{T} \, \mathrm{d}T;
\end{aligned}$$

auch S ist nur eine Funktion der Temperatur. Durch Integration ergibt sich:

$$S - S_0 = \int_{T_0}^{T} \frac{C_M(T')}{T'} \, \mathrm{d}T'.$$

Bei adiabatischer reversibler Änderung des magnetischen Moments der Probe wird deshalb die Temperatur der diamagnetischen Substanz nicht geändert, oder anders ausgedrückt, isentropische Prozesse sind gleichzeitig isotherme Prozesse.

10.4.2.2 Paramagnetismus

In paramagnetischen Stoffen besitzen die Atome bzw. Moleküle ein eigenes permanentes magnetisches Moment. Ohne äußeres Magnetfeld sind diese Momente aber völlig ungeordnet und man beobachtet kein magnetisches Moment der Probe. Erst in einem äußeren Magnetfeld werden die permanenten Momente ausgerichtet, und das um so mehr, je stärker das Magnetfeld und je niedriger die Temperatur ist. Dieser Sachverhalt kommt in der folgenden thermischen Zustandsgleichung, dem *Curieschen Gesetz*, zum Ausdruck:

$$M = \frac{C}{T} H. \tag{10.132}$$

C ist eine Konstante. Mit Gl. (10.127) folgt

$$\left(\frac{\partial U}{\partial M} \right)_T = 0,$$

die innere Energie hängt nicht vom magnetischen Moment M ab.[16] Für die Entropie ergibt sich:

$$dS = \frac{dU - H\,dM}{T} = \frac{C_M}{T}\,dT - \frac{M}{C}\,dM$$

und

$$S - S_0 = \int_{T_0}^{T} \frac{C_M(T')}{T'}\,dT' - \frac{M^2}{2C}. \tag{10.133}$$

Bei reversiblen adiabatischen Prozessen gilt $dS = 0$ und

$$\frac{C_M}{T}\,dT = \frac{M}{C}\,dM.$$

Ändert man das magnetische Moment einer adiabatisch isolierten Probe, dann ändert sich auch ihre Temperatur. Diese Erscheinung wird *magneto-kalorischer Effekt* genannt. Sie wird zur Erzeugung tiefer Temperaturen durch adiabatische Entmagnetisierung ausgenutzt (Abschnitt 9.2).

10.4.2.3   Ferromagnetismus

In Ferromagneten besteht zwischen den magnetischen Momenten der einzelnen Ionen eine sehr starke Wechselwirkung. Bei hohen Temperaturen kann aber auch das Curiesche Gesetz verwendet werden, nur muß man hier anstelle des äußeren Feldes H das im Inneren des Ferromagneten wirkende effektive Feld H_{eff} berücksichtigen. Das effektive Feld setzt sich aus dem äußeren Feld H und dem durch die magnetischen Momente der Ionen erzeugten inneren Feld $H_{\text{in}} = \omega M$ zusammen:[17]

---

[16]   Man beachte die Analogie zu den Eigenschaften des idealen Gases.
[17]   Der Faktor ω hängt von der Stärke und der Anzahl der magnetischen Momente der Ionen im Ferromagneten ab.

$$H_{\mathrm{eff}} = H + \omega M.$$

Damit erhalten wir als Zustandsgleichung

$$M = \frac{C}{T}\, H_{\mathrm{eff}} = \frac{C}{T}\,(H + \omega M),$$

bzw. nach M aufgelöst:

$$M = \frac{C}{T - \Theta}\, H. \tag{10.134}$$

Das ist das *Curie-Weißsche Gesetz* mit der Curie-Temperatur $\Theta = \omega C$. Dieses Gesetz gilt nur für Temperaturen T oberhalb der Curie-Temperatur. Bei der *Curie-Temperatur* findet eine Phasenumwandlung statt. Unterhalb der Curie-Temperatur ist M keine eindeutige Funktion des Magntfeldes mehr, es treten Hystereseerscheinungen auf. Die Beschreibung der irreversiblen Hystereseerscheinungen ist recht kompliziert, wir beschränken uns hier deshalb auf den Bereich oberhalb der Curie-Temperatur.

Die Berechnung von $\left(\dfrac{\partial U}{\partial M}\right)_T$ liefert mit (10.134) und (10.127):

$$\left(\frac{\partial U}{\partial M}\right)_T = -\frac{\Theta}{C}\, M.$$

Die innere Energie hängt jetzt vom magnetischen Moment M ab. Das liegt daran, daß die Wechselwirkung zwischen den permanenten magnetischen Momenten der Atome bzw. Moleküle hier im Gegensatz zum Curieschen Gesetz (10.132) berücksichtigt wird (man beachte die Analogie zur van der Waals-Gleichung).

Die Wärmekapazität C_M hängt nur von der Temperatur ab, d.h. $\left(\dfrac{\partial C_M}{\partial M}\right)_T = 0$. Die Entropie ist

$$S - S_0 = \int\limits_{T_0}^{T} \frac{C_M(T')}{T'}\, \mathrm{d}T' - \frac{M^2}{2C}.$$

Auch im Gültigkeitsbereich des Curie-Weißschen Gesetzes findet man den magnetokalorischen Effekt.

10.4.2.4   *Ferri- und Antiferromagnetismus*

Sind Kristalle nicht nur aus einer Ionensorte mit einem magnetischen Moment wie bei den Ferromagneten aufgebaut, sondern bestehen sie aus zwei Ionensorten mit unterschiedlichen magnetischen Momenten, dann findet man kompliziertere magnetische Eigenschaften. Im einfachsten Falle kann man für jede Ionenart die Gültigkeit des Curieschen Gesetzes annehmen, wobei auf jede Ionenart neben dem äußeren Feld H das durch die andere Ionenart erzeugte innere Feld wirkt. Es gilt also (analog zu Abschnitt 10.4.2.3)

$$M_1 = \frac{C_1}{T}\,(H - \omega M_1),\, M_2 = \frac{C_2}{T}\,(H - \omega M_2).\qquad(10.135)$$

Das Minuszeichen berücksichtigt die quantenmechanisch begründete Tatsache, daß die beiden Momente das Bestreben haben, sich antiparallel einzustellen. Die gesamte Magnetisierung erhält man mit $M = M_1 + M_2$ nach Auflösung der beiden Gleichungen (10.135) nach M_1 und M_2 zu

$$M = \frac{(C_1 + C_2)\,T - 2\,\omega C_1 C_2}{T^2 - \Theta^2}\,H.\qquad(10.136)$$

Das ist die magnetische Zustandsgleichung für ferrimagnetische Stoffe. $\Theta = \omega\sqrt{C_1 C_2}$ ist dabei die ferrimagnetische Curie-Temperatur.

Sind die magnetischen Momente der beiden Ionensorten gleich, dann gilt $C_1 = C_2 = C$. Stoffe mit dieser Eigenschaft heißen Antiferromagnete. Ihre Zustandsgleichung ergibt sich aus (10.136) zu

$$M = \frac{2C}{T + \Theta_{\mathrm{N}}}\,H.\qquad(10.136)$$

$\Theta_{\mathrm{N}} = \omega C$ ist die *Néel-Temperatur*.

10.4.3   Magnetostriktion und Elektrostriktion

Bisher haben wir die Volumenänderungsarbeit gegenüber der Magnetisierungsarbeit vernachlässigt. Jetzt sollen beide berücksichtigt werden. Die Differentiale der freien Energie und der freien Enthalpie lauten dann:

$$\begin{aligned}\mathrm{d}F &= -S\,\mathrm{d}T - p\,\mathrm{d}V + H\,\mathrm{d}M,\\ \mathrm{d}G &= -S\,\mathrm{d}T + V\,\mathrm{d}p + H\,\mathrm{d}M.\end{aligned}\qquad(10.138)$$

Es gelten zu den Maxwellschen Beziehungen (Tab. 6.1) analoge Gleichungen, die aus der Vertauschbarkeit der gemischten 2. partiellen Ableitungen von F und G folgen:

$$-\left(\frac{\partial p}{\partial M}\right)_{V,T} = \left(\frac{\partial H}{\partial V}\right)_{M,T},\qquad \left(\frac{\partial V}{\partial M}\right)_{p,T} = \left(\frac{\partial H}{\partial p}\right)_{M,T}.\qquad(10.139)$$

Entsprechend erhalten wir, wenn wir von F und G durch Legendre-Transformationen zu $\tilde{F} = F - HM$ und $\tilde{G} = G - HM$ übergehen, die Beziehungen

$$\left(\frac{\partial p}{\partial H}\right)_{V,T} = \left(\frac{\partial M}{\partial V}\right)_{H,T},\qquad \left(\frac{\partial V}{\partial H}\right)_{p,T} = -\left(\frac{\partial M}{\partial p}\right)_{H,T}.\qquad(10.140)$$

Die zweite Gleichung (10.140) besagt z.B. folgendes: Ändert sich das Volumen mit dem Magnetfeld, dann hängt das magnetische Moment auch vom Druck ab.

Die bei einer Änderung der magnetischen Feldstärke auftretende Volumenänderung können wir unter Voraussetzung einer Zustandsgleichung der Form[18]

$$M = \mu_0 \chi_{\mathrm{m}}(T,p)\, \boldsymbol{H} \tag{10.141}$$

bzw.

$$M = |\boldsymbol{M}|\, V = \mu_0 \chi_{\mathrm{m}}(T,p)\, V(T,p,H)\, H \tag{10.142}$$

aus

$$\left(\frac{\partial V}{\partial H}\right)_{p,T} = -\left(\frac{\partial M}{\partial p}\right)_{H,T} = -\mu_0 \left(\left(\frac{\partial \chi_{\mathrm{m}}}{\partial p}\right)_T V + \chi_{\mathrm{m}} \left(\frac{\partial V}{\partial p}\right)_{T,H}\right) H$$

berechnen. Dazu integrieren wir diese Gleichung nach Trennung der Variablen V und H entsprechend

$$\frac{\mathrm{d}V}{V} = -\left(\left(\frac{\partial \chi_{\mathrm{m}}}{\partial p}\right)_T + \chi_{\mathrm{m}} \frac{1}{V}\left(\frac{\partial V}{\partial p}\right)_{T,T}\right) H\, \mathrm{d}H$$

mit $\kappa = -\dfrac{1}{V}\left(\dfrac{\partial V}{\partial p}\right)_{T,p}$ zu

$$\ln \frac{V}{V_0} = -\mu_0 \left(\left(\frac{\partial \chi_{\mathrm{m}}}{\partial p}\right)_T - \kappa \chi_{\mathrm{m}}\right) \frac{H^2}{2}.$$

Mit $V = V_0 + \Delta V$ folgt schließlich für die Volumenänderung wegen
$$\ln \frac{V_0 + \Delta V}{V_0} \approx \frac{\Delta V}{V_0}$$

$$\frac{\Delta V}{V_0} = \frac{1}{2}\mu_0 H^2 \left(\kappa \chi_{\mathrm{m}} - \left(\frac{\partial \chi_{\mathrm{m}}}{\partial p}\right)_T\right). \tag{10.143}$$

Die Volumenänderung ΔV ist proportional zum Quadrat der magnetischen Feldstärke. Das Volumen kann je nach dem Vorzeichen von $\left(\kappa \chi_{\mathrm{m}} - (\partial \chi_{\mathrm{m}}/\partial p)_T\right)$ zu oder abnehmen.

Hängt das Volumen, wie eben angenommen, vom Magnetfeld ab, dann spricht man von *Magnetostriktion*. Diese Erscheinung wird z.B. zur Erzeugung von Ultraschall angewendet. Man legt dazu an die magnetostriktive Probe ein magnetisches Wechselfeld, wodurch wegen der Abhängigkeit $V = V(H)$ auch periodische Volumenänderungen und mit ihnen Schallwellen angeregt werden.

Ganz analoge Erscheinungen findet man in elektrisch polarisierbaren Körpern. Wir haben dann in unseren Gleichungen nur H durch die elektrische Feldstärke E und M durch das elektrische Dipolmoment der Probe $P = |\boldsymbol{P}|\,V$ zu ersetzen. Insbesondere gilt für die Volumenänderung

---

[18] χ_{m} ist die magnetische Suszeptibilität.

$$\frac{\Delta V}{V_0} = \frac{1}{2}\,\varepsilon_0 E^2 \left(\kappa \chi_{\mathrm{el}} - \left(\frac{\partial \chi_{\mathrm{el}}}{\partial p}\right)_T\right),$$

wobei χ_{el} die dielektrische Suszeptibilität ist. Bei genaueren Untersuchungen von festen magnetisierbaren oder polarisierbaren Körpern muß man den Deformationstensor und den Spannungstensor in die Rechnungen einbeziehen.

10.4.4 Piezoelektrizität

Manche festen Körper, z.B. Quarz, werden in äußeren elektrischen Feldern deformiert. Es handelt sich dabei im Gegensatz zu der eben behandelten Elektrostriktion um einen linearen Effekt. Zur Beschreibung der Piezoelektrizität gehen wir wie beim elastischen Festkörper von der Dichte der freien Energie aus, die aber jetzt noch von der elektrischen Feldstärke abhängen soll:

$$\check{f} = \check{f}(T, \varepsilon_{\alpha\beta}, E_\alpha).$$

Da für $\mathrm{d}\check{f}$ die Beziehung[19]

$$\mathrm{d}\check{f} = -\check{s}\,\mathrm{d}T + \sigma_{\alpha\beta}\,\mathrm{d}\varepsilon_{\alpha\beta} - P_\alpha\,\mathrm{d}E_\alpha$$

gilt, erhalten wir

$$\left(\frac{\partial \check{f}}{\partial T}\right)_{\varepsilon,E} = -\check{s}, \quad \left(\frac{\partial \check{f}}{\partial \varepsilon_{\alpha\beta}}\right)_{T,E} = \sigma_{\alpha\beta}, \quad \left(\frac{\partial \check{f}}{\partial E_\alpha}\right)_{T,\varepsilon} = -P_\alpha. \tag{10.144}$$

P_α ist das elektrische Dipolmoment pro Volumeneinheit (Polarisation). Wir entwickeln jetzt $\check{f}$ in eine Potenzreihe nach $\varepsilon_{\alpha\beta}$ und E_α und nehmen an, daß (ähnlich wie in der Beziehung (10.89)) die Entwicklungskoeffizienten der linearen Glieder linear von der Temperaturdifferenz $T - T_0$ abhängen und die Entwicklungskoeffizienten der quadratischen Glieder konstant sind:

$$\begin{aligned}
\check{f} = {} & \check{f}_0(T) + \frac{1}{2}\,C_{\alpha\beta\gamma\delta}\,\varepsilon_{\alpha\beta}\,\varepsilon_{\gamma\delta} + m_{\alpha\beta}\,\varepsilon_{\alpha\beta}(T - T_0) \\
& + e_{\alpha\beta\gamma}\,\varepsilon_{\alpha\beta}\,E_\gamma - q_\alpha\,E_\alpha(T - T_0) - \frac{1}{2}\,\varepsilon_0 \chi^{\mathrm{E}}_{\alpha\beta}\,E_\alpha E_\beta.
\end{aligned} \tag{10.145}$$

Da wir uns auf die linearen Effekte beschränken, haben wir die Reihenentwicklung nach den quadratischen Gliedern abgebrochen. Lineare Terme in $\varepsilon_{\alpha\beta}, E_\alpha$ und $T - T_0$ treten nicht auf, da für $\varepsilon_{\alpha\beta} = 0, E_\alpha = 0$ und $T = T_0$ der Spannungstensor

---

[19] $\tilde{\check{f}}$ entspricht $\tilde{\check{f}} = \check{f} - H_\alpha M_\alpha$, wir lassen hier der Einfachheit wegen die Tilde über $\check{f}$ wieder weg.

und die Polarisation verschwinden sollen. Die Zustandsgleichungen (10.144) für piezoelektrische Kristalle lauten mit (10.145):

$$\sigma_{\alpha\beta} = C_{\alpha\beta\gamma\delta}\,\varepsilon_{\gamma\delta} + m_{\alpha\beta}\,(T - T_0) + e_{\alpha\beta\gamma}\,E_\gamma,$$
$$P_\alpha = -e_{\beta\gamma\alpha}\,\varepsilon_{\beta\gamma} + q_\alpha\,(T - T_0) + \varepsilon_0\chi^{\mathrm{E}}_{\alpha\beta}\,E_\beta. \tag{10.146}$$

$C_{\alpha\beta\gamma\delta}$ ist der Tensor der elastischen Moduln, er erfüllt die Symmetriebedingung $C_{\alpha\beta\gamma\delta} = C_{\beta\alpha\gamma\delta} = C_{\gamma\delta\alpha\beta}$. Sie ist eine Folge der Symmetrie des Deformationstensors

$$\varepsilon_{\alpha\beta} = \varepsilon_{\beta\alpha}$$

sowie der Gleichung

$$C_{\alpha\beta\gamma\delta} = \left(\frac{\partial^2 \breve{f}}{\partial\varepsilon_{\alpha\beta}\,\partial\varepsilon_{\gamma\delta}}\right).$$

Die Zahl der unabhängigen Komponenten von $C_{\alpha\beta\gamma\delta}$ verringert sich mit zunehmender Kristallsymmetrie. Im isotropen Fall bleiben nur die beiden Laméschen Moduln λ und μ übrig. Der symmetrische Tensor $m_{\alpha\beta}$ beschreibt wieder die bei Temperaturänderungen auftretenden mechanischen Spannungen. In piezoelektrischen Kristallen verursachen elektrische Felder mechanische Spannungen und elastische Deformationen elektrische Polarisationen. Dieses Verhalten wird durch den Tensor $e_{\alpha\beta\gamma}$ erfaßt. Die Erscheinung der Pyroelektrizität wird durch den konstanten Vektor q_α beschrieben. Es handelt sich dabei um das z.B. an Turmalinkristallen beobachtete Auftreten einer Polarisation bei Temperaturänderungen. $\chi^{\mathrm{E}}_{\alpha\beta}$ ist wieder die elektrische Suszeptibilität.

10.4.5 Elastische Festkörper in elektrischen Feldern

In diesem Abschnitt sollen einige für elastische Festkörper typische Koeffizienten zusammengestellt werden. Wir beschränken uns dabei auf elektrische Felder. Für magnetische Felder kann man analoge Beziehungen aufstellen. Als thermodynamisches Potential wählen wir die Dichte der inneren Energie $\breve{u}$, die von den unabhängigen Zustandsgrößen Entropiedichte $\breve{s}$, elastischem Deformationstensor $\varepsilon_{\alpha\beta}$ und dielektrischer Verschiebung D_α abhängen soll

$$\breve{u} = \breve{u}(\breve{s}, \varepsilon_{\alpha\beta}, D_\alpha). \tag{10.147}$$

Die Gibbssche Fundamentalgleichung lautet dann

$$\mathrm{d}\breve{u} = -T\,\mathrm{d}\breve{s} + \sigma_{\alpha\beta}\,\mathrm{d}\varepsilon_{\alpha\beta} + E_\alpha\,\mathrm{d}D_\alpha \tag{10.148}$$

mit dem mechanischen Spannungstensor $\sigma_{\alpha\beta}$

$$\left(\frac{\partial\breve{u}}{\partial\varepsilon_{\alpha\beta}}\right) = \sigma_{\alpha\beta}(\breve{s}, \varepsilon_{\gamma\delta}, D_\gamma) \tag{10.149}$$

Tabelle 10.8: Elasto-optische und elektro-optische Koeffizienten

physikalische Größe	Symbol
Dichte der inneren Energie	$\breve{u}(\breve{s}, \varepsilon_{\alpha\beta}, D_\alpha)$

Spannungstensor	$\sigma_{\alpha\beta} = \left(\dfrac{\partial}{\partial \varepsilon_{\alpha\beta}}\right)$
elektrische Feldstärke	$E_\alpha = \left(\dfrac{\partial \breve{u}}{\partial D_\alpha}\right)$
inverser Dielektrizitätstensor	$\beta_{\alpha\beta} = \left(\dfrac{\partial^2 \breve{u}}{\partial D_\alpha\, \partial D_\beta}\right) = \left(\dfrac{\partial E_\alpha}{\partial D_\beta}\right)$
piezoelektrischer h-Koeffizient	$h_{\alpha\beta\gamma} = -\left(\dfrac{\partial^2 \breve{u}}{\partial D_\alpha\, \partial \varepsilon_{\beta\gamma}}\right) = \left(\dfrac{\partial \sigma_{\beta\gamma}}{\partial D_\alpha}\right) = -\left(\dfrac{\partial E_\alpha}{\partial \varepsilon_{\beta\gamma}}\right)$
elastische Moduln	$C_{\alpha\beta\gamma\delta}^{D,S} = \left(\dfrac{\partial^2 \breve{u}}{\partial \varepsilon_{\alpha\beta}\, \partial \varepsilon_{\gamma\delta}}\right) = \left(\dfrac{\partial \sigma_{\alpha\beta}}{\partial \varepsilon_{\gamma\delta}}\right)$

elektro-optische Koeffizienten (nichtlineare Optik)	$\dfrac{1}{\varepsilon_0}\, r_{\alpha\beta\gamma} = \left(\dfrac{\partial^3 \breve{u}}{\partial D_\alpha\, \partial D_\beta\, \partial D_\gamma}\right) = \left(\dfrac{\partial \beta_{\alpha\beta}}{\partial D_\gamma}\right)^{*}$
piezo-optische Koeffizienten (Spannungsoptik, Elektrostriktion)	$\dfrac{1}{\varepsilon_0}\, m_{\alpha\beta\gamma\delta} = \left(\dfrac{\partial^3 \breve{u}}{\partial \varepsilon_{\alpha\beta}\, \partial D_\gamma\, \partial D_\delta}\right) = \left(\dfrac{\partial \beta_{\gamma\delta}}{\partial \varepsilon_{\alpha\beta}}\right)$
	$\dfrac{1}{\varepsilon_0}\, b_{\alpha\beta\gamma\delta\varepsilon} = \left(\dfrac{\partial^3 \breve{u}}{\partial \varepsilon_{\alpha\beta}\, \partial \varepsilon_{\gamma\delta}\, \partial D_\varepsilon}\right) = -\left(\dfrac{\partial h_{\varepsilon\alpha\beta}}{\partial \varepsilon_{\gamma\delta}}\right)$
elastische Moduln 3. Ordnung	$C_{\alpha\beta\gamma\delta\varepsilon\tau}^{D,S} = \left(\dfrac{\partial^3 \breve{u}}{\partial \varepsilon_{\alpha\beta}\, \partial \varepsilon_{\gamma\delta}\, \partial \varepsilon_{\varepsilon\tau}}\right)$
quadratische elektro-optische Koeffizienten	$\dfrac{1}{\varepsilon_0}\, f_{\alpha\beta\gamma\delta} = \left(\dfrac{\partial^4 \breve{u}}{\partial D_\alpha\, \partial D_\beta\, \partial D_\gamma\, \partial D_\delta}\right)$

* ε_0 ist die Dielektrizitätskonstante des Vakuums

und der elektrischen Feldstärke E_α

$$\left(\frac{\partial \breve{u}}{\partial D_\alpha}\right) = E_\alpha(\breve{s}, \varepsilon_{\gamma\delta}, D_\gamma). \tag{10.150}$$

Die letzten beiden Gleichungen entsprechen den Zustandsgleichungen (10.144), nur daß wir diesmal $\breve{s}$ und D_α anstelle von T und P_α als unabhängige Zustandsgrößen verwenden. Diese Gleichungen enthalten im allgemeinen Fall (keine Beschränkung auf lineare Effekte) neben der linearen Elastizität und der Piezoelektrizität solche Erscheinungen wie nichtlineare Optik, Spannungsoptik, Elektrostriktion und nichtlineare Elastizität. Die für diese Phänomene gebräuchlichen Koeffizienten sind in Tabelle 10.8 zusammengestellt. Wenn man für bestimmte Stoffe spezielle Werte für diese Koeffizienten in der Literatur sucht, muß man sehr darauf achten, auf welches thermodynamische Potential sie sich beziehen.

10.5 Mehrphasensysteme

10.5.1 Phasenumwandlungen 1. Art

Die tägliche Erfahrung zeigt, daß viele Stoffe entsprechend den äußeren Bedingungen in verschiedenen Phasen, z.B. fest, flüssig oder dampfförmig, existieren können. Die Zustände innerhalb der Existenzbereiche der einzelnen Phasen sind stabil. Ein Phasenübergang findet dann statt, wenn man sich bei einem Prozeß dem Rande des Stabilitätsbereiches der Phase nähert und die Stabilitätsgrenze dann überschreitet. Die Zustände auf der Stabilitätsgrenze können noch stabil aber auch schon instabil sein. Im letzteren Fall handelt es sich um einen Phasenübergang 1. Art, bei dem zwei Phasen nebeneinander im Gleichgewicht existieren können. Man sieht dies sehr schön am Beispiel des van der Waals-Gases (Abb. 10.12). Führt man einen isothermen Prozeß von A in der flüssigen Phase über B hinaus, so erreicht man bei C die Stabilitätsgrenze. Spätestens hier zerfällt die homogene flüssige Phase infolge der immer vorhandenen Fluktuationen in einen flüssigen und einen dampfartigen Anteil. Die beiden Anteile befinden sich dann miteinander im Gleichgewicht. Der dazugehörende Zustand C' liegt auf dem Geradenstück BE. Die Bereiche zwischen B und C (überhitzte Flüssigkeit) sowie

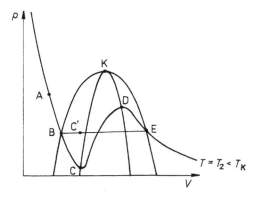

Abb. 10.12 Die Isothermen des van der Waals-Gases im *p-V*-Diagramm

D und E (unterkühlter Dampf) beschreiben metastabile Zustände, die bei großen Fluktuationen ebenfalls in einen flüssigen und einen dampfförmigen Anteil zerfallen. Die Grenzkurve zwischen dem metastabilen und instabilen Bereich heißt Spinodale.

Das hier beschriebene Verhalten für den Phasenübergang flüssig-dampfförmig ist typisch für Phasenumwandlungen 1. Art. Die Instabilität an der Phasengrenze verbunden mit immmer vorhandenen Fluktuationen ist die Ursache dafür, daß die ursprünglich homogene Phase ihre Beschaffenheit grundsätzlich ändert und letztlich in zwei nebeneinander koexistierende Phasen zerfällt.

Im folgenden soll nun genauer untersucht werden, wie die Bedingungen lauten, unter denen zwei Phasen eines Stoffes im Gleichgewicht nebeneinander existieren können. Wir gehen davon aus, daß zwischen beiden Phasen mechanisches und thermisches Gleichgewicht herrscht. Dann sind in beiden Phasen Druck und Temperatur gleich. Wir halten p und T fest. Die Gleichgewichtsbedingung lautet dann (7.7):

$$(\delta G)_{p,T} = 0.$$

Bei der Variation von G können nur die Molzahlen n_1 und n_2 der Phasen 1 und 2 geändert werden, wobei die Gesamtmolzahl $n = n_1 + n_2$ konstant bleibt. Es gilt dann:

$$(\delta G)_{T,p} = \left(\frac{\partial G}{\partial n_1}\right)_{T,p} \delta n_1 + \left(\frac{\partial G}{\partial n_2}\right)_{T,p} \delta n_2 = 0, \quad \delta n_1 + \delta n_2 = 0,$$

und wegen $G = n_1 g_1(p,T) + n_2 g_2(p,T)$ ergibt sich die Gleichgewichtsbedingung schließlich in der Form

$$g_1(p,T) = g_2(p,T). \tag{10.151}$$

Sie zeigt, daß der Gleichgewichtsdruck nur eine Funktion der Temperatur ist. Leider sind die molaren freien Enthalpien oft nicht bekannt. Um die Gleichgewichtsbedingung mit leicht meßbaren Größen zu verbinden, gehen wir von (10.151) zur differentiellen Form

$$\mathrm{d}g_1 = \left(\frac{\partial g_1}{\partial p}\right)_T \mathrm{d}p + \left(\frac{\partial g_1}{\partial T}\right)_p \mathrm{d}T = \mathrm{d}g_2 = \left(\frac{\partial g_2}{\partial p}\right)_T \mathrm{d}p + \left(\frac{\partial g_2}{\partial T}\right)_p \mathrm{d}T$$

über. Bei Berücksichtigung der Potentialeigenschaften von g ($(\partial g/\partial T)_p = -s$, $(\partial g/\partial p)_T = v$) folgt daraus:

$$\frac{\mathrm{d}p}{\mathrm{d}T} = \frac{s_2 - s_1}{v_2 - v_1} = \frac{q_{12}}{T(v_2 - v_1)}. \tag{10.152}$$

s_1, s_2 und v_1, v_2 sind die molaren Entropien und Volumina der beiden Phasen. Außerdem haben wir noch berücksichtgt, daß die bei der Phasenumwandlung auftretende Entropieveränderung mit der Umwandlungswärme q_{12} gemäß $T(s_2 - s_1) = q_{12}$ verknüpft ist. Durch Integration kann man aus (10.152) die Temperaturabhängigkeit des Gleichgewichtsdruckes berechnen. Dazu muß man wissen, wie die Umwandlungswärme und die molaren Volumina von Druck und Temperatur abhängen. Diese Informationen kann man Messungen entnehmen.

Bei der Herleitung der Beziehung (10.152) haben wir keine Voraussetzungen über die speziellen physikalischen Eigenschaften der beiden Phasen gemacht. Diese Gleichung gilt deshalb für alle Phasenumwandlungen, bei denen Umwandlungswärmen und Volumenänderungen auftreten, wie z.B. bei den Phasenumwandlungen fest-flüssig, fest-dampfförmig oder auch bei der Umwandlung von einer festen Modifikation in eine andere. Im Spezialfall des Phasenüberganges flüssig-dampfförmig wird Gleichung (10.152) als *Dampfdruckformel von Clausius und* CLAPEYRON bezeichnet.

Gleichung (10.152) kann im Sinne einer Näherung vereinfacht werden, wenn wir für den Vorgang des Verdampfens das Molvolumen der flüssigen Phase v_1 gegenüber dem der dampfförmigen Phase v_2 ($v_2 \gg v_1$) vernachlässigen und außerdem den Dampf als ideales Gas ansehen ($pv_2 = RT$). Es ergibt sich dann die einfachere Beziehung

$$\frac{\mathrm{d}p}{\mathrm{d}T} = \frac{p\,q_{12}}{R\,T^2}.$$ (10.153)

Rechnen wir mit einer konstanten Umwandlungswärme q_{12}, dann können wir diese Gleichung integrieren und erhalten

$$p = p_0\,\mathrm{e}^{-\frac{q_{12}}{RT}}.$$

Die exponentielle Abhängigkeit des Dampfdruckes von der Temperatur gilt nur für kleine Temperaturintervalle. Um auch für größere Temperaturbereiche Gl. (10.152) integrieren zu können, wollen wir jetzt $\mathrm{d}q_{12}/\mathrm{d}T$ berechnen. Ausgangspunkt dazu ist der erste Hauptsatz in der Form

$$\mathrm{d}h = \mathrm{d}q + v\,\mathrm{d}p.$$ (10.154)

Beim Übergang von der flüssigen Phase 1 zur dampfförmigen Phase 2 bleibt der Druck p konstant, und wir erhalten aus (10.154)

$$h_2 - h_1 = q_{12}.$$ (10.155)

Die Umwandlungswärme bei konstantem Druck ist gleich der Differenz der molaren Enthalpien der beiden Phasen. Bei der Ableitung von q_{12} nach T müssen wir berücksichtigen, daß im Phasengleichgewicht gemäß (10.152) auch p von T abhängt. Mit (10.155) folgt deshalb:

$$\frac{\mathrm{d}q_{12}}{\mathrm{d}T} = \left(\frac{\partial h_2}{\partial T}\right)_p + \left(\frac{\partial h_2}{\partial p}\right)_T \frac{\mathrm{d}p}{\mathrm{d}T} - \left(\frac{\partial h_1}{\partial T}\right)_p - \left(\frac{\partial h_1}{\partial p}\right)_T \frac{\mathrm{d}p}{\mathrm{d}T},$$

bzw. mit

$$\left(\frac{\partial h}{\partial T}\right)_p = c_p \quad \text{und} \quad \left(\frac{\partial h}{\partial p}\right)_T = v - T\left(\frac{\partial v}{\partial T}\right)_p \tag{(4.12)}$$

$$\frac{\mathrm{d}q_{12}}{\mathrm{d}T} = c_{p_2} - c_{p_1} + \left[v_2 - v_1 - T\left(\frac{\partial(v_2 - v_1)}{\partial T}\right)_p\right]\frac{\mathrm{d}p}{\mathrm{d}T}. \tag{10.156}$$

Unter denselben Voraussetzungen, die zur Gleichung (10.153) führten ($v_2 \gg v_1$, $pv_2 = RT$), verschwindet die eckige Klammer in (10.156), und es bleibt die in vielen Fällen genügend genaue Beziehung

$$\frac{\mathrm{d}q_{12}}{\mathrm{d}T} = c_{p_2} - c_{p_1}. \tag{10.157}$$

Integrieren wir diese Gleichung und gehen mit dem Ergebnis

$$q_{12} = \int_{T_0}^{T}(c_{p_2} - c_{p_1})\,\mathrm{d}T' + q_{12}^0$$

in die Gl. (10.153) ein, dann erhalten wir nach nochmaliger Integration den Dampfdruck als Funktion der Temperatur in der Form[20]

$$\ln\frac{p}{p_0} = \int_{T_0}^{T}\frac{c_{p_2} - c_{p_1}}{RT'}\,\mathrm{d}T' - \frac{1}{RT}\int_{T_0}^{T}(c_{p_2} - c_{p_1})\,\mathrm{d}T' - \frac{q_{12}^0}{RT} + c_0. \tag{10.158}$$

c_0 ist eine Konstante, die von der Wahl des Bezugspunktes p_0, T_0, auf den auch die konstante Verdampfungswärme q_{12}^0 bezogen ist, abhängt. Genauere Untersuchungen zeigen, daß in c_0 die Umwandlungswärmen von Phasenumwandlungen bei tieferen Temperaturen, z.B. die Schmelzwärme, und die chemische Konstante (siehe Abschnitt 11.3.2) eingehen. Der an Einzelheiten interessierte Leser sei auf die Lehrbücher über chemische Thermodynamik verwiesen.

Viele Aussagen der Thermodynamik kann man ohne Zuhilfenahme der thermodynamischen Potentiale mit der Methode der Kreisprozesse erhalten. Man konstruiert dabei einen geeigneten Kreisprozeß zwischen zwei Wärmebädern mit der infinitesimalen Temperaturdifferent $\mathrm{d}T$ und erhält mit Hilfe der Hauptsätze und der Carnotschen Wirkungsgrades direkt Aussagen über das zu untersuchende System.

---

[20] Das Integral $\int_{T_0}^{T}\left\{\frac{1}{RT'^2}\int_{T_0}^{T'}(c_{p_2} - c_{p_1})\,\mathrm{d}T''\right\}\mathrm{d}T'$ wurde bei der Berechnung von $\ln\frac{p}{p_0}$ partiell integriert.

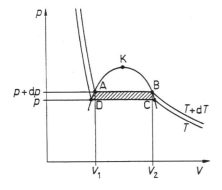

Abb. 10.13 Zwei infinitesimal benachbarte Isothermen im Phasenumwandlungsbereich flüssig–dampfförmig. Zur Ableitung der Dampfdruckformel wird die Methode der Kreisprozesse auf den Kreisprozeß A, B, C, D, A angewendet.

Wir wollen jetzt zeigen, wie man mit der Methode der Kreisprozesse die Dampfdruckformel erhalten kann. Dazu durchlaufen wir den in Abb. 10.13 dargestellten Kreisprozeß von A über B und C nach D. Im Zustand A liegt 1 Mol der zu untersuchenden Substanz in einem mit einem Kolben abgeschlossenen Zylinder in der flüssigen Phase vor, ihr Molvolumen ist v_1. Nun vergrößern wir bei konstantem Druck $p + \mathrm{d}p$ und konstanter Temperatur $T + \mathrm{d}T$ das Volumen, indem wir den Kolben langsam aus dem Zylinder herausziehen, bis die gesamte Flüssigkeit verdampft ist (Punkt B). Dabei wird dem Wärmebad $T + \mathrm{d}T$ die Umwandlungswärme q_{12} entzogen. Nun gehen wir durch Druckerniedrigung um $\mathrm{d}p$ zum Zustand C auf der Isothermen T. Anschließend wird der Dampf isotherm wieder vollständig in die flüssige Phase umgewandelt (C → D), und durch Druckerhöhung um $\mathrm{d}p$ wird der Ausgangszustand A wieder erreicht.

Die bei diesem Kreisprozeß gewonnene Arbeit ist bis auf Glieder höherer Ordnung in $\mathrm{d}p$ gleich der in Abb. (10.13) schraffiert gezeichneten Fläche:

$$|\mathchar'26\mkern-12mu \mathrm{d}\, a| = (v_2 - v_1)\, \mathrm{d}p.$$

Für den Wirkungsgrad η des Kreisprozesses erhalten wir

$$\eta = \frac{|\mathchar'26\mkern-12mu \mathrm{d}\, a|}{q_{12}} = \frac{\mathrm{d}T}{T},$$

woraus

$$\frac{(v_2 - v_1)\, \mathrm{d}p}{q_{12}} = \frac{\mathrm{d}T}{T}$$

bzw.

$$\frac{\mathrm{d}p}{\mathrm{d}T} = \frac{q_{12}}{T(v_2 - v_1)}$$

folgt. Das ist aber genau die Clausius-Clapeyronsche Dampfdruckformel.

10.5.2 Phasenumwandlungen 2. Art

Bei den bisher behandelten Phasengleichgewichten geht gemäß Gl. (10.151) die freie molare Enthalpie g stetig aus der einen in die andere Phase über, während die Ableitungen von g am Umwandlungspunkt Sprünge erfahren, d.h., die molare Entropie $s = -(\partial g/\partial T)_p$ und das molare Volumen $v = (\partial g/\partial p)_T$ haben in den beiden Phasen verschiedene Werte. Man hat aber auch Phasenumwandlungen gefunden, bei denen nicht nur g, sondern auch die Ableitungen von g an der Phasengrenzkurve stetig ineinander übergehen. Als Beispiele für solche Phasenumwandlungen nennen wir den Übergang vom normalleitenden in den supraleitenden Zustand (ohne äußeres Magnetfeld), den Übergang von Ordnungs- zu Unordnungszuständen in Legierungen und den Übergang zwischen festen Phasen (strukturelle Phasenübergänge), z.B. den Übergang von α-Quarz zu β-Quarz.

Wir teilen nun die Phasenübergänge nach EHRENFEST wie folgt ein:

Phasenübergänge 1. Art: Am Umwandlungspunkt ist $g(p,T)$ stetig, während die ersten Ableitungen von $g(p,T)$ Sprünge zeigen.

Phasenübergänge 2. Art: Am Umwandlungspunkt sind $g(p,T)$ und die ersten Ableitungen von g stetig, während die zweiten Ableitungen von g Sprünge zeigen.

Entsprechend könnte man Phasenübergänge 3. Art definieren, jedoch wurden sie bisher noch nicht beobachtet.

Wir wollen jetzt die der Clausius-Clapeyronschen Gleichung analogen Beziehungen für Phasenübergänge 2. Art ableiten. Es gilt nach wie vor die Gleichgewichtsbedingung $g_1(p,T) = g_2(p,T)$; darüber hinaus sind aber auch die Ableitungen von g in beiden Phasen gleich:

$$\left(\frac{\partial g_1}{\partial T}\right)_p = \left(\frac{\partial g_2}{\partial T}\right)_p, \qquad \left(\frac{\partial g_1}{\partial p}\right)_T = \left(\frac{\partial g_2}{\partial p}\right)_T. \tag{10.159}$$

Durch Differentiation und unter Ausnutzung der entsprechenden Maxwell-Relationen folgt

$$d\left(\frac{\partial g_1}{\partial T}\right)_p = d\left(\frac{\partial g_2}{\partial T}\right)_p \quad \text{oder} \quad ds_1 = ds_2 \tag{10.160}$$

und mit $s = s(T,p)$

$$\left(\frac{\partial s_1}{\partial T}\right)_p dT + \left(\frac{\partial s_1}{\partial p}\right)_T dp = \left(\frac{\partial s_2}{\partial T}\right)_p dT + \left(\frac{\partial s_2}{\partial p}\right)_T dp.$$

Berücksichtigen wir $\left(\frac{\partial s}{\partial T}\right)_p = \frac{c_p}{T}$ und $\left(\frac{\partial s}{\partial p}\right)_T = -\left(\frac{\partial v}{\partial T}\right)_p = -v\alpha$, dann gelangen wir zu

$$\Delta c_p = Tv\frac{dp}{dT}\Delta\alpha. \tag{10.161}$$

Diese Beziehung zwischen den Sprüngen der molaren Wärmen $\Delta c_p = c_{p_2} - c_{p_1}$ und der isobaren Ausdehnungskoeffizienten $\Delta\alpha = \alpha_2 - \alpha_1$ ist als *1. Ehrenfestsche Gleichung* bekannt. Aus der 2. Gleichung (10.159) kann man entsprechend die *2. Ehrenfestsche Gleichung,* welche die Sprünge der isobaren Ausdehnungskoeffizienten mit denen der isothermen Kompressibilität $\Delta\kappa = \kappa_2 - \kappa_1$ verknüpft, herleiten:

$$\Delta\alpha = \frac{\mathrm{d}p}{\mathrm{d}T}\,\Delta\kappa \qquad (10.162)$$

Durch Elimination von $\dfrac{\mathrm{d}p}{\mathrm{d}T}$ aus (10.161) und (10.162) erhält man die Beziehung

$$\Delta c_p\,\Delta\kappa - Tv(\Delta\alpha)^2 = 0. \qquad (10.163)$$

Die Sprünge der molaren Wärmen c_v folgen aus der Gleichung (10.160)

$$\mathrm{d}s_1 = \mathrm{d}s_2,$$

wenn wir s als Funktion von v und T annehmen. Wir erhalten

$$\Delta c_v = -Tp\frac{\mathrm{d}v}{\mathrm{d}T}\,\Delta\beta, \qquad (10.164)$$

wobei $\Delta\beta = \beta_2 - \beta_1$ der Sprung der isochoren Druckkoeffizienten ist.

Schließlich kann man noch von der Gleichheit der Drucke ausgehen und kommt über $\mathrm{d}p_1 = \mathrm{d}p_2$, wenn man p als Funktion von v und T annimmt, zu

$$\frac{1}{v}\,\Delta\beta = p\Delta\left(\frac{1}{\kappa}\right)\frac{\mathrm{d}v}{\mathrm{d}T}. \qquad (10.165)$$

Eliminieren wir aus (10.164) und (10.165) $\dfrac{\mathrm{d}v}{\mathrm{d}T}$, dann erhalten wir die zu (10.163) analoge Beziehung

$$\Delta c_v\Delta\left(\frac{1}{\kappa}\right) + \frac{T}{v}(\Delta\beta)^2 = 0. \qquad (10.166)$$

Bei manchen Phasenumwandlungen ist es schwierig zu entscheiden, ob Sprünge der spezifischen Wärmen oder Umwandlungswärmen, die sehr klein sein können, auftreten. Oft hat c_p den in Abb. 10.14 angegebenen λ-förmigen Verlauf

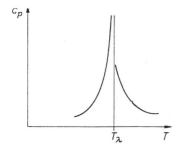

Abb. 10.14 Der Verlauf der molaren Wärme c_p in der Umgebung eines λ-Punktes

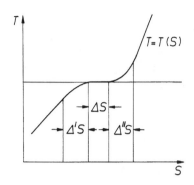

Abb. 10.15 Der Verlauf der Kurve $T = T(S)$ in der Nähe eines Umwandlungspunktes. ΔS Umwandlungsentropie, $\Delta' S$ Entropie der beschleunigten Vorentordnung, $\Delta'' S$ Nachentordnungsentropie

Tabelle 10.9: Die Einteilung der Phasenumwandlungen nach SCHUBERT

Größenverhältnisse von $\Delta S, \Delta' S, \Delta'' S$	Phasenumwandlung	$T(S)$-Kurve
$\Delta S \gg \Delta' S, \Delta'' S$	Phasenumwandlung 1. Art	
$\Delta S = \Delta' S = \Delta'' S = 0$	Phasenumwandlung 2. Art	
$\Delta S \ll \Delta' S, \Delta'' S; \Delta S \approx 0$	Phasenumwandlung mit λ−Punkt	
Kein Wendepunkt in der $T(S)$-Kurve	Diffuse Phasenumwandlung	

(λ-Punkt), z.B. beim Übergang vom flüssigen Helium I zum flüssigen Helium II. Es ist hier durchaus möglich, daß c_p gegen unendlich geht, etwa in der Form $c_p \sim \ln |T - T_\lambda|$. Ein endlicher Sprung in c_p braucht dann nicht aufzutreten. Solche Phasenumwandlungen passen nicht in die Ehrenfestsche Klassifizierung.

Wir wollen deshalb noch eine auf K. SCHUBERT (1968)[21] zurückgehende Einteilung angeben. Der Ausgangspunkt ist dabei die Kurve $T = T(S)$ bei konstantem Druck (Abb. 10.15). Je nach den Größenverhältnissen der mit der Umwandlungswärme verbundenen Entropiedifferenz ΔS und den in Abb. 10.14 eingezeichneten Entropiedifferenzen $\Delta' S$ und $\Delta'' S$ kann man zwischen den verschiedenen in Tabelle 10.9 zusammengestellten Phasenumwandlungen unterscheiden. In Anlehnung an die beim Übergang von Ordnungs- zu Unordnungszuständen in Legierungen zu beobachtenden Erscheinungen nennt man $\Delta' S$ die Entropie der beschleunigten Vorentordnung und $\Delta'' S$ die Nachentordnungsentropie.

10.5.3 Supraleitung als Beispiel für Phasenumwandlungen 1. und 2. Art

Unter *Supraleitung* versteht man die Eigenschaft mancher Metalle und Legierungen, unterhalb einer bestimmten Temperatur, der Sprungtemperatur T_c, den elektrischen Widerstand vollständig zu verlieren. Im supraleitenden Zustand bleibt ein elektrischer Ringstrom z.B. unbegrenzt lange aufrechterhalten. Erwärmt man den Supraleiter, dann findet bei $T = T_c$ ein Phasenübergang 2. Art statt, der Supraleiter geht in den normalleitenden Zustand über. Man kann den normalleitenden Zustand auch dadurch erreichen daß man bei konstanter Temperatur $T < T_c$ den Supraleiter in ein Magnetfeld bringt. Bei einer kritischen Magnetfeldstärke H_c, die von der Temperatur abhängt, findet dann eine Phasenumwandlung 1. Art beim Übergang in den normalleitenden Zustand statt. Im H-T-Diagramm trennt die Kurve $H_c = H_c(T)$ den supraleitenden vom normalleitenden Bereich (Abb. 10.16). Die Temperaturabhängigkeit des Magnetfeldes längs dieser Grenzkurve wird durch die der Clausius-Clapeyronschen Gleichung analoge Beziehung $(p \to -H, v \to M)$[22]

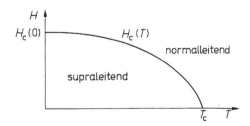

Abb. 10.16 Die Phasengrenzkurve zwischen dem normalleitenden und dem supraleitenden Bereich in der H-T-Ebene

---

[21] SCHUBERT, K., Z. Naturforsch. **23a** (1968) 1276
[22] In diesem Abschnitt bedeuten $H = |\boldsymbol{H}|$ und $M = |\boldsymbol{M}|$.

$$\frac{dH}{dT} = -\frac{\breve{q}_u}{T(M_n - M_s)} \tag{10.167}$$

beschrieben. M_n ist die Magnetisierung im normalleitenden und M_s die Magnetisierung im supraleitenden Zustand. Die Umwandlungswärme ist $\breve{q}_u$. Wir wollen jetzt die Magnetisierung durch die Feldstärke ersetzen. Dabei berücksichtigen wir, daß die magnetische Flußdichte im Supraleiter null ist (*Meißner-Ochsenfeld-Effekt*). Daraus folgt

$$B = \mu_0 H + M_s = 0 \quad \text{oder} \quad M_s = -\mu_0 H. \tag{10.168}$$

Im normalleitenden Zustand gilt:

$$M_n = \mu_0 \chi_m H = (\mu - 1)\, \mu_0 H. \tag{10.169}$$

Damit erhalten wir für (10.167) wegen $M_n - M_s = \mu\mu_0 H$ und wenn wir noch näherungsweise $\mu \approx 1$ setzen:

$$\frac{dH}{dT} = -\frac{\breve{q}_u}{\mu_0 T H}. \tag{10.170}$$

Die Phasengrenzkurve wird durch

$$H(T) = H_c(T) = H_0 \left(1 - \left(\frac{T}{T_c}\right)^2 \right), \qquad H_0 = H_c(0) \tag{10.171}$$

recht gut beschrieben. Mit dieser Beziehung erhält man aus (10.170) für die Temperaturabhängigkeit der Umwandlungswärme $\breve{q}_u$:

$$\breve{q}_u(T) = 2\mu_0 H_0{}^2 \left(\frac{T}{T_c}\right)^2 \left\{ 1 - \left(\frac{T}{T_c}\right)^2 \right\}. \tag{10.172}$$

Bei der zu $H_c(T) = 0$ gehörenden Sprungtemperatur $T = T_c$ verschwindet $\breve{q}_u$, d.h., hier liegt ein Phasenübergang 2. Art vor, und wir können die Ehrenfestschen Gleichungen für Phasenumwandlungen 2. Art anwenden. Mit der Ersetzung $p \rightarrow -H, v \rightarrow M$ erhalten wir aus (10.161)

$$(\Delta \breve{c})_{H=0} = (\breve{c}_s - \breve{c}_n)_{H=0} = -T \left(\frac{dH_c}{dT}\right)_{H=0} \left(\frac{\partial \Delta M}{\partial T}\right)_{H=0}, \tag{10.173}$$

und mit $\Delta M = M_s - M_n = -\mu_0 \mu H \approx -\mu_0 H$ folgt aus (10.173) die *Rutgersche Formel*

$$\left(\frac{dH_c}{dT}\right)_{H=0}^2 = \left(\frac{1}{\mu_0} \frac{\breve{c}_s - \breve{c}_n}{T}\right)_{T=T_c}. \tag{10.174}$$

Tabelle 10.10: Der Sprung der molaren Wärmen beim Phasenübergang Normal-leiter–Supraleiter

Supralei-ter	$\dfrac{T_c}{K}$	$\dfrac{(c_s - c_n)_{T=T_c}}{10^{-3}\,\mathrm{Ws\,mol^{-1}K^{-1}}}$ (kalorisch gemessen)	$\dfrac{(c_s - c_n)_{T=T_c}}{10^{-3}\,\mathrm{Ws\,mol^{-1}K^{-1}}}$ (nach Rutger-Formel berechnet)
Thallium	2,39	6,2	6,15
Blei	7,2	52,6	1,8
Zinn	3,72	10,6	10,56
Indium	3,4	9,75	9,62
Tantal	4,39	41,5	41,6

Sie verknüpft den Anstieg der Grenzkurve bei $H = 0$ mit der Differenz der Wärmekapazitäten pro Volumeneinheit an derselben Stelle. Die Rutgersche Formel konnte experimentell gut bestätigt werden (Tab. 10.10)

10.5.4 Landau-Theorie der Phasenumwandlungen 2. Art

10.5.4.1 Entwicklung der freien Energie nach einem Ordnungsparameter

Phasenumwandlungen sind durchweg mit Symmetrie- oder Ordnungsänderungen verbunden, man denke z.B. an die Übergänge aus dem kristallinen festen in den flüssigen oder aus dem ferromagnetischen in den paramagnetischen Zustand. Zur Beschreibung der Phasenübergänge verwendet man deshalb nach LANDAU[23] sogenannte Ordnungsparameter als unabhängige Zustandsvariable. Ein bekanntes Beispiel für einen Ordnungsparameter ist die spontane Magnetisierung in Ferromagneten. Mit Hilfe der Ordnungsparameter ist folgende Einteilung der Phasenübergänge möglich:

Phasenübergänge 1. Art: Der Ordnungsparameter ändert sich am Umwandlungspunkt unstetig. Die Phasenumwandlung führt durch instabile Punkte auf der Stabilitätsgrenze.

Phasenübergänge höherer Art: Der Ordnungsparameter ändert sich am Umwandlungspunkt stetig. Die Phasenumwandlung führt durch stabile Punkte auf der Stabilitätsgrenze.

Kontinuierliche Phasenumwandlungen: Der Ordnungsparameter ändert sich stetig über einen gewissen Temperaturbereich.

---

[23] LANDAU, L.D., E.M. LIFSCHITZ: Lehrbuch der theoretischen Physik, Bd. V: Statistische Physik, 6. Auflage, Akad. Verlag, Berlin 1984.

Im allgemeinen nimmt die Symmetrie beim Phasenübergang von Phasen, die sich bei höheren Temperaturen im Gleichgewichtszustand befinden zu Phasen, die sich bei tiefen Temperaturen im Gleichgewichtszustand befinden, ab. Man spricht dabei von einer Symmetriebrechung.

Im folgenden sollen speziell Phasenübergänge 2. Art behandelt werden. Dabei ändert sich der Ordnungsparameter η stetig. Durch eine geeignete Normierung kann man dem Ordnungsparameter auf der Stabilitätsgrenze den Wert Null zuordnen. Wir nehmen nun mit LANDAU an, daß sich die freie Energie in der Nähe des Umwandlungspunktes in eine Potenzreihe nach η entwickeln läßt:[24]

$$F = F_0 + A\eta + B\eta^2 + C\eta^3 + D\eta^4 + \dots \tag{10.175}$$

Die Koeffizienten $A, B, C, D, \dots$ sind Funktionen der Temperatur, des Volumens und eventuell weiterer, das System beschreibender Zustandsgrößen. Im Gleichgewicht muß die freie Energie bezüglich η ein Minimum einnehmen, d.h. es muß

$$\frac{\partial F(T, V, \eta)}{\partial \eta} = 0$$

gelten. Löst man diese Gleichung nach η auf, so folgt $\eta = \eta(T, V)$. Der Gleichgewichtswert des Ordnungsparameters ist durch die Zustandsvariablen T und V festgelegt. Der Ordnungsparameter η kann im allgemeinen von außen nicht gehemmt werden.

Wir wollen nun bezüglich η anhand der Gl. (10.175) die Stabilitätsgrenze bestimmen. Da die Zustände auf der Stabilitätsgrenze stabile Gleichgewichtszustände sind, muß

$$\left(\frac{\partial F}{\partial \eta}\right)_{\eta=0} = A = 0$$

erfüllt sein. Im gesamten Zustandsraum liefert die Gleichgewichtsbedingung

$$\left(\frac{\partial F}{\partial \eta}\right) = A + 2B\eta + 3C\eta^2 + 4D\eta^3 + \dots = 0.$$

Wir wählen $A = 0$ nicht nur auf der Stabilitätsgrenze, sondern im gesamten Zustandsraum, so daß

$$\eta(2B + 3C\eta + 4D\eta^2) = 0 \tag{10.176}$$

gilt. Die Lösung $\eta = 0$ entspricht der Phase mit der höheren Symmetrie (niedrigeren Ordnung). Die Stabilitätsbedingung $\left(\frac{\partial^2 F}{\partial \eta^2}\right) > 0$ führt uns für die Phase mit $\eta = 0$ auf

---

[24] Anstelle der freien Energie kann auch die freie Enthalpie verwendet werden.

$B > 0.$

Die Stabilitätsgrenze wird für die Phase mit $\eta = 0$ bei $B = 0$ erreicht. Da die Zustände auf der Stabilitätsgrenze stabil sein sollen, muß

$$\left(\frac{\partial^3 F}{\partial \eta^3}\right)_{\eta=0} = 6C = 0$$

und

$$\left(\frac{\partial^4 F}{\partial \eta^4}\right)_{\eta=0} = 24D > 0$$

gelten.[25] Die Stabilitätsgrenze ist also durch $B(T, V) = 0$ und $C(T, V) = 0$ gegeben. Durch diese beiden Gleichungen wird in der Regel ein Punkt in der T-V-Ebene, der kritischer Punkt heißt, festgelegt. Von Phasenumwandlungen 2. Art spricht man aber meist nur, wenn eine ganze Kurve als Stabilitätsgrenze vorliegt. Dies wird durch die Forderung

$$C(T, V) \equiv 0$$

erreicht. Durch $B(T, V) = 0$ wird dann die Phasengrenze im T, V-Raum festgelegt. Die Forderungen $A \equiv 0$ und $C \equiv 0$ folgen in vielen Fällen auch aus Symmetrieuntersuchungen.[26] Die freie Energie hat nun die Gestalt:

$$F = F_0 + B\eta^2 + D\eta^4. \tag{10.177}$$

Die Gleichgewichtswerte des Ordnungsparameters in den beiden Phasen sind

$$\eta = \begin{cases} 0 \\ \sqrt{-\dfrac{B}{2D}} \end{cases}. \tag{10.178}$$

Die Stabilitätsbedingung $\left(\dfrac{\partial^2 F}{\partial \eta^2}\right) > 0$ führt auf

$$2B > 0 \qquad \text{für} \qquad \eta = 0$$

$$-4B > 0 \qquad \text{für} \qquad \eta = \sqrt{-\frac{B}{2D}}. \tag{10.179}$$

Das heißt aber, der Koeffizient B muß in der weniger symmetrischen Phase ($\eta = 0$) positiv und in der symmetrischen Phase ($\eta \neq 0$) negativ sein. Auf der Phasengrenze muß B deshalb den Wert Null annehmen. In der Umgebung der

---

[25] $\left(\frac{\partial^3 F}{\partial \eta^3}\right)_{\eta=0} \neq 0$ heißt, bei $\eta = 0$ befindet sich ein Wendepunkt und kein Extremwert.

[26] siehe LANDAU/LIFSCHITZ Bd. V

Phasengrenzen kann $B(T, V)$ in eine Potenzreihe nach $T - T_c$ entwickelt werden, wobei nahe der Übergangstemperatur T_c nur das erste Glied der Entwicklung berücksichtigt wird:

$$B(T, V) = b(V) (T - T_c(V)). \tag{10.180}$$

Die Phasengrenze in der T-V-Ebene ist dann durch $T = T_c(V)$ bestimmt. Im Koeffizienten $D(T, V)$ kann T durch T_c ersetzt werden, so daß schließlich

$$F = F_0(T, V) + b(V) (T - T_c) \eta^2 + D(T_c, V) \eta^4 \tag{10.181}$$

folgt. Setzt man η aus Gl. (10.178) ein, so bleibt:

$$F = \begin{cases} F_0 & \text{für } \eta = 0 \\ F_0 - \dfrac{B^2}{2D} & \text{für } \eta \neq 0. \end{cases} \tag{10.182}$$

Da $B(T, V)$ auf der Phasengrenze verschwindet, ist die freie Energie selbst dort stetig.

10.5.4.2   Die Ehrenfestschen Gleichungen

Mit Hilfe der freien Energie (10.182) lassen sich nun leicht die Sprünge der Wärmekapazitäten, des Kompressionsmoduls und des Druckkoeffizienten am Phasenübergang berechnen. Die Entropie und der Druck bleiben beim Phasenübergang stetig, denn es ist

$$S = -\left(\frac{\partial F}{\partial T}\right)_V = \begin{cases} S_0 & \text{für } \eta = 0 \\ S_0 + \dfrac{\partial}{\partial \mathrm{T}} \left(\dfrac{B^2}{2D}\right) & \text{für } \eta \neq 0' \end{cases} \tag{10.183}$$

sowie

$$p = -\left(\frac{\partial F}{\partial V}\right)_T = \begin{cases} p_0 & \text{für } \eta = 0 \\ p_0 + \dfrac{\partial}{\partial \mathrm{V}} \left(\dfrac{B^2}{2D}\right) & \text{für } \eta \neq 0' \end{cases} \tag{10.184}$$

und $B = b(T - T_c)$ wird am Phasenübergang null. Anders sieht es für die zweiten Ableitungen von F aus. Hier erhält man am Phasenübergang mit $T = T_c$:

$$\left(\frac{\partial^2 F}{\partial T^2}\right)_V - \left(\frac{\partial^2 F_0}{\partial T^2}\right)_V = \Delta\left(\frac{\partial^2 F}{\partial T^2}\right)_V = -\Delta\left(\frac{\partial S}{\partial T}\right)_V$$
$$= -\left(\frac{\partial B}{\partial T}\right)_V^2 \frac{1}{2D}, \tag{10.185}$$

$$\Delta\left(\frac{\partial S}{\partial V}\right)_T = \Delta\left(\frac{\partial p}{\partial T}\right)_V = \left(\frac{\partial B}{\partial T}\right)_V \left(\frac{\partial B}{\partial V}\right)_T \frac{1}{2D}, \tag{10.186}$$

$$\Delta\left(\frac{\partial p}{\partial V}\right)_T = \left(\frac{\partial B}{\partial V}\right)_T^2 \frac{1}{2D}. \tag{10.187}$$

Mit $C_V = T\left(\frac{\partial S}{\partial T}\right)_V$ folgt aus (10.185) und (10.180) für den Sprung der Wärmekapazität C_V

$$\Delta C_V = T_c\left(\frac{\partial B}{\partial T}\right)^2 \frac{1}{2D} = \frac{b^2}{2D} T_c. \tag{10.188}$$

Analog folgt aus (10.187) für den Sprung des reziproken Kompressionsmoduls[27] $\frac{1}{\kappa} = -\frac{1}{V}\left(\frac{\partial V}{\partial p}\right)_T$

$$\Delta\left(\frac{1}{\kappa}\right) = -\frac{V}{2D}\left(\frac{\partial B}{\partial V}\right)^2 \frac{1}{2D} = -\frac{b^2 V}{2D}\left(\frac{dT_c}{dV}\right)^2. \tag{10.189}$$

Zusammen mit Gl. (10.188) erhält man schließlich

$$\Delta\left(\frac{1}{\kappa}\right) = -\frac{V}{T_c}\left(\frac{\partial T_c}{\partial V}\right)^2 \Delta C_V. \tag{10.190}$$

Zum Schluß bestimmen wir aus (10.186) den Sprung des isochoren Druckkoeffizienten $\beta = \frac{1}{p}\left(\frac{\partial p}{\partial T}\right)_V$ zu:

$$\Delta\beta = \frac{1}{2Dp}\left(\frac{\partial B}{\partial T}\right)_V \left(\frac{\partial B}{\partial V}\right)_T = -\frac{b^2}{2Dp}\frac{dT_c}{dV}. \tag{10.191}$$

Mit Hilfe von Gl. (10.188) folgt hier:

$$\Delta\beta = -\frac{1}{pT_c}\frac{dT_c}{dV}\Delta C_V. \tag{10.192}$$

Die Gleichungen (10.190) und (10.192) sind mit den Ehrenfestschen Gleichungen (10.165) und (10.164) identisch. Die Ehrenfestschen Gleichungen folgen also auch aus der Landau-Theorie. Darüber hinaus liefert die Landau-Theorie noch den konkreten Wert $\frac{b^2}{2D} T_c$ für ΔC_V. Die Ehrenfestschen Gleichungen (10.161) und (10.162) erhält man, wenn man von den unabhängigen Zustandsvariablen T und V zu T und p übergeht.

---

[27] Mit $\left(\frac{\partial B}{\partial V}\right)_T = \left(\frac{\partial b}{\partial V}\right)_T (T - T_c) - b\frac{dT_c}{dV}$ gilt bei $T = T_c$: $\left(\frac{\partial B}{\partial V}\right)_{T_c} = -b\frac{dT_c}{dV}$.

10.5.5   Phasenumwandlungen 2. Art unter dem Einfluß äußerer Felder

Der Einfluß eines äußeren Feldes h wird im Rahmen der Landau-Theorie durch ein Wechselwirkungsglied der Form $\eta h V$ in der freien Energie berücksichtigt

$$F = F_0 + B\eta^2 + D\eta^4 - \eta h V. \tag{10.193}$$

Die Gleichgewichtsbedingung $\left(\dfrac{\partial F}{\partial \eta}\right) = 0$ ergibt jetzt

$$2B\eta + 4D\eta^3 - hV = 0. \tag{10.194}$$

Das heißt, schon ein kleines Feld h bewirkt, daß der Ordnungsparameter η von Null verschieden ist und der Unterschied zwischen den beiden Phasen verschwindet. Für $T > T_c$, d.h. $B = b(T - T_c) > 0$, gibt es zu jedem h-Wert nur einen Wert des Ordnungsparameters (Abb. 10.17). Im Bereich $T < T_c$ sind hingegen im Intervall $h_1 < h < h_2$ drei η-Werte möglich. Allerdings sind die zum Kurvenstück $\overline{BC}$ gehörenden Werte instabil (Abb. 10.18). Der Bereich AB und CD gehört zu metastabilen Zuständen. Die Grenzwerte h_1 und h_2 ergeben sich aus $\dfrac{\partial h}{\partial \eta} = 0$ mit Gl. (10.194) über $\dfrac{\partial h}{\partial \eta} = \dfrac{1}{V}\left(2B + 12D\eta^2\right) = 0$ zu

$$-h_1 = h_2 = h_0 = \sqrt{\frac{8b^3|T - T_c|^3}{27VD}}. \tag{10.195}$$

Dieses Ergebnis zeigt, daß für feste Temperaturen $T < T_c$ bei $h = 0$ ein Phasenübergang 1. Art stattfindet. Hier befinden sich die beiden Phasen mit den Zuständen $\eta_1 = -\sqrt{-\dfrac{B}{2D}}$ und $\eta_2 = \sqrt{-\dfrac{B}{2D}}$ im Gleichgewicht. Ein Phasenübergang 1. Art findet solange statt, solange $T < T_c$ bleibt. Übersteigt T den Wert T_c, dann

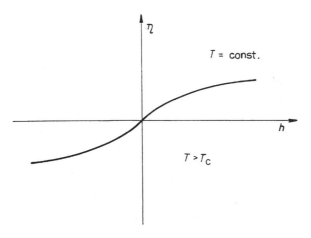

Abb. 10.17 Die Abhängigkeit des Ordnungsparameters η vom äußeren Feld h oberhalb des kritischen Punktes, d.h. $T > T_c$

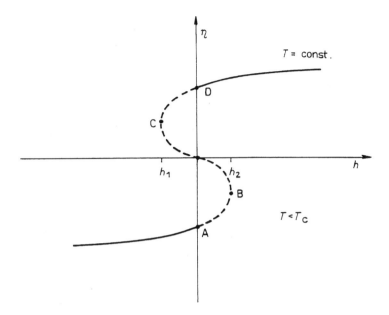

Abb. 10.18 Die Abhängigkeit des Ordnungsparameters η vom äußeren Feld h unterhalb des kritischen Punktes, d.h. $T < T_c$

kann man, analog zum van der Waals-Gas oberhalb des kritischen Punktes, die beiden Phasen nicht mehr unterscheiden.

Wir geben noch den Wert der „Suszeptibilität" $\chi = \left(\dfrac{\partial \eta}{\partial h} \right)_T$ an. Sie folgt aus (10.194) zu

$$\chi = \frac{V}{2B + 12D\eta^2} \tag{10.196}$$

mit den Grenzwerten

$$\lim_{h \to 0} \chi = \frac{V}{2b \, (T - T_c)} \quad \text{für} \quad T > T_c, \quad \eta^2 \to 0,$$

$$\lim_{h \to 0} \chi = \frac{V}{4b \, (T_c - T)} \quad \text{für} \quad T < T_c, \quad \eta^2 \to -\frac{B}{2D}. \tag{10.197}$$

Das heißt aber, χ geht bei $T = T_c$ mit $|T - T_c|^{-1}$ gegen unendlich.

Ist das äußere Feld sehr viel kleiner als h_0, dann spricht man von schwachen Feldern, im Fall $h \gg h_0$ entsprechend von starken Feldern. Im Bereich starker Felder ist das Verhalten der thermodynamischen Zustandsgrößen weitgehend durch das Feld h bestimmt. In diesem Bereich gilt in guter Näherung für den Ordnungsparameter

$$\eta = \sqrt[3]{\frac{hV}{4D}}. \tag{10.198}$$

Diesen Wert erhält man auch aus Gleichung (10.194) für $B = 0$, d.h., sehr nahe an der Phasengrenze $T = T_c$ verhält sich jedes Feld wie ein starkes Feld.

10.5.6   Ginzburg-Landau-Theorie der Supraleitung

Im Abschnitt (10.5.3) wurde gezeigt, daß im feldfreien Fall ($H = 0$) der Übergang vom normalleitenden in den supraleitenden Zustand einer Phasenumwandlung 2. Art entspricht. dies legt es nahe, die Landau-Theorie zur Beschreibung des supaleitenden Zustandes heranzuziehen. Im feldfreien Fall ist die Dichte der freien Energie im supraleitenden Zustand durch

$$\check{f}_s = \check{f}_n + B|\psi|^2 + D|\psi|^4 \tag{10.199}$$

gegeben, wobei $\check{f}_n$ die Dichte der freien Energie im normalleitenden Zustand und ψ ein komplexer Ordnungsparameter ist. Die Gleichgewichtsbedingung $\left(\dfrac{\partial \check{f}_s}{\partial \psi}\right) = 0$ liefert für den Ordnungsparameter zwei Werte:

$$|\psi_0|^2 = \begin{cases} 0 & \text{normalleitender Zustand} \\[2mm] -\dfrac{B}{2D} & \begin{array}{l}\text{supraleitender Zustand} \\ \text{oder Meißner-Zustand.}\end{array} \end{cases} \tag{10.200}$$

Im Meißner-Zustand ist der Supraleiter feldfrei, das Magnetfeld wird aus dem Supraleiter herausgedrängt. Dieser Fall ist physikalisch nicht so interessant, wichtiger sind die Fälle, bei denen das Magnetfeld berücksichtgt werden muß. Die Dichte der freien Energie ist dann um die Energiedichte des Magnetfeldes $\frac{1}{2} H_\alpha B_\alpha$ und um die Energiedichte des Supraleitungsstromes j_α^s im äußeren Magnetfeld $j_\alpha^s A_\alpha$ zu erweitern. A_α ist das Vektorpotential, das über

$$\boldsymbol{B} = \text{rot}\,\boldsymbol{A} \tag{10.201}$$

mit der magnetischen Induktion $\boldsymbol{B}$ verknüpft ist. Fließen in einem Supraleiter elektrische Ströme, dann liegt im allgemeinen kein räumlich homogener Zustand mehr vor. Es treten räumlich Änderungen des Ordnungsparameters auf. Die damit verbundene Energiedichte setzt man proportional zu $|\text{grad}\,\psi|^2$. Insgesamt erhält man damit für die freie Energie des Supraleiters:[28]

---

[28]   Der Term $\int \frac{1}{2M}\left|\left(-i\hbar\frac{\partial}{\partial x_\alpha} - qA_\alpha\right)\psi\right|^2 dV$ in (10.202) entspricht dem quantenmechanischen Erwartungswert der kinetischen Energie der Supraleitungselektronen im Magnetfeld mit dem Vektorpotential A_α. Dabei gilt $\frac{M}{2}\boldsymbol{v}^2 = \frac{1}{2M}\left(\boldsymbol{p} - q\boldsymbol{A}\right)^2$. Für $\boldsymbol{p}$ ist der Operator $-i\hbar\,\text{grad}$, für q die Ladung $-2e$ und für M die Masse $2m$ der den Suprastrom tragenden Elektronenpaare (Cooperpaare) einzusetzen. Gemittelt wird mit der als Ordnungsparameter dienenden Makrowellenfunktion ψ. Man kann zeigen, daß $\int \frac{1}{2M}\left|\left(-i\hbar\frac{\partial}{\partial x_\alpha} - qA_\alpha\right)\psi\right|^2 dV$ dem Ausdruck $\int\left\{\frac{\hbar^2}{2M}\frac{\partial \psi}{\partial x_\alpha}\frac{\partial \psi^*}{\partial x_\alpha} + j_\alpha^s A_\alpha\right\} dV$ äquivalent ist. Siehe Aufgabe Nr. 10.8.9 mit j_α^s nach Gl. (10.207).

$$F = \int \check{f}_s \, \mathrm{d}V = \int \left\{ \check{f}_n + B|\psi|^2 + D|\psi|^4 \right.$$
$$\left. + \frac{1}{2M} \left| \left(-i\hbar \frac{\partial}{\partial x_\alpha} - qA_\alpha \right) \psi \right|^2 + \frac{1}{2} H_\alpha B_\alpha \right\} \mathrm{d}V. \tag{10.202}$$

Wir haben hier, um die gesamte freie Energie zu erhalten, die Dichte der freien Energie über das Volumen des Supraleiters integriert.

Im Gleichgewichtszustand muß die freie Energie bezüglich des Ordnungsparameters ψ und des Vektorpotentials A_α ein Minimum annehmen. Da F in Gl. (10.202) ein Funktional von ψ und A_α ist, führt die Auswertung der Gleichgewichtsbedingung $\delta F = 0$ auf die Variationsgleichungen

$$\frac{\delta \check{f}_s}{\delta \psi^*} = \frac{\partial \check{f}_s}{\partial \psi^*} - \frac{\partial}{\partial x_\alpha} \left(\frac{\partial \check{f}_s}{\partial \left(\frac{\partial \psi^*}{\partial x_\alpha} \right)} \right) = 0, \tag{10.203}$$

$$\frac{\delta \check{f}_s}{\delta A_\alpha} = \frac{\partial \check{f}_s}{\partial A_\alpha} - \frac{\partial}{\partial x_\beta} \left(\frac{\partial \check{f}_s}{\partial \left(\frac{\partial A_\alpha}{\partial x_\beta} \right)} \right) = 0. \tag{10.204}$$

Mit den Ableitungen

$$\left(\frac{\partial \check{f}_s}{\partial \psi^*} \right) = B\psi + 2D\psi|\psi|^2 + \frac{1}{2M} q^2 A_\alpha A_\alpha \psi,$$

$$\left(\frac{\partial \check{f}_s}{\partial \left(\frac{\partial \psi^*}{\partial x_\alpha} \right)} \right) = \frac{i\hbar}{2M} \left(-i\hbar \frac{\partial}{\partial x_\alpha} - qA_\alpha \right) \psi$$

folgt aus Gl. (10.203) nach kurzer Rechnung die Ginzburg-Landau-Gleichung

$$\frac{1}{2M} \left(-i\hbar \partial_\alpha - qA_\alpha \right)^2 \psi + B\psi + 2D\psi|\psi|^2 = 0, \tag{10.205}$$

während die Gl. (10.204) mit

$$\frac{\delta \check{f}_s}{\delta A_\alpha} = \frac{q^2}{M} A_\alpha |\psi|^2 - \frac{i\hbar q}{2M} \left(\psi \frac{\partial \psi^*}{\partial x_\alpha} - \psi^* \frac{\partial \psi}{\partial x_\alpha} \right),$$

$$\left(\frac{\partial \check{f}_s}{\partial \left(\frac{\partial A_\alpha}{\partial x_\beta} \right)} \right) = \varepsilon_{\nu\beta\alpha} \, \varepsilon_{\nu\mu\tau} \frac{\partial A_\tau}{\partial x_\mu} = \varepsilon_{\nu\beta\alpha} \, B_\nu$$

auf die Beziehung

$$\frac{q^2}{M} A_\alpha |\psi|^2 - \frac{i\hbar q}{2M}\left(\psi \frac{\partial \psi^*}{\partial x_\alpha} - \psi^* \frac{\partial \psi}{\partial x_\alpha}\right) - \varepsilon_{\nu\beta\alpha}\frac{\partial B_\nu}{\partial x_\beta} = 0 \qquad (10.206)$$

führt. Das ist die Maxwellgleichung

$$\mathrm{rot}\, \boldsymbol{H} = \boldsymbol{j}^{\mathrm{s}},$$

wobei

$$\boldsymbol{j}^{\mathrm{s}} = \frac{i\hbar q}{2M\mu_0}\left(\psi \,\mathrm{grad}\, \psi^* - \psi^* \,\mathrm{grad}\, \psi\right) - \frac{q^2}{M\mu_0}|\psi|^2 \boldsymbol{A} \qquad (10.207)$$

die Supraleitungsstromdichte ist.

Die Gleichungen (10.205) und (10.206) beschreiben den stationären supralei-tenden Zustand. Zur Lösung konkreter Aufgaben gehören die bekannten Über-gangsbedingungen für das **H**- und **B**-Feld sowie die Randbedingung

$$n_\alpha\left(-i\hbar \frac{\partial}{\partial x_\alpha} - qA_\alpha\right)\psi = 0. \qquad (10.208)$$

Die Bedingung (10.208) sichert, daß durch die Phasengrenzfläche zwischen dem normal- und supraleitenden Bereich kein Suprastrom fließt. n_α ist der Norma-leneinheitsvektor der Phasengrenzfläche.

Für das Verhalten der Supraleiter sind zwei charakteristische Längen wesent-lich. Die Kohärenzlänge ξ gibt an, über welche Strecke am Rande des Supraleiters der Ordnungsparameter von Null auf seinen Wert $\psi_0 = \sqrt{-\dfrac{A}{2B}}$ im Innern des Supraleiters anwächst. Den Wert für ξ erhält man, indem man die Ginzburg-Lan-dau-Gleichung (10.205) im feldfreien Fall

$$-\frac{\hbar^2}{2M}\Delta\psi + B\psi + 2D|\psi|^2\psi = 0 \qquad (10.209)$$

mit dem Ansatz

$$\psi = \sqrt{\frac{-B}{2D}}f$$

in die Form

$$-\xi^2 \Delta f + f - |f|^2 f = 0 \qquad (10.210)$$

bringt. Die hier auftretende Länge ξ mit

$$\xi^2 = \frac{\hbar^2}{2M|B|} = \frac{\hbar^2}{2Mb\,(T_{\mathrm{c}} - T)} \qquad (10.211)$$

ist die Kohärenzlänge.

Die andere Länge λ beschreibt die Eindringtiefe des Magnetfeldes in den Supraleiter. Man stößt auf sie, wenn man $|\psi|^2 = -\dfrac{B}{2D} = \mathrm{const}$ setzt. Die Gl. (10.206) hat dann die Form (London-Näherung)[29]

$$\Delta \boldsymbol{B} = -\frac{q^2 B}{2MD}\,\boldsymbol{B}. \qquad (10.212)$$

Die Lösung dieser Gleichung im eindimensionalen Fall mit $\boldsymbol{B} = (B_x(y), 0, 0)$ und den Randbedingungen

$$B_x(0) = B_0, \qquad B_x(\infty) = 0$$

liefert

$$B_x(y) = B_0\,\mathrm{e}^{-\frac{y}{\lambda_\mathrm{L}}}$$

mit

$$\lambda_\mathrm{L} = \sqrt{-\frac{2MD}{q^2 B}} = \sqrt{\frac{2MD}{q^2 b\,(T_\mathrm{c} - T)}} \qquad (10.213).$$

λ_L wird auch *Londonsche Eindringtiefe* genannt.

Vom Verhältnis der beiden Längen

$$\kappa = \frac{\lambda_\mathrm{L}}{\xi} \qquad (10.214)$$

hängt die Phasengrenzenergie der Grenzschicht zwischen der supraleitenden und der normalleitenden Phase ab. Für $\kappa < \dfrac{1}{\sqrt{2}}$ ist sie positiv, das Magnetfeld wird bis zur kritischen Feldstärke H_c aus dem Supraleiter herausgedrängt (Meißner-Effekt). Für Felder $H > H_\mathrm{c}$ existiert die supraleitende Phase nicht mehr. Solche Supraleiter heißen Supraleiter I. Art.

Ist hingegen $\kappa > \dfrac{1}{\sqrt{2}}$, dann wird die Phasengrenzenergie negativ. Von einer kritischen Feldstärke H_{c_1} an dringt das Magnetfeld in Form von Flußfäden in den Supraleiter ein. Die Flußfäden können regelmäßige Gitter bilden (Mischzustand oder Schubnikow-Phase). Erst oberhalb einer zweiten kritischen Feldstärke $H_{\mathrm{c}_2} > H_{\mathrm{c}_1}$ wird der supraleitende Zustand zerstört. Solche Supraleiter werden Supraleiter II. Art genannt.

---

[29] Man wende auf Gl. (10.206) die Operation rot an und beachte $\boldsymbol{B} = \mathrm{rot}\,\boldsymbol{A}$, rot rot $\boldsymbol{B} = -\Delta\boldsymbol{B}$.

10.5.7   Kritische Exponenten

10.5.7.1   Die kritischen Exponenten in der Landau-Theorie

Im Abschnitt (10.5.4.1) wurde gezeigt, daß der Koeffizient B in der Entwicklung der freien Energie auf der Phasengrenze aus Stabilitätsgründen verschwinden muß. Im Rahmen der Landau-Theorie wurde diese Bedingung durch den Ansatz (10.180)

$$B = b\,(T - T_\mathrm{c})$$

erfüllt. Dieser Ansatz hat nun zur Folge, daß in der Umgebung der kritischen Temperatur T_c die Zustandsgrößen Potenzfunktionen von $|T - T_\mathrm{c}|$ werden. Die entsprechenden Exponenten werden kritische Exponenten genannt. Dabei ist die in Tab. 10.11 angegebene Bezeichnungsweise üblich. Zur Berechnung der kritischen Exponenten gehen wir von der freien Energie (10.177) aus. Die Gleichgewichtsbedingung $\left(\dfrac{\partial F}{\partial \eta}\right)_T = \Phi = 2B\eta + 4D\eta^3 = 0$ liefert mit Gl. (10.178) und (10.179) den Ordnungsparameter zu

$$\eta = \begin{cases} \sqrt{\dfrac{b}{2D}}\,(T_\mathrm{c} - T) \sim (-t)^\beta & \text{für } T < T_\mathrm{c} \\[2mm] 0 & \text{für } T > T_\mathrm{c}, \end{cases} \tag{10.215}$$

d.h. $\beta = 1$. Für die „Suszeptibilität" $\chi = \left(\dfrac{\partial \eta}{\partial \Phi}\right)_T$ ergibt sich mit

$$\chi = \frac{1}{\left(\dfrac{\partial \Phi}{\partial \eta}\right)_T} = \frac{1}{\left(\dfrac{\partial^2 F}{\partial \eta^2}\right)_T} = \frac{1}{2B + 12D\eta^2} \tag{10.216}$$

Tabelle 10.11: Bezeichnung der kritischen Exponenten ($t = T - T_\mathrm{c}$)

Physikalische Größe	kritischer Exponent	Potenzgesetz	Temperaturbereich
Ordnungsparameter	β	$\eta \sim (-t)^\beta$	$T < T_\mathrm{c}$
„Suszeptibilität"	γ'	$\chi \sim (-t)^{-\gamma'}$	$T < T_\mathrm{c}$
	γ	$\chi \sim t^{-\gamma}$	$T > T_\mathrm{c}$
Wärmekapazitäten	α'	$C_\eta \sim C_\Phi \sim (-t)^{-\alpha'}$	$T < T_\mathrm{c}$
	α	$C_\eta \sim C_\Phi \sim t^{-\alpha}$	$T > T_\mathrm{c}$
Entropie	ξ	$S - S_0 \sim (-t)^\xi$	$T < T_\mathrm{c}$
freie Energie	φ	$F - F_0 \sim (-t)^\varphi$	$T < T_\mathrm{c}$
$\left(\dfrac{\partial F}{\partial \eta}\right)_T = \Phi$	δ	$\Phi \sim \eta^\delta$	$T = T_\mathrm{c}$
Korrelationslänge	ν'	$r_\mathrm{c} \sim (-t)^{-\nu'}$	$T < T_\mathrm{c}$
	ν	$r_\mathrm{c} \sim t^{-\nu}$	$T > T_\mathrm{c}$

und bei Berücksichtigung von Gl. (10.215) die Beziehung

$$\chi = \begin{cases} -\dfrac{1}{4B} = -\dfrac{1}{4b\,(T - T_{\mathrm{c}})} \sim (-t)^{-\gamma'} & \text{für } T < T_{\mathrm{c}} \\[2mm] \dfrac{1}{2B} = \dfrac{1}{2b\,(T - T_{\mathrm{c}})} \sim t^{-\gamma} & \text{für } T > T_{\mathrm{c}} \end{cases}. \tag{10.217}$$

woraus man $\gamma' = \gamma = 1$ abliest.

Zur Berechnung von α' und α benötigen wir einige Formeln für die Wärmekapazitäten. In Analogie zum Vorgehen in Abschnitt (4.3) erhält man:

$$C_\eta = T \left(\frac{\partial S}{\partial T} \right)_\eta, \tag{10.218}$$

$$C_\Phi = T \left[\left(\frac{\partial S}{\partial T} \right)_\eta + \left(\frac{\partial S}{\partial \eta} \right)_T \left(\frac{\partial \eta}{\partial T} \right)_\Phi \right] = T \left(\frac{\partial S}{\partial T} \right)_\Phi, \tag{10.219}$$

$$C_\Phi - C_\eta = T \left(\frac{\partial S}{\partial \eta} \right)_T \left(\frac{\partial \eta}{\partial T} \right)_\Phi = T \left(\frac{\partial \eta}{\partial T} \right)^2 \left(\frac{\partial \Phi}{\partial \eta} \right)_T. \tag{10.220}$$

Für $T > T_{\mathrm{c}}$ ist $\eta = 0$, was $C_\eta = C_\Phi = T \left(\dfrac{\partial S_0}{\partial T} \right) = -T \left(\dfrac{\partial^2 F_0}{\partial T^2} \right) = C_0$ und damit $\alpha' = 0$ zur Folge hat.

Unterhalb T_{c} gilt:

$$\begin{aligned} C_\Phi &= T \left(\frac{\partial S}{\partial T} \right)_\Phi = -T \left[\frac{\partial}{\partial T} \left(\frac{\partial F}{\partial T} \right)_\eta \right]_\Phi \\[2mm] &= T \frac{\partial S_0}{\partial T} - T \frac{\partial}{\partial T} \left(\frac{\partial B}{\partial T} \eta^2 \right)_\Phi = C_0 - Tb\,2\eta \left(\frac{\partial \eta}{\partial T} \right)_\Phi. \end{aligned} \tag{10.221}$$

Die Ableitung $\left(\dfrac{\partial \eta}{\partial T} \right)_\Phi$ berechnen wir aus

$$\Phi = \left(\frac{\partial F}{\partial \eta} \right)_T = 2B\eta + 4D\eta^3,$$

indem wir diese Gleichung mit $\Phi = \text{const}$ nach T differenzieren

$$2 \left(\frac{\partial B}{\partial T} \right)_\Phi \eta + 2B \left(\frac{\partial \eta}{\partial T} \right)_\Phi + 12D\eta^2 \left(\frac{\partial \eta}{\partial T} \right)_\Phi = 0$$

und anschließend nach $\left(\dfrac{\partial \eta}{\partial T} \right)_\Phi$ auflösen:

$$\left(\frac{\partial \eta}{\partial T} \right)_\Phi = -\frac{b\eta}{B + 6D\eta^2}. \tag{10.222}$$

Hier setzen wir noch $\eta^2 = -\dfrac{B}{2D}$ ein und erhalten so schließlich für C_Φ:

$$C_\Phi = C_0 + \frac{Tb^2}{2D}. \tag{10.223}$$

Das heißt aber, auch α ist wie α' gleich null.

Der kritische Exponent ξ für die Entropie folgt aus

$$
\begin{aligned}
S - S_0 &= -\left(\frac{\partial(F - F_0)}{\partial T}\right)_\eta \\
&= -\left(\frac{\partial B}{\partial T}\right)_\eta \eta^2 = \frac{b^2}{2D}\,(T_c - T) \sim (-t)^\xi \quad \text{für} \quad T < T_c,
\end{aligned} \tag{10.224}
$$

sofort zu $\xi = 1$.

Für die freie Energie gilt Gl. (10.182):

$$F - F_0 = -\frac{B^2}{2D} = -\frac{b^2}{2D}\,(T - T_c)^2 \sim (-t)^\varphi \qquad \text{für} \quad T < T_c, \tag{10.225}$$

also ist $\varphi = 2$.

Für den kritischen Exponenten δ erhält man schließlich mit $B = 0$ bei $T = T_c$ aus

$$\Phi = \left(\frac{\partial F}{\partial \eta}\right)_{T=T_c} = 4D\eta^3 \sim \eta^\delta \tag{10.226}$$

den Wert $\delta = 3$.

In der Landau-Theorie werden die thermischen Schwankungen des Ordnungsparameters nicht berücksichtgt. Dies ist berechtigt, solange man sich der Phasengrenze nicht zu sehr nähert. An der Phasengrenze dürfen die Schwankungen nicht mehr vernachlässigt werden. Die mit den Schwankungen verknüpfte Korrelationslänge r_c wächst mit $T \to T_c$ entsprechend der Relation

$$r_c \sim \begin{cases} (-t)^{-\nu'} & \text{für } T < T_c \\ t^{-\nu} & \text{für } T > T_c \end{cases}.$$

stark an. ν und ν' sind ebenfalls kritische Exponenten. Identifizieren wir die Korrelationslänge r_c mit der Kohärenzlänge ξ der Ginzburg-Landau-Theorie, dann folgt aus Gl. (10.211) für ν' der Wert 1/2. Es gilt $\nu' = \nu = 1/2$. In Tabelle 10.12 sind die kritischen Exponenten zusammengestellt. Sowohl für Flüssigkeiten und Gase als auch für magnetische Systeme erhält man gleiche Zahlenwerte. Die systematischen Abweichungen der Werte aus der Landau-Theorie von experimentellen Werten zeigt die Schwäche der Landau-Theorie direkt am Phasenübergang.

Tabelle 10.12: Zahlenwerte für kritische Exponenten $(t = T - T_c)$

E	Flüssigkeiten Gase	magnetische Systeme	Temp.-Bereich	Zahlenwerte			
				LT	$d = 3$	Experim.	WT
α'	$C_V \sim (-t)^{-\alpha'}$	$C_H \sim (-t)^{-\alpha'}$	$T < T_c$	0	0	$\approx 0,1$	0,08
α	$C_V \sim t^{-\alpha}$	$C_H \sim t^{-\alpha}$	$T > T_c$	0	0	$\approx 0,1$	0,08
β	$\varrho_L - \varrho_G \sim (-t)^{\beta}$	$M \sim (-t)^{\beta}$	$T < T_c$	1/2	1/3	0,33–0,42	0,33
γ'	$\kappa_T \sim (-t)^{-\gamma'}$	$\chi_T \sim (-t)^{-\gamma'}$	$T < T_c$	1	4/3	$\approx 1,1$	1,26
γ	$\kappa_T \sim t^{-\gamma}$	$\chi_T \sim t^{-\gamma}$	$T > T_c$	1	4/3	1,2–1,35	1,26
δ	$p - p_c \sim \|\varrho_L - \varrho_G\|^{\delta} \times$ $\mathrm{sgn}(\varrho_L - \varrho_G)$	$H \sim \|M\|^{\delta} \, \mathrm{sgn}\, M$	$T = T_c$	3	5	$\approx 4,2$	4,8
ν'	$r_c \sim (-t)^{-\nu'}$	$r_c \sim (-t)^{-\nu'}$	$T < T_c$	1/2	2/3		0,64
ν	$r_c \sim t^{-\nu}$	$r_c \sim t^{-\nu}$	$T > T_c$	1/2	2/3		0,64
ξ	$S - S_0 \sim (-t^{\xi})$		$T < T_c$	1	1		
φ	$F - F_0 \sim (-t)^{\varphi}$		$T < T_c$	2	2		

E – kritischer Exponent,   LT – Landau-Theorie,   WT – Theorie nach WILSON, d – Dimension

Genauere Werte erhält man mit der Methode der Renormierungs-Transformationen, die von WILSON entwickelt wurde.[30] Außerdem zeigt sich, daß die kritischen Exponenten von der Dimension d des Systems abhängen. Die Werte der Landau-Theorie sind mit $d = 4$ verträglich.

10.5.7.2 Skalengesetze

In der Nähe der Stabilitätsgrenze können Fluktuationen nicht mehr vernachlässigt werden und die Korrelationslänge r_c wächst stark an. Ändert man in diesem Bereich den Längenmaßstab, das heißt ersetzt man r durch r/u, dann sollen alle Beziehungen zwischen den Zustandsgrößen unverändert bleiben, wenn man gleichzeitig die Maßstäbe der Größen $t = T - T_c$, η und h (äußeres Feld) entsprechend

$$t \to t u^A, \quad \eta \to \eta u^B, \quad h \to h u^C \qquad (10.227)$$

ersetzt. Dieses Verhalten nennt man Skaleninvarianz, es bildet den Inhalt der Skalenhypothese. A, B und C heißen Skalenparameter.

Auf die freie Energie angewandt, führt der Übergang zu einer neuen Skala zu folgender Bedingung

---

[30] Der an dieser Theorie interesssierte Leser sei auf K.G. WILSON, Revs. Mod. Phys. **47**, 773 (1975) verwiesen.

$$F(t,\eta) = V\check{f}(t,\eta) = \frac{V}{u^d}\,\check{f}(u^A\,t, u^B\,\eta)$$

$$= \frac{1}{u^d}\,F(u^A\,t, u^B\,\eta),\tag{10.228}$$

d gibt die räumliche Dimension an. Setzen wir $u^d = \lambda$ und $A/d = a$, $B/d = b$, so sieht man, daß die freie Energie eine verallgemeinerte homogene Funktion mit

$$\lambda F(t,\eta) = F(\lambda^a t, \lambda^b \eta)\tag{10.229}$$

ist. Mit Hilfe der auf die Dimension bezogenen Skalenparameter a und b lassen sich die meisten kritischen Exponenten ausdrücken. Dazu setzen wir als erstes in (10.229) $\eta = 0$ und das beliebige λ gleich $t^{-1/a}$. Damit erhalten wir

$$t^{-1/a}F(t,0) = F(1,0).\tag{10.230}$$

Da $F(t,0) \sim t^\varphi$ ist, folgt aus Gl. (10.230)

$$t^{-1/a} + \varphi = F(1,0) = \text{const}$$

und

$$\varphi = \frac{1}{a}.\tag{10.231}$$

Als nächstes berechnen wir $\chi = \dfrac{1}{\left(\dfrac{\partial^2 F}{\partial \eta^2}\right)_t}$ mit Hilfe der Gl. (10.229)

$$\lambda \left(\frac{\partial^2 F}{\partial \eta^2}\right)_t = \frac{\partial^2 F(\lambda^a t, \lambda^b \eta)}{\partial(\lambda^b \eta)^2}\left(\frac{\partial(\lambda^b \eta)}{\partial \eta}\right)^2 = \lambda^{2b}\frac{\partial^2 F(\lambda^a t, \lambda^b \eta)}{\partial(\lambda^b \eta)^2}$$

und erhalten so für $\chi = \dfrac{1}{\left(\dfrac{\partial^2 F}{\partial \eta^2}\right)_t}$:

$$\chi(t,\eta) = \frac{1}{\lambda^{2b-1}}\,\chi\left(\lambda^a t, \lambda^b \eta\right).$$

Mit $\eta = 0$, $\lambda = t^{-1/a}$, $\chi(t,0) \sim t^{-\gamma}$ folgt daraus:

$$\chi(t,0) = \frac{1}{t^{-\frac{2b-1}{a}}}\chi(1,0) \sim t^{-\gamma},$$

woraus man

$$\gamma = \frac{1-2b}{a}\tag{10.232}$$

abliest. Im Fall $\lambda = (-t)^{-1/a}$ ergibt sich analog

$$\gamma' = \frac{1 - 2b}{a}.$$ (10.233)

Nun betrachten wir $S - S_0 = -\left(\dfrac{\partial F}{\partial T}\right)_\eta$. Aus Gl. (10.229) folgt:

$$\lambda \frac{\partial F}{\partial T} = -\lambda S(t, \eta) = -\lambda^a \frac{\partial F(\lambda^a t, \lambda^b \eta)}{\partial(t\lambda^a)} = -\lambda^a S(\lambda^a t, \lambda^b \eta).$$ (10.234)

Mit $\lambda = (-t)^{-1/a}, \eta = 0$ und $S(t, 0) \sim (-t)^\xi$ ergibt sich hier

$$S(t, 0) = \lambda^{a-1} S(-1, 0) \sim (-t)^\xi$$

sowie

$$\xi = \frac{1 - a}{a}.$$ (10.235)

Differenzieren wir Gl. (10.234) nochmals nach T und multiplizieren sie dann mit T, so erhalten wir

$$\lambda T \left(\frac{\partial S}{\partial T}\right)_\eta = \lambda C_\eta(t, \eta) = \lambda^{2a} T \frac{\partial S}{\partial(\lambda^a t)} = \lambda^{2a} C_\eta(\lambda^a t, \lambda^b \eta).$$

Mit $\lambda = t^{-1/a}$ bzw. $(-t)^{-1/a}, \eta = 0$ und $C_\eta \sim t^{-\alpha}$ bzw. $(-t)^{-\alpha'}$ werden wir jetzt auf

$$\alpha = \alpha' = 2 - \frac{1}{a}$$ (10.236)

geführt. Um eine Aussage bezüglich β zu erhalten, beachten wir, daß $\eta \sim (-t)^\beta$ ist und daß nach (10.227)

$$\eta(\lambda^a t) = \lambda^b \eta(t)$$

gelten muß. Es folgt so

$$(-\lambda^a t)^\beta = \lambda^b (-t)^\beta$$

bzw.

$$\beta = \frac{b}{a}.$$ (10.237)

Den Zusammenhang zwischen a und b und dem kritischen Exponenten δ erhält man aus

$$\lambda \left(\frac{\partial F}{\partial \eta}\right)_t = \lambda^b \frac{\partial F(\lambda^a t, \lambda^b \eta)}{\partial(\lambda^b \eta)} \quad \text{bzw.} \quad \Phi(t, \eta) = \lambda^{b-1} \Phi(\lambda^a t, \lambda^b \eta),$$

Tabelle 10.13: Beziehungen zwischen den kritischen Exponenten

$\alpha + 2\beta + \gamma = 2$	$1 - \alpha = \xi$
$\alpha + \beta(\delta + 1) = 2$	$\beta(\delta + 1) = \varphi$
$\beta(\delta - 1) = \gamma$	$\varphi + \alpha = 2$
$(2 - \alpha)(\delta - 1) = \gamma(\delta + 1)$	$2 - \alpha = \gamma d$

indem man auf die kritische Isotherme $t = 0$ geht und $\lambda = \eta^{-\frac{1}{b}}$ setzt. Mit $\Phi(0, \eta) \sim \eta^{\delta}$ folgt dann

$$\eta^{-\frac{b-1}{b}} \Phi(0, 1) \sim \eta^{\delta}$$

bzw.

$$\delta = \frac{1 - b}{b}. \qquad (10.238)$$

Die Gleichungen (10.231) und (10.233) und (10.235) bis (10.238) führen auf die in der Tabelle 10.13 angegebenen Beziehungen, die zwischen den kritischen Exponenten bestehen müssen. Man überzeugt sich leicht, daß die aus der Landau-Theorie folgenden Werte für die kritischen Exponenten diese Beziehungen erfüllen, wobei man für $d = 4$ setzten muß.

Die letzte Beziehung in Tabelle 10.13 muß noch bewiesen werden. Dazu gehen wir von der Korrelationslänge aus, für die $r_c \sim (-t)^{-\nu'}$, $T < T_c$ und $r_c \sim t^{-\nu}$, $T > T_c$ gilt. Eine Skalenänderung $r_c \to \frac{r_c}{u}$, $t \to u^A t = u^{ad} t$ führt auf

$$\frac{r_c}{u} \sim (u^{ad} t)^{-\nu} \quad bzw. \quad r_c \sim u^{-\nu ad + 1} t^{-\nu}$$

Die Skalenhypothese verlangt aber $r_c \sim t^{-\nu}$ für $T > T_c$, woraus sich $-\nu ad + 1 = 0$ oder mit Gl. (10.236) bzw. (10.231)

$$\nu d = 2 - \alpha \quad bzw. \quad \nu d = \varphi$$

ergibt. Analog folgt über $r_c \sim u^{-\nu' ad + 1}(-t)^{-\nu'}$

$$\nu' d = 2 - d \quad bzw. \quad \nu' d = \varphi$$

und damit $\nu = \nu'$. Der kritische Exponent φ der freien Energie ist also gleich dem Produkt des kritischen Exponenten der Korrelationslänge multipliziert mit der Dimension d. Die in der Tabelle 10.12 für $d = 3$ angegebenen Werte erfüllen auch die Beziehungen der Tabelle 10.13.

10.5.7.3 Ungleichungen zwischen den kritischen Exponenten

Ungleichungen zwischen thermodynamischen Zustandsgrößen erhält man durch Auswertung der Stabilitätsbedingungen. So gilt z.B. für die Wärmekapazitäten (siehe Abschnitt (7.3))

$$C_\Phi \geq 0 \quad \text{und} \quad C_\eta \geq 0.$$

Diese Beziehungen führen nun auf Ungleichungen, die zwischen kritischen Exponenten erfüllt sein müssen. Um dies zu zeigen, benötigen wir folgenden mathematischen Satz:

Es sei $f(x) \sim x^\lambda$ und $g(x) \sim x^\delta$. Für $|x| \ll 1$ gelte $f(x) \leq g(x)$. Dann gilt $\lambda \geq \delta$.

Nun benutzen wir die Gl. (10.220)

$$C_\Phi - C_\eta = T \left(\frac{\partial \Phi}{\partial \eta}\right)_T \left(\frac{\partial \eta}{\partial T}\right)_\Phi^2 = T \frac{1}{\chi} \left(\frac{\partial \eta}{\partial T}\right)_\Phi^2. \tag{10.239}$$

Da $C_\eta \leq 0$ gilt, folgt aus (10.239) sofort die Ungleichung

$$C_\Phi \leq T \left(\frac{\partial \Phi}{\partial \eta}\right)_T \left(\frac{\partial \eta}{\partial T}\right)_\Phi^2. \tag{10.240}$$

Nun beachten wir:

$$C_\Phi \sim (+t)^{-\alpha}, \quad \eta \sim t^\beta,$$
$$\left(\frac{\partial \Phi}{\partial \eta}\right)_T \sim \eta^{\delta-1} \sim t^{\beta(\delta-1)}, \tag{10.241}$$
$$\left(\frac{\partial \eta}{\partial T}\right)_\Phi \sim t^{\beta-1}.$$

Das heißt, es ist $C_\Phi \sim t^{-\alpha}$ und $T \left(\frac{\partial \Phi}{\partial \eta}\right)_T \left(\frac{\partial \eta}{\partial T}\right)_\Phi^2 \sim t^{\beta(\delta-1)+2(\beta-1)}$. Aufgrund des eben angegebenen Satzes bedeutet dies wegen der Ungleichung (10.240), daß

$$-\alpha \geq \beta(\delta - 1) + 2(\beta - 1)$$

bzw.

$$\alpha + \beta(\delta + 1) \leq 2 \tag{10.242}$$

gelten muß (Ungleichung von RUSHBROOKE). Schreiben wir die Ungleichung (10.240) in der Form

$$C_\Phi \leq T \frac{1}{\chi} \left(\frac{\partial \eta}{\partial T}\right)_\Phi^2$$

=4mm›und beachten neben (10.241) noch $\chi \sim t^{-\gamma}$, dann folgt $T\,\dfrac{1}{\chi}\left(\dfrac{\partial \eta}{\partial T}\right)_{\Phi}^{2} \sim$ $t^{\gamma+2(\beta-1)}$, woraus sich analog auf

$$-\alpha \le \gamma + 2(\beta - 1) \quad \text{bzw.} \quad \alpha + 2\beta + \gamma \ge 2 \tag{10.243}$$

schließen läßt (Ungleichung von GRIFFITH).

Diese beiden Beispiele mögen genügen. Es existieren noch eine Reihe weiterer Ungleichungen, von denen einige hier ohne Beweis angegeben seien:

$$d\nu \le 2 - \alpha, \qquad \qquad \text{Ungleichung von JOSEPHSON}$$

$$\left.\begin{array}{r} \gamma \le \beta(\delta - 1), \\[4pt] \gamma(\delta + 1) \le (2 - \alpha)(\delta - 1), \end{array}\right\} \quad \text{Ungleichungen von GRIFFITH}$$

$$(2 - \alpha + \gamma) \le \delta(2 - \alpha - \gamma).$$

Der Vergleich dieser Ungleichungen mit den Beziehungen in Tabelle 10.13 zeigt, daß bei Gültigkeit der Skalenhypothese durchweg das Gleichheitszeichen gilt. Die aus der Skalenhypothese folgenden Beziehungen stellen demnach stärkere Forderungen an die kritischen Exponenten als die aus den Stabilitätsbedingungen abgeleiteten Ungleichungen.

10.6 Oberflächen

10.6.1 Oberflächenspannung

Bisher haben wir den Einfluß von Oberflächen oder Grenzflächen auf das thermodynamische Verhalten der Systeme vernachlässigt. Dies ist dann gerechtfertigt, wenn der Oberflächenanteil der inneren Energie gegenüber dem Volumenanteil vernachlässigt werden kann. Es gibt aber auch Systeme, z.B. dünne Schichten, Seifenblasen, kleine Tröpfchen, bei denen die Oberflächeneigenschaften eine wesentliche Rolle spielen.

Eine Oberfläche oder Grenzfläche kann genau so wie eine Volumenphase behandelt werden, wenn wir der Grenzfläche eine kleine, aber endliche Dicke δ zuordnen.[31] Wir wollen nun annehmen, die zu beschreibende Grenzfläche[32] trennt wie in Abb. 10.19 zwei Phasen, die sich miteinander im thermodynamischen Gleichgewicht befinden. Sie besitzt dann die gleiche Temperatur, den gleichen Druck und die gleiche molare freie Enthalpie wie die beiden Phasen (1) und

---

[31] δ ist meist von der Größenordnung 10^{-6} bis 10^{-7} cm.

[32] In diesem Abschnitt bedeutet F die Größe der Grenzfläche.

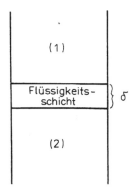

Abb. 10.19 Die Grenzschicht zwischen den Phasen (1) und (2).

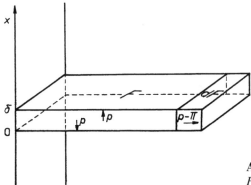

Abb. 10.20 Vergrößerung der Grenzschicht F um dF

(2). Es soll nun die Arbeit angegeben werden, die zur Vergrößerung der Grenzfläche um dF aufgewandt werden muß. Dabei ist zu beachten, daß der Druck in der Grenzschicht nicht mehr isotrop ist. Auf ein Flächenelement parallel zur Grenzschicht wirkt der gleiche Druck p wie in den angrenzenden Phasen (1) und (2). Auf ein Flächenelement senkrecht zur Grenzschicht wirkt ein etwas anderer Druck, den wir mit $p - \pi$ bezeichnen wollen. Bei der Vergrößerung der Grenzschicht um dF muß, vorausgesetzt die Grenzschichtdicke δ bleibt konstant, nur gegen den Druck $p - \pi$ Arbeit geleistet werden (Abb. 10.20):

$$\mathrm{d}A = -\left(\int_0^\delta (p - \pi)\,\mathrm{d}x \right) \mathrm{d}F = -p\delta\,\mathrm{d}F + \left(\int_0^\delta \pi\,\mathrm{d}x \right) \mathrm{d}F \qquad (10.244)$$

$$= -p\,\mathrm{d}V^\sigma + \sigma\,\mathrm{d}F.$$

Die Größe

$$\sigma = \int_0^\delta \pi\,\mathrm{d}x \qquad (10.245)$$

heißt Oberflächenspannung, ihre Dimension ist Kraft pro Längeneinheit. V^σ ist das Volumen der Grenzschicht.

Nachdem wir uns über den Arbeitsterm Klarheit verschafft haben, können wir die Gibbssche Fundamentalgleichung für die Grenzschicht mit der freien Energie F^σ als thermodynamischem Potential aufstellen:

$$\mathrm{d}F^\sigma = -S^\sigma\,\mathrm{d}T - p\,\mathrm{d}V^\sigma + \sigma\,\mathrm{d}F + g\,\mathrm{d}n^\sigma. \tag{10.246}$$

Bei T, p und g ist der Index σ zur Kennzeichnung der Grenzschicht nicht nötig, da diese Größen dieselben Werte wie in den beiden angrenzenden Phasen besitzen.

Die Grenzfläche ist eine extensive Größe, d.h., es gelten für sie die gleichen Beziehungen wie für die anderen extensiven Größen auch, insbesondere gilt die der Gibbs-Duhem-Gleichung (6.62) analoge Beziehung

$$S^\sigma\,\mathrm{d}T - V^\sigma\,\mathrm{d}p + F\,\mathrm{d}\sigma + n^\sigma\,\mathrm{d}g = 0. \tag{10.247}$$

Teilen wir diese Gleichung durch die Fläche F, so erhalten wir

$$\mathrm{d}\sigma = \delta\,\mathrm{d}p - \bar{s}^\sigma\,\mathrm{d}T - \bar{n}^\sigma\,\mathrm{d}g, \tag{10.248}$$

wobei δ wieder die Dicke der Grenzschicht ist. $\bar{s}^\sigma$ und $\bar{n}^\sigma$ sind die auf die Flächeneinheit bezogene Entropie und Molzahl. Gl. (10.248) kann nun benutzt werden, um die Temperaturabhängigkeit der Oberflächenspannung zu bestimmen. Dazu berechnen wir aus der differentiellen Form der Gleichgewichtsbedingung für die Phasen (1) und (2) (Gleichung (10.151))

$$\mathrm{d}g_1 = \mathrm{d}g_2 = \mathrm{d}g = -s_1\,\mathrm{d}T + v_1\,\mathrm{d}p = -s_2\,\mathrm{d}T + v_2\,\mathrm{d}p \tag{10.249}$$

$\mathrm{d}p$ und $\mathrm{d}g$

$$\mathrm{d}p = \frac{s_1 - s_2}{v_1 - v_2}\,\mathrm{d}T, \tag{10.250}$$

$$\mathrm{d}g = -s_1\,\mathrm{d}T + v_1\,\frac{s_1 - s_2}{v_1 - v_2}\,\mathrm{d}T. \tag{10.251}$$

Mit diesen Ausdrücken gehen wir in Gl. (10.248) ein und erhalten so die gesuchte Beziehung

$$\frac{\mathrm{d}\sigma}{\mathrm{d}T} = s_1\bar{n}^\sigma - \bar{s}^\sigma + (\delta - v_1\bar{n}^\sigma)\,\frac{s_2 - s_1}{v_2 - v_1}. \tag{10.252}$$

Handelt es sich speziell um die Grenzfläche zwischen einer Flüssigkeit (1) und ihrem Dampf (2), dann gilt $v_2 \ll v_1$ für Temperaturen weit genug unterhalb der kritischen Temperatur T_c. Außerdem ist das molare Volumen v_1 der Flüssigkeit etwa gleich dem molaren Volumen $\delta/\bar{n}^\sigma$ der Grenzfläche, so daß der zweite Summand in Gl. (10.252) gegen den ersten vernachlässigt werden kann:

$$\frac{d\sigma}{dT} = s_1 \bar{n}^\sigma - \bar{s}^\sigma. \tag{10.253}$$

$\bar{s}^\sigma$ ist die Entropie pro Flächeneinheit der Grenzschicht und $s_1\bar{n}^\sigma$ die Entropie der Flüssigkeitsmenge, die gerade in dieser Flächeneinheit der Grenzschicht enthalten ist.

Nähert sich die Temperatur dem Wert am kritischen Punkt T_c, so nimmt die Oberflächenspannung ab, bis sie schließlich bei $T = T_c$ verschwindet. Das legt für σ den empirischen Ansatz

$$\sigma = \sigma_0 \frac{(T_c - T)^{1+r}}{T_c} \tag{10.254}$$

nahe. $1 + r$ ist ein kritischer Exponent, sein Wert ist für viele Flüssigkeiten etwa gleich $\frac{11}{9}$, d.h., es ist $r = \frac{2}{9}$.

10.6.2 Oberflächenspannung gekrümmter Flächen

Unter der Voraussetzung, daß die Dicke δ der Grenzschicht klein gegen die Krümmungsradien ist, hängt die Oberflächenspannung σ nicht von den Krümmungsradien ab. Die Oberflächenspannung hat aber zur Folge, daß im Gleichgewicht der Druck innerhalb eines kugelförmigen Tröpfchens größer als außerhalb des Tröpfchens ist. Um dies zu zeigen, betrachten wir ein Tröpfchen mit dem Radius r. Durch Hineindrücken von etwas Flüssigkeit (z.B. mit einer sehr feinen Spritze) vergrößern wir den Radius um dr. Im Tröpfchen herrsche der Druck p_i, außerhalb des Tröpfchens der Druck p_a. Die Arbeit $(p_i - p_a) dV$, die beim Vergrößern des Tröpfchens geleistet wird, muß gleich der Arbeit $\sigma \, dF$ sein, die zur Vergrößerung der Tröpfchenoberfläche erforderlich ist. Mit $V = \frac{4\pi}{3} r^3$ und $F = 4\pi r^2$ ergibt sich:

$$(p_i - p_a)4\pi r^2 \, dr = \sigma \cdot 8\pi r \, dr$$

bzw.

$$p_i - p_a = \frac{2\sigma}{r}. \tag{10.255}$$

Das heißt aber, bei positiver Oberflächenspannung ist der Innendruck p_i größer als der Außendruck p_a.

Dieses Ergebnis kann zur experimentellen Bestimmmung der Oberflächenspannung herangezogen werden (Abb. 10.21). An der ebenen Grenzfläche E herrscht der Gleichgewichtsdruck p_0 in beiden Phasen. An der gekrümmten Fläche K sei der Druck in der Phase (1) p_1 und in der Phase (2) p_2. Es gilt dann

$$\begin{aligned} p_1 &= p_0 - \varrho_1 \, gh, \\ p_2 &= p_0 - \varrho_2 \, gh, \end{aligned} \tag{10.256}$$

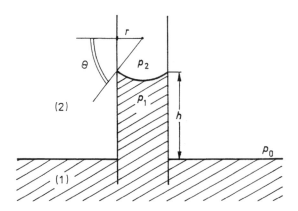

Abb. 10.21 Kapillare mit dem Radius r in einer Flüssigkeit (1) zur Bestimmung der Oberflächenspannung.

wobei ϱ_1 und ϱ_2 die Massendichten der beiden Phasen und g die Erdbeschleunigung sind. Andererseits gilt an der gekrümmten Fläche K nach Gl. (10.255)

$$p_2 - p_1 = \frac{2\sigma}{R} = \frac{2\cos\Theta}{r}\,\sigma. \qquad (10.257)$$

Ersetzen wir hier p_1 und p_2 aus Gl. (10.256), so folgt

$$2\,\frac{\cos}{r}\,\sigma = (\varrho_1 - \varrho_2)gh, \qquad (10.258)$$

d.h., durch Messung von $\varrho_1, \varrho_2, r, \Theta$ und h kann die Oberflächenspannung σ ermittelt werden. Der Wert der so bestimmten Oberflächenspannung σ hängt nicht vom Radius der Kapillaren ab, wodurch die anfangs getroffene Aussage über die Unabhängigkeit der Oberflächenspannung vom Krümmungsradius experimentell bestätigt wird.

Stoßen drei Phasen, z.B. eine flüssige (1), eine gasförmige (2) und eine feste (3) zusammen (Abb. 10.22), so dürfen die durch die Oberflächenspannungen hervorgerufenen Kräfte an der Berührungslinie der drei Phasen keine Komponente entlang des festen Körpers besitzen. Anderenfalls würde die Flüssigkeit sich weiter entlang des Festkörpers bewegen. Es muß also gelten:

$$\sigma_{23} = \sigma_{13} + \sigma_{12}\cos\Theta. \qquad (10.259)$$

Aus dieser Gleichung folgt

$$\cos\Theta = \frac{\sigma_{23} - \sigma_{13}}{\sigma_{12}}. \qquad (10.260)$$

Sind die Werte der Oberflächenspannung so, daß sich Gl. (10.260) durch keinen reellen Winkel Θ erfüllen läßt, dann bilden sich auf dem Festkörper Adsorptions-

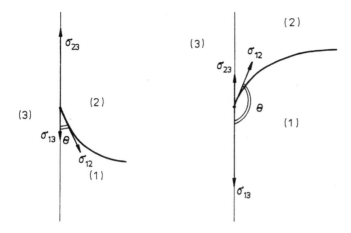

Abb. 10.22 Der Randwinkel Θ. a) $\sigma_{23} > \sigma_{13}$, b) $\sigma_{23} < \sigma_{13}$

schichten bis sich die Oberflächenspannung σ_{23} so geändert hat, daß Gl. (20.260) einen reellen Randwinkel Θ ergibt. Je nachdem, ob σ_{23} größer oder kleiner als σ_{13} ist, erhält man einen spitzen oder stumpfen Randwinkel.

10.7 Fragen

1. Wie sind der isochore Druckkoeffizient β, der isobare Ausdehungskoeffizient α und die Kompressibilität κ definiert?

2. Welche Beziehung besteht zwischen α, β und κ, und wie kann man sie beweisen?

3. Wie berechnet man die Adiabatengleichung des van der Waals-Gases?

4. Wodurch ist der kritische Punkt definiert?

5. Was versteht man unter einer reduzierten Zustandsgleichung?

6. Was versteht man unter einer thermischen Zustandsgleichung in Virialform, und wie lautet die Virialform der van der Waalsschen Zustandsgleichung?

7. Was versteht man unter freiem Volumen?

8. Wie lauten die Zustandsgleichungen für Hohlraumstrahlung?

9. Wie kann man aus dem Planckschen Strahlungsgesetz das Stefan-Boltzmannsche Gesetz herleiten?

10. Was sagt das Wiensche Verschiebungsgesetz aus?

11. Wie lautet die thermische Zustandsgleichung für den elastischen Festkörper?

12. Warum gilt für elastische Festkörper $c_\sigma \approx c_\varepsilon$?

13. Wie kann man Aussagen über das Vorzeichen der Laméschen Moduln erhalten?

14. Welche Temperaturabhängigkeit der Wärmekapazität liefert die Debyesche Theorie für $T \to 0$?

15. Welche Form haben die Zustandsgleichungen für dia-, para- und ferromagnetische Stoffe?

16. Was versteht man unter Magnetostriktion und Elektrostriktion?

17. Was versteht man unter Piezoelektrizität?

18. Wie lautet die Dampfdruckformel von CLAUSIUS und CLAPEYRON, wie kann man sie herleiten, und wie läßt sie sich integrieren?

19. Was sind Phasenumwandlungen 2. Art? Nennen Sie Beispiele?

20. Wie lauten die Ehrenfestschen Beziehungen für Phasenumwandlungen 2. Art, und wie kann man sie herleiten?

21. Was ist die Grundidee der Landau-Theorie der Phasenübergänge?

22. Wie lauten die Ginzberg-Landau-Gleichungen der Supraleitung, und wie kann man sie herleiten?

23. Was versteht man unter kritischen Exponenten?

24. Wie ist die Oberflächenspannung definiert, und wie hängt sie vom Krümmungsradius der Tröpfchen ab?

10.8   Aufgaben

1. n Mole Wasser befinden sich im Volumen V am Tripelpunkt in fester, flüssiger und gasförmiger Form im Gleichgewicht. Wieviel Mole Wasser befinden sich in den einzelnen Phasen? Das Molvolumen der festen Phase sei v_1, das der flüssigen Phase v_2 und das der dampfförmigen Phase v_3.

2. Für die Dieterici-Gleichung

$$p(v - b) = RT \, e^{\frac{a}{RTv}}$$

berechne man die kritischen Werte v_k, T_k und p_k und vergleiche sie mit den entsprechenden Werten der van der Waals-Gleichung.

3. Bei welchen Temperaturen werden die Wärmekapazitäten der Hohlraumstrahlung und eines einatomigen idealen Gases etwa gleich groß?

4. Welcher Potenz in T ist die Differenz $C_p - C_V$ für $T \to 0$ proportional, wenn $C_V \sim T^3$ (DEBYE) bzw. $C_V \sim T$ (Elektronengas) ist?

5. Man ermittle den Zusammenhang zwischen den piezoelektrischen Koeffizienten $e_{\alpha\beta\gamma}$ und $h_{\alpha\beta\gamma}$!

6. Man berechne die Wärmekapazität eines Dampfes, der sich mit seiner flüssigen Phase im Gleichgewicht befindet.

7. Die Differenz der spezifischen freien Energien der rhombischen und der monoklinen Modifikation des Schwefels kann in der Nähe des Umwandlungspunktes durch

$$\Delta \hat{f} = a + bT^2 \quad \text{mit } a = 6,57 \text{ J/g}$$

und $b = -4,81 \cdot 10^{-3}$ J/gK^2 dargestellt werden. Wie groß ist die Gleichgewichtstemperatur zwischen beiden Modifikationen und welchen Wert besitzt die Umwandlungswärme (Volumenänderungen können vernachlässigt werden)?

8. Für den eindimensionalen feldfreien Fall löse man die dimensionslose Ginzburg-Landau-Gleichung mit den Randbedingungen

$$f(0) = 0, f(\infty) = 1, f'(\infty) = 0.$$

9. Man zeige, daß der Ausdruck

$$\frac{1}{2m}\left[(-i\hbar \frac{\partial}{\partial x_\alpha} - \frac{2e}{C}A_\alpha)\Psi\right]$$

$$\times \left[(i\hbar \frac{\partial}{\partial x_\alpha} - \frac{2e}{C}A_\alpha)\Psi^*\right]$$

gerade gleich

$$\frac{\hbar^2}{2m} \text{grad } \Psi \cdot \text{grad } \Psi^* - \boldsymbol{j}^s \boldsymbol{A} \quad \text{ist.}$$

10. Man berechne den Dampfdruck kleiner Tröpfchen in Abhängigkeit vom Tröpfchenradius und der Temperatur!

11. Mehrkomponentensysteme

11.1 Ideale homogene Mischungen

11.1.1 Die Gesetze für Mischungen idealer Gase

Es sei ein Gemisch von K verschiedenen idealen Gasen, zwischen denen keine chemischen Reaktionen stattfinden, gegeben.

Wir beginnen mit der Aufzählung wichtiger, durch die Erfahrung bestätigter Eigenschaften eines solchen Systems.

Die thermische Zustandsgleichung des Gemisches lautet

$$pV = nRT,$$

wobei sich die Gesamtmolzahl n additiv aus den Molzahlen der Einzelkomponenten n_i zusammensetzt:

$$n = \sum_{i=1}^{K} n_i. \tag{11.1}$$

Für jede einzelne Komponente gilt, so als wäre sie allein im Volumen V, ebenfalls die Zustandsgleichung der idealen Gase

$$p_i V = n_i RT, \tag{11.2}$$

jetzt aber mit dem Partialdruck p_i der Komponente i. Die Summation von (11.2) über alle Komponenten liefert mit (11.1)

$$\sum_{i=1}^{K} p_i = p. \tag{11.3}$$

Die Gleichungen (11.2) und (11.3) bilden den Inhalt des *Daltonschen Gesetzes*:

> Die Partialdrücke p_i eines Gemisches idealer Gase sind durch die Temperatur T und das Gesamtvolumen V über die Zustandsgleichung $p_i V = n_i RT$ bestimmt, und der Gesamtdruck setzt sich additiv aus den Partialdrucken zusammen.

Steht nur eine, z.B. die i-te Komponente unter dem Druck p, dann nimmt sie das Volumen V_i, das sich aus

$$pV_i = n_i RT \tag{11.4}$$

berechnet, ein. Das Gesamtvolumen setzt sich additiv aus den Teilvolumina V_i zusammen:

$$V = \sum_{i=1}^{K} V_i. \tag{11.5}$$

Die letzten beiden Gleichungen werden im *Amagatschen Gesetz* zusammengefaßt:

Das Gesamtvolumen des Gases kann additiv aus den Teilvolumina der Mischungsbestandteile zusammengesetzt werden, und jedes Teilvolumen berechnet sich so, als stünde das entsprechende Gas unter dem Druck des Gemisches.

Mischungen von Stoffen, deren einzelne Komponenten vor der Mischung das Volumen V_l einnehmen und deren Gesamtvolumen V nach der Mischung sich additiv aus den V_l zusammensetzt, $V = \sum V_l$, nennen wir *ideale Mischungen*. Beispiele für ideale Mischungen sind verdünnte Lösungen und die Mischungen idealer Gase.

11.1.2   Thermodynamische Funktionen einer Mischung von idealen Gasen

Wir beginnen mit der inneren Energie. Sie setzt sich genau wie das Volumen additiv aus den inneren Energien U_l der einzelnen Bestandteile zusammen:

$$U = \sum_{l=1}^{K} U_l = \sum_{l=1}^{K} n_l u_l(T). \tag{11.6}$$

Die Additivität der inneren Energie versteht man, wenn man bedenkt, daß die einzelnen Atome oder Moleküle der idealen Gase nicht miteinander wechselwirken und unabhängig voneinander zur gesamten inneren Energie beitragen.

Für die Enthalpie $H = U + pV$ erhalten wir mit (11.5) und (11.6)

$$H = \sum_{l=1}^{K} (U_l + pV_l) = \sum_{l=1}^{K} n_l(u_l + pv_l) = \sum_{l=1}^{K} H_l = \sum n_l h_l(T). \tag{11.7}$$

Bei der Berechnung der Entropie des idealen Gasgemisches müssen wir beachten, daß die Entropie pro Mol der einzelnen Komponenten eine Funktion des Druckes ist. Da die idealen Gase nicht miteinander wechselwirken, verhält sich jede Komponente so, als ob sie das zur Verfügung stehende Volumen allein mit dem Partialdruck p_l ausfüllen würde:

$$s_l = s_l(T, p_l).$$

Die Entropie ist eine extensive Größe, die Gesamtentropie des Gemisches erhalten wir deshalb durch Addition der Entropien aller Komponenten:

$$S = \sum_{l=1}^{K} n_l s_l(T, p_l). \tag{11.8}$$

In dieser Form treten in der Entropie die Partialdrucke auf. Wir wollen S als Funktion des Gesamtdruckes $p = \sum p_i$ der Mischung, der Temperatur und der Molzahlen berechnen. Für $s_l(T, p_l)$ gilt nach (4.27):

$$s_l - s_0 = \int_{T_0}^{T} \frac{c_{p_l} \, dT'}{T'} - R \ln \frac{p_l}{p_0}. \tag{11.9}$$

Dabei ist für jede Komponente $s_l(T_0, p_0) = s_0$. Den Partialdruck p_l ersetzen wir durch den Gesamtdruck und die Molzahlen über die aus $pV = nRT$ und $p_l V = n_l RT$ folgende Beziehung

$$\frac{p_l}{p} = \frac{n_l}{n}.$$

Für s_l ergibt sich dann

$$s_l - s_0 = \int_{T_0}^{T} \frac{c_{p_l} \, dT'}{T'} - R \ln \frac{p}{p_0} - R \ln \frac{n_l}{n}, \tag{11.10}$$

und die Entropie der Mischung ist

$$S(p, T, n_l) - S_0 = \sum_{l=1}^{K} n_l(s_l - s_0)$$

$$= \sum_{l=1}^{K} n_l \int_{T_o}^{T} \frac{c_{p_l} \, dT'}{T'} - nR \ln \frac{p}{p_0} - \sum_{l=1}^{K} n_l R \ln \frac{n_l}{n}$$

bzw.

$$S(p, T, n_l) = \sum_{l=1}^{K} n_l \left[s_l(p, T) + R \ln \frac{n}{n_l} \right]. \tag{11.11}$$

Hierbei ist

$$s_l(p, T) = \int_{t_0}^{T} \frac{c_{p_l} \, dT'}{T'} - R \ln \frac{p}{p_0} + s_0$$

die Entropie eines Mols der Komponente l im ungemischten Zustand.

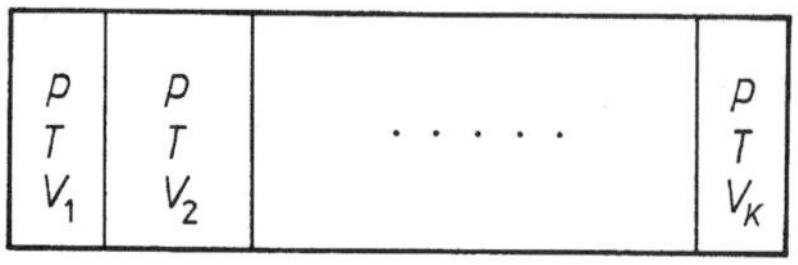

Abb. 11.1 Zur Mischung idealer Gase. Die K einzelnen Gase befinden sich in getrennten Kammern, und sie haben alle die gleiche Temperatur T und den gleich Druck p

Wir wollen jetzt die Entropieänderung berechnen, die mit der irreversiblen Mischung von idealen Gasen verbunden ist. Dabei gehen wir von dem in Abb. 11.1 dargestellten System aus. Die einzelnen Gase sind durch Wände voneinander getrennt. Sie haben die Temperatur T, stehen unter dem gleichen Druck p und nehmen die Volumina $V_l = n_l \dfrac{RT}{p}$ ein. Entfernen wir die Trennwände, dann diffundieren die Gase ineinander, bis in dem Volumen $V = \sum V_l$ ein homogenes Gemisch vorliegt. Die Entropie vor der Mischung ist die Summe der Entropie der durch die Wände getrennten Komponenten:

$$S^V = \sum_{l=1}^{K} n_l s_l(p, T).$$

Die Entropie des Gemisches haben wir bereits mit (11.11) berechnet. Für die Entropieänderung $\Delta S = S - S^V$ erhalten wir somit

$$\Delta S = \sum_{l=1}^{K} n_l R \ln \frac{n}{n_l} > 0.$$

Wir wollen jetzt dieses Ergebnis noch einmal auf anderem Wege herleiten. Dazu verwenden wir die Methode des reversiblen Ersatzprozesses. Wir gehen von dem Zustand in Abb. 11.1 aus und lassen zuerst jedes Gas isotherm auf das Volumen V expandieren. Dabei nimmt die Entropie der i-ten Komponente um

$$\Delta S_i = \int dS_i = \int \frac{dU_i}{T} + \int_{V_i}^{V} \frac{p_i}{T} \, dV = n_i R \ln \frac{V}{V_i} = n_i R \ln \frac{n}{n_i}$$

zu.[1] Insgesamt vergrößert sich die Entropie um

$$\Delta S = \sum_{i=1}^{K} \Delta S_i = \sum_{i=1}^{K} n_i R \ln \frac{n}{n_i}. \tag{11.12}$$

---

[1] Das Integral $\int \dfrac{dU_i}{T}$ verschwindet, da U_i nur von T abhängt und die Expansion isotherm erfolgt.

Anschließend mischen wir die Gase reversibel. Wir beginnen mit zwei Komponenten, die sich in zwei gleichgroßen adiabatisch isolierten Zylindern mit dem Volumen V befinden. Die Deckfläche des Zylinders 1 ist nur für die Komponente 2, die Grundfläche des Zylinders 2 nur für die Komponente 1 durchlässig. Schieben wir die beiden Zylinder sehr langsam und reibungsfrei ineinander, dann befindet sich das System in jeder Stellung der beiden Zylinder im Gleichgewicht, da immer auf die Grund- und Deckfläche des Zylinders 1 bzw. 2 der Druck p_1 bzw. p_2 wirkt. Die Mischung erfolgt also quasistatisch durch Gleichgewichtszustände und damit reversibel. Damit bleibt bei der Mischung, da wir die Zylinder adiabatisch isoliert haben, die Entropie konstant. Arbeit ist bei der reversiblen Mischung nicht aufzuwenden. Dies hat wegen $dS = 0$, $dU = T\,dS + dA = 0$ und $U = U(T)$ zur Folge, daß sich bei der Mischung der beiden Gase auch die Temperatur nicht ändert.[2] Die Zumischung von weiteren Gasen kann entsprechend ohne Entropie- und Temperaturänderung geschehen. Damit haben wir auf reversiblem Wege den Endzustand, in dem das homogene Gasgemisch vorliegt, erhalten. Selbstverständlich kann man den eben beschriebenen Vorgang umkehren und so Gemische idea-

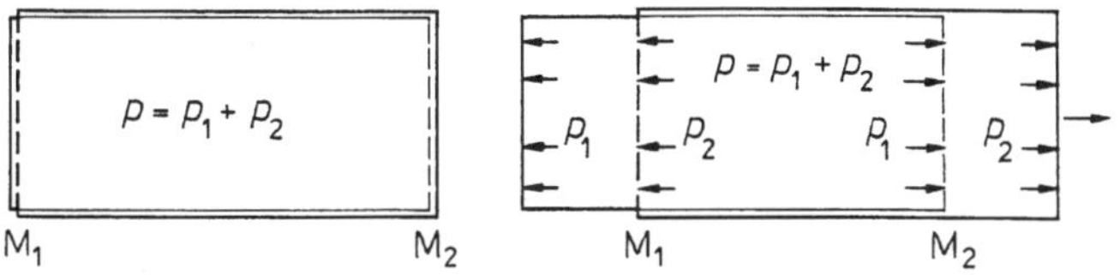

Abb. 11.2 Zur reversiblen Entmischung idealer Gase. M_1 bzw. M_2 sind semipermeable Wände, die nur für das Gas 1 bzw. das Gas 2 durchlässig sind

ler Gase reversibel entmischen (Abb. 11.2). Die mit der irreversiblen Mischung verbundene Entropieänderung, die *Mischungsentropie* genannt wird, ist nach (11.12)

$$\Delta S = \sum_{l=1}^{K} n_l R \ln \frac{n}{n_l}.$$

Sie ist unabhängig von speziellen Eigenschaften der idealen Gase. Läßt man in einem Gemisch von zwei Gasen im Sinne eines Grenzprozesses die Eigenschaften der beiden Gase gleich werden, dann ändert sich die Mischungsentropie nicht. Andererseits haben wir dann nur noch ein Gas, dessen Entropie allein durch

---

[2] Diese Aussagen gelten nur für ideale Gase. Bei realen Gasen unterscheidet sich der Partialdruck p_1 in der Mischung von dem Druck des Gases vor der Mischung, und deshalb muß z.B. bei dem geschilderten Mischvorgang mit realen Gasen Arbeit aufgewendet werden.

$S = ns(p, T)$ gegeben ist. Dieser Widerspruch ist als *Gibbssches Paradoxon* bekannt. Er löst sich auf, wenn man beachtet, daß die reversible Mischung nur bei nicht identischen Gasen ohne Arbeitsleistung und Entropieänderung stattfinden kann. Bei zwei identischen Gasen, d.h. nur einem Gas, entspricht der Mischung eine Kompression, da die semipermeable Wand für die beiden identischen Gase gleichermaßen durchlässig ist und deshalb ganz weggelassen werden kann.

Wir geben noch die freie Enthalpie $G = H - TS$ des Gemisches von idealen Gasen an:

$$G = \sum n_l \left\{ h_l - Ts_l(p, T) - RT \ln \frac{n}{n_l} \right\}$$
$$= \sum n_l \left\{ g_l(p, T) - RT \ln \frac{n}{n_l} \right\}. \tag{11.13}$$

Aus dieser Beziehung können wir wegen $G = \sum n_l \mu_l$ (6.62) auch sofort die chemischen Potentiale idealer Mischungen ablesen:

$$\mu_l(p, T, n_l) = g_l(p, T) - RT \ln(n/n_l). \tag{11.4}$$

An dieser Formel sieht man, daß die chemischen Potentiale von den Molzahlen nur über die Molenbrüche $x_l = n_l/n$ abhängen.

11.2   Reale homogene Mischungen

11.2.1   Partielle molare Größen

Bei der Untersuchung von Mischungen beobachtet man sehr oft Abweichungen vom Verhalten idealer Mischungen. So setzt sich das Volumen nicht immer additiv aus den Volumina der Bestandteile zusammen, und manchmal stellt man beim adiabatischen Mischen Temperaturänderungen fest. Erfüllen Mischungen nicht die Gesetze der idealen Mischungen, dann sprechen wir von *realen Mischungen.* Zu ihrer Beschreibung ist die Kenntnis der *partiellen molaren Größen,* die durch

$$\tilde{a}_i = \left(\frac{\partial A}{\partial n_i} \right)_{p, T, n_l} \tag{11.15}$$

definiert sind, wichtig. $A = A(p, T, n_l)$ ist dabei irgendeine extensive Größe, z.B. das Volumen, die innere Energie oder die freie Enthalpie. Die partiellen molaren Größen sind intensive Größen. Sie hängen deshalb auch nicht direkt, sondern über die Molenbrüche von den Molzahlen ab. Zwischen A und den $\tilde{a}_i$ besteht eine zur Gibbs-Duhem-Beziehung (6.62) analoge Gleichung, denn vergrößern wir alle Molzahlen um den Faktor λ, dann wächst auch die extensive Größe A um den Faktor λ:

$$\lambda A(p, T, n_l) = A(p, T, \lambda n_l).$$

Differenzieren wir diese Gleichung nach λ und setzen anschließend $\lambda = 1$, dann folgt die der Gibbs-Duhem-Beziehung entsprechende Gleichung

$$A(p, T, n_l) = \sum_i n_i \left(\frac{\partial A}{\partial n_i} \right)_{p,T,n_l} = \sum_i n_i \tilde{a}_i. \tag{11.16}$$

Weitere wichtige Relationen, die den Duhem-Margulesschen Beziehungen (6.65) entsprechen, erhalten wir, wenn wir von $A(p, T, n_l)$ bei konstantem p und T das vollständige Differential bilden,

$$(\,\mathrm{d}A)_{p,T} = \sum_{i=1}^{K} \left(\frac{\partial A}{\partial n_i} \right)_{p,T,n_l} \mathrm{d}n_i = \sum_{i=1}^{K} \tilde{a}_i \, \mathrm{d}n_i,$$

und dieses mit dem aus (11.16) folgenden Differential

$$(\,\mathrm{d}A)_{p,T} = \sum_{i=1}^{K} n_i (d\tilde{a}_i)_{p,T} + \sum_{i=1}^{K} \tilde{a}_i \, \mathrm{d}n_i$$

vergleichen. Es ergibt sich

$$\sum_{i=1}^{K} n_i (\,\mathrm{d}\tilde{a}_i)_{p,T} = 0$$

und mit

$$(\,\mathrm{d}\tilde{a}_i)_{p,T} = \sum_{r=1}^{K-1} \left(\frac{\partial \tilde{a}_i}{\partial x_r} \right)_{p,T,x_l} \mathrm{d}x_r$$

erhalten wir, da die $(K-1)$ Differentiale $\mathrm{d}x_r$ unabhängig voneinander sind, über

$$\frac{1}{n} \sum_{i=1}^{K} n_i (\,\mathrm{d}\tilde{a}_i)_{p,T} = \sum_{i=1}^{K} x_i \sum_{r=1}^{K-1} \left(\frac{\partial \tilde{a}}{\partial x_r} \right)_{p,T,x_l} \mathrm{d}x_r$$

$$= \sum_{r=1}^{K-1} \sum_{i=1}^{K} x_i \left(\frac{\partial \tilde{a}_i}{\partial x_r} \right)_{p,T,x_l} \mathrm{d}x_r = 0,$$

schließlich die gesuchte Relation

$$\sum_{i=1}^{K} x_i \left(\frac{\partial \tilde{a}_i}{\partial x_r} \right)_{p,T,x_l} = 0 \qquad (r = 1, 2, \ldots, K-1). \tag{11.17}$$

Als Beispiel betrachten wir ein *binäres Gemisch* (Gemisch aus zwei Komponenten). Sein Volumen ist wegen (11.16)

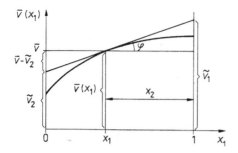

Abb. 11.3 Das mittlere molare Volumen $\bar{v}$ als Funktion des Molenbruches x_1. Legt man bei x_1 an die Kurve $\bar{v}(x_1)$ die Tangente, dann kann man am Schnittpunkt der Tangente mit der Geraden $x_1 = 0$ das partielle molare Volumen $\tilde{v}_2$ und am Schnittpunkt mit der Geraden $x_1 = 1$ das partielle molare Volumen $\tilde{v}_1$ ablesen.

$$V(p,T,n_1,n_2) = n_1\tilde{v}_1 + n_2\tilde{v}_2.$$

Die $\tilde{v}_l$ lassen sich aus Messungen des mittleren molaren Volumens

$$\bar{v} = \frac{V}{n_1 + n_2} = \frac{V}{n} = \frac{n_1}{n}\tilde{v}_1 + \frac{n_2}{n}\tilde{v}_2 = x_1\tilde{v}_1 + x_2\tilde{v}_2 \tag{11.18}$$

bestimmen. Man trägt dazu $\bar{v}(x_1)^3$ über x_1 auf und kann dann $\tilde{v}_1(x_1)$ und $\tilde{v}_2(x_1)$, wie in Abb. 11.3 angegeben, ablesen. Zum Beweis differenzieren wir (11.18) nach x_1:

$$\frac{\mathrm{d}\bar{v}}{\mathrm{d}x_1} = \frac{\mathrm{d}}{\mathrm{d}x_1}[x_1\tilde{v}_1 + (1 - x_1)\tilde{v}_2] = x_1\frac{\mathrm{d}\tilde{v}_1}{\mathrm{d}x_1} + \tilde{v}_1 + x_2\frac{\mathrm{d}\tilde{v}_2}{\mathrm{d}x_1} - \tilde{v}_2$$
$$= \frac{\bar{v} - \tilde{v}_2}{x_1} = \frac{\tilde{v}_1 - \bar{v}}{x_2}. \tag{11.19}$$

Hier haben wir mit Hilfe von (11.18) einmal $\tilde{v}_1$ und einmal $\tilde{v}_2$ eliminiert und außerdem die aus (11.17) folgende Gleichung $x_1\dfrac{\mathrm{d}\tilde{v}_1}{\mathrm{d}x_1} + x_2\dfrac{\mathrm{d}\tilde{v}_2}{\mathrm{d}x_1} = 0$ berücksichtigt. Gleichung (11.19) bestätigt die in Abb. 11.3 dargestellte Tangentenmethode zur Bestimmung von $\tilde{v}_1$ und $\tilde{v}_2$.

---

[3] $\bar{v}$ ist eine intensive Größe, die nur von den Molenbrüchen und wegen $x_1 + x_2 = 1$ für binäre Gemische nur von x_1 oder x_2 abhängt.

11.2.2   Mischungswärmen und Molwärmen

11.2.2.1   Mischungswärmen

Wir wollen jetzt die bei Mischungen und Lösungen auftretenden kalorischen Effekte untersuchen. Dazu gehen wir von der Enthalpie

$$H(p, T, n_l) = \sum_{i=1}^{K} n_i \left(\frac{\partial H}{\partial n_i} \right)_{p, T, n_l} = \sum_{i=1}^{K} n_i \tilde{h}_i$$

aus, da bei isobaren Prozessen wegen des ersten Hauptsatzes $dH = \text{đ} Q + V\, dp$ die Enthalpieänderungen gleich den bei diesem Prozeß auftretenden Wärmemengen sind. Wir beschränken uns im folgenden auf binäre Mischungen. Die Enthalpie ist dann vor der Mischung

$$H_{\text{vor}} = n_1 h_1 + n_2 h_2$$

und nach der Mischung

$$H_{\text{nach}} = n_1 \tilde{h}_1 + n_2 \tilde{h}_2.$$

Die bei der Mischung auftretende Wärmemenge Q_{M} ist

$$Q_{\text{M}} = H_{\text{nach}} - H_{\text{vor}} = (\Delta H)_{p, T, n_l} = n_1 (\tilde{h}_1 - h_1) + n_2 (\tilde{h}_2 - h_2).$$

Die Indizes an ΔH deuten an, daß bei der Mischung p, T und die n_l konstant gehalten werden. Bezieht man Q_{M} auf ein Mol, dann gilt

$$q_{\text{M}} = \frac{Q_{\text{M}}}{n_1 + n_2} = x_1 (\tilde{h}_1 - h_1) + x_2 (\tilde{h}_2 - h_2). \tag{11.20}$$

q_{M} heißt *mittlere molare Mischungswärme*. Wir haben bisher vorausgesetzt, daß sich beide Komponenten im gleichen Aggregatzustand befinden. Nehmen wir an, daß ein fester Stoff (Index 2) in einer Flüssigkeit gelöst werden soll, so muß in der Mischungswärme noch die Schmelzwärme $q_{\text{s}} = h_2 - h_{2\text{fest}}$ des zu lösenden Stoffes berücksichtigt werden:

$$q_{\text{M}}^* = x_1 (\tilde{h}_1 - h_1) + x_2 (\tilde{h}_2 - h_2) + x_2 (h_2 - h_{2\text{fest}}). \tag{11.21}$$

$q_{\text{M}}^* = q_{\text{M}} + x_2 q_{\text{s}}$ wird als *molare integrale Mischungswärme* bezeichnet.

Die mikroskopische Ursache für das Auftreten von Mischungswärmen sind die Wechselwirkungskräfte zwischen den Atomen oder Molekülen der Mischung. Diese Kräfte hängen in der Regel von den Konzentrationen ab.

11.2.2.2   Molare Wärmen

Die Wärmekapazität bei konstantem Druck ist durch

$$C_p = \left(\frac{\partial H}{\partial T} \right)_p$$

definiert. Für eine Mischung kann sie mit Hilfe der partiellen molaren Enthalpien berechnet werden:

$$C_p = \left(\frac{\partial H}{\partial T}\right)_{p,n_i} = \frac{\partial}{\partial T}\left\{\sum_l n_l \tilde{h}_l\right\} = \sum_l n_l \left(\frac{\partial \tilde{h}_l}{\partial T}\right)_{p,n_i} = \sum_l n_l \tilde{c}_{p_l}.$$

Die $\tilde{c}_{p_l}$ sind die partiellen Molwärmen der einzelnen Komponenten der Mischung. Für eine binäre Mischung können sie nach der in Abb. 11.3 dargestellten Tangentenmethode aus der mittleren molaren Wärme als Funktion von x_1

$$\bar{c}_p = x_1 \tilde{c}_{p_1} + x_2 \tilde{c}_{p_2}$$

ermittelt werden. Sie lassen sich aber auch aus der Wärmekapazität berechnen:

$$\tilde{c}_{p_l} = \left(\frac{\partial \tilde{h}_l}{\partial T}\right)_{p,n_i} = \frac{\partial}{\partial T}\left(\frac{\partial H}{\partial n_l}\right)_{p,T} = \frac{\partial}{\partial n_l}\left(\frac{\partial H}{\partial T}\right)_p = \left(\frac{\partial C_p}{\partial n_l}\right)_{p,T}. \tag{11.22}$$

11.2.3   Aktivität und Aktivitätskoeffizienten

Im Abschnitt 11.1.2 haben wir das chemische Potential einer Komponente l in einer idealen Mischung berechnet. In vielen Fällen weicht das Verhalten realer Mischungen nicht sehr von dem idealer Mischungen ab. Man behält deshalb die Form (11.14) für das chemische Potential bei und ersetzt nur den Molenbruch x_l nach LEWIS durch die *Aktivität* a_l. Die Aktivität muß durch Messungen bestimmt werden. Neben der Aktivität wird der Aktivitätskoeffizient f_l mit $a_l = x_l f_l$ verwendet. Das chemische Potential lautet dann:

$$\mu_l = g_l(p,T) + RT \ln a_l = g_l(p,T) + RT \ln x_l + RT \ln f_l. \tag{11.23}$$

Für ideale Mischungen ist $f_l = 1$, sonst ist f_l eine Funktion von p, T und x_i. Die Abweichung des chemischen Potentials der realen von dem der idealen Mischung bezeichnet man als *chemisches Zusatzpotential* (chemical excess potential) μ_l^E:

$$\mu_l^E = \mu_l - \mu_l^{ideal} = RT \ln f_l. \tag{11.24}$$

Für eine Klassifizierung der verschiedenen realen binären Mischungen erweist sich die mittlere molare freie Exzeß-Enthalpie

$$g^E = \frac{G}{n} - \frac{G^{ideal}}{n} = \sum_{l=1}^{2} x_l\left(\mu_l - \mu_l^{ideal}\right) = x_1 \mu_1^E + x_2 \mu_2^E \tag{11.25}$$

als geeignete Größe. Man geht dabei von einer praktisch bewährten Entwicklung nach $x_1 - x_2 = x_1 - (1 - x_1) = 2x_1 - 1$ aus:

$$g^E = x_1(1 - x_1)[A + B(2x_1 - 1) + C(2x_1 - 1)^2 + D(2x_1 - 1)^3 + \cdots]. \tag{11.26}$$

Der Faktor $x_1(1-x_1)$ wird ausgeklammert, weil im Fall $x_1 = 0$ und $x_1 = 1$, wenn jeweils nur eine Komponente vorhanden ist, alle Mischungseffekte und damit auch g^E verschwinden müssen. Die Koeffizienten $A, B, C, \ldots$ sind Funktionen der Temperatur und des Druckes. Für die chemischen Zusatzpotentiale folgt aus (11.25) nach einer zu (11.19) analogen Rechnung (man ersetze $\bar{v} \to g^E$, $\tilde{v}_1 \to \mu_1{}^E$, $\tilde{v}_2 \to \mu_2{}^E$):

$$\mu_1{}^E = g^E + (1 - x_1)\,\frac{\mathrm{d}g^E}{\mathrm{d}x_1},$$

$$\mu_2{}^E = g^E - x_1\,\frac{\mathrm{d}g^E}{\mathrm{d}x_1}.$$

Mit Hilfe dieser Gleichungen kann man aus (11.26) und (11.24) die Aktivitätskoeffizienten f_1 und f_2 berechnen.

Bei der Klassifizierung der binären Mischungen unterscheidet man drei Fälle:

1. Alle Koeffizienten $A, B, C, \ldots$ sind null. Dann liegt eine ideale Mischung vor.
2. Außer $A \neq 0$ sind alle Koeffizienten $B, C, \ldots$ null. Die dann vorliegende reale Mischung heißt *einfache* oder *symmetrische Mischung*.[4] Ist A außerdem noch konstant, dann erhält man den Grenzfall der „regulären Mischungen". Mauser und Kortüm[5] konnten jedoch zeigen, daß die Annahme $A = \text{const}$, $B = C = \ldots = 0$ auf Widersprüche führt, d.h., die gelegentlich in der Literatur behandelten regulären Mischungen können nicht exisitieren.
3. Außer $A \neq 0$ ist mindestens ein weiterer Koeffizient von null verschieden. Man spricht dann von *unsymmetrischen Mischungen*.

Untersucht man die Stabilität von binären Mischungen, dann findet man mit Hilfe der Stabilitätsbedingungen (7.24), daß Mischungen idealer Gase immer stabil sind. Anders sieht es bei Flüssigkeiten aus. Hier gibt es einen stetigen Übergang von vollständiger bis zu praktisch fehlender Mischbarkeit. Entmischungserscheinungen sind stark temperaturabhängig. Es ist möglich, daß bei konstantem Druck oberhalb einer kritischen (oberen) Entmischungstemperatur T_k zwei Flüssigkeiten in jedem Verhältnis mischbar sind. Unterhalb T_k gibt es dann Mischungsverhältnisse, bei denen die Mischung in zwei koexistierende flüssige Phasen bestimmter Zusammensetzung zerfällt (Punkt A mit dem Molenbruch x_A und Punkt B mit x_B in Abb. 11.4a). Die in Abb. 11.4 schraffiert gezeichneten Gebiete, in denen die Mischungen instabil sind, nennt man *Mischungslücken*. Es gibt Mischungen, die nur eine obere (Abb. 11.4a) bzw. nur eine untere (Abb. 11.4b) kritische Temperatur besitzen. Man beobachtet aber auch Mischungen mit zwei

---

[4] Von symmetrischen Mischungen spricht man deshalb, weil alle molaren Mischungseffekte, wie z.B. die Mischungswärme, über x_1 aufgetragen symmetrisch bezüglich der Geraden $x_1 = 0,5$ sind.

[5] MAUSER, H. und G. KORTÜM, Z. Naturforsch. **10a** (1955) 317.

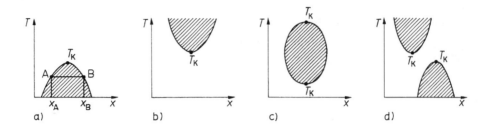

Abb. 11.4 Verschiedene Mischungslücken (schraffierte Bereiche), mit oberer a), mit unterer b) sowie mit oberer und unterer c), d) kritischer Temperatur

kritischen Temperaturen. Die Mischungslücke kann dann aus einem Gebiet (Abb. 11.4c) oder aus zwei getrennten Gebieten (Abb. 11.4d) bestehen.

11.2.4   Verdünnte Lösungen

Eine verdünnte Lösung ist ein Gemisch aus K Stoffen, in dem ein Bestandteil, das *Lösungsmittel,* in großem Überschuß gegenüber den gelösten Substanzen vorhanden ist. Letztere liegen bei der Temperatur des Lösungsmittels im ungelösten Zustand meist in einem anderen Aggregatzustand vor.

Wir betrachten Lösungen von festen oder gasförmigen Stoffen in Flüssigkeiten und beschränken uns auf verdünnte Lösungen. In ihnen gilt

$$n_0 \gg n_i, \tag{11.27}$$

wobei n_0 die Molzahl des Lösungsmittels ist und die n_i die Molzahlen der gelösten Stoffe sind. Die gelösten Stoffe sollen homogen in der Lösung verteilt sein. Wegen der Voraussetzung (11.27) ist jedes gelöste Molekül von so vielen Molekülen des Lösungsmittels umgeben, daß es auf die anderen gelösten Moleküle praktisch keine Kräfte mehr ausübt, mit ihnen nicht wechselwirkt. Für das Volumen der verdünnten Lösung können wir

$$V = n_0 v_0 + \sum_{l=1}^{K-1} n_l v_l' \approx n_0 v_0 + \sum_{l=1}^{K-1} n_l v_l$$

ansetzen. Hierbei ist v_l' der scheinbare molare Raumbedarf der l-ten gelösten Komponente und v_l ihr molares Volumen. Das Volumen der verdünnten Lösung setzt sich in sehr guter Näherung wie bei idealen Mischungen additiv aus den Volumina der einzelnen Komponenten zusammen.

Das chemische Potential für Stoffe in Lösungen ist durch (11.23)

$$\mu_l = g_l(p, T) + RT \ln x_l + RT \ln f_l$$

gegeben. Für binäre Lösungen ergeben Experimente, daß sich f_0 mit zunehmender Verdünnung dem Wert 1 nähert. Für das Lösungsmittel gilt deshalb in verdünnten binären Lösungen

$$\mu_0 = g_0(p, T) + RT \ln x_0. \tag{11.28}$$

Der Aktivitätskoeffizient f_1 des gelösten Stoffes strebt mit $x_1 \rightarrow 0$ einem bestimmten endlichen Wert zu. Man kann für sehr kleine x_1 die Aktivität $a_1 = x_1 f_1$ in eine Potenzreihe nach x_1 entwickeln:

$$a_1 = a_1 x_1 + \beta_1 x_1^2 + \cdots.$$

Berücksichtigt man nur den linearen Term, dann folgt für das chemische Potential des gelösten Stoffes

$$\mu_1 = g_1(p, T) + RT \ln \alpha_1 + RT \ln x_1$$

bzw., wenn man $g_1 + RT \ln \alpha_1$ zu $g_{10}(p, T)$ zusammenfaßt,

$$\mu_1 = g_{10}(p, T) + RT \ln x_1. \tag{11.29}$$

Die Abhängigkeit der chemischen Potentiale von den Molenbrüchen ist für verdünnte Lösungen die gleiche wie in idealen Mischungen. Während aber $g_0(p, T)$ des Lösungsmittels unabhängig von den gelösten Stoffen ist, hängt $g_{10}(p, T)$ wegen des Anteils $RT \ln \alpha_1$ noch von den Eigenschaften des Lösungsmittels ab.

11.3 Chemische Reaktionen in homogenen Systemen

11.3.1 Die Gleichgewichtsbedingungen

Zu den wichtigsten Anwendungen der Thermodynamik gehören die Berechnung und Auswertung der Gleichgewichtsbedingungen für chemische Reaktionen. Dabei interessiert man sich z.B. dafür, welche Konzentration des Stoffes C im Gleichgewicht vorliegt, wenn man von n_A Molen des Stoffes A und n_B Molen des Stoffes B ausgeht und A und B sich entsprechend der stöchiometrischen Gleichung $(-\nu_A)A + (-\nu_B)B \rightleftharpoons \nu_C C$ zu C verbinden.

Chemische Gleichgewichte unterscheiden sich nur unwesentlich von Phasengleichgewichten. Bei Phasenübergängen spielen die zwischenmolekularen Kräfte, bei chemischen Reaktionen die Bindungskräfte zwischen den Atomen im Molekül eine Rolle. Für thermodynamische Überlegungen ist die Art der Kräfte aber unwesentlich, da keinerlei Voraussetzungen über die atomistische Struktur der Systeme benötigt werden. Für das chemische Gleichgewicht erwarten wir deshalb ähnliche Beziehungen wie bei Phasengleichgewichten.

Wir betrachten im folgenden ein homogenes System aus K Stoffkomponenten B_l, die chemisch miteinander reagieren können, und gehen dabei von der Reaktionsgleichung (stöchiometrische Gleichung) in der Form

$$\sum_{l=1}^{M}(-\nu_l)B_l \rightleftharpoons \sum_{l=M+1}^{K} \nu_l B_l \qquad (11.30)$$

aus. Die stöchiometrischen Koeffizienten ν_l der Ausgangsstoffe zählen wir negativ, die der Endstoffe positiv. Zum Beispiel lauten die stöchiometrischen Koeffizienten der Reaktionsgleichung $H_2 + Cl_2 \rightleftharpoons 2HCl$

$$\nu_{H_2} = -1, \quad \nu_{Cl_2} = -1, \quad \nu_{HCl} = 2.$$

Die chemischen Reaktionen sollen bei konstanter Temperatur und konstantem Druck ablaufen. Die Gleichgewichtsbedingung ist dann

$$(\delta G)_{T,p} = \sum_l \left(\frac{\partial G}{\partial n_l}\right)_{T,p,n_i} \delta n_l = \sum_l \mu_l \, \delta n_l = 0. \qquad (11.31)$$

Die Variationen δn_i sind nicht willkürlich wählbar, da die Stoffumwandlungen entsprechend der stöchiometrischen Gleichung (11.30) verlaufen. Ändert sich bei der Reaktion die Molzahl des Stoffes B_1 um $\nu_1\xi$, dann müssen sich die Molzahlen der anderen an der Reaktion beteiligten Stoffe um $\nu_l\xi$ ändern. Die ursprünglich vorhandenen Molzahlen $\overset{\circ}{n}_l$ gehen dabei in die Molzahlen

$$n_l = \overset{\circ}{n}_l + \nu_l\xi \qquad (11.32)$$

über. ξ nennt man die *Reaktionslaufzahl,* sie ist ein innerer Parameter im Sinne des Abschnitts 6.2.2. Bei einer infinitesimalen Änderung der Reaktionslaufzahl $\delta\xi$ ändern sich die Molzahlen um

$$\delta n_l = \nu_l \, \delta\xi,$$

und die Gleichgewichtsbedingung (11.31) geht in

$$\sum_l \mu_l \nu_l \, \delta\xi = 0$$

über. Da die Variation $\delta\xi$ willkürlich ist, muß

$$\sum_{l=1}^{K} \nu_l \mu_l = 0 \qquad (11.33)$$

gelten. Das ist die allgemeinste Form der Gleichgewichtsbedingung für *eine* chemische Reaktion bei konstantem p und T. Zu ihrer Auswertung benötigt man die genaue Kenntnis der chemischen Potentiale. Es ist eine der Hauptaufgaben der chemischen Thermodynamik, die chemischen Potentiale aus geeigneten Messungen zu bestimmen.

Die Änderung der freien Enthalpie bei einem Reaktionsumsatz $(\xi = 1)$ ist gleich $(\Delta G)_{T,p} = \sum_{l=1}^{K} \nu_l \mu_l$. ΔG haben wir bereits in Abschnitt 8.1 als *Affinität* bezeichnet. Im chemischen Gleichgewicht ist also die Affinität $\Delta G = \sum_{l=1}^{K} \nu_l \mu_l = 0$.

Laufen chemische Reaktionen nicht bei konstantem p und T, sondern z.B. bei konstantem V und T ab, dann lautet die Gleichgewichtsbedingung $(\delta F)_{V,T} = 0$. Auch in diesem Fall erhält man die Gleichgewichtsbedingung in der Form (11.33), nur daß jetzt die μ_l von V, T und n_i abhängen.

11.3.2 Das Massenwirkungsgesetz (MWG)

Für ideale Mischungen kennen wir die chemischen Potentiale (11.14). Wir wollen damit die Gleichgewichtsbedingung (11.33) für chemische Reaktionen in idealen Mischungen auswerten. Gehen wir mit (11.14) in (11.33) ein, so folgt

$$\sum_l \nu_l \{g_l(p,T) + RT \ln x_l\} = 0$$

bzw.

$$\sum_l \nu_l \ln x_l = -\frac{1}{RT} \sum_l \nu_l g_l(p,T).$$

Führen wir die von p und T, nicht aber von den Molenbrüchen x_l abhängige Größe $K(p,T)$ („Konstante" des MWG) über

$$\ln K(p,T) = -\frac{1}{RT} \sum_l \nu_l g_l(p,T) \tag{11.34}$$

ein, so werden wir zu dem auf Guldberg und Waage zurückgehenden *Massenwirkungsgesetz* (MWG) geführt:

$$\prod_l x_l^{\nu_l} = K(p,T). \tag{11.35}$$

Es erlaubt, bei vorgegebenen Anfangsmolzahlen, die nach Ablauf der chemischen Reaktion im Gleichgewicht vorhandenen Molenbrüche zu berechnen. Dazu setzt man (11.32) in (11.35) ein, berechnet daraus den Gleichgewichtswert von ξ und über (11.32) die Molenbrüche.

Formulieren wir das MWG mit den Partialdrücken p_l, so folgt wegen $x_l = \dfrac{n_l}{n} = \dfrac{p_l}{p}$

$$\prod_l p_l^{\nu_l} = p^{\sum_l \nu_l} \cdot K(p,T) = K_p. \tag{11.36}$$

K_p hängt nicht mehr vom Druck ab. Wir sehen das, wenn wir $\left(\dfrac{\partial \ln K}{\partial p}\right)_T$ berechnen:

$$\left(\frac{\partial \ln K}{\partial p}\right)_T = -\frac{1}{RT}\sum_l \nu_l \left(\frac{\partial g_l}{\partial p}\right)_T = -\frac{1}{RT}\sum_l \nu_l v_l = -\frac{1}{RT}\sum_l \nu_l \frac{RT}{p}$$

$$= -\frac{\displaystyle\sum_l \nu_l}{p} = \frac{\partial}{\partial p}\left(\ln p^{-\sum_l \nu_l}\right).$$

Integrieren wir diese Gleichung, so folgt

$$K = C(T)p^{-\sum_l \nu_l},$$

womit sich wegen (11.36) $K_p = C(T)$ ergibt.

Für die Abhängigkeit der Größe K von T gilt

$$\left(\frac{\partial \ln K}{\partial T}\right) = \frac{\partial}{\partial T}\left\{-\frac{1}{RT}\sum_{l=1}^{K}\nu_l g_l(T,p)\right\} = \frac{1}{RT^2}\sum_{l=1}^{K}\nu_l\left(g_l - T\frac{\partial g_l}{\partial T}\right)$$

$$= \frac{1}{RT^2}\sum_{l=1}^{K}\nu_l(g_l + Ts_l) = \frac{1}{RT^2}\sum_{l=1}^{K}\nu_l h_l.$$

Die beiden Beziehungen

$$\left(\frac{\partial \ln K}{\partial p}\right)_T = -\frac{\sum \nu_l v_l}{RT} = -\frac{\Delta v}{RT},$$

$$\left(\frac{\partial \ln K}{\partial T}\right)_p = \frac{\Delta h}{RT^2} = \frac{q_p}{RT^2}$$

(11.37)

heißen *van't Hoffsche Gleichungen*. Dabei bedeuten Δv die bei einem einmaligen Reaktionsumsatz ($\xi = 1$) auftretende Volumenänderung und q_p die dabei freiwerdende (exotherme Reaktionen) oder zuzuführende (endotherme Reaktionen) Wärmemenge. q_p ist gleich der Enthalpieänderung $\Delta h = \sum \nu_l h_l$, da die Reaktion isobar abläuft.

Die van't Hoffschen Gleichungen gestatten Aussagen, in welche Richtung Druck- und Temperaturänderungen das chemische Gleichgewicht verschieben. Wächst K, so folgt aus dem MWG, daß die Molenbrüche x_l zunehmen, die zu positiven stöchiometrischen Koeffizienten gehören. Anders ausgedrückt, mit zunehmendem K wachsen auch die Konzentrationen der Endstoffe. Eine Druckerhöhung verschiebt das Gleichgewicht nach der Seite, wo die Komponenten das kleinere Volumen einnehmen. Ist z.B. $\Delta v < 0$, d.h., nehmen die Endstoffe das kleinere Volumen ein, dann gilt $\left(\dfrac{\partial \ln K}{\partial p}\right)_T = -\dfrac{\Delta v}{RT} > 0$, und K wächst mit zunehmendem Druck. Das bedeutet, die Konzentration der Endstoffe wird vergrößert. Ist $\Delta v = 0$, dann sind die Gleichgewichtsmolenbrüche durch Druckänderungen nicht zu beeinflussen. Das ist dann der Fall, wenn $\sum \nu_l = 0$ gilt. Bei *exothermen Reaktionen* $(q_p < 0)$ ist $\left(\dfrac{\partial \ln K}{\partial T}\right)_p = \dfrac{q_p}{RT^2} < 0$, und eine Temperaturerhöhung verschiebt das Gleichgewicht zugunsten der Ausgangsstoffe. Bei *endothermen Reaktionen* $(q_p > 0)$ wachsen umgekehrt mit zunehmender Temperatur die Molenbrüche der Endstoffe.

Wir wollen nun noch $K(p, T)$ direkt berechnen. Dazu benötigen wir $g_l = h_l - Ts_l$. Es ist, wenn wir konstante molare Wärmen c_{p_l} voraussetzen (Abschnitt 4.3):

$$h_l = h_{l_0} + c_{p_l}(T - T_0),$$

$$s_l = s_{l_0} + c_{p_l} \ln\frac{T}{T_0} - R \ln\frac{p}{p_0}.$$

Damit erhalten wir für $\ln K$ aus (11.34)

$$\ln K = \sum_l \nu_l \left\{ -\frac{h_{l_0} - c_{p_l}T_0}{RT} - \frac{c_{p_l}}{R} - \frac{s_{l_0}}{R} + \frac{c_{p_l}}{R} \ln\frac{T}{T_0} - \ln\frac{p}{p_0} \right\},$$

und das MWG erhält die Form

$$\prod_l x_l^{\nu_l} = \left(\frac{p}{p_0}\right)^{-\sum \nu_l} \left(\frac{T}{T_0}\right)^{\sum \frac{\nu_l c_{p_l}}{R}} \exp\left\{ \sum_l \nu_l i_l - \frac{q_{p_0}}{RT} \right\}. \tag{11.38}$$

Hier ist $i_l = (s_{l_0} - c_{p_l})/R$ die chemische Konstante der Komponente l. Sie hängt von dem Bezugspunkt (p_0, T_0) ab und kann mit Hilfe des dritten Hauptsatzes bestimmt werden. Die Reaktionswärme $q_{p_0} = \sum_l \nu_l(h_{l_0} - c_{p_l}T_0)$ muß aus Messungen ermittelt werden.

11.3.3 Beispiele zum Massenwirkungsgesetz

Die Größe $K(p, T)$ ändert sich stark mit der Temperatur. Wir geben in Tab. 11.1 für einige Gasreaktionen Zahlenwerte für $K_p(T) = p^{\sum \nu_l} K(p, T)$ an. In den ersten drei Beispielen sind bei Temperaturen unter 1000 K die Ausgangsstoffe im Gleichgewicht praktisch nicht mehr vorhanden. Erst bei Temperaturen um 3000 K findet man merkliche Konzentrationen der Ausgangsstoffe.

Für viele Anwendungen kann man nach ULICH die Näherung $\sum \nu_l c_{p_l} = 0$ benutzen; sie führt dazu, daß $\ln K$ eine lineare Funktion in $1/T$ wird (Abb. 11.5). Diese Beziehung wird z.B. durch Messungen bei der Ammoniaksynthese bestätigt.

Für die exotherme Reaktion

$$N_2 + 3H_2 \rightleftharpoons 2NH_3$$

mit der Reaktionswärme $|q_p| = 92 \cdot 10^3$ J wollen wir uns überlegen, wie wir die Anfangskonzentrationen von N_2 und H_2 wählen müssen, damit möglichst viel NH_3 gebildet wird. Es wird sich zeigen, daß dies dann der Fall ist, wenn die

Tabelle 11.1: Die Größe K_p für einige einfache Gasreaktionen

Reaktion	$\dfrac{\text{Reaktionswärme}}{\text{Jmol}^{-1}}$	K_p		
$H_2 + \dfrac{1}{2} O_2 \rightleftharpoons H_2O$ Hinreaktion exotherm	$239 \cdot 10^3$	$K_p = \dfrac{p_{H_2O}}{p_{H_2} \cdot p_{O_2}^{1/2}}$	1000 K 2000 K 3000 K	$1,15 \cdot 10^{10}$ $3,72 \cdot 10^3$ $2,11 \cdot 10^1$
$\dfrac{1}{2} H_2 + \dfrac{1}{2} Cl_2 \rightleftharpoons HCl$ Hinreaktion exotherm	$92 \cdot 10^3$	$K_p = \dfrac{p_{HCl}}{p_{H_2}^{1/2} \cdot p_{Cl_2}^{1/2}}$	298 K 1000 K 2000 K 3000 K	$4,81 \cdot 10^{16}$ $1,81 \cdot 10^5$ $6,02 \cdot 10^2$ $8,72 \cdot 10^1$
$CO + \dfrac{1}{2} O_2 \rightleftharpoons CO_2$ Hinreaktion exotherm	$280 \cdot 10^3$	$K_p = \dfrac{p_{CO_2}}{p_{CO} \cdot p_{O_2}^{1/2}}$	300 K 1000 K 2000 K 3000 K	$5,46 \cdot 10^{14}$ $1,58 \cdot 10^{10}$ $7,30 \cdot 10^2$ $2,98$
$CO_2 + H_2 \rightleftharpoons CO + H_2O$ Hinreaktion endotherm	$40,4 \cdot 10^3$	$K_p = \dfrac{p_{CO} \cdot p_{H_2O}}{p_{CO_2} \cdot p_{H_2}}$	300 K 1000 K 2000 K 3000 K	$1,15 \cdot 10^{-4}$ $7,19 \cdot 10^{-1}$ $4,59$ $7,08$

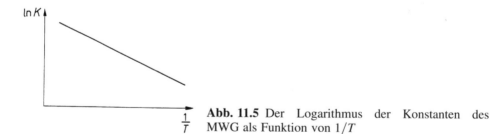

Abb. 11.5 Der Logarithmus der Konstanten des MWG als Funktion von $1/T$

Molzahlen der Ausgangsstoffe proportional zu den stöchiometrischen Koeffizienten sind. Wir beweisen diese Aussage für die allgemeine Reaktion

$$\sum_{l=1}^{K} \nu_l B_l = 0.$$

Es ist dabei $\nu_1 < 0, \ldots, \nu_M < 0, \nu_{M+1} > 0, \ldots, \nu_K > 0$. Zu Beginn der Reaktion sind nur die Ausgangsstoffe B_1 bis B_M mit den Molzahlen $\overset{\circ}{n}_1$ bis $\overset{\circ}{n}_M$ und konstantem $\overset{\circ}{n} = \sum_{l=1}^{M} \overset{\circ}{n}_l$ vorhanden, die $\overset{\circ}{n}_{M+1}$ bis $\overset{\circ}{n}_K$ sind Null. Die $\overset{\circ}{n}_l$ sollen so gewählt werden, daß bei Beachtung der Nebenbedingung

$$\overset{\circ}{n} = \sum_{l=1}^{M} \overset{\circ}{n}_l = \text{const}$$

der Umsatz maximal wird. Das ist dann der Fall, wenn die zum Gleichgewichtszustand gehörende Reaktionslaufzahl ξ am größten ist. ξ hängt von den $\overset{\circ}{n}_l$ ab und kann mit Hilfe von (11.32) aus

$$\prod_{l=1}^{K} x_l^{\nu_l} = K(p, T) \tag{11.39}$$

bestimmt werden. Wir gehen von (11.39) durch Logarithmieren zu

$$\sum_{l=1}^{K} \nu_l \ln x_l = \sum_{l=1}^{K} \nu_l \ln \frac{\overset{\circ}{n}_l + \nu_l \xi}{\sum_{l=1}^{K} (\overset{\circ}{n}_i + \nu_i \xi)} = \ln K(p, T) \tag{11.40}$$

über. Um die gestellte Extremwertaufgabe $\delta\xi = 0$ bei $\overset{\circ}{n} = \text{const}$ lösen zu können, müßten wir zunächst (11.40) nach $\xi = \xi(\overset{\circ}{n}_i)$ auflösen. Das ist aber nicht ohne weiteres möglich. Wir bilden deshalb direkt die Variation der Gleichung (11.40). Die Nebenbedingung $\delta\overset{\circ}{n} = \sum_{l=1}^{M} \delta\overset{\circ}{n}_l = 0$ multiplizieren wir mit einem Lagrangeschen Multiplikator λ und addieren sie zur variierten Gleichung (11.40). Da p und T festgehalten werden und $\delta\xi = 0$ gelten muß, folgt schließlich

$$\sum_{l=1}^{M} \left\{ \frac{\nu_l}{\overset{\circ}{n}_l + \nu_l \xi} + \lambda \right\} \delta\overset{\circ}{n}_l = 0$$

und daraus in bekannter Weise[6]

$$\frac{\nu_l}{\overset{\circ}{n}_l + \nu_l \xi} + \lambda = 0$$

bzw.

$$\overset{\circ}{n}_l = -\nu_l \left(\frac{1}{\lambda} + \xi \right).$$

Summieren wir über alle $\overset{\circ}{n}_l$, erhalten wir

$$\overset{\circ}{n} = -\sum_{l=1}^{M} \nu_l \left(\frac{1}{\lambda} + \xi \right).$$

---

[6] Wir erinnern an die Herleitung der Lagrangeschen Gleichungen I. Art aus dem d'Alembert-Prinzip in der Mechanik.

Durch Elimination von $\left(\dfrac{1}{\lambda} + \xi\right)$ aus den letzten beiden Gleichungen ergibt sich das gesuchte Ergebnis

$$\overset{\circ}{n}_l = \frac{\nu_l \overset{\circ}{n}}{\nu_1 + \nu_2 + \ldots + \nu_M}. \tag{11.41}$$

Eine maximale Umsetzung der Ausgangsstoffe wird dann erreicht, wenn die Molzahlen der Ausgangsstoffe den stöchiometrischen Koeffizienten proportional sind.

Wir kommen nun zur Ammoniaksynthese zurück. Als Ausgangsstoffe wählen wir n_0 Mole N_2 und $3n_0$ Mole H_2. Im Gleichgewicht haben sich dann ξ Mole N_2 und 3ξ Mole H_2 zu 2ξ Molen NH_3 verbunden, so daß dann folgende Molzahlen vorhanden sind:

$$n_{N_2} = n_0 - \xi = n_0(1 - y),$$
$$n_{H_2} = 3n_0 - 3\xi = 3n_0(1 - y),$$
$$n_{NH_3} = 2\xi = 2n_0 y.$$

$y = \dfrac{\xi}{n_0}$ ist die auf N_2 bezogene Ausbeute,[7] d.h. der in NH_3 umgewandelte Bruchteil des N_2. Die Gesamtmolzahl im Gleichgewicht ist $n = \sum n_l = n_{N_2} + n_{H_2} + n_{NH_3} = 2n_0(2 - y)$. Damit lautet das MWG

$$\frac{x_{N_2} \cdot x_{H_2}^3}{x_{NH_3}^2} = \frac{\dfrac{1-y}{2(2-y)} \left(\dfrac{3(1-y)}{2(2-y)}\right)^3}{\left(\dfrac{2y}{2(2-y)}\right)^2} = \frac{27(1-y)^4}{16y^2(2-y)^2} = p^{-2} K_p^{-1}.$$

Aus dieser Gleichung können wir die Ausbeute y bei vorgegebenem Druck berechnen. Sind die Ausbeuten klein, dann gilt mit $y \ll 1$ genähert

$$K_p^{-1} \approx p^2 \frac{27}{64y^2} \quad \text{oder} \quad y \approx \frac{3}{8} p \sqrt{3K_p},$$

d.h., die Ausbeute wächst proportional mit dem Druck. Das liegt daran, daß das Volumen der Ausgangsstoffe größer als das der Endstoffe ist. Mit steigender Temperatur nimmt die Ausbeute ab, da bei der Bildung von NH_3 Wärme frei wird (exotherme Reaktion).

Man sollte deshalb, um eine möglichst große Ausbeute zu erhalten, die Reaktion bei hohen Drücken und niedrigen Temperaturen ablaufen lassen (Abb. 11.6). In der Praxis benutzt man aber dennoch relativ hohe Temperaturen (500°C), weil bei niedrigeren Temperaturen trotz der Verwendung von Katalysatoren die Reaktionsgeschwindigkeit zu klein ist. Die Höhe des Druckes ist durch den technischen

---

[7] Man kann die Ausbeute auch auf einen anderen Ausgangsstoff beziehen.

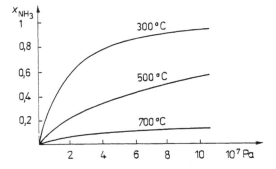

Abb. 11.6 Die Druck- und Temperaturabhängigkeit des Ammoniak-Molenbruchs für das chemische Gleichgewicht der Reaktion $N_2 + 3H_2 \rightleftharpoons 2\,NH_3$

Aufwand, der ökonomisch noch vertretbar ist, begrenzt. Man arbeitet bei etwa $\approx 2 \cdot 10^7$ Pa (≈ 200 atm).

11.4 Mehrphasensysteme

11.4.1 Die Gibbssche Phasenregel

Wir betrachten ein System, in dem keine chemischen Reaktionen stattfinden und das aus P Phasen und K Komponenten zusammengesetzt ist. Die Temperatur und der Druck seien in allen Phasen des Systems gleich. Die freie Enthalpie G setzt sich als extensive Größe additiv aus den freien Enthalpien $G^{(\alpha)}$ der einzelnen Phasen zusammen

$$G = \sum_{\alpha=1}^{P} G^{(\alpha)}, \quad G^{(\alpha)} = G^{(\alpha)}(p, T, n_i^{(\alpha)}).$$

Die Gleichgewichtsbedingung lautet dann:

$$(\delta G)_{T,p,M} = \sum_{l=1}^{K} \sum_{\alpha=1}^{P} \left(\frac{\partial G^{(\alpha)}}{\partial n_l^{(\alpha)}} \right)_{p,T,n_i^{(\beta)}} \delta n_l^{(\alpha)} = \sum_{l=1}^{K} \sum_{\alpha=1}^{P} \mu_l^{(\alpha)} \delta n_l^{(\alpha)} = 0.$$

$$(11.42)$$

Der Index l bezeichnet die einzelnen Stoffkomponenten, der Index α die verschiedenen Phasen. Bei den möglichen Phasenumwandlungen müssen die Gesamtmolzahlen der einzelnen Komponenten erhalten bleiben,

$$\sum_{\alpha=1}^{P} n_l^{(\alpha)} = \text{const},$$

d.h., die Molzahlen müssen den Nebenbedingungen

$$\sum_{\alpha=1}^{P} \delta n_l^{(\alpha)} = 0 \tag{11.43}$$

gehorchen. Wir multiplizieren (11.43) mit den Lagrangeschen Multiplikatoren $-\lambda_l$ und addieren diese Gleichungen dann zu (11.42)

$$\sum_{l=1}^{K} \sum_{\alpha=1}^{P} (\mu_l^{(\alpha)} - \lambda_l) \delta n_l^{(\alpha)} = 0.$$

Diese Bedingung kann nur erfüllt werden, wenn alle Klammern einzeln verschwinden

$$\mu_l^{(\alpha)} - \lambda_l = 0, \quad \alpha = 1, 2, \ldots, P,$$

d.h., im Gleichgewicht sind die chemischen Potentiale einer Stoffkomponente in allen Phasen gleich. Ausführlich aufgeschrieben lauten die Bedingungen für das Phasengleichgewicht:

$$
\begin{aligned}
\mu_1^{(1)} &= \mu_1^{(2)} = \ldots = \mu_1^{(P)}, \\
\mu_2^{(1)} &= \mu_2^{(2)} = \ldots = \mu_2^{(P)}, \\
&\vdots \qquad\qquad \vdots \\
\mu_K^{(1)} &= \mu_K^{(2)} = \ldots = \mu_K^{(P)}.
\end{aligned}
\tag{11.44}
$$

Wir wollen nun die Freiheitsgrade, die gleich der Zahl der unabhängigen Variablen sind, abzählen. Im ganzen System können wir p und T vorgeben, dazu die Zusammensetzung in jeder einzelnen Phase. Das sind in jeder Phase α die K Molenbrüche $x_1^{(\alpha)}, x_2^{(\alpha)}, \ldots, x_K^{(\alpha)}$ abzüglich der Bedingung $\sum_{l=1}^{K} x_l^{(\alpha)} = 1$. Insgesamt haben wir also $2 + P(K - 1)$ Variable, zu deren Bestimmung die $K(P - 1)$ unabhängigen Gleichungen (11.44) zur Verfügung stehen. Das System hat also $2 + P(K - 1) - K(P - 1)$ Freiheitsgrade f:

$$f = 2 + K - P. \tag{11.45}$$

Das ist die *Gibbssche Phasenregel*. Wir geben zwei Beispiele. Bei einer Komponente und zwei Phasen ist $f = 2 + 1 - 2 = 1$. Es existiert ein Freiheitsgrad, die Zustände des Systems können sich auf der Phasengrenzkurve, z.B. der Dampfdruckkurve, bewegen. Im Fall einer Komponente und dreier Phasen ist $f = 2 + 1 - 3 = 0$. Das System hat keine Freiheitsgrade mehr, es ist nur der Zustand am Tripelpunkt möglich.

Lassen wir in dem System noch chemische Reaktionen ablaufen, dann verringert sich die Zahl der Freiheitsgrade um die Anzahl der unabhängigen chemischen Reaktionsgleichungen R, es gilt dann

$$f = 2 + K - P - R.$$

11.4.2 Der osmotische Druck

Wir untersuchen die in Abb. 11.7 dargestellte Anordnung. Eine nur für das Lösungsmittel durchlässige semipermeable Wand trennt das reine Lösungsmittel (z.B. Wasser) von der verdünnten Lösung (z.B. Zucker in Wasser). Im Gleichgewicht stellt sich in der Lösung ein höherer Druck als im reinen Lösungsmittel ein. Die Druckdifferenz kann, wie in Abb. 11.7 dargestellt wird, gemessen werden:

$$P = p'' - p' = \varrho g h.$$

ϱ ist die Dichte der Lösung und g die Erdbeschleunigung. P wird *osmotischer Druck* genannt. Zu seiner Berechnung ziehen wir die Gleichgewichtsbedingung $(\delta F)_{T,V,M} = 0$ heran. Die freie Energie müssen wir deshalb wählen, weil sich unser System (Abb. 11.8) in einem festen Volumen $V = V^{(1)} + V^{(2)}$ befindet, stofflich nach außen abgeschlossen ist und eine einheitliche Temperatur besitzen

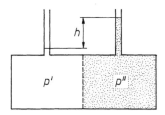

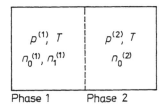

Abb. 11.7 Sichtbarmachung des osmotischen Druckes

Abb. 11.8 Zur Berechnung des osmotischen Druckes

soll. Die Molzahl des Lösungsmittels ist in der Phase 1 gleich $n_0^{(1)}$ und in der Phase 2 gleich $n_0^{(2)}$. Mit den Nebenbedingungen für die Molzahlen

$$\delta n_0^{(1)} + \delta n_0^{(2)} = 0, \quad \delta n_1^{(1)} = 0$$

liefert die Gleichgewichtsbedingung für die freie Energie $F = F^{(1)} + F^{(2)}$:

$$(\delta F)_{T,V,M} = \left(\frac{\partial F^{(1)}}{\partial n_0^{(1)}}\right)\delta n_0^{(1)} + \left(\frac{\partial F^{(2)}}{\partial n_0^{(2)}}\right)\delta n_0^{(2)} = \left(\mu_0^{(1)} - \mu_0^{(2)}\right)\delta n_0^{(1)} = 0$$

die Beziehung

$$\mu_0^{(1)}\left(V^{(1)}, T, n_0^{(1)}, n_1^{(1)}\right) = \mu_0^{(2)}\left(V^{(2)}, T, n_0^{(2)}\right).$$

Da wir den osmotischen Druck berechnen wollen, ersetzen wir mit Hilfe der thermischen Zustandsgleichungen für die Phasen 1 und 2,

$$V^{(1)} = V^{(1)}\left(p^{(1)}, T, n_0{}^{(1)}, n_1{}^{(1)}\right),$$

$$V^{(2)} = V^{(2)}\left(p^{(2)}, T, n_0{}^{(2)}\right),$$

die Volumina durch die Drücke $p^{(1)}$ und $p^{(2)}$ und erhalten so[8]

$$\mu_0{}^{(1)}\left(p^{(1)}, T, \frac{n_0{}^{(1)}}{n_0{}^{(1)} + n_1{}^{(1)}}\right) = \mu_0{}^{(2)}(p^{(2)}, T). \tag{11.46}$$

Diese Gleichung werten wir für verdünnte Lösungen aus. Das chemische Potential $\mu_0{}^{(1)}$ ist dann durch (11.28) gegeben:

$$\mu_0{}^{(1)} = g_0(p^{(1)}, T) - RT \ln \frac{n_0{}^{(1)} + n_1{}^{(1)}}{n_0{}^{(1)}}. \tag{11.47}$$

Die Phase 2 besteht nur aus dem Lösungsmittel, $\mu_0{}^{(2)}$ ist deshalb gleich der molaren freien Enthalpie g_0. Da $n_0{}^{(1)} \gg n_1{}^{(1)}$ ist, können wir $\ln\left(1 + \frac{n_1{}^{(1)}}{n_0{}^{(1)}}\right)$ in (11.47) in eine Reihe nach $\frac{n_1{}^{(1)}}{n_0{}^{(1)}}$ entwickeln und nach dem linearen Glied abbrechen:

$$\ln\left(1 + \frac{n_1{}^{(1)}}{n_0{}^{(1)}}\right) \approx \frac{n_1{}^{(1)}}{n_0{}^{(1)}}. \tag{11.48}$$

Entwickeln wir noch $g_0(p^{(2)}, T)$ in eine Taylor-Reihe nach $p^{(2)}$ an der Stelle $p^{(1)}$

$$g_0(p^{(2)}, T) = g_0\left(p^{(1)}, T\right) + \left(\frac{\partial g_0}{\partial p}\right)_T \left(p^{(2)} - p^{(1)}\right) + \cdots$$

$$\approx g_0\left(p^{(1)}, T\right) - v_0 P, \qquad P = p^{(1)} - p^{(2)},$$

dann erhalten wir aus (11.46) bis (11.48)

$$RT \frac{n_1{}^{(1)}}{n_0{}^{(1)}} = v_0 P.$$

Nun ist $v_0 n_0{}^{(1)}$ ungefähr gleich dem Volumen $V^{(1)}$ der Lösung, so daß wir endgültig die Beziehung

$$PV^{(1)} = n_1{}^{(1)} RT \tag{11.49}$$

bekommen. Der osmotische Druck $P = p^{(1)} - p^{(2)}$ von $n_1{}^{(1)}$ Molen des im Lösungsmittel mit dem Volumen $V^{(1)}$ gelösten Stoffes ist gleich dem Druck von

---

[8] Man beachte, daß das chemische Potential als intensive Größe in der Form $\mu(T, p, x_i)$ nur von den Molenbrüchen x_i und nicht von den Molzahlen n_i abhängt.

$n_1{}^{(1)}$ Molen eines idealen Gases im Volumen $V^{(1)}$. P hängt nicht von der Art des Lösungsmittels und des gelösten Stoffes ab.

Dieses Ergebnis ist nicht so überraschend, da wir bei der Ableitung von (11.49) eine Reihe von Voraussetzungen gemacht haben (verdünnte Lösung, $n_0{}^{(1)}v_0 \approx V^{(1)}$, d.h. kein Eigenvolumen des gelösten Stoffes), die auch für ideale Gase zutreffen.

11.4.3 Die Raoultschen Gesetze

Wir wollen jetzt das Gleichgewicht zwischen einer verdünnten Lösung und dem Dampf des Lösungsmittels untersuchen (Abb. 11.9). Der gelöste Stoff sei nicht flüchtig, er kommt also in der gasförmigen Phase nicht vor. Die Phasengrenzflä-

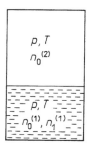

Abb. 11.9 Zur Berechnung des Phasengleichgewichts zwischen einer binären Lösung und dem Dampf des Lösungsmittels

che wirkt hier als semipermeable Wand. Es soll thermisches ($T^{(1)} = T^{(2)}$) und mechanisches Gleichgewicht ($p^{(1)} = p^{(2)}$) herrschen. Die Auswertung der Gleichgewichtsbedingung $(\delta G)_{p,T,M} = 0$ wird uns zu den Raoultschen Gesetzen führen, die Aussagen über die Änderungen des Dampfdruckes, des Siedepunktes und des Gefrierpunktes der Lösung gegenüber dem reinen Lösungsmittel zum Inhalt haben.

Die Gleichgewichtsbedingung führt mit den Nebenbedingungen

$$\delta n_1{}^{(1)} = 0, \quad \delta n_0{}^{(1)} + \delta n_0{}^{(2)} = 0$$

auf

$$\mu_0{}^{(1)}\left(p, T, \frac{n_0{}^{(1)}}{n_0{}^{(1)} + n_1{}^{(1)}}\right) = \mu_0{}^{(2)}(p, T)$$

bzw.

$$g_0{}^{(1)}(p, T) - RT \ln\left(1 + \frac{n_1{}^{(1)}}{n_0{}^{(1)}}\right) = g_0{}^{(2)}(p, T). \tag{11.50}$$

$g_0{}^{(1)}$ ist die molare freie Enthalpie des reinen Lösungsmittels, $g_0{}^{(2)}$ die des Dampfes. Wegen $n_1{}^{(1)} \ll n_0{}^{(1)}$ gilt wieder (11.48), und es folgt

$$g_0{}^{(2)}(p,T) = g_0{}^{(1)}(p,T) - RT\frac{n_1{}^{(1)}}{n_0{}^{(1)}}. \tag{11.51}$$

Durch Auflösung nach p erhält man aus dieser Gleichung den Dampfdruck des Lösungsmittels. Wir wollen den Dampfdruck p und die Siedetemperatur T der Lösung mit den entsprechenden Werten p^+, T^+ des reinen Lösungsmittels vergleichen. p^+ und T^+ gehorchen der Gleichgewichtsbedingung (10.151)

$$g_0{}^{(1)}(p^+, T^+) = g_0{}^{(2)}(p^+, T^+).$$

Addieren wir zu dieser Gleichung (11.51) und entwickeln wir $g_0{}^{(1)}$ sowie $g_0{}^{(2)}$ nach p^+ und T^+ in eine Taylor-Reihe um p und T, so folgt

$$(p^+ - p)\left[v_0{}^{(2)}(p,T) - v_0{}^{(1)}(p,T)\right]$$
$$- (T^+ - T)\left[s_0{}^{(2)}(p,T) - s_0{}^{(1)}(p,T)\right] = RT\frac{n_1{}^{(1)}}{n_0{}^{(1)}} \cdot \tag{11.52}$$

Wir betrachten 2 Fälle:

1. *Die Änderung des Dampfdruckes $p^+ - p$ bei festem $T = T^+$.* Es ergibt sich dann aus (11.52)

$$\frac{RT}{v_0{}^{(2)} - v_0{}^{(1)}} \frac{n_1{}^{(1)}}{n_0{}^{(1)}} = p^+ - p = \Delta p. \tag{11.53}$$

Behandeln wir den Dampf näherungsweise als ideales Gas und vernachlässigen wir $v_0{}^{(1)}$ gegenüber $v_0^{(2)}$, dann folgt mit $pv_0{}^{(2)} = RT$ und $n_1{}^{(1)} \equiv n_1, n_0{}^{(1)} \equiv n_0$

$$\frac{\Delta p}{p} = \frac{n_1}{n_0}. \tag{11.54}$$

$\Delta p = p^+ - p$ ist unabhängig von der Natur des gelösten Stoffes und positiv. Der Dampfdruck p der Lösung ist deshalb kleiner als der des reinen Lösungsmittels p^+. Man bezeichnet (11.54) als Gesetz von der *relativen Dampfdruckerniedrigung*. Betrachten wir die Schmelzdruckänderung, dann können wir in (11.53) $v_0{}^{(1)}$ nicht mehr vernachlässigen. Je nachdem, ob das Volumen der festen Phase $v_0{}^{(2)}$ kleiner oder größer als das der flüssigen Phase ist, wird Δp negativ oder positiv (Abb. 11.10).

2. *Die Änderung der Siedetemperatur bei festen $p = p^+$.* Beachten wir, daß $\left(s_0{}^{(2)} - s_0{}^{(1)}\right)T$ gleich der Phasenumwandlungswärme q_{12} ist, dann folgt jetzt aus (11.52) mit den gleichen Voraussetzungen wie eben die Beziehung

$$\Delta T = T - T^+ = \frac{RT^2}{q_{12}} \frac{n_1}{n_0}. \tag{11.55}$$

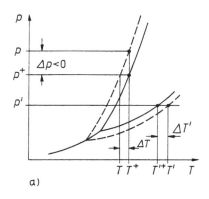 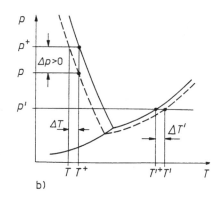

a)   b)

Abb. 11.10 Die Verschiebung der Phasengrenzkurven von Lösungen (- - -) gegenüber dem reinen Lösungsmittel (—) und die damit verbundene Siedepunkterhöhung ($\Delta T'$), Gefrierpunkterniedrigung (ΔT) sowie Schmelzdruckerhöhung a) und Schmelzdruckerniedrigung b). In a) ist das spezifische Volumen der festen Phase kleiner und in b) größer als das der flüssigen Phase

Für den Phasenübergang flüssig–dampfförmig ist q_{12} positiv und damit auch ΔT. Die Siedetemperatur der Lösung ist deshalb größer als die des reinen Lösungsmittels. Für die Phasenumwandlung flüssig–fest ist q_{12} negativ und damit $T < T^+$. Man bezeichnet (11.5) als das *Gesetz der Siedepunkterhöhung* ($q_{12} > 0$) bzw. *Gefrierpunkterniedrigung* ($q_{12} < 0$).[9] Auf diesem Effekt beruht die Möglichkeit, Schnee durch Zusatz von Salz bei Temperaturen unter 0°C zum Schmelzen zu bringen.

11.5   Elektrochemische Erscheinungen

Bisher haben wir thermodynamische Systeme untersucht, deren Komponenten aus elektrisch neutralen Teilchen bestehen. Jetzt wollen wir auch Komponenten mit elektrischer Ladung, wie z.B. Ionen oder Elektronen, zulassen. Die elektrisch geladenen Komponenten können an Phasenumwandlungen oder chemischen Reaktionen beteiligt sein. Beispiele für solche Systeme sind galvanische Elemente, Elektrolyte, Elektronen in Metallen und ionisierte Gase (Plasmen). Bei ihrer Beschreibung muß die elektrostatische Wechselwirkungsenergie der geladenen Teilchen berücksichtigt werden. Wir gehen deshalb in der Gibbsschen Fundamental-

---

[9]   Bei der Phasenumwandlung flüssig-gasförmig muß dem System die Umwandlungswärme q_{12} zugeführt werden, d.h., hier ist $q_{12} > 0$. Bei der Phasenumwandlung flüssig-fest hingegen wird die Umwandlungswärme frei, sie wird vom System an die Umgebung abgegeben. Deshalb ist hier $q_{12} < 0$.

gleichung von der inneren Energie U zur um die elektrostatische Energie $Q^e \varphi$ erweiterten Energie U^+ über:

$$U^+ = U + Q^e \varphi. \tag{11.56}$$

Q^e ist die elektrische Ladung und φ das konstante elektrische Potential des Systems. Für die Ladung Q^e können wir

$$Q^e = zFn$$

schreiben, wobei z eine Zahl ist, die angibt, wieviel Elementarladungen ein Teilchen trägt. Speziell für ein Elektron ist $z = -1$. F ist die Faradaysche Äquivalentladung, ihr Zahlenwert (Elementarladung mal Loschmidt-Zahl) ist $9{,}649 \cdot 10^4$ As$\cdot$mol^{-1}.

Die Gibbssche Fundamentalgleichung lautet jetzt

$$
\begin{aligned}
T \, dS &= dU^+ - d\left(\sum_l z_l F n_l \varphi \right) + p \, dV - \sum_l \mu_l \, dn_l \\
&= dU^+ + p \, dV - \sum_l (\mu_l + z_l F \varphi) \, dn_l - \sum_l z_l F n_l \, d\varphi.
\end{aligned}
$$

Wir haben hier gleich berücksichtigt, daß mehrere geladene Komponenten mit verschiedenen z_l im System existieren können. In vielen Fällen ist die Annahme, daß die gesamte Ladung $\sum_l z_l F n_l$ näherungsweise Null ist, gerechtfertigt. Nur wenn sehr hohe Spannungsänderungen auftreten, muß man den Term $\sum_l z_l F n_l \, d\varphi$ berücksichtigen. Führen wir die Ladung pro Mol der k-ten Komponente $l_k = z_k F$ und das *elektrochemische Potential*

$$\eta_i = \mu_i + l_i \varphi \tag{11.57}$$

ein, dann erhalten wir die Gibbssche Fundamentalgleichung in der elektrochemischen Erscheinungen angepaßten Form

$$T \, dS = dU^+ + p \, dV - \sum_l \eta_l \, dn_l. \tag{11.58}$$

Um die thermodynamischen Potentiale, z.B. $U^+(S, V, n_l)$, bestimmen zu können, benötigt man genauere Kenntnisse über die Systemeigenschaften. Entsprechende Untersuchungen gehören in den Bereich von Spezialgebieten (z.B. Theorie der Elektrolyte).

Wir wollen die Bedingungen für das Phasengleichgewicht an einer festen semipermeablen Wand, die nur eine Ionenart durchläßt, bestimmen. Man denke dabei z.B. an wäßrige Lösungen von $CuSO_4$ und $ZnSO_4$, die durch eine für SO_4-Ionen durchlässige semipermeable Wand getrennt sind (Abb. 11.11). Druck und Temperatur sollen in beiden Phasen gleich sein. Das zur Berechnung des Gleichgewichts

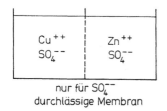

nur für SO_4^{--}
durchlässige Membran

Abb. 11.11 Zur Berechnung der elektrischen Spannungs-
differenz zwischen zwei Elektrolyten

geeignete Potential ist dann $G^+(p, T, n_i)$,[10] und die Gleichgewichtsbedingung lautet

$$(\delta G^+)_{T,p,M} = 0. \tag{11.59}$$

Die Nebenbedingung ist $\delta n^{(1)} + \delta n^{(2)} = 0$. $n^{(1)}$ und $n^{(2)}$ sind die Molzahlen der
Ionen, die durch die semipermeable Wand gelangen können. Die Auswertung der
Bedingung (11.59) führt mit $\left(\dfrac{\partial G^+}{\partial n_i}\right)_{T,p,n_l} = \eta_i$ auf

$$\eta^{(1)} = \eta^{(2)} \tag{11.60}$$

bzw.

$$l(\varphi^{(1)} - \varphi^{(2)}) = l\,\Delta\varphi = \eta^{(2)} - \eta^{(1)}, \tag{11.61}$$

d.h., im Phasengleichgewicht sind jetzt die elektrochemischen Potentiale gleich.
Das hat zur Folge, daß zwischen beiden Phasen entsprechend (11.61) eine elektrische Potentialdifferenz besteht.

In galvanischen Elementen finden neben Phasenumwandlungen der eben beschriebenen Art auch chemische Reaktionen unter Beteiligung von Ionen statt.
Im Daniell-Element ist das z.B. die Bruttoreaktion

$$Zn + Cu^{++} \rightleftharpoons Zn^{++} + Cu.$$

Es läßt sich zeigen,[11] daß die bei diesen Reaktionen auftretende Reaktionswärme
q_p mit der als *elektromotorische Kraft* bezeichneten Klemmenspannung $\Delta\varphi$ des
galvanischen Elements über die Gibbssche Differentialgleichung

---

[10] Ausgehend von der Gibbsschen Fundamentalgleichung kann man zu U^+ die thermodynamischen Potentiale $H^+ = U^+ + pV$, $F^+ = U^+ - TS$ und $G^+ = U^+ + pV - TS$ einführen. Alle Gleichgewichtsbedingungen lassen sich aus der Gleichgewichtsbedingung für
abgeschlossene Systeme herleiten. Man beachte, daß in abgeschlossenen Systemen mit
elektrischen Ladungen U^+ und nicht U konstant ist.

[11] Man beachte: $Q^e\,\Delta\varphi$ ist die bei einem isotherm-isobar geführten Prozeß zu gewinnende
Arbeit. Diese Arbeit ist gleich der Differenz der freien Enthalpie ΔG^+. Für ΔG^+ gilt aber
genau wie für ΔG die Gibbssche Differentialgleichung (6.18).

$$Q^e \, \Delta\varphi = q_p + T \left(\frac{\partial Q^e \, \Delta\varphi}{\partial T} \right)_p \qquad (11.62)$$

verknüpft ist. $Q^e \, \Delta\varphi$ ist die Arbeit, die man gewinnen kann, wenn man die Ladung $Q^e = zFn$ reversibel und isotherm von einer Elektrode zur anderen bringt. Oft ist $T \left(\frac{\partial Q^e \, \Delta\varphi}{\partial T} \right)_p$ klein gegenüber q_p. Dann ist die vom galvanischen Element abgegebene Arbeit ungefähr gleich der Reaktionswärme q_p. Darf $T \left(\frac{\partial Q^e \, \Delta\varphi}{\partial T} \right)_p$ nicht vernachlässigt werden, dann ist auf Grund der Gleichung (11.62) bei positivem $T \left(\frac{\partial Q^e \, \Delta\varphi}{\partial T} \right)_p$ die Reaktionswärme q_p kleiner als die abgegebene Arbeit $Q^e \, \Delta\varphi$. In diesem Fall kühlt sich das galvanische Element ab, es sei denn, man führt ihm aus der Umgebung Wärme zu. Ist $T \left(\frac{\partial Q^e \, \Delta\varphi}{\partial T} \right)_p$ negativ, dann wird nur ein Teil von q_p in Arbeit umgewandelt, während der Rest als Wärme an die Umgebung abgegeben wird.

11.6   Fragen

1. Wie lauten die Gasgesetze für ein Gemisch von idealen Gasen?

2. Wie lauten die chemischen Potentiale für ein Gemisch von idealen Gasen?

3. Was versteht man unter Mischungsentropie?

4. Welches Verfahren zur Bestimmung der partiellen molaren Größen eines binären Gemisches kennen Sie?

5. Wodurch unterscheiden sich reale von idealen Mischungen?

6. Was sind Aktivitätskoeffizienten, und wie kann man sie bestimmen?

7. Wie kann man das Massenwirkungsgesetz ableiten, und wie lautet es?

8. Wann ist der Umsatz bei einer chemischen Reaktion am größten, und wie kann man den Umsatz beeinflussen?

9. Wie lautet die Gibbssche Phasenregel, und wie kann man sie beweisen?

10. Erklären Sie die Existenz des osmotischen Drucks!

11. Erklären Sie die Gesetze der Siedepunkterhöhung und Gefrierpunkterniedrigung!

12. Warum kann für verdünnte Lösungen die relative Dampfdruckänderung, im Gegensatz zur Schmelzdruckänderung, nur negativ sein?

13. Was ist ein elektrochemisches Potential, und was versteht man unter einer elektromotorischen Kraft?

11.7   Aufgaben

1. Man berechne die Wärmekapazität eines Gemisches von idealen Gasen.

2. Man zeige, daß das chemische Gleichgewicht in einer Mischung von idealen Gasen immer stabil ist.

3. Man bestätige die Duhem-Margulesche Beziehung für ideale Mischungen.

4. Der Dissoziationsgrad des Joddampfes ist bei $T_1 = 1000°C$ und $p_1 = 10^5$ Pa ebensogroß wie bei $T_2 = 800°C$ und $p_2 = 4 \cdot 10^3$ Pa. Wie groß ist die Umwandlungswärme von J_2 in $2J$ ($p = $ const)? Die Molwärme von J_2 sei $\frac{7}{2} R$ und die von J sei $\frac{5}{2} R$.

Teil III
Thermodynamik irreversibler Prozesse

12. Beschreibung von Nichtgleichgewichtszuständen

12.1 Methodik der Thermodynamik irreversibler Prozesse

In den ersten beiden Teilen des Buches befaßten wir uns mit der Untersuchung von Gleichgewichtszuständen. Dabei hatten wir homogene oder aus homogenen Phasen zusammengesetzte thermodynamische Systeme vorausgesetzt und nur quasistatische Zustandsänderungen zugelassen. In Fällen, bei denen Prozesse von allein und irreversibel abliefen, wie z.B. beim Gay-Lussac-Versuch oder beim Wärmeausgleich, konnten wir nur die Entropiedifferenz zwischen zwei Gleichgewichtszuständen, dem Anfangs- und Endzustand, nicht aber den Prozeßablauf in seinen Einzelheiten berechnen. Es ist das Ziel der folgenden Untersuchungen, Methoden zu entwickeln, die es gestatten, den räumlichen und zeitlichen Verlauf von Prozessen in inhomogenen, nicht im Gleichgewichtszustand befindlichen Systemen in allen seinen Einzelheiten zu erfassen.

Bei der Beschreibung dieser Prozesse kommen wir nicht mehr mit den Zustandsvariablen aus, die sich, wie z.B. das Volumen, auf das gesamte System beziehen. Wir müssen vielmehr auf die bereits im Abschnitt 1.3.2 eingeführten Zustandsfelder zurückgreifen. Dabei setzen wir weiter lokales Gleichgewicht voraus, so daß für alle Zustandsfelder die aus der Gleichgewichtsthermodynamik bekannten Beziehungen gelten. Insbesondere sind die abhängigen Zustandsfelder nur Funktionen der unabhängigen Zustandsfelder und hängen damit nicht explizit von Ort und Zeit ab. Es gilt z.B. für das thermodynamische Potential spezifische innere Energie

$$\hat{u} = \hat{u}\big(\hat{s}(\boldsymbol{r}, t),\ \hat{v}(\boldsymbol{r}, t)\big)$$

und die Gibbssche Fundamentalgleichung lautet

$$\mathrm{d}\hat{u}(\boldsymbol{r}, t) = T(\boldsymbol{r}, t)\,\mathrm{d}\hat{s}(\boldsymbol{r}, t) - p(\boldsymbol{r}, t)\,\mathrm{d}\hat{v}(\boldsymbol{r}, t).$$

Aus der Gibbsschen Fundamentalgleichung lassen sich die unabhängigen thermodynamischen Zustandsvariablen ablesen. In unserem Beispiel sind es die spezifische Entropie $\hat{s}(\boldsymbol{r}, t)$ und das spezifische Volumen $\hat{v}(\boldsymbol{r}, t)$. Aber auch in anderen physikalischen Situationen treten als unabhängige Zustandsvariable in der Gibbsschen Fundamentalgleichung spezifische Größen auf, deren Änderung mit der Änderung der ebenfalls spezifischen Größe Entropie verknüpft ist. Nun wissen wir, daß für extensive Größen Bilanzgleichungen formuliert werden können. Wir stellen diese bereits im Abschnitt 2 formulierten Bilanzgleichungen für die innere Energie, die Gesamtmasse, die Massen der verschiedenen Stoffe in Gemischen, den Impuls (zur Charakterisierung des mechanischen Zustands) und die Entropie neben die Gibbssche Fundamentalgleichung an die Spitze der Thermodynamik irreversibler Prozesse.

In der Bilanzgleichung für die Entropie tritt ein Quellterm, die Entropieproduktionsdichte σ, auf. Sie enthält wesentliche Informationen über die im System ablaufenden irreversiblen Prozesse. Sie läßt sich als Summe von Produkten von verallgemeinerten Kräften X_A (z.B. Temperaturgradient, Gradient der chemischen Potentiale) und verallgemeinerten Strömen J_A (z. B. Wärmestrom, Diffusionsströme) schreiben:

$$\sigma = \sum_{A=1}^{N} J_A X_A.$$

Zwischen diesen Kräften und Strömen gelten in der Nähe des Gleichgewichts lineare Beziehungen der Form

$$J_A = \sum_{B=1}^{N} L_{AB} X_B,$$

wobei die phänomenologischen Koeffizienten L_{AB} gewisse Symmetriebedingungen erfüllen müssen (Onsager-Casimirsche Reziprozitätsbeziehungen).

Die linearen Beziehungen werden in die Bilanzgleichungen eingesetzt. Unter Verwendung von Zustandsgleichungen geht dann aus den Bilanzgleichungen ein System gekoppelter partieller Differentialgleichungen zur Bestimmung der Orts- und Zeitabhängigkeit der unabhängigen Zustandsvariablen hervor, das bei geeignet vorgegebenen Rand- und Anfangsbedingungen eindeutige Lösungen besitzt. Im folgenden werden nach MEIXNER die einzelnen Schritte des Vorgehens in der Thermodynamik ireversibler Prozesse noch einmal zusammengestellt.

1. Schritt Man mache sich mit den thermodynamischen Eigenschaften des Systems vertraut und stelle die Gibbssche Fundamentalgleichung auf.

2. Schritt Man formuliere die Bilanzgleichungen für Masse, Impuls, Energie und Entropie.

3. Schritt Man berechne mit Hilfe der Bilanzgleichungen und der Gibbsschen Fundamentalgleichung die Entropieproduktionsdichte.

4. Schritt Man definiere aus der Entropieproduktionsdichte heraus die verallgemeinerten Kräfte und Ströme.

5. Schritt Man stelle die phänomenologischen Gleichungen auf. Sie verknüpfen die Kräfte und Ströme. Die im Rahmen der linearen Theorie auftretende Koeffizientenmatrix ist im allgemeinen symmetrisch.

6. Schritt Man formuliere die aus der physikalischen Aufgabenstellung folgenden Anfangs- und Randbedingungen und löse das dazugehörende, aus den Bilanzgleichungen, den Zustandsgleichungen und den phänomenologischen Gleichungen zu bildende partielle Differentialgleichungssystem für die unabhängigen Zustandsvariablen.

In den folgenden Abschnitten werden wir für bestimmte Systeme die einzelnen Schritte ausführlich erläutern und spezielle Lösungen der Grundgleichungen angeben. Darüber hinaus werden wir uns überlegen, welche Erscheinungen zu erwarten sind, wenn wir den Bereich der linearen Ansätze verlassen. Auch dann werden wir noch annehmen, daß sich die Massenelemente im thermodynamischen Gleichgewichtszustand befinden.

Die Thermodynamik irreversibler Prozesse verliert dann ihre Gültigkeit, wenn Prozesse so schnell ablaufen und mit solch großen Inhomogenitäten verbunden sind, daß sich thermodynamische Zustandsvariable nicht mehr definieren lassen. Rechnungen mit Hilfe der kinetischen Theorie von Transportprozessen in Gasen ergaben z.B. folgende Aussage: Solange Temperaturänderungen über die Größe der mittleren freien Weglänge (das ist die Strecke, die ein Gasatom im Mittel zwischen zwei Stößen zurücklegt) klein gegenüber der Temperatur selbst sind, kann man lokales Gleichgewicht voraussetzen. Da beispielsweise die mittlere freie Weglänge in Luft von der Größenordnung 10^{-4} bis 10^{-5} cm ist, ist es für viele praktische Zwecke ausreichend, derartige Prozesse mit den Methoden der phänomenologischen Thermodynamik zu behandeln. Für andere Systeme und Prozesse kommt man zu ähnlichen Ergebnissen.

12.2 Berechnung der Entropieproduktionsdichte für ein fluides Mehrkomponentensystem

Die Entropieproduktionsdichte σ erhalten wir aus der Entropiebilanzgleichung, die nun aufgestellt werden soll. Dazu gehen wir von der Gibbsschen Fundamentalgleichung (6.57), formuliert in spezifischen Größen, aus:

$$T \, d\hat{s} = d\hat{u} + p \, d\hat{v} - \sum_{i=1}^{K} \hat{\mu}_i \, d\hat{c}_i.$$

Beziehen wir die Änderungen der Zustandsfelder auf die Zeiteinheit, so folgt

$$\frac{d\hat{s}}{dt} = \frac{1}{T} \frac{d\hat{u}}{dt} + \frac{p}{T} \frac{d\hat{v}}{dt} - \frac{1}{T} \sum_{i=1}^{K} \hat{\mu}_i \frac{d\hat{c}_i}{dt}. \tag{12.1}$$

Um diese Gleichung in die Form der Bilanzgleichung (2.50) zu bringen, ersetzen wir $\dfrac{d\hat{u}}{dt}, \dfrac{d\hat{v}}{dt}$ und $\dfrac{d\hat{c}_i}{dt}$ mit Hilfe der Bilanzgleichung für die innere Energie (2.37)

$$\varrho \frac{d\hat{u}}{dt} + \operatorname{div} \boldsymbol{Q} = \underline{\boldsymbol{\tau}} : \underline{\mathbf{V}} + \sum_{i=1}^{K} J_i f_i,$$

der Bilanz für das spezifische Volumen (2.21)

$$\varrho \frac{d\hat{v}}{dt} - \operatorname{div} \boldsymbol{v} = 0$$

und der Massebilanz für die Stoffkomponente k (2.27)

$$\varrho \frac{d\hat{c}_k}{dt} + \operatorname{div} \boldsymbol{J}_k = \sum_{r=1}^{R} \omega_r \nu_{kr} M_k.$$

Wir erhalten dann

$$\begin{aligned}
\varrho \frac{d\hat{s}}{dt} = &-\frac{1}{T} \operatorname{div} \boldsymbol{Q} + \frac{1}{T} \sum_{i=1}^{K} \hat{\mu}_i \operatorname{div} \boldsymbol{J}_i + \frac{p}{T} \operatorname{div} \boldsymbol{v} \\
&+ \frac{1}{T}\left(\underline{\boldsymbol{\tau}} : \underline{\mathbf{V}} + \sum_{i=1}^{K} J_i \hat{f}_i \right) - \frac{1}{T} \sum_{i=1}^{K} \sum_{r=1}^{R} \omega_r \nu_{ir} \hat{\mu}_i M_i.
\end{aligned} \tag{12.2}$$

Mit den Umformungen

$$p \operatorname{div} \boldsymbol{v} = p \frac{\partial v_\alpha}{\partial x_\alpha} = \frac{p}{2} \delta_{\alpha\beta}\left(\frac{\partial v_\alpha}{\partial x_\beta} + \frac{\partial v_\beta}{\partial x_\alpha}\right) = p\,\underline{\mathbf{I}} : \underline{\mathbf{V}}$$

$$\begin{aligned}
\frac{1}{T}\left(\operatorname{div} \boldsymbol{Q} - \sum_{i=1}^{K} \hat{\mu}_i \operatorname{div} \boldsymbol{J}_i \right) = &\operatorname{div}\left(\frac{\boldsymbol{Q}}{T} - \sum_{i=1}^{K} \frac{\hat{\mu}_i}{T} \boldsymbol{J}_i \right) \\
&- \boldsymbol{Q} \operatorname{grad} \frac{1}{T} + \sum_{i=1}^{K} J_i \operatorname{grad} \frac{\hat{\mu}_i}{T}
\end{aligned}$$

und nach Einführung der Affinitäten

$$A_r = \sum_{i=1}^{K} \hat{\mu}_i \nu_{ir} M_i = \sum_{i=1}^{K} \mu_i \nu_{ir} \qquad (r = 1, 2, \ldots, R), \quad \hat{\mu}_i M_i = \mu_i \tag{12.3}$$

folgt daraus schließlich

$$\begin{aligned}
\varrho \frac{d\hat{s}}{dt} = &-\operatorname{div}\left(\frac{\boldsymbol{Q}}{T} - \sum_{i=1}^{K} \frac{\hat{\mu}_i}{T} \boldsymbol{J}_i \right) + \boldsymbol{Q} \operatorname{grad} \frac{1}{T} \\
&- \sum_{i=1}^{K} J_i \left(\operatorname{grad} \frac{\hat{\mu}_i}{T} - \frac{\hat{f}_i}{T}\right) + \frac{1}{T}(\underline{\boldsymbol{\tau}} + p\,\underline{\mathbf{I}}) : \underline{\mathbf{V}} - \sum_{r=1}^{R} \omega_r \frac{A_r}{T}.
\end{aligned} \tag{12.4}$$

Der Vergleich der Gleichungen (12.4) und (2.50) legt die Identifizierung

$$S = \frac{1}{T} \left(Q - \sum_{i=1}^{K} \hat{\mu}_i J_i \right) \tag{12.5}$$

nahe. Wir erhalten damit einen Zusammenhang zwischen der konduktiven Entropiestromdichte S und Stromdichten extensiver Größen (Q und J_i). Es muß aber betont werden, daß (12.5) keine notwendige Folge der Gleichungen (2.50) und (12.4) ist, da die Aufspaltung der rechten Seite von (12.2) in eine Divergenz und einen Restterm nicht eindeutig ist und von uns zunächst willkürlich in Form der Gleichung (12.4) vorgenommen wurde. Für die Beziehung (12.5) sprechen aber physikalische Gründe, da diese Gleichung den mit Energie- und Stoffaustausch verbundenen Entropieaustausch des Systems „Massenelement" mit seiner Umgebung beschreibt und damit der Aussage

$$\mathrm{d}_\mathrm{a} S = \frac{\mathrm{d} U + p\, \mathrm{d} V - \sum_{i=1}^{K} \mu_i\, \mathrm{d} n_i}{T}$$

für stofflich offene Systeme entspricht (vgl. (6.47)).

Mit der Festlegung (12.5) ist auch die Entropieproduktionsdichte σ bestimmt. Wir ersetzen in (12.4) die Diffusionsstromdichte der K-ten Komponente entsprechend der Beziehung (2.28) durch die Diffusionsstromdichten der übrigen $K-1$ Komponenten und bekommen durch Vergleich von (2.20) und (12.4), (12.5):

$$\begin{aligned}
\sigma = {}& Q \operatorname{grad} \frac{1}{T} - \sum_{i=1}^{K-1} J_i \left(\operatorname{grad} \frac{\hat{\mu}_i - \hat{\mu}_K}{T} - \frac{\hat{f}_i - \hat{f}_K}{T} \right) \\
& + (\underline{\tau} + p\,\underline{\mathbf{I}}) : \frac{\mathbf{V}}{T} - \sum_{r=1}^{R} \omega_r \frac{A_r}{T}.
\end{aligned} \tag{12.6}$$

Diese Gleichung beantwortet die Frage, welche Vorgänge irreversibler Natur sind und welchen Beitrag sie zum Maß der Irreversibilität σ leisten. Wir erkennen an den vier Termen in (12.6), daß Wärmeleitung (Q), Diffusion (J_i), Reibungsspannungen ($\underline{\tau} + p\,\underline{\mathbf{I}}$) und chemische Reaktionen (ω_r) zur Entropieproduktion beitragen.

12.3 Lineare phänomenologische Ansätze

12.3.1 Die Beziehungen zwischen den verallgemeinerten Kräften und Strömen

Unsere Untersuchungen am Mehrkomponentensystem zeigten, daß die Entropieproduktionsdichte σ die Feststellung der Größen ermöglicht, welche mit den irreversiblen Prozessen im konkret vorliegenden System verbunden sind (Q, grad $(1/T)$,

J_i usw.). Damit haben wir aber unser Ziel, Bestimmungsgleichungen für das räumliche und zeitliche Verhalten der Zustandsvariablen zu finden, noch nicht erreicht. Dazu sind weitere Annahmen nötig, die auch von der Entropieproduktionsdichte ausgehen.

Es fällt auf, daß σ eine Summe von Produkten zweier Größen ist:

$$\sigma = Q_1 \left(\frac{\partial \frac{1}{T}}{\partial x_1} \right) + Q_2 \left(\frac{\partial \frac{1}{T}}{\partial x_2} \right) + Q_3 \left(\frac{\partial \frac{1}{T}}{\partial x_3} \right)$$
$$- J_{11} \left[\frac{\partial \left(\frac{\hat{\mu}_1 - \hat{\mu}_K}{T} \right)}{\partial x_1} - \frac{\hat{f}_{11} - \hat{f}_{1K}}{T} \right] + \dots.$$

Wir bringen diesen Sachverhalt in der übersichtlichen Form

$$\sigma = \sum_{A=1}^{N} J_A X_A \tag{12.7}$$

zum Ausdruck, wobei die J_A als Abkürzungen für die kartesischen Komponenten der Vektoren $\boldsymbol{Q}$ und $\boldsymbol{J}_i$, des Tensors $(\boldsymbol{\tau} + p\,\mathbf{I})$ und für die Skalare ω_r stehen (Tab. 12.1, 1. Spalte). Mit X_A werden die neben den J_A stehenden Faktoren bezeichnet, d.h., ist $J_1 = Q_1$, dann ist $X_1 = (\partial/\partial x_1)(1/T)$ usw. (Tab. 12.1, 2. Spalte). Die J_A nennt man generalisierte Ströme oder Flüsse, da sie u.a. den Wärmestrom und die Diffusionsströme enthalten, die X_A heißen generalisierte Kräfte.

Es ist eine Erfahrungstatsache, daß ein Wärmestrom dann fließt, wenn ein Temperaturgradient vorhanden ist. Diffusionsströme werden beobachtet, wenn die

Tabelle 12.1: Die verallgemeinerten Kräfte und Ströme

J_A	X_A	Effekt
Q_α	$-\dfrac{\partial}{\partial x_\alpha} \left(\dfrac{1}{T} \right)$	Wärmeleitung
$J_{i\alpha}$	$-\dfrac{\partial}{\partial x_\alpha} \left(\dfrac{\hat{\mu}_i - \hat{\mu}_K}{T} \right) + \dfrac{1}{T} \hat{f}_{i\alpha} - \hat{f}_{K\alpha}$	Diffusion
$\tau_{\alpha\beta} + p\,\delta_{\alpha\beta}$	$\dfrac{1}{2T} \left(\dfrac{\partial v_\alpha}{\partial x_\beta} + \dfrac{\partial v_\beta}{\partial x_\alpha} \right)$	Viskosität
ω_r	$-\dfrac{A_r}{T}$	chemische Reaktionen

Gradienten der chemischen Potentiale nicht verschwinden. Wir verallgemeinern die Aussage dieser Beispiele in der Annahme, daß die generalisierten Ströme durch die generalisierten Kräfte verursacht werden, d.h., wir nehmen an, daß die generalisierten Ströme Funktionen der generalisierten Kräfte sind:

$$J_A = J_A(X_B), \qquad A, B = 1, 2, \ldots N.$$

Im allgemeinen werden die Ströme auch noch von Zustandsvariablen, z.B. von der Temperatur und dem Druck, abhängen. Beim Verschwinden der Kräfte X_B sollen auch die Ströme J_A verschwinden:

$$J_A(0) = 0. \tag{12.8}$$

Bei nicht allzu großen Kräften X_A, d.h. in der Nähe des Gleichgewichtszustandes, können wir die Funktionen $J_A(X_B)$ in Potenzreihen nach X_B entwickeln und nach den linearen Gliedern abbrechen. Wegen (12.8) verschwinden die Absolutglieder der Entwicklungen, und wir erhalten

$$J_A = \sum_{B=1}^{N} L_{AB} X_B. \tag{12.9}$$

Diese N Gleichungen werden als *lineare phänomenologische Gleichungen,* die L_{AB} als *phänomenologische Koeffizienten* bezeichnet. Sie sind als Entwicklungskoeffizienten der von den Zustandsvariablen abhängenden Funktionen $J_A = J_A(X_B)$ ebenfalls Funktionen der Zustandsvariablen und können deshalb als Zustandsgrößen des Systems, die neue, mit irreversiblen Prozessen zusammenhängende Eigenschaften beschreiben, aufgefaßt werden.

Die linearen Ansätze enthalten die wichtige Aussage, daß ein bestimmter Strom J_A nicht nur durch die dazugehörige Kraft X_A, sondern auch durch Kräfte $X_B (B \neq A)$ verursacht werden kann. Die entsprechenden physikalischen Erscheinungen (wie z.B. die Thermodiffusion) werden allgemein als Kreuzeffekte bezeichnet.

Der durch das Verschwinden *aller* Ströme und damit durch $\sigma = 0$ gekennzeichnete Gleichgewichtszustand des Systems heißt auch *Zustand des thermodynamischen Gleichgewichts.* Wird das Verschwinden *eines* Stromes durch das Verschwinden der den Strom verursachenden Kräfte bewirkt, dann spricht man von einem *ungehemmten Gleichgewichtszustand.* Verschwindet hingegen der Strom deshalb, weil die entsprechenden phänomenologischen Koeffizienten null sind, nicht aber die ihn verursachenden Kräfte, dann heißt der Zustand *gehemmter Gleichgewichtszustand.* In diesem Sinne unterscheiden wir beim thermischen Gleichgewicht $(\boldsymbol{Q} = 0)$, beim Diffusionsgleichgewicht der Komponente $i (\boldsymbol{J}_i = 0)$, beim chemischen Gleichgewicht der Komponente $i (\omega_i = 0)$ und beim mechanischen Gleichgewicht $(\boldsymbol{\tau} + p\,\mathbf{I}) = 0$ gehemmte und ungehemmte Gleichgewichtszustände. Sind *alle* generalisierten Kräfte gleich null, so liegt der *Zustand des ungehemmten thermodynamischen Gleichgewichts* vor.

12.3.2   Die Eigenschaften der phänomenologischen Koeffizienten

Die phänomenologischen Koeffizienten hängen als Entwicklungskoeffizienten von Potenzreihen in X_A nicht von diesen X_A ab, sie können aber noch Funktionen der thermodynamischen Zustandsvariablen, z.B. der Temperatur oder des Druckes, sein. Über diese Zustandsvariablen sind sie dann im allgemeinen auch Funktionen von Raum und Zeit. Eine explizite räumliche und zeitliche Abhängigkeit wollen wir nicht zulassen, da sonst neue unabhängige Zustandsvariablen eingeführt würden, im Gegensatz zu der Annahme, daß alle unabhängigen thermodynamischen Zustandsvariablen schon in der Gibbsschen Fundamentalgleichung erscheinen.

Die phänomenologischen Koeffizienten können aus atomaren Modellvorstellungen mit den Methoden der Nichtgleichgewichtsstatistik berechnet werden. Im Rahmen der phänomenologischen Theorie ist man auf die experimentelle Bestimmung der L_{AB} angewiesen. Dennoch ist es möglich, einige allgemeine, von der Erfahrung bestätigte Aussagen über die L_{AB} zu machen.

Zunächst folgt aus

$$\sigma = \sum_{A=1}^{N} J_A X_A = \sum_{A=1}^{N} \sum_{B=1}^{N} L_{AB} X_A X_B \geq 0, \tag{12.10}$$

daß die Entropieproduktionsdichte eine positiv-semidefinite quadratische Form in den X_A ist. Daraus ergeben sich Bedingungen für die Koeffizientenmatrix L_{AB}, z.B. muß immer

$$L_{AA} \geq 0, \qquad A = 1, 2, \dots, N \tag{12.11}$$

gelten.

Aus statistischen Überlegungen und Annahmen („Prinzip der mikroskopischen Reversibilität") lassen sich die folgenden Symmetrieeigenschaften der L_{AB} ableiten:

$$L_{AB} = \varepsilon_A \varepsilon_B L_{BA} \tag{12.12}$$

mit

$$\varepsilon_A = \begin{cases} 1 & \text{für die Kräfte } X_A, \text{ die bei Zeitumkehr } t \to -t \\ & \text{ihr Vorzeichen nicht ändern;} \\ -1 & \text{für die Kräfte } X_A, \text{ die bei Zeitumkehr } t \to -t \\ & \text{ihr Vorzeichen ändern.} \end{cases} \tag{12.13}$$

Sind alle ε_A gleich 1, dann geht (12.12) in die Gleichungen

$$L_{AB} = L_{BA} \tag{12.14}$$

über, die nach ihrem Entdecker *Onsagersche Reziprozitätsbeziehungen* genannt werden. Die Verallgemeinerungen (12.12) stammen von CASIMIR und heißen *Onsager-Casimirsche Reziprozitätsbeziehungen*.

In der physikalischen Praxis hat sich das folgende, von P. CURIE für isotrope Systeme aufgestellte Prinzip bewährt:

In den linearen Ansätzen werden nur Größen gleichen Transformationsverhaltens bei Transformationen der Ortskoeffizienten miteinander verknüpft, d.h., skalare Ströme hängen nur von skalaren Kräften, vektorielle Ströme nur von vektoriellen Kräften und tensorielle Ströme nur von tensoriellen Kräften ab. Bei vektoriellen Strömen und Kräften dürfen wiederum axiale Vektoren nicht von polaren Vektoren abhängen und umgekehrt. Auf diese Weise wird die Zahl der phänomenologischen Koeffizienten stark reduziert.

12.3.3 Die linearen Ansätze für das Mehrkomponentensytem

Auf unser gasförmiges oder flüssiges Mehrkomponentensystem können wir das Curiesche Prinzip anwenden. Skalare Ströme und Kräfte in der Entroieproduktionsdichte (12.6) sind die Reaktionsgeschwindigkeiten ω_r und die Affinitäten

$$A_r = \sum_s \nu_{sr} \hat{\mu}_s M_s.$$

Daneben darf man den durch Spurbildung des Tensors $(\underline{\tau} + p\,\underline{\mathbf{I}})$ entstehenden skalaren Strom

$$\text{Spur}\,(\underline{\tau} + p\,\underline{\mathbf{I}}) = \tau_{\alpha\alpha} + 3p$$

und die dazugehörige Kraft

$$\text{Spur}\,\underline{\mathbf{V}} = \frac{\partial v_\alpha}{\partial x_\alpha} = \text{div}\,\boldsymbol{v} \tag{12.15}$$

nicht vergessen. Die Kraft (12.15) kehrt im Gegensatz zu den Affinitäten bei Zeitumkehr ihr Vorzeichen um, sie ist also eine ungerade Kraft:

$$t \to -t \quad \Rightarrow \quad \boldsymbol{v} \to -\boldsymbol{v} \quad \Rightarrow \quad \text{div}\,\boldsymbol{v} \to -\text{div}\,\boldsymbol{v}.$$

Diese Eigenschaft muß in den Onsager-Casimirschen Reziprozitätsbeziehungen entsprechend der Vorschrift (12.13) berücksichtigt werden.

Die linearen Ansätze für die skalaren Größen lauten (Tab. 12.1)

$$\omega_r = \sum_{s=1}^{R} \lambda_{rs}\left(-\frac{A_s}{T}\right) + \lambda_r^{(\omega)}\left(\frac{1}{3T}\,\text{div}\,\boldsymbol{v}\right), \tag{12.16}$$

$$\tau_{\alpha\alpha} + 3p = \sum_{r=1}^{R} \lambda_r^{(\tau)}\left(-\frac{A_r}{T}\right) + \lambda^{(\tau)}\frac{\text{div}\,\boldsymbol{v}}{3T}. \tag{12.17}$$

Die phänomenologischen Koeffizientn $\lambda_{rs}, \lambda_r^{(\omega)}, \lambda_r^{(\tau)}$ und $\lambda^{(\tau)}$ genügen entsprechend (12.11) und (12.12) folgenden Beziehungen:

$$\lambda_{rs} = \lambda_{sr}, \qquad \lambda_{rr} \geq 0, \qquad r = 1, 2, \ldots, R$$
$$\lambda_r^{(\omega)} = -\lambda_r^{(\tau)}, \tag{12.18}$$
$$\lambda^{(\tau)} \geq 0.$$

Mit den Gleichungen (12.16) werden chemische Reaktionen und mit der Gleichung (12.17) wird die Erscheinung der Volumenviskosität beschrieben. Aus (12.16) und (12.17) geht weiter hervor, daß die Affinitäten die Ursache für die Reaktionsgeschwindigkeiten sind, während die Geschwindigkeit der relativen Volumenänderung div v einen isotropen Reibungsdruck bewirkt. Darüber hinaus beeinflussen sich Volumenviskosität und chemische Reaktionen über Kreuzeffekte wechselseitig.

Die linearen Ansätze für die vektoriellen Ströme in isotropen Medien haben die Gestalt (Tab. 12.1)

$$\mathbf{Q} = l \operatorname{grad} \left(\frac{1}{T} \right) + \sum_{s=1}^{K-1} l_s^{(Q)} \left[-\operatorname{grad} \frac{\hat{\mu}_s - \hat{\mu}_K}{T} + \frac{\hat{f}_s - \hat{f}_K}{T} \right], \tag{12.19}$$

$$\mathbf{J}_s = l_s^{(J)} \operatorname{grad} \left(\frac{1}{T} \right) + \sum_{r=1}^{K-1} l_{rs} \left[-\operatorname{grad} \frac{\hat{\mu}_r - \hat{\mu}_K}{T} + \frac{\hat{f}_r - \hat{f}_K}{T} \right] \tag{12.20}$$

mit

$$l_{rs} = l_{sr}, \qquad l_s^{(Q)} = l_s^{(J)}, \qquad s, r = 1, 2, \ldots, K-1, \qquad \cdot$$
$$l \geq 0, \qquad l_{aa} \geq 0, \qquad a = 1, 2, \ldots, K-1. \tag{12.21}$$

Die Gleichungen (12.19) und (12.20) beschreiben die Wärmeleitung (ein Temperaturgradient verursacht einen Wärmestrom), die Diffusion (ein Gradient der chemischen Potentiale verursacht einen Diffusionsstrom) und ihre gegenseitige Beeinflussung.[1]

Die Verknüpfung der spurfreien Anteile des Spannungstensors $\tau_{\alpha\beta}$ und des Tensors der Deformationsgeschwindigkeiten $V_{\alpha\beta}$ (Tab. 12.1)

$$\tau_{\alpha\beta} - \frac{1}{3} \tau_{\gamma\gamma} \delta_{\alpha\beta} = \frac{L}{2T} \left(\frac{\partial v_\alpha}{\partial x_\beta} + \frac{\partial v_\beta}{\partial x_\alpha} - \frac{2}{3} \frac{\partial v_\gamma}{\partial x_\gamma} \delta_{\alpha\beta} \right), \quad L \geq 0 \tag{12.22}$$

---

[1] In anisotropen Medien sind die phänomenologischen Koeffizienten in (12.19) und (12.20) durch symmetrische Tensoren 2. Stufe zu ersetzen, so daß z.B.

$$Q_\alpha = l_{\alpha\beta} \left(\frac{\partial}{\partial x_\beta} \right) \left(\frac{1}{T} \right) + \sum_{s=1}^{K-1} l_{s\alpha\beta}^{(Q)} \left[-\left(\frac{\partial}{\partial x_\beta} \right) \left(\frac{\hat{\mu}_s - \hat{\mu}_K}{T} \right) + \frac{\hat{f}_{s\beta} - \hat{f}_{K\beta}}{T} \right]$$

gilt.

beschreibt die Scherviskosität, bei der sich die innere Zähigkeit des Mediums in Reibungsspannungen äußert. Dieser Effekt tritt bei volumentreuen Gestaltsände-rungen (Scherungen) der Massenelemente auf, die gerade durch den spurfreien Anteil des Deformationsgeschwindigkeitstensors beschrieben werden. Die Kombi-nation von (12.22) und (12.11) zeigt, daß die Spannungsverteilung im Medium durch den Gleichgewichtsdruck p, durch die Beiträge der Schub- und Volumen-viskosität und durch die chemischen Affinitäten beeinflußt wird:

$$
\begin{aligned}
\tau_{\alpha\beta} = {} & -p\,\delta_{\alpha\beta} + \frac{L}{2T}\left(\frac{\partial v_\alpha}{\partial x_\beta} + \frac{\partial v_\beta}{\partial x_\alpha}\right) \\
& + \frac{\lambda^{(\tau)} - 3L}{9T}\left(\frac{\partial v_\gamma}{\partial x_\gamma}\right)\delta_{\alpha\beta} - \sum_{r=1}^{R}\frac{\lambda_r^{(\tau)}}{3}\left(\frac{A_r}{T}\right)\delta_{\alpha\beta}.
\end{aligned}
\tag{12.23}
$$

Der Tensor $\tau_{\alpha\beta} + p\,\delta_{\alpha\beta}$ wird Reibungstensor genannt.

12.4 Die Differentialgleichungen der Zustandsvariablen

Mit Hilfe der linearen Ansätze können wir die generalisierten Ströme in den Bilanzgleichungen durch die generalisierten Kräfte ausdrücken. Auf diese Weise erhalten wir die gesuchten Bestimmungsgleichungen für die unabhängigen ther-modynamischen Zustandsvariablen und die baryzentrische Geschwindigkeit. Wir wollen das am Beispiel der einkomponentigen Flüssigkeit demonstrieren. Diffusi-on und chemische Reaktionen können hier nicht auftreten. Wir setzen die Wärme-stromdichte (12.19) und den Spannungstensor aus (12.23) in die Bilanzgleichun-gen der inneren Energie (2.37) und des Impulses (2.29) ein. Zusammen mit der Kontinuitätsgleichung und den Zustandsgleichungen entsteht dann das Grundglei-chungssystem der Hydrodynamik bei Berücksichtigung von Wärmeleitung:

Navier-Stokes-Gleichung (Impulsbilanz):

$$
\varrho\,\frac{\mathrm{d}\boldsymbol{v}}{\mathrm{d}t} = -\operatorname{grad}\,p + \eta\Delta\boldsymbol{v} + \left(\frac{\eta}{3} + \xi\right)\operatorname{grad}\operatorname{div}\boldsymbol{v} + \boldsymbol{f};
\tag{12.24}
$$

Kontinuitätsgleichung (Massebilanz):

$$
\frac{\partial\varrho}{\partial t} + \operatorname{div}(\varrho\boldsymbol{v}) = 0;
\tag{12.25}
$$

Wärmeleitungsgleichung (Bilanz der inneren Energie):

$$
\varrho\,\frac{\mathrm{d}\hat{u}}{\mathrm{d}t} - \kappa\,\Delta T = -p\operatorname{div}\boldsymbol{v} + 2\eta\,\underline{\boldsymbol{V}} : \underline{\boldsymbol{V}} - \left(\frac{2}{3}\,\eta - \xi\right)(\operatorname{div}\boldsymbol{v})^2;
\tag{12.26}
$$

thermische Zustandsgleichung:

$$p = p\,(T, \varrho);$$

(12.27)

kalorische Zustandsgleichung:

$$\hat{u} = \hat{u}\,(T, \varrho).$$

(12.28)

Wir haben hier vereinfachend angenommen, daß die Koeffizienten der Wärmeleitfähigkeit $\kappa = l/T^2$, der Scherviskosität $\eta = L/2T$ und der Volumenviskosität $\xi = \lambda^{(\tau)}/9T$ Konstanten sind. Aus diesem Grundgleichungssystem können bei bekannter äußerer Kraftdichte f und vorgegebenen Rand- und Anfangsbedingungen in eindeutiger Weise die Felder $v(r, t)$, $\varrho(r, t)$ und $T\,(r, t)$ berechnet werden. In der Hydrodynamik wird meist noch die Wärmeleitung vernachlässigt. Es bleiben dann zur Bestimmung von $v(r, t)$ und $\varrho(r, t)$ die Navier-Stokes-Gleichung, die Kontinuitätsgleichung und eine Zustandsgleichung der Form $p = p(\varrho)$. Die Behandlung dieses Gleichungssystems gehört in den Bereich der Hydrodynamik.[2]

Die Differentialgleichungen für ein Mehrkomponentensystem stellt man ganz analog auf. Zu den in diesem Abschnitt zusammengestellten Gleichungen (12.24) bis (12.28), die entsprechend zu verallgemeinern sind, treten noch die Bilanzgleichungen der einzelnen Stoffkomponenten (2.27), in denen die Diffusionsströme und die Reaktionsgeschwindigkeiten mit Hilfe der linearen Ansätze (12.20) und (12.16) zu eliminieren sind.

12.5 Zusammenfassung

Nachdem wir für das fluide Mehrkomponentensystem als Beispiel die Entropieproduktionsdichte, die linearen Ansätze und die Differentialgleichungen für die Zustandsfelder diskutiert haben, wollen wir jetzt ganz allgemein im Sinne einer Zusammenfassung die Schritte nach MEIXNER noch einmal durchgehen.

Im ersten Schritt ist die Gibbssche Fundamentalgleichung aufzustellen. Unser System werde durch die unabhängigen Zustandsfelder $\hat{a}_\Omega(x_\alpha, t)$ beschrieben. Die $\hat{a}_\Omega$ sind die den extensiven Größen, z.B. innere Energie, Massen, Magnetisierung u.a. zugeordneten spezifischen Größen. Zu den $\hat{a}_\Omega$ können innere Parameter b_Φ, z.B. Reaktionslaufzahlen, Ordnungsparameter u.a. kommen. Damit lautet die Gibbssche Fundamentalgleichung

$$\mathrm{d}\hat{s} = \sum_\Omega \varphi_\Omega \,\mathrm{d}\hat{a}_\Omega + \sum_\Phi \psi_\Phi \,\mathrm{d}b_\Phi.$$

(12.29)

---

[2] Siehe z.B. STEPHANI, H. und G. KLUGE: Grundlagen der theoretischen Mechanik. VEB Deutscher Verlag der Wissenschaften, Berlin 1975

Im zweiten Schritt sind die Bilanzgleichungen für die extensiven Größen A_Ω zu formulieren:

$$\varrho \, \frac{d\hat{a}_\Omega}{dt} + \frac{\partial A_\alpha}{\partial x_\alpha} = q_\Omega. \tag{12.30}$$

Hier ist $A_{\Omega\alpha}$ die zur extensiven Größe A_Ω gehörende konduktive Stromdichte und q_Ω die entsprechende Quelldichte.

Im dritten Schritt erfolgt die Berechnung der Entropieproduktionsdichte. Dazu ersetzen wir in der auf die zeitliche Änderung der Zustandsfelder bezogenen Gibbsschen Fundamentalgleichung

$$\frac{d\hat{s}}{dt} = \sum_\Omega \varphi_\Omega \, \frac{d\hat{a}_\Omega}{dt} + \sum_\Phi \psi_\Phi \, \frac{db_\Phi}{dt} \tag{12.31}$$

mit Hilfe der Bilanzgleichungen die substantiellen Ableitungen $\dfrac{d\hat{a}_\Omega}{dt}$, worauf

$$\varrho \, \frac{d\hat{s}}{dt} = \sum_\Omega \varphi_\Omega \left(q_\Omega - \frac{\partial A_\alpha}{\partial x_\alpha} \right) + \varrho \sum_\Phi \psi_\Phi \, \frac{db_\Phi}{dt} \tag{12.32}$$

folgt. Für die weitere Umformung dieser Gleichung muß die konduktive Entropie-stromdichte S_α gemäß

$$S_\alpha = \sum_\Omega \varphi_\Omega A_{\Omega\alpha} \tag{12.33}$$

definiert werden. Sie enthält mit $\varphi_\Omega \longrightarrow 1/T$ und $A_{\Omega\alpha} \longrightarrow Q_\alpha$ den bekannten, mit der Wärmestromdichte verbundenen Anteil $\dfrac{Q_\alpha}{T}$. Nachdem S_α definiert ist, ergibt sich für die Entropiebilanz

$$\varrho \, \frac{d\hat{s}}{dt} + \sum_\Omega \frac{\partial(\varphi_\Omega A_{\Omega\alpha})}{x_\alpha} = \sum_\Omega \left(\varphi_\Omega q_\Omega + \frac{\partial \varphi_\Omega}{x_\alpha} A_{\Omega\alpha} \right) + \varrho \sum_\Phi \psi_\Phi \, \frac{db_\Phi}{dt}$$
$$= \sum_A J_A X_A. \tag{12.34}$$

Man sieht, die Entropieproduktionsdichte setzt sich aus drei Anteilen unterschiedlichen physikalischen Ursprungs zusammen. Der erste Anteil $\sum_\Omega \varphi_\Omega q_\Omega$ ist mit den Quelltermen der Bilanzgleichungen verknüpft. Als Beispiel seien die mit den chemischen Reaktionen verbundenen Masseänderungen genannt. Der zweite Anteil $\sum_\Omega \dfrac{\partial \varphi_\Omega}{\partial x_\alpha} A_{\Omega\alpha}$ ist auf die konduktiven Stromdichten in den Bilanzgleichungen zurückzuführen. Hierzu gehören z.B. die Wärmeleitung und die Diffusion. Schließlich gibt es noch den mit der zeitlichen Änderung von inneren Parametern verbundenen Anteil $\varrho \sum_\Phi \psi_\Phi \dfrac{db_\Phi}{dt}$. Hierzu gehören die in verschiedenen Gebieten der Physik auftretenden Relaxationserscheinungen.

Im vierten Schritt können wir nun aus Gl. (12.34) heraus die verallgemeinerten Kräfte X_A und Ströme J_A definieren:

$$X_A \sim (\varphi_\Omega, \frac{\partial \varphi_\Omega}{\partial x_\alpha}, \psi_\Phi),$$

$$J_A \sim (q_\Omega, A_{\Omega\alpha}, \frac{\mathrm{d}b_\Phi}{\mathrm{d}t}). \tag{12.35}$$

Bei der anschließenden Aufstellung der phänomenologischen Gleichungen

$$J_A = \sum_B L_{AB} X_B \tag{12.36}$$

ist für isotrope Systeme das Curiesche Prinzip zu beachten. Die zur Bestimmung der Zustandsfelder $\hat{a}_\Omega, b_\Omega$ und v_α zu lösenden Differentialgleichungen sind die Bilanzgleichungen (12.30), die durch die Zustandsgleichungen

$$\frac{\partial \hat{s}}{\partial \hat{a}_\Omega} = \varphi_\Omega, \qquad \frac{\partial \hat{s}}{\partial b_\Phi} = \psi_\Phi \tag{12.37}$$

und die phänomenologischen Gleichungen (12.36) vervollständigt werden. Hinzu kommen die der Aufgabenstellung angepaßten Anfangs- und Randbedingungen.

12.6   Fragen

1. Wie kann man den raum-zeitlichen Ablauf irreversibler Prozesse beschreiben?

2. Wie kommt man zu den phänomenologischen Gleichungen der Thermodynamik irreversibler Prozesse?

3. Was versteht man unter verallgemeinerten Kräften und Strömen? Nennen Sie Beispiele!

4. Was versteht man unter den Onsager-Casimierschen Reziprozitätsbeziehungen?

12.7   Aufgaben

1. In der speziellen Entropieproduktionsdichte

$$\sigma = \boldsymbol{Q} \operatorname{grad} \frac{1}{T} - \boldsymbol{J} \operatorname{grad} \frac{\mu}{T}$$

gehe man von den Kräften $\operatorname{grad} \frac{1}{T}$ und $\operatorname{grad} \frac{\mu}{T}$ zu den neuen Kräften $\operatorname{grad} \frac{1}{T}$ und $\operatorname{grad} \mu$ über. Man schreibe in beiden Fällen die linearen Ansätze auf und zeige, wie die phänomenologi-

schen Koeffizienten miteinander verknüpft sind. Bleiben bei dem Übergang zu den neuen Kräften die Onsagerschen Reziprozitätsbeziehungen erhalten?

2. Mit Hilfe der Transformationen
$\boldsymbol{v} = U_0 \boldsymbol{v}', \boldsymbol{r} = h\boldsymbol{r}', t = \frac{h}{U_0} t',$
$p = \varrho_0 U_0{}^2 p', \varrho = \varrho_0 \varrho'$ bringe man die Navier-Stokes-Gleichung in ihre dimensionslose Form.

13. Spezielle irreversible Prozesse

13.1 Wärmeleitung

13.1.1 Die Wärmeleitungsgleichung

Wir untersuchen die Wärmeleitung in einem ruhenden $(\boldsymbol{v} = 0)$ kräftefreien $(\boldsymbol{f} = 0)$ einkomponentigen Medium konstanter Dichte $(\varrho = \text{const})$ mit konstanter Wärmeleitfähigkeit κ und konstanter spezifischer Wärme $\hat{c}_v = \left(\dfrac{\partial \hat{u}}{\partial T}\right)_{\hat{v}}$. Mit diesen Voraussetzungen reduziert sich Gleichung (12.26) wegen

$$\varrho \, \frac{d\hat{u}}{dt} = \varrho \, \frac{\partial \hat{u}}{\partial t} = \varrho \hat{c}_v \, \frac{\partial T}{\partial t}, \qquad \frac{d\varrho}{dt} = \frac{\partial \varrho}{\partial t} = 0$$

auf die *Wärmeleitungsgleichung*

$$\frac{\partial T}{\partial t} - \lambda \, \Delta T = 0, \qquad \lambda = \frac{\kappa}{\varrho \hat{c}_v}. \tag{13.1}$$

$\Delta = \text{div} \, \text{grad} = \partial^2 / \partial x_\alpha \, \partial x_\alpha$ ist der Laplacesche Differentialoperator. Das lokale Gleichgewicht der Massenelemente soll stabil sein. Deshalb gilt $\hat{c}_v > 0$, und die *Temperaturleitzahl* λ ist eine positive Größe.

13.1.2 Rand- und Anfangsbedingungen

Die Wärmeleitungsgleichung (13.1) ist eine lineare partielle Differentialgleichung vom parabolischen Typ (erste Zeitableitung). Sie gestattet den räumlichen und zeitlichen Temperaturverlauf erst dann *eindeutig* zu berechnen, wenn im betrachteten Zeitintervall das Verhalten der Temperatur an den Grenzen des Systems (*Randbedingungen*) und das Temperaturfeld im ganzen System zu einem bestimmten Zeitpunkt (*Anfangsbedingungen*) bekannt sind.

   In den Randbedingungen äußern sich die verschiedenen Möglichkeiten der Wechselwirkung des Systems mit der Umgebung. Auf Grund der einfachen Problemstellung (homogenes ruhendes Einkomponentensystem) kommt hier als Wechselwirkung nur ein Energieaustausch in Frage. Am häufigsten wird eine der drei folgenden Randbedingungen vorgegeben:

1. Dem System wird durch die Umgebung eine bestimmte Oberflächentemperatur aufgeprägt. Ist $f(r, t)$ eine in jedem Punkt der Oberfläche (V) vorgegebene Funktion, so gilt für die Systemtemperatur an der Oberfläche (V)

$$T|_{(V)} = f(r, t).$$ (13.2)

Ein Spezialfall dieser Randbedingung liegt vor, wenn sich das System in einem Wärmebad der Temperatur T_0 befindet:

$$T|_{(V)} = T_0 = \text{const.}$$ (13.3)

2. Die Wärmeströmung (Energieströmung) durch die Oberfläche ist bekannt. Das wird dadurch zum Ausdruck gebracht, daß die Normalenkomponente des Wärmestroms Q_n in jedem Punkt der Oberfläche vorgegeben wird:

$$Q_n|_{(V)} = \boldsymbol{Q}\,\boldsymbol{n}|_{(V)} = g(r, t).$$ (13.4)

$\boldsymbol{n}$ ist der Normalenvektor der Oberfläche, $g(r, t)$ eine bekannte, auf der gesamten Oberfläche definierte Funktion. Bei Verwendung des linearen Ansatzes $\boldsymbol{Q} = -\kappa\,\text{grad}\,T$ folgt aus (13.4)

$$\boldsymbol{n}\,\text{grad}\,T|_{(V)} = -\frac{1}{\kappa}\,g(r, t).$$ (13.5)

Bei adiabatischer Isolierung des Systems ist der Wärmestrom durch die Oberfläche null, und es gilt

$$\boldsymbol{n}\,\text{grad}\,T|_{(V)} = 0.$$

3. In jedem Punkt der Oberfläche nimmt die Linearkombination $\alpha\,\boldsymbol{n}\,\text{grad}\,T + \beta T$ einen durch die Funktion $h(r, t)$ vorgeschriebenen Wert an:

$$(\alpha\boldsymbol{n}\,\text{grad}\,T + \beta T)|_{(V)} = h(r, t).$$ (13.6)

α und β sind Konstanten.

Ein Spezialfall der letzten Randbedingung muß berücksichtigt werden, wenn die aus dem Inneren des Systems an die Oberfläche transportierte Wärmemenge von der Oberfläche als Wärmestrahlung an die Umgebung abgegeben wird. Das soll im folgenden gezeigt werden. Wie wir zu Beginn des Abschnitts 2.4.1 feststellten, ist die Gesamtenergie eine Erhaltungsgröße, so daß wir entsprechend (2.10) sowohl im System als auch in der Umgebung die Gültigkeit von

$$\frac{\partial \breve{w}}{\partial t} + \text{div}\,\boldsymbol{w} = 0$$ (13.7)

mit $\breve{w}$ als Energiedichte und $\boldsymbol{w}$ als Energiestromdichte voraussetzen können. Wir integrieren diese Gleichung über ein kleines zylinderförmiges Gebiet G, dessen Grundfläche F_S immer innerhalb und dessen Deckfläche F_U immer außerhalb

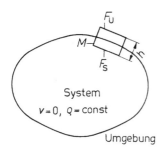

Abb. 13.1 Zur Herleitung der Randbedingungen

des Systems liegt (Abb. 13.1). Das Volumenintegral über div w läßt sich mit Hilfe des Gaußschen Satzes in ein Oberflächenintegral über F_S, F_U und den Zylindermantel M zerlegen. Aus (13.7) folgt damit

$$\frac{\partial}{\partial t}\int_G \breve{w}\,\mathrm{d}V + \int_{F_S} w\,\mathrm{d}f_S + \int_{F_U} w\,\mathrm{d}f_U + \int_M w\,\mathrm{d}f = 0. \tag{13.8}$$

Wir verkleinern den Durchmesser des Zylinders so weit, daß Grund- und Deckfläche infinitesimal klein werden. Lassen wir jetzt die Zylinderhöhe h so gegen Null streben, daß sich Grund- und Deckfläche in einem Flächenelement der Systemoberfläche mit dem Flächeninhalt ΔF berühren, dann verschwindet bei endlicher Energiedichte $\breve{w}$ das Volumenintegral und bei endlicher Energiestromdichte w auch das Integral über die Zyindermantelfläche. Es bleiben die beiden Flächeninhalte über F_S und F_U übrig. Mit $\mathrm{d}f_S = -\mathrm{d}f_U$ sowie $w\,\mathrm{d}f_S = -w_n^S\,\mathrm{d}f_U$ und $w\,\mathrm{d}f_U = w_n^U\,\mathrm{d}f_U$ (w_n^S und w_n^U sind die Normalenkomponenten von w an den Flächen F_S und F_U) folgt schließlich aus (13.8)

$$\int_{F_S} w\,\mathrm{d}f_S + \int_{F_U} w\,\mathrm{d}f_U = \int_{\Delta F} (w_n^U - w_n^S)\,\mathrm{d}f_U = \Delta F(w_n^U - w_n^S) = 0. \tag{13.9}$$

Im letzten Schritt wurde vom Mittelwertsatz der Integralrechnung Gebrauch gemacht. Aus (13.9) folgt also, daß die Normalenkomponenten des Energiestromvektors stetig durch die Systemoberfläche gehen müssen:

$$w_n^S\big|_{(V)} = w_n^U\big|_{(V)}. \tag{13.10}$$

Diese allgemeine Aussage (die letzten Endes auch die Möglichkeit, eine Randbedingung der Form (13.4) zu fordern, enthält) spezialisieren wir jetzt auf den Fall, daß die Energie vom System an die Umgebung als Wärmestrahlung abgegeben wird. Hat die Umgebung die konstante Temperatur T_0, so geht nach dem Stefan-Boltzmann-Gesetz (10.71) von der Oberfläche mit der Temperatur $T_{(V)}$ eine Wärmestrahlung mit der Energiestromdichte

$$w_n^U\big|_{(V)} = \sigma(T_{(V)}^{\ 4} - T_0^{\ 4}) \tag{13.11}$$

aus. Der Energietransport im System erfolgt durch Wärmeleitung, so daß aus (13.10) die Randbedingung

$$w_n^S|_{(V)} = -\kappa \boldsymbol{n} \operatorname{grad} T|_{(V)} = \sigma(T_{(V)}^4 - T_0^4) \tag{13.12}$$

folgt. Bei kleinen Differenzen $\Delta T = T_{(V)} - T_0$ zwischen Oberflächen- und Umgebungstemperatur gilt näherungsweise

$$T_{(V)}^4 - T_0^4 = \Delta T(T_{(V)} + T_0)(T_{(V)}^2 + T_0^2) \approx \Delta T(4T_0^3).$$

Damit geht (13.12) in das Newtonsche Abkühlungsgesetz

$$(\kappa \boldsymbol{n} \operatorname{grad} T + \beta T)|_{(V)} = \beta T_0, \tag{13.13}$$

das also einen Spezialfall der Randbedingung (13.6) darstellt, über. $\beta = 4\sigma T_0^3$ wird als Wärmeübergangszahl bezeichnet.

Die Anfangsbedingungen setzen die Kenntnis des Systemzustandes zu einem bestimmten Zeitpunkt voraus. Diesen wählen wir willkürlich als Nullpunkt der Zeitskala ($t = 0$). Die Temperatur, die sich in unserem einfachen System als einzige unabhängige Zustandsgröße zeitlich ändert ($\boldsymbol{v} = 0, \varrho = $ const), muß also zur Zeit $t = 0$ als Funktion der Ortsvariablen $\Theta(\boldsymbol{r})$ bekannt sein, so daß die Anfangsbedingung die Gestalt

$$T(\boldsymbol{r}, t = 0) = \Theta(\boldsymbol{r}) \tag{13.14}$$

annimmt.

Die Wärmeleitungsgleichung (13.1) liefert bei bekanntem Ausgangszustand des Systems (Anfangsbedingungen) und bekannten Wechselbeziehungen des Systems mit der Umgebung zu allen späteren Zeitpunkten $t > 0$ (Randbedingungen) in eindeutiger Weise den Temperaturverlauf im System für $t > 0$. Wir verzichten hier auf den mathematischen Beweis dieser Aussage.

In vielen Fällen ist es günstig, einen neuen Temperaturnullpunkt, z.B. bei $T = T_1$ durch

$$T' = T - T_1, \tag{13.15}$$

festzulegen. Die Wärmeleitungsgleichung ist gegenüber der Transformation (13.15) invariant, die Form der Rand- und Anfangsbedingungen ändert sich ebenfalls nicht. Wir geben nochmals die mathemtische Formulierung des Wärmeleitungsproblems (mit der Temperatur T') im ruhenden ($\boldsymbol{v} = 0$) homogenen ($\varrho = $ const) Medium an:

$$\frac{\partial T'}{\partial t} - \lambda \Delta T' = 0, \tag{13.16}$$

$$t = 0: \quad T'(\boldsymbol{r}, t = 0) = \Theta'(\boldsymbol{r}), \tag{13.17}$$

$$t > 0: \quad (\alpha \boldsymbol{n} \operatorname{grad} T' + \beta T')|_{(V)} = h'(\boldsymbol{r}, t). \tag{13.18}$$

Wir haben die dritte Randbedingung (13.6) gewählt, weil sie mit $\alpha = 0$, $\beta = 1$, $h = f$ die erste Randbedingung (13.2) und mit $\alpha = 1$, $\beta = 0$, $h = -\frac{1}{\kappa} g$ die zweite Randbedingung (13.5) enthält.

In den folgenden Beispielen rechnen wir mit der Temperatur T', lassen aber der Einfachheit wegen den Strich am T und an den Funktionen Θ und h wieder weg.

13.1.3 Spezielle Wärmeleitungsvorgänge

13.1.3.1 Periodische Temperaturschwankungen unterhalb der Erdoberfläche

Zur Beschreibung der täglichen bzw. jährlichen Temperaturschwankungen unterhalb der Erdoberfläche gehen wir von folgendem Modell aus: Die Erdoberfläche wird als Oberfläche $x = 0$ eines Halbraumes $x \geq 0$ aufgefaßt. Die Temperatur hängt nur von t und x ab. An der Oberfläche wird – freilich nur in Annäherung an die realen Verhältnisse – als Randbedingungen die periodische Temperatur $T = T_0 \cos \omega t$ vorgegeben, wobei die Dauer der periodischen Temperaturschwankungen $\tau = \frac{2\pi}{\omega}$ ein Tag bzw. ein Jahr sein kann. Die Randwertaufgabe lautet dann

$$\frac{\partial T}{\partial t} - \lambda \frac{\partial^2 T}{\partial x^2} = 0, \tag{13.19}$$

$$T|_{(V)} = T(x = 0, t) = T_0 \cos \omega t. \tag{13.20}$$

Es wäre möglich, eine Temperaturanfangsverteilung im Halbraum vorzuschreiben. Wir interessieren uns aber entsprechend unserer physikalischen Problemstellung nur für den „eingeschwungenen" Zustand (die quasistationäre Lösung), wie er sich nach sehr vielen Perioden (Tagen bzw. Jahren) herausgebildet hat.

Der Separationsansatz

$$T(x, t) = A(t) B(x)$$

liefert, in (13.19) eingesetzt, die Lösung

$$T(x, t) = C \, e^{\lambda \delta^2 t + \delta x} \tag{13.21}$$

mit den zunächst beliebigen komplexen Konstanten C und δ (δ *Separationskonstante*). Von Gleichung (13.21) sind sowohl der Realteil als auch der Imaginärteil für sich Lösungen der Wärmeleitungsgleichung (13.19). Wir versuchen, mit dem Realteil von (13.21) die Randbedingung (13.20) zu befriedigen

$$T(0, t) = \text{Re} \, (C \, e^{\lambda \delta^2 t}) = T_0 \cos \omega t = \text{Re} \, (T_0 \, e^{i \omega t}). \tag{13.22}$$

Das gelingt durch die Identifizierung

$$C = T_0, \qquad \lambda \delta^2 = i \omega,$$

so daß wir als Lösung unserer Randwertaufgabe

$$T(x,t) = \mathrm{Re}\left(T_0\, \mathrm{e}^{\,\mathrm{i}\omega t \pm \sqrt{\frac{\mathrm{i}\omega}{\lambda}}\,x}\right) = T_0\, \mathrm{e}^{\pm x\sqrt{\frac{\omega}{2\lambda}}}\cos\left(\omega t \pm \sqrt{\frac{\omega}{2\lambda}}\,x\right)$$

(13.23)

erhalten. Die Zweideutigkeit des Vorzeichens deutet darauf hin, daß wir die Randwertaufgabe unvollständig formuliert haben. Wir wollen ausschließen, daß die Temperatur für $x \to \infty$ beliebig groß wird. Diese Lösung würde, im Gegensatz zu unserer Problemstellung, Quellen der inneren Energie im Unendlichen voraussetzen. Wir ergänzen deshalb die Randbedingung (13.20) durch

$$T(\infty, t) = 0$$

und erhalten so für die Temperaturverteilung unterhalb der Erdoberfläche

$$T(x,t) = T_0\, \mathrm{e}^{-\sqrt{\frac{\omega}{2\lambda}}x}\cos\left(\omega t - \sqrt{\frac{\omega}{2\lambda}}\,x\right).$$

(13.24)

Der Vergleich mit der Oberflächentemperatur $T_0 \cos\omega t$ weist auf zwei charakteristische Effekte hin, die mit der Beobachtung übereinstimmen:

Zum ersten wird die maximale Amplitude $T_0\, \mathrm{e}^{-\sqrt{\frac{\omega}{2\lambda}}x}$ mit zunehmender Tiefe x gedämpft, und zwar um so stärker, je größer die Frequenz ω ist. Definieren wir als Eindringtiefe l diejenige Tiefe x, in der die Maximalamplitude auf den Wert $T_0\, \mathrm{e}^{-1}$ abgeklungen ist, so erhalten wir $l = \sqrt{\frac{2\lambda}{\omega}}$. Daraus folgt für das Verhältnis von jährlicher Eindringtiefe l_j zu täglicher Eindringtiefe l_t

$$\frac{l_\mathrm{j}}{l_\mathrm{t}} = \sqrt{\frac{\omega_\mathrm{t}}{\omega_\mathrm{j}}} = \sqrt{\frac{\tau_\mathrm{j}}{\tau_\mathrm{t}}} = \sqrt{365} \approx 19.$$

Unabhängig von den Materialeigenschaften, wie z.B. der Wärmeleitfähigkeit der Erde, ist die jährliche Eindringtiefe 19mal größer als die tägliche. Während sich die täglichen Temperaturschwankungen nur in oberen Erdschichten von wenigen cm (bei einem Wert von $\lambda = 0,006$ cm^{2}s^{-1} ist $l_\mathrm{t} \approx 13$ cm) bemerkbar machen, erreichen die jährlichen Temperaturschwankungen Eindringtiefen von einigen Metern ($l_\mathrm{j} \approx 3$ m). Das erklärt auch das Auftreten des „ewigen" Frostbodens in Gebieten, wo die mittlere Jahrestemperatur unter 0°C liegt.

Zum zweiten ist die Temperatur in der Erde gegenüber der Oberflächentemperatur phasenverschoben. Die Phasenverschiebung beträgt $\sqrt{\frac{\omega}{2\lambda}}\,x$. Besitzt die Temperatur an der Erdoberfläche ihren größten Wert T_0, dann hat sie in der Tiefe L, wo die Phasenverschiebung den Wert π erreicht, gerade ihren tiefsten Wert $-T_0\, \mathrm{e}^{-\sqrt{\frac{\omega}{2\lambda}}L}$ angenommen. Wegen $L\sqrt{\frac{\omega}{2\lambda}} = \pi$ ist die Maximalamplitude in dieser Tiefe aber schon auf den Wert $T_0\, \mathrm{e}^{-\pi} \approx 0,04\, T_0$ abgeklungen.

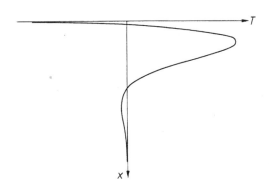

Abb. 13.2 Die Temperaturverteilung im Erdboden (Temperaturwelle)

Die Lösung (13.24) kann auch als Temperaturwelle mit räumlich stark gedämpfter Amplitude gedeutet werden (Abb. 13.2). Die an der Oberfläche vorgegebene Temperatur dringt mit der Phasengeschwindigkeit $v = \sqrt{2\lambda\omega}$ in den Erdboden ein. Die dazugehörende Wellenlänge ist $2\pi\sqrt{\frac{2\lambda}{\omega}}$.

13.1.3.2 Temperaturverteilung in räumlich unbegrenzten Systemen

Wir untersuchen zunächst den eindimensionalen Fall und erfassen damit z.B. die Temperaturausbreitung in sehr dünnen, nach außen wärmeisolierten Stäben, die unendlich lang sind. Zum Zeitpunkt $t = 0$ sei die Temperatur $T(x, 0) = \Theta(x)$ in jedem Punkt x des Stabes bekannt. Diese Anfangsverteilung der Temperatur kann durch Energiezufuhr von außen, etwa durch Wärmeleitung, entstanden sein. Es sind aber auch irreversible Vorgänge im System (Stab) denkbar, bei denen Wärme frei wird (man denke z.B. an die mit den elektrischen Leitungsprozessen verbundene Joulesche Wärme), wobei sich ein im allgemeinen inhomogenes Temperaturfeld herausbildet. Diese irreversiblen Prozesse sollen zur Zeit $t = 0$ abgeklungen sein. Im anderen Fall würden sie den Wärmeleitungsvorgang über Quellterme auf der rechten Seite der Bilanzgleichung für die innere Energie (2.37) beeinflussen. Effekte dieser Art sollen hier aber nicht untersucht werden. Unser Anfangswertproblem hat die analytische Form

$$\frac{\partial T}{\partial t} - \lambda \frac{\partial^2 T}{\partial x^2} = 0, \tag{13.25}$$

$$T(x, t = 0) = \Theta(x). \tag{13.26}$$

Zur Lösung dieser Aufgabe gehen wir wieder von der speziellen Lösung (13.21)

$$T(x, t) = C\, e^{\lambda\delta^2 t + \delta x} \tag{13.27}$$

aus. Mit der Lösung (13.27) läßt sich die Anfangsbedingung (13.26) im allgemeinen nicht erfüllen; wir benötigen dazu eine allgemeinere Lösung. Diese allgemeinere Lösung können wir aus Lösungen des Typs (13.27) konstruieren. Dabei nutzen wir die Linearität der Differentialgleichung (13.25) aus, die sich darin äußert, daß die Summe zweier Lösungen selbst wieder eine Lösung dieser Differentialgleichung ist. Da die Konstanten C und δ in (13.27) beliebig wählbar sind, ist mit $T_1(x,t) = C_1\,e^{\lambda\delta_1^2 t + \delta_1 x}$ und $T_2(x,t) = C_2\,e^{\lambda\delta_2^2 t + \delta_2 x}$ auch

$$T(x,t) = T_1(x,t) + T_2(x,t) = C_1\,e^{\lambda\delta_1^2 t + \delta_1 x} + C_2\,e^{\lambda\delta_2^2 t + \delta_2 x} \tag{13.28}$$

eine Lösung von (13.25) ($C_1, C_2, \delta_1, \delta_2$ sind beliebige Konstanten).

Durch schrittweises Hinzufügen weiterer partikulärer Lösungen vom Typ (13.27) erhält man schließlich die allgemeineren Lösungen

$$T(x,t) = \sum_i C_i\,e^{\lambda\delta_i^2 t + \delta_i x} \tag{13.29}$$

und

$$T(x,t) = \int C(\delta)\,e^{\lambda\delta^2 t + \delta x}\,d\delta, \tag{13.30}$$

wobei in der letzten Gleichung der Übergang von der Summation zur Integration vollzogen wurde. Die C_i und δ_i in (13.29) sind beliebige komplexe Konstanten, $C(\delta)$ ist eine zunächst beliebige Funktion von δ.

Das eben angewandte Verfahren, durch die Überlagerung partikulärer Lösungen allgemeinere Lösungen zu konstruieren, wird als Superpositionsverfahren (Überlagerungsverfahren) bezeichnet.

Wir wollen im folgenden nur solche Anfangsverteilungen $\Theta(x)$ in Betracht ziehen, die qualitativ den in Abb. 13.3 skizzierten Verlauf haben. Den Nullpunkt der x-Achse legen wir so, daß er mit dem Ort des Temperaturmaximums zusammenfällt. Für $x \to \infty$ soll $\Theta(x)$ hinreichend stark auf den Wert Null abklingen, so daß $\Theta(x)$ als Fourier-Integral dargestellt werden kann:

$$\Theta(x) = \int_{-\infty}^{\infty} \vartheta(k)\,e^{ikx}\,dk. \tag{13.31}$$

In diesem Fall ist es einfach, die Anfangsbedingung (13.26) durch die formal konstruierte Lösung (13.30) zu befriedigen. Für $t = 0$ folgt aus (13.30)

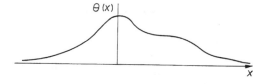

Abb. 13.3 Anfangsverteilung der Temperatur in einem unendlich ausgedehnten Stab

$$T(x, 0) = \int C(\delta)\, e^{\delta x}\, d\delta, \tag{13.32}$$

und der Vergleich mit (13.31) führt auf die Identifizierungen

$$\delta \equiv ik, \qquad iC(ik) \equiv \vartheta(k) \tag{13.33}$$

mit entsprechender Wahl des Integrationsweges.

Ein Fourier-Integral vom Typ (13.31) kann man als Transformation der Funktion $\vartheta(k)$ in die Funktion $\Theta(x)$ auffassen (Fourier-Transformation). Wir nehmen an, daß die Umkehrtransformation

$$\vartheta(k) = \frac{1}{2\pi} \int\limits_{-\infty}^{\infty} \Theta(x')\, e^{-ikx'}\, dx' \tag{13.34}$$

existiert. Setzen wir (13.33) und (13.34) in (13.30) ein, dann erhalten wir

$$T(x, t) = \frac{1}{2\pi} \int\limits_{-\infty}^{\infty} dx' \int\limits_{-\infty}^{\infty} dk\, \Theta(x')\, e^{-ik(x'-x) - \lambda k^2 t}. \tag{13.35}$$

Die Integration über k kann nach der Umformung des Exponenten der e-Funktion

$$-ik(x' - x) - \lambda k^2 t = -\lambda t \left(k + \frac{i(x' - x)}{2\lambda t} \right)^2 - \frac{(x' - x)^2}{4\lambda t}$$

und der anschließenden Substitution

$$y = k + \frac{i(x' - x)}{2\lambda t}$$

ausgeführt werden. Mit[1]

$$\int\limits_{-\infty}^{\infty} e^{-ik(x'-x) - \lambda k^2 t}\, dk = e^{-\frac{(x'-x)^2}{4\lambda t}} \int\limits_{-\infty}^{\infty} e^{-\lambda t y^2}\, dy = \sqrt{\frac{\pi}{\lambda t}}\, e^{-\frac{(x'-x)^2}{4\lambda t}}$$

ergibt sich schließlich die Lösung unseres Anfangswertproblems in der Form

$$T(x, t) = \frac{1}{\sqrt{4\pi\lambda t}} \int\limits_{-\infty}^{\infty} \Theta(x')\, e^{-\frac{(x'-x)^2}{4\lambda t}}\, dx' \quad \text{für} \quad t \geq 0. \tag{13.36}$$

---

[1] $\int\limits_{-\infty}^{\infty} e^{-x^2}\, dx = \sqrt{\pi}$

Wir wollen den physikalischen Inhalt dieser Lösung diskutieren. Aus dem Temperaturfeld (13.36) läßt sich über die kalorische Zustandsgleichung[2]

$$\breve{u} = \varrho \hat{c}_v T \tag{13.37}$$

die Dichte der inneren Energie in Abhängigkeit von Ort und Zeit und die Gesamtenergie

$$U(t) = \int\limits_{-\infty}^{\infty} \breve{u}(x,t)\,\mathrm{d}V = \varrho \hat{c}_v F \int\limits_{-\infty}^{\infty} T(x,t)\,\mathrm{d}x \tag{13.38}$$

berechnen. F ist die Querschnittsfläche des Stabes. Die Integration $\int_{-\infty}^{\infty} T(x,t)\,\mathrm{d}x$ ergibt mit der Substitution $y = \dfrac{x - x'}{2\sqrt{\lambda t}}$:

$$\begin{aligned}
\int\limits_{-\infty}^{\infty} T(x,t)\,\mathrm{d}x &= \frac{1}{\sqrt{4\pi\lambda t}} \int\limits_{-\infty}^{\infty} \Theta(x') \int\limits_{-\infty}^{\infty} \mathrm{e}^{-\frac{(x'-x)^2}{4\lambda t}}\,\mathrm{d}x\,\mathrm{d}x' \\
&= \frac{1}{\sqrt{\pi}} \int\limits_{-\infty}^{\infty} \Theta(x')\,\mathrm{d}x' \int\limits_{-\infty}^{\infty} \mathrm{e}^{-y^2}\,\mathrm{d}y = \int\limits_{-\infty}^{\infty} \Theta(x)\,\mathrm{d}x.
\end{aligned} \tag{13.39}$$

Dabei wurde im letzten Schritt von der Beziehung $\int_{-\infty}^{\infty} \mathrm{e}^{-y^2}\,\mathrm{d}y = \sqrt{\pi}$ Gebrauch gemacht und x' in x umbenannt.

Die Gleichung (13.39) sagt aus, daß die über der x-Achse aufgetragene Temperaturkurve zu allen Zeiten $t > 0$ die gleiche, durch die Anfangsverteilung $\Theta(x)$ vorgegebene Fläche mit der x-Achse einschließt (Abb. 13.5). Dies bedeutet wegen

$$U(t) = \varrho \hat{c}_v F \int\limits_{-\infty}^{\infty} T(x,t)\,\mathrm{d}x = \varrho \hat{c}_v F \int\limits_{-\infty}^{\infty} \Theta(x)\,\mathrm{d}x = U(0), \tag{13.40}$$

daß die dem Temperaturfeld zugeordnete Gesamtenergie U bei allen durch die Wärmeleitung verursachten zeitlichen Änderungen der Temperatur T erhalten bleibt.

Für die x-Komponente der Wärmestromdichte $\boldsymbol{Q} = -\kappa\,\mathrm{grad}\,T$, ($\kappa = $ const), ergibt sich mit (13.36)

$$Q_x = \frac{2\kappa}{\sqrt{\pi}(4\lambda t)^{3/2}} \int\limits_{-\infty}^{\infty} (x - x')\,\Theta(x')\,\mathrm{e}^{-\left(\frac{x'-x}{\sqrt{4\lambda t}}\right)^2}\,\mathrm{d}x'. \tag{13.41}$$

---

[2] Die Form der kalorischen Zustandsgleichung (13.37) folgt aus den Voraussetzungen $c_v = \left(\dfrac{\partial u}{\partial T}\right)_v = $ const und $\varrho = $ const, wobei die innere Energie für $T = 0$ willkürlich auf Null normiert wurde.

Q_y und Q_z sind null. Die e-Funktion im Integranden sorgt dafür, daß

$$\lim_{x \to \pm \infty} Q_x(x,t) = 0 \quad \text{für} \quad t \geq 0 \tag{13.42}$$

gilt. Im Unendlichen sind also keine Quellen oder Senken der inneren Energie vorhanden, die einen Zustrom oder Abfluß ($Q_x \neq 0$) innerer Energie bewirken könnten. Damit wird auch die Energieerhaltung (13.40) verständlich, die im übrigen direkt aus der Bilanzgleichung (2.37) mit $v = 0$, $\varrho = \text{const}$, $\hat{f}_i = 0$ oder der aus ihr abgeleiteten Wärmeleitungsgleichung unter Voraussetzung von (13.42) hergeleitet werden kann. Man muß diese Gleichungen nur über das gesamte Volumen des Stabes integrieren und den Gaußschen Satz anwenden. Das dabei auftretende Oberflächenintegral verschwindet unter Voraussetzung von (13.42) und wegen der Wärmeisolierung des Stabes.

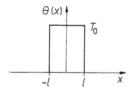

Abb. 13.4 Kastenförmige Anfangsverteilung der Temperatur in einem unendlich ausgedehnten Stab

Um den Prozeß der Wärmeleitung, d.h. der Ausbreitung der am Anfang in der Nähe des Koordinatennullpunktes konzentrierten Energie U genauer studieren zu können, gehen wir von der in Abb. 13.4 dargestellten Anfangstemperaturverteilung aus:

$$\Theta(x) = \begin{cases} T_0 \equiv \dfrac{U}{2lF\varrho\hat{c}_v} = \text{const} & \text{für } |x| \leq l, \\ 0 & \text{für } |x| > l. \end{cases} \tag{13.43}$$

Setzen wir dieses $\Theta(x)$ in (13.36) ein, so ergibt sich

$$T(x,t) = \frac{T_0}{\sqrt{4\pi\lambda t}} \int_{-l}^{l} e^{-\left(\frac{x'-x}{\sqrt{4\lambda t}}\right)^2} \, dx'. \tag{13.44}$$

Durch die Substitution $y = \dfrac{x'-x}{\sqrt{4\lambda t}}$ kann man das Integral auf die Gaußsche Fehlerfunktion

$$\Phi(x) = \frac{2}{\sqrt{\pi}} \int_{0}^{x} e^{-y^2} \, dy,$$

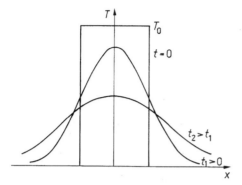

Abb. 13.5 Der Temperaturausgleich im unendlich ausgedehnten Stab bei einer kastenförmigen Anfangsverteilung der Temperatur. Die Flächen unter den einzelnen Kurven sind immer gleich.

die in mathematischen Tafelwerken[3] tabelliert ist, zurückführen. Wir erhalten unter Benutzung von $\Phi(x) = -\Phi(-x)$

$$T(x,t) = \frac{T_0}{\sqrt{\pi}} \int_{-\frac{l+x}{\sqrt{4\lambda t}}}^{\frac{l-x}{\sqrt{4\lambda t}}} e^{-y^2} \, dy$$

$$= \frac{T_0}{2} \left[\Phi\left(\frac{l-x}{\sqrt{4\lambda t}}\right) + \Phi\left(\frac{l+x}{\sqrt{4\lambda t}}\right) \right] \quad \text{für} \quad t \geq 0.$$

(13.45)

Der Temperaturverlauf (13.45) im Stab zu verschiedenen Zeitpunkten $0 < t_1 < t_2$ ist in Abb. 13.5 dargestellt.

Man sieht, wie die Temperatur und damit auch die innere Energie auseinanderfließen. Der Flächeninhalt unter den verschiedenen Temperaturkurven ist eine Konstante; die Gesamtenergie bleibt erhalten. Nach einer hinreichend langen Zeit $t > 0$ wird T an jedem Punkt des Stabes kleiner als jeder willkürlich vorgebbare (also auch beliebig kleine) Temperaturwert.[4] Besonders bemerkenswert ist folgende ebenfalls an Abb. 13.5 ablesbare Aussage: Ein Beobachter in endlicher, aber beliebig großer Entfernung $|x| > l$ vom Koordinatennullpunkt müßte zur Zeit $t = 0$ wegen (13.43) die Temperatur $T = 0$ und unmittelbar darauf eine von Null verschiedene Temperatur messen ((13.45) liefert bereits für kleinste t-Werte von Null verschiedene Temperaturen). Da die Temperaturausbreitung mit einer Energieausbreitung verbunden ist, könnten durch den betrachteten Wärmeleitungsvorgang Signale mit beliebig großer Geschwindigkeit übertragen werden. Dies widerspricht dem experimentell gesicherten Ergebnis, daß in der Natur eine Höchstgeschwindigkeit für alle Signalausbreitungsvorgänge (die Lichtgeschwindigkeit) exi-

---

[3] Siehe z.B. JAHNKE, E. und F. EMDE: Tafeln höherer Funktionen, 5. Aufl. B.G. Teubner Verlagsgesellschaft, Leipzig 1960
[4] Diese Aussage folgt bereits aus Gl. (13.36) und gilt somit für eine beliebige Anfangsverteilung der Temperatur.

stiert. Trotz dieses Mangels, der durch Berücksichtigung des molekularen Aufbaus der Stoffe in statistischen Theorien vermieden werden kann, beschreibt die Wärmeleitungsgleichung alle praktisch wichtigen Wärmeleitungsvorgänge mit genügender Genauigkeit.

Ein besonders einfach zu diskutierender Spezialfall von (13.44) liegt vor, wenn die gesamte Energie U zur Zeit $t = 0$ im Punkte $x = 0$ konzentriert ist. Die entsprechende Temperaturverteilung folgt aus (13.44) durch den Grenzübergang $l \to 0$ mit $\lim_{l \to 0} 2l\, T_0 = \dfrac{U}{F \varrho \hat{c}_v} = $ const. Wir ersetzen dazu T_0 entsprechend (13.43) und erhalten bei Verwendung des Mittelwertsatzes der Integralrechnung

$$T(x,t) = \frac{U}{F \varrho \hat{c}_v \sqrt{4\pi\lambda t}} \lim_{l \to 0} \frac{1}{2l} \int_{-l}^{l} e^{-\left(\frac{x'-x}{\sqrt{4\lambda t}}\right)^2} \mathrm{d}x'$$

$$= \frac{U}{F \varrho \hat{c}_v \sqrt{4\pi\lambda t}}\, e^{-\frac{x^2}{\sqrt{4\lambda t}}}. \tag{13.46}$$

Der Temperaturverlauf (13.46) ist in Abb. 13.6 dargestellt; er entspricht qualitativ dem der Abb. 13.5. Der Ausdruck (13.46) wird als *Greensche Funktion* des An-

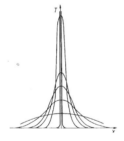

Abb. 13.6 Die Greensche Funktion des eindimensionalen Wärmeleitungsproblems. Sie beschreibt den Temperaturausgleich im unendlich ausgedehnten Stab mit der Anfangsverteilung $\Theta(x) = \dfrac{U}{F \varrho c_v}\, \delta(x)$. ($\delta(x)$ ist die Diracsche δ-Funktion)

fangswertproblems der eindimensionalen Wärmeleitungsgleichung bezeichnet. Wie Gleichung (13.36) zeigt, kann man durch Superposition Greenscher Funktionen (13.46) zu jeder vorgegebenen Anfangsbedingung die Lösung der Wärmeleitungsgleichung konstruieren. Bei der Behandlung von Rand- und Anfangswertproblemen der Wärmeleitungsgleichung und anderer linearer partieller Differentialgleichungen geht man daher häufig von der Berechnung der Greenschen Funktion aus. Der interessierte Leser sei auf die Spezialliteratur verwiesen.[5]

Das dreidimensionale Anfangswertproblem kann Schritt für Schritt wie das eindimensionale behandelt werden. Der Separationsansatz

$$T(\boldsymbol{r}, t) = A(t)\, B(x_1)\, C(x_2)\, D(x_3)$$

---

[5] Siehe z.B. KNESCHKE, A.: Differentialgleichungen und Randwertprobleme, Band 3. VEB Verlag Technik, Berlin 1960

führt zur partikulären Lösung

$$T(\boldsymbol{r}, t) = C \, \mathrm{e}^{-\lambda k^2 t + \mathrm{i} k \boldsymbol{r}}$$

($\boldsymbol{k}$ konstanter Vektor, C konstante komplexe Zahl), aus der durch Superposition die allgemeine Lösung des Anfangswertproblems aufgebaut wird:

$$T(\boldsymbol{r}, t) = \frac{1}{\left(\sqrt{4\pi\lambda t}\right)^3} \int\limits_{-\infty}^{\infty} \theta(\boldsymbol{r}') \, \mathrm{e}^{-\left(\frac{\boldsymbol{r}-\boldsymbol{r}'}{\sqrt{4\lambda t}}\right)^2} \mathrm{d}V'.$$

Entsprechend der dreifachen Integration ($\mathrm{d}V' = \mathrm{d}x'\mathrm{d}y'\mathrm{d}z'$) tritt der Normierungsfaktor $\dfrac{1}{\sqrt{4\pi\lambda t}}$ vor dem Integral in der dritten Potenz auf. Die Energiedichte folgt wieder aus (13.37). Die physikalischen Eigenschaften der Lösung, wie Energieerhaltung, Auseinanderfließen der Temperatur und damit der Energie sowie unendlich hohe Geschwindigkeit der Energieausbreitung, entsprechen vollständig denen, die wir beim eindimensionalen Problem kennengelernt haben.

13.2 Diffusion

13.2.1 Die Grundgleichungen der Diffusion in einem Zweikomponentensystem

Wir beschränken unsere Untersuchungen auf Systeme, die aus zwei Stoffkomponenten bestehen. In diesem Falle gelten für die Wärmestromdichte und für die Diffusionsstromdichte der Komponente 1 die linearen Ansätze (12.19) und (12.20) mit $K = 2$:

$$\boldsymbol{Q} = l_1^{(Q)} \left[-\mathrm{grad}\left(\frac{\hat{\mu}_1 - \hat{\mu}_2}{T}\right) + \frac{1}{T}(\hat{\boldsymbol{f}}_1 - \hat{\boldsymbol{f}}_2) \right] + l \, \mathrm{grad} \, \frac{1}{T}, \tag{13.47}$$

$$\boldsymbol{J}_1 = l_{11} \left[-\mathrm{grad}\left(\frac{\hat{\mu}_1 - \hat{\mu}_2}{T}\right) + \frac{1}{T}(\hat{\boldsymbol{f}}_1 - \hat{\boldsymbol{f}}_2) \right] + l_1^{(J)} \, \mathrm{grad} \, \frac{1}{T}, \tag{13.48}$$

$$l_1^{(Q)} = l_1^{(J)} = l_1, \quad l \geq 0, \quad l_{11} \geq 0. \tag{13.49}$$

Diffusionsstromdichte $\boldsymbol{J}_2$ und Konzentration $\hat{c}_2$ des 2. Stoffes lassen sich wegen (2.28) und (2.16) mit (2.26) durch die entsprechenden Größen der Komponente 1 ausdrücken:

$$\boldsymbol{J}_2 = -\boldsymbol{J}_1, \quad \hat{c}_2 = 1 - \hat{c}_1. \tag{13.50}$$

Im Hinblick auf weitere Rechnungen und Spezialisierungen ist es günstig, als unabhängige Zustandsvariable die Felder T, p und $\hat{c}_1$ zu wählen, die dann zusammen mit dem Geschwindigkeitsfeld $\boldsymbol{v}$ den Systemzustand charakterisieren. In diesem Sinne ersetzen wir grad $\left(\dfrac{\hat{\mu}_1 - \hat{\mu}_2}{T}\right)$ durch

$$\operatorname{grad}\left(\frac{\hat{\mu}_1 - \hat{\mu}_2}{T}\right) = \left(\frac{\partial \dfrac{\hat{\mu}_1 - \hat{\mu}_2}{T}}{\partial T}\right)_{p,\hat{c}_1} \operatorname{grad} T + \frac{1}{T}\left(\frac{\partial(\hat{\mu}_1 - \hat{\mu}_2)}{\partial p}\right)_{T,\hat{c}_1} \operatorname{grad} p$$

$$+ \frac{1}{T}\left(\frac{\partial(\hat{\mu}_1 - \hat{\mu}_2)}{\partial \hat{c}_1}\right)_{T,p} \operatorname{grad} \hat{c}_1. \tag{13.51}$$

Die hier auftretenden partiellen Ableitungen können mit Methoden der Gleichgewichtsthermodynamik umgeformt werden. Die Gibbssche Fundamentalgleichung (12.1) bzw. die ihr äquivalenten Aussagen (6.50), aus denen sich alle thermodynamischen Umrechnungsformeln ableiten lassen, wurden ja ausdrücklich in die Nichtgleichgewichtsthermodynamik übernommen (Prinzip des lokalen Gleichgewichtes). Wir können also ohne weiteres thermodynamische Beziehungen der Teile I und II übernehmen[6]. Beispielsweise gilt die Gibbs-Duhem-Beziehung (6.64)

$$\hat{c}_1 \, \mathrm{d}\hat{\mu}_1 + \hat{c}_2 \, \mathrm{d}\hat{\mu}_2 = 0 \quad (T = \text{const}, p = \text{const}),$$

aus der mit (13.50)

$$\hat{c}_2 \, \mathrm{d}(\hat{\mu}_2 - \hat{\mu}_1) + \mathrm{d}\hat{\mu}_1 = 0 \quad (T = \text{const}, p = \text{const}),$$

und schließlich

$$\hat{c}_2 \left(\frac{\partial(\hat{\mu}_1 - \hat{\mu}_2)}{\partial \hat{c}_1}\right)_{T,p} - \left(\frac{\partial \hat{\mu}_1}{\partial \hat{c}_1}\right)_{T,p} = 0 \tag{13.52}$$

folgt. Für $\left(\dfrac{\partial \hat{\mu}_i}{\partial p}\right)_{T,\hat{c}_1}$ und $\left(\dfrac{\partial \hat{\mu}_i}{\partial T}\right)_{p,\hat{c}_1}$ gelten zu (6.54) analoge Beziehungen:

$$\left(\frac{\partial \hat{\mu}_i}{\partial p}\right)_{T,\hat{c}_1} = \frac{\partial^2 \hat{g}}{\partial p \, \partial \hat{c}_i} = \left(\frac{\partial \hat{v}}{\partial \hat{c}_i}\right)_{p,T} = \hat{v}_i,$$

$$\left(\frac{\partial \hat{\mu}_i}{\partial T}\right)_{p,\hat{c}_i} = \frac{\partial^2 \hat{g}}{\partial T \, \partial \hat{c}_i} = -\left(\frac{\partial \hat{s}}{\partial \hat{c}_i}\right)_{p,T} = -\hat{s}_i. \tag{13.53}$$

Aus der letzten Gleichung folgt:

$$\left(\frac{\partial\left(\dfrac{\hat{\mu}_i}{T}\right)}{\partial T}\right)_{p,\hat{c}_1} = -\frac{1}{T^2}\hat{\mu}_i - \frac{1}{T}\hat{s}_i = -\frac{1}{T^2}\left(\hat{\mu}_i + T\hat{s}_i\right) = -\frac{\hat{h}_i}{T^2}. \tag{13.54}$$

---

[6] Man beachte, daß im Teil III im allgemeinen spezifische Größen, in den Teilen I und II dagegen meist molare Größen verwendet werden.

Wir setzen (13.51) bis (13.54) in (13.47) und (13.48) ein und erhalten

$$\boldsymbol{Q} = -l_1 \left\{ \frac{1}{T\hat{c}_2} \left(\frac{\partial \hat{\mu}_1}{\partial \hat{c}_1}\right)_{T,p} \operatorname{grad} \hat{c}_1 + \frac{1}{T} (\hat{v}_1 - \hat{v}_2) \operatorname{grad} p - \frac{1}{T} (\hat{f}_1 - \hat{f}_2) \right\}$$
$$- \frac{1}{T^2} \left[l - l_1(\hat{h}_1 - \hat{h}_2)\right] \operatorname{grad} T, \tag{13.55}$$

$$\boldsymbol{J}_1 = -l_{11} \left\{ \frac{1}{T\hat{c}_2} \left(\frac{\partial \hat{\mu}_1}{\partial \hat{c}_1}\right)_{T,p} \operatorname{grad} \hat{c}_1 + \frac{1}{T} (\hat{v}_1 - \hat{v}_2) \operatorname{grad} p - \frac{1}{T} (\hat{f}_1 - \hat{f}_2) \right\}$$
$$- \frac{1}{T^2} \left[l_1 - l_{11}(\hat{h}_1 - \hat{h}_2)\right] \operatorname{grad} T. \tag{13.56}$$

Für die folgende Diskussion wollen wir der Einfachhheit halber die innere Reibung vernachlässigen und chemische Reaktionen ausschließen. Dann gilt

$$\underline{\tau} = -p\,\mathbf{I}, \quad \Gamma_i = 0. \tag{13.57}$$

Zur Bestimmung der unabhängigen Zustandsvariablen $\boldsymbol{v}, \hat{c}_1, T$ und p gehen wir von den entsprechend (13.50) und (13.57) vereinfachten Bilanzgleichungen (13.21), (2.29), (2.27) und (2.37) aus:

$$\frac{\partial \varrho}{\partial t} = -\operatorname{div} \varrho \boldsymbol{v}, \tag{13.58}$$

$$\varrho \frac{\mathrm{d}\boldsymbol{v}}{\mathrm{d}t} = -\operatorname{grad} p + \varrho_1 \hat{f}_1 + \varrho_2 \hat{f}_2, \tag{13.59}$$

$$\varrho \frac{\mathrm{d}\hat{c}_1}{\mathrm{d}t} = -\operatorname{div} \boldsymbol{J}_1, \tag{13.60}$$

$$\varrho \frac{\mathrm{d}\hat{u}}{\mathrm{d}t} = -\operatorname{div} \boldsymbol{Q} - p \operatorname{div} \boldsymbol{v} + \boldsymbol{J}_1 (\hat{f}_1 - \hat{f}_2). \tag{13.61}$$

In den Bilanzen (13.60) und (13.61) müssen $\boldsymbol{J}_1$ und $\boldsymbol{Q}$ durch die linearen Ansätze (13.56) und (13.55) eliminiert werden.

Bei Kenntnis der expliziten Form der Zustandsgleichungen

$$\hat{u} = \hat{u}(T, p, \hat{c}_1), \qquad \frac{1}{\varrho} = \hat{v} = \hat{v}(T, p, \hat{c}_1),$$
$$\hat{\mu}_i = \hat{\mu}_i(T, p, \hat{c}_1), \qquad i = 1, 2 \tag{13.62}$$

und der phänomenologischen Koeffizienten l_{11}, l_1 und l entsteht dann aus (13.58) bis (13.61) bei vorgegebenen äußeren Kräften $\hat{f}_1$ und $\hat{f}_2$ ein Differentialgleichungssystem zur Bestimmung von $T, p, \hat{c}_1$ und $\boldsymbol{v}$.

Dieses Gleichungssystem bildet die Grundlage zur Beschreibung zweikomponentiger Systeme mit Wärmeleitung und Diffussion. Wir werden uns im folgenden mit der gewöhnlichen isothermen Diffusion und mit der Thermodiffusion befassen.

13.2.2   Gewöhnliche isotherme Diffusion

In vielen Fällen sind die Versuchsbedingungen so beschaffen, daß die Temperatur während des Diffusionsvorgangs konstant bleibt (isotherme Diffusion). Darüber hinaus stellt sich in Flüssigkeiten das mechanische Gleichgewicht viel schneller als das Diffusionsgleichgewicht ein, so daß viele Diffusionsvorgänge unter den Bedingungen

$$\text{grad } T = 0, \tag{13.63}$$

$$\frac{d\boldsymbol{v}}{dt} = 0 \tag{13.64}$$

ablaufen. Wir nehmen noch zusätzlich an, daß das Gemisch zur Zeit $t = 0$ ruht. Wegen (13.64) bleibt es dann auch zu allen späteren Zeitpunkten in Ruhe; wir können

$$\boldsymbol{v} = 0 \tag{13.65}$$

voraussetzen. Im kräftefeien Fall

$$\hat{\boldsymbol{f}}_1 = \hat{\boldsymbol{f}}_2 = 0 \tag{13.66}$$

folgt damit aus (13.59)

$$\text{grad } p = 0. \tag{13.67}$$

Unter Berücksichtigung von (13.63) bis (13.67) reduziert sich der lineare Ansatz (13.56) auf

$$\boldsymbol{J}_1 = -\varrho D \text{ grad } \hat{c}_1, \quad D \equiv \frac{l_{11}}{\varrho T \hat{c}_2} \left(\frac{\partial \hat{\mu}_1}{\partial \hat{c}_1} \right)_{T,p}. \tag{13.68}$$

D ist der Diffusionskoeffizient. Er hat bei $T = 300$ K die Größenordnung von 10^{-1} cm^2 s^{-1} für Gase und von 10^{-5} cm^2 s^{-1} für Flüssigkeiten. Das Gleichungssystem (13.58) bis (13.61) wird durch die Voraussetzungen (13.63) bis (13.67) stark vereinfacht. Zur Lösung von Diffusionsproblemen haben wir uns nur noch mit der Gleichung

$$\varrho \, \frac{\partial \hat{c}_1}{\partial t} = \text{div} \left(\varrho D \text{ grad } \hat{c}_1 \right) \tag{13.69}$$

zu befassen. Die rechte Seite dieser Gleichung läßt sich nach den Regeln der Vektoranalysis folgendermaßen umformen:

$$\operatorname{div}(\varrho D \operatorname{grad} \hat{c}_1) = \varrho \operatorname{div}(D \operatorname{grad} \hat{c}_1) + D \operatorname{grad} \varrho \operatorname{grad} \hat{c}_1. \tag{13.70}$$

Bei kleinen Dichte- und Konzentrationsgradienten – wie sie im Gültigkeitsbereich der linearen Ansätze ohnehin zu fordern sind – kann das Produkt der beiden Gradienten in (13.70) als Glied höherer Ordnung gegenüber dem ersten Summanden vernachlässigt werden (Linearisierung). Bei konstantem Diffusionskoeffizienten D entsteht dann aus (13.69) die gewöhnliche Diffusionsgleichung

$$\frac{\partial \hat{c}_1}{\partial t} - D \Delta \hat{c}_1 = 0. \tag{13.71}$$

Sie hat die gleiche Form wie die Wärmeleitungsgleichung (13.1) und gestattet die Berechnung des Konzentrationsfeldes $\hat{c}_1(\boldsymbol{r}, t)$ bei vorgegebener Anfangskonzentration $\hat{c}_1(\boldsymbol{r}, 0) = \xi(\boldsymbol{r})$ und vorgegebenen Randbedingungen

$$(\alpha \boldsymbol{n} \operatorname{grad} \hat{c}_1 + \beta \hat{c}_1)|_{(V)} = h(\boldsymbol{r}, t). \tag{13.72}$$

Wir geben ein einfaches Beispiel an. In einem Behälter seien Lösung und Lösungsmittel durch eine Wand getrennt (Abb. 13.7). Nach dem Herausziehen der Wand beginnt der Konzentrationsausgleich durch Diffusion, den wir näherungsweise als eindimensionales Problem behandeln wollen. Die Konzentration des gelösten Stoffes $\hat{c} = \hat{c}_1$ ergibt sich dann als Lösung der Anfangs- und Randwertaufgabe:

$$\frac{\partial \hat{c}}{\partial t} - D \frac{\partial^2 \hat{c}}{\partial x^2} = 0, \tag{13.73}$$

$$t = 0: \quad \hat{c}(x, t = 0) = \xi(x) = \begin{cases} \hat{c}_0 = \text{const} & \text{für } 0 \le x < l \\ 0 & \text{für } l < x \le 2l, \end{cases} \tag{13.74}$$

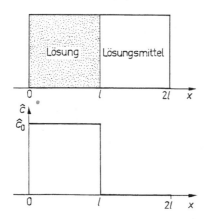

Abb. 13.7 Die Anfangsverteilung der Konzentration des gelösten Stoffes

$$t > 0 : \quad \frac{\partial \hat{c}}{\partial x}\bigg|_{x=0,2l} = 0. \tag{13.75}$$

$2l$ ist die Länge des Behälters, $\hat{c}_0$ die Anfangskonzentration links von der Trennwand, die sich bei $x = l$ befindet. Die Randbedingung (13.75) berücksichtigt, daß die Außenwände stoffundurchlässig sind, so daß die x-Komponente der Diffusionsstromdichte $J_x = -\varrho D \frac{\partial \hat{c}}{\partial x}$ dort verschwinden muß.

Wir können wegen der formalen Äquivalenz von Wärmeleitungsgleichung und Diffusionsgleichung die durch Separation gewonnene partikuläre Lösung (13.21) übernehmen und haben dabei nur λ durch D zu ersetzen:

$$\hat{c}(x,t) = C \, e^{D\delta^2 t + \delta x}. \tag{13.76}$$

Wir versuchen zunächst, die Randbedingung (13.75) zu befriedigen. Da dies mit der partikulären Lösung (13.76) nicht möglich ist, gehen wir (ähnlich wie in (13.22)) zu einer anderen partikulären Lösung, dem Realteil von (13.76) über:

$$\hat{c}(x,t) = \text{Re} \, (C \, e^{D\delta^2 t + \delta x}).$$

Wegen der Randbedingung (13.75) muß

$$\text{Re} \, (C\delta \, e^{D\delta^2 t}) = 0, \quad \text{Re} \, (C\delta \, e^{D\delta^2 t + 2\delta l}) = 0$$

gefordert werden. Diese Bedingungen werden für alle Zeiten $t > 0$ durch

$$C \text{ reell}, \quad 2\delta l = \text{i}m\pi \, (m = 0, 1, 2, \ldots) \tag{13.77}$$

erfüllt. Zur Befriedigung der Anfangsbedingung (13.74) bietet sich eine Überlagerung der verschiedenen Partikulärlösungen mit $m = 0, 1, 2, \ldots$ an.

$$\begin{aligned} \hat{c}(x,t) &= \sum_{m=0}^{\infty} \text{Re} \left\{ C_m \, e^{-\frac{Dm^2\pi^2}{4l^2} t + \text{i}\frac{m\pi}{2l} x} \right\} \\ &= \sum_{m=0}^{\infty} C_m \, e^{-\frac{Dm^2\pi^2}{4l^2} t} \cos \frac{m\pi}{2l} x. \end{aligned} \tag{13.78}$$

Zum Zeitpunkt $t = 0$ muß dann

$$\hat{c}(x, t = 0) = \sum_{m=0}^{\infty} C_m \cos \frac{m\pi}{2l} x = \xi(x) \tag{13.79}$$

(mit $\xi(x)$ aus (13.74)) gelten. Die Gleichung (13.79) stellt die Fourier-Entwicklung der mit dem Periodizitätsintervall $\{-2l, 2l\}$ periodisch fortgesetzten geraden Funktion $\xi(x)$ dar (Abb. 13.8), wenn man für die Fourier-Koeffizienten dieser Entwicklung die aus allgemeinen Berechnungsvorschriften folgenden Werte

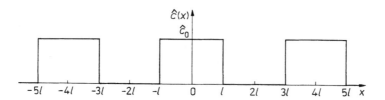

Abb. 13.8 Die periodisch fortgesetzte Anfangsverteilung der Abb. 13.7

$$C_0 = \frac{1}{4l} \int\limits_{-2l}^{2l} \xi(x) \, \mathrm{d}x = \frac{1}{4l} \int\limits_{-l}^{l} \hat{c}_0 \, \mathrm{d}x = \frac{\hat{c}_0}{2}, \tag{13.80}$$

$$C_m = \frac{1}{2l} \int\limits_{-2l}^{2l} \xi(x) \cos\frac{m\pi}{2l} x \, \mathrm{d}x = \frac{1}{2l} \int\limits_{-l}^{l} \hat{c}_0 \cos\frac{m\pi}{2l} x \, \mathrm{d}x = \frac{2\hat{c}_0}{m\pi} \sin\frac{m\pi}{2} \tag{13.81}$$

einsetzt. Wir erhalten so als Lösung des in (13.73) bis (13.75) formulierten Diffusionsproblems

$$\hat{c}(x,t) = \frac{\hat{c}_o}{2} \left[1 + \sum_{n=0}^{\infty} (-1)^n \frac{4}{(2n+1)\pi} \, \mathrm{e}^{-\frac{(2n+1)^2 \pi^2 Dt}{4l^2}} \cos\frac{(2n+1)\pi}{2l} x \right]. \tag{13.82}$$

Für einige Zeitpunkte ist die Ortsabhängigkeit der Konzentration $\hat{c}(x,t)$ in Abb. 13.9 dargestellt. Es ist zu erkennen, daß sich der Konzentrationsunterschied allmählich ausgleicht. Nach hinreichend langer Zeit ($t \to \infty$) nimmt die Konzentration $\hat{c}$ des gelösten Stoffes im ganzen Behälter den einheitlichen Wert $\frac{\hat{c}_0}{2}$ ein, der übrigens während des gesamten Diffusionsprozesses an der Stelle der Trennwand $x = l$ vorliegt. Die für den Ausgleichsvorgang charakteristische Zeit ist $\tau = \frac{4l^2}{D\pi^2}$; ihr Wert wird wesentlich durch den Diffusionskoeffizienten D bestimmt. Für einen Behälter der Größenordnung $l = 10$ cm hat τ für Gase ($D \approx 10^{-1}$ cm^{2}s^{-1} bei 300 K) den Wert $\tau_{\mathrm{Gas}} \approx 4 \cdot 10^2$ s und für Flüssigkeiten

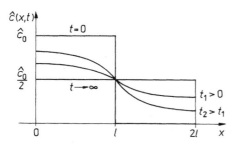

Abb. 13.9 Der Konzentrationsausgleich in Abhängigkeit von der Zeit (schematisch)

$(D \approx 10^{-5} \, \mathrm{cm^2 \, s^{-1}}$ bei 300 K) den Wert $\tau_{\text{Flüss.}} \approx 4 \cdot 10^6$ s, d.h. durch Diffusion bewirkte Ausgleichsvorgänge laufen bei Zimmertemperaturen sehr langsam ab.

In den Diffusionskoeffizienten D geht entsprechend (13.68) die Größe $(\partial \hat{\mu}_1 / \partial \hat{c}_1)_{T,p}$ ein. In Systemen, die stabil gegen Entmischung sind, ist nach Gl. (7.25) $(\partial \hat{\mu}_1 / \partial \hat{c}_1)_{T,p} > 0$. Ist hingegen in einem System $(\partial \hat{\mu}_1 / \partial \hat{c}_1)_{T,p} < 0$, dann ändert auch D sein Vorzeichen, und es treten Entmischungserscheinungen auf. Das ist sehr schön an der Lösung (13.82) der Diffusionsgleichung zu sehen. Es erfolgt jetzt kein Ausgleich der Konzentrationen mehr, sondern es werden Konzentrationsunterschiede aufgebaut. Zur Zeit $t = -\infty$ ist mit $D < 0$ $\hat{c}(x, -\infty) = \hat{c}_0/2$, und zur Zeit $t = 0$ gilt

$$\hat{c}(x,0) = \begin{cases} \hat{c}_0 & \text{für } 0 \leq x < l \\ 0 & \text{für } l < x \leq 2l. \end{cases}$$

13.3 Thermodiffusion

13.3.1 Die Grundgleichungen der Thermodiffusion

Wir untersuchen jetzt den allgemeinen Fall, bei dem sich Wärmeleitung und Diffusion in zweikomponentigen Systemen wechselseitig beeinflussen. Es ist dann nicht mehr wie im vorhergehenden Abschnitt möglich, grad $T = 0$ zu fordern. Innere Reibung und chemische Reaktionen sollen aber weiterhin vernachlässigt werden.

Zusätzlich zur Differentialgleichung, die aus der Bilanzgleichung (13.60) abgeleitet wird, muß jetzt die aus der Bilanz der inneren Energie (13.61) hervorgehende Wärmeleitungsgleichung berücksichtigt werden. Vor der Aufstellung dieser beiden Differentialgleichungen ist eine Umformung der Energiebilanz (13.61) zweckmäßig. Dazu ersetzen wir div $\boldsymbol{v}$ gemäß (2.21) durch $\varrho \, \dfrac{\mathrm{d}\hat{v}}{\mathrm{d}t}$ und benutzen als unabhängige thermodymanische Zustandsvariable die Größen T, p und $\hat{c}_1$. Es folgt dann aus (13.61):

$$\varrho \left(\frac{\mathrm{d}\hat{u}}{\mathrm{d}t} + p \frac{\mathrm{d}\hat{v}}{\mathrm{d}t} \right) = \varrho \left(\frac{\mathrm{d}\hat{h}}{\mathrm{d}t} - \hat{v} \frac{\mathrm{d}p}{\mathrm{d}t} \right)$$

$$= \varrho \left[\left(\frac{\partial \hat{h}}{\partial T} \right)_{p, \hat{c}_i} \frac{\mathrm{d}T}{\mathrm{d}t} + \left(\frac{\partial \hat{h}}{\partial p} \right)_{T, \hat{c}_i} \frac{\mathrm{d}p}{\mathrm{d}t} + \left(\frac{\partial \hat{h}}{\partial \hat{c}_1} \right)_{T, p, \hat{c}_2} \frac{\mathrm{d}\hat{c}_1}{\mathrm{d}t} \right.$$

$$\left. + \left(\frac{\partial \hat{h}}{\partial \hat{c}_2} \right)_{T, p, \hat{c}_1} \frac{\mathrm{d}\hat{c}_2}{\mathrm{d}t} - \hat{v} \frac{\mathrm{d}p}{\mathrm{d}t} \right] \tag{13.83}$$

$$= -\operatorname{div} \boldsymbol{Q} + \boldsymbol{J}_1 \left(\hat{\boldsymbol{f}}_1 - \hat{\boldsymbol{f}}_2 \right).$$

Wir drücken $\hat{c}_2$ wie in (13.50) durch $\hat{c}_1$ aus, eliminieren $\dfrac{d\hat{c}_1}{dt}$ mit Hilfe der Stoff-bilanz (13.60), verwenden die thermodynamischen Relationen (4.9) und (11.15) in der Form

$$\left(\frac{\partial \hat{h}}{\partial T}\right)_{p,\hat{c}_i} = \hat{c}_p, \quad \left(\frac{\partial \hat{h}}{\partial \hat{c}_i}\right)_{T,p,\hat{c}_l} = \hat{h}_i \quad (i = 1,2)$$

und erhalten

$$\varrho \hat{c}_p \frac{dT}{dt} + \left\{ \varrho \left(\frac{\partial \hat{h}}{\partial p}\right)_{T,\hat{c}_i} - 1 \right\} \frac{dp}{dt} = -\text{div}\left[\boldsymbol{Q} - (\hat{h}_1 - \hat{h}_2)\boldsymbol{J}_1 \right] \tag{13.84}$$

$$- \boldsymbol{J}_1\left[\text{grad}\,(\hat{h}_1 - \hat{h}_2) + \hat{\boldsymbol{f}}_2 - \hat{\boldsymbol{f}}_1 \right].$$

In dieser Gleichung tritt infolge der Beseitung von $d\hat{c}_1/dt$ eine gegenüber (13.83) bzw. (13.61) abgeänderte Stromdichte[7]

$$\boldsymbol{Q}_{\text{red}} = \boldsymbol{Q} - (\hat{h}_1 - \hat{h}_2)\boldsymbol{J}_1 = \boldsymbol{Q} - \sum_{i=1}^{2} \hat{h}_i \boldsymbol{J}_i \tag{13.85}$$

auf. $\boldsymbol{Q}_{\text{red}}$ wird als reduzierte Wärmestromdichte bezeichnet.[8] Den linearen Ansatz für $\boldsymbol{Q}_{\text{red}}$ finden wir, indem wir (13.55) und (13.56) in (13.85) einsetzen.

Setzen wir

$$\hat{\boldsymbol{f}}_1 = \hat{\boldsymbol{f}}_2 = 0, \quad \text{grad}\,p = 0 \tag{13.86}$$

voraus, d.h. vernachlässigen wir den Einfluß der äußeren Kräfte und des Druck-gradienten auf den Wärmeleitungsvorgang und die Diffusion, dann bekommen wir anstelle von (13.55) und (13.56)

$$\boldsymbol{Q}_{\text{red}} = -\varrho \hat{c}_1 \left(\frac{\partial \hat{\mu}_1}{\partial \hat{c}_1}\right)_{T,p} TD'\,\text{grad}\,\hat{c}_1 - \kappa\,\text{grad}\,T, \tag{13.87}$$

$$\boldsymbol{J}_1 = -\varrho D\,\text{grad}\,\hat{c}_1 - \varrho \hat{c}_1 \hat{c}_2 D'\,\text{grad}\,T. \tag{13.88}$$

---

[7] Dem Übergang vom Wärmestrom $\boldsymbol{Q}$ zum reduzierten Wärmestrom $\boldsymbol{Q}_{\text{red}}$ entspricht fol-gende lineare Transformation der Ströme und Kräfte:

$$\boldsymbol{Q}_{\text{red}} = \boldsymbol{Q} - \sum_{i=1}^{2} \hat{h}_i \boldsymbol{J}_i, \quad \text{grad}\,\frac{1}{T} = \text{grad}\,\frac{1}{T},$$

$$\boldsymbol{J}_1 = \boldsymbol{J}_1, \quad -\frac{1}{T}\,\text{grad}_T\,(\hat{\mu}_1 - \hat{\mu}_2) = -\left\{ \text{grad}\left(\frac{\hat{\mu}_1 - \hat{\mu}_2}{T}\right) - (\hat{h}_1 - \hat{h}_2)\,\text{grad}\,\frac{1}{T} \right\}.$$

[8] Ganz analog wird in Systemen mit K Komponenten ($K > 2$) $\boldsymbol{Q}_{\text{red}} = \boldsymbol{Q} - \sum_{i=1}^{K} \hat{h}_i \boldsymbol{J}_i$ verwen-det.

Hier haben wir die Abkürzungen

$$D \equiv \frac{l_{11}}{\varrho T \hat{c}_2} \left(\frac{\partial \hat{\mu}_1}{\partial \hat{c}_1} \right)_{T,p}, \tag{13.89}$$

$$D' \equiv \frac{l_1 - l_{11}(\hat{h}_1 - \hat{h}_2)}{\varrho T^2 \hat{c}_1 \hat{c}_2}, \tag{13.90}$$

$$\kappa \equiv \frac{\left[l_{11}(\hat{h}_1 - \hat{h}_2) - l_1 \right]^2 + l_{11}l - l_1^2}{l_{11}T^2} \tag{13.91}$$

eingeführt. D ist der schon aus (13.68) bekannte Diffusionskoeffizient. D' wird als Thermodiffusionskoeffizient und κ als Wärmeleitfähigkeit[9] bezeichnet.

Die Gleichungen (13.87) und (13.88) machen deutlich, daß neben der reinen Wärmeleitung ($\boldsymbol{Q}_{\mathrm{red}} \sim \mathrm{grad}\, T$) und der reinen Diffusion ($\boldsymbol{J}_1 \sim \mathrm{grad}\, \hat{c}_1$) zwei Kreuzeffekte auftreten können.

1. Die *Thermodiffusion* (ein Temperaturgradient verursacht einen Diffusions-strom).
2. Der *Diffusionsthermoeffekt* (ein Konzentrationsgradient verursacht einen Wär-mestrom).

Es ist eine Folge der Onsagerschen Reziprozitätsbeziehung (13.49), daß diese beiden Effekte nur durch *einen* Koeffiezienten D' charakterisiert werden.

Wir wollen nun einige vereinfachende Voraussetzungen machen, die uns die Behandlung besonders einfacher Aufgabenstellungen ermöglichen. In dem zu un-tersuchenden System soll sich keine nennenswerte Konvektion herausbilden, d.h., es soll

$$\boldsymbol{v} \approx 0 \quad \text{und damit} \quad \frac{\mathrm{d}}{\mathrm{d}t} \approx \frac{\partial}{\partial t} \tag{13.92}$$

gelten. Das ist z.B. dann der Fall, wenn sich das zweikomponentige System in einem Behälter befindet, dessen Berandung die Ausbildung einer nennenswerten Konvektion während des Prozeßablaufes verhindert. Ferner sollen die Dichte-, Konzentrations- und Temperaturgradienten so klein sein, daß quadratische und höhere Bildungen aus diesen Gradienten in den Bilanzgleichungen vernachlässigt werden können. Aus diesem Grunde darf der zweite Term auf der rechten Seite von (13.84) herausgestrichen werden ($\boldsymbol{J}_1$ ist wegen (13.88) eine Linearkombina-tion des Konzentrations- und des Temperaturgradienten, $\mathrm{grad}\,(\hat{h}_1 - \hat{h}_2)$ läßt sich über die Kettenregel ebenfalls als Linearkombination dieser beiden Gradienten

---

[9] κ geht bei Vernachlässigung der Diffusionseffekte ($D = D' = 0$) in die Wärmeleitfähig-keit des einkomponentigen Mediums über; vgl. (12.26).

ausdrücken, und äußere Kräfte sollen nicht auftreten (13.86)). Setzen wir weiterhin $\partial p/\partial t \approx 0$ voraus, so verschwindet auch der zweite Term auf der linken Seite von (13.84). Nach dem Einsetzen der linearen Ansätze (13.87) und (13.88) in die so vereinfachte Bilanzgleichung (13.84) und in (13.60) erhalten wir die beiden gekoppelten partiellen Differentialgleichungen

$$\varrho \hat{c}_p \frac{\partial T}{\partial t} = \mathrm{div} \left[\varrho \hat{c}_1 \left(\frac{\partial \hat{\mu}_1}{\partial \hat{c}_1} \right)_{T,p} TD' \,\mathrm{grad}\, \hat{c}_1 + \kappa \,\mathrm{grad}\, T \right],$$

$$\varrho \frac{\partial \hat{c}_1}{\partial t} = \mathrm{div} \left[\varrho D \,\mathrm{grad}\, \hat{c}_1 + \varrho \hat{c}_1 \hat{c}_2 D' \,\mathrm{grad}\, T \right].$$

Die Vorfaktoren der Gradienten sind im allgemeinen noch Funktionen von T und $\hat{c}_1$ ($p = $ const!). Wenn sich diese Felder aber räumlich (wie vorausgesetzt) und zeitlich hinreichend langsam ändern, können die Vorfaktoren (im Sinne einer Linearisierung dieser beiden Gleichungen analog zu (13.70)) als Konstanten angesehen und vor die Divergenz gezogen werden. Bei Verwendung der Abkürzungen

$$\tilde{D} = \hat{c}_1 \hat{c}_2 D', \qquad \tilde{\lambda} = \frac{T \hat{c}_1}{\hat{c}_p} \left(\frac{\partial \hat{\mu}_1}{\partial \hat{c}_1} \right)_{T,p} D', \qquad \lambda_p = \frac{\kappa}{\varrho c_p}$$

entsteht aus dem obigen das folgende Differentialgleichungssystem:

$$\frac{\partial T}{\partial t} = \tilde{\lambda} \Delta \hat{c}_1 + \lambda_p \Delta T, \tag{13.93}$$

$$\frac{\partial \hat{c}_1}{\partial t} = D \Delta \hat{c}_1 + \tilde{D} \Delta T. \tag{13.94}$$

Setzen wir jetzt noch voraus, daß auch ϱ und c_p in Abhängigkeit von T und $\hat{c}_1$ räumlich und zeitlich schwach veränderliche Funktionen sind, so verhalten sich die Koeffizienten der rechten Seite von (13.93) und (13.94) wie Konstanten,

$$\tilde{\lambda} = \mathrm{const}, \quad \lambda_p = \mathrm{const}, \quad D = \mathrm{const}, \quad \tilde{D} = \mathrm{const}.$$

Unter dieser vereinfachenden Annahme wollen wir mit Hilfe der Gleichungen (13.93) und (13.94) ein einfaches Thermodiffusionsproblem untersuchen.

13.3.2 Eindimensionale Thermodiffusion

Das folgende Beispiel zur Thermodiffusion soll demonstrieren, daß in einer zunächst homogen gemischten Flüssigkeit ein Konzentrationsgradient entsteht, wenn die Wände des Flüssigkeitsbehälters auf unterschiedliche Temperaturen gebracht werden. Dazu gehen wir wieder von einem eindimensionalen Modell aus (Abb. 13.10). Die binäre Lösung befindet sich in einem Gefäß, dessen Wand bei $x = 0$ auf der Temperatur T_0 und bei $x = 2l$ auf der Temperatur T_l gehalten werde,

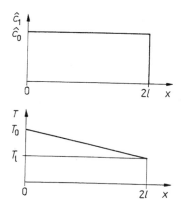

Abb. 13.10 Die Anfangsverteilung der Temperatur und der Konzentration des gelösten Stoffes

d.h., wir geben für das Temperaturfeld die Randbedingungen $T(0,t) = T_0$, $T(2l,t) = T_l \neq T_0$ vor. Die Wände sollen stoffundurchlässig sein, deshalb muß bei $x = 0$ und $x = 2l$ die x-Komponente der Diffusionsstromdichte verschwinden, es gilt also

$$J_x\bigg|_{x=0,2l} = -\varrho\left(D\,\frac{\partial \hat{c}_1}{\partial x} + \tilde{D}\,\frac{\partial T}{\partial x}\right)\bigg|_{x=0,2l} = 0.$$

Damit ist die Randwertaufgabe formuliert. Die Anfangskonzentration soll – wie vorausgesetzt – konstant sein, $\hat{c}_1(x,0) = \hat{c}_0$. Die anfängliche Temperaturverteilung $\Theta(x)$ in der Lösung kann noch beliebig vorgeschrieben werden. Das soll im Anschluß an die analytische Formulierung der Anfangs- und Randwertaufgabe geschehen. Diese lautet:

$$\frac{\partial T}{\partial t} = \tilde{\lambda}\,\frac{\partial^2 \hat{c}_1}{\partial x^2} + \lambda_p\,\frac{\partial^2 T}{\partial x^2}, \tag{13.95}$$

$$\frac{\partial \hat{c}_1}{\partial t} = D\,\frac{\partial^2 \hat{c}_1}{\partial x^2} + \tilde{D}\,\frac{\partial^2 T}{\partial x^2}, \tag{13.96}$$

Anfangswerte ($t = 0$):

$$T(x, t = 0) = \Theta(x), \tag{13.97}$$

$$\hat{c}_1(x, t = 0) = \hat{c}_0, \tag{13.98}$$

Randwerte ($t > 0$):

$$T|_{x=0} = T(0,t) = T_0,$$
$$T|_{x=2l} = T(2l,t) = T_l, \tag{13.99}$$

$$J_x\bigg|_{x=0,2l} = (-\varrho)\left(D\,\frac{\partial \hat{c}_1}{\partial x} + \tilde{D}\,\frac{\partial T}{\partial x}\right)\bigg|_{x=0,2l} = 0. \tag{13.100}$$

Bei der Lösung dieses Problems kann man davon ausgehen, daß der (anfänglich ja gar nicht vorhandene) Konzentrationsgradient in (13.95) vernachlässigt werden kann. Durch diese Annahme werden die beiden partiellen Differentialgleichungen (13.95) und (13.96) entkoppelt. Wir können deshalb zuerst das den Anfangs- und Randbedingungen (13.97) und (13.99) gehorchende Temperaturfeld berechnen. Anschließend gehen wir mit diesem Temperaturfeld in die Gleichung (13.96) und die Randbedingung (13.100) ein und berechnen aus der jetzt inhomogenen Diffusionsgleichung (13.96) unter Beachtung der Anfangs- und Randbedingungen (13.98) und (13.100) die Konzentrationsverteilung $\hat{c}_1(x,t)$. Im nächsten Schritt könnte man mit dieser Konzentrationsverteilung in Gleichung (13.95) eingehen und das Temperaturfeld neu, jetzt in beserer Näherung berechnen und so fort. Für viele Fälle liefert aber bereits die erste Näherung eine genügend genaue Beschreibung des Thermodiffusionsprozesses. In unserem Beispiel beginnen wir entsprechend dem eben geschilderten Vorgehen mit der Berechnung des Temperaturfeldes. Die bisher noch nicht festgelegte Anfangstemperaturverteilung $\Theta(x)$ wählen wir besonders einfach:

$$\Theta(x) = (T_l - T_0)\,\frac{x}{2l} + T_0.$$

Die einzige Lösung der durch die Annahme $\frac{\partial^2 \hat{c}_1}{\partial x^2} \approx 0$ vereinfachten Wärmeleitungsgleichung (13.95)

$$\frac{\partial T}{\partial t} = \lambda_p\,\frac{\partial^2 T}{\partial x^2},$$

welche diese Anfangsbedingung und die Randbedingungen (13.99) erfüllt, ist die *stationäre Temperaturverteilung*

$$T(x) = (T_l - T_0)\,\frac{x}{2l} + T_0. \qquad (13.101)$$

Mit dieser Lösung gehen wir in die Diffusionsgleichung (13.96) ein. Um diese Gleichung leichter lösen zu können, führen wir die Hilfsfunktion

$$f(x,t) \equiv \hat{c}_1(x,t) + \frac{\tilde{D}}{D}\,T(x) \qquad (13.102)$$

ein. Mit der Hilfsfunktion $f(x,t)$ nehmen die Diffusionsgleichung (13.96) und die zu ihr gehörenden Anfangs- und Randbedingungen (13.98) und (13.100) folgende Gestalt an:

$$\frac{\partial f}{\partial t} = D\,\frac{\partial^2 f}{\partial x^2} \qquad (13.103)$$

$$t = 0: \quad f(x, t = 0) = \hat{c}_0 + \frac{\tilde{D}}{D}\,T(x), \qquad (13.104)$$

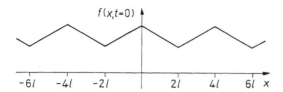

Abb. 13.11 Die periodisch fortgesetzte Anfangsverteilung der Hilfsfunktion f

$$t > 0 : \quad \frac{\partial f}{\partial x}\bigg|_{x=0,2l} = 0. \tag{13.105}$$

Diese Aufgabenstellung unterscheidet sich nur durch den Anfangswert von der Aufgabenstellung (13.73) bis (13.75). Wir können deshalb von der den Randbedingungen angepaßten Fourier-Entwicklung (13.78)

$$f(x,t) = \sum_{m=0}^{\infty} C_m \, e^{-\frac{Dm^2\pi^2 t}{4l^2}} \cos \frac{m\pi}{2l} x,$$

ausgehen und müssen nur die Koeffizienten C_m neu bestimmen. Dazu setzten wir $f(x, t = 0)$ entsprechend Abb. 13.11 gerade fort und erhalten

$$
\begin{aligned}
C_0 &= \frac{1}{4l} \int_{-2l}^{2l} f(x, t=0) \, dx \\
&= \frac{1}{2l} \int_{0}^{2l} \left\{ \hat{c}_0 + \frac{\tilde{D}}{D} \left[(T_l - T_0)\frac{x}{2l} + T_0 \right] \right\} dx \\
&= \hat{c}_0 + \frac{\tilde{D}}{D} \frac{T_0 + T_l}{2},
\end{aligned}
\tag{13.106}
$$

$$
\begin{aligned}
C_m &= \frac{1}{2l} \int_{-2l}^{2l} f(x, t=0) \cos \frac{m\pi}{2l} x \, dx \\
&= \frac{1}{l} \int_{0}^{2l} \left\{ \hat{c}_0 + \frac{\tilde{D}}{D} \left[(T_l - T_0)\frac{x}{2l} + T_0 \right] \right\} \cos \frac{m\pi}{2l} x \, dx \\
&= -\frac{2\tilde{D}(T_l - T_0)}{D(m\pi)^2} (1 - (-1)^m).
\end{aligned}
\tag{13.107}
$$

Setzen wir diese Werte für C_0 und C_m in die Entwicklung (13.78) ein und beachten wir (13.102), so erhalten wir als Lösung unseres Problems

$$\hat{c}_1(x,t) = f(x,t) - \frac{\tilde{D}}{D}\,T$$

$$= \hat{c}_0 + \frac{\tilde{D}(T_l - T_0)}{2D} \tag{13.108}$$

$$\times \left(1 - \frac{x}{l} - \frac{8}{\pi^2} \sum_{n=0}^{\infty} \frac{\cos\left[\dfrac{(2n+1)\pi x}{2l}\right]}{(2n+1)^2}\, e^{-\frac{D(2n+1)^2\pi^2 t}{4l^2}}\right).$$

Die x-Komponente J_x der Diffusionsstromdichte (13.88) folgt hieraus zu

$$J_x = \frac{-2\varrho\tilde{D}(T_l - T_0)}{\pi l} \sum_{n=0}^{\infty} \frac{\sin\left[\dfrac{(2n+1)\pi x}{2l}\right]}{(2n+1)}\, e^{-\frac{D(2n+1)^2\pi^2 t}{4l^2}}. \tag{13.109}$$

Man sieht deutlich, daß bei $t = 0$ nur dann ein Diffusionsstrom einsetzt, wenn der Thermodiffusionskoeffizient $D' = \dfrac{\tilde{D}}{\hat{c}_1\hat{c}_2}$ nicht verschwindet. Im stationären Zustand, der nach hinreichend langer Zeit $(t \to \infty)$ erreicht wird, kommt die Diffusion zum Stillstand, die Diffusionsstromdichte verschwindet.[10] Im stationären Zustand stellt sich in unserem Beispiel gemäß (13.108) die inhomogene Konzentration

$$\hat{c}_1(x,\infty) = \hat{c}_0 + \frac{\tilde{D}}{D}\left(\frac{1}{2} - \frac{x}{2l}\right)(T_l - T_0) \tag{13.110}$$

ein. Die Konzentration $\hat{c}_1$ als Funktion des Ortes ist für verschiedne Zeiten in Abb. 13.12 dargestellt.

Das aus Thermodiffusionsexperimenten gewonnene Verhältnis $\dfrac{D'}{D}$, der *Soret-Koeffizient*, liegt bei Gasen und Flüssigkeiten in der Größenordnung von 10^{-3} bis $10^{-5}\,\mathrm{K}^{-1}$. Mit den im Anschluß an (13.68) angegebenen Werten der Diffusionskoeffizienten ergeben sich für den Thermodiffusionskoeffizienten D' Größenordnungen von 10^{-8} bis $10^{-10}\,\mathrm{cm}^2\,\mathrm{s}^{-1}\,\mathrm{K}^{-1}$ in Flüssigkeiten und von 10^{-4} bis $10^{-6}\,\mathrm{cm}^2\,\mathrm{s}^{-1}\,\mathrm{K}^{-1}$ in Gasen.

Bei der mathematischen Beschreibung des Diffusionsthermoeffektes kann man analog zum vorangegangenen Beispiel verfahren. Dabei wird man zu Beginn des Prozesses eine konstante Anfangstemperatur und eine ungleichmäßige Konzentra-

---

[10] Diese Aussage bleibt auch für ein beliebiges stofflich abgeschlossenes System bei beliebigen Anfangswerten der Temperatur und der Konzentration und festgehaltener Oberflächentemperatur richtig.

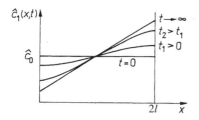

Abb. 13.12 Der durch einen Temperaturgradienten bewirkte Aufbau eines Konzentrationengradienten (schematisch)

tionsverteilung voraussetzen, in Gleichung (13.94) den Temperaturgradienten gleich null setzen und die so entstehende gewöhnliche Diffusionsgleichung lösen. Mit der auf diese Weise bestimmten Konzentration kann man in Gleichung (13.93) eingehen und anschließend die Temperaturverteilung berechnen. Man erhält damit eine für viele experimentelle Belange genügend genaue Beschreibung des Prozesses der Herausbildung eines Temperaturgradienten als Folge inhomogener Konzentrationsfelder.

Es sei noch angemerkt, daß sich die Thermodiffusionsgleichungen (13.95) und (13.96) durch eine lineare Transformation der Zustandsvariablen $\hat{c}_1$ und T entkoppeln lassen. Das trifft aber nicht auf die Randbedingungen zu.

Auf dem Thermodiffusionseffekt beruht die Wirkungsweise des Trennrohres zur Isotopentrennung. Dabei spielt allerdings die Konvektion ($v \neq 0$) eine wichtige Rolle.

13.4 Thermoelektrische Prozesse

13.4.1 Die Grundgleichungen der thermoelektrischen Prozesse

Wir beschränken uns auf die Untersuchung thermoelektrischer Erscheinungen in Metallen, die wir für unsere Zwecke als binäre Gemische von Elektronen (Komponente 1, im folgenden durch den Index 1 gekennzeichnet) und Ionen (Komponente 2), die das Metallgitter bilden, auffassen können. Von allen denkbaren irreversiblen Prozessen ziehen wir nur zwei in Betracht: die Leitung des elektrischen Stromes als Diffusion der Elektronen und die Wärmeleitung. Die physikalische Situation legt eine Abänderung der Beschreibungsweise nahe. Bei experimentellen Untersuchungen bezieht man die irreversiblen Prozesse natürlicherweise auf das Metallgitter und nicht – wie in Flüssigkeiten und Gasen – auf die Massenelemente, die sich mit der baryzentrischen Geschwindigkeit v bewegen. Wir wollen also die bisher verwendeten, auf v bezogenen Stromdichten auf eine andere Bezugsgeschwindigkeit, die Geschwindigkeit des Gitters v_2, umrechnen. Wir nehmen an, daß das Gitter ruht:

$$v_2 = 0. \tag{13.111}$$

Daraus folgt für die baryzentrische Geschwindigkeit (2.18)

$$v = \frac{\varrho_1 v_1}{\varrho} = \hat{c}_1 v_1.$$ (13.112)

Sie ist also der Elektronengeschwindigkeit v_1 proportional.

Die Stromdichte einer beliebigen extensiven Größe der Dichte $\breve{a}(r,t)$, bezogen auf ein *ruhendes* Volumenelement, hatten wir in Abschnitt 2.1 mit $a(r,t)$ bezeichnet. Wir wollen sie in $A^G(r,t)$ umbenennen und damit zum Ausdruck bringen, daß sie hier mit der Stromdichte relativ zum ruhenden Gitter identisch ist. Gemäß Gleichung (2.24) gilt dann folgende Umrechnungsformel von Stromdichten $A(r,t)$ relativ zum Massenelement der Geschwindigkeit v auf Stromdichten relativ zum Gitter

$$A^G(r,t) = A(r,t) + \breve{a}(r,t)\,v.$$ (13.113)

Damit erhalten wir für die Stromdichten der inneren Energie (Wärmestromdichte) der Massen der Komponenten 1 und 2 und der Entropie relativ zum ruhenden Gitter unter Verwendung von (13.113)

$$Q^G = Q + \breve{u}(r,t)\,v,$$ (13.114)

$$J_1{}^G = J_1 + \varrho_1(r,t)\,v = \varrho_1 v_1,$$ (13.115)

$$J_2{}^G = J_2 + \varrho_2(r,t)\,v = \varrho_2 v_2 = 0,$$ (13.116)

$$S^G = S + \breve{s}(r,t)\,v.$$ (13.117)

Die Diffusionsstromdichte der Elektronen relativ zum Gitter $J_1{}^G$ ist also mit ihrer Massenstromdichte $\varrho_1 v_1$ (ϱ_1 Massendichte der Elektronen) identisch (Gleichung (13.115)). Selbstverständlich kann keine Diffusion der Gitterionen relativ zum Gitter stattfinden ($J_2{}^G = 0$).

Entsprechend den Vorstellungen der Elektrodynamik müssen wir bewegten Ladungen eine elektrische Stromdichte zuordnen. Wir bezeichnen die konstante spezifische Ladung der Elektronen (Ladung/Masseneinheit der Elektronen) mit $\hat{z}_1$, die entsprechende spezifische Ladung der Ionen mit $\hat{z}_2$. Als elektrische Gesamtstromdichte I^G relativ zum ruhenden Volumenelement definieren wir

$$I^G = \sum_{i=1}^{2} \hat{z}_i \varrho_i v_i.$$ (13.118)

I^G ist gleichzeitig die auf das (ruhende) Gitter bezogene elektrische Gesamtstromdichte. Da Metalle elektrisch neutral sind, muß die Gesamtladungsdichte $\hat{z}_1 \varrho_1 + \hat{z}_2 \varrho_2$ verschwinden:

$$\sum_{i=1}^{2} \hat{z}_i \varrho_i = 0.$$

Der lokale Erhaltungssatz für die elektrischen Ladungen reduziert sich in diesem Fall auf

$$\operatorname{div} \boldsymbol{I}^{G} = 0. \tag{13.119}$$

Unter Ausnutzung von (13.115) und (13.116) folgt aus (13.118)

$$\boldsymbol{I}^{G} = \hat{z}_1 \varrho_1 \boldsymbol{v}_1 = \hat{z}_1 \boldsymbol{J}_1{}^{G}, \tag{13.120}$$

d.h., die elektrische Gesamtstromdichte ist der elektrischen Stromdichte der Elektronen relativ zum Gitter ($\hat{z}_1 \varrho_1 \boldsymbol{v}_1$) gleich und damit der Diffusionsstromdichte der Elektronen relativ zum Gitter proportional.

Mit Hilfe der Formeln (13.114) und (13.115) könnten wir die linearen Ansätze (13.47) und (13.48) direkt auf die Gitterstromdichten $\boldsymbol{Q}^{G}$ und $\boldsymbol{J}_1{}^{G}$ umrechnen. Einfacher gestaltet sich diese Umformung aber, wenn wir auf den Ausgangspunkt der linearen Ansätze, die Entropieproduktionsdichte (12.6) zurückgehen. Für unsere Problemstellung, bei der wir innere Reibung und chemische Reaktionen vernachlässigen können ($\underline{\underline{\tau}} = -p\,\mathbf{I}$, $\Gamma_i = 0$), lautet sie:

$$\sigma = \boldsymbol{Q}\,\operatorname{grad} \frac{1}{T} - \sum_{i=1}^{2} \boldsymbol{J}_i \left(\operatorname{grad} \frac{\hat{\mu}_i}{T} - \frac{\hat{\boldsymbol{f}}_i}{T} \right).$$

Die Diskusson thermoelektrischer Effekte wird übersichtlicher, wenn die Wärmestromdichte $\boldsymbol{Q}$ über die Beziehung (12.5) durch die Entropiestromdichte $\boldsymbol{S}$ ersetzt wird:

$$\sigma = -\frac{\boldsymbol{S}}{T}\,\operatorname{grad} T - \sum_{i=1}^{2} \frac{\boldsymbol{J}_i}{T}\,(\operatorname{grad} \hat{\mu}_i - \hat{\boldsymbol{f}}_i).$$

Jetzt drücken wir die Stromdichten $\boldsymbol{J}_i$ und $\boldsymbol{S}$ mit Hilfe von (13.115) bis (13.117) aus:

$$\begin{aligned}
\sigma = {} & -\frac{1}{T}\,\boldsymbol{S}^{G}\,\operatorname{grad} T - \frac{1}{T}\,\boldsymbol{J}_1{}^{G}\,(\operatorname{grad} \hat{\mu}_1 - \hat{\boldsymbol{f}}_1) \\
& + \frac{\boldsymbol{v}}{T}\left\{ \hat{s}\,\operatorname{grad} T + \sum_{i=1}^{2}(\varrho_i\,\operatorname{grad} \hat{\mu}_i - \varrho\hat{\boldsymbol{f}}_i) \right\}.
\end{aligned} \tag{13.121}$$

Bei vielen thermoelektrischen Vorgängen, auch bei den nachfolgend untersuchten Effekten, kann

$$\frac{\mathrm{d}\boldsymbol{v}}{\mathrm{d}t} = 0 \tag{13.122}$$

(mechanisches Gleichgewicht) zumindest näherungsweise vorausgesetzt werden. Unter dieser Bedingung verschwindet die geschweifte Klammer in der Entropieproduktionsdichte (13.121). Aus (13.122) und der Bilanzgleichung für den Impuls (2.29) folgt nämlich für isotrope Medien ohne innere Reibung ($\underline{\tau} = -p\,\mathbf{I}$)

$$\mathrm{Div}\,\underline{\tau} + \sum_{i=1}^{K} \varrho_i \hat{\boldsymbol{f}}_i = -\mathrm{grad}\,p + \sum_{i=1}^{K} \varrho_i \hat{\boldsymbol{f}}_i = 0. \tag{13.123}$$

Mit Hilfe dieser Beziehung können wir in der geschweiften Klammer $\sum \varrho_i \hat{\boldsymbol{f}}_i$ durch grad p ersetzen. Der entstehende Ausdruck verschwindet wegen der hier in lokaler, auf das Volumenelement bezogener Form verwendeten Gibbs-Duhem-Beziehung (6.64)[11]

$$\check{s}\,\mathrm{grad}\,T - \mathrm{grad}\,p + \sum_{i=1}^{K} \varrho_i\,\mathrm{grad}\,\hat{\mu}_i = 0, \tag{13.124}$$

so daß aus (13.121)

$$\sigma = -\frac{\boldsymbol{S}^{\mathrm{G}}}{T}\,\mathrm{grad}\,T - \frac{\boldsymbol{J}_1^{\mathrm{G}}}{T}\,(\mathrm{grad}\,\hat{\mu}_1 - \hat{\boldsymbol{f}}_1) \tag{13.125}$$

für die Entropieproduktionsdichte entsteht.

Vor der Aufstellung der linearen Ansätze wollen wir die auf die Elektronen wirkende spezifische Kraft $\hat{\boldsymbol{f}}_1$ in die Entropieproduktiosdichte (13.125) einsetzen. Entsprechend unserer Problemstellung wirkt auf die Masseneinheit der mit der Geschwindigkeit $\boldsymbol{v}_1$ bewegten Elektronen die spezifische Lorentz-Kraft

$$\hat{\boldsymbol{f}}_1 = \hat{z}_1(\boldsymbol{E} + \boldsymbol{v}_1 \times \boldsymbol{B}). \tag{13.126}$$

$\boldsymbol{E}$ ist die elektrische Feldstärke und $\boldsymbol{B}$ die magnetische Flußdichte. Wegen

$$\boldsymbol{J}_1^{\mathrm{G}}(\boldsymbol{v}_1 \times \boldsymbol{B}) = \varrho_1 \boldsymbol{v}_1(\boldsymbol{v}_1 \times \boldsymbol{B}) = 0$$

fällt der Anteil des Magnetfeldes aus der Entropieproduktionsdichte (13.125), in die wir die spezifische Lorentz-Kraft (13.126) einsetzen, heraus. Wir bekommen unter Verwendung von (13.120) die endgültige Form der Entropieproduktionsdichte

$$\sigma = -\frac{\boldsymbol{S}^{\mathrm{G}}}{T}\,\mathrm{grad}\,T - \frac{\boldsymbol{I}^{\mathrm{G}}}{T}\left(\mathrm{grad}\,\frac{\hat{\mu}_1}{\hat{z}_1} - \boldsymbol{E}\right). \tag{13.127}$$

Als lineare Ansätze erhalten wir

$$\boldsymbol{S}^{\mathrm{G}} = -\frac{l_{11}^{\mathrm{G}}}{T}\,\mathrm{grad}\,T - \frac{l_{12}^{\mathrm{G}}}{T}\left(\mathrm{grad}\,\frac{\mu_1}{\hat{z}_1} - \boldsymbol{E}\right), \tag{13.128}$$

---

[11] Wegen der Gleichung $\mu_i = M_i \hat{\mu}_i$ gilt $\sum_{i=1}^{K} \varrho_i\,\mathrm{grad}\,\hat{\mu}_i = \sum_{i=1}^{K} \gamma_i\,\mathrm{grad}\,\mu_i$ mit den molaren Dichten $\gamma_i = \lim_{\Delta V \to 0} \dfrac{\Delta n_i}{\Delta V}$ und den auf das Mol bezogenen chemischen Potentialen μ_i.

$$I^{\mathrm{G}} = -\frac{l_{21}^{\mathrm{G}}}{T} \operatorname{grad} T - \frac{l_{22}^{\mathrm{G}}}{T} \left(\operatorname{grad} \frac{\hat{\mu}_1}{\hat{z}_1} - E \right). \tag{13.129}$$

Die Onsagerschen Reziprozitätsbeziehungen lauten:

$$l_{12}^{\mathrm{G}} = l_{21}^{\mathrm{G}}. $$

Im Hinblick auf die zu diskutierenden thermoelektrischen Effekte führen wir vier neue Koeffizienten ein:

$$R \equiv \frac{T}{l_{22}^{\mathrm{G}}}, \quad \varepsilon \equiv -\frac{l_{21}^{\mathrm{G}}}{l_{22}^{\mathrm{G}}}, \quad \pi \equiv T \frac{l_{12}^{\mathrm{G}}}{l_{22}^{\mathrm{G}}}, \quad \kappa \equiv l_{11}^{\mathrm{G}} - \frac{l_{21}^{\mathrm{G}} \, l_{12}^{\mathrm{G}}}{l_{22}^{\mathrm{G}}}. \tag{13.130}$$

Hiermit nehmen die linearen Ansätze nach einer geringfügigen Umformung folgende Gestalt an:

$$S^{\mathrm{G}} = -\frac{\kappa}{T} \operatorname{grad} T + \frac{\pi}{T} I^{\mathrm{G}}, \tag{13.131}$$

$$R I^{\mathrm{G}} = \varepsilon \operatorname{grad} T + E - \operatorname{grad} \frac{\hat{\mu}_1}{\hat{z}_1}. \tag{13.132}$$

Als Folge der Reziprozitätsbedingung $l_{12}^{\mathrm{G}} = l_{21}^{\mathrm{G}}$ gilt

$$\pi = -T\varepsilon. \tag{13.133}$$

Im stromlosen Zustand geht der Ansatz (13.131) in das Wärmeleitungsgesetz über (wegen (13.120), (13.116) und (12.5) gilt $v_1 = 0$, $v_2 = 0$ und $S^{\mathrm{G}} = Q T^{-1}$; κ ist deshalb als Wärmeleitfähigkeit zu bezeichnen). Der Ansatz (13.132) vermittelt einen Zusammenhang zwischen der elektrischen Feldstärke und der elektrischen Stromdichte und stellt somit die allgemeine Form des Ohmschen Gesetzes dar. R ist der spezifische elektrische Widerstand, π heißt Peltier-Koeffizient und ε steht in engem Zusammenhang mit der Thermokraft eines Thermoelementes. Wegen (13.133) hängt die Gesamtheit der thermoelektrischen Erscheinungen nur von drei phänomenologischen Koeffizienten, nämlich von κ, R und π ab.

In anisotropen Metallen sind κ, R, π und ε durch Tensoren zu ersetzen, die beim Vorhandensein eines äußeren Magnetfeldes Symmetriebedingungen erfüllen müssen, die aus einer Verallgemeinerung der Onsager-Casimirschen Reziprozitätsbedingungen (12.12) abgeleitet werden können. In dieser allgemeinen Form bilden die linearen Ansätze (13.131) und (13.132) die Grundlage für die Beschreibung einer großen Anzahl von galvanomagnetischen und thermomagnetischen Effekten (Hall-Effekt, Ettingshausen-Effekt; Righi-Effekt, Nernst-Effekt usw.), die wir aber nicht näher untersuchen wollen (siehe Tabelle 13.1).

Tabelle 13.1: Thermomagnetische und galvanomagnetische Effekte

Thermomagnetische Effekte	Wärmestrom Q	
	Temperaturdifferenz ΔT $\Delta T = T_1 - T_2 > 0$	Potentialdifferenz $\Delta\varphi$ $(+ \underline{\quad} -$ entspricht $\Delta\varphi)$
Transversaleffekte (Transversalfeld)	Righi-Leduc-Effekt	1. Ettingshausen-Nernst-Effekt
Longitudinaleffekte (Transversalfeld)	Maggi-Righi-Leduc-Effekt	2. Ettingshausen-Nernst-Effekt
Longitudinaleffekte (Logitudinalfeld)	ohne Namen (Fourier)	ohne Namen

Galvanomagnetische Effekte	elektrische Stromdichte j	
	Potentialdifferenz $\Delta\varphi$ $(+ \underline{\quad} -$ entspricht $\Delta\varphi)$	Temperaturdifferenz ΔT $\Delta T = T_1 - T_2 > 0$
Transversaleffekte (Transversalfeld)	Hall-Effekt	1. Ettingshausen-Effekt
Longitudinaleffekte (Transversalfeld)	ohne Namen (Ohm)	Nernst-Effekt
Longitudinaleffekte (Logitudinalfeld)	ohne Namen (Ohm)	ohne Namen

13.4.2   Thermoelektrische Wärmeeffekte

Zur Diskussion der thermoelektrischen Wärmeeffekte ist es zweckmäßig, von der Wärmeleitungsgleichung auszugehen. Sie läßt sich hier in einfacher Weise aus der Entropiebilanz in lokaler Form

$$\frac{\partial \breve{s}}{\partial t} + \operatorname{div} \boldsymbol{s} = \sigma, \quad \boldsymbol{s} = \boldsymbol{S} + \breve{s}\boldsymbol{v} \tag{13.134}$$

ableiten. Die Entropiestromdichte $\boldsymbol{s}$ ist mit der auf das ruhende Gitter bezogenen Entropiestromdichte $\boldsymbol{S}^{\mathrm{G}}$ identisch:[12]

$$\boldsymbol{s} = \boldsymbol{S}^{\mathrm{G}} \tag{13.135}$$

Wir wählen als unabhängige thermodynamische Variablen T, p und $\hat{c}_1$; es ist also

$$\breve{s} = \varrho \hat{s}(T, p, \hat{c}_1). \tag{13.136}$$

Aus (13.119) und (13.120) folgt $\operatorname{div} \varrho_1 \boldsymbol{v}_1 = 0$ und über die Bilanzgleichung der Elektronenmasse $\partial \varrho_1 / \partial t = 0$. Da wir darüber hinaus annehmen können, daß sich im Metall Dichte und Druck während der thermoelektrischen Prozesse zeitlich nicht ändern, gilt

$$\frac{\partial \varrho}{\partial t} = 0, \quad \frac{\partial p}{\partial t} = 0, \quad \frac{\partial \hat{c}_1}{\partial t} = 0$$

und damit

$$\frac{\partial \breve{s}}{\partial t} = \varrho \frac{\partial}{\partial t} \hat{s}(T, p, \hat{c}_1) = \frac{\varrho \hat{c}_p}{T} \frac{\partial T}{\partial t}. \tag{13.137}$$

Setzen wir diesen Ausdruck zusammen mit σ aus Gleichung (13.127) und der Identität (13.135) in die Entropiebilanzgleichung (13.134) ein und eliminieren wir anschließend die Stromdichten $\boldsymbol{S}^{\mathrm{G}}$ und $\boldsymbol{I}^{\mathrm{G}}$ mit Hilfe der linearen Ansätze (13.131) und (13.132), so erhalten wir die inhomogene Wärmeleitungsgleichung

$$\varrho \hat{c}_p \frac{\partial T}{\partial t} - \operatorname{div}\left(\kappa \operatorname{grad} T\right) = R I^{\mathrm{G}^2} - T \operatorname{div}\left(\frac{\pi \boldsymbol{I}^{\mathrm{G}}}{T}\right). \tag{13.138}$$

Die beiden Terme auf der rechten Seite beschreiben die Wirkung von Wärmequellen. Der erste Term ist dabei die vom elektrischen Strom auf Grund des spezifischen Widerstandes R pro Volumen und Zeiteinheit erzeugte Joulesche Wärme. Der zweite Term enthält zwei Effekte. Wegen $\operatorname{div} \boldsymbol{I}^{\mathrm{G}} = 0$ gilt

$$-T \operatorname{div} \frac{\pi \boldsymbol{I}^{\mathrm{G}}}{T} = -\boldsymbol{I}^{\mathrm{G}} \operatorname{grad}_T \pi + \left(\frac{\pi}{T} - \frac{\partial \pi}{\partial T}\right) \boldsymbol{I}^{\mathrm{G}} \operatorname{grad} T. \tag{13.139}$$

---

[12] Vergleiche die Bemerkungen zu (13.113)

Dabei wurde von der Kettenregel der Differentialrechnung in der Form

$$\operatorname{grad} \pi = \operatorname{grad}_T \pi + \frac{\partial \pi}{\partial T} \operatorname{grad} T$$

Gebrauch gemacht. $\operatorname{grad}_T \pi$ bedeutet Gradientenbildung bei konstanter Temperatur. Wenn also der Peltier-Koeffizient infolge von Materialinhomogenitäten (bei konstanter Materialtemperatur) ortsabhängig ist, tritt bei elektrischen Strömen eine Wärmeentwicklung auf, die durch den ersten Term der rechten Seite von (13.139) beschrieben wird. Dieser Effekt heißt Peltier-Effekt. Eine Materialinhomogenität läßt sich besonders einfach dadurch realisieren, daß man zwei unterschiedliche Metalle (etwa Drähte) in Kontakt bringt (Abb. 13.13). Die pro Zeiteinheit an der Kontaktstelle an die Umgebung (Wärmebad) abgegebene bzw. aus

Abb. 13.13 Die Kontaktstelle zweier verschiedener Metalle a und b. Das Integrationsgebiet zur Berechnung von $đQ/ dt$ ist gestrichelt eingezeichnet.

der Umgebung aufgenommene Wärmemenge $đQ/ dt$ erhält man durch Integration des Quelltermes $-I^{\mathrm{G}}\operatorname{grad}_T \pi$ über eine Volumen V, das die gesamte Kontaktfläche F enthält. Die Begrenzungsfläche des Volumens, die innerhalb des Metalls a verläuft, bezeichnen wir mit F_1, die entsprechende Fläche im Metall b als F_2. Wegen $\operatorname{div} I^{\mathrm{G}} = 0$ gilt $I^{\mathrm{G}}\operatorname{grad}_T \pi = \operatorname{div} I^{\mathrm{G}} \pi$ (bei konstanter Temperatur). Wir bekommen mit Hilfe des Gaußschen Satzes

$$\frac{đQ}{dt} = -\int_V I^{\mathrm{G}} \operatorname{grad}_T \pi \, dV = -\int_V \operatorname{div}(I^{\mathrm{G}}\pi) \, dV$$

$$= -\pi_{\mathrm{a}} \int_{F_1} I^{\mathrm{G}} \, df_1 - \pi_{\mathrm{b}} \int_{F_2} I^{\mathrm{G}} \, df_2.$$

Dabei wurde vorausgesetzt, daß der Peltier-Koeffizent innerhalb des Metalles a den kostanten Wert π_{a} und innerhalb des Metalls b den konstanten Wert π_{b} hat. Ziehen wir jetzt noch das Volumen V auf die Kontaktfläche F zusammen, so gilt

$$\int_{F_1} I^{\mathrm{G}} \, df_1 = -\int_{F_2} I^{\mathrm{G}} \, df_2 = \int_F I^{\mathrm{G}} \, df = i.$$

i ist der elektrische Strom, der durch die Kontaktstelle fließt. Aus den beiden letzten Gleichungen erhält man die Peltier-Wärme zu

$$\frac{đQ}{dt} = (\pi_b - \pi_a)\, i. \tag{13.140}$$

Sie ist also dem elektrischen Strom und der Differenz der Peltier-Koeffizienten proportional.[13]

Die durch den zweiten Term (13.139) beschriebene Thomson-Wärme tritt auf, wenn ein elektrischer Strom durch ein Metall mit einem inhomogenen Temperaturfeld (grad $T \neq 0$) fließt. Der Effekt hängt vom Thomson-Koeffizienten μ^{Th}

$$\mu^{Th} = \frac{\pi}{T} - \frac{\partial \pi}{\partial T} \tag{13.141}$$

ab, der seinerseits (definitionsgemäß) aus dem Peltier-Koeffizienten π berechnet werden kann.

13.4.3 Das Thermoelement

Die Verbindung zweier unterschiedlicher Metallstücke a und b in der in Abb. 13.14 dargestellten Weise zu einem Stromkreis, der an einer Stelle (etwa im Metall a) durch eine kleine Lücke unterbrochen wird, bezeichnet man als *Thermo-*

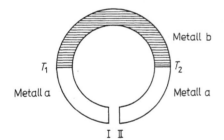

Abb. 13.14 Thermoelement

element. Dabei werden die beiden Kontaktstellen durch Wärmespeicher auf unterschiedlichen Temperaturen T_1 und T_2 gehalten. Wir wollen zeigen, daß an der Lücke eine elektrische Spannung φ auftritt. Dieser Effekt wird als *Seebeck-Effekt* bezeichnet.

Zur Berechnung von φ gehen wir von der elektrodynamischen Beziehung

$$\varphi = \int_I^{II} \boldsymbol{E}\, d\boldsymbol{r} \tag{13.142}$$

---

[13] Das Wärmebad sorgt für eine zeitlich konstante Temperatur an der Kontaktstelle.

aus. Die Integration ist, beginnend an einem freien Ende des Metalls a (Stelle I in Abb. 13.14) über einen Weg, der im Innern der Metalle verläuft, bis zum anderen freien Ende des Metalls a (Stelle II in Abb. 13.13) zu erstrecken. Im unbelasteten Zustand des Thermoelementes, wie er in Abb. 13.14 dargestellt ist, fließt kein elektrischer Strom ($I^G = 0$), so daß aus dem linearen Ansatz für die elektrische Stromdichte (13.132)

$$E = \text{grad } \frac{\hat{\mu}_1}{\hat{z}_1} - \varepsilon \text{ grad } T$$

folgt. Setzen wir diesen Ausdruck in Gleichung (13.142) ein, ergibt sich

$$\varphi = -\int_{I}^{II} \varepsilon(T) \text{ grad } T \, d\boldsymbol{r} + \int_{I}^{II} \text{grad } \frac{\hat{\mu}_1}{\hat{z}_1} \, d\boldsymbol{r}. \tag{13.143}$$

Das zweite Integral ist unabhängig vom Wege und hängt somit nur von der Differenz des chemischen Potentials $\hat{\mu}_1$ an den Stellen I und II ab. Da sich das Metall a bei I im gleichen Zustand wie bei II befindet (gleiche Temperatur, gleicher Druck, praktisch übereinstimmende Elektronenkonzentration), muß auch die Zustandsgröße $\hat{\mu}_1$ an beiden Stellen gleich sein, so daß das Integral verschwindet.

Wir bezeichnen mit $\varepsilon_a(T)$ bzw. $\varepsilon_b(T)$ den Koeffizienten des Metalls a bzw. b und mit $T_I = T_{II}$ die Temperatur des Metalls a an der Lücke. Dann ergibt sich wegen der Umformung

$$\int_{I}^{II} \varepsilon(T) \text{ grad } T \, d\boldsymbol{r} = \int_{I}^{II} \varepsilon(T) \, dT$$

$$= \int_{T_I}^{T_1} \varepsilon_a(T) \, dT + \int_{T_1}^{T_2} \varepsilon_b(T) \, dT + \int_{T_2}^{T_I} \varepsilon_a(T) \, dT$$

$$= \int_{T_1}^{T_2} (\varepsilon_b(T) - \varepsilon_a(T)) \, dT$$

für die gesuchte Spannung

$$\varphi = \int_{T_1}^{T_2} (\varepsilon_a(T) - \varepsilon_b(T)) \, dT. \tag{13.144}$$

φ wird als Thermospannung bezeichnet. Sie hängt bei vorgegebenem Thermoelement nur von den Temperaturen T_1 und T_2 der beiden Kontaktstellen ab. Halten wir die Temperatur T_1 der einen Kontaktstelle fest, so folgt aus (13.144) für die Änderung der Thermospannung mit der Temperatur der anderen Kontaktstelle

$$\frac{\mathrm{d}\varphi}{\mathrm{d}T_2} = \varepsilon_\mathrm{a}(T_2) - \varepsilon_\mathrm{b}(T_2). \tag{13.145}$$

$\frac{\mathrm{d}\varphi}{\mathrm{d}T_2}$ heißt Thermokraft. Mit Hilfe von (13.133) kann sie auch durch die Differenz der Peltier-Koeffizienten ausgedrückt werden:

$$\frac{\mathrm{d}\varphi}{\mathrm{d}T_2} = \frac{1}{T_2}\left(\pi_\mathrm{b}(T_2) - \pi_\mathrm{a}(T_2)\right). \tag{13.146}$$

In einem nicht zu großen Temperaturintervall $T_2 - T_1$ kann der Koeffizient der Thermokraft ε näherungsweise als konstant angesehen oder durch eine lineare Temperaturfunktion angenähert werden. Ist ε näherungsweise konstant, so folgt aus (13.144) für die Thermospannung eine Proportionalität zur Temperaturdifferenz der Kontaktstellen

$$\varphi = (\varepsilon_\mathrm{a} - \varepsilon_\mathrm{b})(T_2 - T_1) \tag{13.147}$$

und damit für die Thermokraft

$$\frac{\mathrm{d}\varphi}{\mathrm{d}T_2} = \frac{\varphi}{T_2 - T_1} = \varepsilon_\mathrm{a} - \varepsilon_\mathrm{b}. \tag{13.148}$$

Die Thermokraft ist dann eine lediglich von den beiden Metallen abhängige Konstante.

Ordnet man die Metalle entsprechend der Größe ihres ε–Wertes an, so entsteht die *thermoelektrische Spannungsreihe* (Tabelle 13.2; gültig in der Umgebung von $0°$C und mit der willkürlichen Festlegung $\varepsilon_\mathrm{Blei} = 0$). Durch Differenzbildung der ε-Werte zweier beliebiger Metalle liest man aus der Tabelle 13.2 gemäß (13.148) die Thermokraft des aus diesen Metallen gebildeten Thermoelementes ab und kann daraus leicht die Thermospannung bei bekannter Temperaturdifferenz berechnen (13.147) (die Größenordnung von φ ist 10^{-3} V bei Temperaturdifferenzen von etwa 100 K).

Thermoelemente eignen sich gut als Thermometer, da sie empfindlich auf Temperaturänderungen reagieren und Spannungen sehr genau gemessen werden können. Beispielsweise kommen für Temperaturmessungen bis zu $500°$C Kupfer-Konstantan- und für Temperaturmessungen zwischen $300°$C und $1500°$C Platin-Platinrhodium-Thermoelemente zur Anwendung.

Tabelle 13.2: Die thermoelektrische Spannungsreihe[*]

Metall	Sb	Fe	Zn	Cu	Ag	Pb	Al	Pt	Ni	Bi
$\varepsilon/10^{-6}$ Volt K^{-1}	35	16	3	2,8	2,7	0	−0,5	−3,1	−19	−70

[*]Nach GERTHSEN, C.: Physik. Springer-Verlag, Berlin 1964.

13.5   Chemische Reaktionen

13.5.1   Lineare und nichtlineare phänomenologische Ansätze

Die in den letzten Abschnitten angewandte Methode zur Beschreibung irreversibler Prozesse setzt die Gültigkeit der Gibbsschen Fundamentalgleichung (lokales Gleichgewicht) und der linearen phänomenologischen Ansätze voraus. Beide Annahmen sind nur näherungsweise richtig, wobei aber ihr Gültigkeitsbereich durchaus nicht immer übereinzustimmen braucht. Gerade bei chemischen Reaktionen versagen im allgemeinen die linearen Ansätze und müssen durch nichtlineare Ansätze ersetzt werden. Alle anderen Voraussetzungen und Aussagen der bisher benutzten Theorie können aber beibehalten werden.

Wir nehmen an, daß zwischen K Stoffkomponenten einer Mischung die chemische Reaktion (vgl. (11.30))

$$\sum_{i=1}^{M}(-\nu_i)B_i \rightleftharpoons \sum_{i=M+1}^{K} \nu_i B_i \tag{13.149}$$

stattfindet. Für die folgenden Überlegungen formen wir den Anteil σ_c der Entropieproduktionsdichte (12.6), der nur von chemischen Reaktionen herrührt, um:

$$\sigma_c = -\omega \frac{A}{T} = \omega \frac{A^+ - A^-}{T}. \tag{13.150}$$

Dabei haben wir die Affinität (12.3) mit $r = 1$,

$$A = \sum_{i=1}^{K} \nu_i \hat{\mu}_i M_i = \sum_{i=1}^{K} \nu_i \mu_i, \tag{13.151}$$

in zwei Anteile, die den Ausgangsstoffen (Reaktanten, Reaktionsteilnehmer auf der linken Seite der Reaktionsgleichung (13.149)) bzw. den Reaktionsprodukten (Reaktionsteilnehmer auf der rechten Seite der Reaktionsgleichung) entsprechen, zerlegt:

$$A^+ = -\sum_{i=1}^{M} \nu_i \mu_i, \quad A^- = \sum_{i=M+1}^{K} \nu_i \mu_i, \quad A = A^- - A^+. \tag{13.152}$$

Es existiert kein allgemeines Verfahren, das es gestatten würde, den linearen Ansatz

$$\omega = -\lambda \frac{A}{T} \tag{13.153}$$

in den nichtlinearen Bereich fortzusetzen. Speziell für chemische Reaktionen in idealen Gasen wird das Reaktionsverhalten durch den folgenden, aus der Reaktionskinetik übernommenen nichtlinearen Ansatz gut wiedergegeben:

$$\omega = \varLambda \left(e^{\frac{A^+}{RT}} - e^{\frac{A^-}{RT}} \right). \tag{13.154}$$

Es bleibt nachzuprüfen, ob bei Verwendung dieses Ansatzes gesichert werden kann, daß die Entropieproduktionsdichte nicht negativ wird. Da in Gl. (13.154) keine Kreuzeffekte berücksichtigt werden, d.h. der Einfluß der Volumenviskosität auf die chemische Reaktion vernachlässigt wird, hängt σ_c nicht von den generalisierten Kräften anderer irreversibler Prozesse ab. Diese generalisierten Kräfte können beliebig gewählt werden (also auch null gesetzt werden), ohne daß σ_c beeinflußt wird. Deshalb muß sogar $\sigma_c \geq 0$ gefordert werden. Wir setzen (13.154) in die Entropieproduktionsdichte (13.150) ein und bekommen

$$\sigma_c = \varLambda R \left(e^{\frac{A^+}{RT}} - e^{\frac{A^-}{RT}} \right) \left(\frac{A^+ - A^-}{RT} \right). \tag{13.155}$$

Eine Bildung der Form $(e^x - e^y)(x - y)$ wird für beliebige reelle x und y niemals negativ. Es genügt deshalb,

$$\varLambda \geq 0 \tag{13.156}$$

zu fordern, um $\sigma_c \geq 0$ zu garantieren.

Im nächsten Schritt soll untersucht werden, unter welchen Bedingungen chemische Reaktionen in idealen Gasen durch linearen Ansätze beschrieben werden können. Dazu formen wir Gl. (13.154) unter Verwendung von (13.152) um:

$$\omega = \varLambda \, e^{\frac{A^-}{RT}} \left(e^{-\frac{A}{RT}} - 1 \right). \tag{13.157}$$

Wenn $A \ll RT$ gilt, kann $e^{-A/RT} \approx 1 - \dfrac{A}{RT}$ gesetzt werden, und der nichtlineare Ansatz (13.157) geht in den linearen Ansatz

$$\omega = - \left(\frac{\varLambda \, e^{A^-/RT}}{R} \right) \frac{A}{T} \tag{13.158}$$

über. Für A^- in (13.158) hat man im Sinne der linearen Näherung den Wert im Gleichgewichtszustand ($A = 0$) einzusetzen. Dieser Wert kann aus dem MWG berechnet werden.

Der Vergleich von (13.158) mit (13.153) ergibt folgenden Zusammenhang zwischen dem Koeffizienten $\varLambda$ und dem phänomenologischen Koeffizienten λ:

$$\lambda = \frac{\varLambda}{R} \, e^{\frac{A^-}{RT}} \geq 0. \tag{13.159}$$

Die Bedingung $A \ll RT$ schränkt den Gültigkeitsbereich der linearen Ansätze bei chemischen Reaktionen sehr stark ein; sie ist im allgemeinen nur im letzten Stadium der Reaktion kurz vor dem Erreichen des Gleichgewichtszustandes erfüllt.

Zur Berechnung der Teilaffinitäten (13.152) und zur Aufstellung des nichtlinearen Ansatzes (13.154) müssen wir von den chemischen Potentialen in Mischungen idealer Gase (11.14) ausgehen:

$$
\begin{aligned}
\mu_i(T, p, n_l) &= g_i(T, p) + RT \ln \frac{n_i}{n} \\
&= h_i(T) - T s_i(T, p) + RT \ln \frac{n_i}{n} \\
&= h_i(T) - T \int_{T_0}^{T} \frac{c_{pi}(T')\,dT'}{T'} + RT \ln \frac{p}{p_0} + RT \ln \frac{n_i}{n} \\
&= \mu_i^p(T) + RT \ln p + RT \ln \frac{n_i}{n}.
\end{aligned}
$$

Hier ist $\mu_i^p(T)$ nur eine Funktion der Temperatur. Da wir später chemische Reaktionen bei konstantem Volumen untersuchen wollen, benötigen wir $\mu_i(T, v, n_l)$. Wir ersetzen deshalb in der letzten Gleichung p mit Hilfe der Zustandsgleichung durch $p = \dfrac{nRT}{V}$ und erhalten

$$
\begin{aligned}
\mu_i &= \mu_i^p(T) + RT \ln RT + RT \ln \frac{n}{V} + RT \ln \frac{n_i}{n} \\
&= \mu_i^V(T) + RT \ln \frac{n_i}{V}.
\end{aligned}
\tag{13.160}
$$

Die chemischen Potentiale (13.160) wurden zunächst für homogene Phasen abgeleitet. Um sie zur Beschreibung der allgemeinen inhomogenen Systeme der irreversiblen Thermodynamik verwenden zu können, geht man zu infinitesimal kleinen Volumenelementen über und führt die molaren Dichten (Zahl der Mole pro Volumeneinheit)

$$
\gamma_i = \lim_{\Delta V \to 0} \frac{\Delta n_i}{\Delta V}
$$

ein.[14] Aus (13.160) entsteht dann

$$
\mu_i = RT \ln \gamma_i + \mu_i^V(T).
\tag{13.161}
$$

Für die Teilaffinitäten (13.152) ergibt sich

$$
\begin{aligned}
A^+ &= RT \ln \prod_{i=1}^{M} \gamma_i^{-\nu_i} - \sum_{i=1}^{M} \nu_i \mu_i^V(T), \\
A^- &= RT \ln \prod_{i=M+1}^{K} \gamma_i^{\nu_i} + \sum_{i=M+1}^{K} \nu_i \mu_i^V(T),
\end{aligned}
\tag{13.162}
$$

---

[14] Die molaren Dichten γ_i sind mit den Stoffdichten ϱ_i durch die Beziehung $\varrho_i = \gamma_i M_i$ verbunden (M_i Masse eines Mols der Komponente i).

so daß der nichtlineare Ansatz (13.154) die Gestalt

$$\omega = k^+ \prod_{i=1}^{M} \gamma_i^{-\nu_i} - k^- \prod_{i=M+1}^{K} \gamma_i^{\nu_i} \tag{13.163}$$

mit

$$k^+ = \Lambda \, e^{-\dfrac{\sum\limits_{i=1}^{M} \nu_i \mu_i{}^{V}(T)}{RT}}, \qquad k^- = \Lambda \, e^{\dfrac{\sum\limits_{i=M+1}^{K} \nu_i \mu_i{}^{V}(T)}{RT}} \tag{13.164}$$

annimmt. k^+ wird als Geschwindigkeitskonstante[15] der Vorwärtsreaktion

$$\sum_{i=1}^{M} (-\nu_i) B_i \rightarrow \sum_{i=M+1}^{K} \nu_i B_i$$

und k^- als Geschwindigkeitskonstante der Rückreaktion

$$\sum_{i=1}^{M} (-\nu_i) B_i \leftarrow \sum_{i=M+1}^{K} \nu_i B_i$$

bezeichnet. Im Gleichgewicht ($\omega = 0$) geht (13.163), wenn wir noch die Zustandsgleichung $p_i V = n_i RT$ in der Form $p_i = \gamma_i RT$ berücksichtigen, unmittelbar in das MWG (11.36) über:

$$\prod_{i=1}^{K} \gamma_i^{\nu_i} = \frac{k^+}{k^-} = \prod_{i=1}^{K} \left(\frac{p_i}{RT}\right)^{\nu_i}$$

bzw.

$$\prod_{i=1}^{K} p_i^{\nu_i} = (RT)^{\Sigma \nu_i} \frac{k^+}{k^-} = K_p(T).$$

Wie man sieht, hängen die Geschwindigkeitskonstanten k^+ und k^- eng mit der Gleichgewichtskonstanten K_p des MWG zusammen. Es genügt also, z.B. k^+ zu messen; k^- kann dann mit Hilfe der Gleichgewichtskonstanten bestimmt werden.

---

[15] Die Geschwindigkeitskonstanten k^+ und k^- hängen, ähnlich wie die Konstante des Massenwirkungsgesetzes, von T und p ab. Sie sind also Zustandsfunktionen und keine Konstanten, jedoch wird der Name Geschwindigkeitskonstante allgemein benutzt.

13.5.2   Der zeitliche Ablauf einer chemischen Reaktion

Zur Aufstellung der Differentialgleichung, die den Reaktionsablauf beschreibt, gehen wir wieder von den Bilanzgleichungen, speziell von den Stoffbilanzen (2.11) mit (2.13) und (2.25) aus, in die wir den nichtlinearen Ansatz (13.163) einsetzen. Wir erhalten bei Verwendung von $\varrho_i = M_i \gamma_i$:

$$\frac{\partial \gamma_l}{\partial t} + \operatorname{div} \gamma_l \boldsymbol{v} = -\operatorname{div}\left(\frac{\boldsymbol{J}_l}{M_l}\right) + \nu_l\left(k^+ \prod_{i=1}^{M} \gamma_i^{-\nu_i} - k^- \prod_{i=M+1}^{K} \gamma_i^{\nu_i}\right). \quad (13.165)$$

Hier müßte noch die Diffusionsstromdichte $\boldsymbol{J}_l$ durch lineare Ansätze ausgedrückt werden. Wir sehen, daß Diffusionserscheinungen und chemische Reaktionen im allgemeinen gekoppelt auftreten müssen.

Läuft die chemische Reaktion in einer von Anfang an homogenen Mischung ab, wobei das Volumen des Reaktionsraumes konstant gehalten wird, dann kann während der Reaktion

$$\boldsymbol{v} = 0, \quad \boldsymbol{J}_l = 0, \quad V = \text{const} \quad (13.166)$$

angenommen werden. Findet die Reaktion darüber hinaus bei konstanter Temperatur statt,

$$T = \text{const}, \quad (13.167)$$

so sind auch die Größen k^+ und k^- Konstanten, und aus den Gleichungen (13.165) entsteht das System nichtlinearer gewöhnlicher Differentialgleichungen erster Ordnung

$$\frac{\partial \gamma_l}{\partial t} = \nu_l\left(k^+ \prod_{i=1}^{M} \gamma_i^{-\nu_i} - k^- \prod_{i=M+1}^{K} \gamma_i^{\nu_i}\right) \quad (13.168)$$

zur Bestimmung der molaren Dichten $\gamma_l(t)$, aus denen die Molzahlen $n_l = V\gamma_l$ und die Konzentrationen $\hat{c}_l = \dfrac{\gamma_l M_l}{\varrho}$ als Funktionen der Zeit und der Anfangsbedingungen berechnet werden können.

Die Lösung des Differentialgleichungssystems (13.168) gestaltet sich oft einfacher durch die Einführung der auf die Volumeneinheit bezogenen Reaktionslaufzahl[16] $\check{\xi}$. Diese definieren wir über die Reaktionsgeschwindigkeit ω durch die Gleichung

$$\omega = \frac{\partial \check{\xi}}{\partial t}. \quad (13.169)$$

Setzen wir (13.169) in die Stoffbilanzen (2.11) mit (2.13) ein und beachten wir die Voraussetzungen (13.166) und (13.167), erhalten wir damit

---

[16] Man beachte den Unterschied zu der auf die Molzahl bezogenen Reaktionslaufzahl in Abschnitt 11.3.1.

$$\frac{\partial \varrho_i}{\partial t} = \nu_i M_i \,\omega = \nu_i M_i \frac{\partial \check{\xi}}{\partial t}. \tag{13.170}$$

Diese Gleichung kann sofort integriert werden. Die Lösung lautet

$$\varrho_i = \overset{\circ}{\varrho}_i + \nu_i M_i \check{\xi} \tag{13.171}$$

bzw. nach Einführung der molaren Dichten

$$\gamma_i = \overset{\circ}{\gamma}_i + \nu_i \check{\xi}, \quad \overset{\circ}{\gamma}_i = \frac{\overset{\circ}{\varrho}_i}{M_i}. \tag{13.172}$$

Als Anfangsbedingung wählen wir

$$\check{\xi}(t = 0) = 0.$$

Dann ist die Integrationskonstante $\overset{\circ}{\varrho}_i$ die Anfangsmassendichte und $\overset{\circ}{\gamma}_i$ die molare Anfangsdichte des Stoffes i.

Als nächstes eliminieren wir mit der Beziehung (13.172) die γ_l in dem zu lösenden Differentialgleichungssystem (13.168) und erhalten, da $\check{\xi}$ nur von t abhängt, die gewöhnliche Differentialgleichung 1. Ordnung $\left(\frac{\partial}{\partial t} \to \frac{d}{dt}\right)$

$$\frac{d\check{\xi}}{dt} = k^+ \prod_{i=1}^{M} (\overset{\circ}{\gamma}_i + \nu_i \check{\xi})^{-\nu_i} - k^- \prod_{i=M+1}^{K} (\overset{\circ}{\gamma}_i + \nu_i \check{\xi})^{\nu_i}. \tag{13.173}$$

Diese Differentialgleichung kann durch Trennung der Variablen gelöst werden. Bei Berücksichtigung der Anfangsbedingung $\xi(0) = 0$ folgt

$$\int_0^{\check{\xi}} \frac{d\check{\xi}'}{k^+ \prod\limits_{i=1}^{M} (\overset{\circ}{\gamma}_i + \nu_i \check{\xi}')^{-\nu_i} - k^- \prod\limits_{i=M+1}^{K} (\overset{\circ}{\gamma}_i + \nu_i \check{\xi}')^{\nu_i}} = t. \tag{13.174}$$

Bei ganzzahligen stöchiometrischen Koeffizienten läßt sich das Integral nach einer Partialbruchzerlegung durch elementare Funktionen ausdrücken. Die Massendichten ϱ_i bzw. die molaren Dichten γ_i werden aus $\check{\xi}$ gemäß Gleichung (13.171) bzw. (13.172) berechnet.

13.5.3 Der zeitliche Ablauf der Jod-Wasserstoff-Reaktion

Als Beispiel betrachten wir die Umwandlung von Wasserstoff und Jod in Jodwasserstoff[17]

---

[17] Genauere Untersuchung haben ergeben, daß sich die Jod-Wasserstoff-Reaktion aus mehreren Elementarreaktionen zusammensetzt.

$$H_2 + J_2 \rightleftharpoons 2HJ.$$

Die stöchiometrischen Koeffizienten der rechten Seite müssen entsprechend unserer Vereinbarung positiv, die der linken Seite negativ gewählt werden, d.h.

$$\nu_{H_2} = -1, \quad \nu_{J_2} = -1, \quad \nu_{HJ} = 2. \tag{13.175}$$

Die molaren Anfangsdichten von H_2 und J_2 wählen wir so, daß die Ausbeute maximal wird, also proportional zu den stöchiometrischen Koeffizienten (Abschnitt (11.3.3)), die molare Anfangsdichte von HJ soll Null sein:

$$\overset{\circ}{\gamma}_{H_2} = \gamma_0, \quad \overset{\circ}{\gamma}_{J_2} = \gamma_0, \quad \overset{\circ}{\gamma}_{HJ} = 0. \tag{13.176}$$

Mit (13.175) und (13.176) folgt aus (13.74)

$$\int_0^{\check{\xi}} \frac{d\check{\xi}'}{k^+(\gamma_0 - \check{\xi}')^2 - 4k^- \check{\xi}'^2}$$

$$= \frac{1}{4\gamma_0\sqrt{k^+k^-}} \int_0^{\check{\xi}} \left\{ \frac{1}{\check{\xi}' - \dfrac{\gamma_0\sqrt{k^+}}{\sqrt{k^+} - 2\sqrt{k^-}}} - \frac{1}{\check{\xi}' - \dfrac{\gamma_0\sqrt{k^+}}{\sqrt{k^+} - 2\sqrt{k^-}}} \right\} d\check{\xi}' = t \tag{13.177}$$

und daraus nach Ausführung der Integration

$$\check{\xi} = \gamma_0 \frac{\sqrt{k^+}\left(1 - e^{4\gamma_0\sqrt{k^+k^-}\,t}\right)}{\sqrt{k^+} - 2\sqrt{k^-} - \left(\sqrt{k^+} + 2\sqrt{k^-}\right)e^{4\gamma_0\sqrt{k^+k^-}\,t}}. \tag{13.178}$$

Der qualitative Verlauf von $\check{\xi}(t)$ ist in Abb. 13.15 dargestellt. Die Reaktionsgeschwindigkeit hat am Anfang $(t = 0)$ den Wert $\omega(t = 0) = \alpha = \gamma_0^2 k^+$ und nimmt bis zum Erreichen des Gleichgewichtszustandes bei $\check{\xi}^G = \dfrac{\gamma_0\sqrt{k^+}}{\sqrt{k^+} + 2\sqrt{k^-}}$

ständig ab. Die charakteristische Zeit für die Reaktionsdauer ist $\tau = \dfrac{1}{4\gamma_0\sqrt{k^+k^-}}$.

Für eine molare Anfangsdichte von $\gamma_0 = 1$ mol/Liter haben wir in Tab. 13.3 die Werte von k^+, k^- und τ für drei verschiedene Temperaturen zusammengestellt. Man sieht, mit steigender Temperatur nimmt die Reaktionsdauer sehr schnell ab.

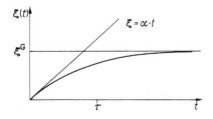

Abb. 13.15 Die Einstellung des chemischen Gleichgewichts der Jod-Wasserstoff-Reaktion, dargestellt am zeitlichen Verlauf der Reaktionslaufzahl

Tabelle 13.3: Geschwindigkeitskonstanten und charakteristische Reaktionsdauer für die Jod-Wasserstoff-Reaktion mit $\gamma_0 = 10^3$ mol/m^3 *

$\dfrac{T}{°C}$	$\dfrac{k^+}{\text{m}^3\,\text{s}^{-1}\,\text{mol}^{-1}}$	$\dfrac{k^-}{\text{m}^3\,\text{s}^{-1}\,\text{mol}^{-1}}$	$\dfrac{\tau}{\text{s}}$
356	$2{,}53 \cdot 10^{-6}$	$3{,}02 \cdot 10^{-8}$	$3{,}6 \cdot 10^3$
393	$1{,}42 \cdot 10^{-5}$	$2{,}20 \cdot 10^{-7}$	$5{,}7 \cdot 10^2$
508	$1{,}34 \cdot 10^{-3}$	$3{,}96 \cdot 10^{-5}$	$4{,}4$

* Nach HOLLEMANN, A.F., und E. WIBERG: Lehrbuch der anorganischen Chemie. Walter de Gruyter & Co., Berlin 1955.

13.5.4 Verallgemeinerungen

13.5.4.1 Mehrere gekoppelte chemische Reaktionen

In unserem Mehrkomponentensystem sollen jetzt gleichzeitig mehrere chemische Reaktionen (insgesamt R), charakterisiert durch die Reaktionsgleichungen

$$\sum_{i=1}^{M}(-\nu_{ir})B_i \rightleftharpoons \sum_{i=M+1}^{N} \nu_{ir}B_i, \quad r = 1, 2, \ldots, R \qquad (13.179)$$

ablaufen. Wir ordnen jeder Reaktion nach (2.14) und (12.3) eine Reaktionsgeschwindigkeit ω_r und eine Affinität $A_r = \sum_{i=1}^{N} \nu_{ir}\mu_i$ zu. Letztere wird analog zu (13.152) in

$$A_r^{+} = -\sum_{i=1}^{M} \nu_{ir}\mu_i \quad \text{und} \quad A_r^{-} = \sum_{i=M+1}^{N} \nu_{ir}\mu_i \qquad (13.180)$$

zerlegt. Die phänomenologischen Gleichungen lauten jetzt

$$\omega_r = \Lambda_r \left(e^{\frac{A_r^{+}}{RT}} - e^{\frac{A_r^{-}}{RT}} \right). \qquad (13.181)$$

Daraus folgt mit den chemischen Potentialen (13.161)

$$\omega_r = k_r^{+} \prod_{i=1}^{M} \gamma_i^{-\nu_{ir}} - k_r^{-} \prod_{i=M+1}^{N} \gamma_i^{\nu_{ir}}. \qquad (13.182)$$

Geht man damit in die Massenbilanz (2.11) mit (2.13) ein, dann ergeben sich bei Vernachlässigung der Diffusion ($\boldsymbol{J}_i = 0$) und der Konvektion ($\boldsymbol{v} = 0$)[18] die Gleichungen

---

[18] Aus dieser Bedingung folgt über die Kontinuitätsgleichung, daß ϱ und damit auch $\hat{v}$ während der Reaktion konstant sein müssen.

$$\frac{\partial \gamma_l}{\partial t} = \sum_{r=1}^{R} \nu_{lr} \left(k_r^{+} \prod_{i=1}^{M} \gamma_i^{-\nu_{ir}} - k_r^{-} \prod_{i=M+1}^{N} \gamma_i^{\nu_{ir}} \right) \tag{13.183}$$

zur Bestimmung der molaren Dichten $\gamma_l(t)$.

13.5.4.2 Chemische Reaktionen unter allgemeineren Reaktionsbedingungen

Wir wollen uns jetzt überlegen, wie chemische Reaktionen zu beschreiben sind, wenn die Bedingungen (13.166) nicht mehr gelten. Diffusionsströme sollen aber nach wie vor nicht auftreten,

$$\boldsymbol{J}_k = 0.$$

Mit dieser Bedingung und nach Definition der spezifischen Reaktionslaufzahlen $\hat{\xi}_r$ durch

$$\omega_r = \varrho \, \frac{d\hat{\xi}_r}{dt} \tag{13.184}$$

läßt sich die Bilanzgleichung der Stoffkomponente k (2.27) einmal integrieren und ergibt

$$\hat{c}_k = \overset{\circ}{c}_k + \sum_{r=1}^{R} \nu_{kr} \hat{\xi}_r M_k, \quad \frac{d\overset{\circ}{c}_k}{dt} = 0. \tag{13.185}$$

Der Vergleich mit Gleichung (13.171) ($R = 1$) zeigt, daß $\varrho \hat{\xi}_r = \check{\xi}_r$ gilt. $\overset{\circ}{c}_k$ ist bei der Normierung $\hat{\xi}(t = 0) = 0$ die Konzentration des Stoffes k zur Zeit $t = 0$.

Um die Differentialgleichungen für die chemischen Reaktionen in Gleichgewichtsnähe zu erhalten, drücken wir die Reaktionsgeschwindigkeiten in Gleichung (13.184) durch die linearen Ansätze (12.16) mit $\lambda_r^{(\omega)} = 0$ aus[19] und eliminieren in den daraus entstehenden Gleichungen überall $\hat{c}_k$ mit Hilfe der Beziehungen (13.185) zugunsten der $\hat{\xi}_k$:

$$\varrho(\hat{\xi}_i) \, \frac{d\hat{\xi}_k}{dt} = -\frac{1}{T} \sum_{r=1}^{R} \lambda_{kr} A_r(\hat{\xi}_i). \tag{13.186}$$

Die Dichte ϱ, die phänomenologischen Koeffizienten λ_{kr} und die Affinitäten hängen in der Regel noch von zwei weiteren unabhängigen Zustandsvariablen ab, etwa von T und p. Meist wird durch die Versuchsbedingungen ein solches Variablenpaar während der Reaktion festgehalten. Dann sind (13.186) Bestimmungsgleichungen für die Reaktionslaufzahlen $\hat{\xi}_k$, aus denen wiederum die Konzentrationen $\hat{c}_k$ gemäß (13.185) berechnet werden können.

---

[19] In vollkommen analoger Weise kann man auch die nichtlinearen Ansätze (13.181) verwenden und erhält dann Differentialgleichungen für die $\hat{\xi}_i$, welche chemische Reaktionen weit weg vom Gleichgewicht beschreiben.

Reaktionen in Gleichgewichtsnähe, die bei festgehaltenem Variablenpaar p und T oder $\hat{v}$ und T oder ϱ und $\hat{u}$ ablaufen, streben immer dem Gleichgewichtszustand zu. Wir wollen das für eine Reaktion $(R = 1)$ mit $T = $ const, $p = $ const zeigen. Zunächst entwickeln wir die Affinität A und die Dichte ϱ bei festem T und p an der Stelle des Gleichgewichtswertes $\hat{\xi}^G$ der Reaktionslaufzahl in eine Potenzreihe, setzen die Reihe in (13.186) ein und vernachlässigen alle in $\hat{\xi} - \hat{\xi}^G$ nichtlinearen Glieder. Unter Verwendung der Gleichgewichtsbedingung

$$A(\hat{\xi}^G) = 0 \tag{13.187}$$

folgt dann

$$\frac{d\hat{\xi}}{dt} = -\frac{1}{\tau}(\hat{\xi} - \hat{\xi}^G), \quad \frac{1}{\tau} = \frac{\lambda}{T\varrho(\hat{\xi}^G)}\left(\frac{\partial A}{\partial \hat{\xi}}\right)^G_{p,T} = \text{const} \tag{13.188}$$

und nach Integration bei Beachtung der Anfangsbedingung $\hat{\xi}(t = 0) = 0$

$$\hat{\xi}(t) = \hat{\xi}^G\left(1 - e^{-\frac{t}{\tau}}\right). \tag{13.189}$$

τ ist die Relaxationszeit der chemischen Reaktion. Sie gibt die Größenordnung der Zeit an, die die Reaktion braucht, um praktisch den Gleichgewichtszustand zu erreichen.

Den zur Bestimmung von τ erforderlichen Wert $\hat{\xi}^G$ kann man aus der Gleichgewichtsbedingung (13.187) berechnen. Als Folge der Stabilitätsbedingung gegen Entmischung (7.24) gilt bei Verwendung von (13.185) und (12.3)

$$\left(\frac{\partial A}{\partial \hat{\xi}}\right)_{T,p} = \sum_{i=1}^{K}\left(\frac{\partial A}{\partial \hat{c}_i}\right)_{T,p,\hat{c}_k} M_i\nu_i = \sum_{i=1}^{K}\sum_{j=1}^{K}\nu_i\nu_j\left(\frac{\partial \hat{\mu}_i}{\partial \hat{c}_j}\right)_{T,p} M_iM_j \geq 0,$$

$$\tag{13.190}$$

so daß mit $\lambda > 0$, $T > 0$, $\varrho > 0$ die Relaxationszeit τ stets positiv ist und damit $\hat{\xi}$ stets gegen $\hat{\xi}^G$ strebt.

13.6 Dynamische Zustandsgleichungen und Relaxationserscheinungen

13.6.1 Elektrische Relaxationserscheinungen

Gegeben sei ein ruhendes $(v = 0)$ System, dessen Zustand durch die Temperatur T, die Polarisation $\boldsymbol{P}$ und die Magnetisierung $\boldsymbol{M}$ beschrieben wird. Die Gibbssche Fundamentalgleichung lautet dann, wenn wir noch $V = $ const voraussetzen

$$T\,d\breve{s} = d\breve{u} + E_{\text{rev}}\,d\boldsymbol{P} + H_{\text{rev}}\,d\boldsymbol{M}. \tag{13.191}$$

Unter E_{rev} und H_{rev} sind hier die elektrischen und magnetischen Felder zu verstehen, die bei reversibler Prozeßführung gemessen werden. Bei irreversiblen Prozessen werden sich E_{rev} und H_{rev} im allgemeinen von den dann gemessenen Werten E und H unterscheiden. In den Maxwellgleichungen sind die Felder E und H zu verwenden.

Zur Berechnung der Entropiebilanz benötigen wir die Bilanz der inneren Energie. Die Dichte der inneren Energie $\breve{u}$ folgt durch Abzug der elektromagnetischen Energiedichte im Vakuum von der Gesamtenergiedichte $\breve{e}$

$$\breve{u} = \breve{e} - \frac{1}{2}\,(\varepsilon_0 E^2 + \mu_0 H^2). \tag{13.192}$$

Die Bilanz der Gesamtenergie ist bei Vernachlässigung äußerer Kraftfelder durch

$$\left(\frac{\partial \breve{e}}{\partial t}\right) + \operatorname{div} e = 0 \tag{13.193}$$

gegeben (vergl. Gl. (2,34) und (2.22) unter Beachtung von $v = 0$). Die Bilanz der elektromagnetischen Energie folgt aus den Maxwellgleichungen

$$\begin{aligned}
\operatorname{rot} H &= j + \frac{\partial D}{\partial t}, \\
\operatorname{rot} E &= -\frac{\partial B}{\partial t}, \\
\operatorname{div} B &= 0, \\
\operatorname{div} D &= \varrho
\end{aligned} \tag{13.194}$$

zusammen mit den Materialgleichungen

$$\begin{aligned}
D &= \varepsilon_0 E + P, \\
B &= \mu_0 H + M
\end{aligned} \tag{13.195}$$

zu

$$\frac{\partial}{\partial t}\left[\frac{1}{2}(\varepsilon_0 E^2 + \mu_0 H^2)\right] + \operatorname{div}(E \times H) = -jE - E\,\frac{\partial P}{\partial t} - H\,\frac{\partial M}{\partial t}. \tag{13.196}$$

Dies ist der bekannte Poyntingsatz aus der Elektrodynmik. Für die Bilanz der inneren Energie erhält man nun mit den Gleichungen (13.192), (13.193) und (13.196)

$$\begin{aligned}
\frac{\partial \breve{u}}{\partial t} &= -\operatorname{div} e + \operatorname{div}(E \times H) + jE + E\,\frac{\partial P}{\partial t} + H\,\frac{\partial M}{\partial t} \\
&= -\operatorname{div} Q + jE + E\,\frac{\partial P}{\partial t} + H\,\frac{\partial M}{\partial t}.
\end{aligned} \tag{13.197}$$

Hier ist $\boldsymbol{Q} = \boldsymbol{e} - \boldsymbol{E} \times \boldsymbol{H}$ die Wärmestromdichte. Zur Entropiebilanz gelangen wir nun, indem wir in der auf die Zeiteinheit bezogenen Gibbsschen Fundamentalgleichung (13.191) die Größe $\dfrac{\partial \breve{u}}{\partial t}$ gemäß (13.197) ersetzen und dabei beachten, daß wegen der Voraussetzung $\boldsymbol{v} = 0$ hier $\dfrac{\mathrm{d}}{\mathrm{d}t} = \dfrac{\partial}{\partial t}$ gilt:

$$\frac{\partial \breve{s}}{\partial t} + \operatorname{div} \frac{\boldsymbol{Q}}{T} = \boldsymbol{Q} \operatorname{grad} \frac{1}{T} + \frac{1}{T}\, \boldsymbol{j}\boldsymbol{E} + \frac{1}{T}\,(\boldsymbol{E} - \boldsymbol{E}_{\mathrm{rev}})\, \frac{\partial \boldsymbol{P}}{\partial t} + \frac{1}{T}\,(\boldsymbol{H} - \boldsymbol{H}_{\mathrm{rev}})\, \frac{\partial \boldsymbol{M}}{\partial t}.$$

$$(13.198)$$

Zur Entropieproduktionsdichte tragen hier die Wärmeleitung, die elektrische Stromdichte und die zeitliche Änderung der Polarisation und Magnetisierung bei. Die entsprechenden phänomenologischen Ansätze führen, wenn wir Kreuzeffekte außer acht lassen, auf das Fouriersche Wärmeleitungsgesetz (12.19)

$$\boldsymbol{Q} = l \operatorname{grad} \frac{1}{T},$$

auf das Ohmsche Gesetz

$$\boldsymbol{j} = \sigma_{\mathrm{el}} \boldsymbol{E}, \qquad \sigma_{\mathrm{el}} \text{ elektrische Leitfähigkeit}$$

und auf die Relaxationsgleichungen

$$\frac{\partial \boldsymbol{P}}{\partial t} = \frac{L_P}{T}\,(\boldsymbol{E} - \boldsymbol{E}_{\mathrm{rev}}),$$

$$\frac{\partial \boldsymbol{M}}{\partial t} = \frac{L_M}{T}\,(\boldsymbol{H} - \boldsymbol{H}_{\mathrm{rev}}).$$

$$(13.199)$$

L_p und L_M sind positive phänomenologische Koeffizienten. Verwenden wir nun für die Polarisation $\boldsymbol{P}$ die lineare Zustandsgleichung

$$\boldsymbol{P} = \chi_{\mathrm{el}} \boldsymbol{E}_{\mathrm{rev}}, \qquad \chi_{\mathrm{el}} \text{ elektrische Suszeptibilität}, \qquad (13.200)$$

so erhalten wir aus (13.199) die Debyesche Gleichung zur Beschreibung der dielektrischen Relaxation

$$\frac{\partial \boldsymbol{P}}{\partial t} = -\frac{L_P}{\chi_{\mathrm{el}} T}\,(\boldsymbol{P} - \chi_{\mathrm{el}} \boldsymbol{E}). \qquad (13.201)$$

Legt man z.B. an das entsprechende Dielektrikum zur Zeit $t = 0$ ein konstantes elektrisches Feld $\boldsymbol{E}_0$ an, wobei die Polarisation zur Zeit $t = 0$ null sein soll, so folgt als Lösung der Gl. (13.201)

$$\boldsymbol{P} = \chi_{\mathrm{el}} \boldsymbol{E}_0 \left(1 - \mathrm{e}^{-\frac{t}{\tau_R}} \right) \qquad (13.202)$$

mit der Relaxationszeit $\tau_R = \dfrac{\chi_{\mathrm{el}} T}{L_P}$ (Abb. 13.16). Das heißt, der zu $\boldsymbol{E}_0$ gehörende Gleichgewichtswert $\boldsymbol{P}_0 = \chi_{\mathrm{el}} \boldsymbol{E}_0$ stellt sich nicht augenblicklich, sondern erst nach

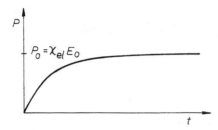

Abb. 13.16 Die Polarisation P in Abhängigkeit von der Zeit nach Einschalten eines konstanten elektrischen Feldes E_0

einer Zeit von der Größenordnung τ_R ein. Solche Relaxationserscheinungen sind immer mit Entropieproduktion verbunden.

Legt man ein zeitabhängiges elektrisches Feld $E(t)$ an das Dielektrikum und stellt man $E(t)$ sowie $P(t)$ als Fourierintegrale dar

$$E(t) = \frac{1}{2\pi} \int\limits_{-\infty}^{\infty} \tilde{E}(\omega) \, e^{i\omega t} \, d\omega,$$

$$P(t) = \frac{1}{2\pi} \int\limits_{-\infty}^{\infty} \tilde{P}(\omega) \, e^{i\omega t} \, d\omega, \tag{13.203}$$

dann führt die Debyesche Gleichung (13.201) auf folgende Beziehung zwischen den Fouriertransformierten $\tilde{E}(\omega)$ und $\tilde{P}(\omega)$:

$$i\,\omega\tilde{P}(\omega) = -\frac{1}{\tau_R} \tilde{P}(\omega) + \frac{\chi_{el}}{\tau_R} \tilde{E}(\omega)$$

bzw.

$$\tilde{P}(\omega) = \tilde{\chi}_{el}(\omega)\,\tilde{E}(\omega). \tag{13.204}$$

Die frequenzabhängige elektrische Suszeptibilität $\tilde{\chi}_{el}(\omega)$ ist hier durch

$$\tilde{\chi}_{el}(\omega) = \frac{\chi_{el}}{1 + i\,\omega\tau_R} = \frac{\chi_{el}}{1 + \omega^2\tau_R^2} - i\,\frac{\omega\,\tau_R\,\chi_{el}}{1 + \omega^2\tau_R^2} \tag{13.205}$$

gegeben (Abb. 13.17). Für $\omega = 0$ gelten die Gleichgewichtswerte, d.h. Re $\tilde{\chi}_{el}(0)$ $= \chi_{el}$ und Im $\tilde{\chi}_{el}(0) = 0$. Für sehr große Frequenzen verschwinden sowohl der Realteil als auch der Imaginärteil von $\tilde{\chi}_{el}(\omega)$ und damit auch die Fouriertransformierte der Polarisation.

Für magnetische Relaxationserscheinungen erhält man völlig analoge Beziehungen. Man braucht nur E durch H, P durch M und χ_{el} durch χ_m zu ersetzen.

Zu allgemeineren Relaxationsgleichungen als Gl. (13.201) gelangt man, wenn man innere Parameter einführt. Wir beschränken uns auf ein System, dessen Zustand neben der Temperatur durch den Betrag der elektrischen Polarisation P und

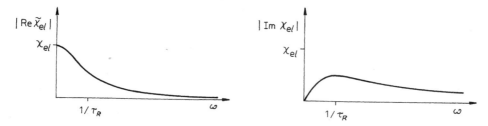

Abb. 13.17 Die Frequenzabhängigkeit von $\tilde{\chi}_{\mathrm{el}}(\omega)$

einen inneren Parameter ξ beschrieben wird. Die Gibbssche Fundamentalgleichung hat dann die Form

$$T \, \mathrm{d}\breve{s} = \mathrm{d}\breve{u} + E \, \mathrm{d}P + A \, \mathrm{d}\xi. \tag{13.206}$$

E ist der Betrag der elektrischen Feldstärke, und A ist die dem inneren Parameter zugeordnete Affinität mit $A = T\left(\dfrac{\partial \breve{s}}{\partial \xi}\right)_{P,T}$. Der zuerst behandelte Fall Gl. (13.191) ist mit $\xi = P$ und $A = E_{\mathrm{rev}} - E$ in Gl. (13.206) enthalten.

Für die Entropiebilanz folgt jetzt

$$\frac{\partial \breve{s}}{\partial t} + \operatorname{div} \frac{\boldsymbol{Q}}{T} = \boldsymbol{Q} \operatorname{grad} \frac{1}{T} + \frac{1}{T} \boldsymbol{j}E + \frac{A}{T}\frac{\partial \xi}{\partial t}. \tag{13.207}$$

Da wir hier nur Relaxationsphänomene untersuchen wollen, setzen wir $T = \mathrm{const}$ und $j = 0$ voraus. Es bleibt dann von den phänomenologischen Ansätzen nur

$$A = L \frac{\partial \xi}{\partial t} \tag{13.208}$$

übrig. Neben dieser Gleichung benötigen wir noch die Zustandsgleichungen

$$E = \left(\frac{\partial \breve{u}}{\partial P}\right)_{\breve{s},\xi} \quad \text{und} \quad A = \left(\frac{\partial \breve{u}}{\partial \xi}\right)_{\breve{s},P}.$$

Wir wollen uns auf ihre linearisierte Form beschränken:

$$E = \frac{1}{\chi_{\mathrm{el}}} P + \alpha\,\xi, \tag{13.209}$$

$$A = \alpha P + \gamma\,\xi, \tag{13.210}$$

α und γ sind Materialkonstanten. Über die physikalische Bedeutung des inneren Parameters ξ kann man ohne Modellvorstellungen keine weiteren Aussagen treffen. Wir wollen deshalb ξ aus den Gl. (13.208) bis (13.210) eliminieren. Zu diesem Zweck differenzieren wir Gl. (13.209) nach der Zeit

$$\frac{\partial E}{\partial t} = \frac{1}{\chi_{\mathrm{el}}}\frac{\partial P}{\partial t} + \alpha\frac{\partial \xi}{\partial t},$$

ersetzen $\frac{\partial \xi}{\partial t}$ entsprechend Gl. (13.208) durch $\frac{A}{L}$ und anschließend A und ξ mit Hilfe der Gl. (13.209) und (13.210). Es folgt dann die Relaxationsgleichung

$$\frac{L}{\gamma}\frac{\partial E}{\partial t} - E = \frac{L}{\gamma \chi_{\text{el}}}\frac{\partial P}{\partial t} + \left(\frac{\alpha^2}{\gamma} - \frac{1}{\chi_{\text{el}}}\right) P. \tag{13.211}$$

Für zeitabhängige Prozesse folgt aus ihr anstelle von Gl. (13.205)

$$\tilde{\chi}_{\text{el}}(\omega) = \frac{\omega^2 \tau_{\text{R}}^2 \chi_{\text{el}} - b}{1 + \omega^2 \tau_{\text{R}}^2} + \mathrm{i}\,\frac{\omega \tau_{\text{R}}(\chi_{\text{el}} + b)}{1 + \omega^2 \tau_{\text{R}}^2} \tag{13.212}$$

mit

$$\tau_{\text{R}} = \frac{L}{d^2 \chi_{\text{el}} - \gamma}, \qquad b = \frac{\gamma \chi_{\text{el}}}{\alpha^2 \chi_{\text{el}} - \gamma}.$$

Im Gegensatz zu Gl. (13.205) verschwindet jetzt für $\omega \to \infty$ Re $\tilde{\chi}_{\text{el}}(\omega)$ nicht, sondern es gilt $\lim_{\omega \to \infty}$ Re $\tilde{\chi}_{\text{el}}(\omega) = \chi_{\text{el}}$ und $\tilde{\chi}_{\text{el}}(0) = -b$.

Gleichungen der Art (13.211) oder (13.205) werden gelegentlich als dynamische Zustandsgleichungen bezeichnet. Sie entstehen durch eine Kombination von phänomenologischen, irreversibles Verhalten beschreibenden Gleichungen und von Zustandsgleichungen.

13.6.2 Mechanische dynamische Zustandsgleichungen

13.6.2.1 *Rheologische Körper*

Im Abschnitt 10.3 haben wir den mechanischen Zustand eines elastischen Körpers durch den elastischen Deformationstensor $\varepsilon_{\alpha\beta}$ und das Hookesche Gesetz als thermische Zustandsgleichung beschrieben. Für die zähe Flüssigkeit sind die analogen Größen der Tensor der Deformationsgeschwindigkeiten $V_{\alpha\beta}$ und das Newtonsche Reibungsgesetz. Viele Stoffe verhalten sich aber weder rein elastisch noch wie eine zähe Flüssigkeit. Sie müssen durch kompliziertere Materialgleichungen beschrieben werden. In diesem Abschnitt wollen wir solche Materialgleichungen, die auch rheologische Gleichungen genannt werden, mit den Methoden der irreversiblen Thermodynamik begründen. Zuvor wollen wir aber überblicksartig einige der wichtigsten rheologischen Gleichungen angeben, wobei wir uns auf isotrope Stoffe beschränken werden.

Wir beginnen mit dem elastischen Festkörper, der in diesem Zusammenhang auch Hookescher Körper H genannt wird.

$$H: \quad \tilde{\tau}_{\alpha\beta} = 2\mu\,\tilde{\varepsilon}_{\alpha\beta}, \tag{13.213}$$

$$\frac{1}{3}\tau_{\alpha\alpha} = -p = \kappa\,\varepsilon_{\alpha\alpha}. \tag{13.214}$$

Der Spannungstensor $\tau_{\alpha\beta}$ und der Deformationstensor $\varepsilon_{\alpha\beta}$ sind hier in einen spurfreien Anteil

$$\tilde{\tau}_{\alpha\beta} = \tau_{\alpha\beta} - \frac{1}{3}\tau_{\gamma\gamma}\,\delta_{\alpha\beta}$$

und in den Spuranteil

$$\frac{1}{3}\tau_{\gamma\gamma}\,\delta_{\alpha\beta} = -p\,\delta_{\alpha\beta}$$

gemäß

$$\tau_{\alpha\beta} = \tilde{\tau}_{\alpha\beta} + \frac{1}{3}\tau_{\gamma\gamma}\,\delta_{\alpha\beta} \tag{13.215}$$

zerlegt worden. Die Erfahrung zeigt, daß sich die meisten Stoffe bei Druckbelastungen entsprechend dem Hookeschen Gesetz (13.214) verhalten. Die ebenfalls vorhandene Volumenviskosität ist meist so klein, daß sie vernachlässigt werden kann. Die Gl. (13.214) gilt deshalb in guter Näherung für sehr viele Stoffe. Anders sieht die Reaktion der verschiedenen Stoffe auf Schubspannungsbelastungen $\tilde{\tau}_{\alpha\beta}$ aus. Ein einfaches Verhalten zeigt die zähe Flüssigkeit, die wir in diesem Zusammenhang als Newtonscher Körper N bezeichnen wollen.

$$N: \qquad \tilde{\tau}_{\alpha\beta} = 2\eta\,\dot{\tilde{\varepsilon}}_{\alpha\beta}. \tag{13.216}$$

$\dot{\varepsilon}_{\alpha\beta}$ ist im Rahmen der linearen Theorie, auf die wir uns hier beschränken wollen, wegen

$$\dot{\varepsilon}_{\alpha\beta} = \frac{\partial\varepsilon_{\alpha\beta}}{\partial t} = \frac{1}{2}\frac{\partial}{\partial t}\left(\frac{\partial s_{\alpha}}{\partial x_{\beta}} + \frac{\partial s_{\beta}}{\partial x_{\alpha}}\right) = \frac{1}{2}\left(\frac{\partial v_{\alpha}}{\partial x_{\beta}} + \frac{\partial v_{\beta}}{\partial x_{\alpha}}\right) = V_{\alpha\beta}$$

gleich dem Tensor der Deformationsgeschwindigkeiten.

Ein anschauliches Modell für den Hookeschen Körper liefert eine Feder (Abb. 13.18) und für den Newtonschen Körper ein Kolben in einer zähen Flüssigkeit (Abb. 13.19). Durch Addition der Deformationen des Hookeschen und des

Abb. 13.18 Elastische Feder als Modell für einen Hookeschen Körper

Abb. 13.19 Ein Kolben in einer zähen Flüssigkeit als Modell für einen Newtonschen Körper

Abb. 13.20 Modell eines Maxwellschen Körpers

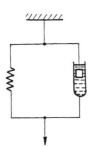

Abb. 13.21 Modell eines Kelvinschen Körpers

Newtonschen Körpers erhält man den Maxwellschen Körper M (Abb. 13.20), während die Addition der Spannungen zum Kelvinschen Körper K (Abb. 13.21) führt. Die dazugehörenden rheologischen Gleichungen sind

$$M = H - N : \quad \frac{1}{2\mu}\dot{\tilde{\tau}}_{\alpha\beta} + \frac{1}{2\eta}\tilde{\tau}_{\alpha\beta} = \dot{\tilde{\varepsilon}}_{\alpha\beta}, \tag{13.217}$$

$$K = H/N : \quad \tilde{\tau}_{\alpha\beta} = 2\mu\tilde{\varepsilon}_{\alpha\beta} + 2\eta\dot{\tilde{\varepsilon}}_{\alpha\beta}. \tag{13.218}$$

Ein weiterer Körper, mit dem in idealisierter Weise das plastische Fließen von Metallen beschrieben werden kann, ist der St. Venantsche Körper StV, der sich bei kleinen Spannungen nicht deformiert. Erst wenn die Spannung den Wert $\tilde{\tau}^{f}_{\alpha\beta}$ am Fließpunkt erreicht, beginnt das Material plastisch mit konstanter Deformationsgeschwindigkeit zu fließen, wobei die Spannung konstant bleibt (Abb. 13.22). Als Modell dient ein Gewicht, das auf einer ebenen Unterlage ruht. Zieht man an diesem Gewicht, so bleibt es wegen der Haftreibung solange in Ruhe, bis eine kritische Zugkraft erreicht wird. Dann bewegt sich das Gewicht mit konstanter Geschwindigkeit, ohne daß die Kraft weiter erhöht werden müßte. Das hier beschriebene plastische Verhalten kann allerdings im Rahmen der linearen phänomenologischen Ansätze nicht erfaßt werden. Dazu sind nichtlineare Erweiterungen nötig, auf die wir hier nicht eingehen können. Wir beschränken uns auf lineare viskoelastische Körper. Eine Reihe von ihnen haben wir in Tab. 13.4 zusammengestellt.

Abb. 13.22 Modell eines St. Venantschen Körpers

Tabelle 13.4: Die wichtigsten rheologischen Körper

Name	Symbol	Modell
Hooke-Körper	H	
Newton-Körper	N	
Maxwell-Körper	$M = N - H$	
Kelvin-Körper	$K = N/H$	
St. Venant-Körper	StV	
Lethersich-Körper	$L = N - K$	

Tabelle 13.4: Die wichtigsten rheologischen Körper (Fortsetzung)

Name	Symbol	Modell
Jeffreys-Körper	$J = N/M$	
Bingham-Körper	$B = H - (N/StV)$	
Pointing-Thomson-Körper	$PTh = H/M$	
Burgers-Körper	$Bu = M - K$	

13.6.2.2   Rheologische Gleichungen als dynamische Zustandsgleichungen

Zur Beschreibung des thermodynamischen Zustandes isotroper rheologischer Körper sind neben der Temperatur und dem Deformationstensor innere tensorielle Parameter $\mu_{\alpha\beta}$ erforderlich. Wir beschränken uns dabei auf den spurfreien Anteil $\tilde{\mu}_{\alpha\beta}$ von $\mu_{\alpha\beta}$. Die Gibbssche Fundamentalgleichung lautet dann

$$T\,\mathrm{d}\hat{s} = \mathrm{d}\hat{u} - \frac{1}{\varrho}\,\tau_{\alpha\beta}\,\mathrm{d}\varepsilon_{\alpha\beta} - \frac{1}{\varrho}\,\tilde{\psi}_{\alpha\beta}\,\mathrm{d}\tilde{\mu}_{\alpha\beta}. \tag{13.219}$$

Hier ist

$$\tau_{\alpha\beta} = \rho T\left(\frac{\partial\hat{s}}{\partial\varepsilon_{\alpha\beta}}\right)_{\hat{u},\tilde{\mu}_{\alpha\beta}} \tag{13.220}$$

der mechanische Spannungstensor, der auch in der Impulsbilanz und der Bilanz für die innere Energie auftritt und ϱ die als konstant angenommene Massendichte. Die dem inneren Parameter $\tilde{\mu}_{\alpha\beta}$ zugeordnete Größe $\tilde{\psi}_{\alpha\beta}$ ist durch

$$\tilde{\psi}_{\alpha\beta} = \rho T\left(\frac{\partial\hat{s}}{\partial\tilde{\mu}_{\alpha\beta}}\right)_{\hat{u},\varepsilon_{\alpha\beta}} \tag{13.221}$$

definiert. Die Gleichungen (13.220) und (13.221) sind die Zustandsgleichungen für unseren durch $\varepsilon_{\alpha\beta}$ und $\tilde{\mu}_{\alpha\beta}$ charakterisierten Körper. Für kleine Deformationen genügt es, sich auf die in $\varepsilon_{\alpha\beta}$ und $\tilde{\mu}_{\alpha\beta}$ linearen Terme der Zustandsgleichungen zu beschränken

$$
\begin{aligned}
\tilde{\tau}_{\alpha\beta} &= 2\mu\,\tilde{\varepsilon}_{\alpha\beta} + 2a\,\tilde{\mu}_{\alpha\beta}, \\
\tilde{\psi}_{\alpha\beta} &= 2a\,\tilde{\varepsilon}_{\alpha\beta} + 2b\,\tilde{\mu}_{\alpha\beta}, \\
\tau_{\alpha\alpha} &= 3K\,\varepsilon_{\alpha\alpha},
\end{aligned}
\tag{13.222}
$$

μ, a, b und K sind Materialkonstanten.

Zur Berechnung der Entropiebilanz ersetzen wir nun in der auf die Zeiteinheit bezogenen Gibbsschen Fundamentalgleichung (13.219) $\dfrac{\mathrm{d}\hat{u}}{\mathrm{d}t}$ mit Hilfe der Bilanzgleichung (2.37), wobei wir äußere Kräfte nicht berücksichtigen und die Näherungen $\dfrac{\mathrm{d}\varepsilon_{\alpha\beta}}{\mathrm{d}t} = \dfrac{\partial\varepsilon_{\alpha\beta}}{\partial t} = \dot{\varepsilon}_{\alpha\beta}$ sowie $\dfrac{\mathrm{d}\tilde{\mu}_{\alpha\beta}}{\mathrm{d}t} = \dfrac{\partial\tilde{\mu}_{\alpha\beta}}{\partial t} = \dot{\tilde{\mu}}_{\alpha\beta}$ benutzen. Es folgt dann

$$\varrho\,\frac{\mathrm{d}\hat{s}}{\mathrm{d}t} + \mathrm{div}\,\frac{\boldsymbol{Q}}{T} = -\boldsymbol{Q}\,\mathrm{grad}\,\frac{1}{T} + \underline{\tilde{\psi}} : \dot{\underline{\tilde{\mu}}}. \tag{13.223}$$

Im Rahmen der linearen Ansätze erhalten wir hier neben dem Wärmeleitungsgesetz die phänomenologische Gleichung

$$\tilde{\psi}_{\alpha\beta} = 2\eta\,\dot{\tilde{\mu}}_{\alpha\beta}. \tag{13.224}$$

Da wir ohne spezielle Modellannahmen über die physikalische Natur der inneren Parameter $\tilde{\mu}_{\alpha\beta}$ keine Aussage treffen können, wollen wir die $\tilde{\mu}_{\alpha\beta}$ aus den Gleichungen (13.222) und (13.224) eliminieren. Dazu ersetzen wir $\tilde{\psi}_{\alpha\beta}$ in Gl. (13.222) durch Gl. (13.224) und differenzieren die erste Gl. (13.222) nach der Zeit

$$2\eta\,\dot{\tilde{\mu}}_{\alpha\beta} = 2a\,\tilde{\varepsilon}_{\alpha\beta} + 2b\,\tilde{\mu}_{\alpha\beta},$$

$$\tilde{\tau}_{\alpha\beta} = 2\mu\,\tilde{\varepsilon}_{\alpha\beta} + 2a\,\tilde{\mu}_{\alpha\beta},$$

$$\dot{\tilde{\tau}}_{\alpha\beta} = 2\mu\,\dot{\tilde{\varepsilon}}_{\alpha\beta} + 2a\,\dot{\tilde{\mu}}_{\alpha\beta}.$$

Dieses lineare Gleichungssystem für die Unbekannten $\tilde{\mu}_{\alpha\beta}$, $\dot{\tilde{\mu}}_{\alpha\beta}$ und $\tilde{\tau}_{\alpha\beta}$ lösen wir nach $\tilde{\tau}_{\alpha\beta}$ auf und erhalten so die gesuchte rheologische Gleichung bzw. dynamische Zustandsgleichung

$$-b\,\tilde{\tau}_{\alpha\beta} + \eta\,\dot{\tilde{\tau}}_{\alpha\beta} = 2\,(a^2 - 2\mu b)\,\tilde{\varepsilon}_{\alpha\beta} + 2\mu\eta\,\dot{\tilde{\varepsilon}}_{\alpha\beta}. \tag{13.225}$$

Der durch diese Gleichung beschriebene rheologische Körper wird meist als linearer Standardkörper bezeichnet. Er ist mit dem Poynting-Thomson-Körper $PTh = H/M$ identisch. Kompliziertere rheologische Gleichungen mit höheren Zeitableitungen erhält man, wenn man mehr als einen inneren tensoriellen Parameter verwendet.

Die Gleichung (13.225) enthält als Spezialfälle auch den Kelvin- und den Maxwell-Körper. Für den Kelvin-Körper gilt die Gibbssche Fundamentalgleichung

$$T\,\mathrm{d}\hat{s} = \mathrm{d}\hat{u} - \frac{1}{\varrho}\,\tilde{\tau}_{\alpha\beta}^0\,\mathrm{d}\tilde{\varepsilon}_{\alpha\beta} - \frac{1}{3}\,\tau_{\alpha\alpha}^0\,\varepsilon_{\gamma\gamma}, \tag{13.226}$$

d.h. es ist $\tilde{\mu}_{\alpha\beta} = \tilde{\varepsilon}_{\alpha\beta}$ und $\tilde{\psi}_{\alpha\beta} = \tilde{\tau}_{\alpha\beta}^0 - \tilde{\tau}_{\alpha\beta}$ zu setzen. $\tau_{\alpha\beta}^0$ ist der Spannungstensor im thermodynamischen Gleichgewichtszustand. Durch Addition der Zustandsgleichung

$$\tilde{\tau}_{\alpha\beta}^0 = 2\mu\,\tilde{\varepsilon}_{\alpha\beta}$$

und der phänomenologischen Gleichung

$$\tilde{\tau}_{\alpha\beta} - \tilde{\tau}_{\alpha\beta}^0 = 2\eta\,\dot{\tilde{\varepsilon}}_{\alpha\beta}$$

ergibt sich dann die rheologische Gleichung des Kelvin-Körpers

$$\tilde{\tau}_{\alpha\beta} = 2\mu\,\tilde{\varepsilon}_{\alpha\beta} + 2\eta\,\dot{\tilde{\varepsilon}}_{\alpha\beta}.$$

Zum Maxwell-Körper gelangt man mit der Gibbsschen Fundamentalgleichung

$$T\,\mathrm{d}\hat{s} = \mathrm{d}\hat{u} - \frac{1}{\varrho}\,\tilde{\tau}_{\alpha\beta}\,\mathrm{d}\tilde{\varepsilon}_{\alpha\beta}^{\mathrm{el}} - \frac{1}{\varrho}\,\tau_{\alpha\alpha}\,\mathrm{d}\varepsilon_{\gamma\gamma}, \tag{13.227}$$

d.h., man muß jetzt $\tilde{\psi}_{\alpha\beta} = \tilde{\tau}_{\alpha\beta}$ und $\tilde{\mu}_{\alpha\beta} = \tilde{\varepsilon}_{\alpha\beta}^{\mathrm{in}}$ setzen. $\varepsilon_{\alpha\beta}^{\mathrm{in}}$ ist der inelastische und $\varepsilon_{\alpha\beta}^{\mathrm{el}}$ der elastische Anteil des Deformationstensors[20]

---

[20] $\varepsilon_{\alpha\beta}^{\mathrm{in}}$ und $\varepsilon_{\alpha\beta}^{\mathrm{el}}$ lassen sich nicht aus Verschiebungsfeldern ableiten. Nur für den Geamtdeformationstensor $\varepsilon_{\alpha\beta}$ gilt $\varepsilon_{\alpha\beta} = \frac{1}{2}\left(\dfrac{\partial s_\alpha}{\partial x_\beta} + \dfrac{\partial s_\beta}{\partial x_\alpha}\right)$.

$$\varepsilon_{\alpha\beta} = \varepsilon_{\alpha\beta}^{\text{in}} + \varepsilon_{\alpha\beta}^{\text{el}}. \tag{13.228}$$

Die Kombination der Zustandsgleichung $\tilde{\tau}_{\alpha\beta} = 2\mu\,\tilde{\varepsilon}_{\alpha\beta}^{\text{el}}$ und der phänomenologischen Gleichung $\tilde{\tau}_{\alpha\beta} = 2\eta\,\dot{\tilde{\varepsilon}}_{\alpha\beta}^{\text{in}}$ liefert jetzt unter Beachtung von Gl. (13.228) die rheologische Gleichung des Maxwell-Körpers

$$\frac{1}{2\eta}\,\tilde{\tau}_{\alpha\beta} + \frac{1}{2\mu}\,\dot{\tilde{\tau}}_{\alpha\beta} = \dot{\tilde{\varepsilon}}_{\alpha\beta}.$$

13.6.2.3 Schallausbreitung in rheologischen Körpern

Als Beispiel wollen wir die Ausbreitung einer ebenen Welle in einem Kelvin-Körper untersuchen. Die Welle soll sich mit der Kreisfrequenz ω in x_1-Richtung ausbreiten. Das Verschiebungsfeld lautet dann

$$s_\alpha = A_\alpha\, e^{\,i\,(\omega t - k x_1)}. \tag{13.229}$$

A_α ist die Amplitude, k die Wellenzahl. Der Ansatz (13.229) muß die Bewegungsgleichung

$$\varrho_0 \ddot{s}_\alpha = \frac{\partial \tau_{\alpha\beta}}{\partial x_\beta} \tag{13.230}$$

erfüllen. Gl. (13.230) ist die Impulsbilanz ohne Berücksichtigung äußerer Kräfte, die Dichte ϱ_0 sei konstant. Der Spannungstensor $\tau_{\alpha\beta}$ ist mit dem Deformationstensor $\varepsilon_{\alpha\beta} = \dfrac{1}{2}\left(\dfrac{\partial s_\alpha}{\partial x_\beta} + \dfrac{\partial s_\beta}{\partial x_\alpha}\right)$ über die rheologische Gleichung des Kelvin-Körpers verknüpft

$$\begin{aligned}
\tilde{\tau}_{\alpha\beta} &= 2\mu\,\tilde{\varepsilon}_{\alpha\beta} + 2\eta\,\dot{\tilde{\varepsilon}}_{\alpha\beta},\\
\tau_{\alpha\alpha} &= 3K\,\varepsilon_{\alpha\alpha}.
\end{aligned} \tag{13.231}$$

Setzen wir Gl. (13.231) in die Bewegungsgleichung (13.230) unter Berücksichtigung von $\tau_{\alpha\beta} = \tilde{\tau}_{\alpha\beta} + \frac{1}{3}\,\tau_{\gamma\gamma}\,\delta_{\alpha\beta}$ ein, so folgt

$$\begin{aligned}
\varrho_0\,\ddot{s}_\alpha = \frac{\partial}{\partial x_\beta}\Bigg\{ &2\mu\left(\varepsilon_{\alpha\beta} - \frac{1}{3}\,\varepsilon_{\gamma\gamma}\,\delta_{\alpha\beta}\right) + 2\eta\left(\dot{\varepsilon}_{\alpha\beta} - \frac{1}{3}\,\dot{\varepsilon}_{\gamma\gamma}\,\delta_{\alpha\beta}\right)\\
&+ 3K\,\varepsilon_{\gamma\gamma}\,\delta_{\alpha\beta}\Bigg\}.
\end{aligned} \tag{13.232}$$

In diese Gleichung gehen wir nun mit dem Wellenansatz (13.229) ein und erhalten im Fall einer longitudinalen Welle, d.h. die Amplitude A_α ist parallel zur Ausbreitungsrichtung

$$A_\alpha = (A_1, 0, 0),$$

unter Beachtung von $\varepsilon_{\alpha\beta} = \dfrac{1}{2}\left(\dfrac{\partial s_\alpha}{\partial x_\beta} + \dfrac{\partial s_\beta}{\partial x_\alpha}\right)$ die Gleichung

$$-\varrho_0\,\omega^2 A_1 = -\left[(2\mu + \lambda) + \frac{4}{3}\,\mathrm{i}\,\eta\omega\right]k^2 A_1.\tag{13.233}$$

Da die Amplitude A_1 nicht null werden soll, muß die Dispersionsbeziehung

$$k^2 = \frac{\varrho_0\,\omega^2}{2\mu + \lambda + \dfrac{4}{3}\,\mathrm{i}\,\eta\omega}\tag{13.234}$$

erfüllt sein. Daraus folgt mit $\tau = \dfrac{4}{3}\dfrac{\eta}{2\mu + \lambda}$ und $c_1^2 = \dfrac{2\mu + \lambda}{\varrho_0}$

$$k = \frac{\omega}{c_1}\frac{1}{\sqrt{1 + \tau^2\omega^2}}\left\{\sqrt{\frac{1}{2}\sqrt{1 + \tau^2\omega^2} + \frac{1}{2}} - \mathrm{i}\sqrt{\frac{1}{2}\sqrt{1 + \tau^2\omega^2} - \frac{1}{2}}\right\}$$

$$= k_\mathrm{r} - \mathrm{i}\,k_\mathrm{i}.\tag{13.235}$$

Die ebene Welle hat damit die Gestalt

$$s_1 = A_1\,\mathrm{e}^{-k_\mathrm{i}x_1}\,\mathrm{e}^{\mathrm{i}\,(\omega t - k_\mathrm{r}x_1)}.$$

Der Imaginärteil k_i von k beschreibt die Dämpfung der Welle. Sie geht mit ω gegen null und wächst für große ω proportional zu $\sqrt{\omega}$ an. Die Phasengeschwindigkeit $c = \dfrac{\omega}{k_\mathrm{r}}$ ist ebenfalls frequenzabhängig. Für $\omega \to 0$ geht sie gegen die Phasengeschwindigkeit c_1 der elastischen longitudinalen Welle, während sie sich für große ω dem Wert $\sqrt{2\tau\omega}\,c_1$ nähert.

Für transversale Wellen mit der Amplitude $A_\alpha = (0, A_2, 0)$ erhält man ganz analog

$$k^2 = \frac{\varrho_0\,\omega^2}{\mu + \mathrm{i}\,\omega\eta} = \frac{\omega^2}{c_\mathrm{tr}^2}\frac{1}{1 + \omega^2\tau^2}\,(1 - \mathrm{i}\,\tau\omega),\tag{13.236}$$

wobei jetzt $\tau = \dfrac{\eta}{\mu}$ und $c_\mathrm{tr}^2 = \dfrac{\mu}{\varrho_0}$ ist. c_tr ist die Phasengeschwindigkeit der elastischen transversalen Welle. Die Frequenzabhängigkeit der komplexen Wellenzahl k ist von der gleichen Struktur wie bei der longitudinalen Welle.

13.7   Grundlagen der thermischen Analyseverfahren

13.7.1   Thermoanalytische Verfahren

In vielen Gebieten der Physik und der physikalischen Chemie werden mit Erfolg dynamische Meßverfahren angewandt. Es handelt sich dabei um die Untersuchung von verschiedenartigen Prozessen unter genau definierten zeitlich veränderlichen äußeren Bedingungen. Bei den thermoanalytischen Verfahren ist es die Temperatur, deren zeitlicher Verlauf dem System von außen (z.B. durch Aufheizen der Probe in einem Ofen) aufgeprägt wird. Gemessen werden dabei die unterschiedlichsten Eigenschaften, z.B. der Stoffumsatz bei chemischen Reaktionen, Umwandlungswärmen, Wärmeleitungskoeffizienten, aber auch elektrische und optische Eigenschaften. Aus dem Verlauf der gemessenen Kurven wird dann auf die Werte und die Temperaturabhängigkeit der entsprechenden physikalischen Größen geschlossen. Die dazu benötigten theoretischen Grundlagen liefert die Thermodynamik irreversibler Prozesse, denn bei den thermoanalytischen Verfahren werden immer makroskopische, also thermodynamische Systeme untersucht, und die dabei auftretenden zeitlichen Änderungen liegen innerhalb des Gültigkeitsbereichs der irreversiblen Thermodynamik.

Bei den folgenden Beispielen werden wir uns auf eine lineare Temperatur-Zeit-Abhängigkeit

$$T(t) = T_0 + mt \tag{13.237}$$

beschränken. T_0 ist die Anfangstemperatur und m die Aufheizgeschwindigkeit. Wir erhalten so Differentialgleichungssysteme mit zeitabhängigen Koeffizienten. Bei der Lösung dieser Systeme ist man meist auf Näherungsverfahren angewiesen.

13.7.2 Chemische Reaktionen

13.7.2.1 Eine chemische Reaktion ohne Rückreaktion

Für die Vereinfachung der Rechnungen wollen wir folgende Voraussetzungen machen:

1. Die Probe sei räumlich homogen. In diesem Fall sind die Konzentrationen nur Funktionen der Zeit, und es tritt keine Diffusion auf. Wir beschränken uns damit auf Homogenreaktionen. Außerdem sei $V = $ const.
2. Die Wärmeleitfähigkeit der Probe sei so groß oder die Probe sei so klein, daß die Temperatur in der Probe räumlich als konstant angesehen werden kann und daß eine zeitliche Temperaturänderung in der Umgebung ohne Verzögerung in der ganzen Probe erfolgt.
3. Die bei der Reaktion freigesetzte bzw. verbrauchte Wärme wird von der Umgebung ohne Verzögerung aufgenommen bzw. abgegeben, so daß die Probe sich immer im thermischen Gleichgewicht mit der Umgebung befindet.

Unter diesen Voraussetzungen braucht die Wärmeleitung nicht berücksichtigt zu werden und die Temperatur in der Probe ist durch $T = T_0 + mt$ gegeben.

Der zeitliche Ablauf einer chemischen Homogenreaktion wird durch Gl. (13.173) beschrieben. Da die Rückreaktion vernachlässigt werden soll, muß $k^- = 0$ gesetzt werden. In der „Geschwindigkeitskonstanten" der Vorwärtsreaktion k^+ muß jetzt die Temperaturabhängigkeit berücksichtgt werden. Dies geschieht in der Form (13.164)

$$k^+ = \Lambda \exp\left\{ -\frac{\sum\limits_{i=1}^{M} \nu_i \, \mu_i^\nu(T)}{RT} \right\}.$$

Es ist üblich, mit

$$\sum_{i=1}^{M} \nu_i \, \mu_i^\nu(T) = \Delta g^+ = \Delta h^+ - T \, \Delta s^+$$

die „Geschwindigkeitskonstante" entsprechend

$$k^+ = \Lambda \, \mathrm{e}^{-\frac{\Delta h^+}{RT}} \, \mathrm{e}^{\frac{\Delta s^+}{R}} = k_0^+ \, \mathrm{e}^{-\frac{E^+}{RT}} \tag{13.238}$$

in Form eines Arrheniusansatzes darzustellen. Zur Aktivierungsenergie E^+ kann neben der molaren Reaktionsenthalpie der Vorwärtsreaktion Δh^+ noch der temperaturabhängige phänomenologische Koeffizient Λ beitragen. Die Aktivierungsentropie Δs^+ geht in den Präexponentialfaktor k_0^+ ein, dessen Temperaturabhängigkeit in unserem Beispiel vernachlässigt wird.

Die Berechnung der Reaktionslaufzahl $\check{\xi}$ erfolgt durch Integration der Gleichung (13.173)

$$\frac{\mathrm{d}\check{\xi}}{\mathrm{d}t} = k_0^+ \, \mathrm{e}^{-\frac{E^+}{RT(t)}} \prod_{i=1}^{M} (\overset{\circ}{\gamma}_i + \nu_i \check{\xi})^{-\nu_i}. \tag{13.239}$$

Mit der linearen Temperatur-Zeit-Beziehung $T = mt + T_0$ und $\mathrm{d}t = \frac{1}{m} \, \mathrm{d}T$ ergibt die Integration dieser Gleichung

$$\frac{k_0^+}{m} \int_{T_0}^{T} \mathrm{e}^{-\frac{E^+}{RT}} \, \mathrm{d}T = \int_{0}^{\check{\xi}} \frac{\mathrm{d}\check{\xi}}{\prod\limits_{i=1}^{M} (\overset{\circ}{\gamma}_i + \nu_i \check{\xi})^{-\nu_i}} = g_n(\check{\xi}). \tag{13.240}$$

Das hierbei auftretende Exponentialintegral

$$p(T) = \int_{0}^{T} \mathrm{e}^{-\frac{E^+}{RT}} \, \mathrm{d}T$$

kann durch die Beziehung

$$p(T) \approx \frac{RT^2}{E} \, \mathrm{e}^{-\frac{E^+}{RT}} \tag{13.241}$$

angenähert werden. Mit Hilfe von $p(T)$ läßt sich die linke Seite von (13.240) in der Form

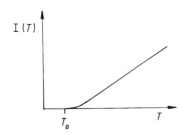

Abb. 13.23 Die Funktion $I(T)$

$$\frac{k_0^+}{m} \int_{T_0}^{T} e^{-\frac{E^+}{RT}} \, dT = I(T) = \frac{k_0^+}{m} \left[p(T) - p(T_0) \right] \qquad (13.242)$$

schreiben. Der qualitative Verlauf von $I(T)$ ist in Abb. 13.23 dargestellt. Die Funktion $g_n(\check{\xi})$ auf der rechten Seite von Gl. (13.240) hängt von der Reaktionsordnung $n = -\sum_{i=1}^{M} \nu_i$ und den molaren Anfangsdichten $\overset{\circ}{\gamma}_i$ ab. Sie lautet für Reaktionen erster Ordnung

$$g_1(\check{\xi}) = -\ln\left(1 - \frac{\check{\xi}}{\overset{\circ}{\gamma}_1}\right), \quad \nu_1 = -1, \qquad (13.243)$$

und für Reaktionen zweiter Ordnung

$$g_2^1(\check{\xi}) = \frac{1}{\overset{\circ}{\gamma}_1 - \overset{\circ}{\gamma}_2} \ln \frac{\left(1 - \frac{\check{\xi}}{\overset{\circ}{\gamma}_1}\right)}{\left(1 - \frac{\check{\xi}}{\overset{\circ}{\gamma}_2}\right)}, \quad \nu_1 = -1, \nu_2 = -1, \qquad (13.244)$$

bzw.

$$g_2^2(\check{\xi}) = \frac{\check{\xi}}{\overset{\circ}{\gamma}_1(\overset{\circ}{\gamma}_1 - 2\check{\xi})}, \quad \nu_1 = -2. \qquad (13.245)$$

Experimentell wird meist $\check{\xi}(T)$ bestimmt. Wir lösen deshalb Gl. (13.240) mit Hilfe der Beziehungen (13.243) bis (13.245) nach $\check{\xi}(T)$ auf und erhalten

$$\check{\xi} = \overset{\circ}{\gamma}_1 \left(1 - e^{-I(T)}\right), \quad \nu_1 = -1, \qquad (13.246)$$

$$\check{\xi} = \overset{\circ}{\gamma}_1 \overset{\circ}{\gamma}_2 \frac{1 - e^{(\gamma_1 - \gamma_2) I(T)}}{\left(\overset{\circ}{\gamma}_2 - \overset{\circ}{\gamma}_1 e^{(\gamma_1 - \gamma_2) I(T)}\right)}, \quad \nu_1 = \nu_2 = -1, \quad \overset{\circ}{\gamma}_1 \neq \overset{\circ}{\gamma}_2, \qquad (13.247)$$

$$\check{\xi} = \frac{\overset{\circ}{\gamma}_1^{\,2} I(T)}{1 + 2\overset{\circ}{\gamma}_1 I(T)}, \quad \nu_1 = -2. \qquad (13.248)$$

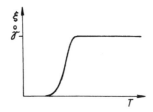

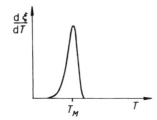

Abb. 13.24 Die Reaktionslaufzahl $\check{\xi}$ und $\dfrac{\mathrm{d}\check{\xi}}{\mathrm{d}T}$ als Funktion der Temperatur für eine Reaktion erster Ordnung

In Abb. 13.24 haben wir $\check{\xi}(T)$ und $\dfrac{\mathrm{d}\check{\xi}}{\mathrm{d}T}$ entsprechend Gl. (13.246) qualitativ dargestellt. Der Verlauf von $\check{\xi}(T)$ in den anderen Fällen ist ähnlich. Aus dem Maximalwert von $\dfrac{\mathrm{d}\check{\xi}}{\mathrm{d}T}$, der experimentell leicht zu bestimmen ist, kann der Wert der Aktivierungsenergie ermittelt werden.[21] Weitere Rückschlüsse, insbesondere auch auf die Reaktionsordnung, können aus der speziellen Gestalt der Kurve $\check{\xi}(T)$ gezogen werden.

13.7.2.2   Eine chemische Reaktion mit Rückreaktion

In manchen Fällen laufen die Reaktionen so ab, daß die Rückreaktion unbedingt berücksichtigt werden muß. In diesem Fall darf die „Geschwindigkeitskonstante" der Rückreaktion nicht Null gesetzt werden. In Analogie zu (13.239) setzen wir

$$k^- = k_0^-\, e^{-\frac{E^-}{RT}}. \tag{13.249}$$

Bei wieder vorausgesetzter linearer Aufheizung ist jetzt die Differentialgleichung (13.172)

$$m\frac{\mathrm{d}\check{\xi}}{\mathrm{d}T} = k_0^+\, e^{-\frac{E^+}{RT}} \prod_{i=1}^{M} (\overset{\circ}{\gamma}_i + \nu_i\check{\xi})^{-\nu_i} - k_0^-\, e^{-\frac{E^-}{RT}} \prod_{i=M+1}^{K} (\overset{\circ}{\gamma}_i - \nu_i\check{\xi})^{\nu_i} \tag{13.250}$$

zu lösen. Das gelingt analytisch nur in wenigen Fällen.[22] Am Beispiel der ein-

---

[21]   Siehe Aufgabe 13.9.4

[22]   Bei Reaktionen 2. Ordnung hat man es mit Ricattischen Differentialgleichungen, bei Reaktionen 3. Ordnung mit Abelschen Differentialgleichungen 1. Art zu tun.

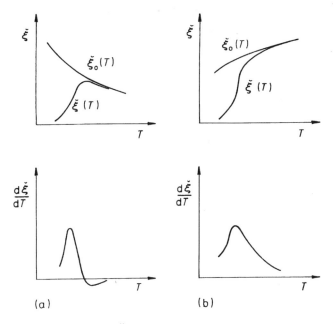

Abb. 13.25 $\breve{\xi}$ und $\dfrac{d\breve{\xi}}{dT}$ als Funktion der Temperatur für die Reaktion $A \rightleftharpoons B$. In a) nimmt $\breve{\xi}_{\mathrm{Gl}}(T)$ mit wachsender T ab, in b) hingegen zu.

fachen Reaktion

$$A \rightleftharpoons B$$

kann man aber das typische Verhalten des Reaktionsablaufs erkennen. In diesem Fall vereinfacht sich die Differentialgleichung (13.250) zu

$$m\,\frac{d\breve{\xi}}{dT} = k_0^+ \, e^{-\frac{E^+}{RT}}(\overset{\circ}{\gamma}_A + \breve{\xi}) - k_0^- \, e^{-\frac{E^-}{RT}}(\overset{\circ}{\gamma}_B - \breve{\xi}). \qquad (13.251)$$

Da es sich hier um eine inhomogene lineare Differentialgleichung handelt, können wir die Lösung sofort angeben:

$$\breve{\xi}(T) = \frac{1}{m} \, e^{-\frac{1}{m} J(T)} \int_{T_0}^{T} \left[\overset{\circ}{\gamma}_A k_0^+ \, e^{-\frac{E^+}{RT}} - \overset{\circ}{\gamma}_B k_0^- \, e^{-\frac{E^-}{RT}} \right] e^{\frac{1}{m} J(T)} \, dT,$$

$$(13.252)$$

mit

$$J(T) = \int_{T_0}^{T} \left[k_0^+ \, e^{-\frac{E^+}{RT}} + k_1^- \, e^{-\frac{E^-}{RT}} \right] dT. \qquad (13.253)$$

Die Reaktionslaufzahl nähert sich mit wachsender Zeit (und damit wachsender Temperatur) genau wie im isothermen Fall (Abschnitt 13.5.3) ihrem Gleichgewichtswert

$$\check{\xi}_{Gl}(T) = \frac{\overset{\circ}{\gamma}_B k_0^- \, e^{-E^-/RT} - \overset{\circ}{\gamma}_A \, e^{-E^+/RT}}{k_0^+ \, e^{-E^+/RT} + k_0^- \, e^{-E^-/RT}}. \tag{13.254}$$

Der Gleichgewichtswert, der aus (13.251) mit $\dfrac{d\check{\xi}}{dt} = m\dfrac{d\check{\xi}}{dT} = 0$ folgt, ändert sich jetzt mit der Temperatur, so daß sich für $\check{\xi}(T)$ die in Abb. 13.25 dargestellten Kurvenverläufe ergeben. Besonders interessant ist, daß im Falle eines mit wachsender Temperatur abnehmenden $\check{\xi}_{Gl}(T)$ die Ableitung $\dfrac{d\check{\xi}}{dT}$ auch negativ werden kann.

13.7.2.3 Gekoppelte chemische Reaktionen

Zur Bestimmung der molaren Dichten γ_i für gekoppelte Reaktionen sind die Gleichungen (13.183) zu lösen. Wir wollen im folgenden wieder Reaktionslaufzahlen verwenden, weshalb wir jeder der R Reaktionen analog zu Gl. (13.172) über

$$\gamma_i = \overset{\circ}{\gamma}_i + \sum_{r=1}^{R} \nu_{ir}\,\check{\xi}_r \tag{13.255}$$

eine Reaktionslaufzahl $\check{\xi}_r$ zuordnen. Die Gl. (13.183) lauten nun

$$\frac{d\check{\xi}_r}{dt} = k_r^+ \prod_{i=1}^{M}\left(\overset{\circ}{\gamma}_i + \sum_{s=1}^{R}\nu_{is}\check{\xi}_s\right)^{-\nu_{ir}} - k_r^- \prod_{i=M+1}^{K}\left(\overset{\circ}{\gamma}_i + \sum_{s=1}^{R}\nu_{is}\check{\xi}_s\right)^{\nu_{ir}}. \tag{13.256}$$

Welches der beiden Gleichungssysteme (13.183) oder (13.256) leichter zu integrieren ist, hängt davon ab, ob die Anzahl der Stoffkomponenten K größer oder kleiner als die Anzahl der unabhängigen Reaktionen R ist.

Wir nehmen jetzt wieder an, daß die Rückreaktionen vernachlässigt werden können, wir setzen also $k_r^- = 0$. Für die k_r^+ soll wieder der Arrheniusansatz gelten

$$k_r^+ = k_{0r}^+ \, e^{-\frac{E_r^+}{RT}}.$$

Als Beispiele betrachten wir zwei Konkurrenzreaktionen 1. Ordnung und zwei Folgereaktionen 1. Ordnung jeweils mit konstanter Aufheizgeschwindigkeit $T = mt + T_0$. Im ersteren Fall

$$A \to B_1$$
$$A \to B_2$$

sind die Gleichungen

$$m\frac{d\check{\xi}_1}{dT} = k_{01}^+ \, e^{-\frac{E_1^+}{RT}}\,(\overset{\circ}{\gamma}_A - \check{\xi}_1 - \check{\xi}_2),$$

$$m\frac{d\check{\xi}_2}{dT} = k_{02}^+ \, e^{-\frac{E_2^+}{RT}}\,(\overset{\circ}{\gamma}_A - \check{\xi}_1 - \check{\xi}_2) \tag{13.257}$$

zu lösen. Durch Addition beider Gleichungen folgt sofort

$$\check{\xi}_1 + \check{\xi}_2 = \overset{\circ}{\gamma}_A \left(1 - e^{-J(T)} \right), \tag{13.258}$$

mit

$$J(T) = \frac{1}{m} \int_{T_0}^{T} \left\{ k_{01}^+ \, e^{-\frac{E_1^+}{RT}} + k_{02}^+ \, e^{-\frac{E_2^+}{RT}} \right\} dT. \tag{13.259}$$

Setzt man nun $\check{\xi}_1 + \check{\xi}_2$ aus (13.258) in (13.257) ein, so erhält man für die Reaktionslaufzahlen

$$\check{\xi}_1(T) = \frac{\overset{\circ}{\gamma}_A}{m} \int_{T_0}^{T} k_{01}^+ \, e^{-\frac{E_1^+}{RT}} \, e^{-J(T)} \, dT,$$

$$\check{\xi}_2(T) = \frac{\overset{\circ}{\gamma}_A}{m} \int_{T_0}^{T} k_{02}^+ \, e^{-\frac{E_2^+}{RT}} \, e^{-J(T)} \, dT. \tag{13.260}$$

In unserem Beispiel sind wegen (13.255) die molaren Dichten γ_{B_1} und γ_{B_2} der Endstoffe gleich den Reaktionslaufzahlen $\check{\xi}_1$ und $\check{\xi}_2$. Wie das Verhältnis $\gamma_{B_1}/\gamma_{B_2}$ nach vollständigem Ablauf der beiden Reaktionen aussieht, hängt sehr stark von den Aktivierungsenergien E_1^+ und E_2^+ sowie den Präexponentialfaktoren k_{01}^+ und k_{02}^+ ab. Durch die Aufheizgeschwindigkeit ist dieses Verhältnis kaum zu beeinflussen. In Abb. 13.26 haben wir $\check{\xi}_1$ und $\check{\xi}_2$ für einige Werte von E_1^+, E_2^+, k_{01}^+ und k_{02}^+ dargestellt.

Wir kommen nun zum 2. Beispiel mit zwei Folgereaktionen erster Ordnung

$$A \rightarrow B$$
$$B \rightarrow C.$$

Die zu lösenden Gleichungen für die Reaktionslaufzahlen lauten

$$m \, \frac{d\check{\xi}_1}{dT} = k_{01}^+ \, e^{-\frac{E_1^+}{RT}} \, (\overset{\circ}{\gamma}_A - \check{\xi}_1),$$

$$m \, \frac{d\check{\xi}_2}{dT} = k_{02}^+ \, e^{-\frac{E_2^+}{RT}} \, (\overset{\circ}{\gamma}_B + \check{\xi}_1 - \check{\xi}_2). \tag{13.261}$$

Die erste Gleichung haben wir bereits mit Gl. (13.246) gelöst:

$$\check{\xi}_A = \overset{\circ}{\gamma}_A \left(1 - e^{-I_1(T)} \right). \tag{13.262}$$

Nun setzen wir $\check{\xi}_1$ in die zweite Gleichung (13.261) ein, erhalten dadurch eine inhomogene Differentialgleichung erster Ordnung für $\check{\xi}_2$, deren Lösung durch

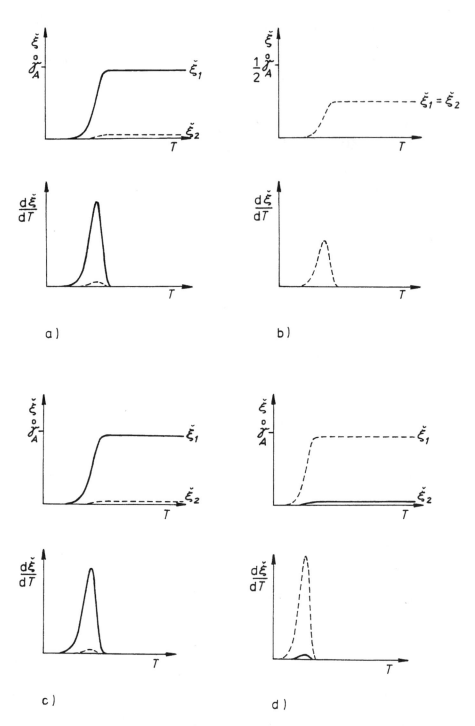

Abb. 13.26 Die Reaktionslaufzahlen zweier Konkurrenzreaktionen in Abhängigkeit von der Temperatur T.

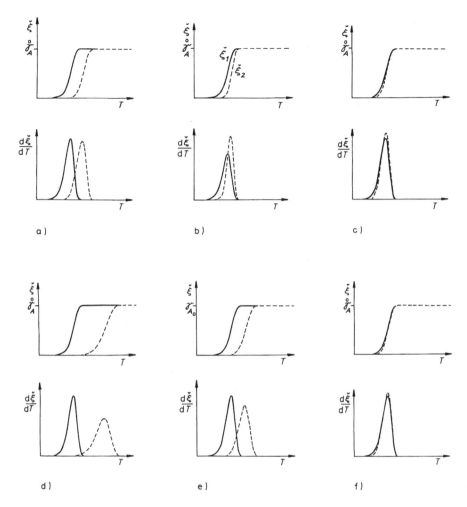

Abb. 13.27 Die Reaktionslaufzahlen zweier Folgereaktionen in Abhängigkeit von der Temperatur T ($\check{\xi}_1$ durchgezogene und $\check{\xi}_2$ gestrichelte Kurven)

$$\check{\xi}_2 = \frac{1}{m} \, e^{-I_2(T)} \int\limits_{T_0}^{T} k_{02}^+ \, e^{-\frac{E_2^+}{RT}} \left(\overset{\circ}{\check{\gamma}}_B + \check{\xi}_1(T) \right) e^{I_2(T)} \, dT, \tag{13.263}$$

mit

$$I_i(T) = \frac{k_{0i}^+}{m} \int\limits_{T_0}^{T} e^{-\frac{E_i^+}{RT}} \, dT, \; i = 1, 2$$

gegeben ist. In Abb. 13.27 sind $\check{\xi}_1$ und $\check{\xi}_2$ für einige Werte von E_1^+, E_2^+, k_{01}^+ und k_{02}^+ dargestellt.

Geht man von den Anfangsbedingungen $\gamma_A(T_0) = \overset{\circ}{\gamma}_A$, $\overset{\circ}{\gamma}_B = 0$ und $\overset{\circ}{\gamma}_C = 0$ aus, dann wird nach Ablauf der Reaktionen nur die Komponente C übrig sein. Wie groß zwischenzeitlich die molare Dichte γ_B wird, hängt wieder stark von $k_1^+(T)$ und $k_2^+(T)$ ab. Ist $k_1^+ > k_2^+$, dann wird γ_B relativ groß werden. Ist hingegen $k_1^+ < k_2^+$, dann wird γ_B sehr klein bleiben, da die Komponente B dann schneller zerfällt als sie gebildet wird.

13.7.3 Kalorische Effekte

13.7.3.1 Wärmeleitung

In diesem Abschnitt soll gezeigt werden, wie mit Hilfe thermoanalytischer Methoden die Temperaturleitfähigkeit λ einer Probe bestimmt werden kann. Dabei setzen wir konstante λ−Werte und ein lineares Aufheizprogramm $T = T_0 + mt$ voraus. Chemische Reaktionen sollen nicht ablaufen.

Gemessen wird häufig die Temperaturdifferenz zwischen der Probe, deren λ bestimmt werden soll und einer Vergleichsprobe mit bekanntem λ_V. Beide Proben sollen dabei die gleiche geometrische Gestalt haben und die Temperatur muß an der gleichen Stelle gemessen werden. Die gemessene Temperaturdifferenz ist dann proportional zu $\dfrac{1}{\lambda_V} - \dfrac{1}{\lambda}$, wie wir nun zeigen werden.

Zuerst berechnen wir das Temperaturfeld in der Probe, der wir der Einfachheit wegen eine kugelförmige Gestalt geben wollen. Dann ist folgendes Randwert- und Anfangswertproblem zu lösen

$$
\begin{aligned}
\frac{\partial T}{\partial t} &= \lambda\left(\frac{\partial^2 T}{\partial r^2} + \frac{2}{r}\frac{\partial T}{\partial r}\right), \\
T(r = R, t) &= mt + T_0, \\
T(r, t = 0) &= T_0.
\end{aligned}
\tag{13.264}
$$

Das heißt, die Kugeloberfläche wird entsprechend $T = mt + T_0$ aufgeheizt, und das Temperaturfeld hängt infolge der Kugelsymmetrie nur von der Koordinate r ab. Die Lösung des Problems (13.264) lautet:[23]

$$
T(r, t) = mt + T_0 - \frac{2mR^3}{\lambda\pi^3}\sum_{r=1}^{\infty}(-1)^{\nu+1}\frac{1}{\nu^3}\frac{1}{r}\sin\left(\frac{\nu\pi r}{R}\right)\left[1 - e^{-\lambda\left(\frac{\nu\pi}{R}\right)^2 t}\right].
\tag{13.265}
$$

Nach einer gewissen Einlaufzeit zu Beginn der Aufheizung stellt sich eine stationäre Temperaturdifferenz zwischen Probenrand und Probeninneren ein. Die Einlaufzeit ist von der Größenordnung $\tau = \dfrac{R^2}{\lambda\pi^2}$, ihr Wert liegt für $R = 0{,}5$ cm im

---

[23] Siehe Aufgabe 13.9.5.

Tabelle 13.5: Die Temperaturleitfähigkeit λ und die Einlaufzeit $\tau = \dfrac{R^2}{\lambda \pi^2}$ ($R = 0,5$ cm) für einige Stoffe

Stoff	Al	Cu	Pt	C (Diamant)	KaCl	Kalkspat	Quarzglas
$\lambda \left[\dfrac{\mathrm{cm}^2}{\mathrm{s}} \right]$	1,01	1,16	0,25	0,96	0,05	0,019	0,0083
$\tau \, [\, \mathrm{s} \,]$	0,03	0,02	0,10	0,03	0,51	1,33	3,05

Bereich von 10^{-2} s bis 10 s. In Tabelle 13.5 sind einige Zahlenwerte angegeben. Für Zeiten $t \gg \tau$ kann in Gl. (13.265) der Term $e^{-\lambda \left(\frac{\nu \pi}{R} \right)^2 t}$ gegen die Eins vernachlässigt werden. Das Temperaturfeld ist dann, da sich die trigonometrische Reihe aufsummieren läßt, gegeben durch

$$T(r,t) = mt + T_0 - \frac{m}{6\lambda} \left(R^2 - r^2 \right). \tag{13.266}$$

Es soll nun gezeigt werden, wie mit Hilfe der berechneten Temperaturverteilung die Temperaturleitfähigkeit λ der Probe bestimmt werden kann. Dazu wird die Temperaturdifferenz $\Theta = T - T_V$ zwischen der Probe und einer Vergleichssubstanz gemessen. Für diese Temperaturdifferenz, gleiche Geometrie (hier Kugel mit Radius R) und gleiche Meßstelle (hier Kugelmittelpunkt $r = 0$) von Probe und Vergleichssubstanz vorausgesetzt, erhält man mit Gl. (13.226)

$$\Theta = \left(\frac{1}{\lambda_V} - \frac{1}{\lambda} \right) \frac{mR^2}{6}, \tag{13.267}$$

d.h., bei konstanten λ_V und λ mißt man während der Aufheizung nach der Abklingzeit τ eine konstante Temperaturdifferenz Θ. Aus ihr kann ohne Eichung des Gerätes λ bestimmt werden.

Bei komplizierteren Probengeometrien und Randbedingungen hat die Lösung des Wärmeleitungsproblems eine zu (13.265) analoge Struktur

$$T(x_\alpha, t) = mt + T_0 + \frac{m}{\lambda} \sum_{\nu=1}^{\infty} A_\nu u_\nu(x_\alpha) \left(1 - e^{-\lambda \delta_\nu^2 t} \right). \tag{13.268}$$

Hier bedeuten δ_ν und $u_\nu(x_\alpha)$ die zur Probengeometrie und den Randbedingungen gehörenden Eigenwerte (δ_ν) und Eigenfunktionen (u_ν). Die A_ν sind Entwicklungskoeffizienten, die sich aus den Anfangsbedingungen ergeben. Da die Berechnung der $u_\nu(x)$ und die Auswertung der Reihen oft sehr aufwendig ist, behilft man sich in der Praxis meist so, daß man die entsprechende Apparatur mit Hilfe von Substanzen eicht, deren $\lambda-$Werte bekannt sind. Manchmal ist es auch möglich, die Summe in Gl. (13.268) näherungsweise auszuwerten, indem man nur die ersten Summanden berücksichtigt. Die Gleichungen (13.265) und (13.266) erlauben die

Tabelle 13.6: Prozentuale Fehler bei Berücksichtigung von nur N Summanden der Reihenentwicklung in Gl. (13.269)

N	1	2	3	4	5
rel. Fehler	21,5 %	8,8 %	4,7 %	2,9 %	1,7 %

Abschätzung des Fehlers, der dabei gemacht wird. Wir betrachten dazu die Temperatur im Kugelmittelpunkt. Aus Gl. (13.265) und (13.266) folgt dann

$$\frac{mR^2}{6\lambda} = \frac{2mR^2}{\pi^2\lambda} \sum_{\nu=1}^{\infty} (-1)^{\nu+1} \frac{1}{\nu^2} \approx \frac{2mR^2}{\pi^2\lambda} \sum_{\nu=1}^{N} (-1)^{\nu+1} \frac{1}{\nu^2}. \tag{13.269}$$

In Tabelle 13.6 sind die Fehler angegeben, die bei Berücksichtigung von nur wenigen Summanden in Gl. (13.269) entstehen.

Ist die Wärmeleitfähigkeit der Probe nicht mehr konstant, sondern eine Funktion der Temperatur, dann gilt immer noch in guter Näherung

$$\Theta(T) \sim \frac{1}{\lambda_V} - \frac{1}{\lambda(T)}, \tag{13.270}$$

vorausgesetzt, λ ändert sich bei Temperaturänderungen der Größenordnung $m\tau$ nur wenig. Da die Abklingzeit von der Größenordnung 1 bis 10 s ist, beträgt bei einer Aufheizgeschwindigkeit von $m = 6$ K/min der Wert von $m\tau$ ungefähr 1 K. λ darf sich also in diesem Fall bei einer Temperaturänderung von 1 K nur wenig ändern.

13.7.3.2   Wärmeleitung und innere Umwandlungen

In der zu untersuchenden Probe sollen innere Umwandlungen, z.B. Phasenumwandlungen oder chemische Reaktionen stattfinden. Bei Vernachlässigung von Konvektion ($v = 0$) und Diffusion ($J_k = 0$) sowie bei Beschränkung auf isobare Prozesse ($p = $ const) lauten die Energiebilanz, hier mit der spezifischen Enthalpie $\hat{h}$ geschrieben, und die Massebilanzen:

$$\varrho \frac{\partial \hat{h}}{\partial t} + \operatorname{div} Q = 0, \tag{13.271}$$

$$\frac{\partial \gamma_k}{\partial t} = \sum_{r=1}^{R} \nu_{kr}\, \omega_r. \tag{13.272}$$

Als kalorische Zustandsgleichung verwenden wir

$$\hat{h} = \hat{h}(T, p, \gamma_k),$$

bzw.

$$\mathrm{d}\hat{h} = c_p\,\mathrm{d}T + \sum_{k=1}^{N}\left(\frac{\partial\hat{h}}{\partial\gamma_k}\right)_{T,p}\mathrm{d}\gamma_k. \tag{13.273}$$

Der Einfachheit wegen wollen wir uns auf eine chemische Reaktion beschränken

$$\sum_{s=1}^{M}(-\nu_s)\,B_s \rightleftharpoons \sum_{s=M+1}^{N}\nu_s\,B_s + \Delta h. \tag{13.274}$$

Δh ist die molare Reaktionsenthalpie. Die Reaktionsgeschwindigkeit ω drücken wir wieder durch die Zeitableitung der Reaktionslaufzahl ξ aus

$$\omega = \frac{\partial\check{\xi}}{\partial t}. \tag{13.275}$$

Aus den Gleichungen (13.271) bis (13.273), (13.275) und $Q = -\kappa\,\mathrm{grad}\,T$ ergibt sich die Wärmeleitungsgleichung in der Form

$$\varrho\,c_p\frac{\partial T}{\partial t} - \kappa\,\Delta T = -\varrho\frac{\partial\check{\xi}}{\partial t}\sum_{s=1}^{N}\nu_s\frac{\partial\hat{h}}{\partial\gamma_s}. \tag{13.276}$$

Die rechte Seite dieser Gleichung enthält die bei der chemischen Reaktion pro Zeit und Volumeneinheit auftretende Wärmetönung

$$\Delta\check{h} = -\varrho\sum_{s=1}^{N}\nu_s\frac{\partial\hat{h}_\nu}{\partial\gamma_s}. \tag{13.277}$$

Die Wärmetönung $\Delta\check{h}$ kann mit Hilfe dynamischer thermischer Experimente ermittelt werden. Dazu muß die Gl. (13.276) integriert werden, wozu die Kenntnis von $\dfrac{\partial\check{\xi}}{\partial t}$ erforderlich ist. $\dfrac{\partial\check{\xi}}{\partial t}$ kann z.B. bei Vernachlässigung der Rückreaktion aus

$$\frac{\partial\check{\xi}}{\partial t} = k^+(T)\prod_{s=1}^{M}(\gamma_s{}^0 + \nu_s\xi)^{-\nu_s}$$

ermittelt werden (siehe Abschnitt 13.7.2). Damit lautet das zu integrierende Differentialgleichungssystem zusammen mit den Rand- und Anfangsbedingungen

$$\frac{\partial T}{\partial t} - \lambda\,\Delta T = -\frac{\Delta\check{h}}{\varrho c_p}\frac{\partial\check{\xi}}{\partial t}, \tag{13.278}$$

$$\frac{\partial\check{\xi}}{\partial t} = k^+(T)\prod_{s=1}^{M}(\gamma_0{}^s - \nu_s\check{\xi})^{-\nu_s}, \quad k^+(T) = k_0\,\mathrm{e}^{-\frac{E^+}{RT}}, \tag{13.279}$$

$$\check{\xi}(t=0) = 0, \quad T(x_\alpha, t=0) = T_0, \tag{13.280}$$

$$T|_{\mathrm{Rand}} = mt + T_0. \tag{13.281}$$

Eine strenge Integration dieser Gleichungen ist im allgemeinen nicht möglich. Wir ersetzen deshalb analog zum Vorgehen im Abschnitt 13.3.2 in erster Näherung in $k^+(T)$ das noch zu berechnende Temperaturfeld $T(x_\alpha, t)$ durch die von der Ofenheizung dem Probenrand aufgeprägte Temperatur $T = mt + T_0$. Dadurch werden die Gleichungen (13.278) und (13.279) entkoppelt. Es kann jetzt aus (13.279) $\check{\xi}(t)$ berechnet werden. Mit diesem $\check{\xi}(t)$ gehen wir in Gl. (13.278) ein und berechnen dann in erster Näherung $T(x_\alpha, t)$. Mit diesem T kann man wieder in $k^+(T)$ eingehen und ein genaueres $\check{\xi}(t)$ berechnen usw. Wir wollen uns hier auf die erste Näherung beschränken, d.h. wir benötigen die Lösung der Gl.(13.278), wobei $\dfrac{\partial \check{\xi}}{\partial t}$ als bekannt vorausgesetzt werden kann. Die Lösung kann mit dem von KNESCHKE[24] angegebenen Verfahren berechnet werden[25] und lautet für eine kugelförmige Probe mit dem Radius R :

$$T(x_\alpha, t) = mt + T_0 - 2 \sum_{\nu=1}^{\infty} (-1)^{\nu+1} \frac{R}{\nu \pi r} \sin \frac{\nu \pi r}{R}$$

$$\times \int_0^t \left[m + \frac{\Delta \check{h}}{\varrho c_p} \frac{\partial \check{\xi}(t')}{\partial t'} \right] e^{-\left(\frac{\nu\pi}{R}\right)^2 \lambda(t-t')} \, dt'. \tag{13.282}$$

Experimentell wird wieder die Temperaturdifferenz m zu einer Vergleichsprobe gleicher Geomentrie mit bekanntem λ_V gemessen, wobei in der Vergleichsprobe keine Umwandlungen stattfinden dürfen. Das heißt für die Vergleichsprobe gilt die Lösung (13.265), so daß sich für $\Theta = T - T_V$ folgende Beziehung ergibt[26]

$$\Theta = \left(\frac{1}{\lambda_V} - \frac{1}{\lambda} \right) \frac{2mR^2}{\pi^2} \sum_{\nu=1}^{\infty} (-1)^{\nu+1} \frac{1}{\nu^2} \frac{R}{\nu \pi r_0} \sin\left(\frac{\nu \pi r_0}{R} \right)$$

$$+ \frac{2\Delta \check{h}}{\varrho c_p} \sum_{s=1}^{\infty} (-1)^{\nu+1} \frac{R}{r \pi r_0} \sin \frac{\nu \pi r_0}{R} \int_0^t \frac{\partial \check{\xi}}{\partial t'} e^{-\lambda \left(\frac{\nu\pi}{R}\right)^2 (t-t')} \, dt'. \tag{12.283}$$

Der erste Term entspricht der in (13.267) berechneten Temperaturdifferenz Θ_0, aus der wieder λ bestimmt werden kann. Diese Temperaturdifferenz wird durch den zweiten Term überlagert, in welchem die Wärmetönung und über $\dfrac{\partial \check{\xi}}{\partial t}$ die Reaktionskinetik enthalten ist. Qualitativ ergibt sich das in Abb. 13.28 dargestellte Bild. Die schraffierte Fläche F in Abb. 13.28 kann entsprechend

---

[24]   Siehe Fußnote 5 Abschnitt 13.1.

[25]   Siehe Aufgabe 13.9.6.

[26]   Die Terme $e^{-\lambda\left(\frac{\nu\pi}{R}\right)^2 t}$ werden wieder gegen die Eins vernachlässigt.

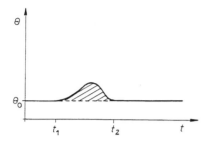

Abb. 13.28 Die Temperaturdifferenz zwischen Probe und Vergleichssubstanz als Funktion der Zeit. ΔF ist proportional zur Wärmetönung der in der Probe ablaufenden Reaktion.

$$F = \int_0^\infty [\Theta(t) - \Theta_0]\, dt$$

$$= \Delta \check{h} \left\{ \frac{2}{\varrho c_p} \sum_{\nu=1}^\infty (-1)^{\nu+1} \frac{R}{\nu\pi r_0} \sin\frac{\nu\pi r_0}{R} \right. \tag{13.284}$$

$$\left. \times \int_0^\infty \left\{ \int_0^t \frac{\partial\check{\xi}}{\partial t'}\, e^{-\lambda\left(\frac{\nu\pi}{R}\right)^2(t-t')}\, dt' \right\} dt \right\}$$

$$= K\,\Delta\check{h}$$

berechnet werden. F ist proportional zur Wärmetönung $\Delta\check{h}$, d.h., aus F kann $\Delta\check{h}$ ermittelt werden. Der Proportionalitätsfaktor K wird meist durch Eichung mit bekannten Substanzen und Reaktionen bestimmt, er kann aber auch nach Gl. (13.284) berechnet werden. Nach partieller Integration folgt aus (13.284) für K

$$K = \frac{2}{\varrho c_p} \left\{ \sum_{\nu=1}^\infty (-1)^{\nu+1} \frac{R}{\nu\pi r_0} \sin\frac{\nu\pi r_0}{R} \frac{1}{\lambda} \frac{R^2}{\nu^2\pi^2} \right\} \check{\xi}(t=\infty). \tag{13.285}$$

Wichtig an diesem Ergebnis ist, daß der Proportionalitätsfaktor K nicht von der Aufheizgeschwindigkeit und nicht von der speziellen Art der Umwandlung abhängt. Er ist proportional zu $\dfrac{1}{\varrho c_p \lambda} = \dfrac{1}{\kappa}$, dem Kehrwert der Wärmeleitfähigkeit der Probe κ und zum Endwert $\check{\xi}(\infty)$ der Reaktionslaufzahl. Über die Eigenfunktionen und Eigenwerte hängt der Proportionalitätsfaktor von der Geometrie der Probe und dem Ort ab, an dem die Temperatur gemessen wird. Aus der speziellen Form der Fläche und der Lage des Maximums der Kurve $\Theta(t)$ kann in ähnlicher Weise wie im Abschnitt 13.7.2.1 auf die Aktivierungsenergie und die Reaktionsordnung geschlossen werden.[27]

---

[27] Siehe HEMMINGER, W.F. und H.K. CAMMENGA, Methoden der Thermischen Analyse, Springer-Verlag, Berlin Heidelberg New York (1989) oder HEIDE, K. Dynamische thermische Analysemethoden, Dt. Verlag f. Grundstoffindustrie, Leipzig (1979).

13.8   Fragen

1. Wie lautet die Wärmeleitungsgleichung, und unter welchen Voraussetzungen gilt sie?
2. Welche Randbedingungen kann man bei Wärmeleitungsproblemen stellen?
3. Was versteht man unter Temperaturwellen, und wovon hängt ihre Eindringtiefe ab?
4. Wie ist die Greensche Funktion der Wärmeleitungsgleichung definiert, und welche Bedeutung hat sie?
5. Unter welchen Bedingungen wird die Diffusion durch eine Gleichung vom Typ der Wärmeleitungsgleichung beschrieben?
6. Wie lauten die Grundgleichungen der Thermodiffusion?
7. Welche Erscheinung beschreibt der Diffusionsthermoeffekt, und was versteht man unter Thermodiffusion?
8. Welche thermoelektrischen Effekte kennen Sie, und welche Erscheinungen werden durch sie beschrieben?
9. Beschreiben Sie den Aufbau und die Wirkungsweise eines Thermoelementes!

10. Unter welchen Bedingungen gelten für den Ablauf chemischer Reaktionen die linearen Ansätze?
11. Wie lauten für chemische Reaktionen die nichtlinearen Ansätze?
12. Welche Gleichungen gestatten, den zeitlichen Ablauf von chemischen Reaktionen zu berechnen?
13. Was versteht man unter Relaxationserscheinungen?
14. Was sind mechanische dynamische Zustandsgleichungen?
15. Was versteht man unter rheologischen Körpern? Nennen Sie Beispiele!
16. Wie kann man die Schallausbreitung in rheologischen Körpern beschreiben?
17. Was sind thermische Analyseverfahren?
18. Wie kann man bei konstanter Aufheizgeschwindigkeit aus der Temperaturdifferenz zwischen Probe und Vergleichssubstanz die Temperaturleitfähigkeit der Probe ermitteln?
19. Wie kann man mit thermischen Analyseverfahren die Wärmetönung chemischer Reaktionen bestimmen?

13.9   Aufgaben

1. Durch ein Rohr der Länge L strömt eine inkompressible Flüssigkeit mit konstanter Geschwindigkeit v von einem Behälter der Temperatur T_1 zu einem Behälter der Temperatur T_2 ($T_2 > T_1$). Wie groß muß die Strömungsgeschwindigkeit sein, damit kein Wärmestrom durch das Rohr fließt? Welche Temperaturverteilung liegt vor?
2. Man berechne die Reaktionslaufzahlen $\check{\xi}_1$ und $\check{\xi}_2$
   a) für die Konkurrenzreaktionen A → B_1 und A → B_2 und
   b) für die Parallelreaktionen A → B und B → C.

3. Man untersuche die Ausbreitung ebener Wellen in einem Maxwell-Körper.
4. Man zeige am Beispiel der Reaktion A → B, wie man mit Hilfe der Temperatur T_M des Maximums von $\dfrac{d\xi}{dT}$ die Aktivierungsenergie ermitteln kann.
5. Man löse die Wärmeleitungsgleichung

$$\frac{\partial T}{\partial t} = \lambda\left(\frac{\partial^2 T}{\partial r^2} + \frac{2}{r}\frac{\partial T}{\partial r}\right)$$

mit der Anfangsbedingung $T(r, t = 0) = T_0$ und der Randbedingung $T(r = R, t) = mt + T_0$ (Problem (13.264)).

6. Man löse die inhomogene Wärmeleitungsgleichung

$$\frac{\partial T}{\partial t} - \lambda \left(\frac{\partial^2 T}{\partial r^2} + \frac{2}{r} \frac{\partial T}{\partial r} \right) = Q(t)$$

mit der Anfangsbedingung
$T(r, t = 0) = T_0$ und der Randbedingung $T(r = R, t) = mt + T_0$ (siehe Abschnitt 13.7.3.2).

7. Ausgehend von K aus Gl. (13.284) beweise man die Beziehung (13.285).

14. Nichtlineare irreversible Thermodynamik

14.1 Einführende Bemerkungen

Die Aussage des zweiten Hauptsatzes, daß die Entropie im abgeschlossenen System so lange monoton wächst, bis sie im Zustand des thermodynamischen Gleichgewichtes ihren Maximalwert erreicht hat, könnte dazu verleiten (und hat dazu verleitet), im zweiten Hauptsatz ein Gesetz zu sehen, das von vornherein keinen Raum für die Entstehung und Stabilität von Ordnungszuständen (insbesondere auch im biologischen Bereich) läßt. Eine solche Interpretation des zweiten Hauptsatzes stützte sich auf die durch die statistische Thermodynamik nahegelegte Deutung der Entropie als Maß für die Unordnung, übersähe aber, daß Ordnungszustände, sofern sie mit Entropieproduktion verbunden sind (wie etwa biologische Strukturen), stets in *offenen* Systemen mit zeitlich mehr oder weniger stark fixierten Randbedingungen (unter konstanten Umwelteinflüssen) auftreten. Das Studium von Nichtgleichgewichtszuständen in offenen Systemen mit fixierten Randbedingungen ist deshalb zur Klärung der Frage, welche Beziehungen zwischen der Entropieerzeugung und der Strukturbildung bestehen, von prinzipieller Bedeutung. Dem trägt auch eine große Zahl von Untersuchungen an speziellen Systemen Rechnung. Die Grundlagen einer konsequent thermodynamischen Struktur- und Stabilitätstheorie, die viele dieser Einzeluntersuchungen unter einem einheitlichen Aspekt zusammenfaßt, wurden in Arbeiten von PRIGOGINE und GLANSDORFF geschaffen. Wir wollen einige ihrer Methoden und Resultate darstellen. Dabei können wir von den in den vorangegangenen Abschnitten entwickelten Grundlagen der phänomenologischen Thermodynamik ausgehen. Wir werden aber weitgehend auf die Benutzung der linearen Ansätze verzichten, um eine hinreichend große Allgemeinheit zu erzielen.

Da in den thermodynamischen Untersuchungen der beiden ersten Teile dieses Buches der Begriff der Struktur bzw. des Ordnungszustandes nicht benutzt wurde, erwartet man vielleicht an dieser Stelle eine umfassende Definition, die in thermodynamischen Begriffen das zum Ausdruck bringt, was man sich – mehr oder weniger scharf – unter besonders geordneten Zuständen oder Vorgängen vorstellt.

Der von PRIGOGINE und GLANSDORFF eingeschlagene Weg zur Charakterisierung von Strukturen in entropieproduzierenden (oder wie man auch sagt, in *dissipativen*) Systemen geht von einer weniger anschaulichen, dafür aber theoretischen

Untersuchungen und experimentellen Nachprüfungen gut zugänglichen charakteristischen Eigenschaft der Ordnungszustände aus. Es ist bekannt, daß die *Instabilität* der Zustände eines Systems bzw. der Zustandsänderungen gegenüber Störungen eine wesentliche Voraussetzung für das Auftreten neuartiger Strukturen ist. Wir wollen das am Beispiel des Bénard-Effektes erläutern. Eine ruhende Flüssigkeitsschicht befinde sich zwischen zwei horizontalen Begrenzungsflächen. Diese Begrenzungsflächen werden auf unterschiedliche Temperaturen gebracht. Man erwartet, daß sich in der ruhenden Flüssigkeit ein stationärer Wärmeleitvorgang ausbildet. Das ist bei bestimmten Begrenzungstemperaturen auch der Fall, der stationäre Zustand ist dann stabil. Bringt man aber die Grenzflächen auf bestimmte kritische Temperaturen, so wird der ruhende Zustand instabil, es bilden sich spontan Rollzellen aus, in denen die Flüssigkeit von der Grundfläche zur Deckfläche und wieder zurück strömt. Bei der Beobachtung senkrecht zu den Begrenzungsflächen erscheinen diese Rollzellen als regelmäßige, wabenförmig aneinander gereihte Sechsecke. Die Herausbildung dieses Effektes erfolgt unter dem Einfluß der Erdanziehungskraft.

Wir wollen, der Bezeichnungsweise von PRIGOGINE folgend, alle Zustände oder Zustandsänderungen, die vom Zustand des thermodynamischen Gleichgewichts durch eine Instabilität getrennt sind, als dissipative Strukturen bezeichnen, ob sie nun in besonderem Maße strukturiert erscheinen oder nicht.

Im folgenden werden wir zunächst das zeitliche Verhalten offener Systeme untersuchen und uns dann anschließend Stabilitätsuntersuchungen zuwenden. Zum Schluß werden wir an einfachen Modellsystemen auf mögliche Erscheinungen in Zuständen, die vom Gleichgewicht weit entfernt sind, eingehen.

14.2   Das zeitliche Verhalten offener Systeme

Im Abschnitt 7.4 hatten wir die Änderung der Entropie in 2. Ordnung berechnet. Bezogen auf die Masseneinheit lautet Gleichung (7.29)

$$
\begin{aligned}
\delta^2 \hat{s} &= \delta \frac{1}{T}\, \delta \hat{u} + \delta \frac{p}{T}\, \delta \hat{v} - \sum_{i=1}^{K} \delta \frac{\hat{\mu}_i}{T}\, \delta \hat{c}_i \\
&= -\left\{ \frac{\hat{c}_v}{T^2}\,(\delta T)^2 + \frac{1}{T\kappa \hat{v}}\,(\delta \hat{v})_{\hat{c}}^2 + \frac{1}{T} \sum_{i=1}^{K} \sum_{k=1}^{K} \left(\frac{\partial \hat{\mu}_i}{\partial \hat{c}_k} \right)_{T,p} \delta \hat{c}_i\, \delta \hat{c}_k \right\}.
\end{aligned}
\tag{14.1}
$$

Wir wollen nun die zunächst völlig beliebigen Änderungen der Zustandsvariablen in (14.1) als lokale zeitliche Änderungen auffassen und die Ersetzungen (δt Zeitdifferential)

$$
\delta \frac{1}{T} \to \left(\frac{\partial}{\partial t} \frac{1}{T} \right) \delta t, \quad \delta \hat{u} \to \left(\frac{\partial \hat{u}}{\partial t} \right) \delta t, \quad \delta \frac{p}{T} \to \left(\frac{\partial}{\partial t} \frac{p}{T} \right) \delta t \quad \text{usw.}
$$

vornehmen. Auf diese Weise erhalten wir aus (14.1):

$$
\left(\frac{\partial}{\partial t}\frac{1}{T}\right)\frac{\partial\hat{u}}{\partial t} + \left(\frac{\partial}{\partial t}\frac{p}{T}\right)\frac{\partial\hat{v}}{\partial t} - \sum_{i=1}^{K}\left(\frac{\partial}{\partial t}\frac{\hat{\mu}_i}{T}\right)\frac{\partial\hat{c}_i}{\partial t} \tag{14.2}
$$

$$
= -\frac{1}{T}\left[\frac{c_{\hat{v}}}{T}\left(\frac{\partial T}{\partial t}\right)^2 + \frac{1}{\hat{v}\kappa}\left(\frac{\partial\hat{v}}{\partial t}\right)^2_{\hat{c}} + \sum_{i=1}^{K}\sum_{k=1}^{K}\left(\frac{\partial\hat{\mu}_i}{\partial\hat{c}_k}\right)_{T,p,\hat{c}_l}\left(\frac{\partial\hat{c}_i}{\partial t}\right)\left(\frac{\partial\hat{c}_k}{\partial t}\right)\right].
$$

Dabei verwendeten wir die Abkürzung

$$
\left(\frac{\partial\hat{v}}{\partial t}\right)_{\hat{c}} \equiv \left(\frac{\partial\hat{v}}{\partial T}\right)_{p,\hat{c}}\frac{\partial T}{\partial t} + \left(\frac{\partial\hat{v}}{\partial p}\right)_{T,\hat{c}}\frac{\partial p}{\partial t}.
$$

Die Beziehung (14.2) kann man natürlich auch dadurch bestätigen, daß man die im Abschnitt 7.4 durchgeführten Überlegungen Schritt für Schritt unter Verwendung der partiellen Zeitableitung nachvollzieht. Um Fehlinterpretationen auszuschließen, soll hervorgehoben werden, daß der Ausdruck links vom Gleichheitszeichen in (14.2) nicht mit der zweiten zeitlichen Ableitung der spezifischen Entropie $(\partial^2\hat{s}/\partial t^2)$ identisch ist.

Die folgenden Überlegungen führen wir für Systeme ohne Konvektion ($\boldsymbol{v} = 0$) durch. In diesem Falle stimmen substantielle und lokale Zeitableitungen (2.20) überein, und das spezifische Volumen ist wegen (2.21) zeitlich konstant. Außerdem setzen wir zeitunabhängige äußere Kräfte voraus. Es soll also

$$
\boldsymbol{v} = 0, \qquad \frac{\mathrm{d}}{\mathrm{d}t} = \frac{\partial}{\partial t}, \qquad \frac{\partial\hat{v}}{\partial t} = 0 \quad \left(\frac{\partial\varrho}{\partial t} = 0\right), \qquad \frac{\partial\hat{f}_i}{\partial t} = 0 \tag{14.3}
$$

gelten.

Wir eliminieren die Zeitableitungen der extensiven Größen auf der linken Seite von (14.2) ($(\partial\hat{v}/\partial t) = 0$!) mit Hilfe ihrer Bilanzgleichungen (2.27) und (2.37), wobei wir (14.3) beachten. Es entsteht

$$
\frac{\partial}{\partial t}T^{-1}\left[-\mathrm{div}\,\boldsymbol{Q} + \sum_{i=1}^{K-1}(\hat{f}_i - \hat{f}_k)\boldsymbol{J}_i\right] + \sum_{i=1}^{K}\left(\frac{\partial\hat{\mu}_i T^{-1}}{\partial t}\right)\left[\mathrm{div}\,\boldsymbol{J}_i - \sum_{r=1}^{R}\nu_{ir}\omega_r M_i\right]
$$

$$
= -\frac{\varrho}{T}\left[\frac{\hat{c}_v}{T}\left(\frac{\partial T}{\partial t}\right)^2 + \frac{1}{\kappa\hat{v}}\left(\frac{\partial\hat{v}}{\partial t}\right)^2_{\hat{c}} + \sum_{i=1}^{K}\sum_{k=1}^{K}\left(\frac{\partial\hat{\mu}_i}{\partial\hat{c}_k}\right)_{T,p,\hat{c}_l}\left(\frac{\partial\hat{c}_i}{\partial t}\right)\left(\frac{\partial\hat{c}_k}{\partial t}\right)\right] \leq 0
$$

und bei Verwendung der Umformungen

$$
\left(\frac{\partial}{\partial t}T^{-1}\right)\mathrm{div}\,\boldsymbol{Q} = \mathrm{div}\left(\boldsymbol{Q}\frac{\partial}{\partial t}T^{-1}\right) - \boldsymbol{Q}\,\mathrm{grad}\,\frac{\partial}{\partial t}T^{-1},
$$

$$
\left(\frac{\partial}{\partial t}\hat{\mu}_i T^{-1}\right)\mathrm{div}\,\boldsymbol{J}_i = \mathrm{div}\left(\boldsymbol{J}_i\frac{\partial\hat{\mu}_i T^{-1}}{\partial t}\right) - \boldsymbol{J}_i\,\mathrm{grad}\left(\frac{\partial\hat{\mu}_i T^{-1}}{\partial t}\right),
$$

der Definition der Affinitäten $A_r = \sum_{i=1}^{K} M_i \hat{\mu}_i \nu_{ir}$ (12.3) und der Beziehungen $\sum_{i=1}^{K} \boldsymbol{J}_i = 0$ (2.28) und $(\partial \hat{f}_i / \partial t) = 0$ schließlich

$$-\frac{\varrho}{T}\left[\frac{\hat{c}_v}{T}\left(\frac{\partial T}{\partial t}\right)^2 + \frac{1}{\kappa \hat{v}}\left(\frac{\partial \hat{v}}{\partial t}\right)^2_{\hat{c}} + \sum_{i=1}^{K}\sum_{k=1}^{K}\left(\frac{\partial \hat{\mu}_i}{\partial \hat{c}_k}\right)_{T,p,\hat{c}_l}\left(\frac{\partial \hat{c}_i}{\partial t}\right)\left(\frac{\partial \hat{c}_k}{\partial t}\right)\right]$$

$$= -\mathrm{div}\left[\boldsymbol{Q}\,\frac{\partial T^{-1}}{\partial t} - \sum_{i=1}^{K}\boldsymbol{J}_i\,\frac{\partial \hat{\mu}_i T^{-1}}{\partial t}\right] + \boldsymbol{Q}\,\mathrm{grad}\,\frac{\partial}{\partial t}\,T^{-1} \qquad (14.4)$$

$$- \sum_{i=1}^{K-1}\boldsymbol{J}_i \cdot \left[\mathrm{grad}\,\frac{\partial}{\partial t}(\hat{\mu}_i T^{-1} - \hat{\mu}_K T^{-1}) - \frac{\partial}{\partial t}(\hat{f}_i T^{-1} - \hat{f}_K T^{-1})\right]$$

$$- \sum_{r=1}^{R}\omega_r\,\frac{\partial}{\partial t}\,\frac{A_r}{T} \le 0.$$

Wir wollen diesen Ausdruck über das Systemvolumen V integrieren. Dabei wird das Integral über die Divergenz mit Hilfe des Gaußschen Satzes in ein Oberflächenintegral umgeformt. Wir wollen die Randbedingungen so wählen, daß dieses Integral verschwindet:

$$\oint_{(V)}\left(\boldsymbol{Q}\,\frac{\partial T^{-1}}{\partial t} - \sum_{i=1}^{K}\boldsymbol{J}_i\,\frac{\partial \hat{\mu}_i T^{-1}}{\partial t}\right)\mathrm{d}\boldsymbol{f} = 0. \qquad (14.5)$$

Das ist beispielsweise der Fall, wenn auf der ganzen Systemoberfläche zeitlich konstante Werte der Temperatur und der chemischen Potentiale vorgeschrieben werden, die natürlich von Punkt zu Punkt verschieden sein können (zeitlich fixierte Randbedingungen):

$$\left.\frac{\partial T}{\partial t}\right|_{(V)} = 0, \quad \left.\frac{\partial \hat{\mu}_i}{\partial t}\right|_{(V)} = 0. \qquad (14.6)$$

Da in den Randbedingungen die Wechselwirkung des Systems mit der Umgebung zum Ausdruck kommt, charakterisieren die Randbedingungen (14.6) solche Systeme, die unter dem Einfluß einer zeitlich unveränderlichen Umgebung („Umwelt") stehen.

(14.5) gilt natürlich auch für abgeschlossene Systeme (verschwindende Normalkomponenten der Ströme durch die Oberfläche)

$$Q^n|_{(V)} = 0, \quad J_i{}^n|_{(V)} = 0, \qquad (14.7)$$

oder für stofflich abgeschlossene Systeme mit zeitlich fixierter Berandungstemperatur

$$J_i{}^n|_{(V)} = 0, \quad \left.\frac{\partial T}{\partial t}\right|_{(V)} = 0. \qquad (14.8)$$

Darüber hinaus können auf bestimmten Teilen der Oberfläche die Bedingungen (14.6), auf anderen Teilen die Bedingungen (14.7) oder (14.8) erfüllt sein.

Bei Voraussetzung von (14.5) liefert die Volumenintegration über (14.4) die wichtige Aussage

$$
\begin{aligned}
\int dV \Bigg\{ & \boldsymbol{Q} \operatorname{grad} \frac{\partial}{\partial t} T^{-1} - \sum_{i=1}^{K-1} \boldsymbol{J}_i \Bigg[\operatorname{grad} \frac{\partial}{\partial t} (\hat{\mu}_i T^{-1} \\
& -\hat{\mu}_K T^{-1}) - \frac{\partial}{\partial t} (\hat{\boldsymbol{f}}_i - \hat{\boldsymbol{f}}_K) T^{-1} \Bigg] - \sum_{r=1}^{R} \omega_r \frac{\partial}{\partial t} \frac{A_r}{T} \Bigg\} \\
= -\int \frac{\varrho}{T} \Bigg[& \frac{\hat{c}_v}{T} \left(\frac{\partial T}{\partial t} \right)^2 + \frac{1}{\kappa \hat{v}} \left(\frac{\partial \hat{v}}{\partial t} \right)^2_{\hat{c}} \\
& + \sum_{i=1}^{K} \sum_{k=1}^{K} \left(\frac{\partial \hat{\mu}_i}{\partial \hat{c}_k} \right)_{T,p} \left(\frac{\partial \hat{c}_i}{\partial t} \right) \left(\frac{\partial \hat{c}_l}{\partial t} \right) \Bigg] dV \le 0.
\end{aligned}
\tag{14.9}
$$

Das erste Integral in dieser Beziehung steht in engem Zusammenhang mit der Gesamtentropieproduktion P des Systems. Wir erhalten P durch Integration der Entropieproduktionsdichte (12.6) über das Systemvolumen V bei Beachtung von (14.3) zu

$$
P = \int_V \sigma \, dV = \int_V dV \Bigg\{ \boldsymbol{Q} \operatorname{grad} T^{-1} - \sum_{i=1}^{K-1} \boldsymbol{J}_i [\operatorname{grad} (\hat{\mu}_i T^{-1} - \hat{\mu}_K T^{-1}) \\
- (\hat{\boldsymbol{f}}_i - \hat{\boldsymbol{f}}_K) T^{-1}] - \sum_{r=1}^{R} \omega_r \frac{A_r}{T} \Bigg\}.
\tag{14.10}
$$

In der übersichtlichen Schreibweise (12.7), die die Symbole X_A für die generalisierten Kräfte und J_A für die generalisierten Ströme benutzt, ergibt sich für die Zeitableitung der Entropieproduktion (14.10)[1]

$$
\frac{dP}{dt} = \frac{d_X P}{dt} + \frac{d_J P}{dt},
\tag{14.11}
$$

wobei die Abkürzungen

$$
\frac{d_X P}{dt} \equiv \int_V dV \sum_A J_A \frac{\partial X_A}{\partial t},
\tag{14.12}
$$

---

[1] Da P als Volumenintegral nur noch von der Zeit abhängt, kann d/dt anstelle von $(\partial / \partial t)$ als Symbol für die Zeitableitung verwendet werden, ohne daß Verwechslungen mit der substantiellen Zeitableitung zu befürchten sind.

$$\frac{d_J P}{dt} \equiv \int_V dV \sum_A X_A \frac{\partial J_A}{\partial t} \tag{14.13}$$

verwendet wurden. In dieser Form lautet die Ungleichung (14.9)

$$\frac{d_X P}{dt} \equiv \int_V dV \left\{ Q \operatorname{grad} \frac{\partial}{\partial t} T^{-1} - \sum_{i=1}^{K-1} J_i \left[\operatorname{grad} \frac{\partial}{\partial t} (\hat{\mu}_i T^{-1} - \hat{\mu}_K T^{-1}) \right. \right.$$

$$\left. \left. - \frac{\partial}{\partial t} (\hat{f}_i T^{-1}) - \hat{f}_K T^{-1} \right] - \frac{1}{T} \sum_{r=1}^{R} \omega_r \frac{\partial}{\partial t} \frac{A_r}{T} \right\} \leq 0. \tag{14.14}$$

Diese Aussage wird nach GLANSDORFF und PRIGOGINE als *allgemeines Entwicklungskriterium* (im Sinne einer zeitlichen Entwicklung des Systemzustandes) bezeichnet. Es besagt, daß $d_X P / dt$ in den von uns betrachteten Systemen bei allen mit der Bedingung (14.5) verträglichen Zustandsänderungen negativ ist und gerade in einem stationären Zustand verschwindet. Die letzt Aussage folgt aus (14.9), wo das zweite Integral genau dann gleich Null wird, wenn

$$\frac{\partial T}{\partial t} = 0, \quad \frac{\partial p}{\partial t} = 0, \quad \frac{\partial \hat{c}_i}{\partial t} = 0 \tag{14.15}$$

gilt, wenn also Stationarität vorliegt.

Die Aussagen des Entwicklungskriteriums sind natürlich nicht nur auf offene Systeme, die unter dem Einfluß einer zeitlich unveränderten Umgebung stehen, anwendbar, sie gelten auch für abgeschlossene Systeme. Letztere besitzen als stationären Zustand nur den thermodynamischen Gleichgewichtszustand. Für Systeme mit Konvektion wurde von GLANSDORFF und PRIGOGINE ein erweitertes Entwicklungskriterium abgeleitet.

$d_X P$ in (14.12) und $d_J P$ in (14.13) sind im allgemeinen keine vollständigen Differentiale, so daß aus (14.14) nicht die Aussage abgeleitet werden kann, P sei eine monoton fallende Funktion. Im Gültigkeitsbereich der linearen Ansätze

$$J_A = \sum_B L_{AB} X_B \tag{14.16}$$

ist das aber möglich. Unter der Voraussetzung, daß die Zeitabhängigkeit der phänomenologischen Koeffizienten vernachlässigt werden kann,

$$\frac{\partial L_{AB}}{\partial t} = 0, \tag{14.17}$$

und bei Verwendung der Reziprozitätsbeziehungen

$$L_{AB} = L_{BA}$$

folgt aus Gleichung (14.13)

$$\frac{\mathrm{d}_J P}{\mathrm{d}t} = \int_V \mathrm{d}V \sum_A X_A \frac{\partial J_A}{\partial t} = \int_V \mathrm{d}V \sum_A \sum_B L_{AB} X_A \frac{\partial}{\partial t} X_B$$

$$= \int_V \mathrm{d}V \sum_A \sum_B L_{BA} X_A \frac{\partial}{\partial t} X_B = \int_V \mathrm{d}V \sum_B J_B \frac{\partial}{\partial t} X_B \qquad (14.18)$$

$$= \frac{\mathrm{d}_X P}{\mathrm{d}t}$$

und damit aus den Gleichungen (14.11) und (14.14)

$$\frac{\mathrm{d}P}{\mathrm{d}t} = 2 \frac{\mathrm{d}_X P}{\mathrm{d}t} \leq 0. \qquad (14.19)$$

Die Entropieproduktion P des Systems nimmt also monoton im Laufe der Zeit ab. Wegen $\sigma \geq 0$ ist aber P eine nichtnegative Größe,

$$P \geq 0, \qquad (14.20)$$

d.h., es existiert ein Minimum der Entropieproduktion P.

Wenn die Entropieproduktion nach endlicher oder unendlich langer Zeit dieses Minimum erreicht hat, kann sie nicht mehr weiter abnehmen, d.h., das Minimum wird durch die Beziehung

$$\frac{\mathrm{d}P}{\mathrm{d}t} = 2 \frac{\mathrm{d}_X P}{\mathrm{d}t} = 0$$

charakterisiert. Wegen (14.14) und (14.9) folgt daraus (14.15), dem Minimum entspricht also ein stationärer Zustand. Diese Aussagen faßt das Prinzip vom Minimum der Entropieproduktion zusammen.[2]

Wenn die Bedingungen (14.3) und (14.5) erfüllt sind, nimmt die Entropieproduktion im Gültigkeitsbereich der linearen Ansätze mit zeitlich konstanten phänomenologischen Koeffizienten so lange ab, bis sie in einem stationären Zustand ihren Minimalwert erreicht.

Es hängt von der Wahl der Randbedingungen und nicht der Anfangsbedingungen ab, *welchen* stationären Zustand das System als Endzustand seiner zeitlichen Entwicklung annimmt. Als spezieller stationärer Endzustand wird sich der Zustand des thermodynamischen Gleichgewichtes einstellen, wenn die Randbedingungen mit den Gleichgewichtsbedingungen verträglich sind.

Das Minimalprinzip der Entropieproduktion enthält die bemerkenswerte Aussage, daß die stationären Zustände im Gültigkeitsbereich der linearen Ansätze mit konstanten phänomenologischen Koeffizienten stabil sind: Wird ein stationärer

---

[2] PRIGOGINE, I.: Symposium on Thermodynamique. Brussels, Union of Physics, Unesco 1948, 87

Zustand bei unveränderten Randbedingungen durch einen äußeren Eingriff oder durch innere Schwankungen (Fluktuationen), die in Vielteilchensystemen spontan auftreten können, gestört, so strebt das System nach Beendigung der Störung gemäß (14.19) und (14.20) unter Abnahme der Entropieproduktion sofort wieder dem stationären Ausgangszustand zu.

Auch zeitabhängige Zustände sind im folgenden Sinne stabil: Ein System, dessen Zustand bei ungeänderten Randbedingungen gestört wird, strebt dem gleichen stationären Endzustand zu wie das ungestörte System; im stationären Endzustand ist die Störung also aufgehoben.

Diese Überlegungen machen deutlich, daß in Systemen ohne Konvektion, die unter dem Einfluß zeitunabhängier Kräfte stehen können (Voraussetzungen (14.3)), im Gültigkeitsbereich der linearen Ansätze mit konstanten phänomenologischen Koeffizienten (Voraussetzung (14.17)) keine Instabilitäten und damit keine neuartigen dissipativen Strukturen zu erwarten sind. Es erhebt sich hier die Frage, ob eine analoge Aussage auch über Systeme mit nichtkonstanten phänomenologischen Koeffizienten gemacht werden kann, zumal ja die phänomenologischen Koeffizienten in den von uns angegebenen Anwendungsbeispielen zur irreversiblen Thermodynamik im Kapitel 13 keine Konstanten im Sinne der eben angestellten Überlegungen sind. Beispielsweise hatten wir das Fouriersche Wärmeleitungsgesetz bei der Herleitung der Wärmeleitungsgleichung (13.1) in der Form

$$\boldsymbol{Q} = -\kappa \operatorname{grad} T, \quad \kappa = \text{const} \tag{14.21}$$

verwendet. In der Form (14.16) müßte es dagegen, wie ein Blick auf die Entropieproduktionsdichte (12.6) oder den linearen Ansatz (12.19) ($l \to L$) zeigt,

$$\boldsymbol{Q} = L \operatorname{grad} \frac{1}{T} \tag{14.22}$$

lauten. Der Vergleich beider Beziehungen ergibt

$$L = \kappa T^2,$$

d.h., der phänomenologische Koeffizient L ist nicht konstant. Trotzdem kann man nachweisen, daß ein System, in dem der durch (14.21) beschriebene Wärmeleitungsvorgang stattfindet, unter den bekannten Randbedingungen einem stationären Zustand zustrebt und damit im Sinne unserer Überlegungen stabil ist. Diese Aussage läßt sich für weitere Spezialfälle bestätigen.[3]

Angesichts dieser Situation bieten sich die folgenden zwei Systemklassen zur Untersuchung von Instabilitäten an:

---

[3] Beim Beweis geht man von der mit einer geeigneten positiven Funktion multiplizierten quadratischen Form (14.2) aus.

a) Systeme mit Konvektion im Gültigkeitsbereich der linearen Ansätze.
b) Systeme ohne Konvektion, die durch nichtlineare Ansätze beschrieben werden.

Tatsächlich lassen sich in beiden Fällen Beispiele für die Existenz von Instabilitäten anführen. Wir kommen darauf im nächsten Abschnitt zurück.

Da die Beschreibung dieser beiden Systemklassen durch nichtlineare Differentialgleichungen erfolgt, wurde die Bezeichnung „Nichtlineare irreversible Thermodynamik" als Überschrift für das Kapitel 14 gewählt.

14.3 Instabilitäten und dissipative Strukturen

14.3.1 Das Stabilitätskriterium

Wie wir schon zu Beginn dieses Kapitels hervorgehoben haben, ist das Auftreten von Instabilitäten erfahrungsgemäß eine Voraussetzung für die Herausbildung von Strukturen in dissipativen, d.h. entropieproduzierenden Systemen.

Wir benötigen für die weiteren Untersuchungen ein Kriterium, das anzeigt, unter welchen Bedingungen Instabilitäten auftreten können. Ein solches Kriterium wurde von GLANSDORFF und PRIGOGINE aufgestellt.[4] Wir wollen es nicht in voller Allgemeinheit herleiten, sondern beschränken unsere Untersuchungen wieder auf nichtkonvektive Systeme, die unter dem Einfluß konservativer äußerer Kräfte stehen können (Systemklasse b).

GLANSDORFF und PRIGOGINE gingen davon aus, daß die Änderung der spezifischen Entropie in zweiter Ordnung ein geeignetes Maß für die Störung der zeitlichen Entwicklung des Systemzustandes in *einem fixierten Raumpunkt* des Systems ist. Interpretiert man nämlich die in Gleichung (7.28) auftretenden differentiellen Änderungen der Zustandsvariablen $\delta \frac{1}{T}$, $\delta \hat{u}$, $\delta \frac{p}{T}$, δv usw. als Abweichungen der Zustandsvariablen vom ungestörten Zustand infolge einer äußeren Störung oder einer im Inneren spontan auftretenden Fluktuation, dann ist $\delta^2 \hat{s}$ als quadratische Form (14.1) so lange negativ, wie Auswirkungen der Störung vorhanden sind, und verschwindet genau dann, wenn die Abweichungen $\delta T, \delta p$ und $\delta \hat{c}_i$ einzeln verschwinden, wenn also die Störung abgeklungen ist (der Systemzustand im fixierten Raumpunkt wird ja gerade durch die in (14.1) verwendeten Zustandsvariablen T, p und $\hat{c}_i$ vollständig charakterisiert). $\delta^2 \hat{s}$ wird auch als *spezifische Exzeßentropie („Überschußentropie")* bezeichnet. Zur Formulierung eines Stabilitätskriteriums, das Auskunft über die Stabilität des *gesamten Systems* gibt, führen wir durch eine Integration über das Systemvolumen V die Exzeßentropie

---

[4] GLANSDORFF, P., und I. PRIGOGINE: Thermodynamic Theory of Structure, Stability and Fluctuations. Wiley-Interscience. London-New York-Sydney-Toronto 1971.

$$\delta^2 S \equiv \int\limits_V dV \, \varrho \delta^2 \hat{s} \tag{14.23}$$

als Maß für die Störung der zeitlichen Entwicklung des ganzen Systems ein. $\delta^2 S$ ist als Integral über die negativ-definite quadratische Form $\varrho \delta^2 \hat{s}$ selbst eine negative Größe, solange das System gestört ist,

$$\delta^2 S < 0, \tag{14.24}$$

und verschwindet genau dann, wenn $\delta^2 \hat{s}$ in allen Systempunkten zu null wird, d.h., wenn die Störungen überall im System abgeklungen sind. Im Prinzip ist $\delta^2 S$ als Integral über $\varrho \delta^2 \hat{s}$ nichts anderes als eine (unendliche) Summe von negativ-definiten quadratischen Formen, also selbst eine negativ-definite quadratische Form. Wir untersuchen im folgenden nur die Stabilität *stationärer Zustände*. Allgemeinere Überlegungen findet man in dem schon zitierten Buch von GLANSDORFF und PRIGOGINE.

Eine hinreichende Bedingung für die Stabilität eines stationären Zustandes liegt offenbar vor, wenn die Störung von einem bestimmten Zeitpunkt t_0 an monoton abklingt. Diese Konzeption kann mathematisch folgendermaßen formuliert werden:[5]

Ein stationärer Zustand eines Systems ist stabil, wenn die zugehörige negativ-definite Größe $\delta^2 S$ zu allen Zeitpunkten $t > t_0$ nach dem Auftreten der Störung eine monoton wachsende (d.h. monoton gegen Null strebende) Funktion der Zeit ist, wenn also

$$\frac{\partial}{\partial t} \delta^2 S \geq 0, \quad t > t_0 \tag{14.25}$$

gilt (vgl. Abb. 14.1). Das Gleichheitszeichen bezieht sich auf die Zeitpunkte nach dem Abklingen der Störung.

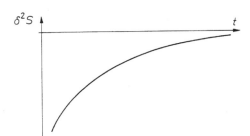

Abb. 14.1 Zur Erläuterung des Stabilitätskriteriums. $\delta^2 S$ als negative monoton-wachsende Funktion strebt gegen den Maximalwert $\delta^2 S = 0$.

---

[5]   Wir beschränken uns hier auf eine mehr anschauliche Definition der Stabilität. Die Beziehungen zur mathematischen Stabilitätstheorie (Ljapunov-Stabilität) wurden in dem Buch von GLANSDORFF und PRIGOGINE (1971) herausgearbeitet.

14.3.2   Die Bilanzgleichung der Exzeßentropie

Für die Exzeßentropie läßt sich eine Bilanzgleichung ableiten. Da der ungestörte Zustand ein stationärer Zustand sein soll, sind die Koeffizienten der quadratischen Form (7.27) zeitunabhängig.[6] Aus (7.27) folgt mit $\dfrac{\partial \hat{s}}{\partial \hat{u}} = T^{-1}$, $\dfrac{\partial \hat{s}}{\partial \hat{v}} = pT^{-1}$ und $(\partial \hat{s}/\partial \hat{c}_i) = -\hat{\mu}_i/T$ zunächst

$$\frac{1}{2} \frac{\partial}{\partial t} \delta^2 \hat{s} = \delta T^{-1} \frac{\partial}{\partial t} \delta \hat{u} + \delta \frac{p}{T} \frac{\partial}{\partial t} \delta \hat{v} - \sum_{i=1}^{K} \delta \left(\hat{\mu}_i T^{-1}\right) \frac{\partial}{\partial t} \delta \hat{c}_i. \tag{14.26}$$

Aus den Bilanzgleichungen für das spezifische Volumen (2.21), die innere Energie (2.37) und die Massen der einzelnen Stoffkomponenten (2.27) bekommt man Bilanzgleichungen für die Störungen dieser Zustandsvariablen. Bei Verwendung von (14.3) nehmen sie, wenn Störungen des mechanischen Gleichgewichtes ($\boldsymbol{v} = 0$) und der äußeren Kräfte außer acht gelassen werden ($\delta \boldsymbol{v} = 0$ und $\delta \hat{\boldsymbol{f}}_i = 0$), folgende Gestalt an:

$$\frac{\partial}{\partial t} \delta \hat{v} = 0, \tag{14.27}$$

$$\varrho \frac{\partial}{\partial t} \delta \hat{u} = - \operatorname{div} \delta \boldsymbol{Q} + \sum_{i=1}^{K-1} \delta \boldsymbol{J}_i \left(\hat{\boldsymbol{f}}_i - \hat{\boldsymbol{f}}_K\right), \tag{14.28}$$

$$\varrho \frac{\partial}{\partial t} \delta \hat{c}_i = - \operatorname{div} \delta \boldsymbol{J}_i + \sum_{r=1}^{R} \nu_{ir} \delta \omega_r M_i. \tag{14.29}$$

Dabei wurde benutzt, daß die Störungen $\delta \hat{u}, \delta \hat{v}$ und $\delta \hat{c}_i$ als Differenzbildungen aus den gestörten und ungestörten Zustandsgrößen stets mit partiellen Zeit- und Orts-ableitungen vertauschbar sind.

Ersetzen wir die Zeitableitungen in (14.26) durch (14.27) bis (14.29) und führen wir analoge Umformungen wie bei der Ableitung von (12.4) durch, so bekommen wir die Bilanzgleichung der Exzeßentropie

$$\frac{1}{2} \varrho \frac{\partial}{\partial t} \delta^2 \hat{s} = - \operatorname{div} \left[\delta \boldsymbol{Q}\, \delta \frac{1}{T} - \sum_{i=1}^{K} \delta \boldsymbol{J}_i \,\delta\!\left(\frac{\hat{\mu}_i}{T}\right)\right]$$

$$+ \delta \boldsymbol{Q}\, \delta\!\left(\operatorname{grad} \frac{1}{T}\right) - \sum_{i=1}^{K-1} \delta \boldsymbol{J}_i \,\delta\!\left[\operatorname{grad}\left(\frac{\hat{\mu}_i}{T} - \frac{\hat{\mu}_K}{T}\right)\right. \tag{14.30}$$

$$\left. - \frac{\hat{\boldsymbol{f}}_i - \hat{\boldsymbol{f}}_K}{T}\right] - \sum_{r=1}^{R} \delta \omega_r \,\delta\!\left(\frac{A_r}{T}\right).$$

---

[6] Wir beziehen uns hier wieder auf die spezifischen Größen und nicht wie in (7.27) auf das Gesamtsystem

Interessanterweise hat der Quellterm eine formale Ähnlichkeit mit der Entropieproduktionsdichte. Der Summe über die Produkte der generalisierten Ströme und Kräfte $\sum_A J_A X_A$ entspricht hier die Summe über die Produkte der *Änderungen* der generalisierten Ströme und Kräfte $\sum_A \delta J_A \, \delta X_A$.

Zur Ableitung einer Aussage darüber, in welcher konkreten physikalischen Situation das globale Stabilitätskriterium (14.25) erfüllt bzw. verletzt ist, integrieren wir die Bilanzgleichung (14.30) über das Systemvolumen V. Betrachten wir zunächst das Integral über die Divergenz. Mit Hilfe des Gaußschen Satzes wandeln wir es in ein Oberflächenintegral um. An dieser Stelle können wir Aussagen über die Randbedingungen berücksichtigen: Wir setzen voraus, daß die Randbedingungen durch Störungen nicht verändert werden (fixierte Randbedingungen).

Schreiben die Randbedingungen beispielsweise die Werte der Temperatur und der chemischen Potentiale auf der Systemoberfläche vor, so ist

$$\delta T|_{(V)} = 0, \tag{14.31}$$

$$\delta \hat{\mu}_i|_{(V)} = 0 \tag{14.32}$$

zu fordern. Bei vorgegebenen Normalkomponenten Q^n und $J_i^{\ n}$ der Ströme an der Systemberandung muß

$$\delta Q^n|_{(V)} = 0, \tag{14.33}$$

$$\delta J_i^{\ n}|_{(V)} = 0 \tag{14.34}$$

gelten. Bei Kombinationen dieser beiden Arten von Randbedingungen (etwa bei Vorgabe der Oberflächentemperatur und der Normalkomponenten der Diffusionsströme) müßte simultan (14.31) und (14.34) oder (14.32) und (14.33) vorausgesetzt werden.

In allen diesen Fällen verschwindet das betrachtete Integral,

$$
\begin{aligned}
&\int_V \mathrm{div} \left[\delta \boldsymbol{Q} \, \delta T^{-1} - \sum_{i=1}^{K} \delta \boldsymbol{J}_i \, \delta \left(\hat{\mu}_i T^{-1} \right) \right] \mathrm{d}V \\
&= \int_{(V)} \left[\delta \boldsymbol{Q} \, \delta T^{-1} - \sum_{i=1}^{K} \delta \boldsymbol{J}_i \, \delta \left(\hat{\mu}_i T^{-1} \right) \right] \mathrm{d}\boldsymbol{f} = 0,
\end{aligned}
\tag{14.35}
$$

so daß durch Integration der Gleichung (14.30) über das Systemvolumen V die Beziehung

$$
\frac{\partial}{\partial t} \int_V \varrho\, \delta^2 \hat{s}\, dV = 2 \int_V \Biggl\{ \delta \boldsymbol{Q}\, \delta \left(\mathrm{grad}\ \frac{1}{T} \right)
$$

$$
- \sum_{i=1}^{K-1} \delta \boldsymbol{J}_i\, \delta \left[\mathrm{grad}\ \frac{\hat{\mu}_i - \hat{\mu}_K}{T} - \frac{\hat{f}_i - \hat{f}_K}{T} \right]
$$

$$
- \sum_{i=1}^{R} \delta \omega_r\, \delta \left(\frac{A_r}{T} \right) \Biggr\}\, dV \tag{14.36}
$$

$$
\equiv 2 \int_V \sum_A \delta J_A\, \delta X_A\, dV
$$

entsteht. Hierbei wurde von $(\partial \varrho / \partial t) = 0$ (14.3) Gebrauch gemacht. Mit Gleichung (14.36) ist es uns gelungen, die zeitliche Änderung der Exzeßentropie durch die Exzeßentropieproduktion $2 \int \sum_A \delta_A \boldsymbol{J}\, \delta X_A\, dV$ auszudrücken. Das globale Stabilitätskriterium (14.25) für offene Systeme mit fixierten Randbedingungen nimmt daher die Gestalt

$$
\int \Biggl\{ \delta \boldsymbol{Q}\, \delta \left(\mathrm{grad}\ \frac{1}{T} \right) - \sum_{i=1}^{K-1} \delta \boldsymbol{J}_i\, \delta \left[\mathrm{grad} \left(\frac{\hat{\mu}_i - \hat{\mu}_K}{T} \right) - \frac{\hat{f}_i - \hat{f}_K}{T} \right]
$$

$$
- \sum_{r=1}^{R} \delta \omega_r\, \delta \left(\frac{A_r}{T} \right) \Biggr\}\, dV \equiv \int dV \sum_A \delta J_A\, \delta X_A \geq 0, \quad t > t_0 \tag{14.37}
$$

an, d.h., stationäre Zustände sind stabil, wenn die Exzeßentropieproduktion bis zum Abklingen der Störung positiv ist. Wenn diese hinreichende Bedingung für Stabilität in einem *Zeitintervall* nach Auftreten der Störung verletzt ist, müssen nicht unbedingt Instabilitäten auftreten. (Es wäre beispielsweise denkbar, daß die gestörten Zustandsvariablen gedämpfte Oszillationen um ihre ungestörten Werte ausführen, wobei die Exzeßentropieproduktion ihr Vorzeichen wechselt.) Ist dagegen die Exzeßentropieproduktion für *alle* Zeiten $t > t_0$ negativ, so liegt eine hinreichende Bedingung für Instabilität vor.

Bei der Verallgemeinerung des Stabilitätskriteriums auf konvektive Systeme, in denen Störungen des Geschwindigkeitsfeldes auftreten können, geht die einfache Struktur der Exzeßentropieproduktion verloren.[7] Das verallgemeinerte Stabilitätskriterium enthält dann auch hydrodynamische Stabilitätsaussagen, die schon vor der Entwicklung der thermodynamischen Stabilitätstheorie bekannt waren.[8]

In Anwendung von (14.37) überprüfen wir die Stabilität von stationären Systemzuständen im Bereich der linearen Ansätze

$$
J_A = \sum_B L_{AB} X_B. \tag{14.38}
$$

---

[7]   Siehe Fußnote Nr. 4 auf Seite 378.

[8]   Vergleiche dazu CHANDRASEKHAR, S.: Hydrodynamic and Hydromagnetic Stability. Clarendon Press, Oxford 1961

Bei konstanten phänomenologischen Koeffizienten L_{AB} folgt wegen

$$\delta J_A = \sum_B L_{AB}\,\delta X_B \tag{14.39}$$

für die Exzeßentropieproduktion

$$\int_V dV \sum_A \delta J_A\,\delta X_A = \int_V dV \sum_{A,B} L_{AB}\,\delta X_A\,\delta X_B. \tag{14.40}$$

Dieser Ausdruck ist außerhalb des thermodynamischen Gleichgewichtes stets positiv, da die quadratische Form im Integranden dieselben Koeffizienten L_{AB} wie die positiv-definite Entropieproduktionsdichte (12.10) hat (die Definitheit einer quadratischen Form hängt nur von den Eigenschaften der Koeffizienten und nicht der Variablen ab). Das Stabilitätskriterium (14.37) ist somit erfüllt. Im Bereich der linearen Ansätze (14.16) mit konstanten Koeffizienten können in den von uns betrachteten dissipativen Systemen keine instabilen stationären Zustände auftreten. Dieses Ergebnis deckt sich mit der Stabilitätsaussage, die im Anschluß an das Prinzip der minimalen Entropieproduktion (14.19) gemacht wurde. Für nichtkonstante phänomenologische Koeffizienten wurde in einigen Spezialfällen (z.B. (14.21)) ebenfalls die Stabilität der stationären Zustände nachgewiesen.

14.3.3   Dissipative Strukturen

Ganz besonders interessant ist natürlich die Untersuchung von physikalischen Situationen, die mit dem Auftreten von Instabilitäten verbunden sind. Dabei verdienen im Hinblick auf biophysikalische und biochemische Prozesse, wie etwa Stoffwechselvorgänge, Systeme mit chemischen Reaktionen große Aufmerksamkeit.

Wenn chemische Reaktionen in homogenen Medien bei konstanter Temperatur und konstantem Volumen ablaufen, sind die Integranden in (14.36) räumlich konstant, so daß das Stabilitätskriterium nach Ausführung der Integrationen die einfache Form

$$\frac{\partial}{\partial t}\left(\varrho\,\delta^2 \hat{s}\right) = -2 \sum_{r=1}^R \frac{\delta\omega_r\,\delta A_r}{T} \geq 0, \quad t > t_0 \tag{14.41}$$

annimmt.

Wir wollen an Hand dieses Kriteriums überprüfen, ob die autokatalytische Modellreaktion

$$A_1 + A_2 \to 2A_1,$$

wenn sie zusammen mit anderen Reaktionen in einem stationären chemischen Umwandlungsprozeß abläuft, zu Instabilitäten führen kann.

Affinität und Reaktionsgeschwindigkeit haben wegen (13.151), (13.161) und (13.163) die Gestalt

$$A = -\mu_1 - \mu_2 + 2\mu_1 = -RT \ln \frac{\gamma_1 \gamma_2}{\gamma_1^2} - \left(\mu_1{}^V(T) + \mu_2{}^V(T) - 2\mu_3{}^V(T) \right)$$

$$\omega = k^+ \gamma_1 \gamma_2 - k^- \gamma_1^2. \tag{14.42}$$

Unter geeignet gewählten Reaktionsbedingungen kann die Rückreaktion vernachlässigt werden ($k^- = 0$), das System befindet sich dann weitab vom thermodynamischen Gleichgewicht. Die betrachtete Reaktion liefert dann folgenden Beitrag zur Dichte der Exzeßentropieproduktion:

$$\frac{-2\delta\omega\,\delta A}{T} = 2Rk^+ \gamma_1 \gamma_2 \left\{ \left(\frac{\delta\gamma_2}{\gamma_2} \right)^2 - \left(\frac{\delta\gamma_1}{\gamma_1} \right)^2 \right\}. \tag{14.43}$$

Wenn der zweite Term in der geschweiften Klammer die positiven Terme in der Exzeßentropieproduktion überwiegt, ist das Stabilitätskriterium (14.41) verletzt, so daß die *Möglichkeit* für das Auftreten von Instabilitäten besteht. Tatsächlich zeigen mathematische Untersuchungen an speziell gewählten Reaktionsgleichungen, daß autokatalytische Reaktionen, die gleichzeitig mit anderen Reaktionen ablaufen, zu Instabilitäten und zur Ausbildung dissipativer Strukturen führen.

Durch Zusammenfassung der bisher dargestellten – teilweise auch nur angedeuteten – Überlegungen zur Stabilitätstheorie gelangt man zu folgenden Vorstellungen über das Verhalten offener Systeme mit vorgegebenen Randbedingungen:

Entfernt man ein System durch stetige Abänderung der Randbedingungen aus seinem thermodynamischen Gleichgewichtszustand (den wir auf Grund der Überlegungen im Kapitel 7 stets als stabilen Zustand vorauszusetzen haben), so bleibt es bei verschwindender Konvektion ($v = 0$) im Gültigkeitsbereich der linearen Ansätze in allen möglichen stationären Zuständen stabil. Durch weitere Abänderung der Randbedingungen kann man schließlich Zustände weitab vom Gleichgewicht erreichen, wo entweder Konvektion auftritt oder irreversible Prozesse ablaufen, die nicht mehr durch lineare Ansätze beschrieben werden können. In diesem Bereich sind Instabilitäten möglich. Zustände und Zustandsänderungen, die durch Instabilitäten von dem Bereich getrennt sind, der das thermodynamische Gleichgewicht einschließt, werden als *dissipative Strukturen* bezeichnet. Sie zeigen ein qualitativ neues Verhalten gegenüber Zuständen und Zustandsänderungen in Gleichgewichtsnähe. Mathematisch findet dies seinen Ausdruck darin, daß die dissipativen Strukturen und das räumliche und zeitliche Verhalten in Gleichgewichtsnähe durch verschiedene Lösungszweige derselben Differentialgleichungen beschrieben werden. Der Lösungszweig, der die Gleichgewichtsnähe charakterisiert und das thermodynamische Gleichgewicht enthält, wird auch als *thermodynamischer Zweig* bezeichnet. Das Stabilitätskriterium (14.37) und seine Verallgemeinerung auf Syteme mit Konvektion zeigen an, unter welchen Bedingungen Instabilitäten und damit dissipative Strukturen auftreten können.

Dies ist nur der erste Schritt zur Untersuchung dissipativer Strukturen. Genauere Aussagen darüber, ob dissipative Strukturen im konkreten System auch wirklich auftreten und welche Eigenschaften sie haben, setzen die Untersuchung der das System beschreibenden Differentialgleichungen voraus.

Solche Untersuchungen werden in *konvektiven Systemen* mit Hilfe der Navier-Stokes-Gleichungen und der anderen, aus den Bilanzgleichungen hervorgegebenden Differentialgleichungen mit konvektiven Gliedern durchgeführt. Wichtige, schon vor der Entwicklung der thermodynamischen Stabilitätstheorie bekannte und theoretisch untersuchte dissipative Strukturen in Sytemen mit Konvektion sind das Bénard-Problem und der turbulente Zustand,[9] der durch eine Instabilität vom laminaren Zustand getrennt ist.

In den beiden nächsten Abschnitten werden wir die Stabilitätsgrenze zwischen dem laminaren und dem turbulenten Zustand sowie für das Bénard-Problem berechnen.

In den Gleichungen der Reaktionskinetik verfügt man über *nichtlineare Ansätze* zur Beschreibung chemischer Reaktionen. Gerade auf diesem Gebiet sind an Hand verschiedener Modellreaktionen zahlreiche Untersuchungen mit und ohne Berücksichtigung der Diffusion durchgeführt worden. Als dissipative Strukturen findet man hier räumliche Inhomogenitäten der Konzentrationen und periodische Konzentrationsänderungen, die auch als *chemische Schwingungen* bekannt sind. Eine wichtige Rolle spielen dabei autokatalytische Reaktionen. Bekannt und einfach zu realisieren ist die Shabotinski-Reaktion,[10] bei der sich unter Anwesenheit weiterer Reaktionspartner Ce^{3+}- und Ce^{4+}-Ionen periodisch ineinander umwandeln (chemische Schwingung), was durch einen Indikator (Ferroinlösung) als wechselnde Rot(Ce^{3+}-Überschuß)-Blau(Ce^{4+}-Überschuß)-Färbung sichtbar gemacht werden kann. Nach Abklingen der chemischen Schwingung bilden sich in der Flüssigkeit räumliche Strukturen in Form übereinanderliegender roter und blauer Schichten aus, die nach einer weiteren Zeit dem homogenen Zustand weichen müssen. (Zur Aufrechterhaltung der zeitlichen und räumlichen Strukturen müßten laufend Stoffe, die an der Reaktion beteiligt sind, zu- bzw. abgeführt werden.)

Strukturuntersuchungen wurden auch bei enzymatischen Reaktionen durchgeführt.[11]

---

[9] CHANDRASEKHAR, S., 1961
[10] SHABOTINSKI, A. M.: J. phys. chem. **42** (1968) 1649.
[11] EIGEN, M., R. LEFEVER, A. GOLDBETER und M. HERSCHKOWITZ: Nature **223** (1969) 913.

14.4 Turbulenzentstehung

In diesem Abschnitt soll am Beispiel einer inkompressiblen Flüssigkeit gezeigt werden, wie die Stabilitätsgrenze zwischen der laminaren und der turbulenten Strömung berechnet werden kann. Wir benutzen dazu die Normalmoden-Analyse. Dabei überlagert man der laminaren Strömung eine kleine, wellenförmige Störung. Mit Hilfe der bezüglich dieser Störung linearisierten Navier-Stokes-Gleichungen wird dann untersucht, ob die Störungen im Laufe der Zeit anwachsen (instabiler Bereich) oder abklingen (stabiler Bereich). Die Grenze zwischen diesen beiden Bereichen ist dann die gesuchte Stabilitätsgrenze. Um sie zu bestimmen, führen wir zunächst durch

$$
\begin{aligned}
v_\alpha &= U^0 \, v'_\alpha, \\
x_\alpha &= h \, x'_\alpha, \\
t &= \frac{h}{U^0} \, t', \\
p &= \varrho \, U^{0^2} \, p'
\end{aligned}
\tag{14.44}
$$

dimensionslose Größen v'_α, x'_α, t' und p' ein. U^0 ist eine die laminare Strömung charakterisierende konstante Geschwindigkeit und h eine für die Strömung typische konstante Länge. Mit den dimensionslosen Größen (14.44) lauten die Navier-Stokes-Gleichungen (12.24) für inkompressible Flüssigkeiten ($\varrho = \text{const}$) und ohne äußere Kraftfelder:[12]

$$
\begin{aligned}
\frac{\partial v'_\alpha}{\partial x'_\alpha} &= 0, \\
\frac{\partial v'_\alpha}{\partial t'} + v'_\beta \, \frac{\partial v'_\alpha}{\partial x'_\beta} &= - \frac{\partial p'}{\partial x'_\alpha} + \frac{\eta}{\varrho h U^0} \, \Delta' v'_\alpha.
\end{aligned}
\tag{14.45}
$$

Die hier auftretende dimensionslose Zahl $Re = \dfrac{\varrho h U^0}{\eta}$ wird als Reynolds-Zahl bezeichnet. Unterhalb einer kritischen Größe Re_{kr} ist die laminare Strömung stabil, oberhalb von Re_{kr} wird sie instabil, und es setzt Turbulenz ein.

Um die weiteren Rechnungen nicht unnötig zu erschweren, wählen wir die einfache laminare Strömung[13]

$$
\boldsymbol{v}'_L = (U^0(x'_3), 0, 0), \quad p' = p^0(x'_1),
\tag{14.46}
$$

mit den Randbedingungen

$$
\boldsymbol{v}'_L(x'_3 = \pm 1) = 0.
\tag{14.47}
$$

---

[12] Siehe Aufgabe 12.7.2.
[13] Siehe Aufgabe 14.7.1.

Ihr wird nun eine kleine Störung überlagert

$$v'_\alpha = v'_{L\alpha} + u_\alpha, \quad p' = p^0 + \pi. \tag{14.48}$$

Mit dem Ansatz (14.48) gehen wir in die Navier-Stokes-Gleichung (14.45) ein und berücksichtigen nur lineare Terme in u_α und π. Außerdem beachten wir, daß die laminare Strömung (14.46) für sich die Navier-Stokes-Gleichungen erfüllt. Es folgt dann

$$\frac{\partial u_\alpha}{\partial x'_\alpha} = 0,$$

$$\frac{\partial u_1}{\partial t'} + U^0(x_3)\,\frac{\partial u_1}{\partial x_1} + u_3\,\frac{\partial U^0}{\partial x_3} = -\frac{\partial \pi}{\partial x'_1} + \frac{1}{Re}\,\Delta' u_1,$$

$$\frac{\partial u_2}{\partial t'} + U^0\,\frac{\partial u_2}{\partial x'_1} = -\frac{\partial \pi}{\partial x'_2} + \frac{1}{Re}\,\Delta' u_2, \tag{14.49}$$

$$\frac{\partial u_3}{\partial t'} + U^0\,\frac{\partial u_3}{\partial x'_1} = -\frac{\partial \pi}{\partial x_3} + \frac{1}{Re}\,\Delta' u_3.$$

Zur Lösung dieser Gleichungen wird der Wellenansatz

$$u_1 = U\,(x'_3)\,\mathrm{e}^{\mathrm{i}\,k(x'_1 - ct')},$$

$$u_2 = 0,$$

$$u_3 = W\,(x'_3)\,\mathrm{e}^{\mathrm{i}\,k(x'_1 - ct')}, \tag{14.50}$$

$$\pi = \Pi(x'_3)\,\mathrm{e}^{\mathrm{i}\,k(x'_1 - ct')}$$

herangezogen, der mit den Gleichungen (14.49) auf

$$\mathrm{i}\,kU + \frac{\mathrm{d}W}{\mathrm{d}x'_3} = 0, \tag{14.51}$$

$$-\mathrm{i}\,kcU + U^0\mathrm{i}\,kU + W\,\frac{\mathrm{d}U^0}{\mathrm{d}x'_3} = -\mathrm{i}\,k\Pi - k^2\,\frac{1}{Re}\,U + \frac{1}{Re}\frac{\mathrm{d}^2 U}{\mathrm{d}x'_3{}^2}, \tag{14.52}$$

$$-\mathrm{i}\,kcW + \mathrm{i}\,kU^0 W = -\frac{\mathrm{d}\pi}{\mathrm{d}x'_3} - k^2\,\frac{1}{Re}\,W + \frac{1}{Re}\frac{\mathrm{d}^2 W}{\mathrm{d}x'_3{}^2}. \tag{14.53}$$

führt. Aus diesen drei gewöhnlichen Differentialgleichungen für U, W und Π eliminieren wir U und Π, indem wir Π aus Gl. (14.52) in Gl. (14.53) einsetzen und anschließend U gemäß Gl. (14.51) durch $\dfrac{\mathrm{i}}{k}\dfrac{\mathrm{d}W}{\mathrm{d}x'_3}$ ersetzen. Es ergibt sich:

$$\left(\frac{\mathrm{d}^2}{\mathrm{d}x'_3{}^2} - k^2\right)^2 W = \mathrm{i}\,k\,Re\left[(U^0 - c)\left(\frac{\mathrm{d}^2}{\mathrm{d}x_3{}^2} - k^2\right) W - W\frac{\mathrm{d}^2 U^0}{\mathrm{d}x'_3{}^2}\right]. \tag{14.54}$$

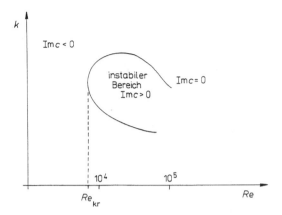

Abb. 14.2 Die Grenzkurve Im $c = 0$ zwischen dem stabilen und dem instabilen Bereich in der k-Re-Ebene

Die Randbedingungen für $W(x_3')$ folgen aus $v_\alpha'(x_3' = \pm 1) = 0$ und Gl. (14.51) zu

$$W(x_3' = \pm 1) = 0,$$

$$\frac{\mathrm{d}W}{\mathrm{d}x_3'}(x_3' = \pm 1) = 1. \tag{14.55}$$

Die Gl. (14.54) ist auch als *Orr-Sommerfeld-Gleichung* bekannt. Zu ihrer Lösung gibt man die Wellenzahl k und die Reynolds-Zahl Re fest vor. Die Orr-Sommerfeld-Gleichung zusammen mit den Randbedingungen (14.55) definiert dann ein Eigenwertproblem, bei dessen Lösung $W(x_3')$ und c bestimmt werden. Je nachdem, ob der Imaginärteil von c kleiner oder größer als null ist, werden die Störungen zeitlich abklingen oder anwachsen. Die Stabilitätsgrenze selbst ist durch Im $c = 0$ gegeben. Der Eigenwert c hängt von den vorgegebenen Werten k und Re ab. Trägt man in der k-Re-Ebene die durch Im $c = 0$ gegebene Kurve ein, so trennt sie den stabilen (Im $c < 0$) von dem instabilen (Im $c > 0$) Bereich (Abb. 14.2). Die kleinste Reynolds-Zahl, die mit Im $c = 0$ verträglich ist, ist gleich der kritischen Reynolds-Zahl Re_{kr}. Sie wurde numerisch von THOMAS (1952)[14] für die *Hagen-Poiseuille-Strömung* in einem zylinderischen Rohr zu $Re_{\mathrm{kr}} = 5780$ berechnet. Dieser Wert stimmt mit experimentellen Befunden recht gut überein.

Die hier vorgestellte Normalmoden-Analyse gestattet immer dann, wenn sich die Grundgleichungen auf eine einzige Differentialgleichung zurückführen lassen, die Stabilitätsgrenze relativ einfach zu berechnen. Wie sich das Strömungsfeld selbst beim Überschreiten der Stabilitätsgrenze verhält, darüber kann die Normalmoden-Analyse keine Auskunft geben.

---

[14] L.H. THOMAS, Phys. Rev. **86**, 812 (1952)

14.5 Das Bénard-Problem

14.5.1 Berechnung der Stabilitätsgrenze

Wie bereits im Abschnitt 14.1 kurz angedeutet, wurde von BÉNARD (1900) folgendes Experiment durchgeführt. Eine ebene ruhende Flüssigkeitsschicht im homogenen Schwerefeld wird von unten gleichmäßig erhitzt. Die dadurch entstehende Temperaturdifferenz zwischen Grund- und Deckfläche der Flüssigkeitsschicht führt zu einem konduktiven stationären Wärmestrom von unten nach oben. Die Flüssigkeit selbst bleibt in Ruhe. Erst wenn die Temperaturdifferenz zwischen den beiden Grenzflächen einen kritischen Wert erreicht, setzt Konvektion ein. Die sich dabei herausbildende laminare Strömung führt zu Rollzellen, die häufig eine bienenwabenartige Struktur besitzen (Abb. 14.3).

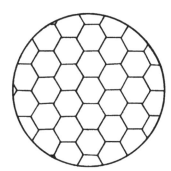

Abb. 14.3 Bénard-Zellen

Bei weiterer Erhöhung der Temperaturdifferenz ist auch ein Umschlag der laminaren Strömung in eine turbulente Strömung möglich.

Zur Bestimmung der Zustandsfelder v, T und p des Bénard-Problems gehen wir von den Bilanzgleichungen für den Impuls (2.29), die Masse (2.19) und die innere Energie (2.37) aus. Dabei wollen wir die Boussinesq-Näherung benutzen. In dieser Näherung wird die Massendichte außer im Kraftterm ϱg, ($g = (0, 0, -g)$ ist die konstante Schwerebeschleunigung) überall als konstant $\varrho = \varrho_0$ vorausgesetzt. Im Kraftterm werden die Temperaturabhängigkeit der Massendichte und damit Auftriebskräfte berücksichtigt. Die innere Energie soll nur von der Temperatur abhängen. Es ergeben sich dann die Gleichungen

$$\varrho_0 \, \frac{\mathrm{d}v}{\mathrm{d}t} = -\operatorname{grad} p + \eta \, \Delta v + \varrho(T)g, \tag{14.56}$$

$$\operatorname{div} v = 0, \tag{14.57}$$

$$\varrho c_v \, \frac{\mathrm{d}T}{\mathrm{d}t} = \kappa \, \Delta T + 2\eta \, \underline{\mathbf{V}} : \underline{\mathbf{V}}. \tag{14.58}$$

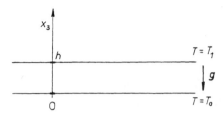

Abb. 14.4 Flüssigkeitsschicht

An den Grenzflächen der Flüssigkeitsschicht bei $x_3 = 0$ und h gelten folgende Randbedingungen (Abb.14.4):[15]

$$v_3 = 0, \quad T(x_3 = 0) = T_0, \quad T(x_3 = h) = T_1,$$

sowie

$$v_1 = v_2 = 0 \quad \text{für starre Grenzflächen} \tag{14.59}$$

oder[16]

$$V_{13} = V_{23} = 0 \quad \text{für freie Grenzflächen.}$$

Der Zustand mit rein konduktivem Wärmetransport wird durch die stationäre Lösung der Gl. (14.56) bis (14.59) beschrieben:

$$\boldsymbol{v}_{\mathrm{s}} = 0, \quad T_{\mathrm{s}} = -\beta x_3 + T_0, \quad \beta = \frac{T_0 - T_1}{h}. \tag{14.60}$$

Der Druck p_{s} im stationären Zustand muß die aus Gl. (14.56) folgende Grundgleichung der Hydrostatik

$$\mathrm{grad}\ p_{\mathrm{s}} = \varrho(T)\,\boldsymbol{g}$$

erfüllen.

Es soll nun die Stabilität der stationären Lösung (14.60) untersucht werden. Dazu überlagern wir der stationären Lösung eine Störung:

$$
\begin{aligned}
&\boldsymbol{v} = \boldsymbol{u}, \\
&T = T_{\mathrm{s}} + \Theta \\
&p = p_{\mathrm{s}} + \pi.
\end{aligned}
\tag{14.61}
$$

---

[15] Die Normalkomponente der Geschwindigkeit muß an der Grenzfläche immer gleich Null sein.

[16] Das Verschwinden der Deformationsgeschwindigkeiten V_{13} und V_{23} ist wegen des Newtonschen Reibungsgesetzes (13.216) gleichbedeutend mit dem Verschwinden der Tangentialspannungen an der Grenzfläche.

Für die Massendichte $\varrho(T)$ verwenden wir als Zustandsgleichung die lineare Beziehung[17]

$$\varrho(T) = \varrho_0 + \left(\frac{\partial \varrho}{\partial T}\right)_p (T - T_s)$$

$$= \varrho_o - \varrho\alpha\,(T - T_s) \qquad (14.62)$$

$$\approx \varrho_0\,(1 - \alpha\Theta).$$

Gehen wir mit dem Ansatz (14.61) in die Gleichungen (14.56) bis (14.58) ein, so folgt bei Berücksichtigung der Zustandsgleichung (14.62)

$$\varrho_0\,\frac{\mathrm{d}\boldsymbol{u}}{\mathrm{d}t} = -\mathrm{grad}\,\pi + \eta\,\Delta\boldsymbol{u} + \varrho_0\alpha\,\Theta\boldsymbol{g},$$

$$\mathrm{div}\,\boldsymbol{u} = 0, \qquad (14.63)$$

$$\varrho_0 c_v\,\frac{\mathrm{d}\Theta}{\mathrm{d}t} = \lambda\Delta\Theta - u_3\,\frac{\mathrm{d}T_s}{\mathrm{d}x_3}\,\varrho_0 c_v + 2\alpha\eta\,\underline{\boldsymbol{U}} : \underline{\boldsymbol{U}}.$$

$\underline{\boldsymbol{U}}$ ist der mit $\boldsymbol{u}$ gebildete Tensor der Deformationsgeschwindigkeiten $U_{\alpha\beta} = \frac{1}{2}\left(\frac{\partial u_\alpha}{\partial x_\beta} + \frac{\partial u_\beta}{\partial x_\alpha}\right).$

Im Sinne der Normalmodenanalyse setzen wir nun kleine Störungen $\boldsymbol{u}, \Theta$ und π voraus, so daß in (14.63) die nichtlinearen Terme vernachlässigt werden können:

$$\varrho_0\,\frac{\partial \boldsymbol{u}}{\partial t} = -\mathrm{grad}\,\pi + \eta\,\Delta\boldsymbol{u} + \varrho_0\alpha\,\Theta\boldsymbol{g},$$

$$\mathrm{div}\,\boldsymbol{u} = 0, \qquad (14.64)$$

$$\varrho_0\,c_v\,\frac{\partial \Theta}{\partial t} = \lambda\Delta\Theta + u_3\beta\,\varrho_0 c_v.$$

Dabei beschränken wir uns auf den zweidimensionalen Fall mit

$$\boldsymbol{u} = (u_1, 0, u_3), \qquad (14.65)$$

außerdem sollen die Zustandsfelder jetzt nicht mehr von x_2 abhängen. Unter dieser Voraussetzung kann die Gleichung $\mathrm{div}\,\boldsymbol{u} = 0$ mit Hilfe der Stromfunktion Ψ und dem Ansatz

$$u_1 = -\frac{\partial \Psi}{\partial x_3}, \qquad u_3 = \frac{\partial \Psi}{\partial x_1} \qquad (14.66)$$

---

[17] Man beachte $\alpha = \dfrac{1}{V}\left(\dfrac{\partial V}{\partial T}\right)_p = \varrho\left(\dfrac{\partial \frac{1}{\varrho}}{\partial T}\right)_p = -\dfrac{1}{\varrho}\left(\dfrac{\partial \varrho}{\partial T}\right)_p.$

identisch erfüllt werden. Wenden wir jetzt auf die erste Gleichung (14.64) die Operation rot an, so folgt mit den Gleichungen (14.65) und (14.66) nach kurzer Rechung

$$\frac{\partial}{\partial t} \Delta \Psi = \frac{\eta}{\varrho_0} \Delta\Delta\Psi + g\alpha \frac{\partial\Theta}{\partial x_1}. \tag{14.67}$$

Dazu gehört die dritte Gleichung (14.64):

$$\frac{\partial\Theta}{\partial t} = \frac{\lambda}{\varrho_0 c_v} \Delta\Theta + \beta \frac{\partial\Psi}{\partial x_1}. \tag{14.68}$$

Zur Lösung dieser beiden Gleichungen verwenden wir den Wellenansatz

$$\begin{aligned} \Psi &= \psi(x_3) \ e^{i(kx_1+\omega t)}, \\ \Theta &= \vartheta(x_3) \ e^{i(kx_1+\omega t)}, \end{aligned} \tag{14.69}$$

der für die beiden Amplituden ψ und ϑ auf die gewöhnlichen Differentialgleichungen

$$\begin{aligned} \omega\left(\frac{d^2}{dx_3{}^2} - k^2\right)\psi &= \frac{\eta}{\varrho_0}\left(\frac{d^2}{dx_3{}^2} - k^2\right)^2 \psi + i\,\alpha gk\,\vartheta, \\ \omega\,\vartheta &= \frac{\lambda}{\varrho_0 c_v}\left(\frac{d^2}{dx_3{}^2} - k^2\right)\vartheta + i\,\beta k\,\psi \end{aligned} \tag{14.70}$$

führt. Dazu gehören die Randbedingungen bei $x_3 = 0$ und $x_3 = h$:[18]

$$\vartheta = 0, \quad \psi = 0 \tag{14.71}$$

sowie

$$\frac{d\psi}{dx_3} = 0, \quad \text{starre Grenzfläche}, \tag{14.71}$$

oder

$$\frac{d^2\psi}{dx_3{}^2} = 0, \quad \text{freie Grenzfläche}.$$

Mit Hilfe der dimensionslosen Größen

$$z = \frac{x_3}{h}, \quad a = kh, \quad \sigma = \frac{h^2\varrho_0}{\eta}\,\omega \tag{14.72}$$

---

[18] Siehe Aufgabe 14.7.2.

erhalten die Gleichungen (14.70) die Form[19]

$$\left(\frac{d^2}{dz^2} - a^2\right)\left(\frac{d^2}{dz^2} - a^2 - \sigma\right)\psi + i\,\frac{\alpha g \varrho_0 h^3}{\eta}\,a\vartheta = 0,$$

$$\left(\frac{d^2}{dz^2} - a^2 - \frac{\eta c_v}{\lambda}\,\sigma\right)\vartheta + i\,\frac{\beta \varrho_0 c_v h}{\lambda}\,a\psi = 0. \tag{14.73}$$

Eliminieren wir ϑ aus diesen beiden Gleichungen, so folgt

$$\left(\frac{d^2}{dz^2} - a^2 - \frac{\eta c_v}{\lambda}\,\sigma\right)\left(\frac{d^2}{dz^2} - a^2\right)\left(\frac{d^2}{dz^2} - a^2 - \sigma\right)\psi = -Ra \cdot a^2\psi. \tag{14.74}$$

$Ra = \dfrac{\alpha g \varrho_0^2 c_v h^4 \beta}{\lambda v}$ ist die Rayleigh-Zahl und $Pr = \dfrac{\eta c_v}{\lambda}$ ist die Prandtl-Zahl. Die Randbedingungen (14.71) lauten jetzt:

Für $z = 0$ und $z = 1$ gilt

$$\psi = 0, \quad \vartheta = \left(\frac{d^2}{dz^2} - a^2\right)\left(\frac{d^2}{dz^2} - a^2 - \sigma\right)\vartheta = 0$$

sowie

$$\frac{d\psi}{dz} = 0 \qquad \text{starre Grenzfläche,} \tag{14.75}$$

oder

$$\frac{d^2\psi}{dz^2} = 0 \qquad \text{freie Grenzfläche.}$$

Ähnlich wie bei der Orr-Sommerfeld-Gleichung hat man wieder ein Eigenwertproblem zu lösen. Dazu gibt man a und Ra fest vor und bestimmt dazu aus Gleichung (14.74) und den Randbedingungen (14.75) die Funktion $\psi(z)$ und die Eigenwerte σ. Ist Re $\sigma < 0$, sind die Lösungen stabil, ist Re $\sigma > 0$, sind sie instabil. Die Kurve Re $\sigma = 0$ in der a-Ra-Ebene trennt den stabilen vom instabilen Bereich. Der kleinste Wert der Rayleigh-Zahl Ra auf dieser Kurve ist dann gleich der kritischen Rayleigh-Zahl Ra_{kr}.

Man kann nun zeigen, daß der Imaginärteil von σ immer gleich null sein muß. Dazu schreiben wir die Gleichung (14.74) in der Form

$$\left(\frac{d^2}{dz^2} - a^2 - Pr \cdot \sigma\right)\Phi = -Ra \cdot a^2\psi, \tag{14.76}$$

---

[19] Man beachte $\left(\dfrac{d^2}{dz^2} - a^2\right)\left(\dfrac{d^2}{dz^2} - a^2 - \sigma\right)\psi = \dfrac{d^4}{dz^4}\,\psi - (2a^2 + \sigma)\,\dfrac{d^2\psi}{dz^2} + a^2(a^2 + \sigma)\,\psi = $
$\left(\dfrac{d^2}{dz^2} - a^2\right)^2\psi - \sigma\left(\dfrac{d^2}{dz^2} - a^2\right)\psi.$

wobei Φ durch

$$\Phi = \left(\frac{d^2}{dz^2} - a^2 - \sigma\right)\left(\frac{d^2}{dz^2} - a^2\right)\psi = \left(\frac{d^2}{dz^2} - a^2 - \sigma\right)\Gamma \qquad (14.77)$$

mit

$$\Gamma = \left(\frac{d^2}{dz^2} - a^2\right)\psi \qquad (14.78)$$

gegeben ist. Die Randbedingung $\vartheta = 0$ kann mit Hilfe der ersten Gleichung (14.73) durch

$$\Phi = 0 \quad \text{für} \quad z = 0 \quad \text{und} \quad z = 1 \qquad (14.79)$$

ausgedrückt werden. Jetzt multiplizieren wir Gleichung (14.76) mit der zu Φ konjugiert komplexen Funktion Φ^* und integrieren dann bezüglich z von null bis eins:

$$\int_0^1 \Phi^* \left(\frac{d^2}{dz^2} - a^2 - Pr \cdot \sigma\right)\Phi\, dz = -Ra \cdot a^2 \int_0^1 \Phi^*\psi\, dz. \qquad (14.80)$$

Durch partielle Integration ergibt sich bei Berücksichtigung der Randbedingung (14.79)

$$\int_0^1 \Phi^* \frac{d^2}{dz^2}\Phi\, dz = -\int_0^1 \frac{d\Phi^*}{dz}\frac{d\Phi}{dz}\, dz = -\int_0^1 \left|\frac{d\Phi}{dz}\right|^2 dz. \qquad (14.81)$$

Weiter folgt mit Gleichung (14.78) und den Randbedingungen (14.71) nach mehrmaliger partieller Integration

$$\int_0^1 \Phi^*\psi\, dz = \int_0^1 \left\{\left(\frac{d^2}{dz^2} - a^2 - \sigma^*\right)\Gamma^*\right\}\psi\, dz$$

$$= \int_0^1 \left\{|\Gamma|^2 + \sigma^*\left(\left|\frac{d\psi}{dz}\right|^2 + a^2|\psi|^2\right)\right\} dz. \qquad (14.82)$$

Damit erhalten wir aus Gleichung (14.80) die Gleichung

$$\int_0^1 \left\{\left|\frac{d\Phi}{dz}\right|^2 + (a^2 + Pr \cdot \sigma)|\Phi|^2\right\}dz - Ra \cdot a^2 \int_0^1 \left\{|\Gamma|^2 + \sigma^*\left(\left|\frac{\partial\psi}{\partial z}\right|^2 + a^2|\psi|^2\right)\right\} dz = 0. \qquad (14.83)$$

Realteil und Imaginärteil dieser Gleichung müssen beide für sich verschwinden. Das Verschwinden des Imaginärteils

$$\text{Im } \sigma \left\{ Pr \int_0^1 |\Phi|^2 \, dz + Ra \cdot a^2 \int_0^1 \left(\left| \frac{d\psi}{dz} \right|^2 + a^2 |\psi|^2 \right) dz \right\} = 0 \qquad (14.84)$$

hat schließlich

$$\text{Im } \sigma = 0 \qquad (14.85)$$

zur Folge, da die geschweifte Klammer mit $Pr > 0$ und $Ra > 0$ positiv definit ist.

Die Aussage Im $\sigma = 0$ gestattet nun, die kritische Rayleigh-Zahl direkt zu berechnen. Dazu setzen wir in Gleichung (14.74) den Realteil von σ, und damit σ insgesamt gleich null. Es folgt

$$\left(\frac{d^2}{dz^2} - a^2 \right)^6 \psi = - Ra \cdot a^2 \, \psi. \qquad (14.86)$$

Die Lösung dieser Gleichung für den Fall freier Grenzflächen lautet

$$\psi = A \sin n\pi z, \qquad n = 1, 2, 3, \ldots, \qquad (14.87)$$

wobei

$$Ra = \frac{(n^2 \pi^2 + a^2)^3}{a^2}$$

gelten muß. Für ein gegebenes a^2 ist Ra am kleinsten im Fall $n = 1$:

$$Ra = \frac{(\pi^2 + a^2)^3}{a^2}. \qquad (14.88)$$

Nun bestimmen wir noch das Minimum von Ra bezüglich a^2. Es folgt aus $\frac{dRa}{da^2} = 0$ zu $a_{kr}^2 = \frac{\pi^2}{2}$. Zu diesem Wert von a gehört die kritische Rayleigh-Zahl

$$Ra_{kr} = \frac{27}{4} \pi^4 \approx 657,5.$$

Das heißt, der Zustand mit reiner konduktiver Wärmeleitung ohne Konvektion ist solange stabil, bis die Temperaturdifferenz $T_1 - T_0$ so groß geworden ist, daß Ra den kritischen Wert 657,5 überschreitet. Zu Ra_{kr} gehört die kritische Wellenlänge $\lambda_{kr} = \frac{2\pi h}{a_{kr}} = 2\sqrt{2} \, h$.

14.5.2 Die Lorenz-Gleichungen

Nachdem wir die Stabilitätsgrenze für das Bénard-Problem berechnet haben, wollen wir jetzt das Verhalten der Flüssigkeit nach dem Überschreiten der Stabilitätsgrenze bei Ra_{kr} untersuchen. Zunächst werden kurz oberhalb von Ra_{kr} einige

wenige Moden instabil, d.h. sie wachsen im Rahmen der linearen Näherung zeitlich exponentiell an. Mit dem Anwachsen dieser Moden können die nichtlinearen
konvektiven Terme in den Gleichungen (14.63) nicht mehr vernachlässigt werden.
Es sind jetzt die Gleichungen

$$\varrho_0 \left(\frac{\partial \boldsymbol{u}}{\partial t} + (\boldsymbol{u} \,\mathrm{grad}\,) \boldsymbol{u} \right) = -\,\mathrm{grad}\,\pi + \eta \Delta \boldsymbol{u} + \varrho_0 \alpha \Theta \boldsymbol{g},$$

$$\frac{\partial \Theta}{\partial t} + (\boldsymbol{u} \,\mathrm{grad}\,)\Theta = \kappa \Delta \Theta + \beta u_3, \qquad \kappa = \frac{\lambda}{\varrho_0 c_v}, \tag{14.89}$$

$$\mathrm{div}\, \boldsymbol{u} = 0$$

zu lösen. Der nichtlineare Term $2\eta\,\underline{\mathbf{U}} : \underline{\mathbf{U}}$ in der Wärmeleitungsgleichung kann als
kleine Größe weiterhin vernachlässigt werden.

Wie im vorigen Abschnitt beschränken wir uns auf den zweidimensionalen Fall
mit $u_2 = 0$. Es kann dann wieder die Stromfunktion $\Psi(x_1, x_3, t)$ mit

$$u_1 = -\frac{\partial \Psi}{\partial x_3}, \qquad u_3 = \frac{\partial \Psi}{\partial x_1} \tag{14.90}$$

eingeführt werden. Wenden wir wieder auf die erste Gleichung (14.89) die Operation rot an und berücksichtigen (14.90) sowie

$$\mathrm{rot}\,[(\boldsymbol{u}\,\mathrm{grad})\,\boldsymbol{u}] = \begin{vmatrix} \boldsymbol{e}_1 & \boldsymbol{e}_2 & \boldsymbol{e}_3 \\[4pt] \dfrac{\partial}{\partial x_1} & \dfrac{\partial}{\partial x_2} & \dfrac{\partial}{\partial x_3} \\[8pt] (\boldsymbol{u}\,\mathrm{grad})\,u_1 & 0 & (\boldsymbol{u}\,\mathrm{grad})\,u_3 \end{vmatrix}$$

$$= -\left(\frac{\partial \Psi}{\partial x_1} \frac{\partial \Delta \Psi}{\partial x_3} - \frac{\partial \Psi}{\partial x_3} \frac{\partial \Delta \Psi}{\partial x_1} \right) \boldsymbol{e}_2$$

und

$$\mathrm{rot}\,\boldsymbol{u} = -\Delta \Psi \cdot \boldsymbol{e}_2 \qquad (\boldsymbol{e}_i \text{ Einheitsvektor in } x_i\text{-Richtung}),$$

so folgt

$$\frac{\partial}{\partial t}\Delta \Psi + \frac{\partial \Psi}{\partial x_1} \frac{\partial \Delta \Psi}{\partial x_3} - \frac{\partial \Psi}{\partial x_3} \frac{\partial \Delta \Psi}{\partial x_1} = \frac{\eta}{\varrho_0}\Delta \Delta \Psi + g\alpha \frac{\partial \Theta}{\partial x_1}. \tag{14.91}$$

Die zweite Gleichung (14.89) ergibt mit (14.90):

$$\frac{\partial \Theta}{\partial t} + \frac{\partial \Psi}{\partial x_1} \frac{\partial \Theta}{\partial x_3} - \frac{\partial \Psi}{\partial x_3} \frac{\partial \Theta}{\partial x_1} = \kappa \Delta \Theta + \beta \frac{\partial \Psi}{\partial x_1}. \tag{14.92}$$

Die Gleichung div $\boldsymbol{u} = 0$ wird mit dem Ansatz (14.90) identisch erfüllt.

Zur Lösung der Gleichung (14.91) und (14.92) entwickeln wir nun Ψ und Θ in Fourier-Reihen:

$$\Psi = \sum_{n=1}^{\infty} \Psi_n(x_1, t) \, \sin \frac{n\pi}{h} x_3,$$

$$\Theta = \sum_{n=1}^{\infty} \Theta_n(x_1, t) \, \sin \frac{n\pi}{h} x_3. \tag{14.93}$$

Durch diesen Ansatz werden die Randbedingungen (14.75) für freie Oberflächen erfüllt.

Experimentelle Untersuchungen des Bénard-Problems haben ergeben, daß nur drei Moden eine relativ große Amplitude besitzen. Es sind dies die Moden Ψ_1, Θ_1 und Θ_2, auf die wir uns auch beschränken wollen und für die wir ansetzen:

$$\Psi_1 = AX(t) \, \sin \frac{a}{h} x_1,$$

$$\Theta_1 = BY(t) \, \cos \frac{a}{h} x_1, \tag{14.94}$$

$$\Theta_2 = CZ(t).$$

Die Berücksichtigung weiterer Moden ändert die Ergebnisse nicht wesentlich. Die Ψ_1-Mode beschreibt das Strömungsmuster (Abb. 14.5), die Θ_1-Mode die Temperaturzellen und die Θ_2-Mode die Temperaturschichtung. Die Konstanten A, B, und C dienen dazu, die für die Amplituden X, Y und Z abzuleitenden Gleichungen in eine, in der Literatur übliche dimensionslose Form zu bringen.

Von den Fourier-Reihen (14.93) bleiben mit dem Ansatz (14.94) nur drei Terme übrig:

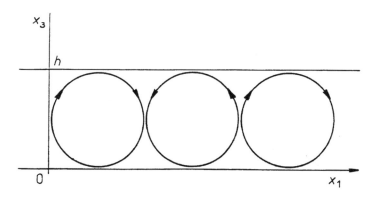

Abb. 14.5 Das Strömungsmuster der Bénard-Rollzellen

$$\Psi = AX(t)\,\sin\left(\frac{a}{h}\,x_1\right)\,\sin\left(\frac{\pi x_3}{h}\right),$$

$$\Theta = BY(t)\,\cos\left(\frac{a}{h}\,x_1\right)\,\sin\left(\frac{\pi}{h}\,x_3\right) + CZ(t)\,\sin\left(\frac{2\pi x_3}{h}\right). \tag{14.95}$$

Gehen wir mit diesem Ansatz in die Gleichung (14.91) und (14.92) ein, so erhalten wir, wenn nur die drei ausgewählten Moden berücksichtigt werden, als Näherung die Lorenz-Gleichungen. In dimensionsloser Form lauten sie:

$$\frac{\mathrm{d}X}{\mathrm{d}\tau} = Pr \cdot (Y - X),$$

$$\frac{\mathrm{d}Y}{\mathrm{d}\tau} = -XZ + rX - Y, \tag{14.96}$$

$$\frac{\mathrm{d}Z}{\mathrm{d}\tau} = XY - bZ.$$

Hier sind $\tau = (\pi^2 + a^2)\,\dfrac{\kappa}{h^2}\,t$ eine dimensionslose Zeit, $r = Ra/Ra_{\mathrm{kr}}$ die relative Rayleigh-Zahl, $Pr = \dfrac{\eta}{\varrho_0 \kappa}$ die Prandtl-Zahl und $b = \dfrac{4\pi^2}{(\pi^2 + a^2)}$ eine Konstante.

Wir wollen nun zeigen, wie aus den Gleichungen (14.91) und (14.92) die Lorenz-Gleichungen (14.96) folgen. Dazu benötigen wir die aus dem Ansatz (14.95) folgenden Beziehungen:

$$\frac{\partial \Psi}{\partial x_1} = \frac{a}{h}\,AX \cos\frac{ax_1}{h} \cdot \sin\frac{\pi x_3}{h},$$

$$\frac{\partial \Psi}{\partial x_3} = \frac{\pi}{h}\,AX \sin\frac{ax_1}{h} \cos\frac{\pi x_3}{h},$$

$$\Delta\Psi = -\frac{1}{h^2}\,(\pi^2 + a^2)\,\Psi,$$

$$\frac{\partial \Delta\Psi}{\partial x_1} = -\frac{1}{h^2}\,(\pi^2 + a^2)\,\frac{\partial \Psi}{\partial x_1},$$

$$\frac{\partial \Delta\Psi}{\partial x_3} = -\frac{1}{h^2}\,(\pi^2 + a^2)\,\frac{\partial \Psi}{\partial x_3}, \tag{14.97}$$

$$\Delta\Delta\Psi = \frac{1}{h^4}\,(\pi^2 + a^2)^2\,\Psi,$$

$$\frac{\partial \Theta}{\partial x_1} = -\frac{a}{h}\,BY \sin\frac{ax_1}{h} \sin\frac{\pi x_3}{h},$$

$$\frac{\partial \Theta}{\partial x_3} = \frac{\pi}{h}\,BY \cos\frac{ax_1}{h} \cos\frac{\pi x_3}{h} + \frac{2\pi}{h}\,CZ \cos\frac{2\pi x_3}{h},$$

$$\Delta\Theta = -\frac{1}{h^2}\,(\pi^2 + a^2)\,BY \cos\frac{ax_1}{h} \sin\frac{\pi x_3}{h} - \frac{4\pi^2}{h^2}\,CZ \sin\frac{2\pi x_3}{h}.$$

Setzt man die entsprechenden Ausdrücke aus (14.97) in die Gleichung (14.91) ein, so stellt man fest, daß sich die nichtlinearen Terme gegenseitig aufheben. Es bleibt die Gleichung

$$-\frac{1}{h^2}(\pi^2+a^2)A\frac{\mathrm{d}X}{\mathrm{d}t}=\frac{\eta}{\varrho_0 h^4}(\pi^2+a^2)^2 AX-g\alpha\frac{a}{h}BY,$$

bzw.

$$\frac{h^2}{(\pi^2+a^2)\kappa}\frac{\mathrm{d}X}{\mathrm{d}t}=-\frac{\eta}{\varrho_0\kappa}X+\frac{g\alpha h^3 a}{(\pi^2+a^2)^2\kappa}\frac{B}{A}X. \tag{14.98}$$

Mit der dimensionslosen Zeit $\tau=(\pi^2+a^2)\dfrac{\kappa}{h^2}\,t$ und der Forderung

$$\frac{B}{A}=\frac{(\pi^2+a^2)^2\eta}{g\alpha a h^3\varrho_0} \tag{14.99}$$

ist Gleichung (14.98) gleich der ersten Lorenz-Gleichung in (14.96). Aus Gleichung (14.92) folgt mit den entsprechenden Ausdrücken aus (14.97) zunächst

$$B\frac{\mathrm{d}Y}{\mathrm{d}t}\cos\frac{ax_1}{h}\sin\frac{\pi x_3}{h}+C\frac{\mathrm{d}Z}{\mathrm{d}t}\sin\frac{2\pi x_3}{h}$$

$$+\frac{a}{h}AX\cos\frac{ax_1}{h}\sin\frac{\pi x_3}{h}\left(\frac{\pi}{h}BY\cos\frac{ax_1}{h}\cos\frac{\pi x_3}{h}+\frac{2\pi}{h}CZ\sin\frac{2\pi x_3}{h}\right)$$

$$+\frac{\pi}{h}AX\sin\frac{ax_1}{h}\cos\frac{\pi x_3}{h}\cdot\frac{a}{h}BY\sin\frac{ax_1}{h}\sin\frac{\pi x_3}{h} \tag{14.100}$$

$$=-\kappa\frac{1}{h^2}(\pi^2+a^2)BY\cos\frac{ax_1}{h}\sin\frac{\pi x_3}{h}-\kappa\frac{4\pi^2}{h^2}CZ\sin\frac{2\pi x_3}{h}$$

$$+\beta\frac{a}{h}AX\cos\frac{ax_1}{h}\sin\frac{\pi x_3}{h}.$$

Die nichtlinearen Terme in (14.100) können wie folgt umgeformt werden:

$$\frac{a\pi}{h^2}ABXY\sin\frac{\pi x_3}{h}\cos\frac{\pi x_3}{h}\left(\cos^2\frac{ax_1}{h}+\sin^2\frac{ax_1}{h}\right)$$

$$=\frac{1}{2}\frac{a\pi}{h^2}ABXY\sin\frac{2\pi x_3}{h}, \tag{14.101}$$

$$\frac{2\pi a}{h^2}ACXZ\cos\frac{ax_1}{h}\sin\frac{\pi x_3}{h}\sin\frac{2\pi x_3}{h}$$

$$=-\frac{a\pi}{h^2}ACXZ\cos\frac{ax_1}{h}\left(\sin\frac{\pi x_3}{h}-\sin\frac{3\pi x_3}{h}\right). \tag{14.102}$$

Hier liefert der letzte Term in Gleichung (14.102) mit $\sin\dfrac{3\pi x_3}{h}$ keinen Beitrag zu den ausgewählten drei Moden.

Mit den Umformungen (14.101) und (14.102) erhalten wir für die Y-Mode die Gleichung

$$B \frac{\mathrm{d}Y}{\mathrm{d}t} = \frac{a\pi}{h^2} ACXZ - \kappa \frac{1}{h^2} (\pi^2 + a^2) BY + \beta \frac{a}{h} AX,$$

bzw.

$$\frac{h^2}{(\pi^2 + a^2)\kappa} \frac{\mathrm{d}Y}{\mathrm{d}t} = \frac{a\pi}{\kappa (\pi^2 + a^2)} \frac{AC}{B} XZ - Y + \frac{ah\beta}{\kappa (\pi^2 + a^2)} \frac{A}{B} X. \quad (14.103)$$

Wegen

$$\frac{ah\beta}{\kappa (\pi^2 + a^2)} \frac{A}{B} = \frac{a^2 g\alpha h^4 \beta \varrho_0}{\kappa \eta (\pi^2 + a^2)^3} = \frac{Ra}{Ra_{\mathrm{kr}}} = r$$

ergibt Gleichung (14.103) mit der Forderung

$$\frac{a\pi}{\kappa (\pi^2 + a^2)} \frac{AC}{B} = -1 \qquad (14.104)$$

gerade die zweite Lorenz-Gleichung in (14.96).

Für die Z-Mode folgt analog

$$C \frac{\mathrm{d}Z}{\mathrm{d}t} = - \frac{1}{2} \frac{a\pi}{h^2} ABXY - \kappa \frac{4\pi^2}{h^2} CZ,$$

bzw.

$$\frac{h^2}{(\pi^2 + a^2) \kappa^2} \frac{\mathrm{d}Z}{\mathrm{d}t} = - \frac{a\pi}{2\kappa (\pi^2 + a^2)} \frac{AB}{C} XY - \frac{4\pi^2}{\pi^2 + a^2} Z. \qquad (14.105)$$

Verlangen wir hier noch

$$- \frac{a\pi}{2\kappa (\pi^2 + a^2)} \frac{AB}{C} = 1, \qquad (14.106)$$

so folgt mit $\frac{4\pi^2}{\pi^2 + a^2} = b$ auch die letzte Lorenz-Gleichung in (14.96).

Zum Schluß berechnen wir aus (14.99), (14.104) und (14.106) noch die Konstanten A, B und C mit dem Resultat:

$$A = \sqrt{2} \frac{\kappa (\pi^2 + a^2)}{a\pi},$$

$$B = \sqrt{2} \frac{\kappa \eta (\pi^2 + a^2)^3}{a^2 g\alpha h^3 \varrho_0 \pi} = \sqrt{2} \frac{h\beta}{\pi} \frac{Ra_{\mathrm{kr}}}{Ra},$$

$$C = - \frac{1}{\sqrt{2}} B.$$

Numerische Lösungen der Lorenz-Gleichungen zeigen, daß sie trotz der in ihnen enthaltenen Näherungen das typische Verhalten der Flüssigkeit oberhalb der kritischen Rayleigh-Zahl recht gut beschreiben. Erst bei sehr großen Rayleigh-Zahlen verlieren sie ihre Gültigkeit.

14.5.3 Seltsame Attraktoren

Bevor wir das Verhalten von Lösungen der Lorenz-Gleichungen diskutieren, wollen wir kurz auf typische Erscheinungen von dissipativen Systemen, die durch gewöhnliche Differentialgleichungen der Form

$$\dot{X}_i = \frac{\mathrm{d}X_i}{\mathrm{d}t} = f_i(X_k), \qquad i = 1, 2, \ldots, N \tag{14.107}$$

beschrieben werden können, eingehen. Die Lösungen der Gleichungen (14.107) können im Phasenraum der X_i als Trajektorien dargestellt werden. Charakteristisch für dissipative Systeme ist die Kontraktion des Phasenvolumens während der Bewegung. Beschrieben wird die Kontraktion des Phasenvolumens durch die Divergenz des Strömungsfeldes $\dot{X}_i = f_i(X_k)$ im Phasenraum, die für dissipative Systeme negativ ist:

$$\operatorname{div}\dot{X} = \sum_{i=1}^{N} \frac{\partial \dot{X}_i}{\partial X_i} < 0. \tag{14.108}$$

Die Kontraktion des Phasenvolumens hat zur Folge, daß die Bewegung im Endzustand nur noch in einem Unterraum des Phasenraumes möglich ist. Dieser Unterraum wird gewöhnlich Attraktor genannt. Alle Trajektorien aus einer gewissen Umgebung eines Attraktors münden in diesen ein. Einfache Attraktoren sind Punkte, geschlossene Bahnen oder Tori im Phasenraum und sie entsprechen stationären Zuständen bzw. periodischen oder quasiperiodischen Bewegungen. Die punktförmigen Attraktoren sind stabile singuläre Punkte des Differentialgleichungssystems (14.107), und sie folgen aus der Forderung

$$f_i(X_k) = 0. \tag{14.109}$$

Für abgeschlossene Systeme entsprechen sie den Gleichgewichtszuständen. Für den zweidimensionalen Fall $N = 2$ sind in Abbildung 14.6 typische singuläre Punkte zusammengestellt.

Zweidimensionale Attraktoren werden *Grenzzyklen* genannt. Ein einfaches System mit einem Grenzzyklus wird durch die Gleichungen

$$\begin{aligned}
\frac{\mathrm{d}r}{\mathrm{d}t} &= \lambda r - r^2, \\
\frac{\mathrm{d}\varphi}{\mathrm{d}t} &= \omega_0 > 0 \qquad (r, \varphi \ \text{Polarkoordinaten})
\end{aligned} \tag{14.110}$$

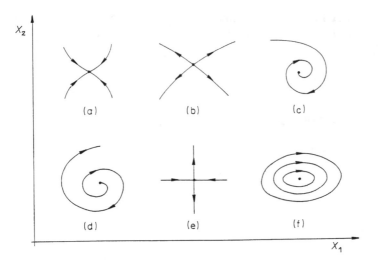

Abb. 14.6 Beispiele für singuläre Punkte

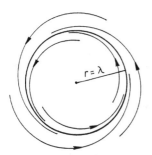

Abb. 14.7 Der zur Gleichung (14.110) gehörende Grenz-zyklus

beschrieben. Für $\lambda < 0$ ist $\lambda r - r^2$ immer negativ, alle Trajektorien münden dann in den punktförmigen Attraktor bei $r = 0$ ein. Wird $\lambda > 0$, dann gilt $\lambda r - r^2 > 0$ für $r < \lambda$ und $\lambda r - r^2 < 0$ für $r > 0$. Die Lösung

$$r = \lambda, \qquad \varphi = \omega_0 t + \varphi_0 \tag{14.111}$$

beschreibt einen Grenzzyklus, in den alle Trajektorien unabhängig von ihrem Startpunkt einmünden (Abbildung 14.7).

Punktförmige Attraktoren und Grenzzyklen sind für autonome Systeme[20] erster Ordnung im zweidimensionalen Fall die einzigen möglichen Attraktoren.

Im dreidimensionalen Fall können neben den einfachen Attraktoren neue Typen von Attraktoren, die seltsamen Attraktoren (strange attractors), auftreten. Während

---

[20]   In autonomen Systemen tritt die Zeit nicht explizit auf.

einfache Attraktoren Zustände beschreiben, die unabhängig von den Anfangsbedingungen eingenommen werden, zeigen seltsame Attraktoren ein gänzlich anderes Verhalten. Zwar werden auch hier fast alle Trajektorien von dem seltsamen Attraktor angezogen, aber beliebig wenig voneinander entfernte Ausgangszustände führen zu gänzlich verschiedenen Trajektorien, die sich exponentiell voneinander entfernen. Das heißt, zwei zu einem bestimmten Zeitpunkt fast gleiche Bewegungszustände sehen nach einiger Zeit völlig verschieden aus. Man spricht deshalb bei seltsamen Attraktoren von chaotischer Bewegung. Dieses Verhalten zeigen turbulente Strömungen, die durch seltsame Attraktoren gut beschrieben werden. Wichtig ist die Erkenntnis, daß seltsame Attraktoren in Systemen mit drei oder mehr Freiheitsgraden $N \geq 3$ auftreten können. Im Gegensatz zu den einfachen Attraktoren kann man den seltsamen Attraktoren keine ganzzahlige Dimension zuordnen. Sie werden vielmehr durch eine fraktale Dimension D charakterisiert, die sich gemäß

$$D = -\lim_{\varepsilon \to 0} \left\{ \frac{\ln N(\varepsilon)}{\ln \varepsilon} \right\} \tag{14.112}$$

berechnen läßt. Hierbei wird der Phasenraum mit Würfeln der Kantenlänge ε überdeckt. $N(\varepsilon)$ ist dann die Zahl der Würfel, die einen Teil des Attraktors enthalten. Es ist leicht einzusehen, daß Gl. (14.112) für einen punktförmigen Attraktor $D = 0$ und für einen Grenzzyklus $D = 1$ ergibt.

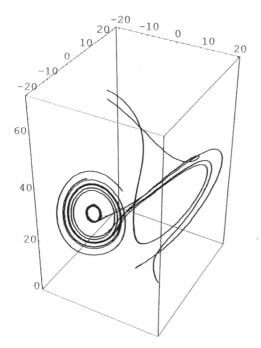

Abb. 14.8 Die Trajektorien des Lorenz-Attraktors mit den Werten $r = 28$, $Pr = 10$ und $b = 8/3$

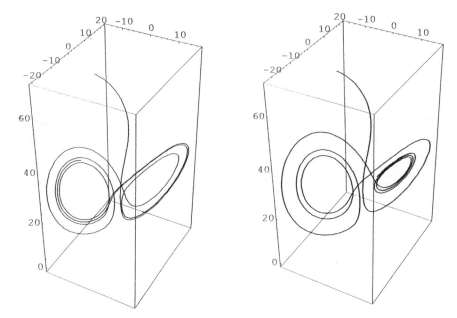

Abb. 14.9 Die zu zwei dicht benachbarten Ausgangspunkten gehörenden Trajektorien des Lorenz-Attraktors

Die im vorhergehenden Abschnitt abgeleiteten Lorenz-Gleichungen (14.96) liefern ein schönes Beispiel für einen seltsamen Attraktor. Für $r = 28$, $Pr = 10$ und $b = \dfrac{8}{3}$ ist der Verlauf der Trajektorien in Abb. 14.8 dargestellt. Es ist deutlich zu sehen, wie unabhängig vom Startpunkt die Trajektorien in den seltsamen Attraktor hineinlaufen. Daneben sieht man aber auch an Abb. 14.9, wie stark die zu dicht benachbarten Ausgangpunkten gehörenden Trajektorien auseinanderlaufen.

Zum Schluß dieses Abschnittes geben wir in Tabelle 14.1 einen Überblick über die möglichen Attraktortypen.

Tabelle 14.1: Attraktortypen

Zahl der unabhängigen Variablen	Attraktortyp	Lösungstyp
1	Punktattraktor	stabiler Gleichgewichtszustand
2	Punktattraktoren · periodische Attraktoren	stationäre Zustände Grenzzyklen (stabile Schwingungen)
3	Punktattraktoren periodische Attraktoren seltsame Attraktoren	stationäre Zustände Grenzzyklen chaotischen Bewegungen (empfindlich auf Anfangswerte, unperiodisch

14.5.4 Bifurkationen und Wege zur Turbulenz

Betrachten wir wieder das Gleichungssystem $\dot{X}_i = f_i(X_k)$ (14.107). Hier hängen die f_i wie im Beispiel (14.110) oft von einem Parameter λ ab. Damit werden auch die singulären Punkte Funktionen dieses Parameters, und es kann vorkommen, daß sich der Charakter der singulären Punkte bei kritischen Werten von λ grundsätzlich ändert. In unserem Beispiel ist $\lambda = 0$ solch ein kritischer Wert. Hier geht der punktförmige Attraktor ($\lambda < 0$) in einen Grenzzyklus ($\lambda > 0$) über. Man spricht hier von einer Bifurkation. Beispiele für Bifurkationen sind in Abb. 14.10 zusammengestellt. Die gestrichelten Linien entsprechen instabilen, die ausgezogenen Linien stabilen Zuständen. Mit Hilfe von Bifurkationen läßt sich der Übergang von der laminaren zur turbulenten Bewegung gut verstehen. Durch die Veränderung eines Parameters (z.B. der Reynolds-Zahl bei der Rohrströmung oder der Rayleigh-Zahl beim Bénard-Problem) durchläuft das entsprechende System stationäre Zustände, die sich immer weiter vom Gleichgewichtszustand entfernen, bis schließlich beim Erreichen eines kritischen Wertes des Parameters eine Bifurka-

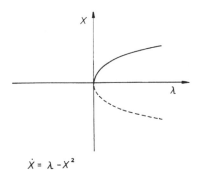

$$\dot{X} = \lambda - X^2$$
Tangenten – Bifurkation

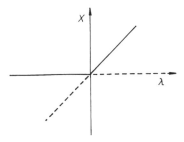

$$\dot{X} = \lambda X - X^2$$
Stabilitätsaustausch

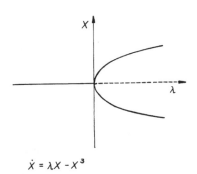

$$\dot{X} = \lambda X - X^3$$
Gabel – Bifurkation

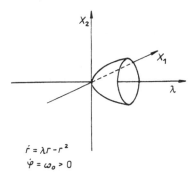

$$\dot{r} = \lambda r - r^2$$
$$\dot{\varphi} = \omega_0 > 0$$
Hopf – Bifurkation

Abb. 14.10 Beispiele für Bifurkationen

Tabelle 14.2: Modelle für den Übergang zur Turbulenz

Name	Modell						
LANDAU	station. Zustand	$\xrightarrow{\text{Hopf}}$	einfach period. Bahn	$\xrightarrow{\text{Hopf}}$	doppelt period. Bahn	$\xrightarrow[\text{Hopf}]{\cdots}$	Turbulenz
RUELLE- TAKENS- NEWHOUSE	station. Zustand	$\xrightarrow{\text{Hopf}}$	einfach period. Bahn	$\xrightarrow{\text{Hopf}}$	doppelt period. Bahn	$\longrightarrow$	seltsamer Attraktor
FEIGENBAUM	station Zustand	$\xrightarrow{\text{Hopf}}$	einfach period. Bahn (Periode T)	$\xrightarrow{\text{Gabel-bifurk}}$	einfach period. Bahn (Periode $2T$)	$\xrightarrow[\text{Gabel-bifurk.}]{\cdots}$	seltsamer Attraktor
POMEAU- MANNEVILLE	station. Zustand	$\xrightarrow{\text{Hopf}}$	einfach period. Bahn	$\xrightarrow[\substack{\text{umgekehrte} \\ \text{Tangenten-} \\ \text{bifurk.}}]{}$	intermittierende chaot. Bewegung		

tion auftritt. Damit verbunden ist in der Regel das Auftreten einer periodischen Bewegung, die aber nach wie vor laminar bleibt. Die weitere Veränderung des Parameters führt zu weiteren Bifurkationen, verbunden mit der Überlagerung zusätzlicher periodischer Bewegungen. Nach mehreren Bifurkationen kann ein seltsamer Attraktor und mit ihm turbulente Bewegung auftreten.

Für den Übergang zur Turbulenz sind verschiedene Modelle vorgeschlagen worden, die in Tabelle 14.2 zusammengestellt sind. Der von LANDAU vorgeschlagene Weg konnte experimentell nicht bestätigt werden. Für das Auftreten der anderen Wege gibt es aber zahlreiche experimentelle Hinweise.

Für das Bénard-Problem z.B. fanden M. DUBOIS und P. BERGÉ durch sehr sorgfältige Messungen folgendes Verhalten. Bei geringen Temperaturdifferenzen zwischen den beiden Platten bleibt die Flüssigkeit in Ruhe, die Wärme wird nur über die Wärmeleitung nach oben transportiert. Übersteigt die Temperaturdifferenz einen ersten kritischen Wert,[21] dann beginnt die Flüssigkeit laminar zu strömen. Die heißere Flüssigkeit an der wärmeren unteren Platte dehnt sich aus, ihre Dichte nimmt ab, d.h. sie wird leichter als die weiter oben liegende kältere Flüssigkeit, und die damit verbundene Auftriebskraft führt zum Aufsteigen der wärmeren Flüssigkeit. Die kühlere Flüssigkeit hingegen sinkt nach unten. Dabei bilden sich die bereits von BÉNARD um 1900 beobachteten regelmäßigen Konvektionszellen aus. Sehr sorgfältige Experimente führen zu Konvektionswalzen, im Gegensatz zu der von Bénard beobachteten Zellstruktur in Abb. 14.3, die auf Störeffekte an den

---

[21] In Abschnitt 14.5.1 haben wir die dazugehörende kritische Rayleigh-Zahl berechnet.

begrenzenden Platten zurückzuführen ist. Die Strömung in den Konvektionszellen ist laminar und zeitunabhängig. Erhitzt man die untere Platte langsam und sehr sorgfältig weiter, dann beginnt die Strömung bei einer zweiten kritischen Temperaturdifferenz zu pulsieren. Die Strömung wird periodisch, bleibt aber weiterhin laminar. Bei weiterer Erhöhung der Temperaturdifferenz überlagert sich oberhalb einer neuen kritischen Temperaturdifferenz der vorhandenen periodischen Strömung eine weitere, ebenfalls streng periodische Strömung, aber mit einer anderen Frequenz. Durch die Überlagerung der beiden periodischen Strömungen mit unterschiedlicher Frequenz entsteht eine etwas kompliziertere Strömung, die aber nach wie vor laminar bleibt. Eine weitere Erhöhung der Temperaturdifferenz führt nun aber nicht zum Auftreten neuer periodischer Teilströmungen, sondern bei einer kritischen Temperaturdifferenz verliert die Strömung jede Periodizität und es setzt Turbulenz ein. Damit wird beim Bénard-Experiment der von D. RUELLE und F. TAKENS vorgeschlagene Weg zur Turbulenz eindrucksvoll bestätigt.

Daß die Überlagerung von drei periodischen Strömungen beim Bénard-Problem zur Turbulenz führt, wurde in einem Versuch von J. GOLLUB bestätigt. Er zwang im biperiodischen Bereich, wo zwei periodische Teilströmungen auftreten, durch eine zeitlich periodische Schwankung der Temperaturdifferenz der beiden Platten eine dritte Periode auf, was einen Umschlag in den turbulenten Bereich zur Folge hatte.

Als nächstes wollen wir untersuchen, inwieweit das stark vereinfachte System der Lorenz-Gleichungen das beim Bénard-Problem experimentell beobachtete Verhalten beschreibt. Die einfachste Lösung der Lorenz-Gleichungen

$$X = Y = Z = 0 \tag{14.113}$$

entspricht dem stationären Zustand mit konduktiver Wärmeleitung ohne konvektive Strömungen. Den Stabilitätsbereich dieser Lösung können wir mit Hilfe der Normalmodenanalyse ermitteln. Für die kleinen Störungen x, y und z, die dabei der Lösung (14.113) zu überlagern sind, gelten die linearisierten Lorenz-Gleichungen

$$\dot{x} = Pr \cdot (y - x),$$
$$\dot{y} = rx - y, \tag{14.114}$$
$$\dot{z} = -bz.$$

Sie führen mit dem Ansatz $x = A\,e^{\lambda t}$, $y = B\,e^{\lambda t}$, $z = B\,e^{\lambda t}$ auf das lineare Gleichungssystem

$$(\lambda + Pr)A - Pr \cdot B = 0,$$
$$-rA + (\lambda + 1)B = 0, \tag{14.115}$$
$$(\lambda + b)C = 0.$$

Damit nichttriviale Lösungen existieren, muß die Koeffizientendeterminante der homogenen Gl. (14.115) verschwinden. Diese Bedingung liefert für λ die Gleichung

$$(\lambda + b)[(\lambda + Pr)(\lambda + 1) - rPr] = 0. \tag{14.116}$$

Die Wurzel $\lambda = -b$ sorgt dafür, daß die Störung z immer abklingt. Damit auch die Störungen x und y zeitlich abklingen, muß der Realteil von λ negativ sein. Die Stabilitätsgrenze folgt deshalb aus Gl. (14.116), indem wir dort $\lambda_r = 0$ mit $\lambda = \lambda_r + i\lambda_i$ fordern:

$$(i\lambda_i + Pr)(i\lambda_i + 1) - r \cdot Pr = 0.$$

Von dieser Gleichung müssen sowohl der Realteil als auch der Imaginärteil null werden:

$$-\lambda_i{}^2 + Pr \cdot (1 - r) = 0,$$
$$\lambda_i (Pr + 1) = 0.$$

Da $Pr > 0$ gilt, folgt aus der zweiten Gleichung $\lambda_i = 0$ und damit aus der ersten Gleichung $r = 1$.[22] Das heißt, die Lösung (14.113) ist im Bereich $0 < r < 1$ stabil. In diesem Bereich ist $\lambda_r < 0$, was leicht an den Wurzeln der Gl. (14.116) zu sehen ist.

Wird nun $r > 1$, was einer weiteren Erhöhung der Temperaturdifferenz zwischen den beiden Platten entspricht, dann treten zwei neue stationäre Lösungen der Lorenz-Gleichungen auf:

$$X = \pm\sqrt{b(r - 1)},$$
$$Y = \pm\sqrt{b(r - 1)}, \tag{14.117}$$
$$Z = r - 1.$$

Diese Lösungen entsprechen den Rollzellen. Sie sind im Bereich $1 < r < r_2$ ($r_2 = \dfrac{P_r(P_r + b + 3)}{P_r - b - 1}$ stabil.[23] Wird $r > r_2$, dann gibt es keine stabilen stationären Punkte mehr, die Bewegung ist turbulent und wird durch einen seltsamen Attraktor beschrieben. Für Werte von r dicht unterhalb r_2 findet man neben den beiden stationären Punkten (14.117) noch einen seltsamen Attraktor.

Es ist erstaunlich, wie gut die Lorenz-Gleichungen mit ihren starken Vereinfachungen das experimentelle Verhalten wiedergeben. Es fehlt nur der periodische Bereich vor dem Einsetzen der Turbulenz.

Das hier am Beispiel des Bénard-Problems und der Lorenz-Gleichungen skizzierte Auftreten von Bifurkationen und seltsamen Attraktoren findet man auch in

---

[22]   Da $r = \dfrac{Ra}{Ra_{kr}}$ ist, entspricht $r = 1$ dem Fall $Ra = Ra_{kr}$.

[23]   Siehe Aufgabe 14.7.3.

anderen Gebieten, z.B. in der Astronomie oder in der Reaktionskinetik, hier insbesondere beim Auftreten von autokatalytischen Reaktionen. Den an solchen Fragen interessierten Leser müssen wir auf die umfangreiche Spezialliteratur verweisen.

14.6 Fragen

1. Unter welchen Bedingungen ist die spezifische Entropie in zweiter Ordnung eine definite Größe?

2. Welche Aussage macht das allgemeine Entwicklungskriterium?

3. Wie lautet das Prinzip vom Minimum der Entropieproduktion, und unter welchen Voraussetzungen gilt es?

4. Interpretieren Sie das Stabilitätskriterium in lokaler bzw. in globaler Form!

5. Unter welchen Voraussetzungen über die Randbedingungen gilt das globale Stabilitätskriterium?

6. Welcher Zusammenhang besteht zwischen der Exzeßentropieproduktion und der Stabilität der zeitlichen Entwicklung eines Systems?

7. Weshalb sind stationäre Zustände im Bereich der linearen Ansätze stabil?

8. Was sind dissipative Strukturen?

9. Nennen Sie spezielle dissipative Strukturen!

10. Was versteht man unter der Normalmodenanalyse?

11. Wie kann man die Stabilitätsgrenze von laminaren Strömungen berechnen?

12. Was versteht man unter dem Bénard-Problem?

13. Wie kommt man zu den Lorenz-Gleichungen?

14. Was sind Attraktoren, und wodurch zeichnet sich ein seltsamer Attraktor aus?

15. Was versteht man unter Bifurkationen?

16. Wie kann man das Auftreten von Turbulenz verstehen?

17. Würden Sie das Buch, nachdem Sie es gelesen haben, weiterempfehlen?

14.7 Aufgaben

1. Man löse die Navier-Stokes-Gleichung (14.45) mit den Randbedingungen:

   a) $V_1(x_3 = \pm 1) = 0$,

   $p(x_1 = 0) = p_0$, $p(x_1 = 1) = p_1$,

   b) $V_1(x_3 = 0) = 0$, $V_1(x_3 = 1) = u_0$.

2. Man begründe die Randbedingungen (14.71) des Bénard-Problems.

3. Man ermittle den Stabilitätsbereich der Lösung (14.117) der Lorenz-Gleichungen.

4. Für folgendes Reaktionsschema (Brüsselator)

   $$A \longrightarrow X$$
   $$B + X \longrightarrow Y + D$$
   $$2X + Y \longrightarrow 3X$$
   $$X \longrightarrow E$$

   bestimme man die stationäre Lösung und deren Stabilitätsbereich. (Die Konzentrationen der Ausgangsstoffe A und B sowie der Endstoffe D und E bleiben konstant.)

Lösungen der Aufgaben

Kapitel 1

1.11.1 linearer Temperaturverlauf: $V_l = V_0(1 + 1,828 \cdot 10^{-4}t)$

Fehler: $V_l - V = F = V_0(8 \cdot 10^{-7}t - 8 \cdot 10^{-9}t^2)$

Extremwertbedingung: $F'(t_F) = V_0(8 \cdot 10^{-7} - 1,6 \cdot 10^{-8}t_F) = 0$

Temperatur mit größtem Fehler: $t_F = 50°C$

maximaler Fehler: $F(t_F) = V_0 \cdot 0,00002$

1.11.2

t	-100	0	100	200	300	400	500
$\Delta\varphi$	-25	0	15	20	15	0	-25
ϑ	-167	0	100	133	100	0	-167

sowie

$$a = \frac{100}{15}, \qquad b = 0.$$

1.11.3 $A = 3,92 \cdot 10^{-3} \text{ grad}^{-1}, \qquad B = -5,90 \cdot 10^{-7} \text{ grad}^{-2}$

1.11.4 Isotherme Kompression:

$$A_T = nRT_0 \ln 2 = C_V T_0 \ln(1 + 2^{\gamma-1} - 1)$$

$$= C_V T_0 \left[(2^{\gamma-1} - 1) - \frac{1}{2}(2^{\gamma-1} - 1)^2 + \frac{1}{3}(2^{\gamma-1} - 1)^3 - + \cdots \right]$$

Adiabatische Kompression:

$$A_\text{ad} = C_V(T_e - T_0) = C_V T_0(2^{\gamma-1} - 1), \quad T_0 V_0^{\gamma-1} = T_e\left(\frac{V_0}{2}\right)^{\gamma-1}$$

Es ist $A_\text{ad} > A_T$, da der Druck beim Komprimieren längs der Adiabaten stärker ansteigt als längs der Isothermen.

1.11.5 Van der Waals-Gas:

$$A_T = nRT_0 \ln 2 + nRT_0 \ln \frac{V_0 - nb}{V_0 - 2nb} - \frac{n^2 a}{V_0}$$

Ideales Gas: $A_T = nRT_0 \ln 2$

Kapitel 2

2.8.1   Man bilde die Divergenz von rot $H = j + \dot{D}$ und eliminiere D mit Hilfe von $\mathrm{div}\,D = \varrho$. Es folgt $\dfrac{\partial \varrho}{\partial t} + \mathrm{div}\,j = 0$.

2.8.2   Man multipliziere rot $E = -\dot{B}$ mit H, rot $H = j + \dot{D}$ mit E und subtrahiere anschließend die zweite von der ersten Gleichung. Mit Hilfe der Beziehung $\mathrm{div}\,(E \times H) = H\,\mathrm{rot}\,E - E\,\mathrm{rot}\,H$ und der Materialgleichungen folgt die gesuchte Bilanzgleichung in der Form

$$\frac{1}{2}\frac{\partial}{\partial t}(ED + HB) + \mathrm{div}\,(E \times H) = -jE.$$

2.8.3   Mit Hilfe der Gl. (2.20) und (2.19) erhält man

$$\frac{\partial}{\partial t}\left(\frac{\varrho}{2}v^2\right) + \frac{\partial}{\partial x_\beta}\left(\frac{\varrho}{2}v^2 v_\beta - \tau_{\alpha\beta} v_\alpha\right) = -\tau_{\alpha\beta} V_{\alpha\beta} + \sum_{i=1}^{K} v_\alpha f_{i\alpha}.$$

2.8.4   Wegen $\oint dU = 0$ gilt $\oint đQ = -\oint đA$. Die beim Kreisprozeß dem System zugeführte Wärme wird vollständig als Arbeit abgegeben.

Kapitel 3

3.4.1   Die Beziehung (3.11) liefert mit der thermischen Zustandsgleichung $p = \dfrac{1}{3}\,bT^4$ aus Tab. 3.1 die innere Energie zu $U = bT^4 V + U_0$.

3.4.2   Ausgehend vom Arbeitsdifferential $đA = H\,dM$ folgt analog zu (3.11) die Gleichung

$$\left(\frac{\partial U}{\partial M}\right)_T = -T\left(\frac{\partial H}{\partial T}\right)_M + H,$$

woraus sich mit $M = \dfrac{C}{T}\,H$ sofort $\left(\dfrac{\partial U}{\partial M}\right)_T = 0$ ergibt.

3.4.3   Mit der thermischen Zustandsgleichung $M = \dfrac{C}{T - \Theta}\,H$ aus Tab. 3.1 folgt analog zu Aufgabe 3.4.2

$$\left(\frac{\partial U}{\partial M}\right)_T = -\frac{\Theta}{C}\,M = \frac{\Theta}{\Theta - T}\,H.$$

3.4.4   Die Beziehung (3.11) zusammen mit den Zustandsgleichungen liefert

$$\frac{BT^n}{V} = 2A\,\frac{T^3}{V},$$

woraus $B = 2A$ und $n = 3$ folgen.

3.4.5   Setzt man in

$$\left(\frac{\partial U}{\partial V}\right)_T = T\left(\frac{\partial p}{\partial T}\right)_V - p$$

die Zustandsgleichung $pV = aU$ ein, folgt

$$V\left(\frac{\partial U}{\partial V}\right)_T = aT\left(\frac{\partial U}{\partial T}\right)_V - aU.$$

Diese Gleichung wird durch $U = V^{-a}f(TV^a)$ gelöst.

Kapitel 4

4.8.1   Nach Gl. (4.23) gilt

$$c_p - c_v = T\left(\frac{\partial p}{\partial T}\right)_v\left(\frac{\partial v}{\partial T}\right)_p = \frac{R}{1 - \dfrac{2a(v-b)^2}{v^2 RT}}.$$

4.8.2   Die Integration der hydrostatischen Gleichgewichtsbedingung $\dfrac{dp}{dz} = -\varrho g$ (g Erdbeschleunigung, ϱ Dichte) liefert für die Adiabate $p\varrho^{-\gamma} = p_0\varrho_0^{-\gamma}$:

$$p = p_0\left(1 - \frac{\gamma-1}{\gamma}\frac{g\rho_0 z}{p_0}\right)^{\frac{\gamma}{\gamma-1}},$$

und für die Isotherme $\dfrac{p}{p_0} = \dfrac{\varrho}{\varrho_0}$:

$$p = p_0\, e^{-\frac{\varrho_0}{p_0}gz}.$$

Die adiabatische Atmosphäre endet bei der Höhe $z = h = \dfrac{\gamma}{\gamma-1}\dfrac{p_0}{g\rho_0} \approx$ 28 km (für $\gamma = 1,4$).

Die Temperaturabnahme ergibt sich mit der Adiabaten $PT^{\frac{\gamma}{1-\gamma}} = \text{const}$ zu

$$T = T_0(1 - \frac{\gamma-1}{\gamma}\frac{g\rho_0 z}{p_0}$$

(ungefähr 1 K pro 100 m Höhe)

4.8.3   Bei der Kompression wird die Arbeit

$$A = -\int_{1m^3}^{0,1m^3} p\, dV = nRT_0 \ln 10 = 2,3\cdot 10^5\ \text{J}$$

aufgewandt. Zum Vergleich, eine 60 W Glühlampe verbraucht während einer Stunde $2,16\cdot 10^5$ J an Energie.

4.8.4   Für einen Umlauf ergibt der erste Hauptsatz $Q_1 + Q_2 + A = 0$. Dabei ist $Q_2 = C_p(T_2 - T_1)$ die bei dem Druck p_2 zugeführte und

$Q_1 = C_p(T_4 - T_3)$ die beim Druck p_1 abgegebene Wärmemenge. Der Wirkungsgrad η ist:

$$\eta = \frac{-A}{Q_2} = 1 - \frac{T_3 - T_4}{T_2 - T_1} = 1 - \left(\frac{p_2}{p_1}\right)^{\frac{1-\gamma}{\gamma}}.$$

4.8.5   Beim Carnot-Prozeß wird dem heißeren Wärmebad T_1 die Wärmemenge $\mathchar'26\mkern-12mu d\, Q_2 = C\, dT_2$ zugeführt. Dabei gilt

$$\frac{\mathchar'26\mkern-12mu d\, Q_1}{T_1} = -\frac{\mathchar'26\mkern-12mu d\, Q_2}{T_2} \qquad \text{bzw.} \qquad \int\limits_{T_1}^{T_e} \frac{dT_1}{T_1} = -\int\limits_{T_2}^{T_e} \frac{dT_2}{T_2}.$$

Hieraus folgt die Endtemperatur T_e zu $T_e = \sqrt{T_1 T_2}$. Die abgegebene Arbeit ist gleich der Differenz der inneren Energie des Anfangs- und Endzustandes:

$$A = U_a - U_e = C\left(T_1 + T_2 - 2\sqrt{T_1 T_2}\right).$$

4.8.6   Die Wärmepumpe führt dem Gebäude pro Zeiteinheit die Wärmemenge $Q = \dfrac{W}{\eta} = \dfrac{W}{1 - \frac{T_0}{T}}$ zu. Im Gleichgewicht bei der Temperatur T_e gilt $Q_e = \alpha(T_e - T_0)$. Daraus folgt

$$T_e = T_0 + \frac{W}{2\alpha}\left[1 + \left(1 + \frac{4\alpha T_0}{W}\right)^{\frac{1}{2}}\right].$$

4.8.7   Der Wirkungsgrad des Ottomotors ist

$$\eta_0 = \frac{A}{Q} = \frac{\text{bei einem Umlauf geleistete Arbeit}}{\text{im Motor bei einem Umlauf entwickelte Wärmemenge}}.$$

Für ein ideales Gas gilt $A = C_V(T_3 - T_4) - C_V(T_2 - T_1)$ und $Q = C_V(T_3 - T_2)$, woraus $\eta_0 = 1 - \dfrac{T_4 - T_1}{T_3 - T_2}$ folgt. (Zu V_1 gehören T_1 und T_4 sowie zu V_2 T_2 und T_3). Mit Hilfe der Adiabatengleichung erhält man

$$\eta_0 = 1 - \varepsilon^{1-\gamma}, \qquad \varepsilon = \frac{V_1}{V_2}.$$

4.8.8   Die Gl. (4.28) liefert als Adiabatengleichung

$$(\gamma - 1)\left(\frac{\partial v}{\partial T}\right)_{\text{adiab}} = \left(\frac{\partial v}{\partial T}\right)_p.$$

Die Anomalie des Wassers besteht darin, daß der Ausdehnungskoeffizient $\alpha = \frac{1}{v}\left(\frac{\partial v}{\partial T}\right)_p$ für $T = T_A = 277$ K gleich Null wird. Damit ist dort auch $(\partial v/\partial T)_S = 0$ und die Isotherme $T = T_A$ ist gleichzeitig eine Adiabate. Durch adiabatische Ausdehnung läßt sich deshalb Wasser von Temperaturen über 277 K nicht unter 277 K abkühlen. Damit ist der in der Aufgabe beschriebene Carnot-Prozeß nicht durchführbar.

4.8.9   Der Prozeß verlaufe entlang der Geraden $p = \tan\alpha V + p_0$, außerdem gilt $pV = nRT$. Aus $đQ = C_V\,dT + p\,dV$ folgt mit $(2\tan\alpha V + p_0)\,dV = nR\,dT$

$$C_{\tan\alpha} = \int \frac{đQ}{T} = C_V + nR\,\frac{\tan\alpha V + p_0}{2\tan\alpha V + p_0}.$$

Kapitel 5

5.5.1   Aus $\left(\frac{\partial U}{\partial M}\right)_T = -T\left(\frac{\partial H}{\partial T}\right)_M + H$ folgt mit $T = T(\vartheta)$

$$\frac{dT}{T} = \frac{-\left(\frac{\partial H}{\partial \vartheta}\right)_M d\vartheta}{-H + \left(\frac{\partial U}{\partial M}\right)_\vartheta}.$$

Speziell für die Zustandsgleichung $M = \frac{C}{\vartheta}\,H$ ergibt sich

$$T = \frac{T_0}{\vartheta_0}\,\vartheta.$$

5.5.2   Der Wirkungsgrad der Carnot-Maschine ist

$$\eta = 1 - \frac{Q_1}{Q_2} = 1 - f(\vartheta_1, \vartheta_2),$$

und er hängt nur von den Temperaturen der beiden Wärmebäder ab, die hier mit der empirischen Temperatur ϑ gemessen werden. Man schalte nun zwischen die Wärmebäder ein weiteres mit der Temperatur ϑ_0 und führe den Carnot-Prozeß so, daß diesem Wärmebad vom heißeren Wärmebad ϑ_1 die Wärmemenge Q_0 zugeführt und zum kälteren Wärmebad ϑ_2 dieselbe Wärmemenge Q_0 abgeführt wird. Es gilt dann

$$\frac{Q_1}{Q_0} = f(\vartheta_1, \vartheta_0), \quad \frac{Q_0}{Q_2} = f(\vartheta_0, \vartheta_2), \quad \frac{Q_1}{Q_2} = f(\vartheta_1, \vartheta_0)f(\vartheta_0, \vartheta_2) = f(\vartheta_1, \vartheta_2).$$

Speziell für $\vartheta_1 = \vartheta_2$ muß $f(\vartheta_1, \vartheta_1) = 1$ oder $f(\vartheta_1, \vartheta_0) = \frac{1}{f(\vartheta_0, \vartheta_1)}$ gelten. Also ist

$$\frac{Q_1}{Q_2} = f(\vartheta_1, \vartheta_2) = \frac{f(\vartheta_1, \vartheta_0)}{f(\vartheta_2, \vartheta_0)} = \frac{\varphi(\vartheta_1)}{\varphi(\vartheta_2)},$$

da Q_1/Q_2 unabhängig vom Wärmebad ϑ_0 ist. Der empirischen Temperatur kann man nun über $\varphi(\vartheta) = T$ die absolute Tempeartur zuordnen.

Kapitel 6

6.4.1   Thermische Zustandsgleichung:

$$\left(\frac{\partial G}{\partial p}\right)_T = V = \frac{nRT}{p} + \left(nb - \frac{na}{RT}\right).$$

Die van der Waals-Gleichung ohne Terme zweiter Ordnung in a und b lautet

$$pV = nRT + nbp - \frac{n^2 a}{V} \qquad \text{bzw.}$$

$$V = \frac{nRT}{p} + nb - \frac{n^2 a}{pV} = \frac{nRT}{p} + nb - \frac{na}{RT},$$

in Übereinstimmung mit dem berechneten $\left(\dfrac{\partial G}{\partial p}\right)_T$. Weiter folgen:

$$\left(\frac{\partial G}{\partial T}\right)_p = -S = nR \ln p + \frac{nap}{RT^2} + \frac{\partial f}{\partial T},$$

$$C_p = T \left(\frac{\partial S}{\partial T}\right)_p = \frac{2nap}{RT^2} - T\frac{\partial^2 f}{\partial T^2},$$

$$H = G - T \left(\frac{\partial G}{\partial T}\right)_p = p\left(nb - \frac{2na}{RT}\right) + f - T\frac{\partial f}{\partial T}.$$

6.4.2   Zweiter Hauptsatz:

$$dS = \frac{đQ}{T} = \frac{dU + p\,dV}{T} \geq 0.$$

Falls T und p konstant sind, können sie unter die Differentiale gezogen werden und es gilt

$$d\left(S - \frac{U + pV}{T}\right) \geq 0.$$

Die gesuchte Funktion ist also die Planck-Massieu-Funktion $Y\left(\dfrac{1}{T}, \dfrac{p}{T}\right)$. Ihr vollständiges Differential lautet

$$dY = -U\,d\left(\frac{1}{T}\right) - V\,d\left(\frac{p}{T}\right)$$

$$= \left(\frac{U + pV}{T^2}\right)dT - \frac{V}{T}\,dp.$$

6.4.3   Es gilt:

$$S = -\left(\frac{\partial G}{\partial T}\right)_p = nR\left(\frac{5}{2} - \ln\frac{ap}{(RT)^{5/2}}\right),$$

$$V = \left(\frac{\partial G}{\partial p}\right) = \frac{nRT}{p},$$

$$C_p = T\left(\frac{\partial S}{\partial T}\right)_p = \frac{5}{2}\,nR,$$

$$C_v = T\left(\frac{\partial S}{\partial T}\right)_V = \frac{3}{2}\,nR.$$

6.4.4   Aus $U = \dfrac{S^3}{A^3V}$ sowie $\left(\dfrac{\partial U}{\partial S}\right)_V = T = \dfrac{3S^2}{A^3V}$ folgen

$$p = -\left(\frac{\partial U}{\partial V}\right)_S = \frac{S^3}{A^3V^2} = \frac{1}{\sqrt{V}}\left(\frac{1}{3}\,AT\right)^{3/2},$$

$$C_V = T\left(\frac{\partial S}{\partial T}\right) = \frac{1}{2}\,\sqrt{\frac{1}{3}A^3VT}.$$

6.4.5   1. Ideales Gas

2. $\left(\dfrac{\partial S}{\partial V}\right)_p = \dfrac{\left(\frac{\partial S}{\partial T}\right)_p}{\left(\frac{\partial V}{\partial T}\right)_p} = \dfrac{C_p}{VT\alpha} < 0.$ Der isobare Ausdehnungskoeffizient α muß negativ sein.

3. $\left(\dfrac{\partial T}{\partial S}\right)_p = \dfrac{T}{C_p} = 0 \rightarrow C_p = \infty.$ Das System besteht aus zwei koexistierenden Phasen. Ein anderes Beispiel ist die Hohlraumstrahlung, für die die Isothermen gleichzeitig Isobaren sind.

4. $\left(\dfrac{\partial S}{\partial V}\right)_T = \left(\dfrac{\partial p}{\partial T}\right)_V = 0.$ Der isochore Druckkoeffizient muß Null sein.

5. Diese Maxwellbeziehung wird von allen einkomponentigen Systemen erfüllt.

6.4.6 $S(T, V) = S_1(T) + S_2(V)$ hat $\left(\dfrac{\partial^2 S}{\partial T \partial V}\right) = 0$ zur Folge.

Mit $\left(\dfrac{\partial S}{\partial V}\right)_T = \left(\dfrac{\partial p}{\partial T}\right)_V$ folgt $\left(\dfrac{\partial^2 p}{\partial T^2}\right)_V = 0$ und $p = f_1(V)T + f_2(V).$

Analog folgt mit $S(T, p) = S_1(T) + S_2(p)$ $\left(\dfrac{\partial^2 S}{\partial p \partial T}\right) = 0.$

Mit $\left(\dfrac{\partial S}{\partial p}\right)_T = -\left(\dfrac{\partial V}{\partial T}\right)_p$ und $\left(\dfrac{\partial^2 V}{\partial T^2}\right)_p = 0$ ergibt sich

$V = g_1(p)T + g_2(p).$

6.4.7   Es ist $\left(\dfrac{\partial H}{\partial p}\right)_S = V$, $\left(\dfrac{\partial H}{\partial S}\right)_p = T$ und $\left(\dfrac{\partial V}{\partial T}\right)_p = \dfrac{\left(\dfrac{\partial V}{\partial S}\right)_p}{\left(\dfrac{\partial T}{\partial S}\right)_p}$. Damit folgt:

$$\alpha = \frac{\left(\dfrac{\partial^2 H}{\partial p\,\partial S}\right)}{\left(\dfrac{\partial H}{\partial p}\right)_S \left(\dfrac{\partial^2 H}{\partial S^2}\right)_p}, \qquad \kappa_S = -\frac{\left(\dfrac{\partial^2 H}{\partial p^2}\right)_S}{\left(\dfrac{\partial H}{\partial p}\right)_S},$$

$$c^2 = \frac{-\left(\dfrac{\partial H}{\partial p}\right)_S^2}{nM\left(\dfrac{\partial^2 H}{\partial p^2}\right)},$$

wobei $\varrho = \dfrac{nM}{V}$ (M Molmasse) verwendet wurde.

Kapitel 7

7.7.1   Die Stabilitätsbedingung (7.28) $\delta^2 S = \delta\left(\dfrac{1}{T}\right)\delta U + \delta\left(\dfrac{p}{T}\right)\delta V < 0$ und

$\delta S = \dfrac{\delta U}{T} + \dfrac{nR}{V}\,\delta V$ mit $\delta U = C_V\,\delta T$, $\delta\left(\dfrac{p}{T}\right) = -nR\dfrac{\delta V}{V^2}$ und der Bedingung für die adiabatische Prozeßführung $\delta Q = C_V\,\delta T + p\,\delta V = 0$ sowie $p = p_0$ ergeben

$$\delta S = 0 \qquad \text{und} \qquad \delta^2 S = -\left(\frac{C_V}{T^2}\delta T^2 + \frac{nR}{V^2}\delta V^2\right) < 0.$$

7.7.2 $\delta^2 U > 0$ liefert mit $dU = T\,dS + H\,dM$ analog zu Abschnitt 7.3 die Bedingungen $C_M > 0$ und $\left(\dfrac{\partial H}{\partial M}\right)_T > 0$. Aus der letzten Bedingung ergibt sich

$$\left(\frac{\partial M}{\partial H}\right)_T = \chi_m = \frac{C}{T} > 0.$$

7.7.3   Die Stabilitätsbedingung $\sum_{i,k} \left(\dfrac{\partial \mu_i}{\partial n_k}\right) \delta n_i \, \delta n_k > 0$ führt mit

$$\frac{\partial \mu_i}{\partial n_k} = RT\left(\frac{\delta_{ik}}{n_i} - \frac{1}{n}\right) \qquad \text{auf} \qquad RT \sum_i \frac{(\delta n_i)^2}{n_i} > 0.$$

Diese Bedingung ist immer erfüllt. (Man beachte $\sum_k \delta n_k = 0$.)

7.7.4   In $\delta^2 S = \delta\left(\dfrac{1}{T}\right) \delta U + \delta\left(\dfrac{p}{T}\right) \delta V - \sum_i \delta\left(\dfrac{\mu_i}{T}\right) \delta n_i < 0$ (7.28)   verwende

man: $\delta\left(\dfrac{1}{T}\right) = -\dfrac{\delta T}{T^2}$, $\delta\left(\dfrac{p}{T}\right) = -\dfrac{p}{T^2}\delta T + \dfrac{\delta p}{T}$, $\delta\left(\dfrac{\mu_i}{T}\right) = -\dfrac{\mu_i}{T^2}\delta T + \dfrac{\delta \mu_i}{T}$ und

$\delta U = T\,\delta S - p\,\delta V + \sum_i \mu_i \,\delta n_i$. Es folgt

$$-T\,\delta S^2 = \delta T \delta S - \delta p\,\delta V + \sum_i \delta \mu_i \,\delta n_i > 0.$$

Kapitel 8

8.6.1   Der dritte Hauptsatz verlangt $\lim_{T \to 0} \left(\dfrac{\partial S}{\partial H}\right)_T = \lim_{T \to 0} \left(\dfrac{\partial M}{\partial T}\right)_H = 0$. Aus

$M = \dfrac{C}{T}H$ folgt im Widerspruch dazu $\left(\dfrac{\partial M}{\partial T}\right)_H = -\dfrac{C}{T^2}H$.

8.6.2   Aus $M = M_0 \tanh\dfrac{\mu_B H}{kT}$ folgt in Übereinstimmung mit dem dritten Hauptsatz

$$\lim_{T \to 0} \left(\frac{\partial M}{\partial T}\right)_H = \lim_{T \to 0} \frac{M_0 \mu_B H}{kT^2} \frac{1}{\cosh^2\left(\dfrac{\mu_B H}{kT}\right)} = 0$$

Man kann auch an Gl. (9.10) direkt $\lim_{T \to 0} S(T) = 0$ nachweisen.

8.6.3   Mit Gl. (8.2) $-T\left(\dfrac{\partial^2 \Delta F}{\partial T^2}\right)_V = \left(\dfrac{\partial W_V}{\partial T}\right)_V = b_1 + 2b_2 T + 3b_3 T^2 + \cdots$

und $b_1 = 0$ wegen $\lim_{T \to 0}\left(\dfrac{\partial W_V}{\partial T}\right)_V = 0$ folgt

$$\Delta F = b_2 T^2 + \frac{1}{2} b_3 T^3 + \cdots + g(V)T + f(V).$$

Kapitel 9

9.6.1   Ausgehend von der Adiabatengleichung (10.133) $C_M \, dT = H \, dM$ sowie $M = \dfrac{CH}{T}$ und $C_H - C_M = \dfrac{CH^2}{T}$ folgt $C_H \, dT = \dfrac{CH}{T} \, dH$. Mit $C_H = \dfrac{b}{T^2}$ ergibt die Integration der Adiabatengleichung $T = T_a e^{-\frac{C}{2b} H_a^2}$. Damit die Endtemperatur $T_e = \dfrac{1}{2} T_a$ wird, muß $H_a = \sqrt{\dfrac{2b}{C} \ln 2}$ sein.

9.6.2   Man ersetze in Gl. (9.3) RT mit der van der Waals-Gleichung, löse die entstehende Gleichung nach $\dfrac{1}{V}$ auf und setze dieses $\dfrac{1}{V}$ wieder in Gl. (9.3) ein. Es folgt

$$T = \frac{8a}{9Rb} \left(1 \pm \sqrt{1 - \frac{3b^2}{a} p} \right)^2 .$$

Die untere Inversionstemperatur liegt in der flüssigen Phase, und sie konnte für einige Stoffe experimentell nachgewiesen werden.

9.6.3   Nach Gl. (4.23) gilt $C_p - C_V = T \left(\dfrac{\partial p}{\partial T} \right)_V \left(\dfrac{\partial V}{\partial T} \right)_p$. Auf der Inversionskurve gilt nach Gl. (9.2) $\left(\dfrac{\partial V}{\partial T} \right)_p = \dfrac{V}{T}$ und somit $C_p - C_V = V \left(\dfrac{\partial p}{\partial T} \right)_V$.

9.6.4   Auch im Bereich negativer Temperaturen gilt der zweite Haupsatz und damit die Stabilitätsbedingung $(\delta^2 S)_{U,A_i,M} < 0$. Für die Potentiale U, H, F und G gelten wegen $T < 0$ die Stabilitätsbedingungen $(\delta^2 U)_{S,A_i,M} < 0$, $(\delta^2 H)_{S,a_i,M} < 0$, $(\delta^2 F)_{T,A_i,M} < 0$ und $(\delta^2 G)_{T,a_i,M} < 0$. Daraus folgen z.B. mit $a_1 = H$ und $A_1 = M$ die Ungleichungen $C_H > 0$ und $\left(\dfrac{\partial M}{\partial H} \right)_T < 0$.

9.6.5   Nach Aufgabe 9.6.4 muß $C_H > 0$ und $\left(\dfrac{\partial M}{\partial H} \right) < 0$ gelten. $C_H > 0$ folgt aus Gl. (9.9) auch für $T < 0$. Aus der Zustandsgleichung (9.7) ergibt sich für $T < 0$

$$\left(\frac{\partial M}{\partial H} \right)_T = \frac{\mu_B M_0}{kT} \left(1 - \tanh^2 \frac{\mu_B H}{kT} \right) < 0 .$$

Kapitel 10

10.8.1 Am Tripelpunkt können die Molzahl n, das Volumen V und die innere Energie U vorgegeben werden:

$$n_1 + n_2 + n_3 = n,$$
$$n_1 v_1 + n_2 v_2 + n_3 v_3 = V = vn,$$
$$n_1 u_1 + n_2 u_2 + n_3 u_3 = U = un.$$

Aus diesen Gleichungen berechnen sich die Verhältnisse der Molzahlen der einzelnen Phasen zu

$$n_1 : n_2 : n_3 : n = \begin{vmatrix} 1 & 1 & 1 \\ v & v_2 & v_3 \\ u & u_2 & u_3 \end{vmatrix} : \begin{vmatrix} 1 & 1 & 1 \\ v_1 & v & v_3 \\ u_1 & u & u_3 \end{vmatrix} : \begin{vmatrix} 1 & 1 & 1 \\ v_1 & v_2 & v \\ u_1 & u_2 & u \end{vmatrix} : \begin{vmatrix} 1 & 1 & 1 \\ v_1 & v_2 & v_3 \\ u_1 & u_2 & u_3 \end{vmatrix}.$$

Damit die Molzahlen n_i positiv sind, muß der zu u und v gehörende Punkt in der u-v-Ebene innerhalb des durch die drei Punkte (u_i, v_i) gebildeten Fundamentaldreiecks in der u-v-Ebene liegen. Das Verhältnis der Molzahlen n_i zueinander ist gleich dem Verhältnis der Flächen der Dreiecke, die durch den Punkt (u, v) und je zwei Eckpunkte des Fundamentaldreiecks gebildet werden.

10.8.2 Aus der Dieterici-Gleichung und den Bedingungen
$$\left(\frac{\partial p}{\partial v}\right)_T = 0, \quad \left(\frac{\partial^2 p}{\partial v^2}\right)_T = 0 \text{ für den kritischen Punkt folgt}$$

$$v_k = 2b, \quad RT_k = \frac{a}{4b}, \quad p_k = \frac{a}{4\,e^2 b}.$$

10.8.3 Die Wärmekapazitäten pro Volumeneinheit der Hohlraumstrahlung (10.66) und des idealen Gases (10.11) sind $\check{c}_{vH} = 4bT^3$ und $\check{c}_{vG} = \dfrac{3}{2}\dfrac{R}{v}$. Mit den Zahlenwerten $v = 22,4 \cdot 10^{-3}$ m^3/mol, $R = 8,31$ JK^{-1}/mol und $b = 7,56 \cdot 10^{-16}$ Jm^{-3}K^{-4} folgt

$$\frac{\check{c}_{vH}}{\check{c}_{vG}} = 5,6 \cdot 10^{-18} \frac{T^3}{K^3}.$$

Das heißt, für $T \approx 10^6$ K werden die beiden Wärmekapazitäten etwa gleich groß.

10.8.4 Es gilt $C_p - C_V = T\left(\dfrac{\partial p}{\partial T}\right)_V \left(\dfrac{\partial V}{\partial T}\right)_p = -T\left(\dfrac{\partial S}{\partial V}\right)_T \left(\dfrac{\partial S}{\partial p}\right)_T.$

Mit $S \sim T^n$ folgt $C_p - C_V \sim T^{2n+1}$.

Wegen $C_V = T\left(\dfrac{\partial S}{\partial T}\right)_V$ ist im Fall $C_V \sim T^3 \quad C_p - C_V \sim T^7$

und im Fall $C_V \sim T$ $C_p - C_V \sim T^3$.

10.8.5   Es gilt $h_{\alpha\beta\gamma} = \left(\dfrac{\partial^2 \check{u}}{\partial D_\alpha \partial \varepsilon_{\beta\gamma}}\right)_{\check{s}}$ und $e_{\beta\gamma\alpha} = \left(\dfrac{\partial^2 \check{f}}{\partial \varepsilon_{\beta\gamma}\partial E_\alpha}\right)_T$.

Man setze in $\mathrm{d}\sigma_{\beta\gamma}(\check{s}, \varepsilon_{\mu\nu}, D_\lambda) = \mathrm{d}\sigma_{\beta\gamma}(T, \varepsilon_{\mu\nu}, E_\lambda)\,T$ und $\varepsilon_{\mu\nu}$ bzw. $\check{s}$ und $\varepsilon_{\mu\nu}$ konstant. Es folgt

$$e_{\beta\gamma\alpha} = \left(\frac{\partial\sigma_{\beta\gamma}}{\partial\check{s}}\right)_{\varepsilon,D}\left(\frac{\partial\check{s}}{\partial E_\alpha}\right)_{\varepsilon,T} + h_{\nu\beta\gamma}\left(\frac{\partial D_\nu}{\partial E_\alpha}\right)_{\varepsilon,T} \quad \text{bzw.}$$

$$h_{\alpha\beta\gamma} = \left(\frac{\partial\sigma_{\beta\gamma}}{\partial T}\right)_{\varepsilon,E}\left(\frac{\partial T}{\partial D_\alpha}\right)_{\varepsilon,\check{s}} + e_{\beta\gamma\nu}\left(\frac{\partial E_\nu}{\partial D_\alpha}\right)_{\varepsilon,s}.$$

Ist z.B. $\left(\dfrac{\partial T}{\partial D_\alpha}\right)_{\varepsilon,\check{s}} = 0$ ergibt sich $e_{\beta\gamma\lambda} = \varepsilon_{\lambda\alpha}h_{\alpha\beta\gamma}$

$\left(\varepsilon_{\lambda\alpha} = \left(\dfrac{\partial D_\lambda}{\partial E_\alpha}\right)_{\varepsilon,s}\right.$ ist die Dielektrizitätskonstante).

10.8.6   Es ist

$$C = \frac{đQ}{\mathrm{d}T} = T\frac{\mathrm{d}S}{\mathrm{d}T} = T\left(\frac{\partial S}{\partial T}\right)_p + T\left(\frac{\partial S}{\partial p}\right)_T\frac{\mathrm{d}p}{\mathrm{d}T}$$

$$= C_p - T\left(\frac{\partial V}{\partial T}\right)\frac{Q_u}{T(V_D - V_F)} \approx C_p - \frac{Q_u}{T}.$$

Im letzten Schritt wurde der Dampf wie ein ideales Gas behandelt und es wurde $V_D \gg V_F$ berücksichtigt.

10.8.7   Die Gleichgewichtsbedingung lautet $\hat{f}_{\text{mon}} = \hat{f}_{\text{rhom}}$ bzw. $\Delta\hat{f} = a + bT_{\text{gl}}^2$
$= 0$. Also ist $T_{\text{gl}} = \sqrt{-\dfrac{a}{b}} = 96°\text{C}$. Die Wärmetönung folgt mit $W_V = \Delta\hat{f} - T\left(\dfrac{\partial\Delta\hat{f}}{\partial T}\right)_V$ zu $W_V = 2a = 13{,}14\,\text{J/g}$.

10.8.8   Die gesuchte Lösung lautet $f = \tanh\left(\dfrac{x}{2\xi}\right)$.

10.8.9   Einfaches Ausmultiplizieren führt auf das gewünschte Ergebnis.

10.8.10   Die Gleichgewichtsbedingung zwischen Tröpfchen und Dampf lautet $g_{\text{Tr}}(p_1, T) = g_D(p_2, T)$. p_1 und p_2 weichen nur gering vom Dampfdruck p an einer ebenen Phasengrenzfläche ab, so daß

$$g_{\text{Tr}}(p_1, T) = g_{\text{Tr}}(p, T) + v_{\text{Tr}}(p_1 - p)$$
$$g_D(p_2, T) = g_D(p, T) + v_D(p_2 - p)$$

gilt. Betrachtet man den Dampf als ideales Gas, setzt $\dfrac{p_2 - p}{p} \approx \ln\dfrac{p_2}{p}$ und verwendet Gl. (10.255) $p_1 - p \approx \dfrac{2\sigma}{r}$, so ergibt sich

$$p_2 = p\,\mathrm{e}^{\frac{2\sigma v_{\text{Tr}}}{RTr}}.$$

Kapitel 11

11.7.1 Aus $U = \sum_l U_l(T)$ folgt $C_V = \sum_l C_{Vl}$ mit $C_{Vl} = \left(\dfrac{\partial U_l}{\partial T}\right)_V$. Entsprechend gilt

$$C_p = \sum_l \left(\frac{\partial H_l}{\partial T}\right)_p = \sum_l C_{pl}.$$

11.7.2 Die Stabilitätsbedingung lautet $\delta^2 G = \left(\sum_{i,k} \dfrac{\partial^2 G}{\partial n_i \, \partial n_k} \delta n_i \, \delta n_k\right) > 0$. Mit

$$\delta n_i = \nu_i \, \delta\xi \quad \text{und} \quad \left(\frac{\partial^2 G}{\partial n_i \partial n_k}\right) = \frac{\partial \mu_i}{\partial n_k} = RT \left(\frac{\delta_{ik}}{n_i} - \frac{1}{n}\right)$$

folgt

$$\delta^2 G = \frac{RT}{2n} \sum_{i,k} n_i n_k \left(\frac{\nu_i}{n_i} - \frac{\nu_k}{n_k}\right)^2 (\delta\xi)^2 > 0.$$

11.7.3 Mit $\left(\dfrac{\partial \mu_i}{\partial n_k}\right)$ aus Aufgabe 11.7.2 folgt

$$\sum_k n_k \left(\frac{\partial \mu_i}{\partial n_k}\right) = RT \sum_i n_k \left(\frac{\delta_{ik}}{n_i} - \frac{1}{n}\right) = 0.$$

11.7.4 Gleicher Dissoziationsgrad der Reaktion

$J_2 \rightleftharpoons 2J \quad (\nu_1 = -1, \nu_2 = 2)$ heißt $K(T_1, p_1) = K(T_2, p_2)$. Daraus folgt mit der MWG-Konstanten aus Abschnitt 11.3.2

$$-\frac{q_{p_0}}{RT_1} + \sum_l \nu_l \left\{ +\frac{c_{pl}}{R} \ln \frac{T_1}{T_0} - \ln \frac{p_1}{p_0} \right\} = -\frac{q_{po}}{RT_2} + \sum_l \nu_l \left\{ +\frac{c_{pl}}{R} \ln \frac{T_2}{T_0} - \ln \frac{p_2}{p_0} \right\},$$

oder

$$q_{p_0} = R \frac{T_1 T_2}{T_1 - T_2} \left\{ \sum_l \nu_l \left(\frac{c_{pl}}{R} \ln \frac{T_2}{T_1} - \ln \frac{p_2}{p_1} \right) \right\}.$$

Mit den angegebenen Zahlenwerten ergibt sich $q_{p_0} = 172 \, \text{J/mol}$.

Kapitel 12

12.7.1   Die linearen Ansätze lauten in den beiden Fällen:

$$\boldsymbol{Q} = l_Q \text{grad}\, \frac{1}{T} + l_{QJ}\left(-\text{grad}\, \frac{\mu}{T}\right),$$

$$\boldsymbol{J} = l_{JQ} \text{grad}\, \frac{1}{T} + l_J\left(-\text{grad}\, \frac{\mu}{T}\right),$$

$$\boldsymbol{Q} - \mu\boldsymbol{J} = L_Q \text{grad}\, \frac{1}{T} + L_{QJ}\left(-\frac{1}{T}\text{grad}\,\mu\right)$$

$$\boldsymbol{J} = L_{JQ} \text{grad}\, \frac{1}{T} + L_J\left(-\frac{1}{T}\text{grad}\,\mu\right),$$

$$L_Q = \left(l_Q + 2\mu l_{QJ} + \mu^2 l_J\right), \qquad L_J = l_J,$$

$$L_{QJ} = l_{QJ} - \mu l_J, \qquad L_{JQ} = l_{JQ} - \mu l_J.$$

Wegen $l_{QJ} = l_{JQ}$ gilt auch $L_{QJ} = L_{JQ}$.

12.7.2   Die angegebenen Transformationen führen die Gleichung $\varrho\, \dfrac{\mathrm{d}\boldsymbol{v}}{\mathrm{d}t} =$ $-\text{grad}\, p + \eta\Delta\boldsymbol{v}$ in die dimensionslose Form $\varrho'\, \dfrac{\mathrm{d}\boldsymbol{v}'}{\mathrm{d}t'} = -\text{grad}\, 'p' +$ $\dfrac{\eta}{h\varrho_0 U_0}\Delta'\boldsymbol{v}'$ über. Die dimensionslose Zahl $Re = \dfrac{h\varrho_0 U_0}{\eta}$ ist die Reynolds-Zahl.

Kapitel 13

13.9.1   Die Summe aus dem konvektiven und konduktiven Wärmestrom muß verschwinden:

$$\varrho c_v T v - \kappa\frac{\mathrm{d}T}{\mathrm{d}x} = 0.$$

Die Integration dieser Bedingung ergibt die Temperaturverteilung $T = T_1\, e^{\frac{\varrho c_v}{\kappa}vx}$ und die Geschwindigkeit $v = \dfrac{\kappa}{\varrho c_v L}\ln\dfrac{T_2}{T_1}$.

13.9.2   a) Die Lösungen der Gleichungen

$$\frac{\mathrm{d}\check{\xi}_1}{\mathrm{d}t} = k_1(\mathring{\gamma}_A - \check{\xi}_1 - \check{\xi}_2) \quad \text{und} \quad \frac{\mathrm{d}\check{\xi}_2}{\mathrm{d}t} = k_2(\mathring{\gamma}_A - \check{\xi}_1 - \check{\xi}_2)$$

lauten

$$\check{\xi}_1 = \frac{k_1\mathring{\gamma}_A}{k_1 + k_2}(1 - e^{-(k_1+k_2)t}),$$

$$\check{\xi}_2 = \frac{k_2\mathring{\gamma}_A}{k_1 + k_2}(1 - e^{-(k_1+k_2)t}).$$

b) Die Lösungen der Gleichungen

$$\frac{d\check{\xi}_1}{dt} = k_1(\mathring{\gamma}_A - \check{\xi}_1) \quad \text{und} \quad \frac{d\check{\xi}_2}{dt} = k_2(\mathring{\gamma}_B + \check{\xi}_1 - \check{\xi}_2)$$

lauten

$$\check{\xi}_1 = \mathring{\gamma}_A\left(1 - e^{-k_1 t}\right),$$

$$\check{\xi}_2 = (\mathring{\gamma}_A + \mathring{\gamma}_B)(1 - e^{-k_2 t}) - \frac{k_2\mathring{\gamma}_A}{k_2 - k_1}\left(e^{-k_1 t} - e^{-k_2 t}\right).$$

13.9.3   Geht man mit dem Ansatz $s_\alpha = A_\alpha\, e^{i(\omega t - k x_1)}$ für eine ebene Welle in die Impulsbilanz $\varrho_0 \dfrac{\partial^2 s_\alpha}{\partial t^2} = \dfrac{\partial \tau_{\alpha\beta}}{\partial x_\beta}$ und die Gleichungen des Maxwell-Körpers

$$\frac{1}{2\mu}\frac{\partial \tau_{\alpha\beta}}{\partial t} + \frac{1}{2\eta}\tilde{\tau}_{\alpha\beta} = \frac{\partial \varepsilon_{\alpha\beta}}{\partial t}, \quad \tau_{\gamma\gamma} = 3K\varepsilon_{\gamma\gamma}$$

mit $\tilde{\tau}_{\alpha\beta} = \tau_{\alpha\beta} - \dfrac{1}{3}\delta_{\alpha\beta}\tau_{\gamma\gamma}$ ein, so folgt für longitudinale Schallwellen $(A_\alpha = (A_1, 0, 0))$

$$k^2\left[\left(\frac{K}{2\mu} + \frac{2}{3}\right)i\omega + \frac{K}{2}\eta\right] = \frac{\varrho_0}{2}\,\omega^2\left(\frac{1}{\eta} + \frac{i\omega}{\mu}\right)$$

und für transversale Schallwellen $(A_\alpha = (0, A_2, 0))$

$$k^2 = \frac{\varrho_0}{\mu}\,\omega^2\left(1 - \frac{i\mu}{\eta\omega}\right).$$

13.9.4   Das Maximum von $\dfrac{d\check{\xi}}{dT}$ folgt aus $\dfrac{d}{dT}\left(\dfrac{d\check{\xi}}{dT}\right) = 0$.

Mit $\dfrac{d\check{\xi}}{dT} = \dfrac{k_0^+}{m}\, e^{-\frac{E}{RT}}(\gamma_A - \check{\xi})$ ergibt sich $\ln\left(\dfrac{mE}{k_0^+ R T_M^2}\right) = -\dfrac{E}{R T_M}$.

Verwendet man zwei Aufheizgeschwindigkeiten m_1 und m_2, zu denen die Temperaturen T_1 und T_2 der entsprechenden Maxima von $\dfrac{d\check{\xi}}{dT}$ gehören, so gilt für

$$E = \frac{R T_1 T_2}{T_1 - T_2}\left(\ln\frac{m_1}{m_2} - 2\ln\frac{T_1}{T_2}\right).$$

13.9.5   Lösungsansatz: $T - T_0 = m\int_0^t \vartheta(r, t - \tau)\, d\tau - m t\, \vartheta(r, 0)$. Die Anfangsbedingung $T(r, 0) = T_0$ wird durch den Ansatz bereits erfüllt, die Randbedingungen führen auf $\vartheta(R, t) = 0$ und $\vartheta(R, 0) = -1$. $\vartheta(r, t)$ erfüllt die Wärmeleitungsgleichung und für $\vartheta(r, 0)$ gilt

$$\frac{\partial^2 \vartheta(r, 0)}{\partial r^2} + \frac{2}{r}\frac{\partial \vartheta(r, 0)}{\partial r} = 0.$$

Damit folgt für $\vartheta(r,0) = -1$. Für $\vartheta(r,t)$ führt der Separationsansatz $\vartheta(r,t) = \varphi(r)\,e^{-\lambda\delta^2 t}$ unter Beachtung der Randbedingung auf die Eigenwerte $\delta_\nu = \dfrac{\nu\pi}{R}$ und die Eigenfunktionen $\varphi_\nu(r) = \dfrac{1}{r}\sin\left(\dfrac{\nu\pi r}{R}\right)$. Die Entwicklung von $\vartheta(r,t)$ nach den Eigenfunktionen

$$\vartheta(r,t) = \sum_\nu A_\nu \frac{1}{r}\sin\left(\frac{\nu\pi r}{R}\right)e^{-\lambda\left(\frac{\nu\pi}{R}\right)^2 t},$$

wobei sich die A_ν in bekannter Weise aus $\vartheta(r,0) = -1 = \sum_\nu A_\nu \frac{1}{r}\sin\left(\frac{\nu\pi r}{R}\right)$ zu $A_\nu = -\dfrac{2R}{\nu\pi}(-1)^{\nu+1}$ berechnen, führt dann zur Lösung des Problems in der Form

$$T(r,t) = T_0 + mt - \frac{2mR^3}{\lambda\pi^3}\sum_\nu \frac{(-1)^{\nu+1}}{\nu^3}\cdot\frac{1}{r}\sin\left(\frac{\nu\pi r}{R}\right)\left(1 - e^{-\lambda\left(\frac{\nu\pi}{R}\right)^2 t}\right).$$

13.9.6   Mit der speziellen Lösung $T_{\text{inh}} = Q(t)$ muß T_1 aus dem Ansatz $T = T_1 + T_{\text{inh}}$ der homogenen Wärmeleitungsgleichung genügen, wobei die Anfangsbedingung $T_1(r,0) = T_0$ und die Randbedingung $T_1(R,t) = mt + T_0 - Q(t)$ zu erfüllen sind. Analog zur Aufgabe 13.9.5 wird der Lösungsansatz

$$T_1(r,t) = T_0 + \int\limits_0^t \left(m - \frac{\partial Q}{\partial\tau}\right)\vartheta(r,t-\tau)\,d\tau + (Q - mt)\vartheta(r,0)$$

verwendet. Das weitere Vorgehen entspricht dem der Aufgabe 13.9.5 und führt zur Lösung

$$T(r,t) = T_0 + mt - \frac{2R}{\pi}\sum_\nu \frac{(-1)^{\nu+1}}{\nu^3}\frac{1}{r}\sin\left(\frac{\nu\pi r}{R}\right)\int\limits_0^t \left(m - \frac{\partial Q}{\partial t}\right)e^{-\lambda\left(\frac{\nu\pi}{R}\right)^2(t-\tau)}\,d\tau.$$

13.9.7   Man beachte $\lim_{t\to\infty}\dfrac{d\breve{\xi}}{dt} = 0$. Partielle Integration ergibt dann:

$$\int\limits_0^\infty \left(\int\limits_0^t \frac{\partial\breve{\xi}}{\partial t'}e^{-a(t-t')}\,dt'\right)dt = \int\limits_0^\infty \left(e^{-at}\int\limits_0^t \frac{\partial\breve{\xi}}{\partial t'}e^{at'}\,dt'\right)dt$$

$$= \frac{1}{a}\int\limits_0^\infty \frac{\partial\breve{\xi}}{\partial t}\,dt = \frac{1}{a}\breve{\xi}(\infty),\qquad \left(a = \lambda\left(\frac{\nu\pi}{R}\right)^2\right).$$

Kapitel 14

14.7.1 Es handelt sich um ein ebenes stationäres Problem, d.h. $v_1 = v_1(x_1, x_3)$. Aus div $\boldsymbol{v} = 0$ folgt $v_1 = v_1(x_3)$. Damit bleiben die Gleichungen

$$-\frac{\partial p}{\partial x_1} + \frac{1}{Re}\frac{\partial^2 v_1}{\partial x_3^2} = 0, \qquad \frac{\partial p}{\partial x_2} = \frac{\partial p}{\partial x_3} = 0$$

zu integrieren. Man erhält $p = cx_1 + p_0$, $v_1 = \frac{c}{2} \cdot Re \cdot x_3^2 + c_1 x_3 + c_2$. Aus den Randbedingungen ergeben sich schließlich die Lösungen:
a) Hagen-Poiseuille-Strömung

$$v_1 = \frac{1}{2} Re\,(p_1 - p_0)(x_3^2 - 1),$$

$$p = (p_1 - p_0)x_1 + p_0.$$

b) Couette-Strömung

$$v_1 = u_0 x_3, \qquad p = p_0.$$

14.7.2 Die Randbedingungen (14.71) folgen aus den Randbedingungen (14.59) unter Berücksichtigung der Gl. (14.60) sowie der Ansätze (14.66) und (14.69).

14.7.3 Die Normalmodenanalyse führt auf die charakteristische Gleichung

$$F(\lambda) = (\lambda + Pr)\{(\lambda + 1)(\lambda + b) + b(r - 1)\} + Pr\{b(r - 1) - (\lambda + b)\} = 0.$$

Die Stabilitätsgrenze folgt aus der Forderung Re $\lambda = 0$. Man setze deshalb in der charakteristischen Gleichung $\lambda = i\omega$. Im $F(i\omega) = 0$ ergibt dann $\omega^2 - b(r + Pr) = 0$ und Re $F(i\omega) = 0$ ergibt $\omega^2(b + Pr + 1) - 2bPr(1 - r) = 0$. Aus diesen beiden Gleichungen folgt
$$r = \frac{Pr(Pr + b + 3)}{Pr - b - 1}.$$

14.7.4 Zum Brüsselator gehören die Reaktionsgleichungen

$$\frac{\partial X}{\partial t} = k_1 A - k_2 BX - k_4 X + k_3 X^2 Y,$$

$$\frac{\partial Y}{\partial t} = k_2 BX - k_3 X^2 Y$$

mit den stationären Lösungen $X_0 = \frac{k_1}{k_4} A$, $Y_0 = \frac{k_2 k_4}{k_3 k_1}\frac{B}{A}$.
Die Normalmodenanalyse ergibt die charakteristische Gleichung $\lambda^2 + \lambda(A^2 + 1 - B) + A^2 = 0$. Hier haben wir der Einfachheit wegen alle $k_i = 1$ gesetzt. Die Stabilitätsgrenze folgt aus Re $\lambda = 0$ zu $B = 1 + A^2$. Im Bereich $B > 1 + A^2$ findet man einen stabilen Grenzzyklus.

Sachverzeichnis

A

Absorptionsvermögen 183
Adiabatengleichung 76, 192
adiabatische Moduln 193
Affinität 136, 259, 285, 330
Aktivierungsenergie 354
Aktivität 254
Amagatsches Gesetz 246
Ammoniaksynthese 261
Anfangsbedingungen 291
Antiferrimagnetismus 203
Arbeit 32, 38, 49
Arbeitsdifferentiale 39
Attraktor 401
  seltsamer 402
Aufheizgeschwindigkeit 353
Ausdehnungskoeffizient 176, 189
  isobarer 139, 161

B

Bénard-Effekt 371, 389
Bénard-Zellen 389
Berechnung thermodynamischer
  Eigenschaften 98
Bewegung, chaotische 403
Bilanz der inneren Energie 47
Bilanzgleichung 30, 278, 289
  allgemeine Form 41
  der Exzeßentropie 380
  lokale Form 43
  substantielle Form 45
Bingham-Körper 348
Boussinesq-Näherung 389
Boyle-Temperatur 148, 172
Burgers-Körper 348

C

Carnot-Maschine 79, 93
Carnotscher Kreisprozeß 78
Celsius-Skala 95

Clausiusscher Wärmesummensatz 86
Curie-Temperatur 203
Curie-Weißsches Gesetz 203
Curiesches Gesetz 202
Curiesches Prinzip 285

D

Daltonsches Gesetz 245
Dampfdruck 165, 212
Dampfdruckerniedrigung 270
Dampfdruckformel von Clausius und
  Clapeyron 211
Debye-Funktion 195
Debyesche Gleichung 341
Debyetemperatur 195
Debyetheorie des Festkörpers 193
Deformationsgeschwindigkeit 48
Deformationstensor 187
  elastischer 350
  inelastischer 350
Diamagnetismus 201
Dichte 31
  molare 332
Diffusion 282, 286, 304
  Gleichung 308
  isotherme 307
  Koeffizient 307, 311, 313
  Stromdichte 45
  Thermoeffekt 313
Dimension, fractale 403
Druck
  osmotischer 267
  Koeffizient 139
    isochorer 161
Duhem-Margulesche Beziehung 115, 251

E

Effekt
  galvanomagnetischer 323
  thermomagnetischer 323
Ehrenfestsche Gleichungen 215, 222

Eigenschaft
  thermometrische   36
Eindringtiefe   296
Einkomponentensystem   97
elastische Moduln   208
elektro-optische Koeffizienten   208
Elektrolyse   272
Elektrostriktion   204
Element
  galvanisches   273
Emission   183
Energie
  Bilanz   47
  Dichte
    der Hohlraumstrahlung   181
    spektrale   186
  Erhaltungssatz   49
  freie   98
  innere   49
Enthalpie   70, 98
  als therrnodynamisches Potential   98
  freie   98
Entmagnetisierung
  adiabatische   149
Entmischung   311
  reversible   249
  Temperatur   255
Entropie   54, 94, 139
  spezifische   52
  Bilanz   52, 289
  Bilanzgleichung   279
  Produktion   55, 376
  Produktionsdichte   279, 281, 289
  Stromdichte   52, 281, 289
Entwicklungskriterium
  allgemeines   375
Erhaltungssatz   30
  lokaler   43
Ersatzprozeß
  reversibler   87
Erzeugung tiefer Temperaturen   150
Ettingshausen-Effekt   323
Exponenten
  kritische   230, 233
Exzeßentropie   378
  Produktion   382

F

Ferrimagnetismus   203
Ferromagnetismus   202

Festkörper
  elastischer   187
  isotroper elastischer   64
Fluktuationen   377
Flüssigkeit
  unterkühlte   143
Folgereaktionen   359
freie Energie
  als thermodynamisches Potential   98
  des idealen Gases   105
freie Enthalpie
  als thermodynanmiches Potential   98
  molare   111
Freiheitsgrade   26, 266
Fugazität   172

G

Gas
  Entartung   143
  Expansion, irreversible   88
  ideales   162
    thermodynamisches Potential   103
  Konstante, universelle   163
  reales   166, 172, 177
Gaußsche Fehlerfunktion   301
Gay-Lussac-Versuch   66
Gefrierpunkterniedrigung   271
Gesamtstromdichte
  elektrische   320
Geschwindigkeit
  baryzentrische   44
  Feld   44
  Konstante   333
Gibbs-Duhem-Beziehung   115, 251, 305, 322
Gibbssche Differentialgleichung   102
Gibbssche Fundamentalgleichung   58, 97, 114, 188, 277, 288
  für stofflich offene Systeme   110
Gibbssche Phasenregel   265
Gibbssches Paradoxon   250
Ginzburg-Landau-Gleichung   227
Ginzburg-Landau-Theorie   226
Glaszustand   143
Gleichgewicht
  Bedingung   123, 220, 257
    für chemische Reaktionen   258
  chemisches   259
  gehemmtes   113
  instabiles   123
  Konstanten des MWG   333

lokales   305
metastabiles   123
stabiles   123
thermisches   33, 92
thermodynamisches   283
ungehemmtes   283
Zustand   25f
  gehemmter   125, 283
  ungehemmter   125, 283
Gleichgewichts-und Stabilitätsbedingungen   124
Gleichungen
  lineare phänomenologische   283
  rheologische   344
Greensche Funktion   303
Grenzschicht   240
Grenzzyklus   401
Größe
  extensive   29
  intensive   31
  molare   32
  partielle molare   117, 250
  spezifische   32
Grüneisenparameter   198
Grüneisenrelation   197
Guggenheim-Quadrat   99

H

Hall-Effekt   323
Hamilton-Funktion   107, 176
Hauptsatz
  dritter   136, 138
  erster   49, 57, 199
  nullter   33, 57
  zweiter   54, 57, 84, 122
Helmholtzsche Differentialgleichung   102,
  136
Helmholtzsche Gleichung   102
Hohlraumstrahlung   64, 180
Hookesche Körper   344
Hookesches Gesetz   189
Hysterese   203

I

ideales Gas
  Adiabaten- und Polytropengleichung   77
Impulsbilanz   46
Impulsstromdichte   46
innere Energie als thermodynamisches
  Potential   97

Instabilität   371, 377
Inversionskurve   147
Inversionstemperatur   148
Isobare   77, 163
Isochore   77, 163
Isotherme   35
  kritische   166

J

Jeffreys Körper   348
Jod-Wasserstoff-Reaktion   335
Joule-Thomson-Koeffizient   147
Joule-Thomson-Versuch   146
Joulesche Wärme   325

K

Kalorie   62
Kelvin-Skala   37
Kirchhoffsches Strahlungsgesetz   184
Koeffizienten
  phänomenologische   278, 283f
  stöchiometrische   43
Kohärenzlänge   228
Kompressibilität   176
  adiabatische   128
  isotherme   128, 161
Konkurrenzreaktionen   358
Konstante
  chemische   261
Kontinuitätsgleichung   44, 287
Konzentration   45
Körper
  rheologische   344
  viskoelastische   346
Korrelationslänge   233
Kraft
  Dichte   46
  elektromotorische   273
  spezifische   46
  verallgemeinerte (generalisierte)   278,
    281
Kreisprozeß   78
Kreuzeffekte   283
kritischer Punkt   166
Kronecker Symbol   49

L

Lamésche Elastizitätsmoduln   189
Landau-Theorie   230
  der Phasenumwandlungen 2.Art   219

Legendre-Transformation   70
Londonsche Eindringtiefe   229
Lorentz-Kraft   322
Lorenz-Attraktor   404
Lorenz-Gleichungen   398, 407
Loschmidt-Zahl   31, 108
Lösungen
  verdünnte   256

M

Magnetisierung   199
magneto-kalorischer Effekt   202
Magnetostriktion   204
Masse
  Bilanz   43
  spezifische   45
  Stromdichte   44
  Wirkungsgesetz   259
Massieu-Funktion   103
Maxwell-Beziehung   99, 112
Maxwell-Gerade   168
Maxwellgleichungen   340
Maxwellsche Beziehungen   98, 119
Maxwellscher Körper   346
Mehrkomponentensystem   110, 245, 285
Mehrphasensystem   209, 265
Meißner-Effekt   229
Meißner-Ochsenfeld-Effekt   218
Meißner-Zustand   226
Methode der Kreisprozesse   213
Minimalprinzip der Entropieproduktion
  376
Mischung
  binäre   251, 255, 311
  Entropie   141, 249
  ideale   246
  idealer Gase   245
  Lücke   255
  reale   250
  Wärme   253
    mittlere molare   253
Modendichte   186
Mol   31
  Bruch   117
  Masse   43
  Wärme   69, 139

N

Navier-Stokes-Gleichung   287f, 386
Néel-Temperatur   204

Nernst-Effekt   323
Nernstsches Wärmetheorem   136
Newtonscher Körper   345
Nichtgleichgewichtszustände   26
Normalmoden-Analyse   386, 391
Nullpunkt der absoluten Temperatur   139

N

Oberflächenspannung   140, 238
  gekrümmter Flächen   241
Ohmsches Gesetz   323, 341
Onsager-Kasimirsche Reziprozitäts-
  beziehungen   284
Onsagersche Reziprozitätsbeziehungen
  284, 313
Ordnungsparameter   219
Ordnungszustand   371
Orr-Sommerfeld-Gleichung   388

P

Paramagnetismus   201
Parameter
  innere   113, 115, 288, 343
  tensorielle   349
Partialdruck   245
Peltier-Effekt   326
Peltier-Koeffizient   323
Peltier-Wärme   326
perpetuum mobile 1.Art   49
perpetuum mobile 2.Art   55
phänomenologische Ansätze
  lineare   281, 285
Phase   28, 265
  Gleichgewicht   127, 272
  Trennung   141
  Umwandlung   165
    kontinuierliche   219
    1.Art   209
    2.Art   214
piezo-optische Koeffizienten   208
Piezoelektrizität   206
Planck-Funktion   103
Planck-Massieusche Funktionen   102
Plancksche Strahlungsformel   186
Plancksches Wirkungsquantum   184
Pointing-Thomson-Körper   348
Polarisation   200
Polytropenexponent   77
Polytropengleichung   76

Potential
  chemisches 111
    des idealen Gases 250, 332
  elektrochemisches 272
  thermodynamisches 62, 97, 103, 117
Prandtl-Zahl 393
Prozeß
  adiabatischer 73
  Größen 39
  irreversibler 28, 52, 87, 92
  isentropischer 75
  isobarer 68
  isochorer 68
  isothermer 68
  polytroper 73
  quasistatischer 28
  reversibler 28
  thermoelektrischer 319
Punkte
  singuläre 402
Pyroelektrizität 207

R
Randbedingungen 291
Raoultsches Gesetz 269
Rayleigh-Jeanssche-Strahlungsformel 186
Rayleigh-Zahl 393
  kritische 395
Reaktion
  autokatalytische 383
  chemische 114, 257, 282, 286, 330, 353
    zeitlicher Ablauf 334
  endotherme 261
  Enthalpie 354
  exotherme 261
  gekoppelte chemische 337, 358
  Geschwindigkeit 43, 285, 334
  Gleichung 43, 258
  Laufzahl 115, 258, 334, 354
    spezifische 338
  Ordnung 355
  Wärme 261, 274
Reibungsspannung 281, 287
Reibungstensor 287
Relaxation
  Erscheinungen 289
  elektrische 339
  Gleichungen 341
  Zeit 339, 341
Reynolds-Zahl 386
Righi-Effekt 323
Rudgersche Formel 218

S
Schall
  Ausbreitung 351
  Wellen 194
Scherviskosität 287
Schwarzer Körper 183
Schwingungen
  chemische 385
Seebeck-Effekt 327
Shabotinski-Reaktion 385
Siedepunkterhöhung 271
Skalengesetze 233
Skalenhypothese 233
Soret-Koeffizient 318
Spannungsreihe
  thermoelektrische 329
Spannungstensor 46
  elastischer 188
Spinsystem
  ideales 153
Sprung der molaren Wärmen 219
St. Venantscher Körper 346
Stabilität
  Bedingung 123, 127, 220
  Bereich 209
  Grenze 221, 386, 388
  Kriterium 378
    globales 382
  stationärer Zustände 379
Standardkörper
  linearer 350
Stefan-Boltzmann-Gesetz 183, 293
Stefan-Boltzmann-Konstante 183
Stoff
  ferroelektrischer 64
  ferromagnetischer 64
  paramagnetischer 64
Stromdichte
  der extensiven Größe 41
  konduktive 45
  konvektive 45
Ströme
  verallgemeinerte (generalisierte) 278, 281
Struktur
  dissipative 371, 383f
Superpositionsverfahren 298
Supraleiter
  I. Art 229
  II. Art 229

Supraleitung   217
  Stromdichte   228
Suszeptibilität   141, 225
  dielektrische   206
  elektrische   341
  frequenzabhängige elektrische   342
  magnetische   201
System
  abgeschlossenes   32
  adiabatisch isoliertes   32
  Energie   49
  geschlossenes   32
  offenes   32, 370
  physikalisches   23
  stofflich offenes   109f
  thermodynamisches   24, 26

T

Teilaffinäten   332
Temperatur
  absolute   54, 92, 94
  Ausgleich
    irreversibler   87
  empirische   34, 92, 94
  Leitfähigkeit   363
  Leitzahl   291
  Messung   34
  negative absolute   150
  Schwankungen   295
  Skala
    nach Celsius   34
    nach Kelvin   37
    thermodynamische   93
  Welle   297
Thermodiffusion   311, 313f
  Gleichung   319
  Koeffizient   313, 318
Thermodynamik
  nichtlineare irreversible   370
  statistische   105
Thermoelement   327
Thermokraft   329
Thermometer   35
Thermospannung   328
Thomson-Koeffizient   327
Thomson-Wärme   327
Transformation der Stabilitäts-
  bedingungen   133
Transformationsbereich   143
Tripelpunkt   36
  des Wassers   93

Turbulenzentstehung   386

U

Umwandlungswärme   211
Unerreichbarkeit des absoluten Null-
  punkts   142
Ungleichungen
  thermodynamische   129, 192

V

van't-Hoffsche Gleichungen   260
van der Waals-Gas   64
van der Waalssche Zustandsgleichung   64,
  148, 166
  reduzierte Form   168
Verfahren
  thermoanalytische   353
Virialform der thermischen Zustandsgleichung   177
Virialkoeffizient   172
  2.Ordnung   176
Viskosität   282
Volumen
  freies   174
  spezifisches   45
  Viskosität   286

W

Wärme   32, 37, 49
  Bad   53
  Effekte
    thermoelektrische   325
  Kapazität   100, 128, 195
  Leitfähigkeit   291, 313
  Leitung   282, 286, 362
  Leitungsgleichung   287, 291, 365
  Menge
    reduzierte   86
  molare   253
  Pumpe   81
  spezifische   69, 190
  Strahlung   292
  Strom
    reduzierter   312
  Stromdichte   48, 312, 341
  Tönung   136, 365
  Übergangszahl   294
Widerstand
  elektrischer   323
Wiensche Strahlungsformel   186

Wiensches Verschiebungsgesetz   187
Wirkungsgrad des Carnotschen Kreisprozesses   78

Z

Zeitableitung
   der Entropieproduktion   374
   substantielle   44
Zustand   25
   Änderung   28
      irreversible   54
      virtuelle   122
   des gehemmten Gleichgewichts   112, 283
   Felder   27, 277, 288
   Fläche   63, 165
      des idealen Gases   163
   Gleichung
      der Hohlraumstrahlung   64, 182
      des elastischen Festkörpers   64, 189

   des idealen Gases   63f
   kalorische   59, 62, 190, 288
   reduzierte Form   168
   thermische   59, 62, 64, 161, 171, 288
   Virialform   171
   dynamische   344, 349
Größe   26
Integral   106
metastabiler   123, 210
Potential
   chemisches   259
Raum   26
stationärer   375, 377, 379, 390
Variable   25, 58
   vollständiger Satz   25, 58
Zweig
   thermodynamischer   384
Zweikomponentensystem   304